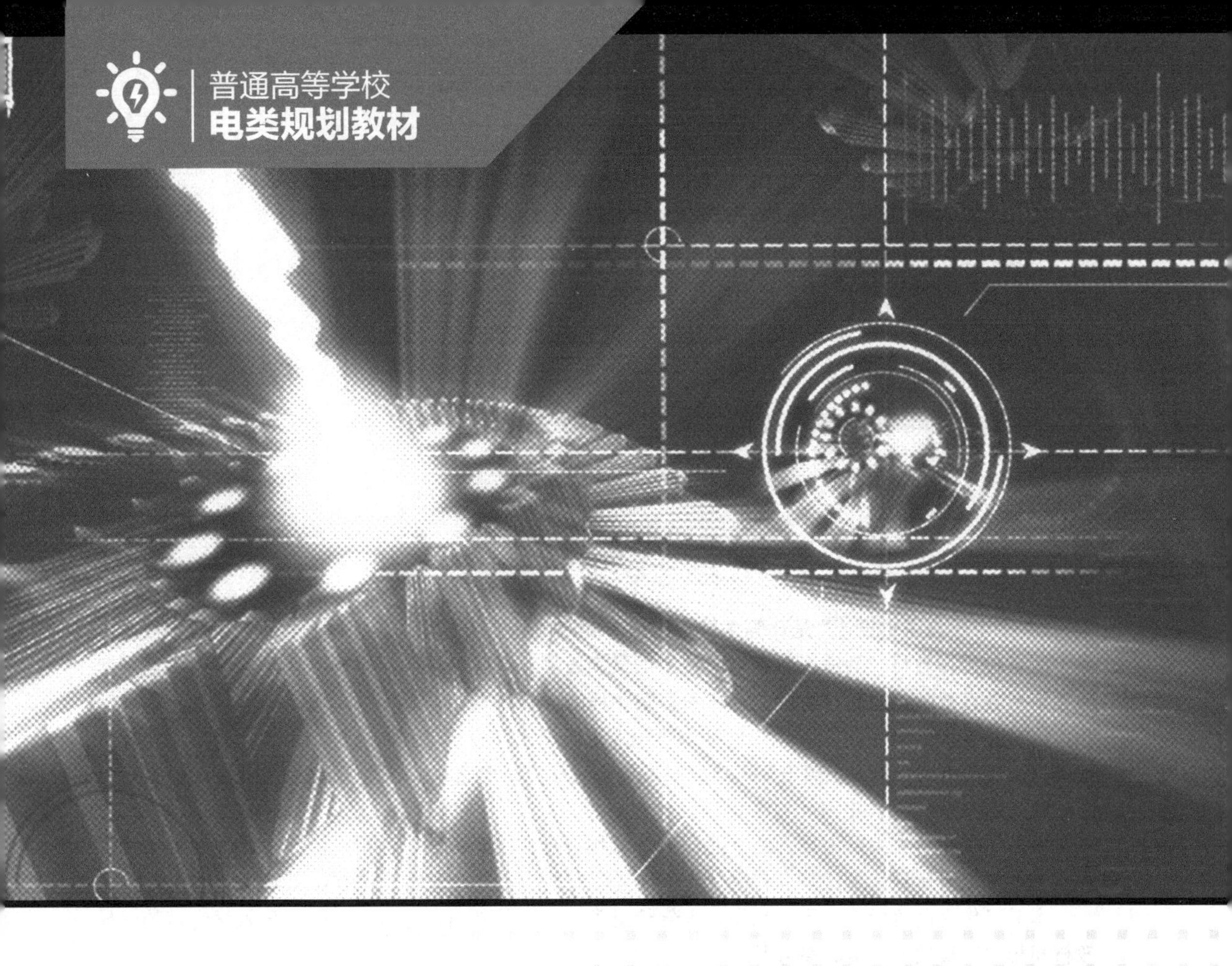

普通高等学校
电类规划教材

数字电路与逻辑设计

第2版

◎邹虹 主编
◎王汝言 贺利芳 张希 杨浩澜 副主编

人民邮电出版社
北京

图书在版编目（CIP）数据

数字电路与逻辑设计 / 邹虹主编. -- 2版. -- 北京：
人民邮电出版社，2017.1
ISBN 978-7-115-44632-9

Ⅰ. ①数… Ⅱ. ①邹… Ⅲ. ①数字电路－逻辑设计－
高等学校－教材 Ⅳ. ①TN79

中国版本图书馆CIP数据核字(2017)第005237号

内 容 提 要

“数字电路与逻辑设计”是高等学校理工科专业一门重要的专业基础课。本书的第 1 版曾被全国数十所学校用作教材。为适应数字电子技术的最新发展，并配合、满足不同专业层次学生的需求，编者依据教育部制定的高等学校电子技术基础课程的教学基本要求，特做此修订。

全书共 9 章，介绍了数字电路的基本理论及逻辑分析和设计的基本方法。主要内容有数字逻辑基础、逻辑门电路、组合逻辑电路、集成触发器、时序逻辑电路、半导体存储器和可编程逻辑器件、D/A 和 A/D 转换、脉冲电路、数字系统设计实例等。

本书紧扣教学大纲，内容系统全面，章节编排合理，概念清晰，注重应用，语言流畅，可读性强。各章末附有适量习题，书末有附录，可使读者对数字电路与逻辑设计有更深刻的理解。

本书可作为高等学校电子信息类、电气信息类各专业的教材，也可作为研究生入学考试的辅导教材和相关工程技术人员的参考书。

◆ 主　　编　邹　虹
副 主 编　王汝言　贺利芳　张　希　杨浩澜
责任编辑　刘　博
责任印制　沈　蓉　彭志环

◆ 人民邮电出版社出版发行　　北京市丰台区成寿寺路 11 号
邮编　100164　　电子邮件　315@ptpress.com.cn
网址　http://www.ptpress.com.cn
北京天宇星印刷厂印刷

◆ 开本：787×1092　1/16
印张：20.25　　　　　　2017 年 1 月第 2 版
字数：496 千字　　　　　2024 年 7 月北京第 16 次印刷

定价：49.80 元

读者服务热线：(010)81055256　印装质量热线：(010)81055316
反盗版热线：(010)81055315

第 2 版前言

“数字电路与逻辑设计”课程是伴随着集成电路技术和数字技术的发展而在 20 世纪 70 年代出现的一门电子信息类专业的专业基础课，是一门发展快、应用广、实践性和理论性都很强的课程。数字电路是现代电子技术、计算机硬件电路、通信电路、信息与自动化技术的基础，也是集成电路设计的基础。

从《数字电路与逻辑设计（第 1 版）》出版至今，已有 8 年了。在这 8 年中，全国有数十所高等院校使用过本书作教材。为适应数字电子技术的最新发展，为配合及满足不同专业层次学生的需要，作者依据教育部制定的高等学校电子技术基础课程的教学基本要求，特做此修订。

由于“数字电路与逻辑设计”是一门专业基础课程，发展迅速，应用广泛， 为此，在修订时，我们有如下考虑。

1. 强化数字逻辑电路的基本概念和基础理论知识，为学习后续课程和电子技术在专业中的应用打好坚实的基础，培养学生分析问题和解决实际问题的能力。在讲述分析、设计的经典方法时，以小规模集成电路为主，而在讨论器件的逻辑功能和应用时，以中、大规模集成电路为主，并强化外部功能，淡化内部结构，注重培养学生分析和应用芯片的能力。侧重阐明基本概念、数字电路原理的分析方法和设计方法，尽量减少繁琐冗长的数学运算，力求深入浅出，便于自学。

2. 根据教学经验和教学实践，调整了“组合逻辑电路”和“时序逻辑电路”两章中的内容顺序。在介绍了中规模集成芯片后，紧接着介绍该类芯片的分析设计方法。这样调整更能节省教学学时。

3. 在“集成触发器”一章中，增加了“触发器的转换”内容，以体现数字电路实现方案的多样性和芯片（模块）的可替代性。

4. 删去了第 1 版中“硬件描述语言（VHDL）”一章。由于大部分学校有后续课程“可编程逻辑器件”，所以本书没有必要专门介绍硬件描述语言。

5. 在“半导体存储器和可编程逻辑器件”一章中，增加了“存储器的基本概念”内容，以微处理器为例，从系统的角度介绍存储器的基本概念，能更好地帮助读者结合应用实例理解存储器。

6. 增加了“数字系统设计实例”一章。这样，本书从小规模数字电路的分析设计方法着手，到中规模电路模块化思维方式的建立，再到大规模电路（半导体存储器和可编程逻辑器件）的学习，最后增加数字系统设计实例，引入系统概念，体现现代设计理念，建立了数字电路“先电路－再模块－后系统” 的完整主线，知识层次更丰富，内容衔接更系统，更合理，避免了学生以前学习过程中“只见树木，不见森林”的弊端。

7．对第1版中的每章习题进行修订、补充。

8．在叙述上，保留第1版的可读性。

本书第9章由王汝言编写，贺利芳修订全书习题。全书由邹虹修订完稿。

本书在编写过程中，得到有关专家和教师的指导和帮助，在此表示衷心的感谢。

编　者

2016年10月

目　录

第 1 章 数字逻辑基础

数字电子技术已经广泛地应用在电子计算机、通信、自动控制、电子测量、航天、影视等各个领域，数字化已成为当今电子技术的发展潮流。数字电路是数字电子技术的核心，逻辑代数是学习数字电子技术的数字逻辑基础。本章主要介绍逻辑代数的基本概念、编码规则、公式和定理，常用逻辑函数的表示方法及其相互转换，逻辑函数的公式化简法和图形化简法。

1.1 引论

1.1.1 数字电路的由来及发展

数字逻辑起源于 19 世纪，1847 年，逻辑代数的创始人——英国数理逻辑学家 Boole（布尔）发表了 1 篇关于符号逻辑的论文。19 世纪 50 年代，他又运用代数方法研究逻辑学，成功地建立了第 1 个逻辑演算，引出数学当中的 1 个分支——布尔代数；1938 年克劳德·香农（Claude E. Shannon）发展了布尔的理论，形成了数字电路分析、设计的一整套理论，这就是布尔代数。布尔代数是用数学符号描述逻辑处理的一种逻辑形式，也称逻辑代数，又叫开关代数。

从 20 世纪初的电子管，50 年代贝尔实验室发明的晶体管，到 60 年代的集成电路（IC），以及 70 年代的微处理器，随着电子器件的发展，电子整机设备的发展非常迅速，其发展趋势是：向系统集成、大规模、低功耗、高速度、可编程、可测试、多值化等方面发展。

1.1.2 模拟/数字信号

在自然界中，存在着两类物理量：一类称为模拟量（Analog Quantity），它具有时间和数值都连续变化的特点，例如温度、压力、交流电压等就是典型的模拟量；另一类称为数字量（Digital Quantity），数字信号在时间和数值上都离散变化，例如生产中自动记录零件个数的计数信号、台阶数、车间仓库里元器件的个数等。在数字电路中数字量常用电位的高和低、脉冲的有和无等完全对立的两种状态来表示，形式上表现为在极短的时间内发生极陡峭变化的电压或电流波形。

数字电路中数字信号的取值只有 0 和 1，用 0 和 1 来描述两种完全对立的状态，绝对没有第 3 种取值。数字信号 1 个 0 或 1 的持续时间称为 1 拍，即比特（bit）。数字信号有两种传输波形，一种称为电位型，另一种称为脉冲型。 电位型数字信号是以一个节拍内信号是高电平还是低电平来表示 1 或 0，也称为不归零型（Non-Return-Zero，NRZ）数字信号。而脉冲型数字信号是以一个节拍内有无脉冲来表示 1 或 0，也称为归零型（Return-Zero，RZ）数字信号。如图 1-1 所示。

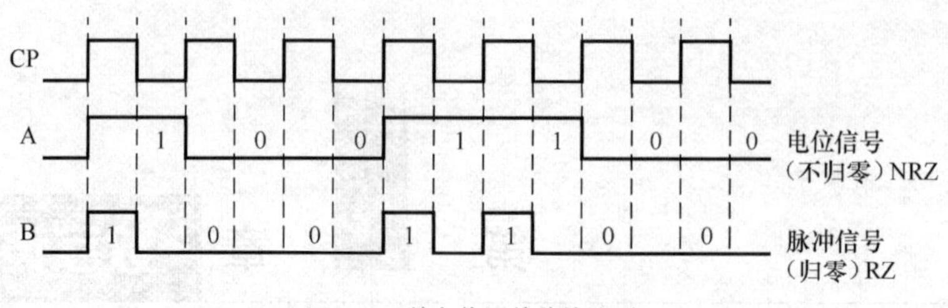

图 1-1 数字信号的传输波形

1.1.3 数字电路的特点

以数字量的形式处理信息的优点如下。

（1）精度高：有两方面的含义，一是只要设备量允许，可以做到很高的精度，比如 13 位二进制的器件就可以有 8192 个间隔，使数字量和模拟量对应。二是在数字电路的基本单元电路中，对元件精度要求不高，允许有较大的误差，只要电路在工作时能可靠地区分 0 和 1 两种状态即可。

（2）可靠性高：因为传递、记录、加工的信息只有 0 和 1，不是连续变化，所以由数字电路组成的数字系统，抗干扰能力强，可靠性高，精确性和稳定性好，便于使用、维护和进行故障诊断。

（3）容易处理信息：可以方便地对信息进行存储、算术运算、逻辑运算、逻辑推理和逻辑判断。

（4）保密性：数字量在进行传递时可以加密处理，常用于军事、情报等方面。

（5）快速：数字器件的速度很快。单个晶体管的开关时间可以小于 10 皮秒（1 皮秒=1 微微秒=10^{-12} 秒），由这些晶体管构成的一个完整、复杂的器件从检测输入到产生输出的时间，还不到 2 纳秒（1 纳秒=1 毫微秒=10^{-9} 秒），即每秒能产生 5 亿以上的结果。

（6）经济性：电路结构简单，制造容易，便于集成和系列化生产，价格低，使用方便。

1.1.4 数字集成电路的分类

把由各种器件（包括二极管、三极管、电阻等元件）及布线连接成的各类电路制作到一个很小的半导体基片上所构成的电路，叫集成电路（Integrated Circuit，IC），集成电路可分为数字集成电路和模拟集成电路，数字集成电路主要有体积小，功耗低，可靠性高等特点。

按照集成度大小，数字集成电路可分为：小规模集成电路（Small Scale Integrated Circuit，SSIC），指逻辑门数目介于 10～99；中规模集成电路（Medium Scale Integrated Circuit，MSIC），指逻辑门数目介于 100～999；大规模集成电路（Large Scale Integrated Circuit，LSIC），指逻辑门数目介于 1000～9999；超大规模集成电路（Very Large Scale Integrated Circuit，VLSIC），指逻辑门数目超过 10000。1965 年，美国 Intel 公司戈登·摩尔（Gordon Moore）预言集成电路的发展遵循指数规律，人们称之为摩尔定律，其主要内容是：集成电路最小特征尺寸以每

3 年减小 70%的速度下降，集成度每 18 个月翻一番；价格每 2 年下降一半；这种规律在 30 年内是正确的（从 1965 年开始）。历史的发展证实了摩尔定律的正确性。

按照应用，数字集成电路可分为：通用型集成电路，指已被定型的标准化、系列化的产品，适用于不同的数字设备；专用性集成电路（Application-Specific IC，ASIC），指为某种特殊用途专门设计，具有特定的复杂而完整功能的功能块型产品，只适用于专门的数字设备，分为半定制和全定制两种，ASIC 一般是通过减少芯片的数量、物理尺寸和功率消耗来降低一个产品的元件总数和制造成本，并且往往能够提供更高的性能；可编程逻辑器件（Programmable Logic Device，PLD），指由用户编程以实现某种逻辑功能的新型逻辑器件，诞生于 20 世纪 70 年代，具有通用型器件批量大、成本低和专用型器件构成系统体积小，电路可靠的特点。

按照有源器件及工艺类型的不同，集成电路可分为：①双极型晶体管集成电路，由双极型晶体管组成，如中、小规模数字集成电路 TTL、ECL 等，双极型晶体管集成电路工作速度高，驱动能力强，但功耗大，集成度低；②单极型 MOS 集成电路，有 NMOS 集成电路、PMOS 集成电路和 CMOS 集成电路 3 种，其中 CMOS 集成电路集成度高，功耗小，并且随着工艺技术的进步，CMOS 集成电路不仅运行速度得到提高，噪声也变小，因而 CMOS 集成电路已经成为当前数字集成电路的主流技术；③双极与 MOS 混合集成电路——BiMOS 集成电路，集成电路中同时含有双极型晶体管和 MOS 场效应管，是为了提高某种性能或满足某种需要，利用双极型器件和 MOS 器件各自的特点而采取的一种工艺技术。

1.2 数制和编码

1.2.1 数制

数制是计数进位制的简称，是指按进位的方法来进行计数。常用的数制有：十进制、二进制、八进制和十六进制。在数制中，有基数（Radix）和位权值（Weight）两个基本概念。基数是指表示计数进位制所用字符或数码的个数，写为数的下标，如$(536.9)_{10}$，$(1101.011)_2$，$(13)_8$等，位权值是指数制中每个数位对应的位值，如十进制的百位（第 3 位）的位权值为$10^2=100$。

1. 十进制

日常生活中最常用的是十进制（Decimal Number System）。十进制有 0，1，2，3，4，5，6，7，8，9 共 10 个基本数码，其基数为 10，遵循的计数规则是逢 10 进 1，借 1 当 10。第 n 位十进制整数的位权值是10^{n-1}，第 m 位十进制小数的位权值是10^{-m}，可以用位权值展开的方法描述 1 个十进制数，如

$$(536.9)_{10}=5\times10^{3-1}+3\times10^{2-1}+6\times10^{1-1}+9\times10^{-1}$$

其中，5 是最左边的数码，是该数中位权最大的数位，叫最高有效位或高阶位，用 MSD（Most Significant Decimal）表示。9 是最右边的数码，是该数中位权最小的数位，叫最低有效位或低阶位，用 LSD（Least Significant Decimal）表示。

任意一个形如 $d_{n-1}d_{n-2}\cdots d_1d_0d_{-1}\cdots d_{-m}$ 的十进制数 N_{10} 都可按位权展开为

$$N_{10}=d_{n-1}\times10^{n-1}+d_{n-2}\times10^{n-2}+\cdots+d_1\times10^1+d_0\times10^0+d_{-1}\times10^{-1}+\cdots+d_{-m}\times10^{-m}$$
$$=\sum_{i=-m}^{n-1}d_i\times10^i$$

2．二进制

最简单的数制是二进制（Binary Number System）。二进制只有 0，1 两个基本数码，其基数为 2，遵循的计数规则是逢 2 进 1，借 1 当 2。第 n 位二进制整数的位权值是 2^{n-1}，第 m 位二进制小数的位权值是 2^{-m}，二进制各个数位的位权值如表 1-1 所示，其中 4 位二进制的位权值分别是 8421。

表 1-1　　二进制的位权值

二进制位数	11	10	9	8	7	6	5	4	3	2	1	−1	−2	−3
位权值	2^{10}	2^9	2^8	2^7	2^6	2^5	2^4	2^3	2^2	2^1	2^0	2^{-1}	2^{-2}	2^{-3}
	1024	512	256	128	64	32	16	8	4	2	1	0.5	0.25	0.125

同样，任意一个二进制数 N_2 都可按位权展开为

$$N_2=d_{n-1}\times2^{n-1}+d_{n-2}\times2^{n-2}+\cdots+d_1\times2^1+d_0\times2^0+d_{-1}\times2^{-1}+\cdots+d_{-m}\times2^{-m}$$
$$=\sum_{i=-m}^{n-1}d_i\times2^i$$

数字系统常用二进制来表示数和进行运算，二进制具有如下优点。

（1）数字系统常采用具有两个稳定开关状态的开关元件的状态来表示 0 和 1，如继电器的通与断、触发器的饱和与截止等。这些元件在电路技术和工程实现上都非常容易获得，而且它们可靠性很高，抗干扰能力很强。

（2）二进制运算非常简单，只需定义加、乘两种基本运算便能实现其他各种运算。

（3）数字系统具有存储信息的优点，而存储二进制信息所需要的设备量接近最低。

（4）有非常成熟的布尔代数为分析和设计数字系统提供数学基础。

二进制的缺点是：书写长，难以辨认，不易记忆，不符合人类使用十进制数的习惯，人机对话时需要转换等。显然，二进制的缺点也是非常鲜明的，但这丝毫不影响其应用价值。了解它的缺点是为了更有效地应用它。

二进制数最左边的位即最高有效位或高阶位（MSB），最右边的位即最低有效位或低阶位（LSB）。

3．八进制和十六进制

八进制（Octal Number System）的基数为 8，有 0，1，2，3，4，5，6，7 共 8 个基本数码，遵循的计数规则是逢 8 进 1，借 1 当 8。第 n 位八进制整数的位权值是 8^{n-1}，第 m 位八进制小数的位权值是 8^{-m}。任意一个八进制数 N_8 按位权展开式为

$$N_8=\sum_{i=-m}^{n-1}d_i\times8^i$$

十六进制（Hexadecimal Number System）的基数为 16，有 0，1，2，3，4，5，6，7，8，9，A，B，C，D，E，F 共 16 个基本数码，其中 A，B，C，D，E，F 六个符号依次表示数

10～15。遵循的计数规则是逢 16 进 1，借 1 当 16。第 n 位十六进制整数的位权值是16^{n-1}，第 m 位十六进制小数的位权值是16^{-m}。任意一个十六进制数 N_{16} 按位权展开式为

$$N_{16}=\sum_{i=-m}^{n-1}d_i\times 16^i$$

八进制和十六进制的基数均为 2 的幂，采用八进制和十六进制，可以压缩二进制数的书写长度，方便了数字系统中多位数的简写，用汇编语言编写的程序中，就是用十六进制数来描述二进制数的。表 1-2 提供了十进制数、二进制数、八进制数和十六进制数的对照关系。

表 1-2　　十进制数、二进制数、八进制数和十六进制数

十进制数	二进制数	八进制数	3 位二进制数	十六进制数	4 位二进制数
0	0	0	000	0	0000
1	1	1	001	1	0001
2	10	2	010	2	0010
3	11	3	011	3	0011
4	100	4	100	4	0100
5	101	5	101	5	0101
6	110	6	110	6	0110
7	111	7	111	7	0111
8	1000	10	—	8	1000
9	1001	11	—	9	1001
10	1010	12	—	A	1010
11	1011	13	—	B	1011
12	1100	14	—	C	1100
13	1101	15	—	D	1101
14	1110	16	—	E	1110
15	1111	17	—	F	1111

用不同数制表示同一个数时，除了用基数作下标表示外，还可以用数制英文全称的第一个字母来表示，即用 D，B，O，H 分别表示十，二，八，十六进制。如：$(15)_{10}$=15D = $(1111)_2$ = 1111 B = $(17)_8$=17O = $(F)_{16}$=FH 。

1.2.2　不同数制间的转换

人们熟知十进制，所以数字系统如计算机的原始输入输出数据一般采用十进制数，但计算机中数据的存储和运算却都是按二进制来进行，这样就有讨论数制转换的必要了。本书仅讨论二进制数、八进制数、十进制数和十六进制数之间的相互转换。

1．*R* 进制数转换成十进制数

R（二、八、十六）进制数转换成十进制数，采用按位权展开求和的方法。就是将二进制数、八进制数、十六进制数的各位位权值乘以系数后相加求和，即可得到与之等值的十进制数。

【例 1-1】　$(1110.011)_2$=(　　?　　$)_{10}$

解　$(1110.011)_2=1\times2^3+1\times2^2+1\times2^1+0\times2^0+0\times2^{-1}+1\times2^{-2}+1\times2^{-3}$
$=(14.375)_{10}$

【例 1-2】　$(144)_8=(\quad ?\quad)_{10}$

解　$(144)_8=1\times8^2+4\times8^1+4\times8^0=(100)_{10}$

【例 1-3】　$(1CF)_{16}=(\quad ?\quad)_{10}$

解　$(1CF)_{16}=1\times16^2+12\times16^1+15\times16^0=(463)_{10}$

2．十进制数转换成 *R* 进制数

十进制数转换成 *R*（二、八、十六）进制数，需要将被转换的十进制数分成整数和小数两部分，分别按一定方法进行转换，再将整数部分和小数部分用小数点合成为完整的 *R*（二、八、十六）进制数。下面以十进制数转换成二进制数为例，介绍如下。

十进制整数转换成二进制整数，采用如下方法。

（1）以被转换之十进制整数作为被除数，以二进制的基数 2 为除数做除法，得商和余数，所得余数即为转换所得二进制整数的最低位（LSB）；

（2）将所得之商再作为被除数，做相同的除法，又得商和余数，该余数即为二进制整数的次低位；

（3）继续做相同的除法，直到商 0 为止，得到余数，即为转换成的二进制整数的最高位（MSB）。

归纳上述转换过程，常将这一转换方法称为连除取余法，也叫短除法。

【例 1-4】　$(90)_{10}=(\quad ?\quad)_2$

解

除数	被除数/商		余数	
2	90			
2	45	…………	0	LSB
2	22	…………	1	
2	11	…………	0	
2	5	…………	1	
2	2	…………	1	
2	1	…………	0	
	0	…………	1	MSB

所以$(90)_{10}=(1011010)_2$

值得注意的是，一些特殊的十进制数转换成对应二进制数的情况，如：

$(32)_{10}=(2^5)_{10}=(100000)_2$；

$(1024)_{10}=(2^{10})_{10}=(10000000000)_2$；

十进制小数转换成二进制小数，采用如下方法。

（1）以被转换之十进制小数作为一个乘数，以二进制的基数 2 为另一个乘数做乘法，得积；所得积之整数部分即为转换所得二进制小数的最高位（MSB）；

（2）将所得积之小数部分保留不变，而整数部分改写为 0，再作为一个乘数，做相同的乘法，又得积；所得积之整数部分即为转换所得二进制小数的次高位；

（3）继续做相同的乘法，直到积的小数部分等于 0 时为止，此时得到的积的整数部分，即为转换成的二进制小数的最低位（LSB）；

归纳上述转换过程，常将这一转换方法称为连乘取整法。

【例 1-5】 $(0.6875)_{10}$=(? $)_2$

解 $0.6875 \times 2 = 1.375$........1 MSB

$0.375 \times 2 = 0.75$ ....0 整数部分

$0.75 \times 2 = 1.5$ 1

$0.5 \times 2 = 1.0$ ....1 LSB

所以 $(0.6875)_{10}=(0.1011)_2$

【例 1-6】 $(90.6875)_{10}$=(? $)_2$

解 分别将整数部分连除取余和小数部分连乘取整后，再将所得结果合并即可。

所以（90.6875）$_{10}$=（1011010.1011）$_2$

十进制数转换成二进制数，在整数部分转换时，采用连除取余法，无论整数部分的数值如何，总可以使其最终的商为 0，从而完全确定二进制数的各个数位，即十进制整数总可以精确地转换成一个等值的二进制数。

而在小数部分转换时，采用连乘取整法，可能出现小数部分永不为 0 即循环小数的情况，这必然存在转换误差。因此，需要根据转换精度的要求来确定转换后的二进制小数的位数。

若要求转换精确到 10^{-k}，假设转换后的二进制小数的位数是 m 位，则 m 应满足不等式：$2^{-m} \leqslant 10^{-k}$，即 $m \geqslant k/\lg 2=3.32k$。根据 $m \geqslant 3.32k$，可计算出转换后的二进制小数的位数。如要求转换精确到 10^{-4}，则转换成二进制需取小数的位数是 14 位。也可根据数制估算出转换位数。如要求转换后的精度达到 0.1%，则二进制小数的位数是 10 位，八进制小数的位数是 4 位，十六进制小数的位数是 3 位。

【例 1-7】 将 $(0.3)_{10}$ 转换成二进制小数，要求转换后的精度达到 0.1%。

解 因为 $1/2^{10}=1/1024$，所以需要精确到二进制小数 10 位。

$0.3 \times 2 = 0.6$........ 0

$0.6 \times 2 = 1.2$......... 1

$0.2 \times 2 = 0.4$......... 0

$0.4 \times 2 = 0.8$......... 0

$0.8 \times 2 = 1.6$......... 1

所以 $(0.3)_{10}=(0.0100110011)_2$

同理，如果要十进制数转换成任意 R 进制数，只需将上述转换方法中的基数 2 改成 R 进制数的基数 R 即可。而任意两个非十进制数制的数需要相互转换时，都可以用十进制过渡完成。

3. 二进制数、八进制数和十六进制数的相互转换

八进制数和十六进制数的基数分别为 $8=2^3$，$16=2^4$，所以 3 位二进制数相当一位八进制数，4 位二进制数相当一位十六进制数，它们之间的相互转换是很方便的。

二进制数转换成八进制数的方法是：以小数点为原点，分别向左右以每 3 位分组，当不足 3 位时，应添 0 补足 3 位，然后写出每一组等值的八进制数。

二进制数转换成十六进制数的方法是：以小数点为原点，分别向左右以每 4 位分组，当不足 4 位时，应添 0 补足 4 位，然后写出每一组等值的十六进制数。

【例 1-8】 求$(101110.1010)_2$等值的八进制数和十六进制数。

解 $(101110.1010)_2=(0010\ 1110.1010)_2=(2E.A)_{16}$

$=(101\ 110.101)_2=(56.5)_8$

八进制数、十六进制数转换成二进制数的方法是：以小数点为原点，向左、向右分别按位将八（十六）进制数的整数部分和小数部分用 3（4）位等值的二进制数替换，保留书写顺序和小数点位置不变，即得等值的二进制数。

【例 1-9】 求$(17.34)_8$等值的二进制数。

解 $(17.34)_8=(1111.0111)_2$

由于二进制数、八进制数、十六进制数之间的转换比较简单，在十进制数与八进制数、十六进制数之间相互转换时，常常可借助二进制数作为中介过渡实现其转换。

【例 1-10】 求$(BE.29D)_{16}$等值的二进制数和八进制数。

解 $(BE.29D)_{16}=(1011\ 1110.0010\ 1001\ 1101)_2=(276.1235)_8$

1.2.3 常用编码

二进制数不仅可以表示数值大小，更重要的是，它可以代表一定的信息，代表了信息的 0 和 1 称为二进制码元，将若干个二进制码元顺序排列在一起，称为二元码序列，建立二元码序列和信息之间的一一对应关系的过程称为编码。经过编码后代表一个确定信息的二元码序列称为代码。

1．自然二进制代码

自然二进制代码是按照二进制代码各位权值大小，以自然向下加一，逢二进一的方式来表示数值的大小所生成的代码。显然，n 位自然二进制代码共有 2^n 种状态取值组合，表 1-3 列出了四位自然二进制代码，由于代码中各位的位权值分别为2^3，2^2，2^1，2^0，所以也称为 8421 码。这种每位二进制码元都有确定的位权值的编码，称为有权码。相应的，没有确定的位权值的编码叫无权码。

表 1-3 **8421 码**

0	0	0	0	0	8	1	0	0	0
1	0	0	0	1	9	1	0	0	1
2	0	0	1	0	10	1	0	1	0
3	0	0	1	1	11	1	0	1	1
4	0	1	0	0	12	1	1	0	0
5	0	1	0	1	13	1	1	0	1
6	0	1	1	0	14	1	1	1	0
7	0	1	1	1	15	1	1	1	1

2．可靠性编码

代码在产生和传输的过程中，由于噪声、干扰的存在，使得到达接收端的数据有可能出现错误。为减少错误的发生，或者在发生错误时能迅速地发现或纠正，广泛采用了可靠性编码技术。能够检测信息传输错误的代码称为检错码（Error Detection Code），能够纠正信息传输错误的代码称为纠错码（Correction Code）。最常用的可靠性代码有循环码和奇偶校验码。

（1）循环码

循环码（Gray Code）也叫格雷码、单位距离码、反射码或最小误差编码等，循环码有两个特点，一个是相邻性，另一个是循环性。相邻性是指任意两个相邻的代码中仅有 1 位取值不同，循环性是指首尾的两个代码也具有相邻性。凡是满足这两个特性的编码都称为循环码。

循环码的编码方案有多种，典型的循环码的生成规律是以最高位互补反射，其余低位数沿对称轴镜像对称。利用这一反射特性可以方便地构成位数不同的循环码，表 1-4 列出了四位循环码。循环码中每位的位权值并不固定，属于无权码。

表 1-4　　典型的 4 位循环码

十进制数	二进制码				Gray 码				
	B_3	B_2	B_1	B_0	G_3	G_2	G_1	G_0	
0	0	0	0	0	0	0	0	0	…一位反射对称轴
1	0	0	0	1	0	0	0	1	…二位反射对称轴
2	0	0	1	0	0	0	1	1	
3	0	0	1	1	0	0	1	0	…三位反射对称轴
4	0	1	0	0	0	1	1	0	
5	0	1	0	1	0	1	1	1	
6	0	1	1	0	0	1	0	1	
7	0	1	1	1	0	1	0	0	…四位反射对称轴
8	1	0	0	0	1	1	0	0	
9	1	0	0	1	1	1	0	1	
10	1	0	1	0	1	1	1	1	
11	1	0	1	1	1	1	1	0	
12	1	1	0	0	1	0	1	0	
13	1	1	0	1	1	0	1	1	
14	1	1	1	0	1	0	0	1	
15	1	1	1	1	1	0	0	0	

循环码的抗干扰能力最强，当时序电路中采用循环码编码时，不仅可以有效地防止波形出现毛刺（Glitch），而且可以提高电路的工作速度。循环码一般还用于将诸如角度变换器的每分钟转数和旋转方向等机械量转换为电量。

（2）奇偶校验码

奇偶校验码（Party Check Code）是最简单也是最重要的一种检错码，它能够检测出传输码组中的奇数个码元错误，可以提高信息传输的可靠性。

奇偶校验码的编码方法非常简单，由信息位和一位奇偶检验位两部分组成。信息位是位数不限的任一种二进制代码。奇偶检验位仅有一位，它可以放在信息位的前面，也可以放在信息位的后面。它的编码方式有两种：一种是使得一组代码中信息位和检验位中 1 的个数之和为奇数，称为奇检验；另一种是使得一组代码中信息位和检验位中 1 的个数之和为偶数，称为偶检验。例如，十进制数 3 的 8421 码 0011 增加校验位后，奇校验码是 10011，偶校验码是 00011，其中最高位分别为奇校验位 1 和偶校验位 0。

3．二—十进制代码（BCD 码）

用以表示十进制数 0~9 的二进制代码称为二—十进制代码（Binary Coded Decimal，BCD）。

对 0~9 这 10 个十进制数码符号编码所需要的二进制代码长度 *n*,应满足 $2^n \geqslant 10$ 的条件，即 n=4，也就是说 BCD 码需用 4 位二进制代码来表示。原则上可从 4 位二进制代码的 16 个码组中，任意选择其中 10 个来实现编码，多余的 6 个码组称为禁用码，平时不允许使用。那么，可供选择的编码方案有 $P_{16}^{10}=2.9\times10^{10}$ 种，实用中仅选择有鲜明特点、有规律的编码方案使用。表 1-5 列出了常用 BCD 代码。

表 1-5　　常用 BCD 代码

	8421 码	余 3 码	2421 码	5421 码	循环码	余 3 循环码	移存码
0	0000	0011	0000	0000	0000	0010	0001
1	0001	0100	0001	0001	0001	0110	0010
2	0010	0101	0010	0010	0011	0111	0100
3	0011	0110	0011	0011	0010	0101	1001
4	0100	0111	0100	0100	0110	0100	0011
5	0101	1000	1011	1000	0111	1100	0111
6	0110	1001	1100	1001	0101	1101	1111
7	0111	1010	1101	1010	0100	1111	1110
8	1000	1011	1110	1011	1100	1110	1100
9	1001	1100	1111	1100	1000	1010	1000

表 1-5 中有权 BCD 码为：8421 码，5421 码和 2421 码。其中，8421BCD 码选用了 8421 码中前 10 组代码，各位的权依次为 8421。5421BCD 码各位的权依次为 5421，编码方案不唯一。表中所示是对称的 5421 码，其显著特点是最高位连续 5 个 0 后连续 5 个 1，当计数器采用这种编码时，最高位可产生对称方波输出。2421BCD 码各位的权依次为 2421。编码方案也不唯一。表中所示是对称的 2421 码，其显著特点是，将任意一个十进制数符 D 的代码的各位取反，正好是与 9 互补的那个十进制数符（9-D）的代码。例如，将 3 的代码 0011 取反，得到的 1100 正好是 9-3=6 的代码。这种特性称为自补特性，具有自补特性的代码称为自补码（Self Complementing Code）。2421BCD 码是一种对 9 的自补代码，在运算电路中使用比较方便。

表 1-5 中无权 BCD 码为：余 3BCD 码（XS3 Code），循环码，余 3 循环码和移存码。其中，余 3 码也是一种对 9 的自补码，常用于 BCD 码的运算电路中。余 3 码可由 8421 码去除首尾各 3 组代码得到，即它总是比对应的 8421BCD 码多 3（0011）。循环 BCD 码也满足相邻性和循环性，选用了循环码中前 10 组代码，即用 0000～1101 分别代表它所对应的十进制数 0～9（参见表 1-4），但这样选用时，可以发现$(9)_{10}$的循环 BCD 码是 1101，而$(0)_{10}$的循环 BCD 码是 0000，这两个相邻代码中有多个数码不同，因此，将$(9)_{10}$的循环 BCD 码改为 1000。余 3 循环 BCD 码是由 4 位二进制循环码去除首尾各 3 组代码得到，具有循环码的特性。移存 BCD 码是满足移存规律（左移或右移）的 BCD 码。

所有 BCD 码具有的共同特点是：BCD 码具备二进制数的形式，满足十进制的进位规律。用多组 BCD 码表示多位十进制数时，要注意 BCD 码的特点。

【例 1-11】 请写出和$(15)_{10}$等值的 8421 码、8421BCD 码、循环码、循环 BCD 码和余 3BCD 码。

解 $(15)_{10}=(1111)_{8421\text{码}}=(0001\ 0101)_{8421BCD\text{码}}=(1000)_{\text{循环码}}$

$=(0001\ 0111)_{\text{循环}BCD\text{码}}=(0100\ 1000)_{\text{余}3BCD\text{码}}$

请注意，多位十进制数中的每 1 位，都需用 1 组 8421BCD 码与之对应。

【例 1-12】 请写出和（395）$_{10}$等值的二进制和 8421BCD 码。

解 $(395)_{10}=(110001011)_2=(0011\ 1001\ 0101)_{8421BCD\text{码}}$

请注意：$(0011\ 1001\ 0101)_{8421BCD\text{码}}\neq(0011\ 1001\ 0101)_2$，因为十进制的基数是 10，不是 2 的幂。

4．ASCII 码

美国标准信息交换代码（American Standard Code for Information Interchange，ASCII）是目前国际上最通用的一种字母数字混合编码。计算机输出到打印机的字符码就采用 ASCII 码。

ASCII 码采用 7 位二进制编码，提供了 128 个字符，表示十进制符号、英文大小写字母、运算符、控制符以及特殊符号，用于代表键盘数据和一些命令编码，如表 1-6 所示。从表中可见，数字 0～9，相应用 0110000～0111001 来表示，ASCII 码也常通过增加 1 位校验位 0 扩展为 8 位（8 位在计算机中称为 1 个字节，Byte），因此 0～9 的 ASCII 码为 30H～39H，大写字母 A～Z 的 ASCII 码为 41H～5AH 等。

表 1-6　ASCII 码

		0	1	2	3	4	5	6	7
	$B_7\ B_6\ B_5$	0	0	0	0	1	1	1	1
		0	0	1	1	0	0	1	1
	$B_4\ B_3\ B_2\ B_1$	0	1	0	1	0	1	0	1
0	0000	NUL	DLE	Sp	0	@	P	'	p
1	0001	SOH	DC1	!	1	A	Q	a	q
2	0010	STX	DC2	"	2	B	R	b	r
3	0011	ETX	DC3	#	3	C	S	c	s
4	0100	EOT	DC4	$	4	D	T	d	t
5	0101	ENQ	NAK	%	5	E	U	e	u
6	0110	ACK	SYN	&	6	F	V	f	v
7	0111	BEL	ETB	'	7	G	W	g	w
8	1000	BS	CAN	(	8	H	X	h	x
9	1001	HT	EM	)	9	I	Y	i	y
A	1010	LF	SUB	*	:	J	Z	j	z
B	1011	VT	ESC	+	;	K	[	k	{
C	1100	FF	FS	,	<	L	\	l	|
D	1101	CR	GS	-	=	M	]	m	}
E	1110	SO	RS	.	>	N	^	n	～
F	1111	SI	US	/	?	O	—	o	DEL

1.3 逻辑代数

逻辑代数（布尔代数）是描述客观事务逻辑关系的数学方法，又称开关代数，是数字电路分析和设计时所用的主要数学工具。逻辑代数中只有 0 和 1 两个数字，用来描述两种完全相反的逻辑状态，不代表具体数值。如高电平与低电平，开关的闭合与断开等。

1.3.1 3 种基本逻辑关系

在二值逻辑中，有 3 种最基本的逻辑，分别是与逻辑、或逻辑和非逻辑。对应的最基本逻辑运算有 3 种：与运算、或运算和非运算。

1．与逻辑和与运算

分析如图 1-2（a）所示开关电路，假设，对开关 A、B 来说，用 1 表示开关闭合，0 表示开关断开，对灯泡 P 来说，用 1 表示灯亮，0 表示灯灭，则电路的工作情况可以用表 1-7 表示。

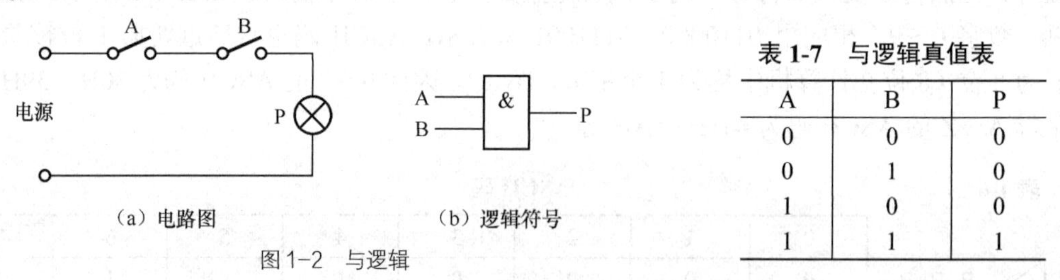

（a）电路图　（b）逻辑符号

图 1-2 与逻辑

表 1-7 与逻辑真值表

A	B	P
0	0	0
0	1	0
1	0	0
1	1	1

表 1-7 也称逻辑函数真值表，是描述逻辑函数的一种直观的描述方法，真值表的左边是输入变量所有可能的取值组合，右边是对应的输出值。

满足表 1-7 工作情况的逻辑称为与逻辑。与逻辑的定义是决定某一事件发生的条件全部具备时，事件才发生。

与逻辑的逻辑函数表达式：$P=A\cdot B$。

实现与逻辑的单元电路称为与门，其逻辑符号如图 1-2（b）所示。常用·，∧，∩，&及 and 表示相与。与运算也叫逻辑乘，它的运算规则是：

$0\cdot 0=0$；$0\cdot 1=0$；$1\cdot 0=0$；$1\cdot 1=1$。

值得注意的是，逻辑运算和算术运算是有区别的。由运算规则可以推出逻辑乘的一般形式是：

$A\cdot 1=A$；　$A\cdot 0=0$；　$A\cdot A=A$。

逻辑乘的意义在于：只有 A 和 B 都为 1 时，函数值 P 才为 1。

逻辑乘的运算口诀是：全 1 为 1。

2．或逻辑

对图 1-3（a）电路，做同样的假设，则电路的工作情况可以用表 1-8 表示。满足如表 1-8 工作情况的逻辑称为或逻辑。或逻辑的定义是决定某一事件发生的条件只要有一个具备时，事件就发生。

或逻辑的逻辑函数表达式：P=A+B。

实现或逻辑的单元电路称为或门，其逻辑符号如图 1-3（b）所示。常用 +，∨，∪及 or 表示相或。

或运算也叫逻辑加，它的运算规则是：0+0=0；0+1=1；1+0=1；1+1=1。

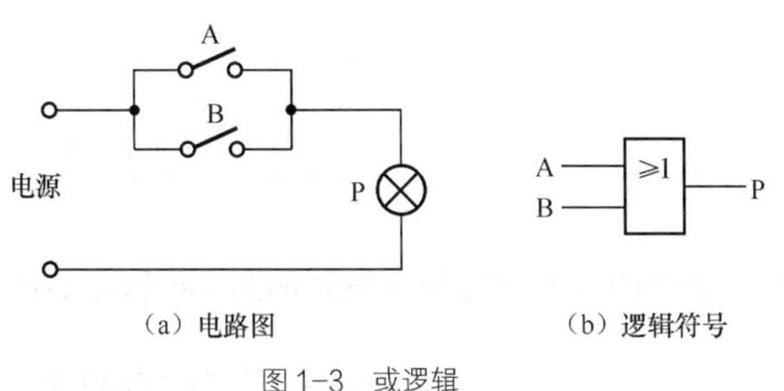

（a）电路图　　（b）逻辑符号

图 1-3　或逻辑

表 1-8　或逻辑真值表

A	B	P
0	0	0
0	1	1
1	0	1
1	1	1

由运算规则可以推出逻辑加的一般形式是：A+0=A；A+1=1；A+A=A；

逻辑加的意义在于：A 或 B 中只要有一个为 1，则函数值 P 就为 1。

逻辑加的运算口诀是：见 1 出 1。

3. 非逻辑

图 1-4（a）是非逻辑的电路图，非逻辑的真值表如表 1-9 所示，非逻辑的定义是两个事件互为条件；事件一发生时，事件二不会发生；事件一不发生时，事件二才会发生；反之亦然。非逻辑也叫取反。

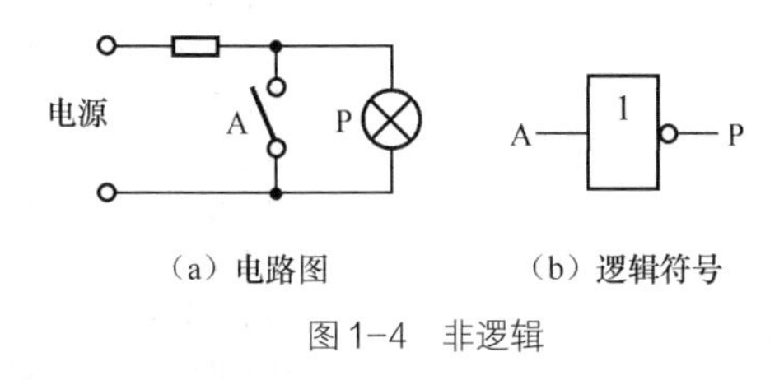

（a）电路图　　（b）逻辑符号

图 1-4　非逻辑

表 1-9　非逻辑真值表

A	P
0	1
1	0

非逻辑的逻辑函数表达式：$P=\overline{A}$。

实现非逻辑的单元电路称为非门，其逻辑符号如图 1-4（b）所示。常用¯及 no 表示逻辑非。

非逻辑的运算规则是：$\overline{0}=1$；$\overline{1}=0$；

非逻辑的一般形式是：$\overline{\overline{A}}=A$；$A+\overline{A}=1$；$A\cdot\overline{A}=0$。

逻辑非的意义在于：函数值 P 等于输入变量的反。

1.3.2　复合逻辑和逻辑运算

与、或、非 3 种基本逻辑按不同的方式组合，还可以构成与非、或非、与或非、同或、异或等逻辑，统称为复合逻辑。

1．与非逻辑和与非运算

与非的逻辑函数表达式：$P=\overline{A\cdot B}$，与非的逻辑符号和真值表如图 1-5 和表 1-10 所示。与非逻辑的运算口诀是：见 0 出 1。

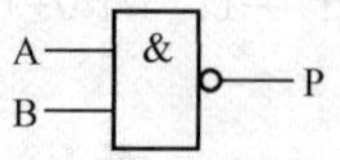

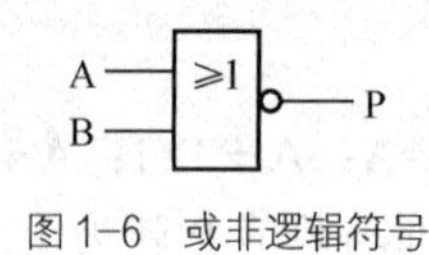

图 1-5　与非逻辑符号

表 1-10　与非逻辑真值表

A	B	P
0	0	1
0	1	1
1	0	1
1	1	0

2．或非逻辑和或非运算

或非的逻辑函数表达式：$P=\overline{A+B}$，或非的逻辑符号和真值表如图 1-6 和表 1-11 所示。或非逻辑的运算口诀是：全 0 为 1。

图 1-6　或非逻辑符号

表 1-11　或非逻辑真值表

A	B	P
0	0	1
0	1	0
1	0	0
1	1	0

3．与或非逻辑

与或非逻辑由“先与后或再非”3 种运算组合而成。与或非的逻辑函数表达式：$P=\overline{AB+CD}$，与或非的逻辑符号和真值表如图 1-7 和表 1-12 所示。与或非运算口诀时：只有当输入变量 A、B 同时为 1 或 C、D 同时为 1 时，输出 P 才等于 0。

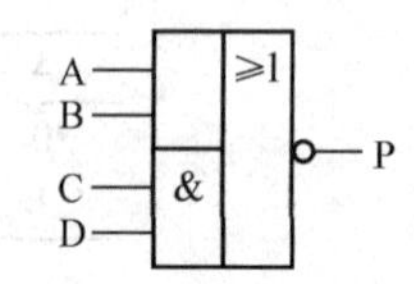

图 1-7　两组两输入与或非逻辑

表 1-12　两组两输入与或非真值表

ABCD	P
0 0 0 0	1
0 0 0 1	1
0 0 1 0	1
0 0 1 1	0
0 1 0 0	1
0 1 0 1	1
0 1 1 0	1
0 1 1 1	0
1 0 0 0	1
1 0 0 1	1
1 0 1 0	1
1 0 1 1	0
1 1 0 0	0
1 1 0 1	0
1 1 1 0	0
1 1 1 1	0

4．异或逻辑和异或运算 S

异或的逻辑函数表达式：$P=A\oplus B=\overline{A}B+A\overline{B}$，异或的逻辑符号和真值表如图 1-8 和表 1-13 所示。

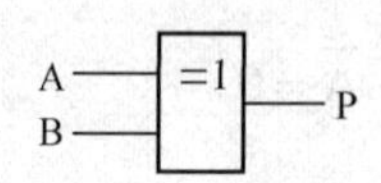

图 1-8　异或逻辑符号

表 1-13　异或逻辑真值表

A	B	P
0	0	0
0	1	1
1	0	1
1	1	0

异或的运算规则是：

$0\oplus 0=0$ ；$0\oplus 1=1$ ；$1\oplus 0=1$ ；$1\oplus 1=0$

异或的一般形式是：

$$A\oplus 0=A \quad ; \quad A\oplus 1=\overline{A} \quad ; \quad A\oplus \overline{A}=1 \quad ; \quad A\oplus A=0$$

异或逻辑的运算口诀是：相异为1。

5. 同或（异或非）逻辑和同或运算

同或的逻辑函数表达式：$P=A\odot B=AB+\overline{A}\,\overline{B}$，同或的逻辑符号和真值表如图1-9和表1-14所示。

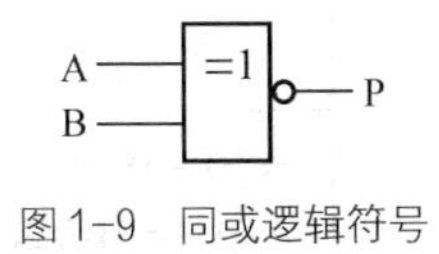

图1-9 同或逻辑符号

表1-14 同或逻辑真值表

A	B	P
0	0	1
0	1	0
1	0	0
1	1	1

同或的运算规则是：$0\odot 0=1$；$0\odot 1=0$；$1\odot 0=0$；$1\odot 1=1$

同或的一般形式是：$A\odot 0=\overline{A}$；$A\odot 1=A$；$A\odot A=1$；$A\odot \overline{A}=0$

同或逻辑的运算口诀是：相同为1。

值得注意的是，异或和同或是一对很特殊的逻辑，是一对反函数，而且都是二变量逻辑。当多个变量异或时，可以通过若干个异或门来实现。例如，函数$F=A\oplus B\oplus C\oplus D$，可通过图1-10来实现。异或和同或的应用也很广泛，如异或门可以实现加法运算（如半加、全加）、用于奇偶校验电路等，同或门可以用作比较器，比较数的大小。在第3章中会有相关的讲解。异或和同或还有一些有趣的等式，如：

$$A\oplus B=\overline{A\odot B}=\overline{A}\oplus\overline{B}=\overline{A}\odot B=A\odot\overline{B}$$

$$A\odot B=\overline{A\oplus B}=\overline{A}\odot\overline{B}=\overline{A}\oplus B=A\oplus\overline{B}$$

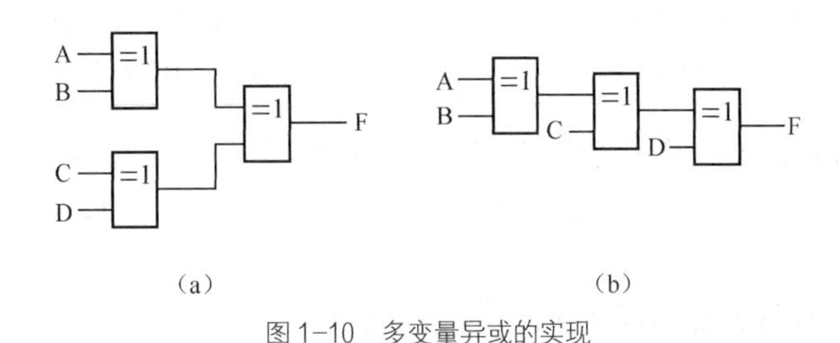

图1-10 多变量异或的实现

常见基本逻辑单元国标符号与非国标符号对照表见本书附录A。其中，国标符号是指国家标准《电气图用图形符号》中“二进制逻辑单元”的图形符号，本书采用国标符号。

1.3.3 逻辑代数的基本公式、三个规则和常用公式

1. 基本公式

根据逻辑与、或、非3种基本运算，可推导出逻辑运算的一些基本公式，如表1-15所示。

在表1-15中，有的公式如交换律与普通代数中的定理形式相同，有的公式与普通代数中的定理形式不同，是逻辑代数中所特有的，如01律、重叠律、反演律和调换律等。其中反演律又叫摩根定律，它提供了一种非常有价值的布尔表达式变换处理方法。反演律能将或非函数变换成与函数，与非函数变换成或函数。

表 1-15 逻辑代数的基本公式

公式名称	公式 1	公式 2
01 律	$A+0=A$ $A+1=1$ $A+\overline{A}=1$ $A\oplus 0=A$ $A\oplus 1=\overline{A}$ $A\oplus \overline{A}=1$	$A\cdot 1=A$ $A\cdot 0=0$ $A\cdot \overline{A}=0$ $A\odot 1=A$ $A\odot 0=\overline{A}$ $A\odot \overline{A}=0$
交换律	$A+B=B+A$ $A\oplus B=B\oplus A$	$A\cdot B=B\cdot A$ $A\odot B=B\odot A$
结合律	$A+B+C=(A+B)+C$ $A\oplus B\oplus C=(A\oplus B)\oplus C$	$A\cdot B\cdot C=(A\cdot B)\cdot C$ $A\odot B\odot C=(A\odot B)\odot C$
分配律	$A(B+C)=AB+AC$ $A(B\oplus C)=AB\oplus AC$	$A+BC=(A+B)(A+C)$ $A+(B\odot C)$ $=(A+B)\odot(A+C)$
重叠律	$A+A=A$ $A\oplus A=0$	$A\cdot A=A$ $A\odot A=1$
反演律	$\overline{A+B}=\overline{A}\cdot\overline{B}$ $\overline{A\oplus B}=A\odot B$	$\overline{A\cdot B}=\overline{A}+\overline{B}$ $\overline{A\odot B}=A\oplus B$
二次求反律	$\overline{\overline{A}}=A$	$\overline{\overline{A}}=A$
调换律	若 $A\oplus B=C$，则必有 $A\oplus C=B$，$B\oplus C=A$	若 $A\odot B=C$，则必有 $A\odot C=B$，$B\odot C=A$

表 1-15 中给出的公式反映了逻辑代数的基本规律，有些是显而易见的，而有些不容易看出是否正确，最可靠的证明方法就是利用真值表进行检验。也可以根据逻辑运算中的等式来证明。

【例 1-13】 用真值表证明反演律：$\overline{A+B}=\overline{A}\cdot\overline{B}$

证明 根据等式，列出真值表如表 1-16 所示。由表 1-16 可见，对应于 A，B 的全部状态取值组合，$\overline{A+B}$ 和 $\overline{A}\cdot\overline{B}$ 的值都一一对应，完全相同，所以 $\overline{A+B}=\overline{A}\cdot\overline{B}$，等式成立。

表 1-16 例 1-13 真值表

A	B	$\overline{A+B}$	$\overline{A}\cdot\overline{B}$
0	0	1	1
0	1	0	0
1	0	0	0
1	1	0	0

【例 1-14】 用公式证明分配律：A+BC=(A+B)(A+C)

证明
$$\begin{aligned}(A+B)(A+C)&=A\cdot A+AC+AB+BC\\&=A+AC+AB+BC\\&=A(1+C+B)+BC\\&=A+BC\end{aligned}$$

2. 三个规则

（1）代入规则：任何 1 个含有变量 A 的等式，如果将所有出现变量 A 的地方都代之以一个逻辑函数 F，则等式仍然成立。

【例 1-15】 已知 $A+\overline{A}B=A+B$，若令 $Z=C\overline{D}$ 代替 A，则：$C\overline{D}+\overline{C\overline{D}}B=C\overline{D}+B$ 成立。而：$C\overline{D}+\overline{A}B=C\overline{D}+B$ 不成立。代入规则的意义在于可以扩大基本公式的应用范围。

（2）反演规则：设 F 是一个逻辑函数表达式，如果将 F 中所有的“＋”和“·”（注意，在逻辑函数表达式中，“·”常被省略）互换，所有的常量 0 和常量 1 互换，所有的原变量和反变量互换，这样所得到新的函数式就是 $\overline{F}$。$\overline{F}$ 称为原函数 F 的反函数，或称补函数。反演规则又称互补规则。

这个变换过程可归纳为：变号、变常量、变变量，凡是不属于单个变量的非运算符号保留不变，保留原有的运算和书写顺序不变。利用反演规则可以方便地求逻辑函数的反函数。反演规则的意义在于已知原函数，求反函数。函数两次取反等于函数本身，即 $\overline{\overline{F}}=F$。

【例 1-16】 已知 $\overline{F_1}=\overline{C+\overline{AB}}\cdot\overline{\overline{A}B+\overline{C}}$，求反函数 F_1。

解 由反演规则，可得：$F_1=\overline{\overline{C}\cdot\overline{\overline{A}+\overline{B}}}+\overline{(A+\overline{B})\cdot C}$

【例 1-17】 已知 $F_2=\overline{\overline{AB}+C}+(\overline{B}\,\overline{D}+C)\overline{A\overline{B}+\overline{D}}$，求反函数 $\overline{F_2}$。

解 由反演规则，可得：$\overline{F_2}=\overline{\overline{\overline{A}+\overline{B}}\cdot\overline{C}}\cdot[(B+D)\cdot\overline{C}+\overline{(\overline{A}+B)\cdot D}\ ]$

（3）对偶规则：设 F 是一个逻辑函数表达式，如果将 F 中所有的“＋”和“·”互换，所有的常量 0 和常量 1 互换，则得到一个新的函数表达式 F^*，F^*称为 F 的对偶式。

这个变换过程可归纳为：变号、变常量、保留原有的运算和书写顺序不变。利用对偶规则可以方便地求逻辑函数的偶函数。对偶规则的意义在于已知原函数，求偶函数。函数的两次对偶等于函数本身，即：$(F^*)^*=F$。

【例 1-18】 已知 $F_1=ABC+\overline{B}C\overline{D}+C(\overline{B}+D)$，求偶函数 F_1^*。

解 由对偶规则，可得：$F_1^*=(A+B+C)(\overline{B}+C+\overline{D})(C+\overline{B}D)$

【例 1-19】 已知 $F_2=\overline{\overline{AB}+C}+(\overline{B}\,\overline{D}+C)\overline{A\overline{B}+\overline{D}}$，求偶函数 F_2^*。

解 由对偶规则，可得：$F_2^*=\overline{\overline{A+B}\cdot C}\cdot[(\overline{B}+\overline{D})\cdot C+\overline{(A+\overline{B})\cdot\overline{D}}\ ]$

【例 1-20】 已知 $F=A\overline{B}+\overline{C}D$，求偶函数 F^*。

解 由对偶规则，可得：$F^*=(A+\overline{B})(\overline{C}+D)$

对偶规则可以将一个与或（或与）表达式 F，变成或与（与或）表达式 F^*，大多数逻辑函数 F 和 F^*并不相等，但有一些特殊的自对偶函数，F 和 F^*相等，同或，异或逻辑就具有自对偶性，可得同或、异或的一些特殊等式如：

$$(A\oplus B)^*=A\odot B;\ (A\odot B)^*=A\oplus B$$
$$(A\odot B\oplus C)^*=A\oplus B\oplus C=A\odot B\odot C$$
$$(A\odot B\odot C)^*=A\odot B\odot C=A\oplus B\oplus C$$

如果两个逻辑函数表达式相等，那么它们的对偶式也一定相等。

利用对偶规则，不仅可以帮助人们证明逻辑等式，而且可以帮助人们减少公式的记忆量。表 1-16 列出的逻辑代数基本公式中，公式 1 和公式 2 两组公式之间实际上呈互为对偶关系，当记忆这些公式时，仅需记忆一半即可，这为逻辑运算提供了许多方便。

3．常用公式

逻辑代数的常用公式如表 1-17 所示。

表 1-17　逻辑代数的常用公式

	公式	对偶公式	公式意义
①	$AB+A\overline{B}=A$	$(A+B)\cdot(A+\overline{B})=A$	吸收律：消去互补因子 B 和 $\overline{B}$
②	$A+AB=A$	$A(A+B)=A$	消去多余项 AB
③	$A+\overline{A}B=A+B$	$A(\overline{A}+B)=AB$	消去多余因子 $\overline{A}$
④	$AB+\overline{A}C+BC=AB+\overline{A}C$	$(A+B)(\overline{A}+C)(B+C)=(A+B)(\overline{A}+C)$	消去多余项 BC
⑤	$AB+\overline{A}C=(A+C)(\overline{A}+B)$	$(A+B)(\overline{A}+C)=AC+\overline{A}B$	交叉互换律：与或式、或与式形式互换

表 1-17 中逻辑代数的常用公式证明如下。

公式①证明：$AB+A\overline{B}=A(B+\overline{B})=A$

公式②证明：$A+AB=A(1+B)=A$

公式③证明：$A+\overline{A}B=A+AB+\overline{A}B=A+(A+\overline{A})B=A+B$

公式④证明：$AB+\overline{A}C+BC=AB+\overline{A}C+(A+\overline{A})BC=AB+\overline{A}C+ABC+\overline{A}BC=AB+\overline{A}C$

公式⑤证明：$(A+C)(\overline{A}+B)=A\overline{A}+AB+\overline{A}C+BC=AB+\overline{A}C+BC=AB+\overline{A}C$

1.3.4　逻辑函数及其表示方法

1．逻辑函数的建立

按某种逻辑关系，用有限个与、或、非等逻辑运算关系将逻辑变量 x_0，x_1，…，x_n 结合起来，得到 F=f（x_0，x_1，…，x_n），其被称为逻辑函数。

逻辑变量和逻辑函数的取值只有 0 和 1，当变量 x_0，x_1，…，x_n 的取值确定后，F 的取值也唯一确定。建立一个逻辑函数时，一般可以先列出真值表，然后写出逻辑函数表达式。一个逻辑函数可以有多种表示方法。

已知真值表求逻辑函数表达式可用下述两种方法。

方法 1：把输出为 1 的相对应一组输入变量（A，B，C，…）组合状态以逻辑乘形式表示（用原变量表示变量取值 1，用反变量表示变量取值 0），再将所有 F=1 的逻辑乘进行逻辑加，即得出 F 的与或表达式，或称积之和式。

方法 2：把输出为 0 的相对应一组输入变量（A，B，C，…）组合状态以逻辑加形式表示（用原变量表示变量取值 0，用反变量表示变量取值 1），再将所有 F=0 的逻辑加进行逻辑乘，即得出 F 的或与表达式，或称和之积式。

下面举例说明建立逻辑函数的过程。

【例 1-21】 设有 A，B，C 共 3 人对某提案进行表决，遵循少数服从多数的表决原则，表决结果用 P 表示。试列出 P 的真值表，并写出逻辑函数表达式。

解 先作以下假设：表决者 A，B，C 赞成提案用 1 表示，反对提案用 0 表示；表决结果 P 通过用 1 表示，否决用 0 表示；则可列出真值表如表 1-18 所示。由表 1-18 可见，P=1 的输入组合有 ABC 为 011，101，110，111 共 4 组，分别可以写成 $\overline{A}BC$、$A\overline{B}C$、$AB\overline{C}$、ABC，所以输出 P 的与或式（积之和式）为

$$P=\overline{A}BC+A\overline{B}C+AB\overline{C}+ABC$$

表 1-18　三者表决真值表

A	B	C	P
0	0	0	0
0	0	1	0
0	1	0	0
0	1	1	1
1	0	0	0
1	0	1	1
1	1	0	1
1	1	1	1

同理，P=0 的输入组合有 ABC 为 000、001、010 和 100 共 4 组，分别可以将其写成 $A+B+C$、$A+B+\overline{C}$、$A+\overline{B}+C$ 和 $\overline{A}+B+C$，所以输出 P 的或与式（和之积式）为 $P=(A+B+C)(A+B+\overline{C})(A+\overline{B}+C)(\overline{A}+B+C)$。

2．逻辑函数的表示方法

逻辑函数的表示方法通常有真值表（表格形式）、逻辑函数表达式（数学公式形式）、逻辑电路图（逻辑符号形式）、卡诺图（几何图形形式）及波形（动态图形形式）等 5 种方法。

（1）真值表法：采用表格形式来表示逻辑函数的运算关系，其中输入部分列出输入逻辑变量的所有可能组合（n 变量输入共有 2^n 个组合），输出部分给出相应的逻辑输出值。函数的真值表直观明了，但随着输入变量数增加，真值表显得繁琐。

（2）逻辑函数表达式法：由逻辑变量和与、或、非等逻辑运算组成的代数式。与普通代数不同，布尔代数中的变量是二元值的逻辑变量。

（3）逻辑电路图法：采用规定的图形符号，来构成逻辑函数运算关系的网络图形。

（4）卡诺图法：一种几何图形，可以用来表示和简化逻辑函数表达式。这种方法会在 1.3.5 节中介绍。

（5）波形图法：一种表示输入输出变量动态变化的图形，反映了函数值随时间变化的规律。

逻辑函数的 5 种表示方法在本质上是相同的，可以相互转换。例 1-21 说明了真值表到表达式的转换，下面举例说明其他形式的转换。

【例 1-22】 画出例 1-21 中三者表决函数的逻辑图。

解 由例 1-21 已得到三者表决函数的输出函数表达式 $P=\overline{A}BC+A\overline{B}C+AB\overline{C}+ABC$，经化简，可得

$$\begin{aligned}P&=\overline{A}BC+A\overline{B}C+AB\overline{C}+ABC\\&=AB+BC+AC\end{aligned}$$

可用 3 个与门和 1 个或门实现函数，三者表决逻辑电路图如图 1-11 所示。结合例 1-21，可以得到建立逻辑函数的全过程。

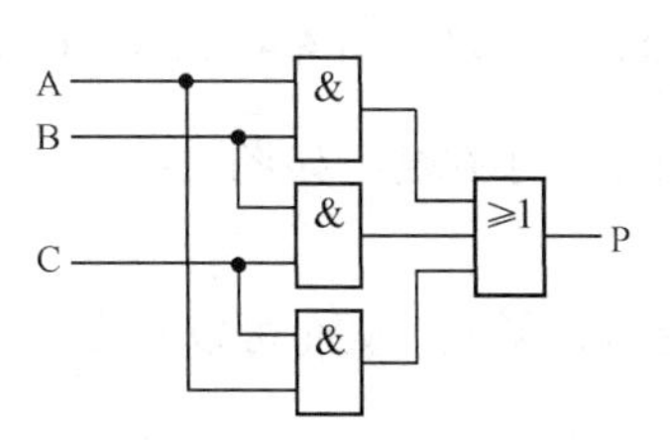

图 1-11　例 1-22 三者表决逻辑电路图

【例 1-23】 写出如图 1-12 所示逻辑图的函数表达式

并列出真值表。

解 可由输入至输出逐步写出逻辑表达式：$F=\overline{A}\,\overline{B}+AB$

根据逻辑表达式，可列出真值表如表1-19所示。

表1-19 例1-23真值表

A	B	F
0	0	1
0	1	0
1	0	0
1	1	1

图1-12 例1-23逻辑电路图

【例1-24】 根据图1-13所示波形，列出F的真值表并写出F的表达式。

解 根据图1-13所示波形，可以找到输出F和输入A，B的关系，从而列出真值表如表1-21所示。根据表1-20，可写出表达式为：$F=A\overline{B}$

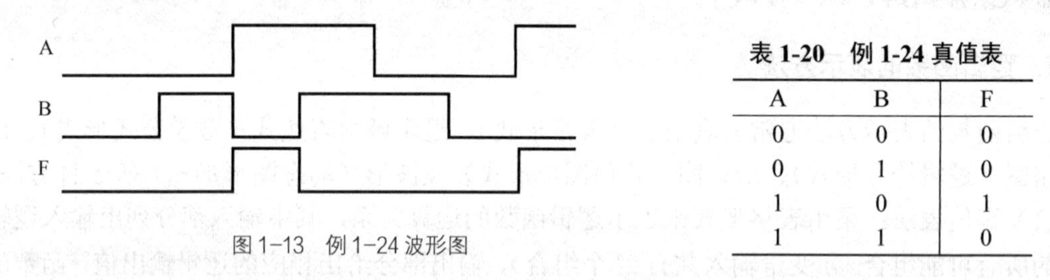

图1-13 例1-24波形图

表1-20 例1-24真值表

A	B	F
0	0	0
0	1	0
1	0	1
1	1	0

3. 逻辑函数表达式的基本形式

一个逻辑函数可以有许多不同的表达式，其基本形式有5种。

（1）与或式：如$F=AB+\overline{A}C$，可以用2个与门和1个或门实现，如图1-14（a）所示。

（2）或与式：如$F=(\overline{A}+B)(A+C)$，可以用2个或门和1个与门实现，如图1-14（b）所示。

（3）与非-与非式：由与或式利用反演律变形而成，如$F=AB+\overline{A}C=\overline{\overline{AB+\overline{A}C}}=\overline{\overline{AB}\cdot\overline{\overline{A}C}}$，可以用3个与非门实现，如图1-14（c）所示。与非-与非式的优点是1个逻辑函数仅由同1种逻辑关系构成。

（4）或非-或非式：由或与式利用反演律变形而成，如$F=(\overline{A}+B)(A+C)=\overline{\overline{(\overline{A}+B)(A+C)}}=\overline{\overline{\overline{A}+B}+\overline{A+C}}$，可以用3个或非门实现，如图1-14（d）所示。它具有和与非-与非式相同的优点。

（5）与或非式：由或非-或非式进一步利用反演律变形而成，如$F=(\overline{A}+B)(A+C)=\overline{\overline{(\overline{A}+B)(A+C)}}=\overline{\overline{\overline{A}+B}+\overline{A+C}}=\overline{A\overline{B}+\overline{A}\,\overline{C}}$，可以用1个与或非门实现，如图1-14（e）所示。

从图1-14可以看到，同1个逻辑函数可以有多种不同的表达式形式，从而可以有多种不同的电路实现，这让设计者有更灵活的器件选择。

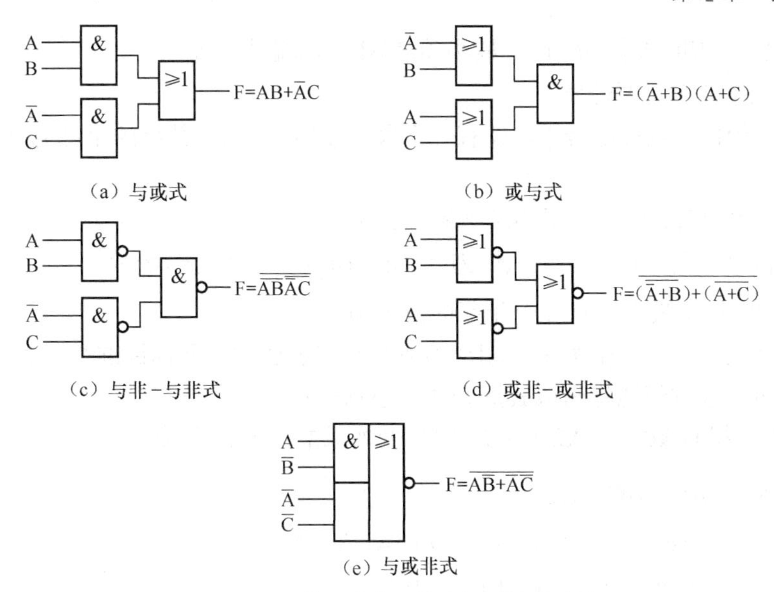

图 1-14　逻辑函数的 5 种形式及其逻辑电路

4．逻辑函数表达式的标准形式

对与或式和或与式来说，还有两种更为标准的形式，即最小项表达式和最大项表达式，常将这两种形式称为逻辑函数的标准形式。下面先介绍最小项和最大项的概念。

对逻辑函数来说，如果将多个变量相乘，则所构成的代数项称为乘积项，而最小项就是特殊的乘积项，该乘积项包含了逻辑函数的全部变量，而且每个变量因子仅仅以原变量或反变量的形式在 1 个乘积项中唯一出现 1 次。n 变量逻辑函数共有 2^n 个不同的最小项。

表 1-21 列出了三变量与全部 8 个最小项的真值表。从表中可以看出，对应于三变量输入 ABC 的 8 种取值中的每一种组合，都能找到与之对应的一个最小项。在最小项中，若是原变量，则变量的取值为 1，若是反变量，则变量的取值为 0。

表 1-21　　三变量与最小项真值表

A	B	C	$\bar{A}\bar{B}\bar{C}$	$\bar{A}\bar{B}C$	$\bar{A}B\bar{C}$	$\bar{A}BC$	$A\bar{B}\bar{C}$	$A\bar{B}C$	$AB\bar{C}$	ABC
0	0	0	1	0	0	0	0	0	0	0
0	0	1	0	1	0	0	0	0	0	0
0	1	0	0	0	1	0	0	0	0	0
0	1	1	0	0	0	1	0	0	0	0
1	0	0	0	0	0	0	1	0	0	0
1	0	1	0	0	0	0	0	1	0	0
1	1	0	0	0	0	0	0	0	1	0
1	1	1	0	0	0	0	0	0	0	1
			m_0	m_1	m_2	m_3	m_4	m_5	m_6	m_7

为了书写方便，常用最小项的编号 m_i 表示 n 变量的最小项，其中下标 $i \in (0,1,2,\cdots,2^n-1)$，若将使 $m_i=1$ 的变量取值当成一个二进制数，这个二进制数所对应的十进制数，即为 i 的取值。

例如，对应于变量 ABC 取值为 110，最小项是 $AB\overline{C}$，编号是 m_6。

最小项有以下 4 个主要性质。

（1）在变量的任意取值组合下，仅有一个最小项的值为 1，其余的全部为 0，即最小项等于 1 的机会最小；

（2）n 变量逻辑函数的全部最小项之和恒为 1；

（3）任意两个不同的最小项之积恒为 0，记为 $m_i \cdot m_j = 0 \quad (i \neq j)$；

（4）n 变量的每个最小项有 n 个相邻的最小项。

最小项表达式是由若干个最小项相加构成的与或表达式，又称标准与或表达式，标准积之和表达式。可以很方便地将与或式展开成最小项表达式。

【例 1-25】 将 $F(ABC) = AB + AC + BC$ 变换成最小项表达式。

解

$$\begin{aligned} F(ABC) &= AB + AC + BC \\ &= AB(C + \overline{C}) + AC(B + \overline{B}) + BC(A + \overline{A}) \\ &= \overline{A}BC + A\overline{B}C + AB\overline{C} + ABC \end{aligned}$$

或者，简写成

$$F(ABC) = m_3 + m_5 + m_6 + m_7 = \sum\nolimits_m (3,5,6,7)$$

$F(ABC) = AB + AC + BC$ 是例 1-21 的三者表决器，其真值表如表 1-18 所示。对比真值表和最小项表达式，可以看到，逻辑函数真值表中的每一行，实质上就是一个最小项，所以，只要将真值表中使输出函数为 1 所对应的最小项相加，就是可以得到该函数的最小项表达式。

最小项表达式的一般形式是：$F = \sum_{i=0}^{2^n-1} a_i \cdot m_i$

对逻辑函数来说，如果将多个变量相加（或），则所构成的代数项称为相加项，而最大项就是特殊的相加项，该相加项包含了逻辑函数的全部变量，而且每个变量因子仅仅以原变量或反变量的形式在一个相加项中唯一出现一次。n 变量逻辑函数共有 2^n 个不同的最大项。

表 1-22 列出了三变量与全部 8 个最大项的真值表。从表中可以看出，对应于三变量输入 ABC 的 8 种取值中的每一种组合，都能找到与之对应的一个最大项。在最大项中，若是原变量，则变量的取值为 0，若是反变量，则变量的取值为 1。

表 1-22　　三变量与最大项真值表

A	B	C	$A+B+C$	$A+B+\overline{C}$	$A+\overline{B}+C$	$A+\overline{B}+\overline{C}$	$\overline{A}+B+C$	$\overline{A}+B+\overline{C}$	$\overline{A}+\overline{B}+C$	$\overline{A}+\overline{B}+\overline{C}$
0	0	0	0	1	1	1	1	1	1	1
0	0	1	1	0	1	1	1	1	1	1
0	1	0	1	1	0	1	1	1	1	1
0	1	1	1	1	1	0	1	1	1	1
1	0	0	1	1	1	1	0	1	1	1
1	0	1	1	1	1	1	1	0	1	1
1	1	0	1	1	1	1	1	1	0	1
1	1	1	1	1	1	1	1	1	1	0
			M_0	M_1	M_2	M_3	M_4	M_5	M_6	M_7

同样为了书写方便，常用 M_i 表示 n 变量的最大项，其中下标 $i \in (0,1,2,\cdots,2^n-1)$，若将使 M_i=0 的变量取值当成一个二进制数，这个二进制数所对应的十进制数，即为 i 的取值。例如，对应于变量 ABC 取值为 110，最大项是 $\overline{A}+\overline{B}+C$，编号是 M_6。表 1-23 是四变量全部的最小项和最大项。

和最小项类似，最大项也有以下 4 个主要性质。

（1）在变量的任意取值组合下，仅有一个最大项的值为 0，其余的全部为 1，即最大项等于 1 的机会最大；

（2）任意两个不同的最大项之和恒为 1；

（3）n 变量逻辑函数的全部最大项之积恒为 0；

（4）n 变量的每个最大项有 n 个相邻的最大项。

最大项表达式是全部由最大项相乘构成的或与表达式，又称标准或与表达式，标准和之积表达式。

根据表 1-18 所示真值表，可以写出它的最大项表达式为

$$
\begin{aligned}
F &= (A+B+C)(A+B+\overline{C})(A+\overline{B}+C)(\overline{A}+B+C) \\
&= M_0 \cdot M_1 \cdot M_2 \cdot M_4 \\
&= \Pi_M(0,1,2,4)
\end{aligned}
$$

表 1-23　　四变量最小项和最大项真值表

ABCD	对应最小项（m_i）	对应最大项（M_i）	ABCD	对应最小项（m_i）	对应最大项（M_i）
0000	$\overline{A}\,\overline{B}\,\overline{C}\,\overline{D}=m_0$	$A+B+C+D=M_0$	1000	$A\overline{B}\,\overline{C}\,\overline{D}=m_8$	$\overline{A}+B+C+D=M_8$
0001	$\overline{A}\,\overline{B}\,\overline{C}\,D=m_1$	$A+B+C+\overline{D}=M_1$	1001	$A\,\overline{B}\,\overline{C}\,D=m_9$	$\overline{A}+B+C+\overline{D}=M_9$
0010	$\overline{A}\,\overline{B}\,C\,\overline{D}=m_2$	$A+B+\overline{C}+D=M_2$	1010	$A\overline{B}C\overline{D}=m_{10}$	$\overline{A}+B+\overline{C}+D=M_{10}$
0011	$\overline{A}\,\overline{B}CD=m_3$	$A+B+\overline{C}+\overline{D}=M_3$	1011	$A\overline{B}CD=m_{11}$	$\overline{A}+B+\overline{C}+\overline{D}=M_{11}$
0100	$\overline{A}\,B\,\overline{C}\,\overline{D}=m_4$	$A+\overline{B}+C+D=M_4$	1100	$AB\overline{C}\,\overline{D}=m_{12}$	$\overline{A}+\overline{B}+C+D=M_{12}$
0101	$\overline{A}\,B\,\overline{C}\,D=m_5$	$A+\overline{B}+C+\overline{D}=M_5$	1101	$AB\overline{C}D=m_{13}$	$\overline{A}+\overline{B}+C+\overline{D}=M_{13}$
0110	$\overline{A}\,B\,C\,\overline{D}=m_6$	$A+\overline{B}+\overline{C}+D=M_6$	1110	$ABC\overline{D}=m_{14}$	$\overline{A}+\overline{B}+\overline{C}+D=M_{14}$
0111	$\overline{A}\,B\,C\,D=m_7$	$A+\overline{B}+\overline{C}+\overline{D}=M_7$	1111	$ABCD=m_{15}$	$\overline{A}+\overline{B}+\overline{C}+\overline{D}=M_{15}$

最大项表达式的一般形式是 $F=\prod_{i=0}^{2^n-1}(a_i+M_i)$

同一逻辑函数的下标 i 相同的最小项和最大项是互补的，即 $M_i=\overline{m_i}$，$\overline{M_i}=m_i$，而最小项表达式和最大项表达式的关系是：具有完全相同下标编号 i，变量数相同的最小项表达式和最大项表达式互补。如：

$$
F(a,b,c)=\Sigma_m(0,1,2,4)=\overline{G(a,b,c)}=\overline{\Pi_M(0,1,2,4)}=\Pi_M(3,5,6,7)=\overline{\Sigma_m(3,5,6,7)}
$$

5. 正逻辑与负逻辑

在逻辑电路中有两种逻辑体制：用 1 表示高电位，0 表示低电位的，称为正逻辑体制；

用 1 表示低电位，0 表示高电位的，称为负逻辑体制。对于同一个逻辑门电路，在正逻辑定义下如实现与门功能，在负逻辑定义下则实现或门功能。

【例 1-26】 分别在正逻辑、负逻辑定义下，列出图 1-15 中 F 的真值表并写出 F 的表达式。

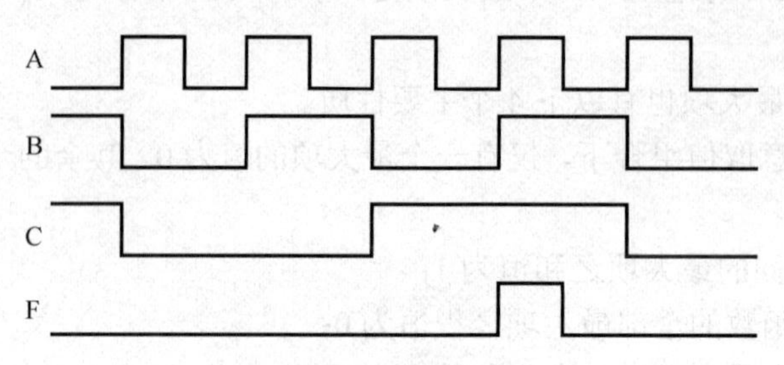

图 1-15 例 1-26 波形图

解 在正逻辑定义下，可得真值表如表 1-24 所示，输出 F 的逻辑函数表达式为 F=ABC；在负逻辑定义下，可得真值表如表 1-25 所示，输出 F 的逻辑函数表达式为 $F = A + B + C$。

由此可知，对于同样一个电路，虽然电路的逻辑功能（即输入、输出端的电压关系）是不会改变的，但如果采用的逻辑体制不同，就会得到不同的门电路。表 1-26 中列出了正、负逻辑定义下的对比关系。

表 1-24 正逻辑下真值表

A	B	C	F
0	0	0	0
0	0	1	0
0	1	0	0
0	1	1	0
1	0	0	0
1	0	1	0
1	1	0	0
1	1	1	1

表 1-25 负逻辑下真值表

A	B	C	F
0	0	0	0
0	0	1	1
0	1	0	1
0	1	1	1
1	0	0	1
1	0	1	1
1	1	0	1
1	1	1	1

表 1-26 正、负逻辑定义下的对比关系

正逻辑定义	负逻辑定义
与门	或门
或门	与门
与非门	或非门
或非门	与非门
同或门	异或门
异或门	同或门

数字系统设计中，不是采用正逻辑就是采用负逻辑，但在同一系统中不能混合使用。本书中采用的是正逻辑。

1.3.5 逻辑函数的化简方法

逻辑函数简化的意义在于，简化逻辑电路，减少元、器件数量，降低设备成本，提高设备可靠性。

简化的目标是获得最简与或表达式。在多种逻辑表达式形式中选择与或式的原因是，不仅逻辑函数中与或表达式比较常见，与或表达式容易和其他形式的表达式相互转换，而且目前采用的可编程逻辑器件多使用与或阵列。最简与或表达式的含义是：首先保证与或表达式中乘积项的个数最少，其次还要求每个乘积项中包含的变量数最少。前者可以使电路实现时所需的逻辑门的个数最少，后者可以使逻辑门的输入端个数最少。这样就可以保证电路最简、成本最低。下面介绍两种最基本的逻辑函数化简方法：代数化简法和卡诺图化简法。

1. 代数化简法

代数化简法也叫公式化简法，就是利用逻辑代数的基本公式和常用公式化简逻辑函数。常用的方法有以下几种。

（1）合并项法：合并项法主要利用公式 $AB+A\overline{B}=A$ ，将两项并为一项，消去一个取值不同的变量。

【例 1-27】 $F=A\overline{B}C+A\overline{B}\,\overline{C}=A\overline{B}$

【例 1-28】 $F=A\overline{B}C+AB\overline{C}+ABC+A\overline{B}\,\overline{C}=A(\overline{B}C+B\overline{C})+A(BC+\overline{B}\,\overline{C})=A$

（2）吸收法：吸收法主要利用公式 $A+AB=A$， $AB+\overline{A}C+BC=AB+\overline{A}C$ ，吸收多余的乘积项。

【例 1-29】 $F=A\overline{B}+A\overline{B}D+A\overline{B}E=A\overline{B}+A\overline{B}(D+E)=A\overline{B}$

【例 1-30】 $F=AC+A\overline{B}CD+ABC+\overline{C}D+ABD=AC+\overline{C}D+ABD=AC+\overline{C}D$

（3）消去法：消去法主要利用公式 $A+\overline{A}B=A+B$ ，消去多余的乘积因子。

【例 1-31】 $F=\overline{A}+AB+ACD=\overline{A}+B+CD$

【例 1-32】 $F=AB+\overline{A}C+\overline{B}C=AB+C(\overline{A}+\overline{B})=AB+C\overline{AB}=AB+C$

（4）配项法：配项法主要利用公式 $AB+\overline{A}C=AB+\overline{A}C+BC$（添加项定理），$A+\overline{A}=1$，将待化简函数式，通过适当的添加项，达到消除更多项，使函数更简的目的。

【例 1-33】 化简函数 $F=A\overline{B}+B\overline{C}+\overline{B}C+\overline{A}B$

解 1

$$
\begin{aligned}
F&=A\overline{B}+B\overline{C}+\overline{B}C+\overline{A}B=A\overline{B}+B\overline{C}+\overline{B}C+\overline{A}B+\overline{A}C\\
&=A\overline{B}+B\overline{C}+\overline{A}C
\end{aligned}
$$

解 2

$$
\begin{aligned}
F&=A\overline{B}+B\overline{C}+\overline{B}C+\overline{A}B=A\overline{B}+B\overline{C}+\overline{B}C+\overline{A}B+A\overline{C}\\
&=\overline{B}C+\overline{A}B+A\overline{C}
\end{aligned}
$$

解 3

$$
\begin{aligned}
F&=A\overline{B}+B\overline{C}+\overline{B}C+\overline{A}B=A\overline{B}+B\overline{C}+\overline{B}C(A+\overline{A})+\overline{A}B(C+\overline{C})\\
&=A\overline{B}+B\overline{C}+A\overline{B}C+\overline{A}\,\overline{B}C+\overline{A}BC+\overline{A}B\overline{C}\\
&=A\overline{B}+B\overline{C}+\overline{A}\,\overline{B}C+\overline{A}BC\\
&=A\overline{B}+B\overline{C}+\overline{A}C(B+\overline{B})\\
&=A\overline{B}+B\overline{C}+\overline{A}C
\end{aligned}
$$

从上例可以看到，同一个逻辑函数表达式有时候可能会有简单程度相同的多个最简式。这与化简时使用了不同的方法有关。在化简函数时，经常是不拘泥于某一种方法，而是以上方法的综合应用，如下例所示。

【例 1-34】

$$
\begin{aligned}
Y&=AD+AB+\overline{A}C+BD+ACEF+A\overline{D}+\overline{B}EF+DEFG\\
&=A+AB+\overline{A}C+BD+ACEF+\overline{B}EF+DEFG
\end{aligned}
$$

$$=A+C+BD+\bar{B}EF+DEFG$$

$$=A+C+BD+\bar{B}EF$$

以上举例都是针对与或表达式而言，如果需化简的函数式是其他形式，可以借助反演律和对偶规则等手段，先将待化简的表达式转换成与或式后再化简。下面举例说明。

【例 1-35】

$$F=\overline{\overline{AB+\bar{A}\bar{B}}\cdot\overline{BC+\bar{B}\bar{C}}}$$

$$=AB+\bar{A}\bar{B}+BC+\bar{B}\bar{C}$$

$$=AB+\bar{A}\bar{B}+BC+\bar{B}\bar{C}\ \ +\bar{A}C$$

$$=AB+\bar{B}\bar{C}\ \ +\bar{A}C$$

【例 1-36】

$$Y=A(A+B)(\bar{A}+C)(B+D)(\bar{A}+C+E+F)(\bar{B}+F)(D+E+F)$$

$$Y^{*}=A+AB+\bar{A}C+BD+\bar{A}CEF+\bar{B}F+DEF$$

$$=A+\bar{A}C+BD+\bar{A}CEF+\bar{B}F+DEF$$

$$=A+C+BD+\bar{B}F+DEF$$

$$=A+C+BD+\bar{B}F$$

$$Y=AC(B+D)(\bar{B}+F)=AC(B+D)(\bar{B}+F)=ABCF+A\bar{B}CD$$

逻辑函数代数化简法的优点是适合任意多的变量数，缺点是没有固定的方法，不能保证最后结果最简。公式化简法有很强的技巧性及明显的试探性。试探的成功率和化简过程的简繁，取决于对公式定理的理解和熟悉程度。实际的化简，往往并不是简单套用某个公式来解决，需要在认真观察、分析之后灵活地运用公式，最后求得最简表达式。并且在许多情况下，化简方法不唯一，甚至结果也不唯一，因此要充分利用最熟悉的公式，从一点突破，最终解决问题。

2．卡诺图化简法（图解法）

（1）卡诺图简介

卡诺图是真值表的图形表示，是最小项的方格图。将一个逻辑函数的全部最小项，填入卡诺图中相应的方格内，并保证相邻最小项在图内的几何位置上相邻，这种方格图叫卡诺图。根据表 1-27 所示的三变量的最小项真值表，可以得到图 1-16 所示的三变量卡诺图（3 维卡诺图）。由图 1-16 可以得出如下 3 点。

表 1-27　三变量最小项

A	B	C	最小项
0	0	0	$\bar{A}\bar{B}\bar{C}$
0	0	1	$\bar{A}\bar{B}C$
0	1	0	$\bar{A}B\bar{C}$
0	1	1	$\bar{A}BC$
1	0	0	$A\bar{B}\bar{C}$
1	0	1	$A\bar{B}C$
1	1	0	$AB\bar{C}$
1	1	1	ABC

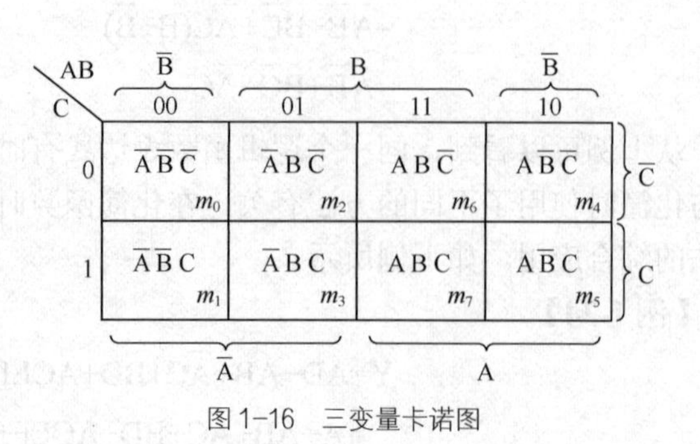

图 1-16　三变量卡诺图

① 三变量卡诺图有 8 个小方格，每个小方格对应三变量的 1 个最小项。卡诺图中标注出了三变量的 8 个最小项的具体位置。

② 卡诺图中方格的上标和左标是输入变量及其相应逻辑取值，0 和 1 表示使对应小方格内最小项为 1 的变量取值。其中，上标采用了两位循环码。由于循环码中相邻的两组码只有 1 个数码不同，这就可以保证卡诺图中每 1 个小方格代表的最小项与它的全部相邻项在几何位置上也相邻。采用循环码，可以最大限度地满足相邻性。尤其要注意的是首尾相邻的特点，即在卡诺图中，同 1 行中最左和最右 2 个方格代表的最小项也相邻。如和最小项 $\overline{A}\,\overline{B}\,\overline{C}$ 相邻的最小项有：$\overline{A}\,\overline{B}C$，$\overline{A}B\overline{C}$，$A\overline{B}\,\overline{C}$ 3 个。

③ 卡诺图中还标注出了所有原变量和反变量在卡诺图中的覆盖范围。如 $\overline{B}$ 在卡诺图中的覆盖范围包括最小项：m_0，m_1，m_4，m_5。利用变量的覆盖范围，可以很方便的找出变量与函数取值间的关系。四变量卡诺图应有 $2^4=16$ 个小方格，如图 1-17 所示。其中两组变量 AB、CD 的取值组合也按照循环码排列，以保证逻辑的最大相邻性。请读者自行观察卡诺图四变量函数的 16 个最小项的具体位置以及所有原变量和反变量在卡诺图中的覆盖范围。

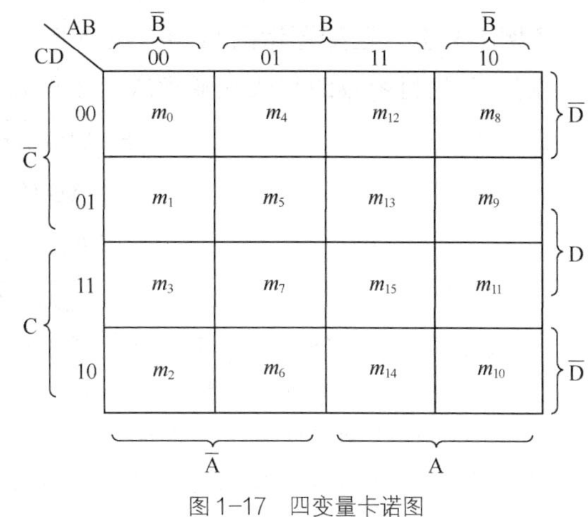

图 1-17 四变量卡诺图

图 1-18 给出了二～五变量的卡诺图。从图中可以看到，随着输入变量的增加，卡诺图图形变得更复杂。

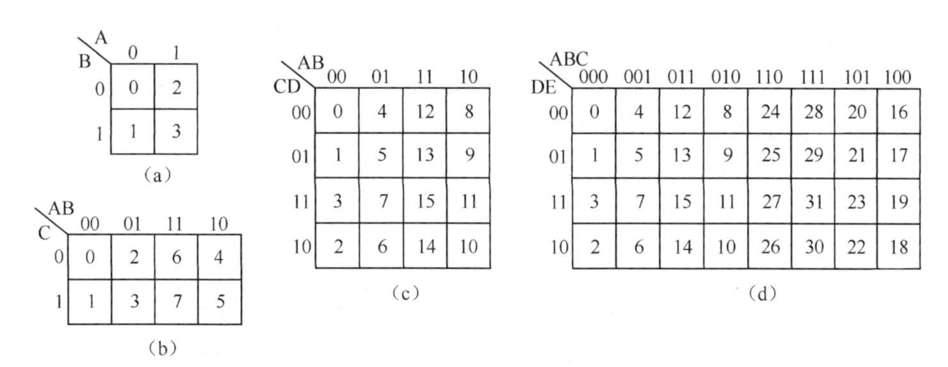

图 1-18 二～五变量卡诺图

（2）用卡诺图表示逻辑函数

任何一个逻辑函数都可以用卡诺图来表示。由逻辑函数画卡诺图通常有如下 3 种方法。

① 根据真值表画卡诺图。

【例 1-37】 已知逻辑函数 F 的真值表如表 1-28 所示，试画出 F 的卡诺图。

解 把真值表中输出函数 F=1 的各最小项所对应的小方格内填入 1，F=0 的各最小项所对应的小方格内填入 0（为简明起见，也可不填），即可得到该函数的卡诺图，如图 1-19 所示。

表 1-28 例 1-37 的真值表

A	B	F
0	0	0
0	1	1
1	0	0
1	1	1

B \ A	0	1
0	0	0
1	1	1

图 1-19 例 1-37 卡诺图

② 根据最小项表达式画卡诺图。

【例 1-38】 已知逻辑函数 $F=AB+\overline{A}\,\overline{B}C$，试画出 F 的卡诺图。

解 首先将函数的与或式变换成最小项表达式

$$
\begin{aligned}
F&=AB+\overline{A}\,\overline{B}C\\
&=AB(C+\overline{C})+\overline{A}\,\overline{B}C\\
&=m_1+m_6+m_7\\
&=\sum_m(1,6,7)
\end{aligned}
$$

其次按函数最小项表达式中出现的最小项，在卡诺图中相应小方格内填 1，在其余的小方格内填入 0，即可得到该函数的卡诺图，如图 1-20 所示。

③根据表达式画卡诺图。有时将函数的与或式变换成最小项表达式是很繁琐的，而根据卡诺图中各个变量与反变量的覆盖范围，可以直接画出卡诺图。

【例 1-39】 已知逻辑函数 $F=A+\overline{B}\,\overline{C}+\overline{A}B\overline{D}+\overline{A}\,\overline{B}\,\overline{C}\,\overline{D}$，试画出 F 的卡诺图。

解 前面已介绍，变量 A 的覆盖范围是第 3、4 列，即卡诺图中 A 取值为 1 所对应的 8 个小方格，填入 1；$\overline{B}\,\overline{C}$ 是 $\overline{B}$ 和 $\overline{C}$ 覆盖范围的交集，即变量 *BC* 取值为 00 所对应的 4 个小方格，填入 1；$\overline{A}B\overline{D}$ 是 $\overline{A}$、B 和 $\overline{D}$ 覆盖范围的交集，即变量 ABD 取值为 010 所对应的 2 个小方格，填入 1；$\overline{A}\,\overline{B}\,\overline{C}\,\overline{D}$ 是变量 ABCD 取值为 0000 所对应的小方格，填入 1；其余小方格填 0，即得该函数的卡诺图，如图 1-21 所示。

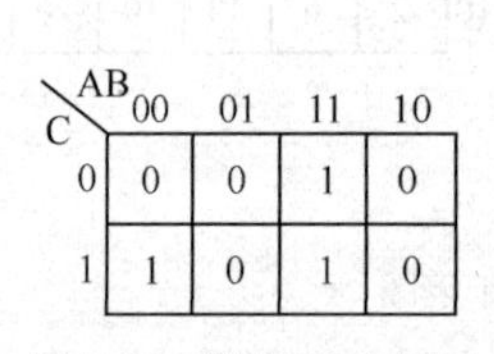

图 1-20 例 1-38 卡诺图

CD \ AB	00	01	11	10
00	1	1	1	1
01	1	0	1	1
11	0	0	1	1
10	0	1	1	1

图 1-21 例 1-39 卡诺图

（3）用卡诺图合并最小项。如果两个最小项（乘积项）中只有 1 个变量因子不相同，则称这两个最小项（乘积项）逻辑相邻。逻辑相邻的数学基础是吸收律 $AB+A\overline{B}=A$。具有逻辑相邻性的两个最小项（乘积项）可以消去不相同的变量因子合并为 1 个乘积项，这个乘积项由它们的相同部分组成。在卡诺图中可以直观地凭借最小项在卡诺图中的几何位置来确定最小项的逻辑相邻性，再将相邻的两个最小项方格（简称“1”格）用 1 个包围圈圈起来，便可产生 1 个合并项，合并项由包围圈所覆盖的范围内没有发生变化的变量组成，图 1-22 给出了两个相邻的最小项合并的情况，并可得出结论①。

结论①：两个相邻的最小项相圈，合为1项，可以消去1个取值不同的变量。

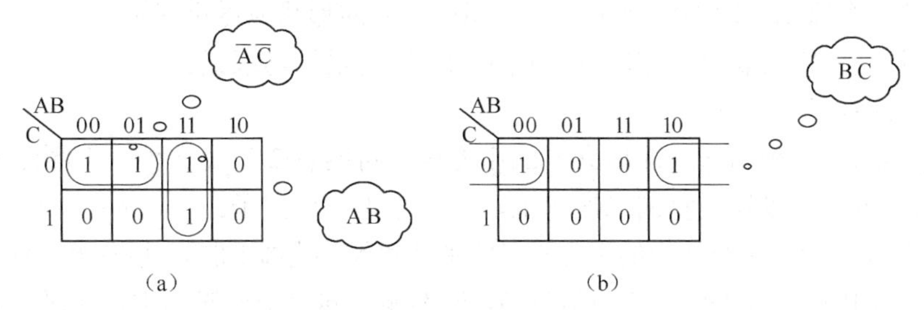

图1-22 2个相邻的最小项合并的情况

根据逻辑相邻的概念，如果进一步将包围圈扩大，把4个相邻的“1”格圈起来可得到更为简单的合并项，如图1-23所示，并可得出结论②。

结论②：4个相邻的最小项相圈，合为1项，可以消去两个取值不同的变量。

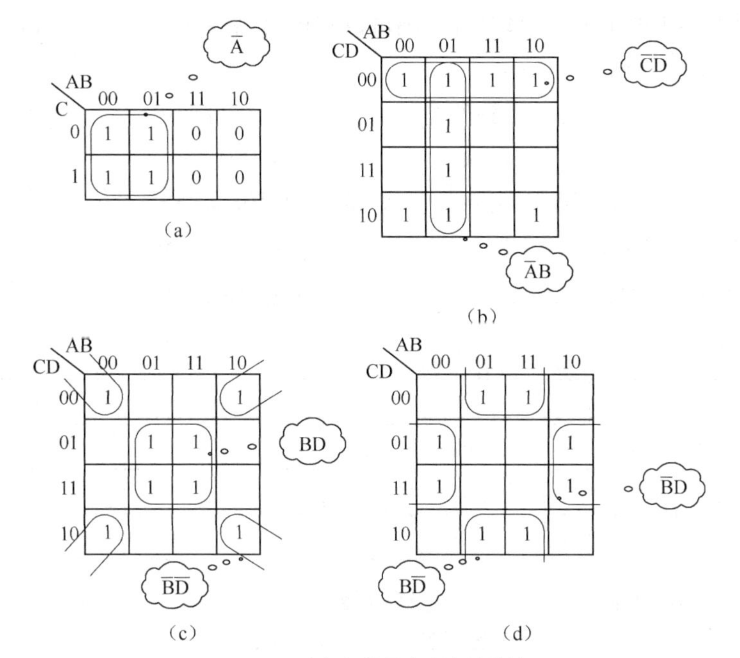

图1-23 4个相邻的最小项合并的情况

依此类推，可得出结论③和结论④。

结论③：8个相邻的最小项相圈，合为1项，可以消去3个取值不同的变量。

结论④：1个圈内应当、也只能圈入2^n个相邻的最小项方格，合为1项，可以消去n个取值不同的变量。

1个包围圈中所包含的最小项数目越多，即由这些最小项所形成的圈越大，消去的变量也越多，从而所得到的逻辑表达式就越简单。这是卡诺图化简逻辑函数的基本原理。值得注意的是，当1个圈覆盖了卡诺图的全部1格时产生的合并项为1。

（4）卡诺图化简规律及步骤。根据卡诺图合并最小项的原理，利用卡诺图化简逻辑函数按以下3步进行。

① 填图：将逻辑函数用卡诺图形式表示。

② 圈图：在卡诺图上正确加包围圈，合并最小项。结合与或表达式的最简要求，可得到加圈时遵循的2个原则，即圈的数量应尽可能少；圈的形状应尽可能大。

③ 写表达式：将代表每个圈的乘积项相加，即得最简与或式。

加圈时应注意以下5点。

① 首先圈只有1种圈法（即孤立）的小方格，再圈有2种及2种以上圈法的小方格。

② 有的小方格可以被重复圈二次以上，以减少乘积项因子。

③ 每个圈中至少有1个特定的小方格（即未被圈入其他圈中的），以免多余的乘积项出现。

④ 在卡诺图中，可以圈1，也可以圈0。但不能在同一个卡诺图中，同时圈0和1。圈1可得最简与或式，圈0可得最简或与式。

⑤ 每个圈中小方格的个数应为2^n个。（n=0，1，2…正整数）。

下面举例说明卡诺图化简方法。

【例1-40】 化简函数$F(ABCD)=\sum_m(0,1,4,5,6,10,12,13)$

解 填卡诺图并加圈如图1-24所示，则可以写出最简与或表达式如下：$F=A\overline{B}C\overline{D}+\overline{A}B\overline{D}+\overline{A}\,\overline{C}+B\overline{C}$

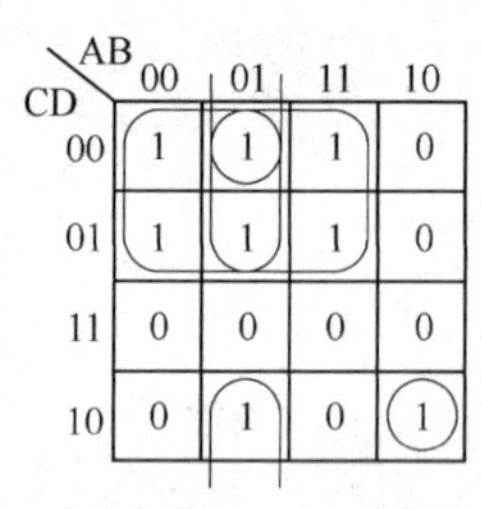

图1-24 例1-40卡诺图

值得注意的是：圈“1”格时得到的是与或式，其中在写乘积项时，以原变量表示变量取值1，以反变量表示变量取值0。

【例1-41】 化简函数$F(ABCD)=\sum_m(0,2,5,7,8,9,10,13,15)$

解 填卡诺图如图1-25（a）所示，在卡诺图上加圈如图1-25（b）所示，则可以写出最简与或表达式如下：$F=BD+\overline{B}\,\overline{D}+A\overline{C}D$

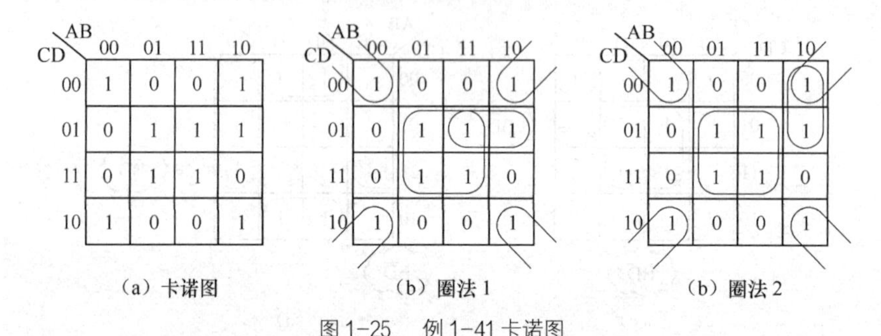

图1-25 例1-41卡诺图

还可以在卡诺图上加圈如图1-25（c）所示，则可以写出不同的最简与或表达式如下：$F=BD+\overline{B}\,\overline{D}+A\overline{B}\,\overline{C}$从本例可以看到，同一个卡诺图，可能有多种最简的加圈方法，从而得到不同的最简结果。

【例1-42】 化简函数$F(ABCD)=\prod_M(1,3,9,10,11,14,15)$

解 填卡诺图如图1-26所示，在卡诺图上加圈如图1-26所示，则可以写出最简或与表达式如下：

$$F=(\overline{A}+\overline{C})(B+\overline{D})$$

值得注意的是：圈“0”格时得到的是或与式，其中在写相加项时，以原变量表示变量取值0，以反变量表示变量取值1。

【例 1-43】 化简函数 $F(ABCD)=\sum_m(5,6,7,9,10,11,13,14,15)$

解 1 直接圈 1，如图 1-27（a）所示，可得 F 的最简与或式：F=AC+AD+BC+BD

解 2 直接圈 0，如图 1-27（b）所示，可得 F 的最简或与式：F=(A+B)(C+D)

解 3 圈反函数的 1，如图 1-27（c）所示，可得 $\overline{F}$ 的最简与或式：$\overline{F}=\overline{A}\,\overline{B}+\overline{C}\,\overline{D}$

则 F 的与或非式为：$F=\overline{\overline{A}\,\overline{B}+\overline{C}\,\overline{D}}$

AB
CD
00 01 11 10
00 1 1 1 1
01 0 1 1 0
11 0 1 0 0
10 1 1 0 0

图 1-26 例 1-42 卡诺图

AB
CD
00 01 11 10
00 0 0 0 0
01 0 1 1 1
11 0 1 1 1
10 0 1 1 1
AB
CD
00 01 11 10
00 0 0 0 0
01 0 1 1 1
11 0 1 1 1
10 0 1 1 1
AB
CD
00 01 11 10
00 1 1 1 1
01 1 0 0 0
11 1 0 0 0
10 1 0 0 0

（a）函数 F 的卡诺图圈 1 格 （b）函数 F 的卡诺图圈 0 格 （c）函数 $\overline{F}$ 的卡诺图圈 1 格

图 1-27 例 1-43 卡诺图

从本例可以看到，同一个卡诺图，加圈对象不同，可以得到不同形式的最简表达式，如最简与或式，最简或与式以及最简与或非式，从而可以用不同的逻辑电路实现。

（5）具有约束项的逻辑函数卡诺图化简。所谓约束项，是指在 1 个逻辑函数中，变量的某些取值组合不会出现，或函数在变量的某些取值组合时，输出不确定，可能是 1，也可能是 0。这样的变量取值组合（最小项）称为约束项，也叫任意项。在真值表和卡诺图中，约束项所对应的函数值用×表示。含有约束项的逻辑函数称为非完全描述逻辑函数。不含约束项的逻辑函数称为完全描述逻辑函数。在逻辑函数化简时，可以根据简化的需要将约束项任意当成 0 或 1 处理，并不影响逻辑功能。下面介绍 4 种约束项的表示方法。

① 约束项的最小项表达式。

【例 1-44】 化简函数 $F(ABCD)=\sum_m(5,6,7,8,9)+\sum_d(10,11,12,13,14,15)$

解 $\sum_d(m_i)$ 表示所有的约束项，函数卡诺图如图 1-28 所示。

针对最小项圈 1 格，如果不利用任意项，即将任意项全部当作 0 格，如图 1-28（a）所示，化简结果为：$F=\overline{A}BD+\overline{A}BC+A\overline{B}\,\overline{C}$

如果合理利用任意项，对有利于函数更简的任意项全部当作 1 格处理，对不利于函数更简的任意项全部当作 0 格处理，可以帮助将函数画得更简，如图 1-28（b）所示，化简结果为：F=A+BD+BC。

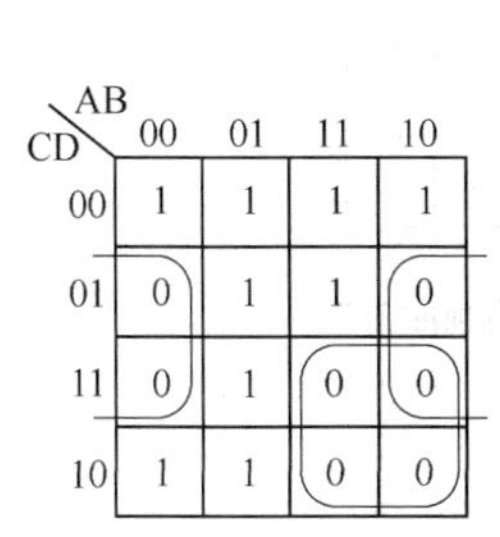

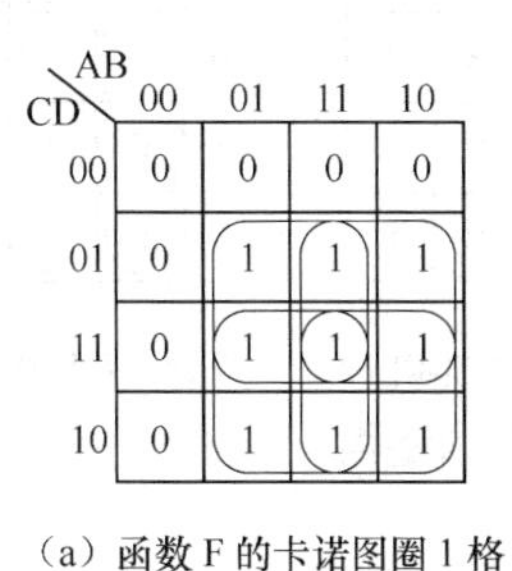

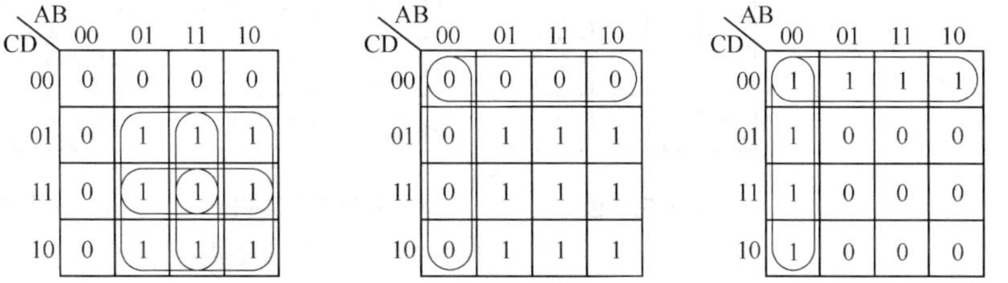

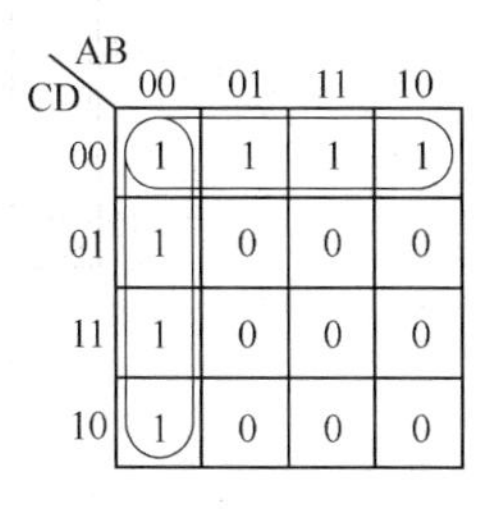

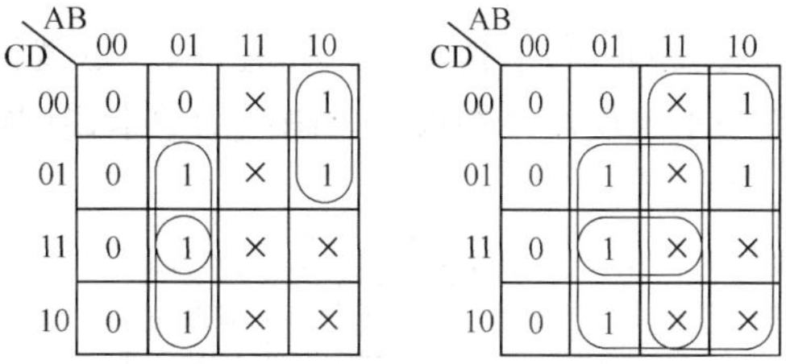

AB
CD
00 01 11 10
00 0 0 × 1
01 0 1 × 1
11 0 1 × ×
10 0 1 × ×
AB
CD
00 01 11 10
00 0 0 × 1
01 0 1 × 1
11 0 1 × ×
10 0 1 × ×

（a）不利用任意项 （b）利用任意项

图 1-28 例 1-44 卡诺图

② 约束项的最大项表达式。

【例 1-45】 化简函数 $F(ABCD)=\prod_M(0,1,2,3,4)\cdot\prod_d(10,11,12,13,14,15)$

解 $\prod_d(M_i)$ 表示所有的约束项，函数卡诺图如图 1-29 所示。

针对最大项圈 0 格，如果不利用任意项，即将任意项全部当作 1 格，如图 1-29（a）所示，化简结果为：F=(A+B)(A+C+D)。

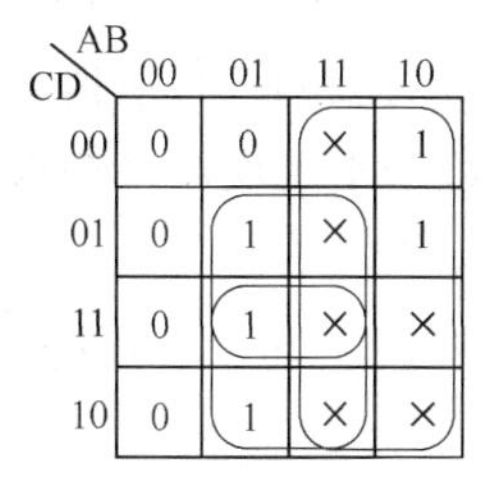

如果合理利用任意项，对有利于函数更简的任意项全部当作 0 格处理，对不利于函数更简的任意项全部当作 1 格处理，如图 1-29（b）所示，化简结果为：$F=(A+B)(A+C+D)$。

也可按图 1-29（c）所示圈图，化简结果为：$F=(A+B)(\overline{B}+C+D)$。

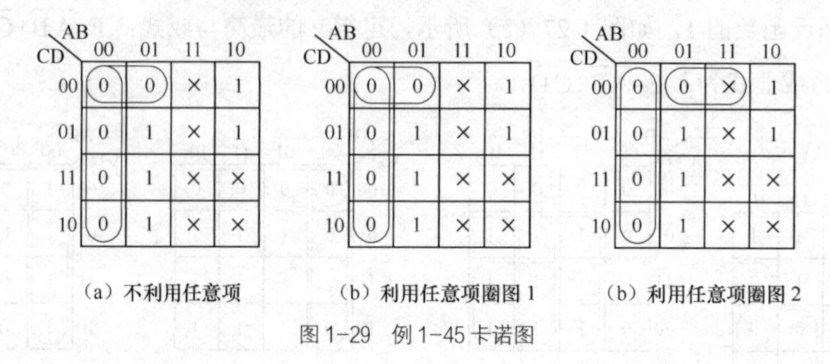

图 1-29　例 1-45 卡诺图

③ 约束项的文字叙述。

【例 1-46】 设输入 ABCD 是十进制数 x 的自然二进制编码，当 $x\geqslant5$ 时，输出 Z 为 1，画出 Z 的卡诺图。

解 用二进制表示十进制数的编码是 BCD 码，而输入 ABCD 所构成的 4 位二进制码遵循二进制自然规律，所以是 8421BCD 码，对 8421BCD 码来说，有的取值组合是不会出现的，如 1010，1011，1100，1101，1110，1111 这 6 种，因此这 6 种取值组合就是约束项，在卡诺图中填“×”，输出 Z 为 1 所对应的取值组合为 5～9，即 0101，0110，0111，1000，1001 五种，其余的取值组合的值为 0，可得卡诺图如图 1-30 所示。

以上 3 个例子中，任意项在卡诺图的位置都相同，但其表述的形式各不相同。

④ 约束项的条件表示法。

【例 1-47】 化简函数 $F(ABCD)=\sum_m(2,5,7,10,13,15)$；约束条件 $\overline{C}\overline{D}=0$

解 约束条件 $\overline{C}\overline{D}=0$，意味着：在 0000，0100，1000，1100 这 4 种取值组合下，最小项 $\overline{A}\overline{B}\overline{C}\overline{D}$，$\overline{A}B\overline{C}\overline{D}$，$A\overline{B}\overline{C}\overline{D}$，$AB\overline{C}\overline{D}$ 的值均为 0，而在正常情况下，任意 1 个最小项总能找到对应的 1 种取值组合，其值为 1，这就说明 0000，0100，1000，1100 这 4 种取值组合在函数中不出现，是约束项。画出函数卡诺图如图 1-31 所示。

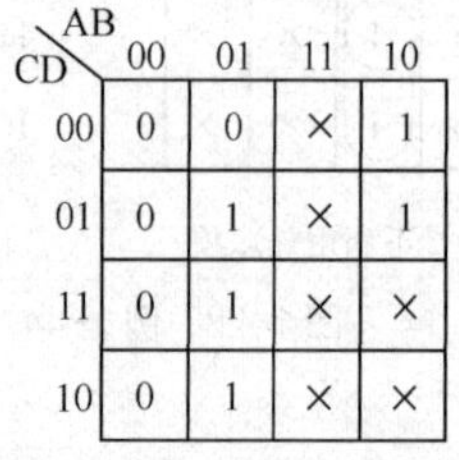

CD \ AB	00	01	11	10
00	0	0	×	1
01	0	1	×	1
11	0	1	×	×
10	0	1	×	×

图 1-30　例 1-46 卡诺图

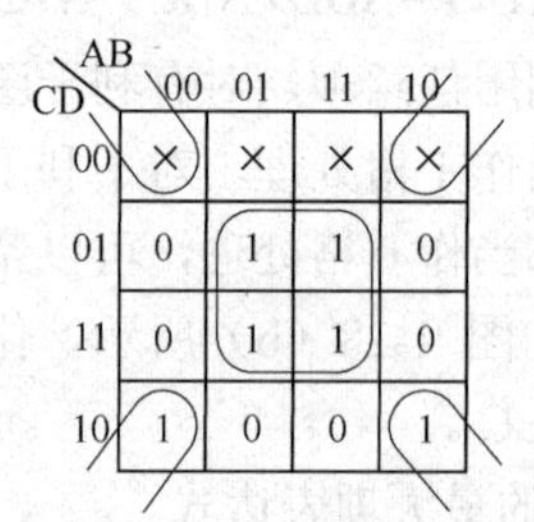

图 1-31　例 1-47 卡诺图

合理利用约束项，对有利于函数更简的任意项全部当作 1 格处理，对不利于函数更简的任意项全部当作 0 格处理，化简结果为：$F=BD+\overline{B}\overline{D}$。

对于非完全描述逻辑函数的化简，圈 1 格时，凡是 1 格都必须加圈，而约束项×则可以作为 1 格加圈，也可作为 0 格不加圈，其加圈与否的依据是以使函数最简为原则。

卡诺图法的优点是直观，有固定的方法，如果遵循正确步骤，可以得到最简的结果，缺点是变量增加后，卡诺图会变得更复杂，因此只适合变量数较少的逻辑函数，一般是 2～4 变量。

习　题

1．将下列十进制数转换成等值的二进制数、八进制数和十六进制数，要求转换精度达到 0.1% 。

（1）$(378.25)_{10}$；　　（2）$(194.5)_{10}$；

（3）$(56.7)_{10}$；　　（4）$(27.6)_{10}$；

2．将下列二进制数转换成等值的十进制数、八进制数和十六进制数。

（1）$(1101010.01)_2$；　　（2）$(111010100.011)_2$；

（3）$(11.0101)_2$；　　（4）$(0.00110101)_2$；

3．将下列十六进制数转换成等值的二进制数、八进制数和十进制数。

（1）$(FC.4)_{16}$；　　（2）$(DB.8)_{16}$；

（3）$(6A)_{16}$；　　（4）$(FF)_{16}$；

4．完成下列各数的转换。

（1）$(0010\ 0011\ 1001)_{8421BCD码}=(\ ?\ )_{10}$；

（2）$(36.7)_{10}=(\ ?\ )_{8421BCD码}=(\ ?\ )_{余3\ BCD码}$；

（3）$(E9.4)_{16}=(\ ?\ )_{循环BCD码}$。

（4）$(00110111)_{8421BCD}+(001101001001)_{8421BCD}=(\ ?\ )_{8421BCD}$

5．利用反演规则和对偶规则，直接写出下列逻辑函数的反函数表达式和偶函数表达式。

（1）$F=AB+\overline{CD}+\overline{\overline{BC}+\overline{\overline{\overline{D}+\overline{CE}+\overline{B+E}}}}$

（2）$F=AB+\overline{DE}+\overline{G\overline{H}+A+\overline{C+G}}$

（3）$F=\overline{(A+D)\overline{\overline{AC}}}+\overline{B\,\overline{D}}(\overline{A}+C)$

（4）$F=\left[\overline{A}B(C+D)\right]\left[B\overline{CD}+B(\overline{C}+D)\right]$

6．试问下列命题是否正确？为什么？

（1）若 $A+B=A+C$，则 $B=C$；

（2）若 $\overline{A+B}=\overline{AB}$，则 $A=B$；

（3）若 $A\cdot B\neq A\cdot C$，则 $B\neq C$；

（4）若 $A+B=A+C$ 且 $A\cdot B=A\cdot C$，则 $B=C$。

7．用真值表验证下列等式。

（1）$AB+\overline{B}\,\overline{C}+\overline{A}\,\overline{C}=A\overline{B}+\overline{A}\,\overline{C}$

（2）$(A+B)(\overline{A}+C)(B+C)=(A+B)(\overline{A}+C)$

（3）$AB+\overline{A}\,\overline{B}=(A+\overline{B})(\overline{A}+B)$

题表 1　真值表

A	B	C	F
0	0	0	1
0	0	1	0
0	1	0	0
0	1	1	1
1	0	0	1
1	0	1	0
1	1	0	0
1	1	1	1

8．根据已知某逻辑函数的真值表如题表 1-1 所示，要求：①写出该逻辑函数的标准与或

表达式和标准或与表达式；②利用公式法将其化简为最简与或表达式；③写出该逻辑函数的最简与非-与非表达式、最简或非-或非表达式和最简与或非式。

9．用公式法证明以下关系式成立。

（1）$B \oplus AB \oplus BC \oplus ABC = \bar{A}B\bar{C}$

（2）$\bar{B}C\bar{D}+B\bar{C}D+ACD+\bar{A}B\overline{CD}+\overline{AB}CD+B\overline{CD}+BCD=\bar{B}C+BD+B\bar{C}$

（3）$(A+B)(B+C)(\bar{A}+C)=(A+B)(\bar{A}+C)$

（4）若 $AB+\overline{AB}=0$，则 $\overline{AC+BD}=A\bar{C}+B\bar{D}$

10．用公式法将逻辑函数化简为最简与或表达式。

（1）$F=\overline{\bar{A}BD+A\bar{C}+\bar{B}C\bar{D}}+\overline{\bar{B}\cdot\bar{D}+AC}$

（2）$F=A\bar{B}+B\bar{C}D+\bar{C}\cdot\bar{D}+AB\bar{C}+A\bar{C}D$

（3）$F=A\bar{B}+A+DE+\overline{A+\bar{B}+G}+(\bar{A}+D)\overline{(\bar{A}+B+E)\bar{D}}$

（4）$F=A+\overline{B+\overline{CD}}+\overline{\overline{AD}B}+\bar{A}D+\overline{\bar{A}B}(C+D)$

（5）$F=\overline{\overline{\bar{A}C\bar{D}+A\bar{C}}\cdot\overline{BD+A\bar{B}}\cdot\overline{A\bar{D}}}$

（6）$F=A\overline{CD}+BC+\bar{B}D+A\bar{B}+\bar{A}C+\overline{BC}$

（7）$F=AC+AB+A\bar{C}+\bar{A}C+CD+ACB+\bar{C}EF+DEF$

（8）$F=\overline{\overline{A\bar{B}+ABC}+A(A\bar{B}+B)}$

（9）$F=1\oplus A\oplus B\oplus AB\oplus BC\oplus ABC$

（10）$F=AB+A\bar{C}+\bar{B}C+ADE(F+G)+\overline{AB}C+A\bar{B}C+B\bar{C}+\bar{B}D+B\bar{D}$

11．将余3 BCD码（ABCD）转换成8421BCD码（WXYZ）的真值表如题表2所示，写出WXYZ的最简与-或表达式。

题表2　　余3 BCD码（ABCD）转换成8421BCD码（WXYZ）真值表

A	B	C	D	W	X	Y	Z	A	B	C	D	W	X	Y	Z
0	0	1	1	0	0	0	0	1	0	0	0	0	1	0	1
0	1	0	0	0	0	0	1	1	0	0	1	0	1	1	0
0	1	0	1	0	0	1	0	1	0	1	0	0	1	1	1
0	1	1	0	0	0	1	1	1	0	1	1	1	0	0	0
0	1	1	1	0	1	0	0	1	1	0	0	1	0	0	1

12．用卡诺图法将逻辑函数化简为最简与或表达式。

（1）$F=ABC+ABD+\bar{C}\bar{D}+A\bar{B}C+\bar{A}C\bar{D}+A\bar{C}D$

（2）$F(A,B,C,D)=\sum_m(1,2,8,10,11,12)+\sum_d(0,3,4,5,9)$

（3）$F(A,B,C,D)=\sum_m(3,5,8,9,10,11)+\sum_d(0,1,2,15)$

（4）$F(A,B,C,D)=C\bar{D}(A\oplus B)+\bar{A}B\bar{C}+\overline{AC}D$，约束条件 $AB+CD=0$

13．用卡诺图法将逻辑函数化简为最简或与表达式。

（1）$F(A,B,C,D)=\prod_M(0,2,5,7,8,10,13,15)$

（2）$F(A,B,C,D)=\prod_M(0,1,2,7,8)\cdot\prod_d(10,11,12,13,14,15)$

（3） $F(A,B,C,D)=\prod_M(1,2,4,10,12,14)\cdot\prod_d(5,6,7,8,9,13)$

（4） $F=\overline{ABC}+ABC+\overline{AB}C\overline{D}$，约束条件： $A\oplus B=0$

（5） $F(a,b,c,d)=\sum_m(0,2,3,5,6,8,9)$，约束条件： $ab+ac=0$

14．检查下列逻辑函数是否为最简式，若不是，请化简。

（1） $F(A,B,C)=A\overline{B}+\overline{A}C+\overline{A}B+B\overline{C}$

（2） $F(A,B,C)=\overline{A}B+\overline{B}C+B\overline{C}+A\overline{C}$

（3） $F(A,B,C,D)=ABD+\overline{A}B\overline{D}+A\overline{C}D+\overline{A}\ \overline{C}D+B\overline{C}$

（4） $F(A,B,C,D)=A\overline{B}+C\overline{D}+ABD+\overline{A}BC$

15．已知函数

$$\begin{cases} F_1=A\overline{C}D+\overline{A}B\overline{D}+BCD+\overline{A}CD \\ F_2=\overline{\overline{AC}D+BC+A\overline{CD}} \\ F_3=\sum_m(2,4,6,9,13,14)+\sum_d(0,1,3,8,11,15) \\ F_4=B\overline{C}+\overline{A}BD+AB\overline{D}+A\overline{BC}D\text{，约束条件：}\overline{AB}D+A\overline{BD}=0 \end{cases}$$

用卡诺图求：

（1） $Y_1=F_1+F_2$；　　（2） $Y_2=F_1\cdot F_2$

（3） $Y_3=F_1\oplus F_2$；　　（4） $Y_4=F_3+F_4$

（5） $Y_5=F_3\cdot F_4$；　　（6） $Y_6=F_3\oplus F_4$

16．某汽车驾驶员培训班结业考试，有 3 名评判员，其中 A 为主评判员，B，C 为副评判员，评判时，按照少数服从多数原则，但若主评判员认为合格也可以通过。试列出描述该问题的真值表，写出标准与或式并利用与非门画出其逻辑电路图，不允许有反变量输入。

17．试用卡诺图法将逻辑函数化简为最简与-或式，并用与非门画出其逻辑电路图，允许有反变量输入。

$$F(A,B,C,D,E)=\sum_m(0,1,2,6,17,18,20,21,22,24,27,30,31)+\sum_d(4,5,10,16,26,28)$$

逻辑门电路 第2章

在数字电路中，输入与输出量之间能满足某种逻辑关系的逻辑运算电路被称为逻辑门电路。逻辑门电路是数字集成电路中最基本的逻辑单元，也是实现逻辑运算的基本单元。对应于逻辑代数中介绍的与、或、非、与非、或非、与或非、异或和同或 8 种逻辑运算，常用的门电路在逻辑功能上有与门、或门、非门、与非门、或非门、与或非门、异或门和同或门等。

本章着重讨论晶体三极管反相器、TTL 逻辑门电路和 CMOS 逻辑门电路，对于每一种门电路，除了阐明其工作原理及完成的逻辑功能之外，还将介绍其作为电子器件的电气特性和衡量其性能的一些电气参数。重点是各种门电路的逻辑功能和外部特性。

2.1 基本逻辑门电路

2.1.1 二极管与门和或门

可以用二极管实现与、或逻辑功能，其对应的门电路称为与门电路和或门电路如图 2-1 所示。当假设高电平用 1 表示，低电平用 0 表示时，可以很容易地分析得到图 2-1（a）的真值表如表 2-1 所示。

从真值表 2-1 得知，图 2-1（a）完成的是与的功能，即 $F=ABC$ 。请读者自行分析图 2-1（b）的二极管或门功能。

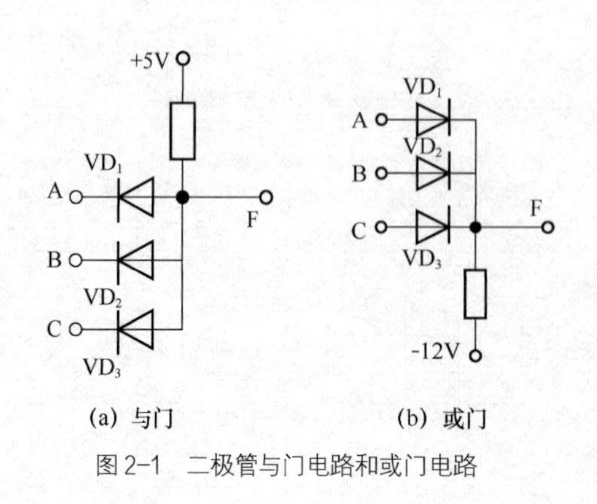

(a) 与门　　(b) 或门

图 2-1　二极管与门电路和或门电路

表 2-1　二极管与门真值表

A	B	C	F
0	0	0	0
0	0	1	0
0	1	0	0
0	1	1	0
1	0	0	0
1	0	1	0
1	1	0	0
1	1	1	1

2.1.2　晶体三极管反相器

实现非逻辑关系的电路称为非门，也称反相器。这是最简单、最常用的数字电路。用晶体三极管作开关可以构成晶体三极管反相器。

实际的晶体三极管反相器电路如图 2-2（a）所示。现分析其稳态特性。

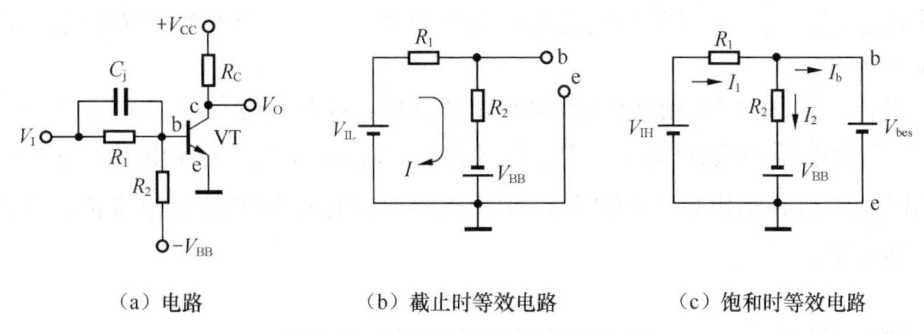

图 2-2　实际晶体三极管反相器电路

当晶体三极管反相器的输入电压 V_I 为低电平 V_{IL} 时，三极管处于截止状态，则 $I_b=0$，三极管的基极与输入回路断开，此时可画出如图 2-2（b）所示晶体三极管截止时的基极回路等效电路，由电路图可定量计算

$$V_{be}=V_{IL}-\frac{R_1}{R_1+R_2}(V_{IL}+V_{BB}) \tag{2-1}$$

由晶体三极管截止条件 $V_{be}\leqslant 0$，可得反相器的截止工作条件为

$$V_{IL}-\frac{R_1}{R_1+R_2}(V_{IL}+V_{BB})\leqslant 0 \tag{2-2}$$

从保证可靠截止来看，加大 V_{BB}，或者增大 R_1，减小 R_2，对截止有利。晶体三极管截止时，反相器输出高电平，即 $V_O=V_{OH}=V_{CC}$。

当电路的输入电压 V_I 为高电平 V_{IH} 时，晶体三极管处于饱和状态，此时可画出如图 2-2（c）所示三极管饱和时的基极回路等效电路，图中，V_{bes} 是晶体三极管发射结饱和压降，对于硅管一般取值 $V_{bes}\approx 0.7\text{V}$，锗管 $V_{bes}\approx 0.3\text{V}$。由电路图可定量计算出基极电流 I_b，和临界饱和时基极电流 I_{bs}。

其中基极电流

$$I_b=I_1-I_2=\frac{V_{IH}-V_{bes}}{R_1}-\frac{V_{BB}+V_{bes}}{R_2} \tag{2-3}$$

而临界饱和时基极电流

$$I_{bs}=\frac{I_{CS}}{\beta}=\frac{V_{CC}-V_{ces}}{\beta R_C} \tag{2-4}$$

式中 V_{ces} 是晶体三极管集电结饱和压降，对于硅管一般取值 $V_{ces}\approx 0.3\text{V}$，锗管 $V_{ces}\approx 0.1\text{V}$。由晶体三极管饱和条件 $I_b\geqslant I_{bs}$，可得反相器的饱和工作条件

$$\frac{V_{IH}-V_{bes}}{R_1}-\frac{V_{BB}+V_{bes}}{R_2}\geqslant\frac{V_{CC}-V_{ces}}{\beta R_C} \tag{2-5}$$

从保证可靠饱和来看，减小 R_1，增大 R_2，对饱和有利。晶体三极管饱和时，反相器输出低电平，即 $V_O = V_{OL} = V_{ces} = 0.3V$。

从以上讨论可知，此电路完成了输出电压 V_O 和输入电压 V_I 反相（指高低电平变换）的逻辑功能，即 $V_O = \overline{V_I}$，故称为反相器，也叫非门电路。

在反相器电路中引入了电阻 R_2 和负电源 $-V_{BB}$，这是确保在 V_I=0V 时，基极电位 $V_{be}<0$，使晶体三极管能可靠截止，以确保电路输出为高电平。这是一种在输入为低电平时抗正向干扰信号的设计考虑。

晶体三极管反相器常采用加速电容提高工作速度，在反相器的 R_1 两端并联一个电容，利用 RC 电路对突变电压的微分作用，使基极电流 I_b 产生瞬间较大尖峰电流，可缩短反相器状态转换所需时间，改善输出电压的波形。由于电容 C 的作用是加快反相器状态转换的速度，故称它为加速电容。

2.2 TTL 集成逻辑门

晶体管－晶体管逻辑电路（TTL）使用双极型晶体管实现逻辑功能，是目前数字集成电路中用得最多的一种。TTL 逻辑电路系列由 Texas Instruments 公司于 1964 年作为标准产品推出。其中，54 系列用于军用市场，74 系列用于民用市场。两者参数基本相同，主要是电源范围和工作环境温度范围不同。54 系列电源范围为 4.50V～5.50V，工作温度范围为 $-55^{\circ}C \sim 125^{\circ}C$，74 系列的电源范围为 4.75V～5.25V，工作温度范围为 $0^{\circ}C \sim 70^{\circ}C$。本书的讨论是以 74 系列为例。TTL 具有低价格、高速度和良好输出驱动能力等优点。

目前，TTL 电路出现了好几个子系列如表 2-2 所示。新的子系列从设计上进行了一些改进，使得 TTL 电路在转换速度和功耗方面比早期的 74 系列电路有所提高。TTL 电路的子系列可以从集成电路芯片的零件号上识别出来。对于 TTL 集成电路而言，V_{CC} 提供的电平都是+5V。

表 2-2　　TTL 逻辑系列

系列名称	符号	特　性
标准通用型	74	标准功耗和速度
低功耗型	74L	功耗是标准系列的 1/10，速度低于标准系列
高速型	74H	速度高于标准系列，功耗大于标准系列
肖特基型	74S	速度比标准系列快 3 倍，功耗大于标准系列
低功耗肖特基型	74LS	速度与标准系列相同，功耗是标准系列的 1/5
先进肖特基型	74AS	速度比标准系列快 10 倍，功耗低于标准系列
先进低功耗肖特基型	74ALS	速度比标准系列快 2 倍，功耗是标准系列的 1/10
快速型	74F	速度比标准系列快近 5 倍，功耗低于标准系列

2.2.1 TTL 与非门的典型电路及工作原理

1. 电路结构

图 2-3 所示电路是 74 系列中 3 输入与非门的典型电路。电路由输入级、中间级和输

出级三部分组成。

多发射极晶体管 VT_1 和电阻 R_1 构成电路的输入级，其中 VT_1 实现输入信号相与的功能，其等效电路如图 2-4，即 $V_I = ABC$。二极管 VD_1，VD_2，VD_3 构成输入级的保护电路，在输入信号处于正常逻辑电平范围内为反偏状态，不起作用。在输入信号出现负向干扰时，VD_1，VD_2，VD_3 导通，输入端电平被钳位在 $-0.7V$，确保流过 VT_1 管的发射极电流不至于过大而烧毁 VT_1 管。

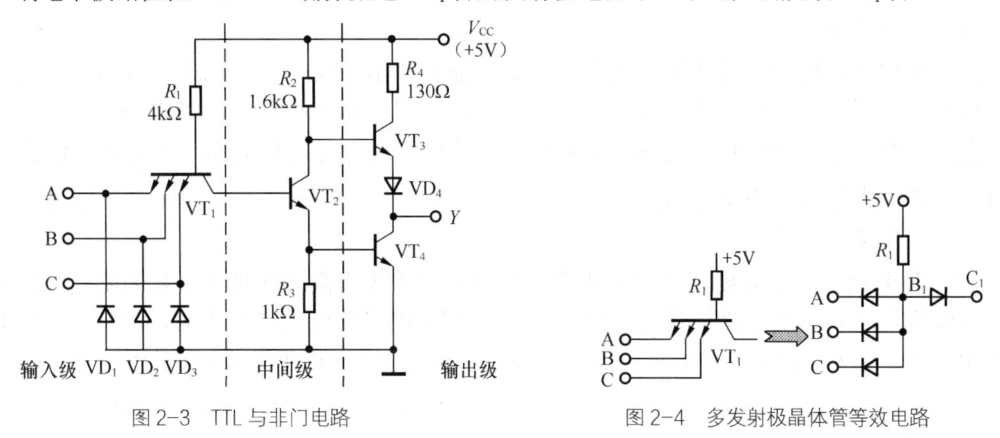

图 2-3　TTL 与非门电路　　　图 2-4　多发射极晶体管等效电路

晶体管 VT_2 和电阻 R_2，R_3 构成中间级（分相级），在 VT_2 的集电极和发射极分别得到和基极逻辑关系为反相和同相两种不同的逻辑输出，驱动电路的输出级。

晶体管 VT_3，VT_4，二极管 VD_4 和电阻 R_4 构成推拉式输出结构，具有输出阻抗低、带负载能力强以及静态功耗低等优点。静态情况下，VT_3，VT_4 总是一个导通状态，一个截止状态，从而降低了电路的静态功耗。

2．基本工作原理

（1）TTL 工作在关态（截止态）

当输入信号 A，B，C 中至少一个为低电位（0.3V）时，VT_1 深饱和，其基极电压被钳位在 1.0V。此时，V_{B1} 作用于 VT_1 的集电结和 VT_2，VT_4 的发射结上，不足以使 VT_2 和 VT_4 导通。由于 VT_2 和 VT_4 截止，电源 V_{CC} 通过电阻 R_2 向 VT_3 提供基极电流，使 VT_3 和 VD_4 导通，其电流流入负载。因为电阻 R_2 上的压降很小，可以忽略不计，而 VT_3 发射结的导通压降及 VD_4 的导通压降均约为 0.7 V，所以此时输出电压 V_O 为

$$V_O = V_{OH} = V_{CC} - V_{R2} - V_{BE3} - V_{D4} \approx 5 - 0.7 - 0.7 = 3.6V \tag{2-6}$$

实现了输出高电平，此时 TTL 工作在关态，也称截止态。

（2）TTL 工作在开态（饱和态）

当输入信号 A，B，C 全部为高电位（3.6V）时，电源 V_{CC} 通过电阻 R_1 先使 VT_2 和 VT_4 导通，使 VT_1 基极电平 $V_{B1} = 3 \times 0.7 = 2.1V$，$VT_1$ 的发射结处于反向偏置的截止状态，而集电结处于正向偏置的导通状态，这时 VT_1 处于倒置状态，倒置时晶体管的电流放大倍数近似为 1，基极电流几乎全部流向集电极。只要合理选择电阻 R_1，R_2 和 R_3 的值，可以使 VT_2，VT_4 处于饱和状态。由此，VT_2 集电极电平 $V_{C2} = V_{CE2} + V_{BE4} = 0.3 + 0.7 = 1V$，不足以使 VT_3 和 VD_4 导通，此时 VT_3 和 VD_4 都截止。因 VT_4 处于饱和状态，所以此时输出电压 V_O 为

$$V_O = V_{OL} = V_{CES4} = 0.3V \tag{2-7}$$

实现了输出低电平，此时TTL工作在开态，也称饱和态。

通过以上分析可知，当输入信号中至少一个为低电位，输出高电平；当输入信号全部为高电位时，输出低电平。说明电路实现了与非门的逻辑关系，即 $Y=\overline{ABC}$。

3．带负载能力和工作速度的分析

（1）带负载能力

推拉式输出电路的主要作用是提高了带负载能力。当图2-2所示与非门电路处于关态时，VT_3 和 VD_4 均导通，使输出级工作于射极输出状态，呈现低阻抗输出；当电路处于开态时，VT_4 饱和，输出电阻也很低。这样，在稳态时不论电路是开态还是关态，均具有较低的输出电阻，因而大大提高了带负载能力。

（2）工作速度的分析

TTL与非门的一个重要特点是采用多发射极晶体管来提高工作速度。我们知道，影响电路工作速度的主要原因是晶体管的存储效应，当TTL电路输出为低电平时，VT_2，VT_4 工作在饱和状态，基区存储了大量的剩余电荷。当某一输入端由高电平变为低电平时，由于 VT_1 有一个发射结导通，处于正常运用状态，其放大倍数较大，使集电极产生较大的拉电流能力，使 VT_2 基区中的存储电荷迅速被泄放完，加快了 VT_2 由饱和向截止的转换过程。而 VT_2 的迅速截止，使 VT_3 迅速导通至饱和状态，不仅为输出端的寄生电容提供足够大的充电电流，也为 VT_4 集电极提高相当大的电流，促进 VT_4 基区中存储电荷的泄放，加速了 VT_4 的截止，使输出端很快变为高电平。一般TTL与非门的平均延迟时间可以低到几十纳秒甚至几纳秒。

2.2.2 TTL与非门的主要外特性及参数

TTL集成门电路的外部特性是研究及应用TTL集成电路的重要内容，主要有电压传输特性 $V_O = f(V_I)$、输入特性 $I_I = f(V_I)$、输入负载特性 $V_{RI} = f(R_I)$、输出特性 $V_{OH} = f(I_{OH})$、$V_{OL} = f(I_{OL})$ 和传输延时特性等。通过讨论这些外部特性，也应了解TTL与非门的一些主要参数。

1．电压传输特性

电压传输特性是研究输出电压 V_O 对输入电压 V_I 变化的响应，其测试电路和电压传输特性曲线如图2-5所示。图中输入电压 V_I 变化范围为0V～5V，输出 V_O 端接直流电压表。

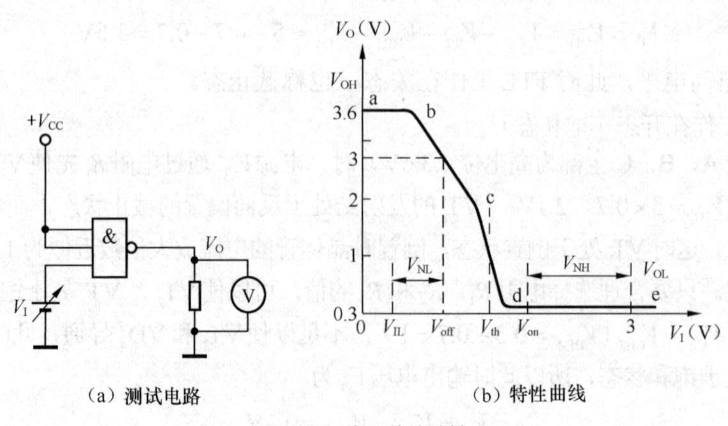

（a）测试电路　　（b）特性曲线

图2-5　电压传输特性

从图 2-5（b）可以看出，其电压传输特性可分成 ab，bc，cd，de 这 4 段。下面分析这 4 段中电路工作情况。

① ab 段称之为截止区。由于 V_I<0.6 V，VT_1 正向导通，处于深饱和状态，其饱和压降 V_{CES1}<0.1 V，所以 $V_{B2}=V_I+V_{CES1}$ <0.7V，VT_2 和 VT_4 都截止，VT_3 和 VD_4 导通，输出高电平 $V_{OH}=3.6V$。在与非门的截止区，电路处于稳定的关态。

② bc 段称之为线性区。输入电压 V_I 为 0.6V～1.3V 之间，$V_{B2}=V_{C1}\geqslant 0.7$ V，VT_2 开始导通，但 V_{B2}<1.4 V，故 VT_4 仍处于截止状态，由于 VT_2 处于放大状态，其集电极电压 V_{C2} 随着输入电压的升高而下降，因为 VT_2 的放大倍数较大，使输出电压 V_O 随输入电压 V_I 升高而线性地下降，所以称这一段为线性区。

③ cd 段称之为转折区。V_I>1.3V，VT_4 开始导通，随着 V_I 的增大，输出电压 V_{C2} 急剧下降，VT_3，VD_4 趋向截止，VT_4 趋向饱和，电路状态由关态转换为开态。在转折区，TTL 与非门状态发生急剧的变化。

④ de 段称之为饱和区。随着 V_I 的继续增加，VT_2 处于饱和状态，同时 VT_1 的发射极电压逐渐高于基极电压，最后变成倒置状态。因为在这个区域中，VT_4 始终处于饱和状态，所以这一段称为饱和区，电路处于稳定的开态。

从电压传输特性曲线可以反映出 TTL 与非门几个主要特性参数。

（1）输出逻辑高电平和输出逻辑低电平

在电压传输特性曲线截止区的输出电压为输出逻辑高电平 $V_{OH}=3.6V$，饱和区的输出电压为输出逻辑低电平 $V_{OL}=0.3V$。上述数值是标称值（额定值），由于器件制造中的差异，实际的输出高电平、输出低电平都略有差异。

（2）阈值电压 V_{th} 及开门电平 V_{on} 和关门电平 V_{off}

转折区所对应的输入电压，是 VT_4 管截止与导通的分界线，同时也就是输出高电平与输出低电平的分界线，因此通常将转折区中的中点所对应的输入电压值称为门槛电压或阈值电压，用 V_{th} 表示。对 74 系列集成电路而言，TTL 门的阈值电压 $V_{th}\approx 1.4$ V。

而开门电平 V_{on} 和关门电平 V_{off} 是区分输入高低电平的更严格的参数。关门电平 V_{off} 是指在保证输出为额定高电平 90%的条件下，所允许的输入低电平的最大值。开门电平 V_{on} 是指在保证输出为额定低电平的条件下，所允许的输入高电平的最小值。一般，厂家技术指标中取 $V_{off}\geqslant 0.8V$，$V_{on}\leqslant 1.8$ V。

（3）抗干扰能力

在集成电路中，经常以噪声容限的数值来定量地说明门电路的抗干扰能力如图 2-6 所示。当输入信号为低电平时，电路应处于稳定的关态，在受到噪声干扰时，电路能允许的噪声干扰以不破坏其关态为原则。所以，输入低电平加上瞬态的干扰信号不应超过关门电平 V_{off}。因此，在输入低电平时，允许的干扰容限为

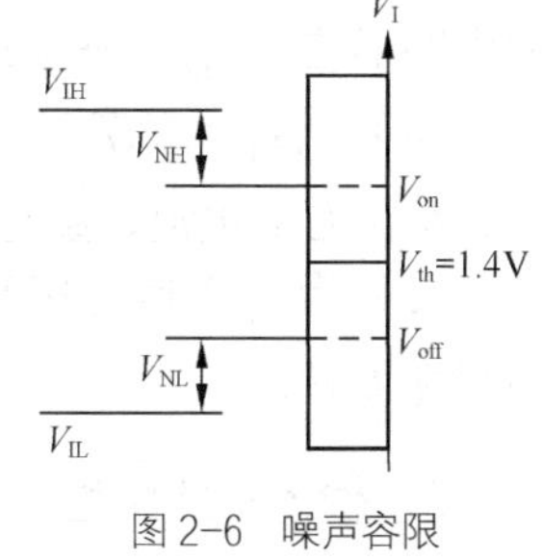

图 2-6 噪声容限

$$V_{NL}=V_{off}-V_{IL} \tag{2-8}$$

V_{NL} 称为低电平噪声容限。

同理，在输入高电平时，为了保证稳定在开态，输入高电平加上瞬态的干扰信号不应低于开门电平 V_{on}。因此，在输入高电平时，允许的干扰容限为

$$V_{NH}=V_{IH}-V_{on} \tag{2-9}$$

V_{NH}称为高电平噪声容限。

最后必须说明，在一般工作条件下，影响电压传输特性的主要因素是环境温度和电源电压。总的趋势是，随温度的升高，输出高电平和输出低电平都会升高，阈值电压V_{th}却降低。电源电压的变化主要影响输出高电平，一般$\Delta V_{OH}\approx\Delta V_{CC}$，对输出低电平影响不大。

2．输入特性

TTL与非门的输入特性主要研究输入电压V_I和输入电流I_I的关系，即$I_I=f(V_I)$。$I_I=f(V_I)$测试电路及输入特性曲线如图2-7所示。图中输入电流I_I，以流出输入端为正方向。

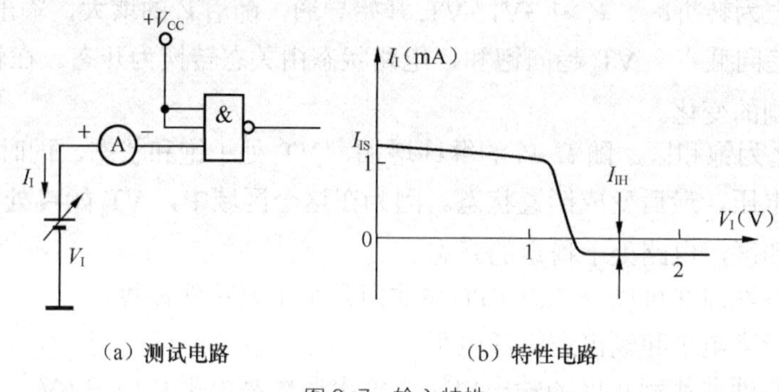

（a）测试电路　　（b）特性电路

图2-7　输入特性

在输入特性曲线中：

（1）当$V_I=0$V时，输入电流称为输入短路电流，用I_{IS}表示，I_I的电流由门向外流出，其大小可由下式求得

$$I_{IS}=\frac{V_{CC}-V_{BES1}}{R_1}=\frac{5-0.7}{4\times10^3}=1.075\text{mA} \tag{2-10}$$

（2）随V_I增大，I_I绝对值变小。当$V_I>0.6$V后，VT_2管导通，I_I下降加快。

（3）当$V_I>V_{th}$时，VT_1发射结反向偏置，I_I仅为反偏PN结的漏电流，用I_{IH}表示。I_{IH}的电流方向为流入发射极，与规定的正方向相反，是一个负值。I_{IH}为μA量级，对于CT 74系列电路而言，I_{IH}约在40 μA以内。

（4）当$V_I<-0.7$V时，门输入端保护二极管导通，I_I急剧增加。通常保护二极管能承受20 mA左右的电流，超过太多，将损坏门的输入级。

（5）当V_I值超过+6 V时（图中曲线未画出），将会击穿VT_1的发射结，使I_I值急剧上升而损坏器件。

3．输入负载特性

输入负载特性主要研究门输入端处负载电阻R_I和其电压V_{RI}的关系，即$V_{RI}=f(R_I)$。$V_{RI}=f(R_I)$的测试电路和输入负载特性曲线如图2-8所示。结合图2-3典型电路，对图2-8（b）曲线分析，可得出如下几点。

（1）V_{RI}随R_I上升而上升，且V_{RI}值逼近门的阈值电压V_{th}。

（2）电阻R_I阻值小时，V_{RI}随R_I增大而线性上升，其近似关系式为

$$V_{RI} \approx \frac{V_{CC} - V_{BES1}}{R_1 + R_I} \cdot R_I \tag{2-11}$$

上式中V_{BES1}为74电路输入级VT_1管发射结导通电压0.7V，R_1为输入级VT_1管基极电阻4kΩ。

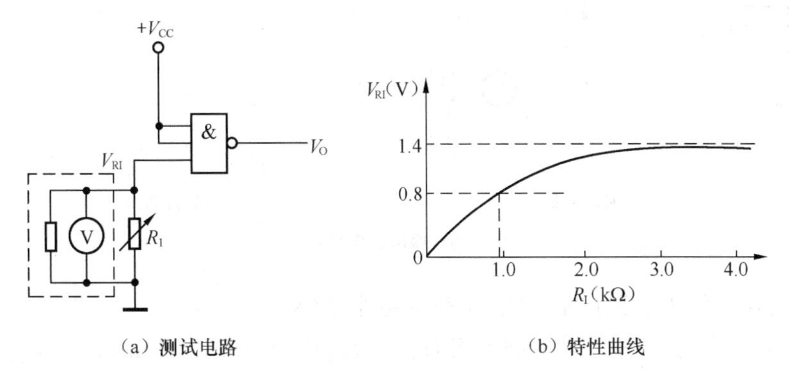

（a）测试电路　　（b）特性曲线

图2-8　输入负载特性

（3）对74系列集成电路而言，一般门输入端逻辑低电平的最高值不允许超过0.8V，即$V_{off} \leqslant 0.8$V，代入式（2-11）中，不难求得输入端所接电阻R_I应满足

$$V_{RI} \approx \frac{V_{CC} - V_{BES1}}{R_1 + R_I} \cdot R_I \leqslant 0.8 \tag{2-12}$$

通常将对应于关门电平V_{off}求得的电阻值称为关门电阻，用R_{ioff}表示，经计算

$$R_{ioff} \leqslant 0.91\text{k}\Omega \tag{2-13}$$

（4）与关门电阻相对应的是开门电阻R_{ion}。R_{ion}常用实验法来测得。增大测试电路中R_I阻值，观察输出端V_O状态，在V_O从高电平跳为低电平的瞬间所对应的R_I阻值，称为开门电阻。对74系列集成门电路而言，R_{ion}约在3kΩ～10kΩ范围内。假设允许灌流负载$I_O \approx 12\text{mA}$，在图2-3所示典型电路参数条件下，$I_{B1} \approx 0.725\text{mA}$，$I_{B2} \approx 0.172\text{mA}$，$I_I \approx 0.553\text{mA}$，则

$$R_{ion} \geqslant 3.2\text{k}\Omega \tag{2-14}$$

综合上述输入负载特性内容，可得出下述重要结论：

① TTL集成门电路输入端接负载电阻R_I接地，若$R_I > R_{ion}$，则负载电阻R_I上等效电平为逻辑高电平；若$R_I < R_{ioff}$，则负载电阻R_I上等效电平为逻辑低电平。

② TTL集成门电路输入端开路相当于逻辑高电平。

4. 输出特性

输出特性研究输出端带负载时输出电流和输出电压的关系，即$V_O = f(I_O)$。

通常根据电路输出状态不同，又将其分为输出高电平和输出低电平两种情况分别加以讨论。

（1）输出高电平时$V_{OH} = f(I_{OH})$

输出高电平时测试电路和对应的输出特性曲线如图2-9所示。改变负载电阻R_L值，门输出端电流I_{OH}将随之改变。在R_L变小过程中，I_{OH}逐渐增大，输出端的电压V_{OH}随之下降。其中输出电流规定灌入电流（流入输出端）为正方向。

结合图2-3典型电路的输出及对图2-9（b）特性曲线的分析，可得出下述结论：

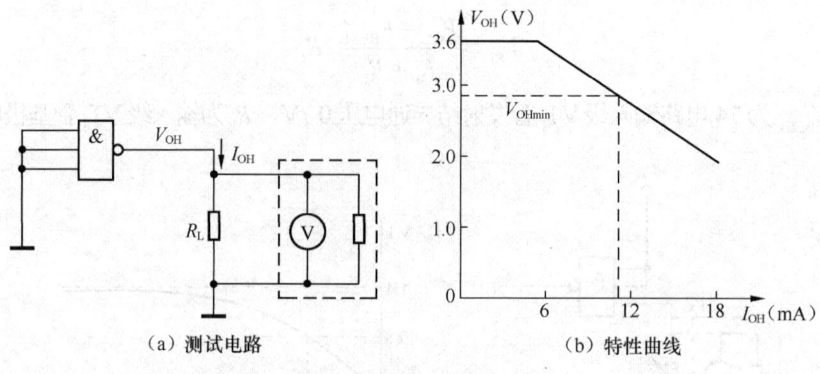

（a）测试电路　　（b）特性曲线

图 2-9　输出高电平特性

① 当输出拉电流 I_{OH} 较小时，V_{OH} 维持高电平 3.6V。

② 当 I_{OH} 达到某数值时，对本例电路而言，I_{OH} 约在 5 mA ～6 mA 时，V_{OH} 开始下降。

③ V_{OH} 下降速度约为 1.0 V /7.7 mA，即 I_{OH} 每增加 7.7 mA，V_{OH} 下降 1.0V 左右。

④ 图 2-9（b）特性曲线数据表明，当 V_{OH} 降至 V_{OHmin} 时，I_{OH} 将达 11 mA 左右。V_{OHmin} 为输出高电平的下限值，本图设定为 2.8V，此值大小可根据不同系统的要求而设定。

然而在实际使用时，因集成门电路受功耗的限制，高电平时的输出电流 I_{OH} 值将远远小于 10 mA，其大小在 0.4 mA ～1 mA 之间，74 标准系列只有 0.4 mA，即 TTL 与非门处于关态时允许最大拉电流 I_{OHmax} =0.4 mA 。

（2）输出低电平时 $V_{OL}=f(I_{OL})$

输出低电平时的测试电路如图 2-10（a）所示，与输出高电平时研究拉电流 I_{OH} 不同的是，输出低电平时研究的是灌入门的负载电流 I_{OL} 和门输出低电平 V_{OL} 的关系，其关系式 $V_{OL}=f(I_{OL})$。对应的输出特性曲线如图 2-10（b）所示。

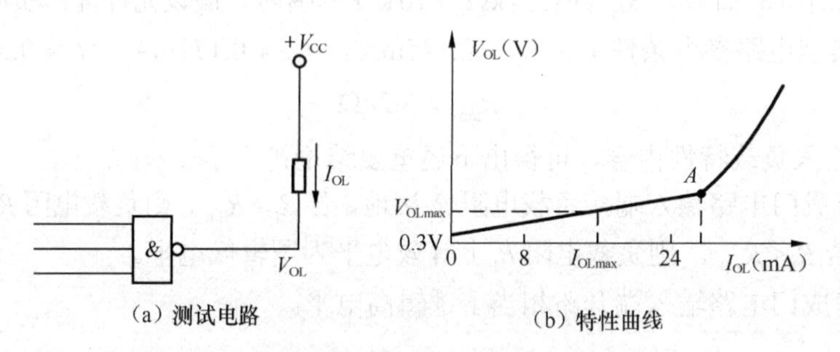

（a）测试电路　　（b）特性曲线

图 2-10　输出低电平特性

结合图 2-3 典型电路的输出及对图 2-10（b）特性曲线的分析，可得出下述结论：

① 当 I_{OL}=0 时，也就是门输出端开路时，输出为 V_{OL}。74 标准系列的 V_{OL} 通常为 0.3V。

② 随 I_{OL} 上升，V_{OL} 上升，且在一定范围内 V_{OL} 随 I_{OL} 线性上升。

③ 若设定输出低电平的上限值为 0.4V，即 V_{OLmax} =0.4V，则 I_{OL} 一般加大到 15 mA ～16 mA 时 V_{OL} 才会接近 0.4V。

④ I_{OL} 继续增大，到 A 点时 V_{OL} 将出现明显上升，A 点对应处即为门输出级 VT_4 管脱离饱和时注入的电流值。TTL 与非门处于开态时允许最大灌电流 I_{OLmax} =16 mA 。

（3）扇入、扇出系数

扇入一般指输入端的个数。扇出系数 N_0 是指输出端最多能带同类门的个数。扇出系数为 TTL 与非门规定了最大的负载容限

$$N_0 = \frac{I_{OLmax}}{I_{IS}} \tag{2-15}$$

5. 传输延时特性

理想情况下，TTL 与非门的输出会立即响应输入信号的变化，但晶体管作为开关应用时，存在着延迟时间，使得实际输出的变化总是滞后于输入的变化，即存在导通延迟时间 t_{pHL} 和截止延迟时间 t_{pLH}，如图 2-11 所示。平均延迟时间 t_{pd} 是它们的平均值，即

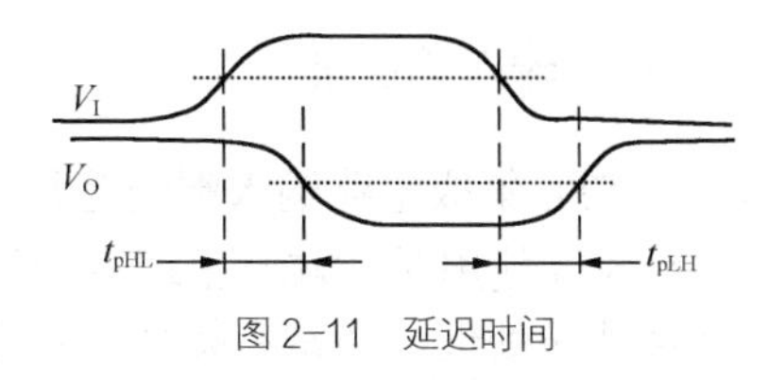

图 2-11 延迟时间

$$t_{pd} = \frac{1}{2}(t_{pHL} + t_{pLH}) \tag{2-16}$$

平均延迟时间反映了 TTL 门的瞬态开关特性，电路的 t_{pd} 越小，说明它的工作速度越快。一般 TTL 与非门的平均延迟时间为几纳秒（ns）。

2.2.3 TTL 集成门电路使用注意

TTL 集成门电路在实际使用时，常会遇到门电路输入端、输出端和其他电路或元器件的正确连接，以及电路的带负载能力等问题。

1. 输出端连接

基于 TTL 集成门电路的输出特性，TTL 集成门电路输出端接线时应注意以下几个方面。

（1）输出端不能直接接地

若在实际使用时，TTL 集成门电路输出端直接接地如图 2-12（a）所示。则当输出高电平时，输出负载电流 I_{OH} 将高达 30 mA，远远超出最大拉电流 I_{OHmax}，将导致电路永久性损坏。

（2）输出端不能直接接电源 V_{CC}

若 TTL 集成门电路输出端直接和电源 V_{CC} 相连如图 2-12（b）所示。则当输出低电平时，灌入门电路的电流远大于 I_{OLmax}，将造成器件损坏。

（3）输出端不能线与

若 TTL 集成门电路出现如图 2-12（c）所示的接法，两个门（或者多个门）输出直接并联（在逻辑上构成与关系，称为线与）也将造成集成电路的损坏。其原因是，TTL 集成门电路的输出级采用的是推拉式工作方式，无论输出高电平还是输出低电平时，其输出电阻都很低。若把两个及以上的 TTL 门电路输出端连接到一起，当两个门输出状态不同时，则将有一个很大的电流由截止门的晶体管 VT_3 流到导通门的晶体管 VT_4 上，向外流出的电流 I_{OH} 高达 30 mA，这个电流不仅会使导通门的输出低电平抬高，而且可能因功耗过大而损坏门电路。

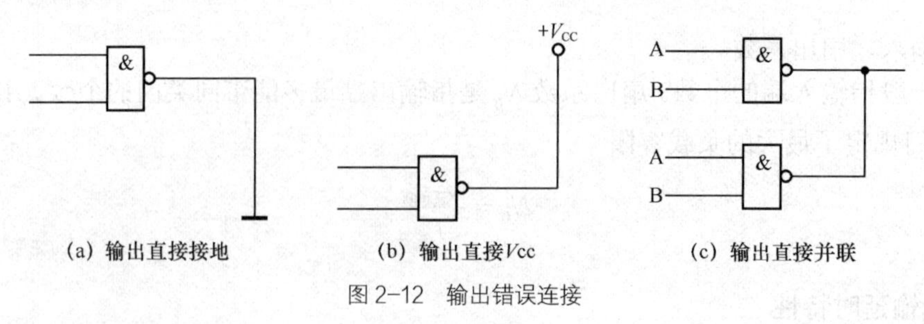

(a) 输出直接接地　　(b) 输出直接Vcc　　(c) 输出直接并联

图 2-12　输出错误连接

2. 输入端连接

TTL集成电路输入端的连接应结合集成电路的输入特性和输入负载特性来讨论。集成电路在实际使用时，常会出现多余输入端的情况。为确保电路可靠工作，应对多余的输入端进行合理的处理，通常有接地，接电源V_{CC}，和其他有用端并联，接接地电阻，保持悬空状态等接法。

由TTL集成门电路的输入负载特性可知，在门输入端外接接地电阻R_I时，阻值的不同将影响其电压V_{RI}的值，参量开门电阻R_{ion}，关门电阻R_{ioff}的引入，无疑方便了对门输入端接有电阻的集成电路逻辑电平的判断。其次不难得出，若TTL集成电路输入端悬空，则悬空端相当于接逻辑高电平。但悬空易引入干扰，所以一般都不允许TTL集成电路输入端悬空。

不同逻辑关系门电路的多余输入端连接各不相同，其基本原则是以不破坏逻辑关系为准。

（1）TTL与非门多余输入端接法

若4输入TTL与非门仅用3个输入端，有1个输入端多余，则多余的输入端可按照如图2-13所示的方法连接。

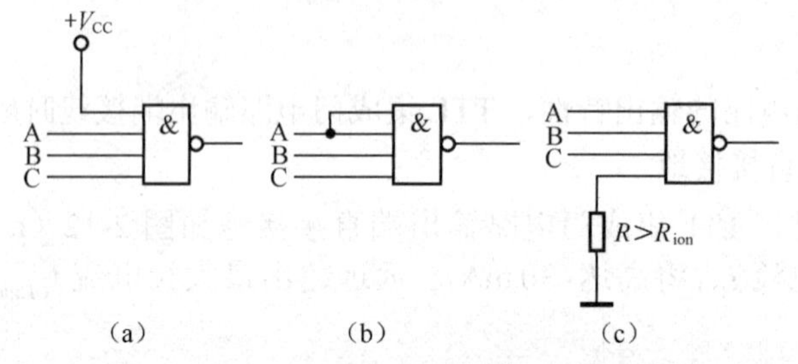

图 2-13　TTL与非门多余输入端接法

① 直接接电源+V_{CC}，如图2-13（a）所示；

② 和其他有用端并联，如图2-13（b）所示；

③ 接阻值大于R_{ion}的接地电阻，如图2-13（c）所示；

3种接法各有特点，可根据不同的情况选择其中的一种。虽然TTL门电路输入端悬空相当于接高电平，但这种接法容易引入干扰，所以不宜采用。

（2）TTL或非门多余输入端接法

TTL或非门的多余输入端可按照如图2-14所示的方法连接。

① 直接接地，如图2-14（a）所示；

② 和其他有用端并联，如图2-14（b）所示；

③ 接阻值小于R_{ioff}的接地电阻，如图2-14（c）所示。

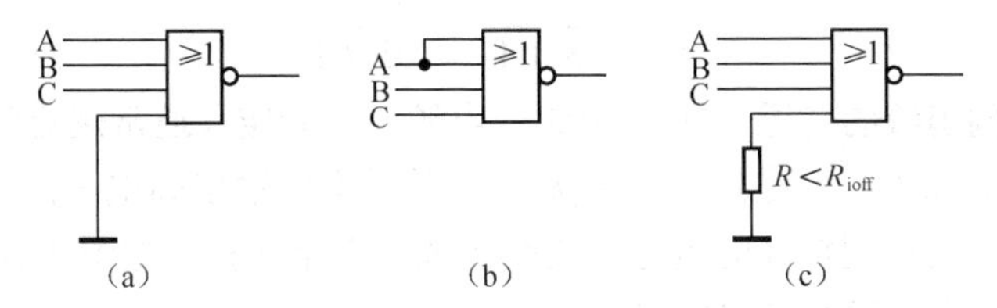

图 2-14 TTL 与非门多余输入端接法

（3）TTL 与或非门多余输入端接法

TTL 与或非门多余输入端的正确接线为：每个与门中的多余输入端接法类同与非门；而与门和与门之间为或的逻辑关系，若有多余，则其接法应类同或非门电路。

图 2-15 是 3-2-2-3 共 4 组 10 个输入端的 TTL 与或非门实现函数 $Y=\overline{AB+CD+EF}$ 时，其多余输入端的连接电路图。

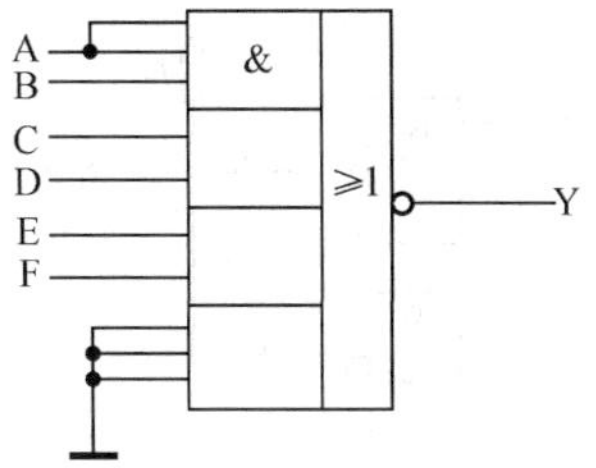

图 2-15 TTL 与或非门多余输入端接法

3．电源要求及其他注意事项

TTL 门电路的电源电压 V_{CC} 应满足 5V±5%的要求，电源不能接反。为防止由电源引入的各种干扰，必须对电源进行滤波，在印制电路板上每隔 5 块左右的集成电路加接一个 0.01 μF ～0.1 μF 的高频滤波电容。并且在焊接 TTL 门电路时焊接时间不宜太长。

2.2.4 TTL 与非门的改进电路

1．集电极开路门（OC 门）

数字系统用门电路组成各种逻辑电路时，如果采用线与的方式，可以大大简化电路，为了使 TTL 门能够线与，可以把输出级改为集电极开路的三极管结构，做成集电极开路的输出门电路，简称 OC 门（Open Circuit）。OC 门的主要特点是输出端可直接相连实现逻辑与的功能。它在电平转换等多种接口电路中有着广泛的应用。

图 2-16（a）是集电极开路与非门的电路图，和典型 TTL 与非门相比，OC 门电路的输出级去掉了推拉式结构的上半部元器件 VT_3，VD_4 和 R_4，使输出级 VT_4 管的集电极处在开路状态，OC 门电路即由此而得名。

由于输出级处在开路状态，故 OC 电路在实际使用时，应如图 2-16（a）所示，需外接电阻 R_L 和电源 V'_{CC}。否则输出端 Y 在 VT_4 管导通和截止两种情况下均无电平，也谈不上其为何种逻辑状态。只要外接电阻 R_L 和电源 V'_{CC} 的数值选择得当，就能够保证输出的高、低电平符合要求，输出三极管 VT_4 的负载电流又不过大。

为和普通输出结构的门电路有所区别，OC 门电路采用图 2-16（b）所示的逻辑符号。

图 2-17 是 OC 门电路的实际线与连接。输出 Y 的逻辑函数表达式为

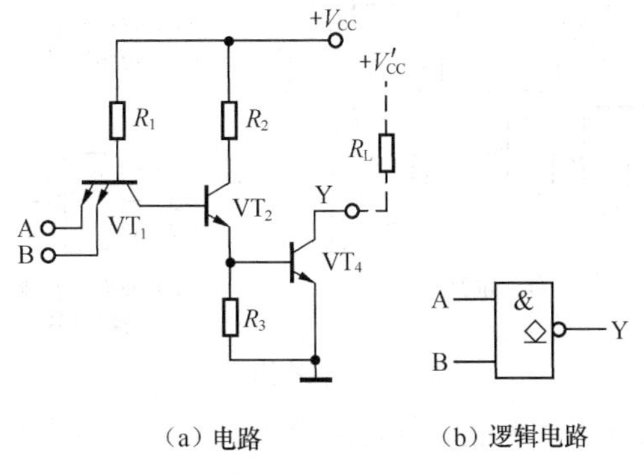

（a）电路 （b）逻辑电路

图 2-16 集电极开路的与非门

$$Y=\overline{AB}\cdot\overline{CD}=\overline{AB+CD}$$

在采用推拉式输出级的普通TTL门电路，电源一经确定（通常规定为5V），输出的高电平就固定了，不可能高于电源电压，因而无法满足对不同输出高电平的需要。而OC门可以在输出端通过负载电阻接到较高的电源，从而实现了电平转换，如图2-18所示。但是，此时必须对输出管的击穿电压进行严格的挑选。

OC门也用于驱动高电压、大电流负载的门电路，通常将这种类型的门电路称为驱动器。如图2-19所示电路就是用OC门驱动1个发光二极管。

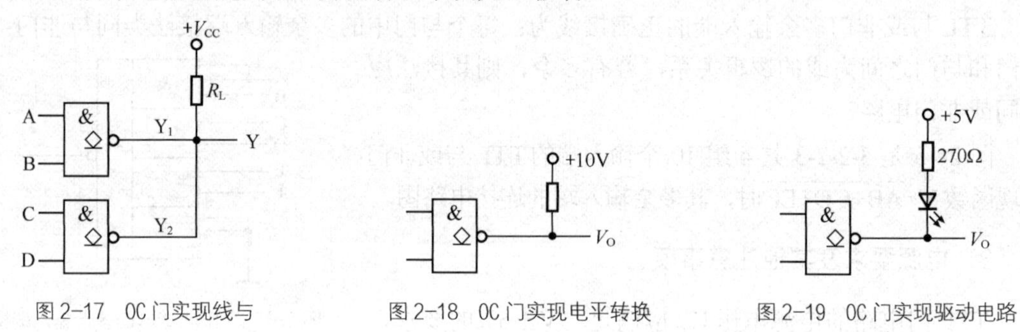

图2-17 OC门实现线与　　图2-18 OC门实现电平转换　　图2-19 OC门实现驱动电路

2．三态输出门电路（TSL门）

三态输出门电路简称三态门，用TSL（Three Sate Logic）表示，是在普通门电路的基础上增加了控制端和控制电路而构成的。TSL门的主要特点是输出共有3种状态，即逻辑高电平、逻辑低电平和高阻态。TSL门除了在系统的总线结构和计算机的外围电路等方面有广泛的应用外，在仪器、仪表和自动控制等多个领域也得到广泛应用。

TSL门和普通TTL门的差别在于输出的第3种状态，即高阻态。高阻态既不同于输出高电平能向负载提供外拉电流I_{OH}，也不同于输出低电平时能吸收负载电流I_{OL}，它实际上是一种悬浮状态，用Z表示。

TSL门有三态输入控制端（亦称使能端）进行控制。通常使能端使能时，TSL门输入、输出特性与普通TTL门电路相同。反之，若使能端处于禁止状态，则电路的输出功能被禁止，此时TSL电路相当于未接入电路。禁止状态下，TSL电路的输出为高阻态。

图2-20所示为三态门电路及逻辑符号。图中EN为三态使能端，A，B为输入逻辑变量，Y为电路输出。

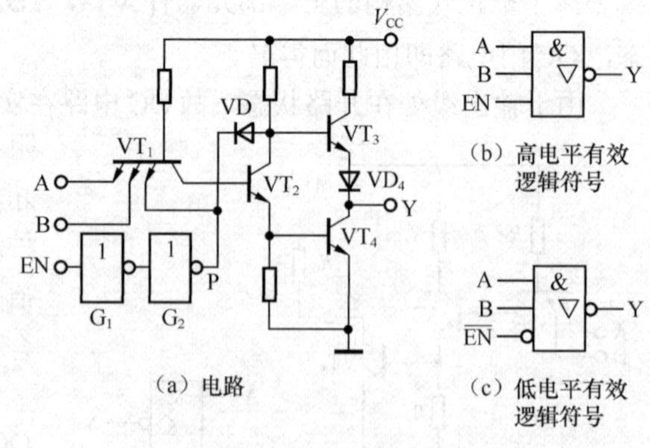

（a）电路　（b）高电平有效逻辑符号　（c）低电平有效逻辑符号

图2-20 三态门

在图2-20（a）所示电路中，当三态使能端EN = 0时，P点为低电位，VT_1深饱和，VT_2，VT_4截止。同时，由于P点为低电位，二极管VD导通，使VT_2的集电极电位（即VT_3的基极电位）被钳位在1V左右，VT_3，VD_4也处于截止状态。因此，输出级Y上、下2个支路都不导通，如同一根悬浮的导线，称为高阻态。当EN =1时，P点也为高电位，二极管VD截止，这时电路实现正常的与非功能，即$Y=\overline{AB}$，电路输出由输入信号A，B来决定，呈现关态（输出高电平）或开态（输出低电平）。这叫EN高电平有效，其逻辑符号如图2-20（b）所示。如果在图2-20（a）所示电路中，EN的控制电路部分少1个非门，则在EN=0时为正常工作状态，称为EN低电平有效，其逻辑符号如图2-20（c）所示。高电平有效的三态与非门真值表如表2-3所示。

使用三态门可以构成传送数据总线。图2-21所示是由三态与非门构成的单向总线结构。这个单向总线是分时传送的总线，每次只能传送其中的一个信号。当n个三态门中的某一个片选信号EN为1时，其输入端的数据经与非逻辑后传送到总线上。当所有三态门的片选信号EN都为0时，不传送信号，总线与各三态门呈断开状态（高阻态）。

表2-3　使能端高电平有效的三态与非门真值表

EN	A	B	P
1	0	0	1
1	0	1	1
1	1	0	1
1	1	1	0
0	×	×	高阻态

图2-22所示为三态反相器构成的双向总线结构。该电路可以实现总线上三态门之间的数据分时双向传送，当EN=1时，数据D_0可传送到总线上（为$\overline{D_0}$），此时门G_1高电平有效，门G_2呈高阻态；当EN=0时，总线上数据取反后传送给D_1，此时门G_2低电平有效，门G_1呈高阻态。

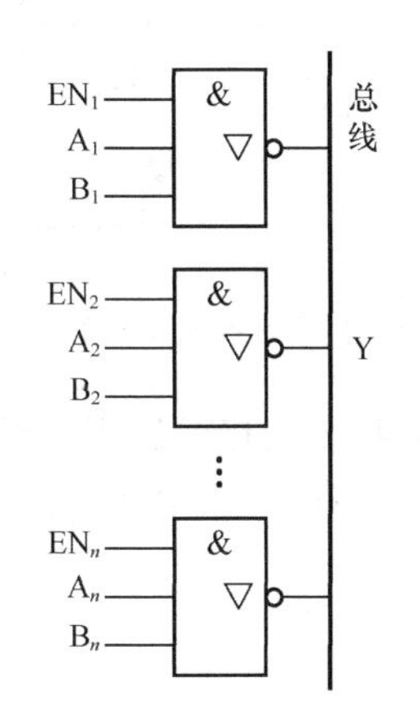

图2-21　三态门构成总线结构

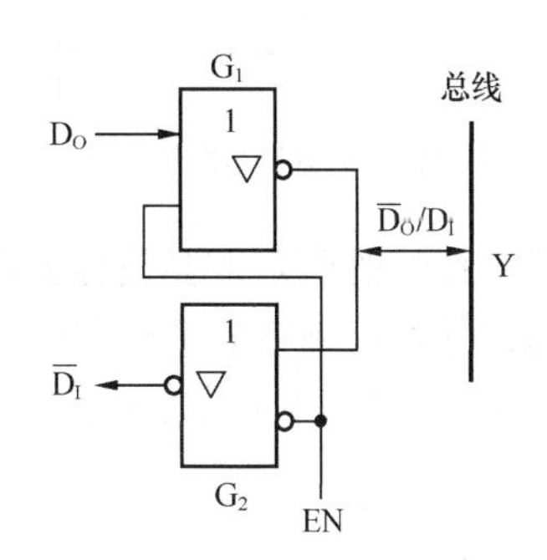

图2-22　三态反相器构成双向总线结构

2.2.5　其他类型的TTL门电路

为了提高工作速度，降低功耗，在74系列的基础上又相继研制生产了74H高速系列、74S肖特基系列和74LS低功耗肖特基系列等。

1．74H高速系列

74H系列与非门的典型电路如图2-23所示。电路输入级和中间级和74完全一样，只是输出级结构不同于前者，采用了达林顿-图腾柱结构，即由VT_3，VT_4管构成两级射极跟随电路，使输出电阻进一步减少，从而提高了负载能力，加速了对电容负载的充电速度。其次，74H电阻值均小于74标准系列，也大大提高了开关速度。

但电阻值的减小却使电路的静态功耗上升。对74H系列电路而言，每门平均功耗P_m约为22mW，是74标准系列电路的2.2倍。由此可见，74H系列与非门速度的提高是以用增加功耗的代价换取的。

性能比较好的理想门电路应该是工作速度既快、功耗又小的门电路。因此，通常综合衡量集成电路性能是用参量功耗-延迟积 pd（power-delay）来评价，pd 即为功耗和平均传输时间的乘积，其值越小，电路性能越佳。74H 系列和 74 系列的 pd 积相差无几。

2. 74S 肖特基系列

图 2-24 所示电路是 74S 系列的典型电路，有两处做了明显的改进：引入了抗饱和的肖特基三极管 SBT，增加了有源泄放电路。

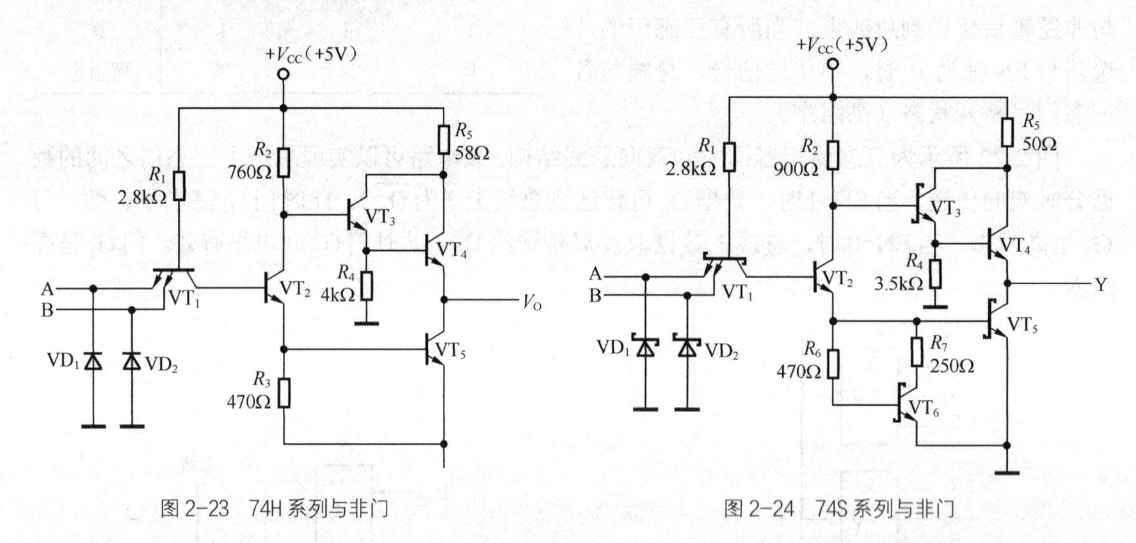

图 2-23 74H 系列与非门

图 2-24 74S 系列与非门

肖特基三极管的引入主要是为了提高电路的开关速度。肖特基三极管属于一种抗饱和的三极管，是在普通三极管的基极和集电极之间并上一个肖特基二极管 SBD（schottky barrier diode）。其结构和符号如图 2-25 所示。

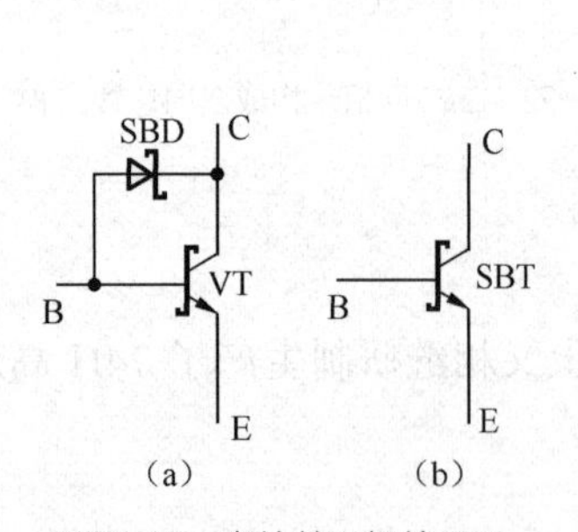

图 2-25 肖特基三极管 SBT

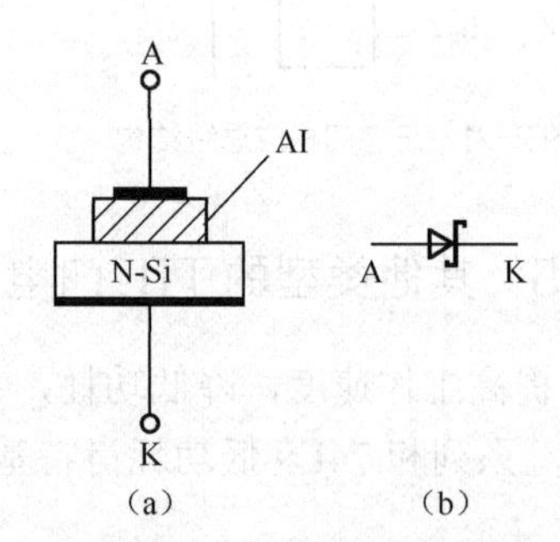

图 2-26 肖特基二极管 SBD 结构示意图、符号

和普通 PN 结构成的二极管不同，肖特基二极管 SBD 是一种金属半导体二极管，其结构和符号如图 2-26 所示。它由 N-Si 和金属直接接触而成，其中金属一侧为阳极，而 N-Si 一侧为阴极。SBD 的特点有：正向压降小（约 0.4V），恢复时间短（多数载流子导电，无少子存储效应，正向工作时，无扩散电容）。

将 SBD 接入普通三极管的基极和集电极之间，可有效地抑制三极管进入深饱和状态。由图 2-24 电路可知，随基极偏置电流 I_B 增加，三级管将从放大状态进入饱和状态，集电极电位

V_C 随 I_B 上升而下降，当三极管 CE 间的电压 V_{CE} 降至 0.3V 时，V_{BC} 接近 0.4V，SBD 趋于导通，I_B 继续增加的部分将被 SBD 旁路，三极管的饱和深度不会再增加。这样当三极管关断时从饱和转为截止的时间缩短了，从而使集成电路的开关速度得到提高。

提高电路开关速度的措施之二是增加了有源泄放电路。有源泄放电路由 VT_6，R_3，R_6 组成，其主要作用是加速 VT_5 的导通和关断。但电路电阻值的减少和抗饱和三极管的使用，又使静态功耗有所增加。另外，开态时，VT_5 不工作下深饱和状态使输出低电平略有抬升，在 0.5V 左右。

肖特基抗饱和结构和有源泄放电路的引入使 74S 系列集成电路门的平均传输时间低至 2～3 ns，是 TTL 4 个系列电路中最快的一个系列。它的 pd 积较 74 及 74H 有了改善。

3．74LS 低功耗肖特基系列

74LS 系列与非门的典型电路如图 2-27 所示。与前面 3 个系列电路相比，74LS 系列电路做了如下改动。

（1）输入级 TTL 改为 DTL 结构，由肖特基二极管 SBD 组成与门。因二极管无电荷存储效应，故电路动态响应快。

（2）增大了电阻值，降低了功耗，但也增大了平均传输时间。

（3）引入了 SBD 管 VD_3，VD_4 作为电荷泄放通路，可缩短输出端有 V_{OH} 转为 V_{OL} 的时间。

（4）R_5 接地端改接在输出端。其目的同样是为了降低功耗，当输出端为 V_{OH} 时，R_5 上的电流降为 0.175 mA，和 R_5 直接接地时的电流 1.075 mA 相比，仅为后者的 0.16%，减小了整个门的功耗。

74LS 系列集成门电路由于上述的改动，使电路的平均功耗大大下降，每个门的平均功耗的典型值约为 2 mW，是上述 4 个系列中功耗最低的一种。

表 2-4 列出了 4 个系列集成门电路的平均传输延迟、平均功耗和功耗-延迟积。表中数据表明，74S 系列速度最快，74LS 系列的功耗最低，74LS 系列综合性能最好，而 74H 系列综合相对最差。

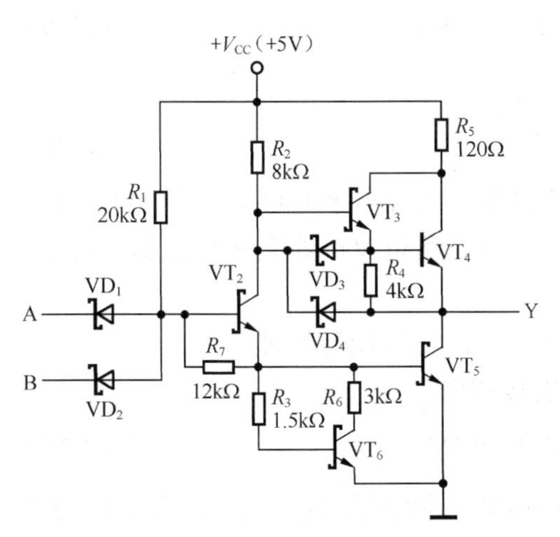

图 2-27 74LS 系列与非门

表 2-4 TTL 系列器件主要性能比较

参量/单位	74	74H	74S	74LS
平均传输延迟/ns	10	6	3	9.5
平均功耗/mW	10	22	19	2
功耗-延迟积	100	132	57	19

2.3 发射极耦合逻辑门（ECL）

发射极耦合逻辑电路（Emitter Coupled Logic）是非饱和型的双极型逻辑电路，简称 ECL 门，也称为电流开关逻辑（Current Switching Logic，CSL）门。它从根本上改变了饱和型电路的工作方式，在这种电路中，三极管工作在放大和截止两种工作状态，由于不工作在饱和区，防止了饱和时的存储效应，使逻辑电路的开关速度大大提高，是目前各类数字集成电路中速度最快的一种。

2.3.1 电路的基本结构

TTL 的基本电路是与非门，而 ECL 的基本电路是或非门。ECL 电路的基本结构如图 2-28 所示。

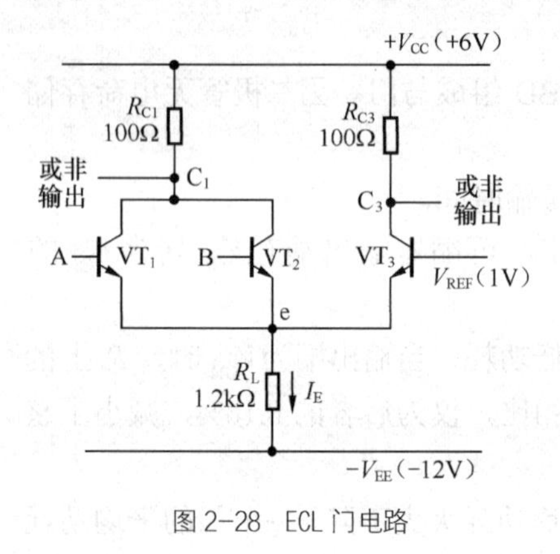

图 2-28 ECL 门电路

在图 2-28 中，VT_1，VT_2，VT_3 组成射极耦合电路，V_{REF} 是固定的参考电压为 1V，A，B 是信号输入端，C_1 和 C_3 是信号输出端。

当输入端 A，B 都接低电平 0（设 $V_A = V_B = 0.5V$）时，由于 $V_{REF} = 1V$，因此 VT_3 优先导通，这使得发射极的电平

$$V_E = V_{REF} - V_{BE3} = 1 - 0.7 = 0.3V \tag{2-17}$$

对于 VT_1，VT_2 来说，由于发射极之间的电压为 $0.5 - 0.3 = 0.2V$，因而处于截止状态。这样流过 R_E 的电流将全都由 VT_3 提供，且有

$$I_E = \frac{V_E - (-V_{EE})}{R_E} = \frac{0.3 + 12}{1.2 \times 10^3} \approx 10mA \tag{2-18}$$

这样，

$$V_{C3} = V_{CC} - I_E R_{C3} = 6 - 10 \times 10^{-3} \times 100 = 5V \tag{2-19}$$

而

$$V_{C1} = V_{CC} = 6V \tag{2-20}$$

由此可见，当输入为 0 时，VT_1，VT_2 截止，输出端 C_1 为高电平 1（6V），而 VT_3 导通，输出端 C_3 为低电平 0（5V）。因为 $V_{B3} = V_{REF} = 1V, V_{C3} = 5V$，所以 VT_3 处于放大状态，并没工作在饱和区。

当输入端 A，B 中有一个接高电平 1（设 A 接高电平，$V_A = 1.5V$）时

由于 $V_A > V_{REF}$，所以 VT_1 优先导通，这便使发射极的电平

$$V_E = V_A - V_{BE3} = 1.5 - 0.7 = 0.8V \tag{2-21}$$

对 VT_3 来说，这时基极电平比发射极电平仅高 0.2V，因而处于截止状态。流过 R_E 的电流由 VT_1 提供，且有

$$I_E = \frac{V_E - (-V_{EE})}{R_E} = \frac{0.8 + 12}{1.2 \times 10^3} \approx 10.6\text{mA} \tag{2-22}$$

而

$$V_{C1} = V_{CC} - I_E R_{C1} = 6 - 10.6 \times 10^{-3} \times 100 \approx 5\text{V} \tag{2-23}$$

$$V_{C3} = V_{CC} = 6\text{V} \tag{2-24}$$

此时T_1处于放大状态。由于VT_1和VT_2的发射极和集电极是分别连在一起的，所以只要A，B中有一个接高电平，都会使C_1为低电平0（5V），而C_3为高电平1（6V）。

由以上分析可得，ECL门的基本逻辑功能是同时具备或非/或输出，即

$C_1=\overline{A+B}$（或非输出）；$C_3=A+B$（或输出）

只要增加相同类型的晶体管与VT_1并联，就能增加门电路的输入端数。

2.3.2 ECL门的工作特点

ECL门具有以下工作特点。

（1）ECL工作在截止区或放大区，集电极电平总高于基极电平，这就避免了晶体管因工作在饱和状态而产生的存储电荷问题。

（2）逻辑电平的电压摆幅小，这不仅有利于电路的转换，而且可采用很小的集电极电阻R_C。因此，ECL门的负载电阻总是在几百欧的数量级，使输出回路的时间常数比一般饱和型电路小，有利于提高开关速度和带负载的能力。

（3）ECL逻辑门同时具有或、或非两个逻辑输出端，给逻辑组合带来很大方便。

ECL门的速度快，常用于高速系统中。它的主要缺点如下。

（1）制造工艺要求高。

（2）抗干扰能力较弱。因为ECL电路的逻辑电平电压摆幅小，所以噪声容限只有0.2V左右。

（3）电路功耗大，ECL或/或非门典型空载功耗为25 mW，比TTL电路大得多。

2.4 MOS集成门

以金属氧化物半导体（Metal Oxide Semiconductor，MOS）场效应晶体管为基础的数字集成电路就是MOS逻辑门。MOS逻辑门是数字集成电路中最常见的一类器件。MOS集成逻辑门主要有三种类型。一种是最早进入市场的P沟道集成电路，称为PMOS电路。PMOS电路制作工艺简单，合格率高，成本低，但由于其开启电压V_T较高，故电源电压一般用得较高，另外由于器件中电子表面迁移率比空穴迁移率高，不易于制作高速工作的器件。另一种是N沟道集成电路，称为NMOS电路。虽然NMOS管工艺较复杂，问世较晚，但由于它工作速度较快，使用的电源电压较低，故有取代PMOS的趋势。第三种是由N沟道MOS管和P沟道MOS管一起连接组成的MOS管，称为CMOS电路。这种电路制造工艺虽然比较复杂，但随着工艺水平的不断提高，由于它的工作频率可达5～50 MHz，功耗极低，易于制作大规模集成电路，因而得到了广泛应用。CMOS逻辑系列分类如表2-5所示。

表 2-5　　**CMOS 逻辑系列**

系列名称	符号	特　性
标准 CMOS 型	4000	微功耗，低速
带缓冲 CMOS 型	4000B	微功耗，低速，扇出比标准 CMOS 大
高速 CMOS 型	74HC	功耗低，速度达到 LS TTL 的水平
高速 CMOS 型（TTL 兼容）	74HCT	类似 74HC，可直接与 TTL 接口
先进 CMOS 型	74AC	高速，可代替 74HC
先进 CMOS 型（TTL 兼容）	74ACT	高速，可代替 74HCT

2.4.1　MOS 反相器

1．MOS 管分类

MOS 管按其沟道和工作类型可分成 4 种类型。

（1）N 沟道增强型

N 沟道增强型场效应管的结构示意图和符号如图 2-29 所示。它用 P 型材料作基片（衬底），源区和漏区是 N 型掺杂的扩散区。当栅、源极电压增加到一定数值（即阈值电压 $V_{GS(th)N}$，也叫开启电压）时，在栅极下面的衬底表面形成 N 型电子导电沟道，故称为 N 沟道场效应管或 NMOS 管。随着正栅压的增加，导电沟道扩大（增强），所以称为增强型。

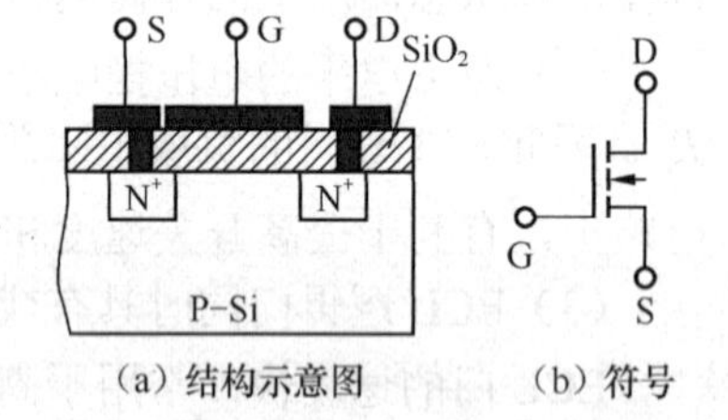

（a）结构示意图　（b）符号

图 2-29　N 沟道增强型 MOS 管

由于 NMOS 管沟道中的载流子是电子，其迁移率较高，工作速度较快，且集成度高，直流电源电压较低，因而，目前 NMOS 管广泛应用于制造大规模数字集成电路，如存储器和微处理器等。

（2）P 沟道增强型

在 N 型基片（衬底）上扩散 2 个 P 型的漏区和源区。在栅压低于一定的负压（即开启电压）时形成 P 型空穴导电沟道；栅压越负，导电沟道越深。由于空穴载流子的迁移率约为电子迁移率的一半，故 PMOS 管的工作速度较 NMOS 管的工作速度低，其阈值电压（开启电压）为 $V_{GS(th)P}$。

（3）N 沟道耗尽型

这种类型的基片是 P 型，漏区和源区是 N 型，并且制造时，在源区和漏区之间的衬底表面上形成了 N 型沟道，因而，栅压为 0V 时，仍有沟道形成。当加上负的栅极电压时，N 型导电沟道变浅。栅压负到一定数值，以致把这条电子导电沟道全部耗尽完了时，该 MOS 管才不能导通，故有耗尽型之称。将沟道刚耗尽完的栅压叫做阈值电压（夹断电压）$V_{GS(off)N}$。

（4）P 沟道耗尽型

这种场效应管的栅压为 0 时，仍有 P 型沟道形成；当栅压为正栅压并足够大时，沟道被耗尽该 MOS 管才能导通，其阈值电压（夹断电压）为 $V_{GS(off)P}$。P 沟道耗尽型场效应管较难于制造，在数字集成电路中很少采用。

表 2-6 列出了 4 种 MOS 管的情况。阈值电压的绝对值为 3V～6V。

表 2-6 各种场效应管

	基本材料	漏源材料	导电沟道类型	阈值电压	栅极工作电压 V_{GS}	漏源工作电压 V_{DS}	其他特点	符 号
P 沟道增强型	N 型	P 型	空穴	$V_{GS(th)P}$ 为负值	负	负	易做、速度慢	D G S
N 沟道增强型	P 型	N 型	电子	$V_{GS(th)N}$ 为正值	正	正	载流子为电子，电子迁移率高，故速度快	D G S
P 沟道耗尽型	N 型	P 型	空穴	$V_{GS(off)P}$ 为正值	零、正、负均可	负	实际中很难制造	D G S
N 沟道耗尽型	P 型	N 型	电子	$V_{GS(off)N}$ 为负值	零、正、负均可	正	速度较快，可在零栅压下工作	D G S

由于 MOS 管结构的对称性，在 MOS 管符号中漏极 D 和源极 S 可以不予标定，也可以互换，栅极 G 的电压控制着 MOS 管的工作情况，其中，N 沟道增强型 MOS 管的导通条件是：$V_{GS}>V_{GS(th)N}$，P 沟道增强型 MOS 管的导通条件是：$V_{GS}<V_{GS(th)P}$，故 MOS 管属于电压控制器件。

2. MOS 反相器

在 MOS 集成电路中，反相器是基本的单元。按其结构和负载不同，可大致分为 4 种类型。

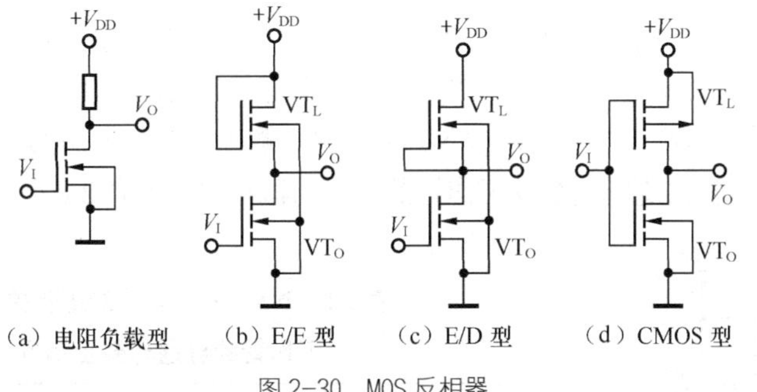

（a）电阻负载型 （b）E/E 型 （c）E/D 型 （d）CMOS 型

图 2-30 MOS 反相器

（1）电阻负载 MOS 电路：如图 2-30（a）所示，在这种反相器中，输入器件是增强型 MOS 管，负载是线性电阻。这种反相器在集成电路中很少采用。

（2）E/EMOS（Enhancement/Enhancement MOS）反相器：如图 2-30（b）所示，在这种反相器中，输入器件和负载均采用增强型 MOS 管，所以叫做增强型—增强型 MOS 反相器，简称 E/EMOS 反相器。

（3）E/D MOS（Enhancement/Depletion MOS）反相器：如图 2-30（c）所示，在这种反相器中，输入器件是增强型 MOS 管，负载是耗尽型 MOS 管，所以叫做增强型—耗尽型 MOS 反相器，简称 E/DMOS 反相器。

（4）CMOS（Complementary MOS）反相器：如图2-30（d）所示，在E/EMOS反相器和E/DMOS反相器中，均采用同一沟道的MOS管。而CMOS反相器则由两种不同沟道类型的MOS管构成。如果输入器件是N沟道增强型MOS管，则负载为P沟道增强型MOS管，反之亦然。所以叫做互补对称MOS反相器，简称CMOS反相器。

2.4.2 NMOS门电路

1. NMOS反相器

图2-31是NMOS反相器逻辑电路，它含有两个N沟道场效应管，VT_1是负载管，VT_2是输入管。由于VT_1栅极始终接到V_{DD}（V_{DD}=5V），所以VT_1始终导通。当A=0V时，输出电压$F=V_{DD}-V_{GS(th)N}$，为高电平。当A=5V时，VT_1，VT_2均导通，由表2-7中数据可知，输出电压为$F=\frac{R_{on2}}{R_{on1}+R_{on2}}\cdot 5V\approx 0V$，由此，可知电路实现非逻辑运算$F=\overline{A}$。

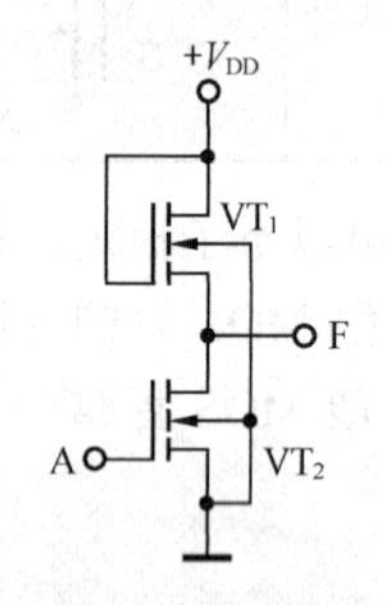

图2-31 NMOS反相器

表2-7 NMOS反相器工作状态表

A	VT_1	VT_2	F
0V（逻辑0）	$R_{on1}=100k\Omega$	$R_{off1}=10^{10}k\Omega$	$V_{DD}-V_{GS(th)N}$（逻辑1）
5V（逻辑1）	$R_{on1}=100k\Omega$	$R_{on2}=1k\Omega$	0V（逻辑0）

2. NMOS与非门

图2-32为NMOS与非门逻辑电路。VT_1为负载管，VT_2，VT_3为输入管，两管串联连接。当2个输入A和B至少有1个为低电平时，VT_2，VT_3至少有1个截止，串联回路断开，所以输出为高电平；当输入A和B全为高电平时，VT_2，VT_3都导通，输出为低电平。因此该电路实现与非运算：$F=\overline{AB}$，电路的输入、输出逻辑关系及工作管的导通与截止情况如表2-8所示。由于这种与非门的

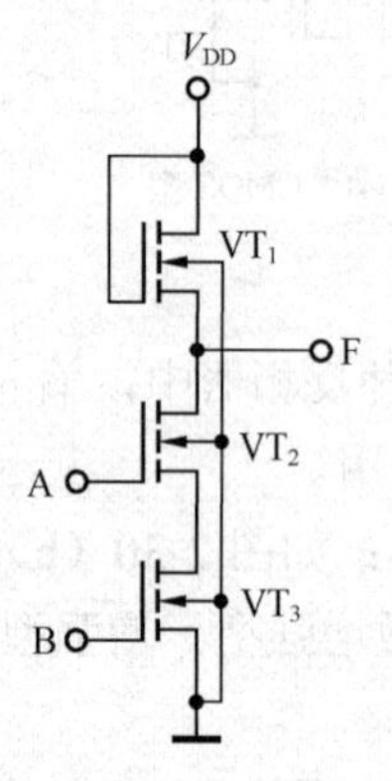

图2-32 NMOS与非门

表2-8 NMOS与非门的逻辑关系及工作管的导通与截止情况

输入		工作管的导通与截止		输出
A	B	VT_2	VT_3	F
0	0	截止	截止	1
0	1	截止	导通	1
1	0	导通	截止	1
1	1	导通	导通	0

输出低电平值取决于负载管的导通电阻与各种工作管导通电阻之和的比，因此，工作管的个数会影响输出低电平值，串联管的个数增多会使低电平值偏高。一般工作管不宜超过3个。

3．NMOS 或非门

图 2-33 是 NMOS 或非门逻辑电路。VT_1 为负载管，VT_2，VT_3 为输入管，两管并联连接。当输入 A 和 B 全为低电平时，VT_2，VT_3 都截止，输出 F 为高电平；当输入至少有一个为高电平时，VT_2，VT_3 至少有一个导通，输出为低电平。所以该电路实现或非运算：$F=\overline{A+B}$。

或非门的工作管都是并联的，增加管子的个数不会使输出低电平值提高，所以应用较为方便，NMOS 逻辑门电路是以或非门为基础的。

图 2-33　NMOS 或非门

2.4.3　CMOS 门电路

以 P 沟道 MOS 管和 N 沟道 MOS 管为基本组件可以构成 CMOS 集成门电路，当两者串联互补时，构成 CMOS 反相器；当两者并联互补时，构成 CMOS 传输门。

1．CMOS 反相器

图 2-34 是 CMOS 反相器逻辑电路，是 CMOS 电路的基本单元。它由一个 P 沟道增强型 MOS 管 VT_P 和一个 N 沟道增强型 MOS 管 VT_N 串联互补构成，两管漏极相连作为输出端 F，两管栅极相连作为输入端 A。VT_P 源极接正电源 V_{DD}，VT_N 源极接地，V_{DD} 大于 VT_P，VT_N 阈值电压绝对值之和。

当输入 A=0V（低电平）时，VT_P 管的栅源极电压 $V_{GS(th)P}=-V_{DD}$，故 VT_P 导通，输出与 V_{DD} 相连；而 $V_{GS(th)N}=0V$，VT_N 截止，输出与地断开，因此，输出电平 $F=V_{DD}$（高电平）。

当输入 $A=V_{DD}$（高电平）时，VT_P 管的栅源极电压 $V_{GS(th)P}=0V$，VT_P 截止，输出与 V_{DD} 断开；而 $V_{GS(th)N}=V_{DD}$，VT_N 导通，输出与地相连，因此，输出为 0V（低电平）。所以，电路实现非运算：$F=\overline{A}$。

图 2-35 是 CMOS 反相器的电压和电流传输特性。由特性曲线可以看出，CMOS 反相器有如下特点。

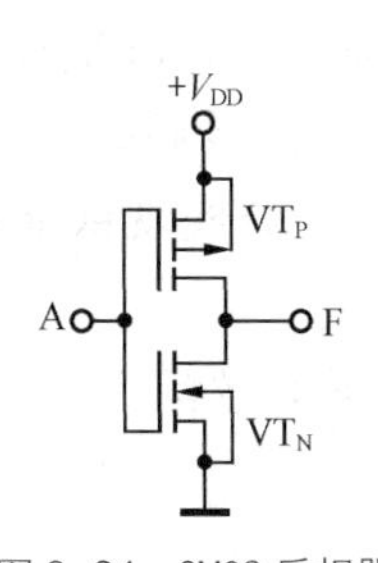

图 2-34　CMOS 反相器

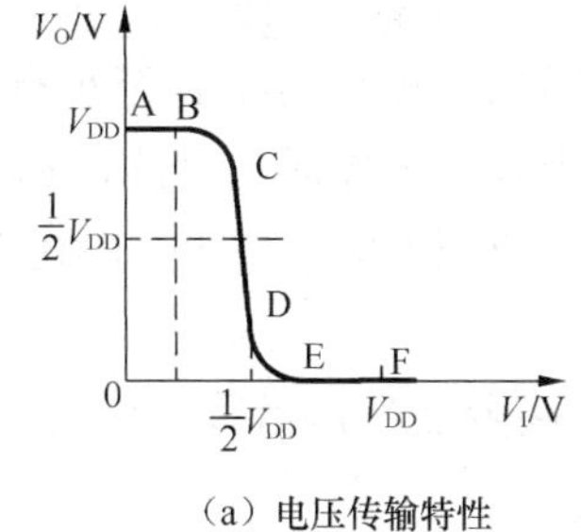

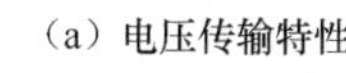
（a）电压传输特性

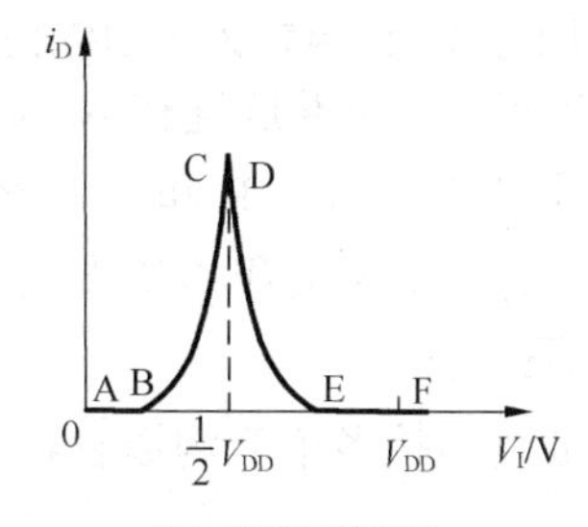

（b）电流传输特性

图 2-35　CMOS 反相器的电压、电流传输特性

① CMOS 反相器静态功耗极低。静态时无论门是处于高电平还是低电平状态，CMOS 反相器总是有一个 MOS 管处于截止状态，流过的电流为极小的漏电流。只有在 $V_I=\frac{1}{2}V_{DD}$ 时才有较大的电流，动态功耗才会增大。所以 CMOS 反相器在低频工作时，功耗是极小的，低功耗是 CMOS 的

最大优点。CMOS 反相器特别适合于由电池供电的场合，如手表、计算机、航天设备等。

② CMOS 反相器抗干扰能力较强。由于其阈值电平近似为$\frac{1}{2}V_{DD}$，在输入信号变化时，过渡变化陡峭，所以低电平噪声容限和高电平噪声容限近似相等，而且随电源电压升高，抗干扰能力增加。输出高电平$V_{OH}=V_{DD}$，输出低电平$V_{OL}\approx 0V$。开门电平V_{on}和关门电平V_{off}都接近$\frac{1}{2}V_{DD}$，而且 CMOS 电路工作电压范围宽，当电源电压愈大时，CMOS 电路的抗干扰能力愈强。

③ CMOS 反相器电源利用率高。$V_{OH}=V_{DD}$，同时由于其阈值电压随V_{DD}变化而变化，所以允许V_{DD}可以在一个较宽的范围内变化。一般V_{DD}允许范围是，4000 系列为 3～15V，74HC 系列为 2～6V。

④ CMOS 反相器输入阻抗高。CMOS 电路的输入电阻大，输入电流极小，因此扇出系数$N\geqslant 50$，数值较大。

CMOS 门电路的工作速度接近 TTL 电路，而它的功耗远比 TTL 小，抗干扰能力也比 TTL 强，因此，几乎所有的超大规模存储器件和可编程逻辑器件（简称 PLD）都采用 CMOS 工艺制造。

2．CMOS 与非门

图 2-36 是两输入 CMOS 与非门电路。同非门电路相比，增加 1 个 P 沟道 MOS 管与原 P 沟道 MOS 管并接，增加 1 个 N 沟道 MOS 管与原 N 沟道 MOS 管串接。每个输入分别控制一对 P、N 沟道 MOS 管。

当输入 A，B 中至少有一个为低电平时，两个 P 沟道 MOS 管也至少有一个导通，而两个 N 沟道 MOS 管也至少有一个截止，输出为高电平。只有当输入 A，B 都为高电平时，两个 P 沟道管都截止，两个 N 沟道管都导通，输出为低电平。所以电路实现与非运算 $F=\overline{AB}$。

通过串接 N 沟道管，并接 P 沟道管，可实现多于两输入的与非逻辑。

3．CMOS 或非门电路

图 2-37 是两输入 CMOS 或非门电路。电路是在非门电路基础上，增加 14 串联连接的 P 沟道管，一个并联连接 N 沟道管。当输入 A，B 至少有一个为高电平时，VT_1和VT_3至少有一个截止，而VT_2和VT_4至少有一个导通，因此，输出为低电平。只有当输入 A，B 全为低电平时，VT_1和 VT_3导通，VT_2和 VT_4截止，输出为高电平。所以电路实现或非运算 $F=\overline{A+B}$。

通过串接多个 P 沟道管，并接多个 N 沟道管，可实现多于两输入的或非逻辑。

4．带缓冲的 CMOS 与非门

在 CMOS 与非门电路的基础上，在每个输入、输出端增加一级反相器就构成了带缓冲级的 CMOS 与非门电路，这些反相器称为缓冲器。

加入缓冲器后，无论输出电阻、输出高低电平，还是电压传输特性的转折区都不再受输入端状态的影响，而且电压传输特性的转折区比原来变得更陡了。

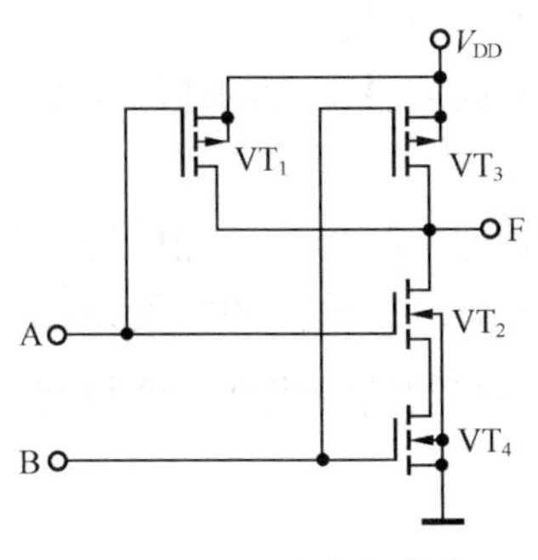

图 2-36 CMOS 与非门电路

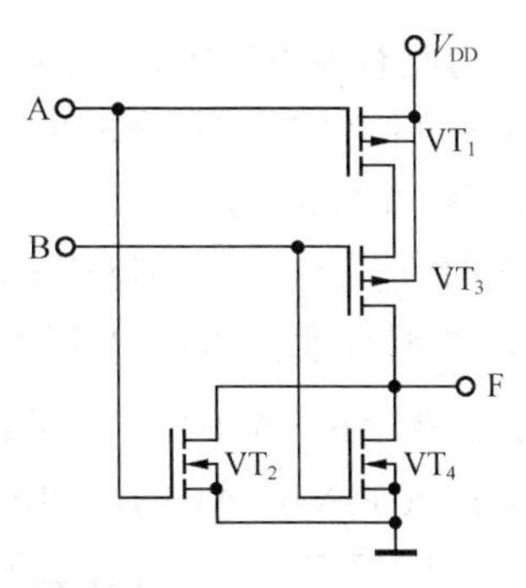

图 2-37 CMOS 或非门电路

当然，为了得到带缓冲级的与非门，不能在原有的与非门输入、输出端直接加反相器而得到，这样会引起逻辑功能的改变，但是可以在或非门的输入、输出端接入反相器获得带缓冲的与非门，如图 2-38 所示，$F=\overline{\overline{\overline{A}+\overline{B}}}=\overline{AB}$。

5．CMOS 传输门

同 CMOS 反相器一样，CMOS 传输门也是构成各种 CMOS 逻辑电路的一种基本单元，CMOS 传输门由一对互补的 PMOS 管（VT_P）和 NMOS 管（VT_N）并联而成，电路和逻辑符号如图 2-39 所示。

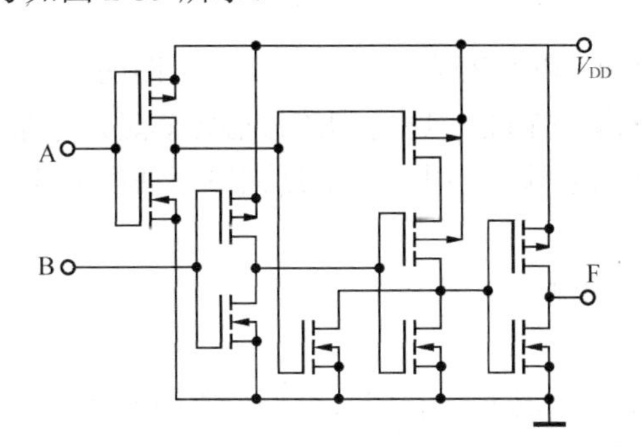

图 2-38 带缓冲级的 CMOS 与非门电路

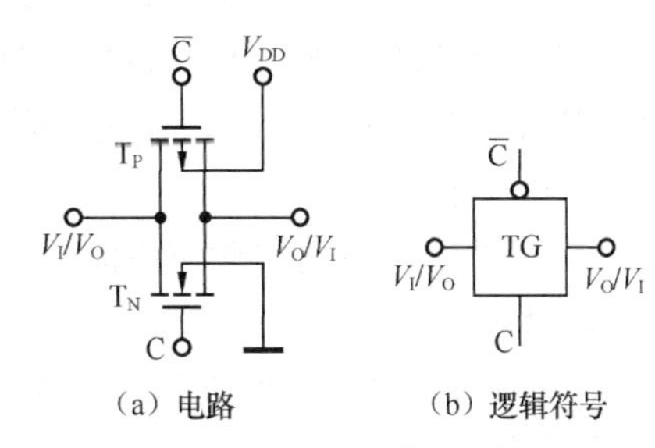

图 2-39 CMOS 传输门

下面分析 CMOS 传输门的工作原理。

图中的 VT_N 和 VT_P 源极相连作为输入端，漏极相连作为输出端，两个栅极是一对控制端，分别接控制信号 C 和 $\overline{C}$。设控制信号的高电平为 V_{DD}，低电平为 0V，则当 C=1，$\overline{C}$=0 时，只要输入信号 V_I 在 0～V_{DD} 范围内连续变化，V_I 可以全部传输到输出端，即有 $V_O=V_I$，因为当 $0\leqslant V_I\leqslant V_{DD}-V_{GS(th)N}$，$VT_N$ 导通，若 $V_{GS(th)P}\leqslant V_I\leqslant V_{DD}$，$VT_P$ 导通，所以 V_I 在 0～V_{DD} 范围变化时，至少有一个管子导通，这就相当于开关接通。此时 CMOS 传输门可以同相传输信号。而当 C=0，$\overline{C}$=1 时，则不论输入信号 V_I 为何值，VT_N 和 VT_P 都截止，此时 CMOS 传输门可截止，相当于开关闭合。由于 MOS 管结构的对称性，传输门也作为双向器件，即输入端和输出端可以互易使用。

传输门和反相器结合可以组成双向模拟开关，双向模拟开关的电路及逻辑符号如图 2-40 所示。

双向模拟开关的控制端为 C，经反相器反相后送到传输门的 C 端，所以只需一个电平控制端，当 C=1 时，传输门导通；当 C=0 时，传输门截止。

当模拟开关接有负载 R_L 时，由于模拟开关导通电阻 R_{TG} 不是常数，输出电平将受到 R_{TG}

的影响，为此有改进型电路，请读者参阅有关资料，这里不再讨论。

用 CMOS 传输门和 CMOS 反相器的各种组合还可以构成多种复杂的逻辑电路，如触发器、寄存器、计数器等。

图 2-41 是用传输门和反相器构成的异或门。其中逻辑变量 A 作为传输门的控制信号。TG_1 在 A=0 时导通，传输门的输入为 B。TG_2 在 A=1 时导通，传输门的输入为 $\overline{B}$。输出逻辑函数 $F=A\overline{B}+\overline{A}B=A\oplus B$。只要改变图 2-41 电路中传输门控制端的极性，就得到同或门的逻辑函数 $F=AB+\overline{A}\,\overline{B}=A\odot B$。如图 2-42 所示。

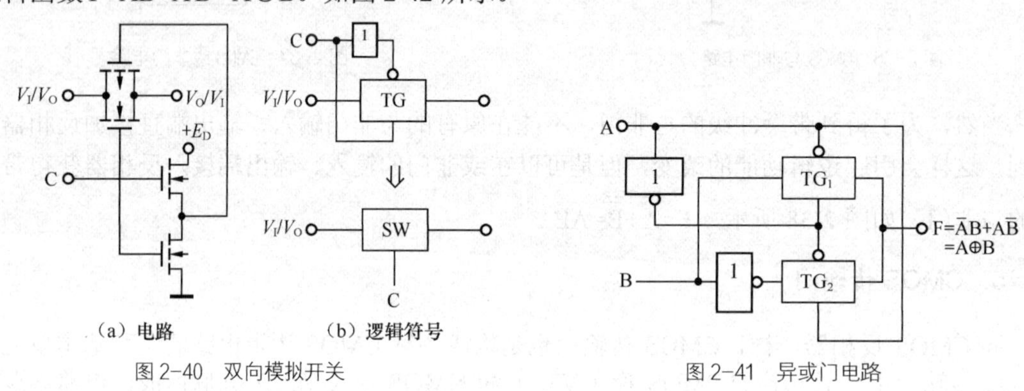

图 2-40　双向模拟开关

图 2-41　异或门电路

6．CMOS 电路与 TTL 电路的连接

在实际应用中，有时电路需要同时使用 CMOS 和 TTL 电路，由于两类电路的电平并不能完全兼容，因此存在相互连接的匹配问题。CMOS 和 TTL 电路之间连接必须满足两个条件：

① 电平匹配。驱动门输出高电平要大于负载门的输入高电平，驱动门输出低电平要小于负载门的输入低电平。

② 电流匹配。驱动门输出电流要大于负载门的输入电流。

（1）CMOS 驱动 TTL

CMOS 集成电路直接驱动 TTL 集成电路时，通常情况下一个 CMOS 门能驱动一个 TTL 门，只要两者的电压参数兼容，一般情况下不用另加接口电路，仅按电流大小计算扇出系数即可。

（2）TTL 驱动 CMOS

因为 TTL 电路的 V_{OH} 小于 CMOS 电路的 V_{IH}，所以 TTL 一般不能直接驱动 CMOS 电路。可采用如图 2-43 所示电路，提高 TTL 电路的输出高电平。R_{UP} 为上拉电阻。如果 CMOS 电路 V_{DD} 高于 5V，则还需要电平变换电路。

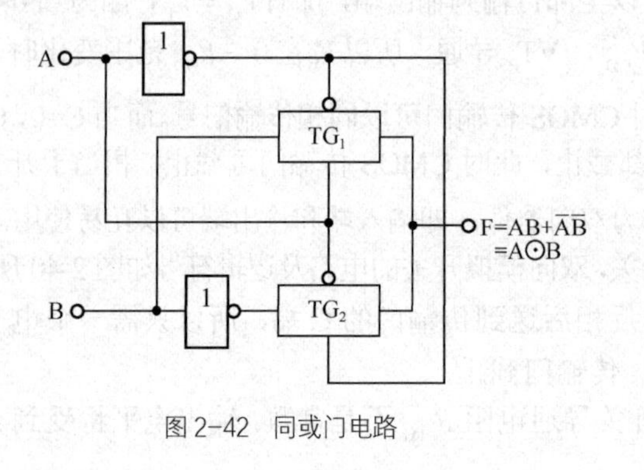

图 2-42　同或门电路

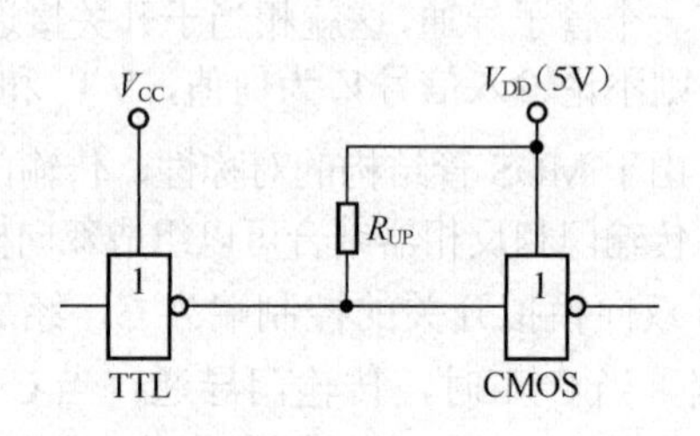

图 2-43　TTL 驱动 CMOS 电路

2.4.4　CMOS 集成电路使用注意事项

CMOS 集成电路在实际使用时，同样会遇到输入端、输出端和其他电路或元器件的连接问题以及电路带负载能力等问题。

1．输出端的正确连接

CMOS 集成电路输出端的正确连接涉及输出特性。CMOS 集成电路的输出负载电流 I_{OH} 和 I_{OL} 基本对称，当 V_{DD} 为+5V 时，负载电流值为 0.51 mA，V_{DD} 升至+15V 时，负载电流升至 3.4 mA。由于输出负载电流的大小在 0.5 mA ～3.4 mA 内，故实际使用时，同 TTL 集成电路一样，其输出端连接的注意事项是：

① 输出端不能直接接地；

② 输出端不能直接接电源；

③ 输出端不能进行线与的连接。

否则会出现过流或过功耗，造成集成电路永久性地损坏。

2．输入端的连接

CMOS 集成电路输入端的连接由电路的输入级结构决定。与 TTL 电路不同的是，CMOS 集成电路由绝缘栅场效应管组合而成，因绝缘栅场效应管栅极电流为零，故电路输入阻抗极高，所以 CMOS 集成电路的输入端不允许悬空。若输入端悬空，可能会造成输入端电位不稳而出现逻辑错误，也易受外界噪声干扰，使电路产生误动作，而且悬空易使栅极感应静电，引起栅极击穿。

CMOS 集成电路输入端除不允许悬空外，在使用时还有以下几方面需考虑。

（1）多余输入端的处理

多余输入端通常可采用下述 3 种接法。

① 直接接电源 V_{DD}；

② 直接接地 GND；

③ 和其他端并联。

上述第 3 种接法对电路的速度和功耗略有影响。

（2）输入端输入电压的范围

CMOS 集成电路每个输入端都有如图 2-44 所示的保护电路。若信号 V_I 在正常的范围 V_{SS}～V_{DD} 内，保护电路不起作用。但当 V_I 值为 $V_I > V_{DD} + V_D$ 或 $V_I < V_{SS} - V_D$ 时，保护电路工作，二极管导通。但若流过二极管的电流过大，会使保护电路遭到破坏，因此通常要求输入信号控制在 $V_{Imax} < V_{DD} + 0.5V$，$V_{Imin} > V_{SS} - 0.5V$ 范围内。

（3）输入端输入电流的限制

在 CMOS 集成电路输入保护电路作用下，保护二极管有电流流过。通常情况下，希望每个入端流入的电流 I_I 限制在 $I_{Imax} \leqslant 1mA$。因此在输入端保护电路可能动作且信号源内阻较低时，应考虑必要的限流措施。

（4）输入端接有大电容时的保护

实际使用时，CMOS 集成电路输入端常可能接大电容，以实现延迟或解决干扰问题。在电源断电瞬间，电容上存储的电荷将经输入保护电路放电，电流过量可能烧毁保护二极管，因此应如图 2-45 所示，在输入端串接一限流电阻 R_P，使电容放电时的电流不超过 1 mA 。

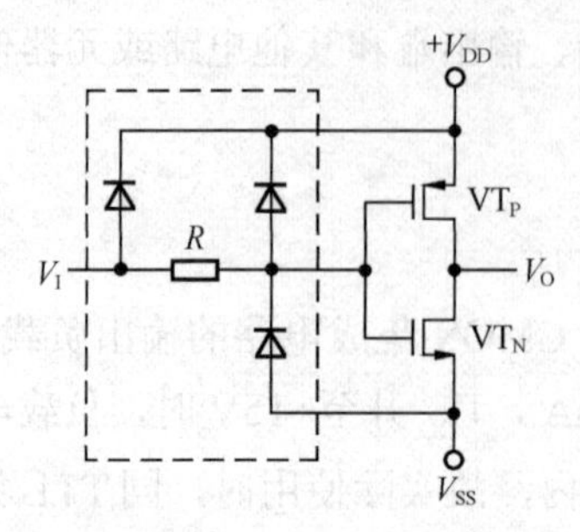

图 2-44　CMOS 集成电路输入端保护电路

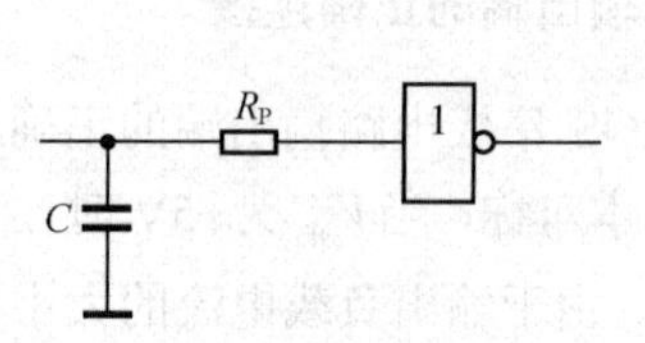

图 2-45　输入端接有电容的保护

3．其他要求

考虑到栅极易接收静电电荷，因此在进行实验、测量、调试 CMOS 集成电路时，应先接入直流电源，后接信号源；工作结束时，先去掉信号源，后关闭直流电源。储藏、运输时应将 CMOS 元件放置金属容器中或用铝箔包装，或插于导电橡胶或导电塑料中。焊接时电烙铁要有良好的接地。测试时，测试仪器也应具有良好的接地。

本章介绍了 TTI、ECL、MOS 和 CMOS 集成电路的基本原理，表 2-9 列出了各类数字集成电路主要性能参数比较。

表 2-9　　各类数字集成电路主要性能参数比较表

电路类型		电源电压（V）	传输延迟时间（ns）	静态功耗（mW）	功耗-延迟积（mW-ns）	直流噪声容限		输出逻辑摆幅（V）
						V_{NL} (V)	V_{NH} (V)	
TTL	74	+5	10	15	150	1.2	2.2	3.5
	74LS	+5	7.5	2	15	0.4	0.5	3.5
HTL		+15	85	30	2550	7	7.5	13
ECL	CE10K 系列	−5.2	2	25	50	0.155	0.125	0.8
	CE100K 系列	−4.5	0.75	40	30	0.135	0.130	0.8
CMOS	V_{DD} =5V	+5	45	5×10^{-3}	225×10^{-3}	2.2	3.4	5
	V_{DD} =15V	+15	12	15×10^{-3}	180×10^{-3}	6.5	9.0	15
高速 CMOS		+5	8	1×10^{-3}	8×10^{-3}	1.0	1.5	5

习　题

1．　二级管门电路如图题 1（a）所示电路。

（1）分析输出信号 Y_1，Y_2 与输入信号 A，B，C 之间的逻辑关系；

（2）根据图题 1（b）给出的 A，B，C 波形，对应画出 Y_1，Y_2 的波形（输入信号频率较低，电压幅度满足逻辑要求）。

2．TTL 集成逻辑门和 MOS 集成逻辑门各有什么优缺点？

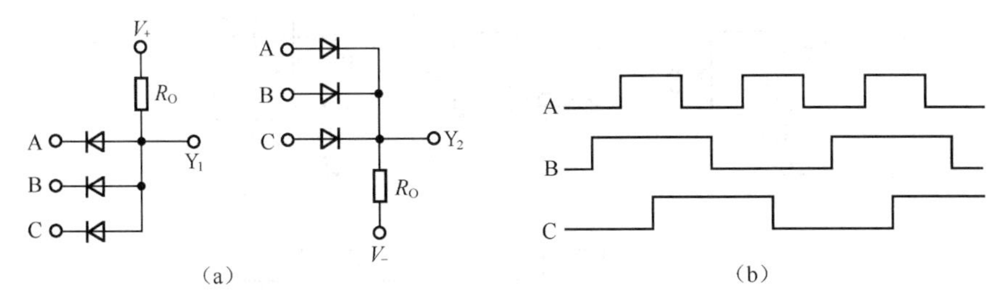

题图 1

3．对于 TTL 门电路，多余输入端应该如何处理？

4．CMOS 门电路的多余输入端是否能够悬空？为什么？应怎么处理这些多余输入端？

5．试说明下列各种门电路中，哪些输出端可以并联试用？若不能，请说明为什么？

（1）具有推拉式输出级的典型 TTL 门；　（2）TTL 电路的 OC 门；

（3）TTL 电路的三态输出门；　（4）普通的 CMOS 门；

（5）漏极开路的 CMOS 门；　（6）CMOS 电路的三态输出门。

6．根据题图 2 所示 TTL 门电路和给定输入信号波形，画出电路输出 F 的波形。若把 G_1 门和 G_2 门换成 CMOS 门时，再画出电路输出 F′的波形。

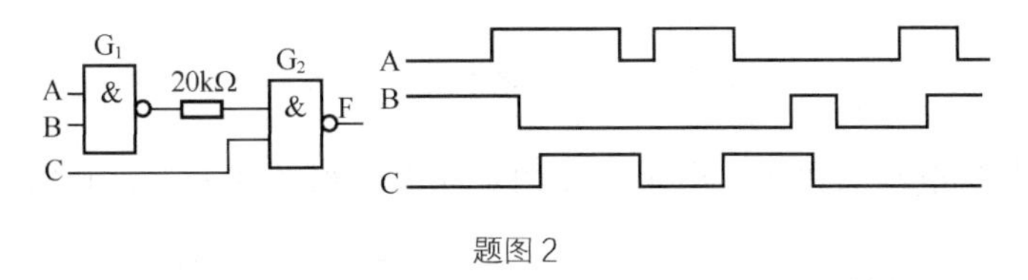

题图 2

7．TTL 门电路如题图 3 所示，试确定电路输出 F_1～F_7 的状态。

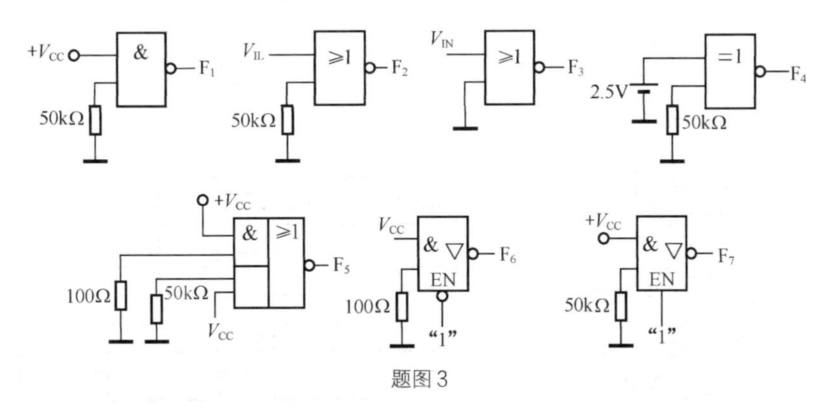

题图 3

8．CMOS 门电路如题图 3 所示，试确定电路输出 F_1～F_7 的状态。

9．TTL 门电路如题图 4 所示。

（1）写出电路输出 Y_1～Y_3 的逻辑表达式。

（2）已知输入 A，B 的波形如题图 4（d）所示，画出 Y_1～Y_3 的波形。

10．CMOS 门电路如题图 4 所示。

（1）写出电路输出 Y_1～Y_3 的逻辑表达式。

（2）已知输入 A，B 的波形如题图 4（d）所示，画出 $Y_1 \sim Y_3$ 的波形。

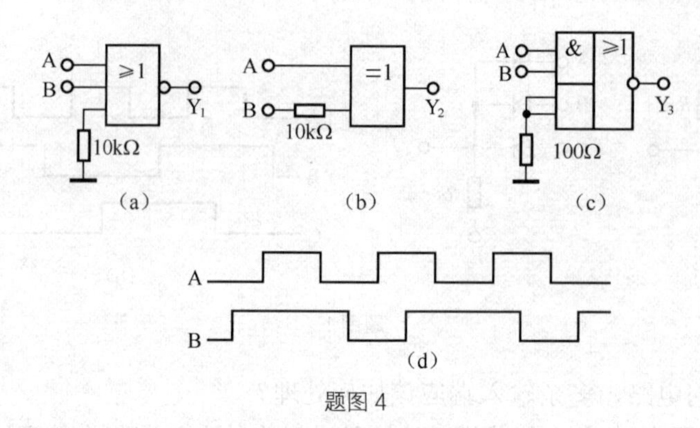

题图 4

11．指出在题图 5 所示电路中，能实现 $Y=\overline{AB+CD}$ 的电路。

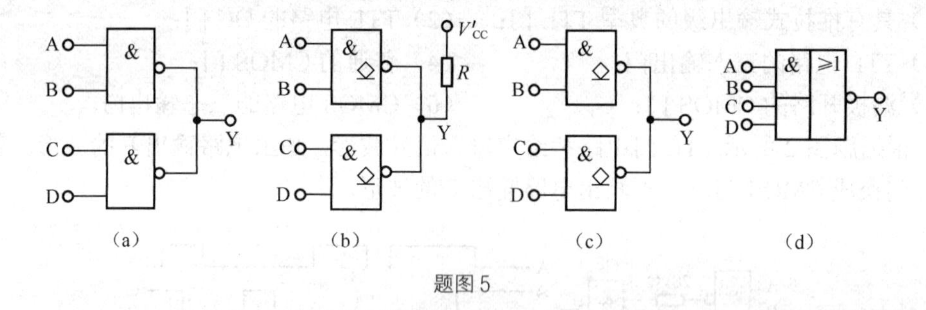

题图 5

12．TTL 三态门电路如题图 6 所示，在图示输入波形的情况下，画出其输出端的波形。

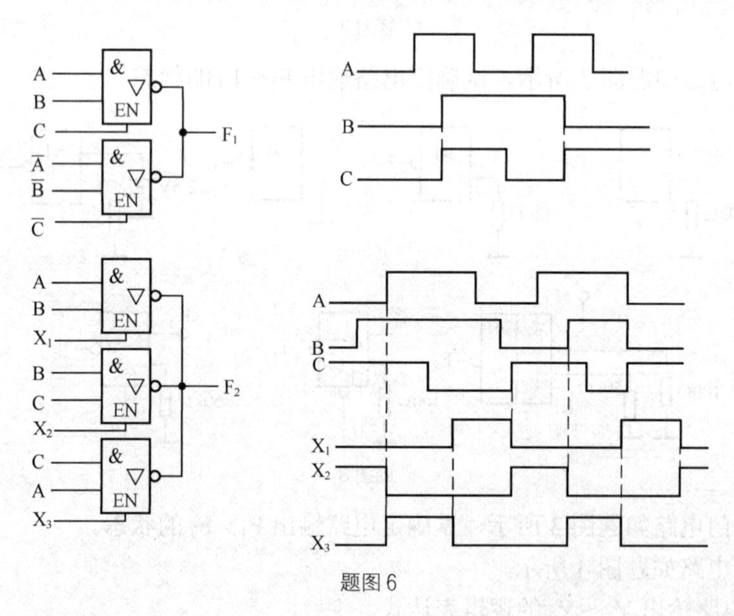

题图 6

13．在题图 7 所示各电路中，要实现相应表达式规定的逻辑功能，电路连接上有什么错误？请改正之。

（1）电路中所示均为 TTL 门电路；

（2）电路中所示均为 CMOS 门电路。

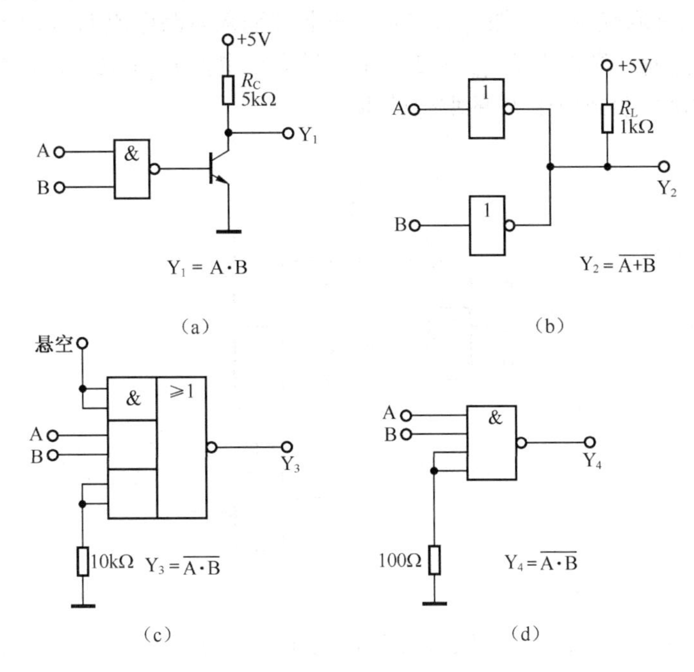

题图 7

14．CMOS 门电路如题图 8（a）所示。

（1）写出电路输出 Y_1～Y_5 的逻辑表达式。

（2）已知输入 A，B，C 的波形如题图 8（b）所示，画出 Y_1，Y_3～Y_5 的波形。

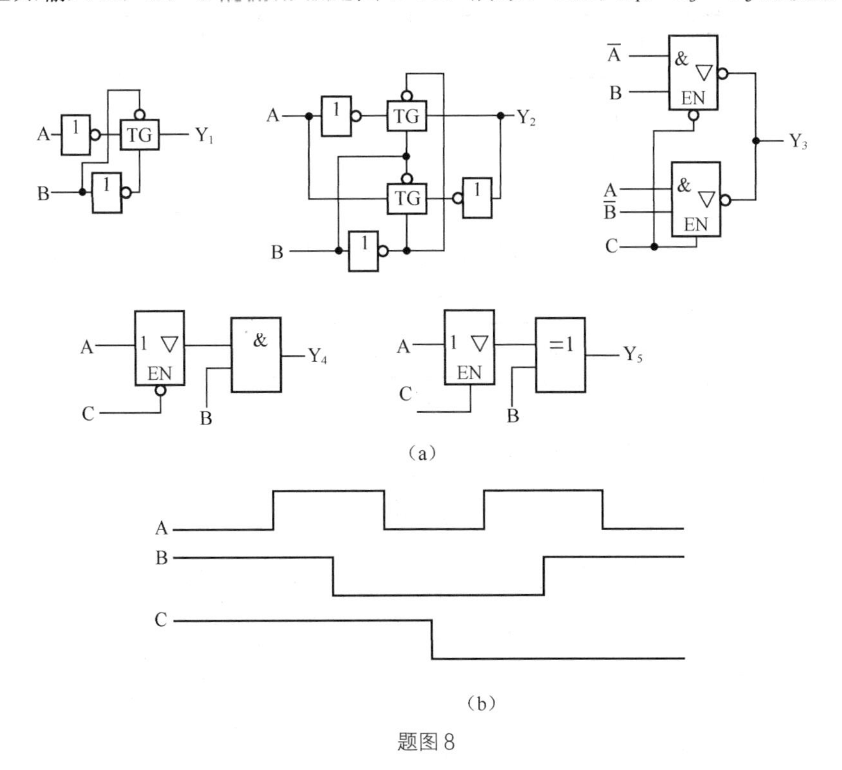

题图 8

15．题图 9 中，两个 OC 门线与连接驱动 6 个普通 2 输入 TTL 与非门，其中所有 TTL 与非门的输入端均并联使用。已知 $V_{CC}=5V$，与非门输入短路电流 $I_{IS}=1.5mA$，输入漏电流 $I_{IH}=20\mu A$，OC 门允许灌入电流 $I_{OL}\leqslant 25mA$，最大拉电流 $I_{OH}=100\mu A$，要求 $V_{OH}\geqslant 2.7V$，$V_{OL}\leqslant 0.35V$，试确定负载电阻 R_L 的取值范围。

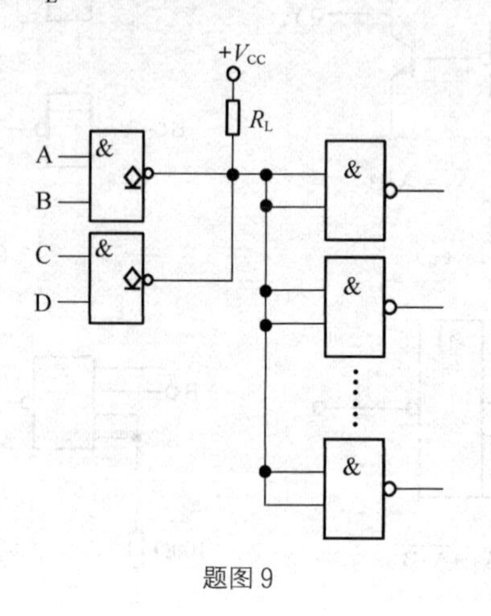

题图 9

16．题图 10（a）为 CMOS 电路，题图 10（b）为 TTL 电路，已知输入信号 A，B 和控制信号 C 的波形如图 10（c）所示，试分别画出输出端 F_1 和 F_2 的波形。

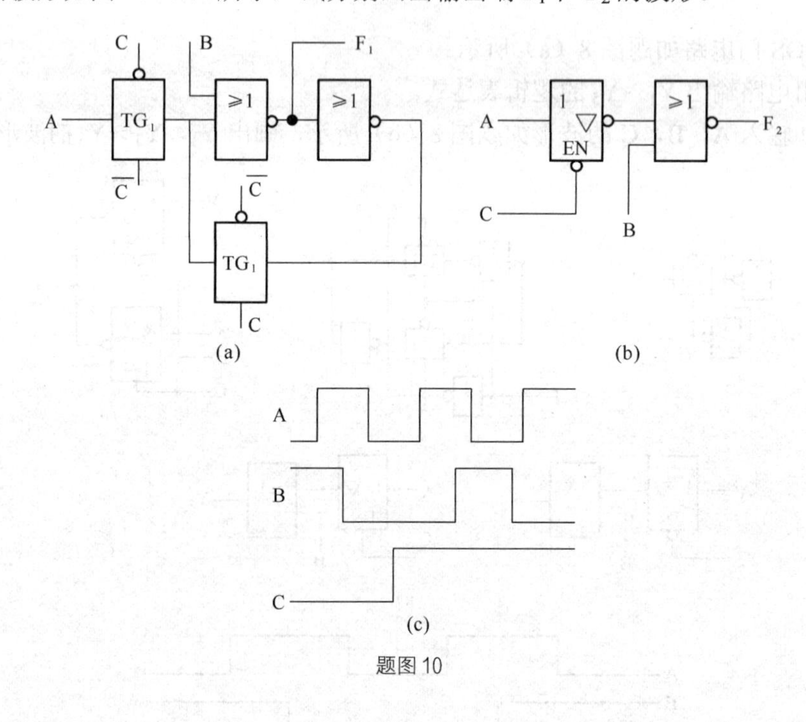

题图 10

第3章 组合逻辑电路

在数字系统中，常包含着许多数字逻辑电路，而数字逻辑电路按其逻辑功能的不同特点一般可分为两类：组合逻辑电路和时序逻辑电路（时序逻辑电路将在第4章、第5章讨论）。

组合逻辑电路（Combination Logic Circuit）一般仅由若干个逻辑门组成，不包含触发器（触发器将在第4章介绍），电路中只有从输入端到输出端的直接通路，没有从输出端到输入端的反馈支路，这是组合逻辑电路的结构特点。组合逻辑电路具有的逻辑特点是，任何时刻组合逻辑电路的输出仅仅取决于当时的输入信号，而与该时刻输入信号作用之前电路的历史状态无关，电路没有记忆功能，即输出仅是输入变量的函数。

组合逻辑电路的框图如图3-1所示。其中，$X_1, X_2, \cdots, X_i$ 为 i 个输入变量，共有 2^i 组不同的取值组合，$P_1, P_2, \cdots, P_j$ 为 j 个输出，有 2^j 组不同的取值组合。每个输出变量可以是全部或部分输入变量的函数，即

图3-1　组合逻辑电路框图

$$P_1 = f_1(X_1, X_2, \ldots, X_i)$$
$$P_2 = f_2(X_1, X_2, \ldots, X_i)$$
$$\vdots$$
$$P_j = f_j(X_1, X_2, \ldots, X_i)$$

组合逻辑电路分析（Analysis）是从逻辑图开始，进而得到该电路功能的形式描述，如真值表或逻辑表达式。设计（Synthesis）则相反，是从形式描述开始，进而得到逻辑图。

组合逻辑电路在数字系统中得到广泛的应用，它不仅能独立完成各种功能复杂的逻辑操作，而且也是时序逻辑电路的组成部分。典型的中规模集成组合逻辑电路有编码器、译码器、数据选择器、数据分配器、运算电路、数值比较器和奇偶校验电路等。本章介绍组合逻辑电路的基本概念，阐述组合逻辑电路的分析设计方法，在此基础上探讨组合逻辑电路设计中的实际问题及解决的办法。

3.1　小规模组合逻辑电路的分析和设计

本节介绍小规模组合逻辑电路（SSI）的传统分析方法和设计方法。虽然，中规模集成电路（MSI）的应用已经相当广泛，但是，作为分析和设计组合逻辑电路的基本方法，仍有其重要的意义。

3.1.1 组合逻辑电路分析

1．组合逻辑电路分析目的

组合逻辑电路的分析，就是给指定电路找出输入变量与输出变量之间的逻辑关系，用逻辑函数描述电路的工作情况，评定电路的逻辑功能。当采纳某个逻辑设计思想，或更换某个逻辑电路部件时，通过分析，评价该电路的合理性和经济性，从而改进和完善电路，最终准确概括电路的逻辑功能。

2．组合逻辑电路分析步骤

组合逻辑电路的分析，通常按以下步骤进行。

（1）由给定组合逻辑电路的逻辑图，从输入端开始，依据各逻辑门的逻辑功能逐级写出逻辑函数表达式，直至写出输出端的逻辑函数表达式。级数是指从输入到输出最长通道的门电路个数。

（2）将已得到的输出函数表达式简化成最简与或表达式，或视具体情况变换成其他适当的形式。

（3）根据最简与或表达式列出真值表。

（4）根据真值表，进行分析并概括出给定组合逻辑电路的逻辑功能。

3．分析举例

【例3-1】 分析图3-2所示电路，总结其逻辑功能。

解 为方便逐级写表达式，可先在图3-2中标注中间输出变量 P_1，P_2，P_3，逐级写逻辑函数表达式并化简，可得

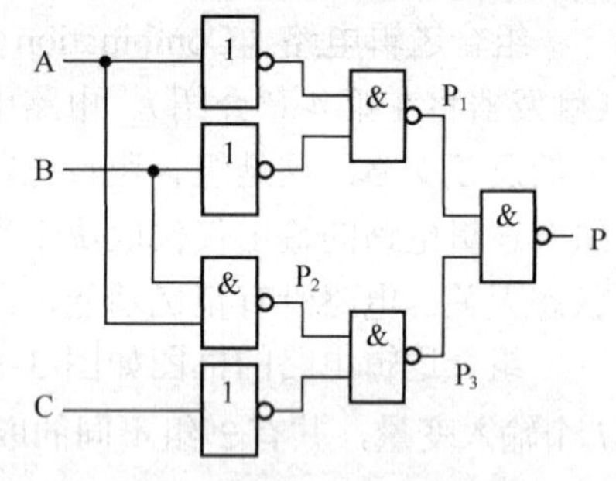

图3–2 例3–1的逻辑电路图

$$P_1=\overline{\overline{A}\cdot\overline{B}}$$

$$P_2=\overline{AB}$$

$$P_3=\overline{P_2\cdot\overline{C}}=\overline{\overline{AB}\cdot\overline{C}}$$

$$\begin{aligned}P&=\overline{P_1\cdot P_3}=\overline{\overline{\overline{A}\cdot\overline{B}}\cdot\overline{\overline{AB}\cdot\overline{C}}}\\&=\overline{A}\cdot\overline{B}+(\overline{A}+\overline{B})\overline{C}\\&=\overline{A}\cdot\overline{B}+\overline{A}\cdot\overline{C}+\overline{B}\cdot\overline{C}\end{aligned}$$

根据最简与或表达式，列出真值表，如表3-1所示。由真值表可以归纳出其逻辑功能是，当输入ABC中的1的个数小于两个时，输出P为1，否则为0。

【例3-2】 试分析图3-3（a）所示电路，总结其逻辑功能。

解 逻辑函数表达式为

$$P_1=\overline{ABC}$$

$$P_2=A\cdot P_1=A\overline{ABC}$$

$$P_3=B\cdot P_1=B\overline{ABC}$$

$$P_4=C\cdot P_1=C\overline{ABC}$$

$$\begin{aligned}F&=\overline{P_2+P_3+P_4}=\overline{A\overline{ABC}+B\overline{ABC}+C\overline{ABC}}\\&=\overline{\overline{ABC}\,(A+B+C)}=ABC+\overline{A}\,\overline{B}\,\overline{C}\end{aligned}$$

表 3-1 例 3-1 真值表

输入			输出
A	B	C	P
0	0	0	1
0	0	1	1
0	1	0	1
0	1	1	0
1	0	0	1
1	0	1	0
1	1	0	0
1	1	1	0

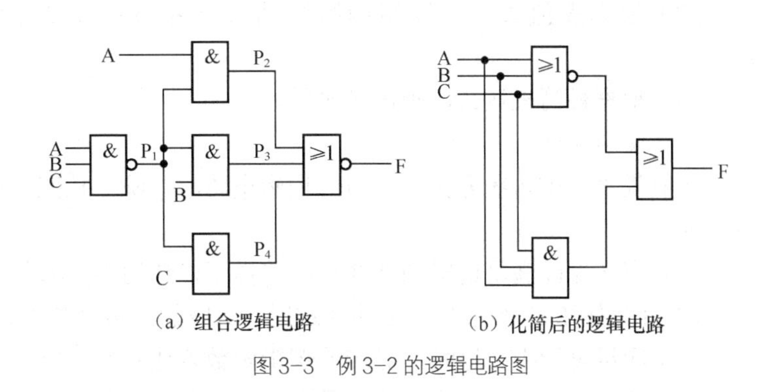

（a）组合逻辑电路 （b）化简后的逻辑电路

图 3-3 例 3-2 的逻辑电路图

列出真值表如表 3-2 所示，由真值表可知其逻辑功能是，仅当输入 ABC 全为 1 或 0，即当 3 个输入变量的值完全一致时，输出为 1，否则输出为 0。通常称该电路为不一致电路。

表 3-2 例 3-2 真值表

输入			输出
A	B	C	F
0	0	0	1
0	0	1	0
0	1	0	0
0	1	1	0
1	0	0	1
1	0	1	0
1	1	0	0
1	1	1	1

在某些可靠性要求比较高的系统中，常常让几套相同的设备同时工作，一旦运行结果不一致，便可由不一致电路报警，以确保系统的高可靠性。

由分析可知，电路的原设计方案并不是最佳的，根据简化后的表达式，可将其改为图 3-3（b）所示的更简单、清晰的电路。

有必要说明，不同的组合逻辑电路其分析方法相同，仅复杂程度不同而已。实际分析过程中，以上步骤并非一定要严格遵循，根据具体情况可以省略其中某些步骤；有时电路的逻辑功能难以用简单的几句话概括出来，那么，此时只要列出真值表就可以了；若输出变量有多个，则需写出全部输出逻辑函数表达式，但分析步骤完全一样，不再赘述。

3.1.2 组合逻辑电路设计

1. 组合逻辑电路设计任务

在数字系统中遇到的任何一个逻辑问题，都可以用文字叙述，真值表，逻辑函数表达式，卡诺图，波形图和逻辑图等多种方法来描述它的逻辑功能。一般说来，一个逻辑设计问题，最初大多是用原始文字描述方式提出要求，最终总是希望得到一个能够准确实现这个要求的逻辑电路。逻辑电路设计，就是要找到从原始文字描述到逻辑电路实现之间的途径，并给每一个步骤做出符合逻辑的解释。具体地说，就是从给定的设计要求出发，经过逻辑抽象和化简，进而得到在特定条件下满足给定设计要求的，最合理、最经济的逻辑电路。余下的事情仅仅是搭接电路，调试验证了。

2. 组合逻辑电路设计步骤

组合逻辑电路设计的一般步骤如下。

（1）在分析设计任务对逻辑功能要求的基础上，准确定义输入逻辑变量和输出逻辑变量，并列出真值表。

（2）根据真值表写出逻辑函数表达式，并将其按设计要求化简和变换成某种最简形式。

（3）根据最简表达式，画出逻辑图。

（4）实验验证。

一般说来，用传统方法设计组合逻辑电路时，除了按照上述步骤进行外，还应当注意到以下4点。

（1）应在保证满足逻辑功能要求的前提下，选用指定器件设计。

（2）使用门的个数应尽可能少（这时，对应的逻辑函数表达式应当为最简表达式），使用门的类型应尽可能少（这时，对应的逻辑函数表达式不一定为最简）。

（3）考虑门的输入端的个数的限制，而相应变换表达式的形式。

（4）根据课题对电源电压、抗干扰能力、驱动负载类型等因素的要求，决定选用TTL电路、CMOS电路或其他类型电路。

3．设计举例

【例3-3】 表决提案时多数赞成，则提案通过，试用与非门设计一个3人表决器。

解 设输入变量ABC分别表示3个参与表决者，用1表示赞成提案，0表示不赞成提案，输出变量P为1表示提案通过，P为0表示提案没通过，根据题意可列出真值表，如表3-3所示。

表3-3 例3-3的真值表

输入			输出
A	B	C	P
0	0	0	0
0	0	1	0
0	1	0	0
0	1	1	1
1	0	0	0
1	0	1	1
1	1	0	1
1	1	1	1

利用图3-4所示卡诺图，可写出输出P的最简与或式，将与或式变换为与非-与非表达式

$$P=AB+BC+AC=\overline{\overline{AB+BC+AC}}=\overline{\overline{AB}\cdot\overline{BC}\cdot\overline{AC}}$$

根据得到的与非-与非表达式，画出逻辑图如图3-5所示。

按图3-6所示搭接好电路，再根据真值表逐行设置输入变量ABC，并测量对应的输出P值，若完全吻合，则得以验证。也可采用仿真软件方式验证。因本例无特殊要求，选用TTL器件或CMOS器件均可。到此，设计完成。

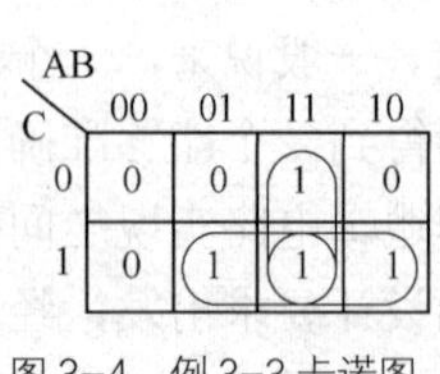

图3-4 例3-3卡诺图

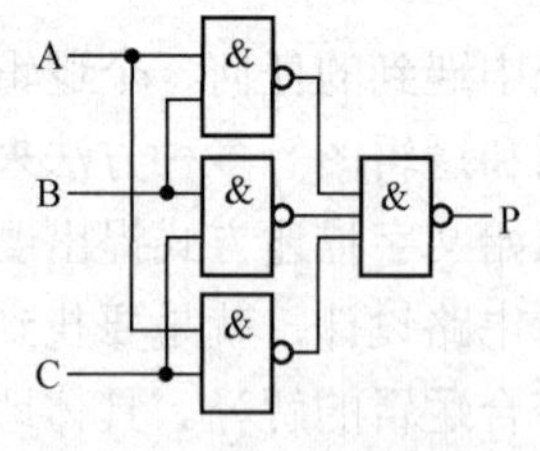

图3-5 例3-3逻辑图

本例中，若要求用或非门和与或非门来设计表决电路，则需要从卡诺图得到最简或与表达式，再适当变换表达式即可。

用或非门实现的逻辑函数为

$$P=(A+B)(B+C)(A+C)=\overline{\overline{A+B}+\overline{B+C}+\overline{A+C}}$$

用与或非门实现的逻辑函数为

$$P=\overline{\overline{A+B}+\overline{B+C}+\overline{A+C}}=\overline{\bar{A}\,\bar{B}+\bar{B}\,\bar{C}+\bar{A}\,\bar{C}}$$

画出对应的逻辑图，如图 3-6 所示。

在允许有原变量和反变量同时输入的设计中，一般可得到两级 $n+1$ 个门电路的设计，其中，n 是第 1 级门电路的个数。在只允许原变量输入，不允许反变量输入的设计中，可以在上述电路前加一级反相器电路来实现。

【例 3-4】 设计 1 个电路，用以判别：当输入 8421BCD 代码 ABCD 的值在 3～7 的范围内时，电路输出 1，否则输出 0。

解 设输出变量为 P，根据题义可得真值表 3-4。表中除十进制数 0～9 所对应的输入变量取值组合之外，其余 6 种变量取值组合在正常情况下是不可能出现的，因而它们所对应的 6 个最小项是任意项，故在真值表中相应输出 P 值栏中填上“×”。根据真值表可写出输出的最小项表达式

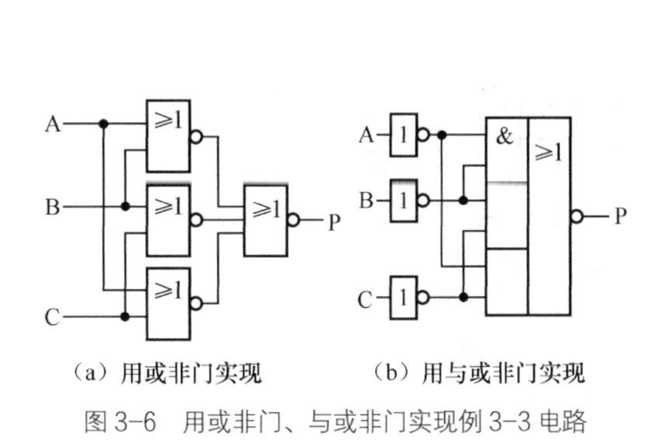

（a）用或非门实现 （b）用与或非门实现

图 3-6 用或非门、与或非门实现例 3-3 电路

表 3-4 例 3-4 真值表

十进制数	输入 A	B	C	D	输出 P
0	0	0	0	0	0
1	0	0	0	1	0
2	0	0	1	0	0
3	0	0	1	1	1
4	0	1	0	0	1
5	0	1	0	1	1
6	0	1	1	0	1
7	0	1	1	1	1
8	1	0	0	0	0
9	1	0	0	1	0
-	1	0	1	0	×
-	1	0	1	1	×
-	1	1	0	0	×
-	1	1	0	1	×
-	1	1	1	0	×
-	1	1	1	1	×

$$P(ABCD)=\sum\nolimits_{m}(3,4,5,6,7)+\sum\nolimits_{d}(10,11,12,13,14,15)$$

画出如图 3-7（a）所示卡诺图，可将输出 P 的表达式化简为最简与或表达式，对函数 P 两次求反，变换表达式，可得

$$P=B+CD=\overline{\overline{B+CD}}=\overline{\bar{B}\cdot\overline{CD}}$$

图 3-7（b）所示为本例设计电路的逻辑图。这里我们认为输入变量同时提供原、反变量，如 C、$\bar{B}$ 等。

按图 3-7（b）搭接好电路，再根据真值表逐行设置输入变量 ABCD 并测量对应的输出 P 值，实验验证中发现，正常情况下，输入变量取值组合只可能是 0000～1001（对应十进制数 0～9）这 10 种情况，输出 P 值与真值表完全吻合，证明设计正确。但是，输入变量取值组

合也可能在 1010，1011，1100，1101，1110，1111 6 种情况之中。当 ABCD =1010 时，输出 P=0，而当 ABCD 为其他 5 种取值时，输出 P=1。这是因为在化简卡诺图时，将没有被圈入的任意项（$\overline{A}B\overline{C}D$）确定地取作 0，而其余的 5 个任意项取作 1。于是，当正常情况下不可能出现的变量取值组合一旦出现，上述设计方案得到的输出 P 就表现出不规则性（有的为 1，有的为 0），称该设计思想是不拒伪码的。

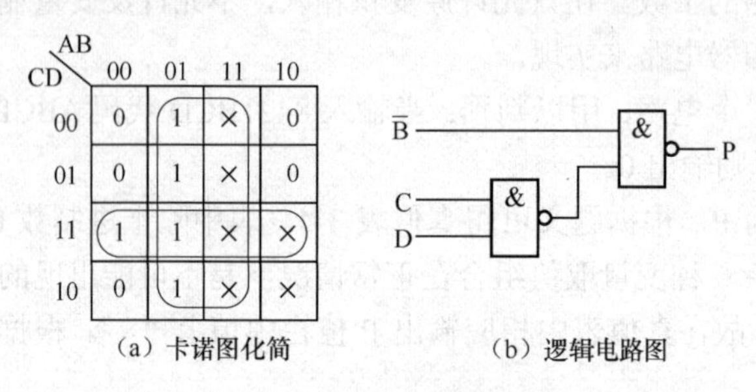

（a）卡诺图化简　　（b）逻辑电路图

图 3-7　例 3-4 不拒伪码的设计

若在卡诺图化简时将所有“×”都取作 0，如图 3-8（a）所示，所得表达式是

$$P=\overline{A}B+\overline{A}CD=\overline{\overline{\overline{A}B}\cdot\overline{\overline{A}CD}}$$

所得逻辑图如图 3-8（b）所示。

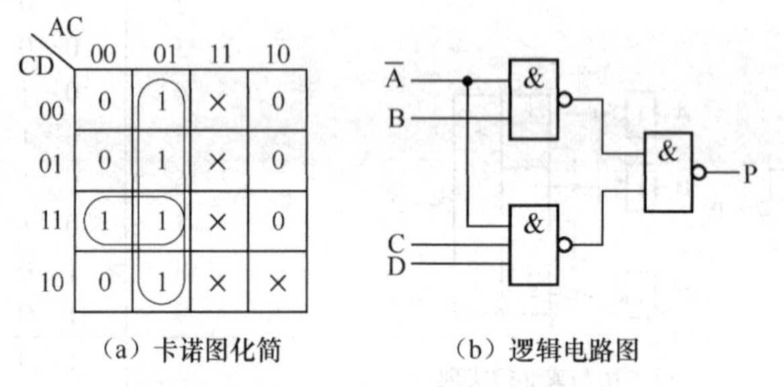

（a）卡诺图化简　　（b）逻辑电路图

图 3-8　例 3-4 拒伪码的设计

对图 3-8（b）所示电路进行实验验证中发现：对于变量取值组合 0000～1001（对应十进制数 0～9）这 10 种情况，输出 P 值也是与真值表完全吻合的。对于输入变量取值组合是 1010，1011，1100，1101，1110，1111 6 种情况时，输出 P 都等于 0。这是因为，所有的“×”都没有被圈的缘故，称该设计思想是拒伪码的。与不拒伪码相比较，由于不拒伪码的设计，在逻辑化简中充分利用了任意项，所得逻辑函数表达式较简单，因而电路中使用的器件较少，实际设计中多采用这种设计思想（即充分利用任意项，以使简化后的逻辑函数表达式尽可能地简单）。

【例 3-5】　选用同种逻辑功能门，实现组合逻辑函数

$$F(ABCD)=\sum\nolimits_m(4,5,6,7,8,9,10,11,12,13,14)$$

解　按题义已经给出了最小项表达式，故可直接画出函数 F 的卡诺图，如图 3-9 所示。根据图 3-9（a）得最简与或表达式，并对其变换，可得

$$F=\overline{A}B+A\overline{B}+B\overline{C}+A\overline{D}=\overline{\overline{\overline{A}B}\cdot\overline{A\overline{B}}\cdot\overline{B\overline{C}}\cdot\overline{A\overline{D}}}$$

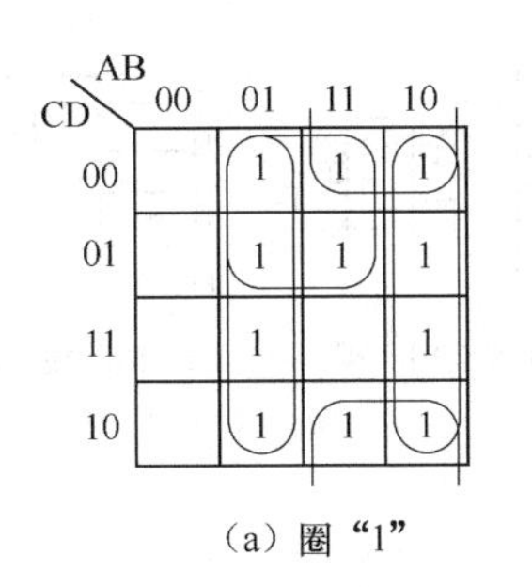

（a）圈“1”

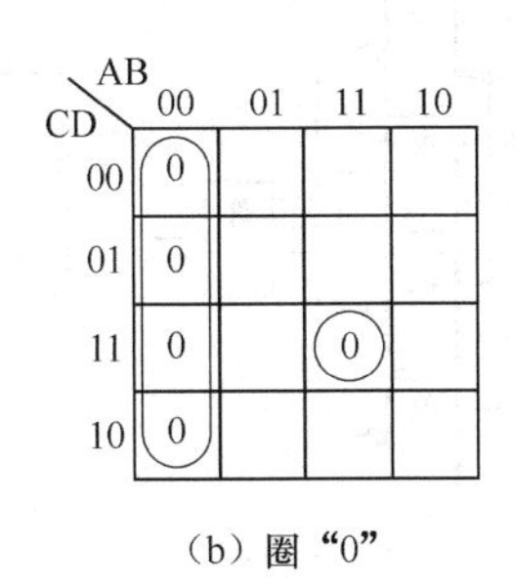

（b）圈“0”

图 3-9 例 3-5 的卡诺图

该表达式用与非门实现，逻辑图如图 3-10（a）所示。若不能提供输入反变量，则该电路还需增加 4 个非门。

根据图 3-9（b）得最简或与表达式，并对其变换，可得

$$F=(A+B)(\overline{A}+\overline{B}+\overline{C}+\overline{D})=\overline{\overline{A+B}+\overline{\overline{A}+\overline{B}+\overline{C}+\overline{D}}}=\overline{\overline{A}\cdot\overline{B}+ABCD}$$

该表达式可以分别用或非门以及与或非门实现，逻辑图如图 3-10（b）、（c）所示。若不能提供输入反变量，则图 3-10（b）电路还需增加 4 个非门，图 3-10（c）电路还需增加 2 个非门。

若对最简与或表达式再次进行变换，可得

$$F=\overline{A}B+A\overline{B}+B\overline{C}+A\overline{D}=B(\overline{A}+\overline{C})+A(\overline{B}+\overline{D})=B\overline{AC}+A\overline{BD}=\overline{\overline{B\overline{AC}}\cdot\overline{A\overline{BD}}}$$

该表达式用 5 个 2 输入与非门实现，逻辑图如图 3-10（d）所示。该电路不要求提供输入反变量。

若再用另一种方式对最简与或表达式进行变换，可得

$$\begin{aligned}F&=\overline{A}B+A\overline{B}+B\overline{C}+A\overline{D}\\&=\overline{A}B+A\overline{D}+B\overline{D}+A\overline{B}+B\overline{C}+A\overline{C}\\&=A(\overline{B}+\overline{C}+\overline{D})+B(\overline{A}+\overline{C}+\overline{D})\\&=A\overline{BCD}+B\overline{ACD}\\&=A(\overline{A}+\overline{BCD})+B(\overline{B}+\overline{ACD})\\&=A\overline{ABCD}+B\overline{ABCD}\\&=\overline{\overline{A\overline{ABCD}}\cdot\overline{B\overline{ABCD}}}\end{aligned}$$

经过上述变换，该表达式可用 4 个与非门实现，逻辑图如图 3-10（e）所示。该电路也不要求提供输入反变量。上式第 4 个等号下 $A\overline{BCD}$ 和 $B\overline{ACD}$ 项中的 $\overline{BCD}$ 和 $\overline{ACD}$，称为尾部因子，它们可以用与其等效的尾部替代因子 $\overline{ABCD}$ 来替换，使表达式中的 $\overline{ABCD}$ 项可重复使用，采用尾部替代因子法后，有时可以达到减少使用器件、简化电路的目的。

从上两例都可看出，同一个设计问题，对其逻辑函数表达式可以采用不同的化简、变换方法，从而得到用不同的逻辑门实现的电路，实用中可根据具体情况决定实施方案。

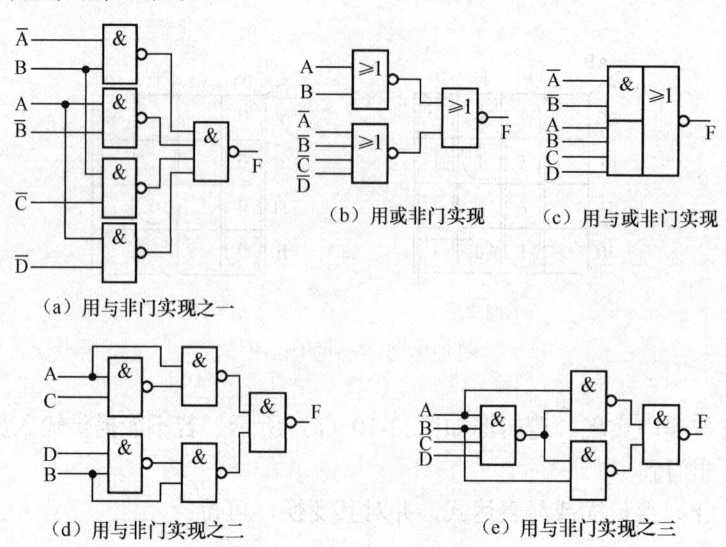

（a）用与非门实现之一 （b）用或非门实现 （c）用与或非门实现
（d）用与非门实现之二 （e）用与非门实现之三

图 3-10 例 3-5 的逻辑图

【例 3-6】 用与非门实现下列多输出逻辑函数

$$\begin{cases} F_1(ABC)=\sum_m(1,3,5,6,7) \\ F_2(ABC)=\sum_m(0,1,2,3,6) \\ F_3(ABC)=\sum_m(0,1,4,5,6) \end{cases}$$

解 根据题义，这是 1 个多输出逻辑函数的设计，对于其中的每 1 个独立的逻辑函数来说，其设计方法和前述几例一样。

按设计步骤，用卡诺图化简逻辑函数，得到一组最简逻辑函数表达式和对应的逻辑图，如图 3-11（a）和图 3-12（a）所示。

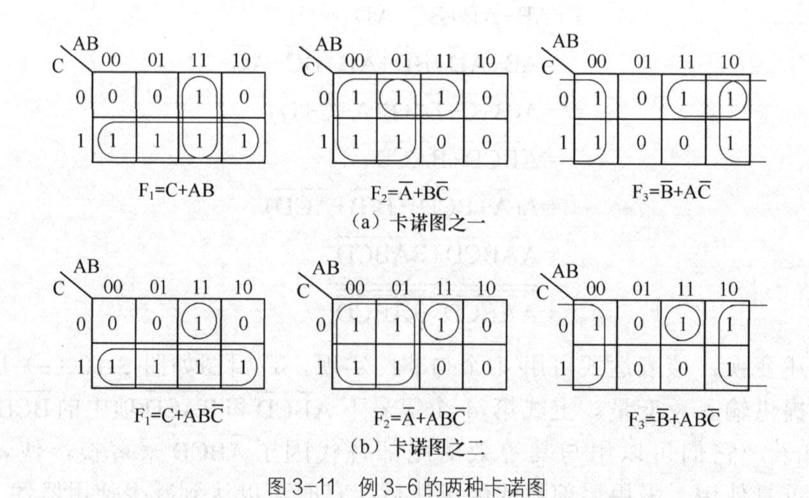

（a）卡诺图之一
（b）卡诺图之二

图 3-11 例 3-6 的两种卡诺图

注意观察图 3-11（a）中的 3 个卡诺图，会发现每个卡诺图中都有一个相同的最小项 $AB\overline{C}$ 的取值为 1，如果画圈简化逻辑函数时，不单纯追求每个输出与或表达式的最简，而按图 3-11（b）中各卡诺图所示圈法，都将最小项 $AB\overline{C}$ 独立圈出，则得到另一组逻辑函数表达式，虽然这种圈法得到的几个表达式都不是最简，但却因为充分利用了公共项 $AB\overline{C}$，而节省了两个与非门，整个电路也就因此而简单了。如图 3-12（b）所示。

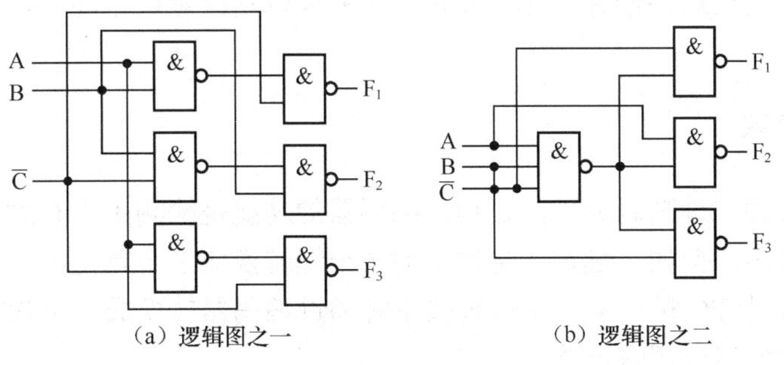

（a）逻辑图之一　（b）逻辑图之二

图 3-12　例 3-6 的两种逻辑图

【例 3-7】 设计一个将 4 位二进制代码转换成格雷码的电路。

解 由 4 位二进制代码和格雷码的代码形式，可以得到表 3-5 所示的真值表，表中 $B_3B_2B_1B_0$ 为输入二进制代码，$G_3G_2G_1G_0$ 为输出格雷码。由表 3-5 可作出卡诺图进行化简，为省略，这里将 $G_3G_2G_1G_0$ 各自的卡诺图合并成一张卡诺图，如图 3-13 所示，其作用与分别画出时相同。

表 3-5　例 3-7 真值表

B_3	B_2	B_1	B_0	G_3	G_2	G_1	G_0
0	0	0	0	0	0	0	0
0	0	0	1	0	0	0	1
0	0	1	0	0	0	1	1
0	0	1	1	0	0	1	0
0	1	0	0	0	1	1	0
0	1	0	1	0	1	1	1
0	1	1	0	0	1	0	1
0	1	1	1	0	1	0	0
1	0	0	0	1	1	0	0
1	0	0	1	1	1	0	1
1	0	1	0	1	1	1	1
1	0	1	1	1	1	1	0
1	1	0	0	1	0	1	0
1	1	0	1	1	0	1	1
1	1	1	0	1	0	0	1
1	1	1	1	1	0	0	0

由卡诺图化简得到

$$G_3=B_3$$

$$G_2=\overline{B_3}B_2+B_3\overline{B_2}=B_3\oplus B_2$$

$$G_1=\overline{B_2}B_1+B_2\overline{B_1}=B_2\oplus B_1$$

$$G_0=\overline{B_1}B_0+B_1\overline{B_0}=B_1\oplus B_0$$

采用异或逻辑门，可以得到图 3-14 所示的逻辑电路。

B_1B_0 \ B_3B_2	00	01	11	10
00	0000	0110	1010	1100
01	0001	0111	1011	1101
11	0010	0100	1000	1110
10	0011	0101	1001	1111

图 3-13　例 3-7 卡诺图

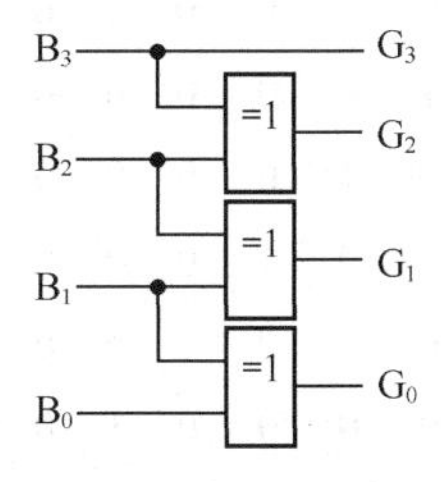

图 3-14　例 3-7 逻辑图

3.2　常见组合逻辑中规模集成电路

当今的数字电路系统中，已经广泛采用中规模（乃至大规模、超大规模）集成电路，通常，由于中规模集成电路能完成一些相对独立的逻辑功能，所以又称为逻辑功能部件或功能模块。常见的组合逻辑中规模集成电路有：编码器、译码器（数据分配器）、数据选择器、运算电路、数值比较器和奇偶校验器等。在使用中规模集成电路时，掌握整个模块的逻辑功能和外部特性，正确使用这些器件，充分发挥器件的逻辑功能是最重要的，不必过多了解其内部逻辑。

3.2.1 编码器

编码是产生某种二进制码或数的过程，编码器的功能是检测 1 个有效的输入并将其转换成二进制数或码输出。例如，键盘，将按下的每个键转换成 1 个特定的二进制码。第 1 章介绍的 ASCⅡ码就是当 PC 机的某一个键被按下时通过编码器转换成 7 位扫描码而得到的。编码器是一种多输出的组合逻辑电路。

1．8421BCD 编码器

图 3-15 所示电路是 8421BCD 编码器。它有 10 个输入端 $I_0 \sim I_9$，分别对应 10 个十进制数码，它有 4 个输出端 A，B，C，D，输出 8421BCD 代码。正常情况下，输入 $I_1 \sim I_9$ 中最多只允许有一个为 1，其余均应为 0。

分析电路不难列出它的真值表如表 3-6 所示，它的 4 个输出逻辑函数达式为

$$A=I_9+I_8$$
$$B=I_7+I_6+I_5+I_4$$
$$C=I_7+I_6+I_3+I_2$$
$$D=I_9+I_7+I_5+I_3+I_1$$

表 3-6 8421BCD 编码器功能表

输					入					输	出		
I_9	I_8	I_7	I_6	I_5	I_4	I_3	I_2	I_1	I_0	A	B	C	D
1	0	0	0	0	0	0	0	0	0	1	0	0	1
0	1	0	0	0	0	0	0	0	0	1	0	0	0
0	0	1	0	0	0	0	0	0	0	0	1	1	1
0	0	0	1	0	0	0	0	0	0	0	1	1	0
0	0	0	0	1	0	0	0	0	0	0	1	0	1
0	0	0	0	0	1	0	0	0	0	0	1	0	0
0	0	0	0	0	0	1	0	0	0	0	0	1	1
0	0	0	0	0	0	0	1	0	0	0	0	1	0
0	0	0	0	0	0	0	0	1	0	0	0	0	1
0	0	0	0	0	0	0	0	0	1	0	0	0	0

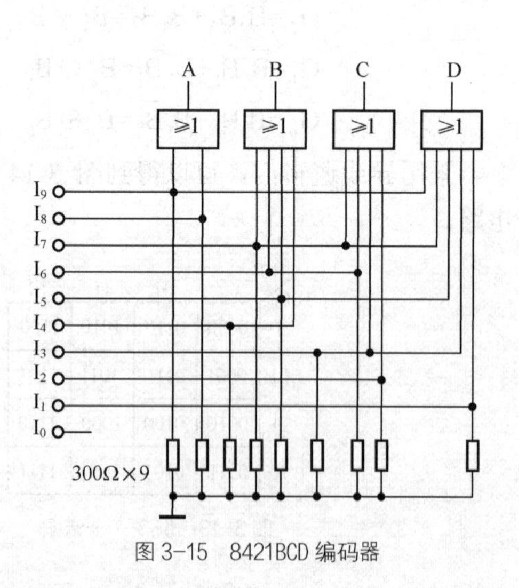

图 3-15 8421BCD 编码器

当 $I_1 \sim I_9$ 中的某一个为 1 时，例如，$I_5=1$，则对十进制数 5 编码，相应的输出 ABCD=0101，其他八种输入情况可以类推。而 I_0 的状态不会影响编码输出，只要 $I_1 \sim I_9$ 全部为 0，则对十进制数 0 编码，相应的输出 ABCD=0000。但是在任一时刻，编码输入 $I_1 \sim I_9$ 中只允许有一个为 1，否则将使编码输出 ABCD 发生混乱。例如，若 I_3 和 I_8 同时为 1，那么，分析该电路

可以看出，此时的输出应为ABCD =1011。显然，它不是正确的8421BCD编码。应当予以排除，为解决这一问题，一般都将编码器设计成优先编码器。

2. 8线-3线优先编码器74148

在优先编码器中，允许同时向一个以上输入端输入有效信号（1或0）。由于在设计优先编码器时，已经预先对所有编码输入按优先级别进行排队，因此，当几个有效输入信号同时进入编码器的多个输入端时，优先编码器仅仅对其中优先级别最高的一个输入进行编码，这样就不会产生混乱了。

8线-3线优先编码器74148的逻辑图和逻辑符号如图3-16所示，有8条输入线$\overline{I_7} \sim \overline{I_0}$，3条输出线$\overline{Y_2} \sim \overline{Y_0}$，1个控制输入端（选通输入端）$\overline{ST}$，1个选通输出端$Y_S$和1个扩展端$\overline{Y_{EX}}$。图3-16中，(a)是逻辑图，图中括号内的数字表示器件各引脚的对应序号。(b)是带关联含义的国标逻辑符号，(c)是惯用逻辑符号。在正式的技术图纸、技术文件中必须使用国标逻辑符号，而在本书中为使逻辑图更简洁些，多采用惯用逻辑符号。表3-7是它的功能表。如果不考虑$\overline{ST}$，Y_S和$\overline{Y_{EX}}$，它的输出逻辑函数表达式是

$$\overline{Y_2} = \overline{I_4 + I_5 + I_6 + I_7}$$

$$\overline{Y_1} = \overline{I_2 \cdot \overline{I_4} \cdot \overline{I_5} + I_3 \cdot \overline{I_4} \cdot \overline{I_5} + I_6 + I_7}$$

$$\overline{Y_0} = \overline{I_1 \cdot \overline{I_2} \cdot \overline{I_4} \cdot \overline{I_6} + I_3 \cdot \overline{I_4} \cdot \overline{I_6} + I_5 \cdot \overline{I_6} + I_7}$$

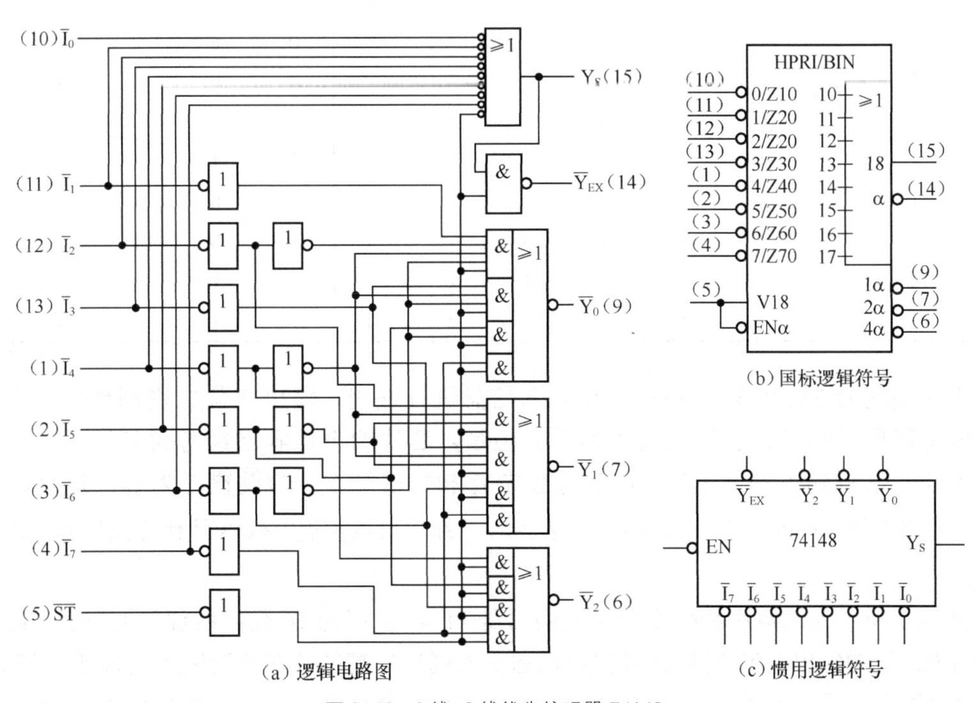

图3-16 8线-3线优先编码器74148

根据逻辑图，对照功能表可以看出74148的功能特点。

① 编码输入$\overline{I_7} \sim \overline{I_0}$低电平有效，编码输出$\overline{Y_2} \sim \overline{Y_0}$为反码输出。

② 编码输入$\overline{I_7}$～$\overline{I_0}$中，按脚标数字大小设置优先级，$\overline{I_7}$的优先级最高，依次降低，$\overline{I_0}$的优先级最低。例如，当$\overline{I_7}$=0 时，无论其他编码输入为何种组合，都只对 7 编码，输出$\overline{Y_2}\ \overline{Y_1}\ \overline{Y_0}$=000（7 的反码）；当$\overline{I_7}$=1，$\overline{I_6}$=0 时，无论其他编码输入为何值，都只对 6 编码，输出$\overline{Y_2}\ \overline{Y_1}\ \overline{Y_0}$=001，其余类推。

③ 控制输入端（选通输入端）$\overline{ST}$的功能是：只有在$\overline{ST}$=0 的前提下，编码器才能正常编码，若$\overline{ST}$=1，则表明该芯片未被选中，编码输出$\overline{Y_2}\ \overline{Y_1}\ \overline{Y_0}$全部为 1。

④ 选通输出端Y_S和扩展端$\overline{Y_{EX}}$主要用于功能扩展，其功能是：当$\overline{ST}$=1时，无论编码输入$\overline{I_7}$～$\overline{I_0}$为何值，则始终有$\overline{Y_2}\ \overline{Y_1}\ \overline{Y_0}$=111，$Y_S$=$\overline{Y_{EX}}$=1表明本编码器芯片不接收编码输入；当$\overline{ST}$=0时，若无编码输入（即$\overline{I_7}$～$\overline{I_0}$全部为1），则输出$\overline{Y_2}\ \overline{Y_1}\ \overline{Y_0}$全部为1，且$Y_S$=0，$\overline{Y_{EX}}$=1，表明本编码器芯片可接收编码输入，但不编码，可允许低位芯片编码；当$\overline{ST}$=0时，若有编码输入（即$\overline{I_7}$～$\overline{I_0}$不全为 1），则$\overline{Y_2}\ \overline{Y_1}\ \overline{Y_0}$按输入优先级有相应的编码输出，且$Y_S$=1，$\overline{Y_{EX}}$=0，表明本编码器芯片正在编码，不允许低位芯片编码。

表 3-7　　8 线-3 线优先编码器 74148 功能表

输入									输出				
$\overline{ST}$	$\overline{I_7}$	$\overline{I_6}$	$\overline{I_5}$	$\overline{I_4}$	$\overline{I_3}$	$\overline{I_2}$	$\overline{I_1}$	$\overline{I_0}$	$\overline{Y_2}$	$\overline{Y_1}$	$\overline{Y_0}$	Y_S	$\overline{Y_{EX}}$
1	×	×	×	×	×	×	×	×	1	1	1	1	1
0	1	1	1	1	1	1	1	1	1	1	1	0	1
0	0	×	×	×	×	×	×	×	0	0	0	1	0
0	1	0	×	×	×	×	×	×	0	0	1	1	0
0	1	1	0	×	×	×	×	×	0	1	0	1	0
0	1	1	1	0	×	×	×	×	0	1	1	1	0
0	1	1	1	1	0	×	×	×	1	0	0	1	0
0	1	1	1	1	1	0	×	×	1	0	1	1	0
0	1	1	1	1	1	1	0	×	1	1	0	1	0
0	1	1	1	1	1	1	1	0	1	1	1	1	0

优先编码器 74148 只允许对 8 个输入信息进行编码，输出 3 位二进制代码，当有更多的信息需要编码时，它就无能为力了。但是，芯片的设计者已经考虑到这个问题，控制输入端（选通输入端）$\overline{ST}$、选通输出端Y_S和扩展端$\overline{Y_{EX}}$的设置，为解决这个问题提供了有效的途径。也就是说，利用$\overline{ST}$，Y_S和$\overline{Y_{EX}}$端，可以扩展 8 线-3 线优先编码器 74148 的功能。

图 3-17 所示为用两片 8 线-3 线优先编码器 74148 扩展为 16 线-4 线优先编码器电路。图中将高位片选通输出端Y_S连接到低位片选通输入端$\overline{ST}$，高位片的选通输入端接地，即$\overline{ST}$=0。若编码输入$\overline{15}$～$\overline{8}$中至少有一个输入为 0 时，则高位片的Y_S=1，从而使低位片的$\overline{ST}$=1，低位片因此而被封锁，低位片的$\overline{Y_{EX}}$=1，输出$\overline{Y_2}\ \overline{Y_1}\ \overline{Y_0}$全部为 1，此时总的编码器输出 ABCD 取决于高位片的$\overline{Y_{EX}}$和$\overline{Y_2}\ \overline{Y_1}\ \overline{Y_0}$的输出，例如输入线$\overline{12}$=0，则高位片的$\overline{Y_{EX}}$=0，

$\overline{Y_2}\ \overline{Y_1}\ \overline{Y_0}$=011，因此总的输出为ABCD=0011，这是十进制数12的反码。若编码输入$\overline{15}\sim\overline{8}$全部为1时，则高位片的$Y_S$=0，$\overline{Y_{EX}}$=1，因此低位片$\overline{ST}$=0，于是低位片正常编码。例如输入线$\overline{5}$=0，则低位片$\overline{Y_2}\ \overline{Y_1}\ \overline{Y_0}$=010，那么总的编码输出ABCD=1010，这是十进制数5的反码。用同样的方法，还可以对芯片进行更进一步的扩展。

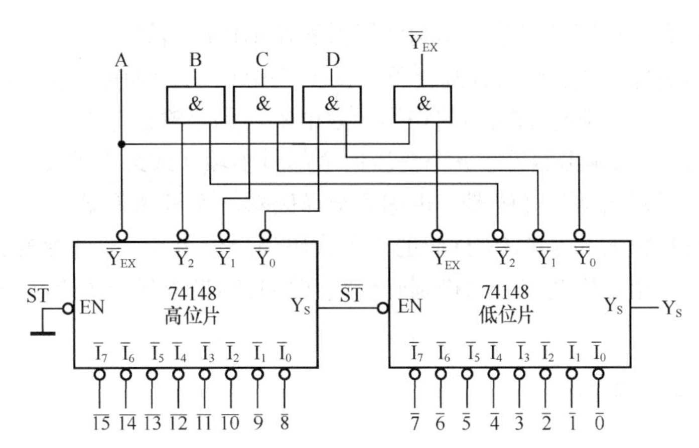

图3-17 用两片74148构成16线-4线优先编码器

3. 10线-4线优先编码器74147

74147用于将某一输入，如键盘输入进行优先编码，变成二进制编码的十进制数（BCD）。74147的逻辑符号如图3-18所示，它的功能表如表3-8所示。从功能表可以看出其功能和74148类似。值得注意的是74147只有$\overline{I_9}\sim\overline{I_1}$这9个编码输入端，而不是10个，即没有$\overline{I_0}$输入端；当$\overline{I_9}\sim\overline{I_1}$全部为1时（即全部输入端都为无效输入），即意味着对十进制数0编码，输出$\overline{Y_3}\ \overline{Y_2}\ \overline{Y_1}\ \overline{Y_0}$=1111（见表3-8的第1行）。

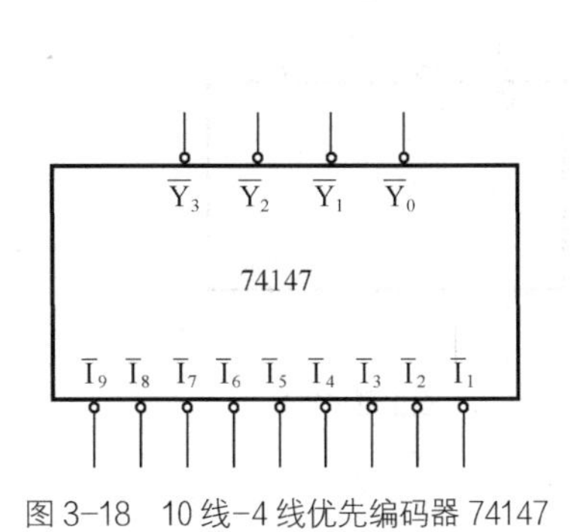

图3-18 10线-4线优先编码器74147

表3-8 10线-4线优先编码器74147功能表

输入									输出			
$\overline{I_9}$	$\overline{I_8}$	$\overline{I_7}$	$\overline{I_6}$	$\overline{I_5}$	$\overline{I_4}$	$\overline{I_3}$	$\overline{I_2}$	$\overline{I_1}$	$\overline{Y_3}$	$\overline{Y_2}$	$\overline{Y_1}$	$\overline{Y_0}$
1	1	1	1	1	1	1	1	1	1	1	1	1
0	×	×	×	×	×	×	×	×	0	1	1	0
1	0	×	×	×	×	×	×	×	0	1	1	1
1	1	0	×	×	×	×	×	×	1	0	0	0
1	1	1	0	×	×	×	×	×	1	0	0	1
1	1	1	1	0	×	×	×	×	1	0	1	0
1	1	1	1	1	0	×	×	×	1	0	1	1
1	1	1	1	1	1	0	×	×	1	1	0	0
1	1	1	1	1	1	1	0	×	1	1	0	1
1	1	1	1	1	1	1	1	0	1	1	1	0

3.2.2 译码器

译码是编码的逆过程，译码器的功能是检测一个二进制数或码并将其转换成单独的有效输出。译码器常用于数字系统的检测和数据循环，也广泛用于地址存储电路。译码器也是一种多输出组合逻辑电路。

常见的译码器有二进制译码器、码制译码器和显示译码器等

二进制译码器的输入为 n 位二进制代码，有 2^n 个输出端。对应于某一组输入代码，只有一个输出端为有效电平，其他的输出端均为无效电平。每个输出分别对应 n 个变量的一个最小项（或最大项），全部输出涵盖了 n 个变量的全部最小项（或最大项）。所以，二进制译码器又称为最小项（或最大项）译码器，也称为全译码器，变量译码器。

码制译码器是将输入的 8421BCD 码的十个代码译成十个高、低电平输出信号。

显示译码器的作用是检测一个二进制码或数并将其转换成另一种码（如 7 段显示数码管的 7 段码）。

1．双二进制译码器 74139

74139 是双二进制译码器，该器件内包含了两个独立的 2 线-4 线译码器。图 3-19（a）所示电路是其中一个译码器的逻辑图，它有两条译码地址输入线 A_1 和 A_0，4 条译码输出线 $\overline{Y_3}$ ～ $\overline{Y_0}$，一个控制输入端（选通输入端）$\overline{ST}$。图 3-19（b）、（c）是国标逻辑符号和惯用逻辑符号。表 3-9 是它的功能表。

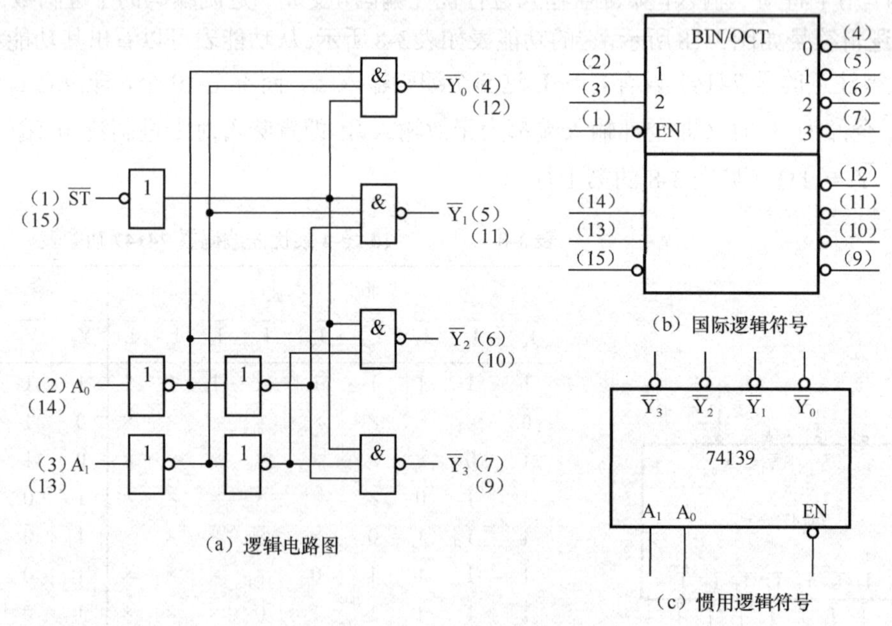

（a）逻辑电路图　（b）国际逻辑符号　（c）惯用逻辑符号

图 3-19　双 2 线-4 线译码器 74139

74139 的功能如下。

① A_1 A_0 是 2 位二进制代码输入，也叫地址输入端，$\overline{Y_3}$ ～ $\overline{Y_0}$ 是译码输出，低电平有效；当地址 A_1 A_0=00 时，仅选中 1 个对应的输出 $\overline{Y_0}$=0，其余输出均为 1。类似，对应译码地址

的其余代码输入，都能译成在对应输出端输出低电平 0，即 1 组输入码或数只能激励 1 个输出，且该输出低电平有效。

② $\overline{ST}$ 是选通输入端，当 $\overline{ST}=1$ 时，译码器不工作，输出 $\overline{Y_3}\sim\overline{Y_0}$ 全部为 1；当 $\overline{ST}=0$ 时，允许译码。可见利用 $\overline{ST}$ 端可以控制译码器工作与否。

③ 根据功能表 3-9，可以很方便地写出输出 $\overline{Y_3}\sim\overline{Y_0}$ 的表达式

$$\overline{Y_3}=\overline{A_1A_0\cdot\overline{\overline{ST}}}=\overline{m_3}$$

$$\overline{Y_2}=\overline{A_1\overline{A_0}\cdot\overline{\overline{ST}}}=\overline{m_2}$$

$$\overline{Y_1}=\overline{\overline{A_1}A_0\cdot\overline{\overline{ST}}}=\overline{m_1}$$

$$\overline{Y_0}=\overline{\overline{A_1}\ \overline{A_0}\cdot\overline{\overline{ST}}}=\overline{m_0}$$

图 3-20 所示是 2 线-4 线译码器扩展成 3 线-8 线译码器的逻辑图。其中扩展的高位地址端 A_2 相当于片Ⅰ、片Ⅱ的使能端。

表 3-9　2 线-4 线译码器 74139 功能表

输入			输出			
$\overline{ST}$	A_1	A_0	$\overline{Y_3}$	$\overline{Y_2}$	$\overline{Y_1}$	$\overline{Y_0}$
1	×	×	1	1	1	1
0	0	0	1	1	1	0
0	0	1	1	1	0	1
0	1	0	1	0	1	1
0	1	1	0	1	1	1

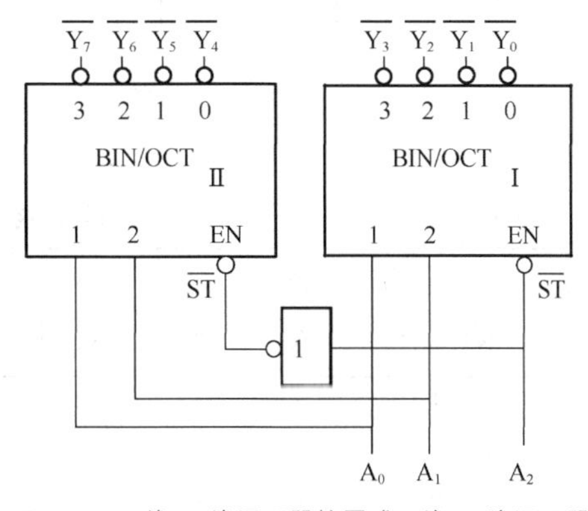

图 3-20　2 线-4 线译码器扩展成 3 线-8 线译码器

2. 二进制译码器 74138

74138 是 3 线-8 线译码器，图 3-21 所示电路是译码器的逻辑图，它有 3 条译码地址输入线 $A_2A_1A_0$，3 个控制输入端（选通输入端）ST_A，$\overline{ST_B}$ 和 $\overline{ST_C}$，8 条译码输出线 $\overline{Y_7}\sim\overline{Y_0}$。表 3-10 是它的功能表。其功能如下。

① $A_2A_1A_0$ 是 3 位二进制代码输入（3 位地址），$\overline{Y_7}\sim\overline{Y_0}$ 是译码输出，输出低电平有效；

② ST_A，$\overline{ST_B}$ 和 $\overline{ST_C}$ 是选通输入端，当 $ST_A=0$ 或（$\overline{ST_B}+\overline{ST_C}$）$=1$ 时，译码器不工作，输出 $\overline{Y_7}\sim\overline{Y_0}$ 全部为 1；只有当 $ST_A=1$，且（$\overline{ST_B}+\overline{ST_C}$）$=0$ 时，才允许译码。

③ 根据功能表 3-10，不考虑选通输入端，可以写出输出 $\overline{Y_7}\sim\overline{Y_0}$ 的表达式。

$$\overline{Y_0}=\overline{m_0}=\overline{\overline{A_2}\ \overline{A_1}\ \overline{A_0}}\qquad \overline{Y_1}=\overline{m_1}=\overline{\overline{A_2}\ \overline{A_1}\ A_0}$$

$$\overline{Y_2}=\overline{m_2}=\overline{\overline{A_2}\ A_1\ \overline{A_0}}\qquad \overline{Y_3}=\overline{m_3}=\overline{\overline{A_2}\ A_1\ A_0}$$

$$\overline{Y_4}=\overline{m_4}=\overline{A_2\ \overline{A_1}\ \overline{A_0}}\qquad \overline{Y_5}=\overline{m_5}=\overline{A_2\ \overline{A_1}\ A_0}$$

$$\overline{Y_6}=\overline{m_6}=\overline{A_2\ A_1\ \overline{A_0}}\qquad \overline{Y_7}=\overline{m_7}=\overline{A_2\ A_1\ A_0}$$

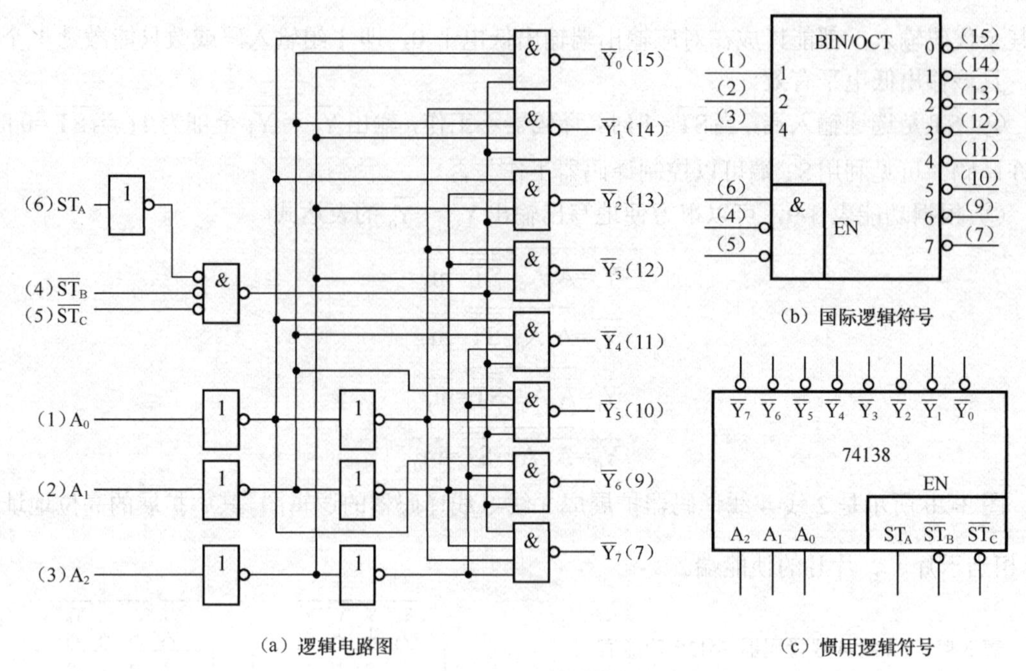

图 3-21　3 线-8 线译码器 74138

表 3-10　　3 线-8 线译码器 74138 功能表

输入					输出							
ST_A	$\overline{ST_B}+\overline{ST_C}$	A_2	A_1	A_0	$\overline{Y_7}$	$\overline{Y_6}$	$\overline{Y_5}$	$\overline{Y_4}$	$\overline{Y_3}$	$\overline{Y_2}$	$\overline{Y_1}$	$\overline{Y_0}$
×	1	×	×	×	1	1	1	1	1	1	1	1
0	×	×	×	×	1	1	1	1	1	1	1	1
1	0	0	0	0	1	1	1	1	1	1	1	0
1	0	0	0	1	1	1	1	1	1	1	0	1
1	0	0	1	0	1	1	1	1	1	0	1	1
1	0	0	1	1	1	1	1	1	0	1	1	1
1	0	1	0	0	1	1	1	0	1	1	1	1
1	0	1	0	1	1	1	0	1	1	1	1	1
1	0	1	1	0	1	0	1	1	1	1	1	1
1	0	1	1	1	0	1	1	1	1	1	1	1

【例 3-8】　分析图 3-22 所示由集成 3 线-8 线译码器 74138 构成的电路。

解　由图 3-22 可得到输出 F 的逻辑函数表达式为

$$\begin{aligned}F(K,A,B)&=\overline{\overline{Y_0}\cdot\overline{Y_3}\cdot\overline{Y_5}\cdot\overline{Y_6}}=\overline{\overline{m_0}\cdot\overline{m_3}\cdot\overline{m_5}\cdot\overline{m_6}}\\&=m_0+m_3+m_5+m_6\\&=\overline{K}\,\overline{A}\,\overline{B}+\overline{K}AB+K\overline{A}B+KA\overline{B}\end{aligned}$$

根据表达式，列出输出 F 的真值表如表 3-11 所示。由表 3-11 可以看出，电路实现逻辑运算功能，其中，当控制信号 K=0 时，实现同或逻辑；当控制信号 K=1 时，实现异或逻辑。

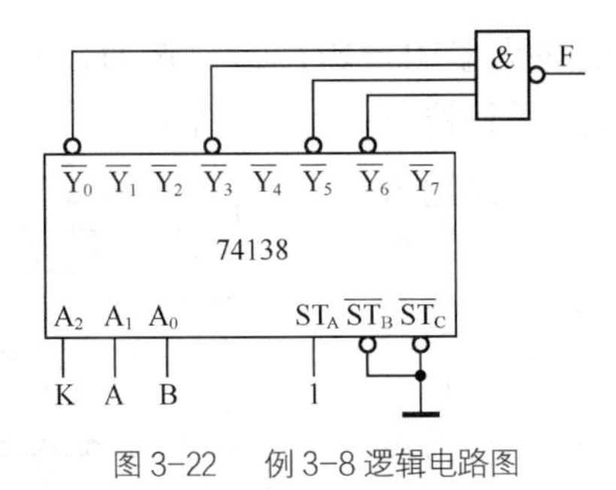

图 3-22　例 3-8 逻辑电路图

表 3-11　例 3-8 真值表

K	A	B	F
0	0	0	1
0	0	1	0
0	1	0	0
0	1	1	1
1	0	0	0
1	0	1	1
1	1	0	1
1	1	1	0

【例 3-9】 用 3 线-8 线译码器实现 1 组多输出函数

$$\begin{cases} F_1=\overline{A}\,\overline{B}+\overline{A}\,C+\overline{B}\,C \\ F_2=\overline{A}\,B\,\overline{C}+A\,B\,C \\ F_3=A\,B+\overline{A}\,B\,\overline{C} \end{cases}$$

解　1 个 *n* 变量的完全译码器（即变量译码器）的输出包含了 *n* 变量的所有最小项。例如，3 线—8 线译码器 8 个输出包含了 3 个变量的最小项。用 *n* 变量译码器加上输出门，就能获得任何形式的输入变量不大于 *n* 的组合逻辑函数。

采用译码器实现组合逻辑电路时，一般可按以下步骤进行。

① 将组合逻辑函数写成最小项表达式，并进行形式变换。

② 将输出表达式与译码器输出表达式逻辑函数对照。

③ 画逻辑图。

将多输出逻辑函数写出最小项表达式，并进行变换，可得

$$\begin{cases} F_1=\overline{A}\,\overline{B}+\overline{A}\,C+\overline{B}\,C=\overline{A}\,\overline{B}\,\overline{C}+\overline{A}\,\overline{B}\,C+\overline{A}\,B\,C+A\,\overline{B}\,C \\ \quad=\overline{\overline{\overline{A}\,\overline{B}\,\overline{C}}\cdot\overline{\overline{A}\,\overline{B}\,C}\cdot\overline{\overline{A}\,B\,C}\cdot\overline{A\,\overline{B}\,C}} \\ \quad=\overline{\overline{m_0}\cdot\overline{m_1}\cdot\overline{m_3}\cdot\overline{m_5}}=\overline{\overline{Y_0}\cdot\overline{Y_1}\cdot\overline{Y_3}\cdot\overline{Y_5}} \\ F_2=\overline{A}\,B\,\overline{C}+A\,B\,C \\ \quad=\overline{\overline{\overline{A}\,B\,\overline{C}}\cdot\overline{A\,B\,C}} \\ \quad=\overline{\overline{m_2}\cdot\overline{m_7}}=\overline{\overline{Y_2}\cdot\overline{Y_7}} \\ F_3=A\,B+\overline{A}\,B\,\overline{C}=\overline{A}\,B\,\overline{C}+A\,B\,\overline{C}+A\,B\,C \\ \quad=\overline{\overline{\overline{A}\,B\,\overline{C}}\cdot\overline{A\,B\,\overline{C}}\cdot\overline{A\,B\,C}} \\ \quad=\overline{\overline{m_2}\cdot\overline{m_6}\cdot\overline{m_7}}=\overline{\overline{Y_2}\cdot\overline{Y_6}\cdot\overline{Y_7}} \end{cases}$$

将输出表达式与 3 线-8 线译码器输出表达式作逻辑函数对照。只需将输入变量 ABC 分别加到译码器的地址输入 $A_2A_1A_0$，用与非门作为 $F_1F_2F_3$ 的输出门，就可以得到用 3 线-8 线译码器实现函数的逻辑电路，如图 3-23 所示。

3 线-8 线译码器 74138 设置了 3 个选通输入端 ST_A，$\overline{ST_B}$ 和 $\overline{ST_C}$，除了控制译码器是否工作之外，还可以更灵活、更有效地扩大译码器的使用范围、扩展输入变量的个数。

如图 3-24 所示是用 4 片 74138 构成 5 线-32 线译码器的逻辑图。当选通信号 ST=1 时，4 片 74138 的输出 $\overline{Y_{31}} \sim \overline{Y_0}$ 全部为 1，5 线-32 线译码器不工作；当 ST=0 时，5 线-32 线译码器工作。低 3 位输入地址 $A_2A_1A_0$ 同时送给 3 线-8 线译码器片Ⅰ～片Ⅳ的地址输入端，而高两位输入地址 A_4A_3 作为选通信号，选择某一片工作（A_4A_3=00 选中片Ⅰ，A_4A_3=01 选中片Ⅱ，A_4A_3=10 选中片Ⅲ，A_4A_3=11 选中片Ⅳ），$A_2A_1A_0$ 确定被选芯片的某个输出端有译码输出低电平 0，其余未选中的输出端全为高电平 1。图中除了使用 4 片 3 线-8 线译码器外，仅添加了 2 个非门就实现了扩展，这是因为 74138 拥有 3 个选通端带来的方便，否则必须增加 1 个 2 线-4 线译码器才能实现其扩展。用类似的方法还可扩展得到更大容量的译码器。

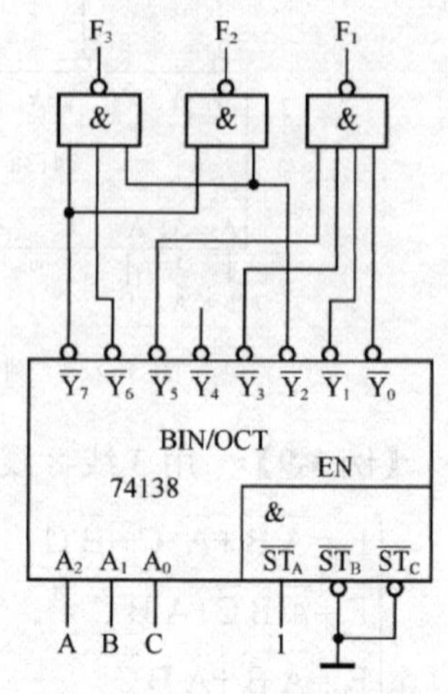

图 3-23 例 3-9 逻辑电路图

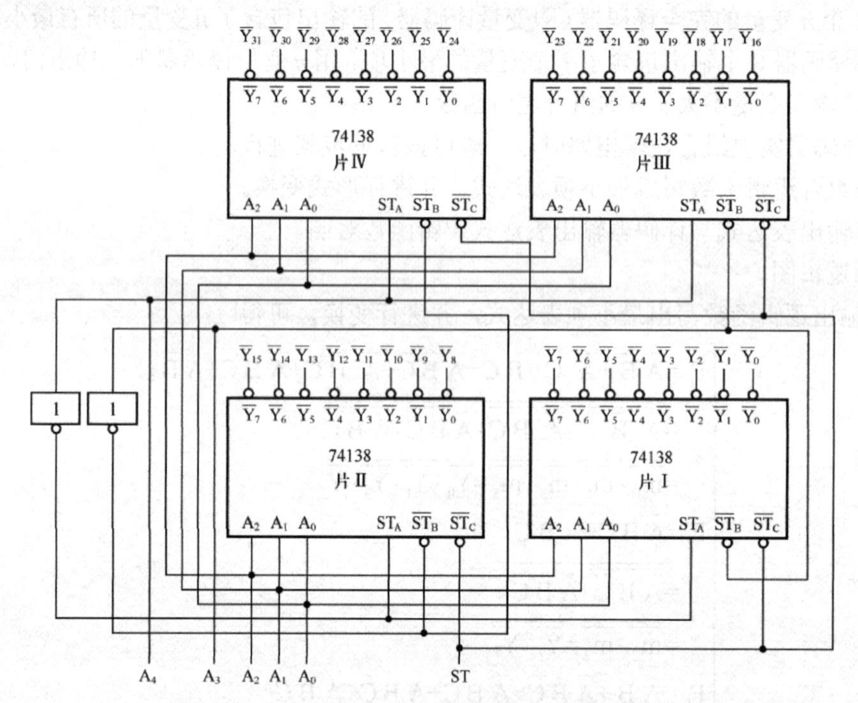

图 3-24 用四片 74138 构成 5 线—32 线译码器

译码器常常用于地址寻址，如图 3-25 所示是译码器用于微处理器的存储器选择示意图，图中，微处理器的存储器系统是由 8 片 2764 组成，2764 是可擦除可编程的只读存储器（EPROM）（将在本书第 6 章中讨论），74138 可以起到对存储器芯片的片选作用。74138 的地址输入端 $A_2A_1A_0$ 有 8 种组合，分别是 000，001，010，011，100，101，110，111，每种组合下，只选择 1 个译码输出低有效，这个译码输出能让和之相连的 EPROM 工作，其余的 EPROM 则没被选中。

3．二-十进制译码器 7442

7442 是 BCD-十进制译码器，也叫 4 线—10 线译码器，是码制译码器，4 条译码地址输

入线 $A_3A_2A_1A_0$，有 10 条译码输出线 $\overline{Y_9} \sim \overline{Y_0}$。它将输入的 8421BCD 码的 10 个代码译成 10 个高、低电平输出信号。7442 的逻辑符号如图 3-26 所示。表 3-12 是功能表。

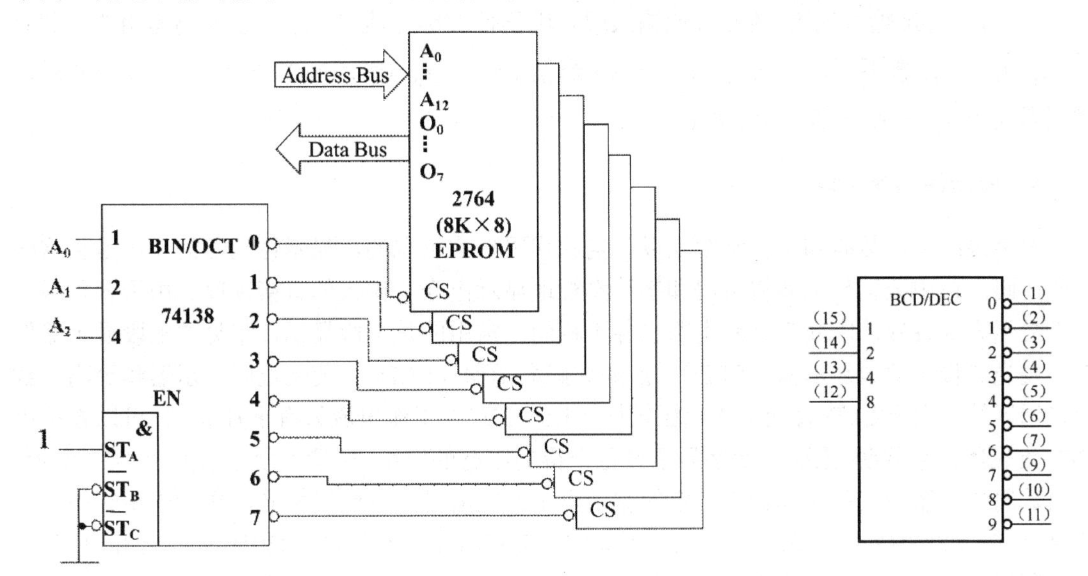

图 3-25　译码器用于微处理器的存储器选择示意图

图 3-26　4 线-10 线译码器 7442 逻辑符号

表 3-12　　4 线-10 线译码器 7442 功能表

输入				输出									
A_3	A_2	A_1	A_0	$\overline{Y_9}$	$\overline{Y_8}$	$\overline{Y_7}$	$\overline{Y_6}$	$\overline{Y_5}$	$\overline{Y_4}$	$\overline{Y_3}$	$\overline{Y_2}$	$\overline{Y_9}$	$\overline{Y_0}$
0	0	0	0	1	1	1	1	1	1	1	1	1	0
0	0	0	1	1	1	1	1	1	1	1	1	0	1
0	0	1	0	1	1	1	1	1	1	1	0	1	1
0	0	1	1	1	1	1	1	1	1	0	1	1	1
0	1	0	0	1	1	1	1	1	0	1	1	1	1
0	1	0	1	1	1	1	1	0	1	1	1	1	1
0	1	1	0	1	1	1	0	1	1	1	1	1	1
0	1	1	1	1	1	0	1	1	1	1	1	1	1
1	0	0	0	1	0	1	1	1	1	1	1	1	1
1	0	0	1	0	1	1	1	1	1	1	1	1	1
1	0	1	0	1	1	1	1	1	1	1	1	1	1
1	0	1	1	1	1	1	1	1	1	1	1	1	1
1	1	0	0	1	1	1	1	1	1	1	1	1	1
1	1	0	1	1	1	1	1	1	1	1	1	1	1
1	1	1	0	1	1	1	1	1	1	1	1	1	1
1	1	1	1	1	1	1	1	1	1	1	1	1	1

7442 的功能如下。

① 地址输入端 $A_3A_2A_1A_0$ 是 8421BCD 代码输入，拒伪码输入，即当输入为 8421BCD 代码之外的所有代码（即伪码，有：1010，1011，1100，1101，1110，1111）时，输出全部为

无效电平 1。

② $\overline{Y_9}$ ～ $\overline{Y_0}$ 是译码输出，输出低电平有效。请读者自行写出 $\overline{Y_9}$ ～ $\overline{Y_0}$ 的表达式。

③ 若将地址输入端 A_3 改作选通输入端，则器件实际完成 3 线-8 线译码器功能，此时 $\overline{Y_9}$ $\overline{Y_8}$ 输出端闲置不用，当 A_3 =1 时，译码器输出 $\overline{Y_7}$ ～ $\overline{Y_0}$ 全部为无效电平 1，当 A_3 =0 时，译码器输出 $\overline{Y_7}$ ～ $\overline{Y_0}$ 由 $A_2A_1A_0$ 决定。

4. 显示译码器 7448

数字系统中，数码和字符常常是以一定的代码形式出现的，显示译码器的作用是将这些代码译码，再由数码显示器将数码和字符直观地显示出来，供人们直接读取。由于各种显示器件显示方式各异，因此其译码电路也各不相同。常用的是七段显示，常见的七段显示器件有：发光二极管数码显示器（LED）、液晶数码显示器（LCD）、荧光数码显示器和等离子数码显示器等。由于 LED 管的工作电压较低（1.5～3V），工作电流只有十几 mA，可以直接用 TTL 集成器件来驱动，因而在数字显示设备中得到广泛的应用。所谓七段显示如图 3-27 所示。当给数码显示器的某些段落加有一定的驱动电压或电流时，这些段发光，显示出相应的数码或字符。图 3-28 为七段发光二极管显示器共阴极 BS201A 和共阳极 BS201B 的符号和电路图。对共阴极 BS201A 的公共端应接地，给 a～g 输入端相应高电平，对应字段的发光二极管显示十进制数；对共阳极 BS20lB 的公共端应接+5V 电源，给 a～g 输入端相应低电平，对应字段的发光二极管也显示十进制数。

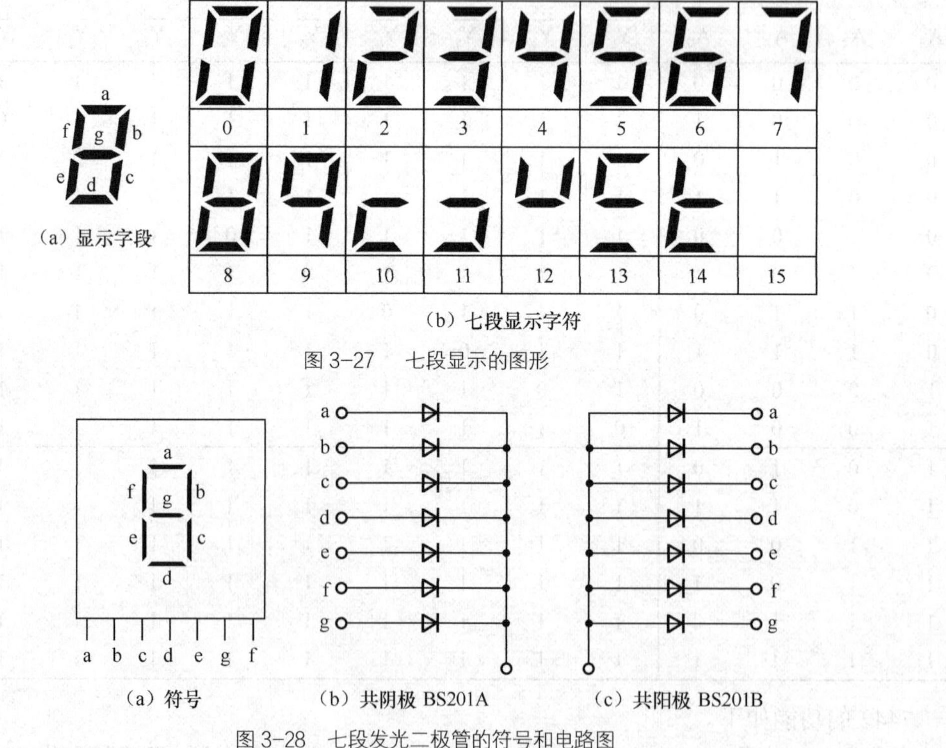

（a）显示字段

（b）七段显示字符

图 3-27　七段显示的图形

（a）符号　（b）共阴极 BS201A　（c）共阳极 BS201B

图 3-28　七段发光二极管的符号和电路图

驱动共阴极显示器需要输出为高电平有效的显示译码器，而共阳极显示器则需要输出为低电平有效的显示译码器。图 3-29 是常用的 7448 七段显示译码器的逻辑图和逻辑符号。表 3-13 给出了 7448 七段发光二极管显示译码器功能表。

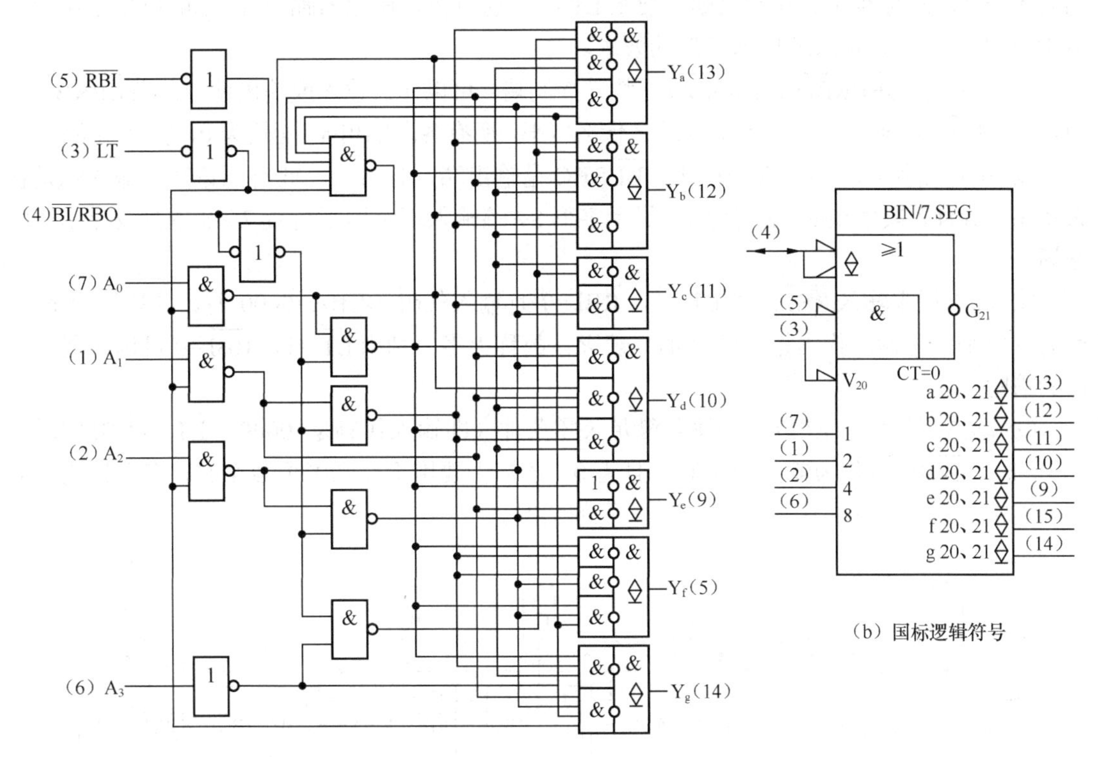

(b) 国标逻辑符号

(a) 逻辑电路图

图 3-29　显示译码器 7448

表 3-13　　7448 七段发光二极管显示译码器功能表

十进制或功能	输入						$\overline{BI}/\overline{RBO}$	输出							字形
	$\overline{LT}$	$\overline{RBI}$	D	C	B	A		a	b	c	d	e	f	g	
0	1	1	0	0	0	0	1	1	1	1	1	1	1	0	0
1	1	×	0	0	0	1	1	0	1	1	0	0	0	0	1
2	1	×	0	0	1	0	1	1	1	0	1	1	0	1	2
3	1	×	0	0	1	1	1	1	1	1	1	0	0	1	3
4	1	×	0	1	0	0	1	0	1	1	0	0	1	1	4
5	1	×	0	1	0	1	1	1	0	1	1	0	1	1	5
6	1	×	0	1	1	0	1	1	0	1	1	1	1	1	6
7	1	×	0	1	1	1	1	1	1	1	0	0	0	0	7
8	1	×	1	0	0	0	1	1	1	1	1	1	1	1	8
9	1	×	1	0	0	1	1	1	1	1	1	0	1	1	9
灭灯	×	×	×	×	×	×	0	0	0	0	0	0	0	0	
动态灭零	1	0	0	0	0	0	0	0	0	0	0	0	0	0	
试灯	0	×	×	×	×	×	1	1	1	1	1	1	1	1	8

七段显示译码器 7448 的功能如下。

① 输出高电平有效，用以驱动共阴极显示器。对输入代码 0000 的译码条件是：$\overline{LT}$ 和 $\overline{RBI}$ 同时等于 1，而对其他输入代码则仅要求 $\overline{LT}$=1，这时候，译码器输出 a～g 的电平是由输入 BCD 码决定的，并且满足显示字形的要求。

② 灭灯输入 $\overline{BI}/\overline{RBO}$。$\overline{BI}/\overline{RBO}$ 是特殊控制端，可以作为输入或输出使用。当 $\overline{BI}/\overline{RBO}$ 作为输入，且 $\overline{BI}$=0 时，无论其他输入端是什么电平，所有各段输出 a～g 均为 0，所以字形熄灭。

③ 试灯输入 $\overline{LT}$。当 $\overline{LT}$=0 时，$\overline{BI}/\overline{RBO}$ 是输出端，且为 1，此时无论其他输入端是什么状态，所有各段输出 a～g 均为 1，显示字形 8。该输入端常用于检查 7448 本身及显示器的好坏。

④ 动态灭零输入 $\overline{RBI}$。当 $\overline{LT}$=1，$\overline{RBI}$=0 且输入代码 DCBA=0000 时，各段输出 a～g 均为低电平，与输入代码相应的字形 0 熄灭，故称灭零。利用 $\overline{LT}$=1，$\overline{RBI}$=0 可以实现某一位的消隐。

⑤ 动态灭灯输出 $\overline{RBO}$。当输入满足灭零条件（即输入代码是 0000，$\overline{LT}$ 和 $\overline{RBI}$ 同时等于 1）时，$\overline{BI}/\overline{RBO}$ 作为输出使用时，且为 0。该端主要用于显示多位数字时，多个译码器之间的连接，消去高位的零，如图 3-30 所示的情况。

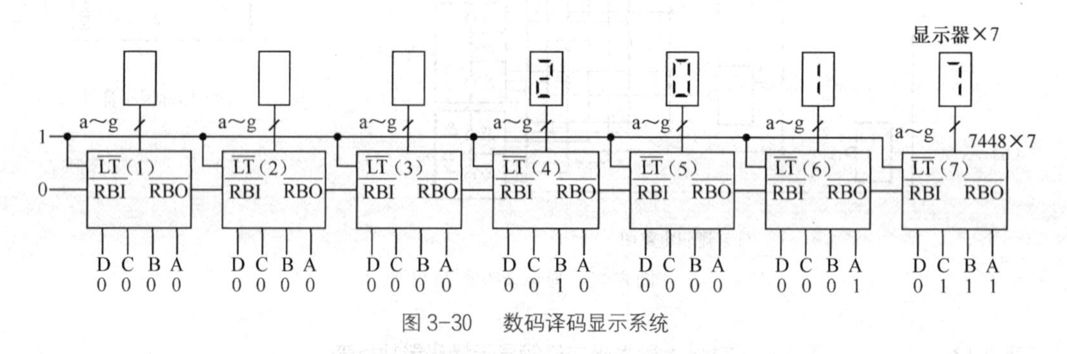

图 3-30　数码译码显示系统

图中 7 位显示器由 7 个译码器 7448 驱动。各片 7448 的 $\overline{LT}$ 均接高电平，由于第 1 片的 $\overline{RBI}$=0 且 DCBA=0000，所以第 1 片满足灭零条件，无字形显示，同时输出端 $\overline{RBO}$=0；第 1 片的 $\overline{RBO}$ 与第 2 片的 $\overline{RBI}$ 相连，使第 2 片也满足灭零条件，无字形显示，并使输出端 $\overline{RBO}$=0；同理，第 3 片的零也熄灭。由于第 4、6、7 片译码器的输入信号 DCBA≠0000，第 5 片虽然 DCBA=0000，但 $\overline{RBI}$=1，所以它们都能正常译码，按输入 BCD 码显示数字。若第 1 片 7448 的输入代码不是 0000，而是任何其他 BCD 码，则该片将正常译码并驱动显示，同时使 $\overline{RBO}$=1。这样，第 2 片、第 3 片就不具备灭零条件，所以电路只对最高位灭零，最高位非零的数字仍然正常显示。

3.2.3　数据选择器和数据分配器

数据选择器又称为多路选择器和多路开关，是 1 个多输入、单输出的组合逻辑电路。其功能是在选择控制信号的控制下，经过选择，把多个通道的数据传送到唯一的公共数据通道中去，实现数据选择功能。4 选 1 数据选择器的功能示意图如图 3-31 所示。在选择控制变量 A_1A_0 作用下，选择输入数据 D_3~D_0 中的某 1 个为输出数据 Y。

数据选择器的应用很广泛，可以扩展输入端数据，在 PC 机中常用来给随机存储器（RAM）

编址，存储单元在芯片中以行和列编址，数据选择器可以将地址总线分成列地址和行地址。数据选择器也可以用于电话线路中选择传输的数据，只用一条线路就可以实现多路通话。还可以用于数据转换，能够将并行数据转换成串行数据。数据选择器还可以作为逻辑功能产生电路实现一般的逻辑功能。

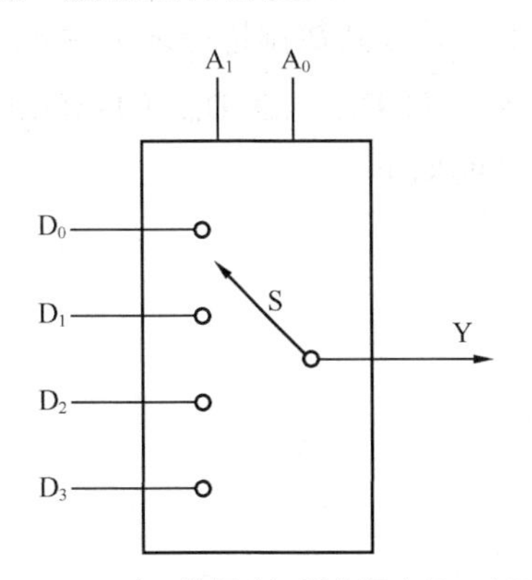

图 3-31 4选1数据选择器数据选择示意图

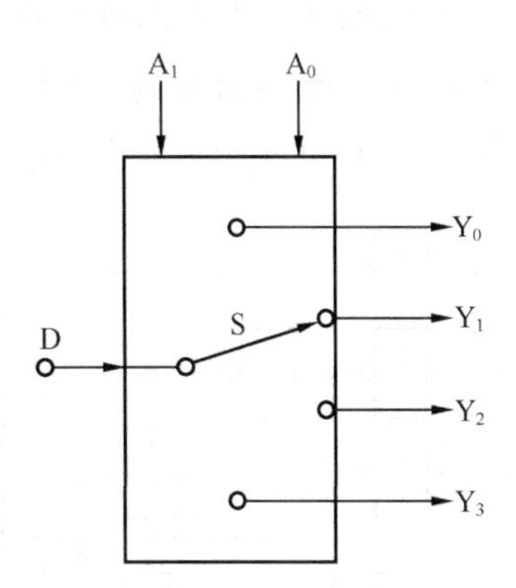

图 3-32 4路数据分配器的功能示意图

数据分配器也称多路分配器，能将某一路数据分配到不同的数据输出通道上。图3-32给出4路数据分配器的功能示意图，图中S相当于1个由信号A_1A_0控制的单刀多掷输出开关，输入数据D在地址输入A_1A_0控制下，传送到输出Y_0~Y_3不同数据通道上。例如，A_1A_0=01，S开关合向Y_1，输入数据D被传送到Y_1通道上。数据分配器工作过程和数据选择器相逆。没有专门的数据分配器芯片，在实际使用中，常常用译码器来实现数据分配的功能。例如，如图3-33所示，将2线-4线译码器$\overline{ST}$输入数据D，A_1A_0作为分配地址，就构成了4路数据分配电路。

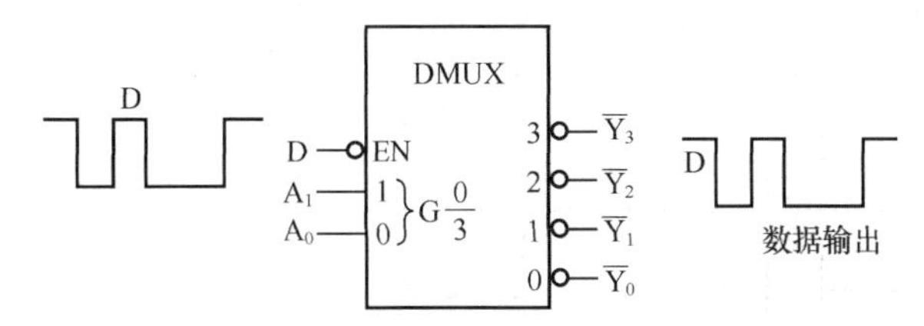

图 3-33 1分4数据分配器逻辑符号

数据选择器和数据分配器联用可用于并行数据的串行传输，体现信道数据的分时复用，如图3-34所示。

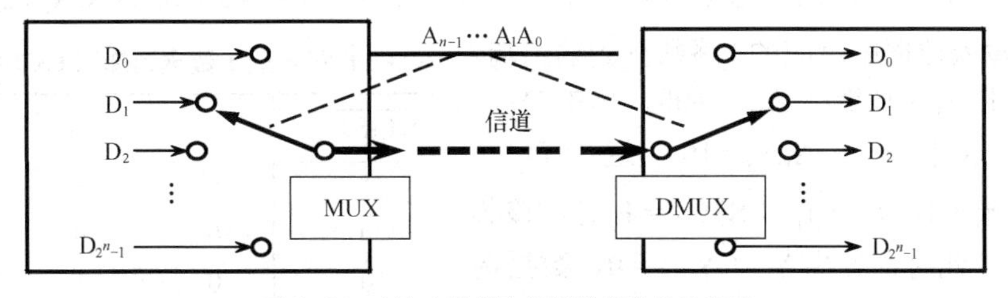

图 3-34 4选1数据选择器数据选择示意图

常用的中规模多路数据选择器有4选1数据选择器，双4选1数据选择器，8选1数据选择器和16选1数据选择器等。

1．双4选1数据选择器CC14539

CC14539是CMOS双4选1数据选择器如图3-35所示，主要由CMOS传输门构成，包含2个完全相同的4选1数据选择器(以虚线分开)。它有2条公共数据选择地址输入线A_1A_0，1个控制输入端（选通输入端）$\overline{ST_1}$（$\overline{ST_2}$），4条数据输入线$D_{13}D_{12}D_{11}D_{10}$（$D_{23}D_{22}D_{21}D_{20}$），1条数据输出线Y_1（Y_2）。表3-14是它的真值表。其功能如下。

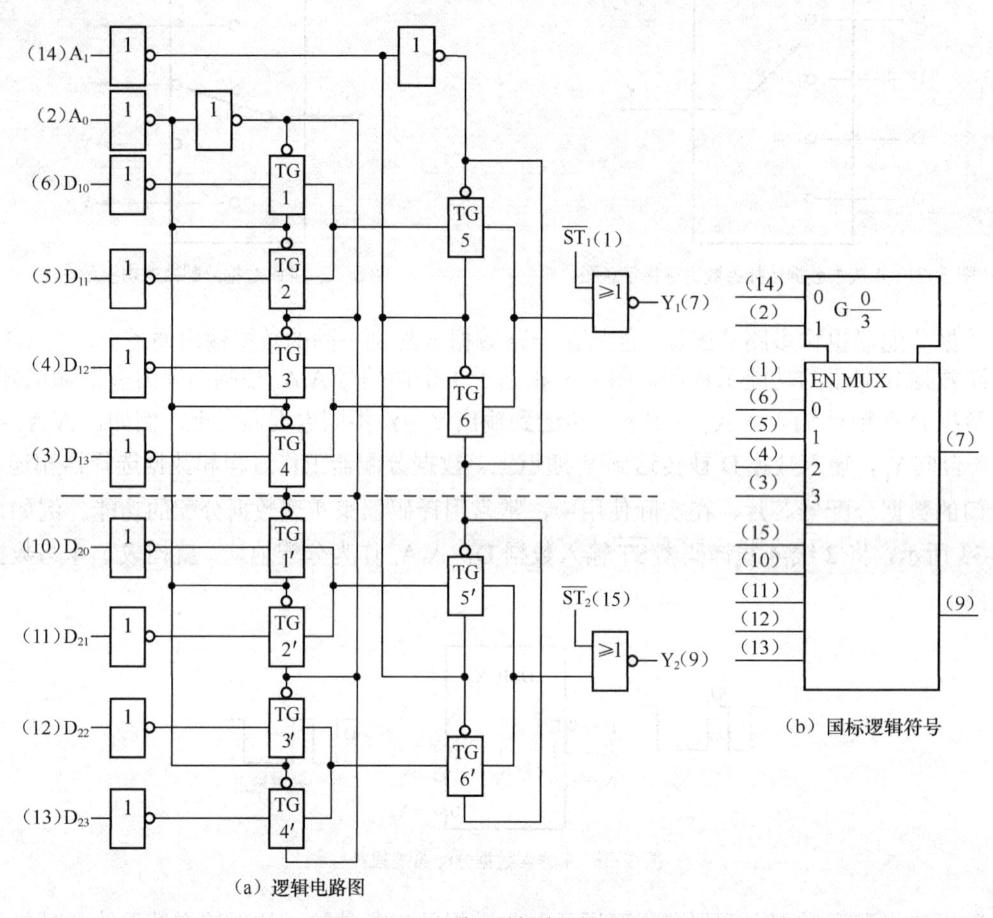

图3-35 双4选1数据选择器CC14539

① $\overline{ST_1}$（$\overline{ST_2}$）=0时，该芯片被选中。此时，在数据选择器地址端A_1A_0的选择下，分别选中4路输入数据中对应的1路数据到输出端。实现正常数据选择功能（A_1A_0=00，选中D_0，A_1A_0=01，选中D_1，A_1A_0=10，选中D_2，A_1A_0=11，选中D_3）。$\overline{ST_1}$（$\overline{ST_2}$）=1时，该芯片未被选中。此时，输出Y_1（Y_2）=0，数据选择器不工作。可见，控制输入端（选通输入端）$\overline{ST_1}$（$\overline{ST_2}$）低电平有效。

表3-14 双4选1数据选择器CC14539真值表

$\overline{ST_1}(\overline{ST_2})$	A_2	A_1	Y_1	(Y_2)
1	×	×	0	0
0	0	0	D_{10}	D_{20}
0	0	1	D_{11}	D_{21}
0	1	0	D_{12}	D_{22}
0	1	1	D_{13}	D_{23}

② $\overline{ST_1}$（$\overline{ST_2}$）=0 时，输出 Y 的逻辑函数表达式为

$$Y_1=\overline{A_1}\ \overline{A_0}\cdot D_{10}+\overline{A_1}\ A_0\cdot D_{11}+A_1\ \overline{A_0}\cdot D_{12}+A_1\ A_0\cdot D_{13}$$
$$Y_2=\overline{A_1}\ \overline{A_0}\cdot D_{20}+\overline{A_1}\ A_0\cdot D_{21}+A_1\ \overline{A_0}\cdot D_{22}+A_1A_0\cdot D_{23}$$

或可写成

$$Y=\sum_{i=0}^{2^n-1}m_iD_i\quad,\quad n=2$$

可以画出双4选1数据选择器的卡诺图如图3-36所示。

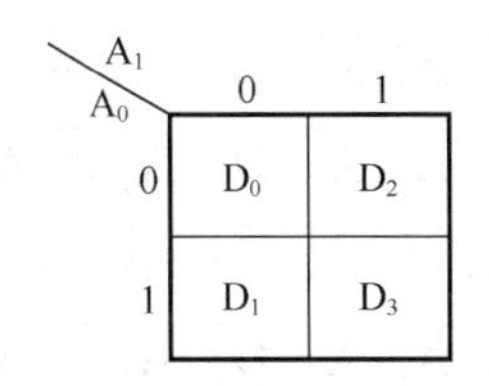

图 3-36 双 4 选 1 数据选择器卡诺图

2．8 选 1 数据选择器 74151

74151 是常用的集成 8 选 1 数据选择器，图 3-37 所示电路是 74151 的逻辑图和逻辑符号，它有 3 条数据选择地址输入线 $A_2A_1A_0$，1 个控制输入端（选通输入端）$\overline{ST}$，8 条数据输入线 $D_7D_6D_5D_4D_3D_2D_1D_0$，2 条互补数据输出线 Y，$\overline{W}$。表 3-15 是它的真值表。

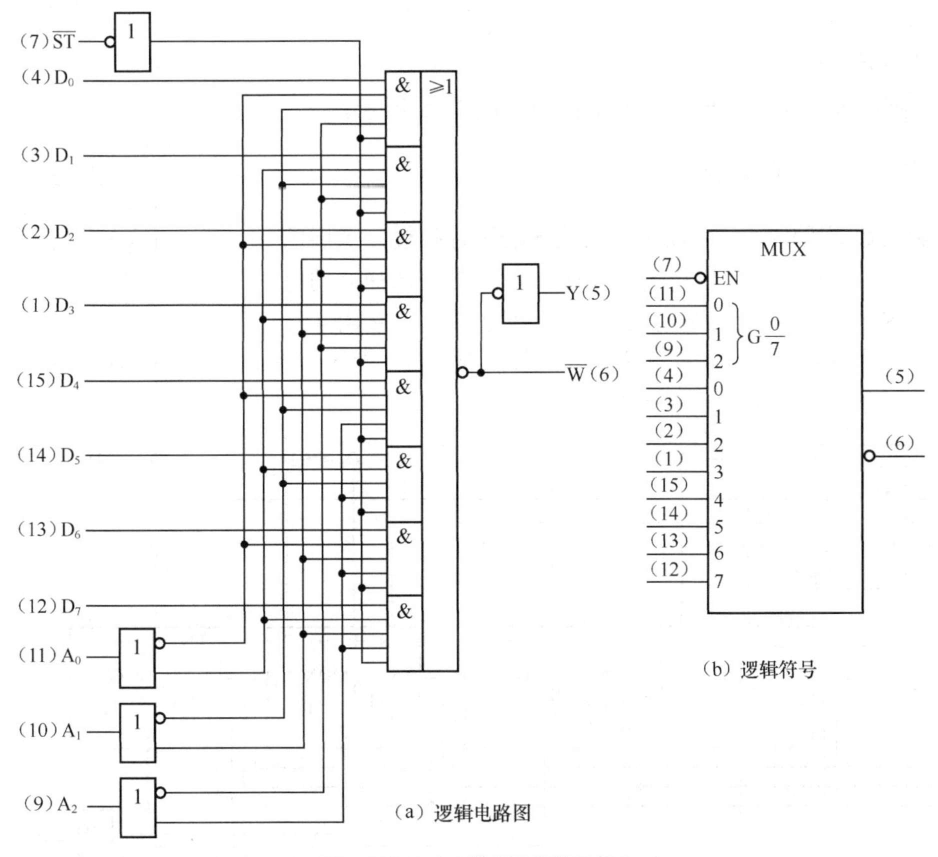

图 3-37 8 选 1 数据选择器 74151

其功能如下。

① $\overline{ST}$=0 时，该芯片被选中。此时，在数据选择器地址端 $A_2A_1A_0$ 的选择下，分别选中 8 路输入数据中对应的 1 路数据到输出端。实现正常数据选择功能。$\overline{ST}$=1 时，该芯片未被选中。此时，同相输出 Y=0，反相输出 $\overline{W}$=1，数据选择器不工作。可见，控制输入端（选通输入端）$\overline{ST}$ 低电平有效。

表 3-15　8 选 1 数据选择器 74151 真值表

$\overline{ST}$	A_2	A_1	A_0	Y	$\overline{W}$
1	×	×	×	0	1
0	0	0	0	D_0	$\overline{D_0}$
0	0	0	1	D_1	$\overline{D_1}$
0	0	1	0	D_2	$\overline{D_2}$
0	0	1	1	D_3	$\overline{D_3}$
0	1	0	0	D_4	$\overline{D_4}$
0	1	0	1	D_5	$\overline{D_5}$
0	1	1	0	D_6	$\overline{D_6}$
0	1	1	1	D_7	$\overline{D_7}$

② $\overline{ST}$=0 时，输出逻辑函数表达式为

$$Y=\overline{A_2}\,\overline{A_1}\,\overline{A_0}\cdot D_0+\overline{A_2}\,\overline{A_1}\,A_0\cdot D_1+\overline{A_2}\,A_1\,\overline{A_0}\cdot D_2+\overline{A_2}\,A_1\,A_0\cdot D_3$$
$$+A_2\,\overline{A_1}\,\overline{A_0}\cdot D_4+A_2\,\overline{A_1}\,A_0\cdot D_5+A_2\,A_1\,\overline{A_0}\cdot D_6+A_2\,A_1\,A_0\cdot D_7$$

$$\overline{W}=\overline{A_2}\,\overline{A_1}\,\overline{A_0}\cdot\overline{D_0}+\overline{A_2}\,\overline{A_1}\,A_0\cdot\overline{D_1}+\overline{A_2}\,A_1\,\overline{A_0}\cdot\overline{D_2}+\overline{A_2}\,A_1\,A_0\cdot\overline{D_3}$$
$$+A_2\,\overline{A_1}\,\overline{A_0}\cdot\overline{D_4}+A_2\,\overline{A_1}\,A_0\cdot\overline{D_5}+A_2\,A_1\,\overline{A_0}\cdot\overline{D_6}+A_2\,A_1\,A_0\cdot\overline{D_7}$$

或可写成

$$Y=\sum_{i=0}^{2^n-1} m_i D_i \quad , \quad n=3$$

式中 m_i 为 $A_2A_1A_0$ 的最小项。例如，当 $A_2A_1A_0$=110 时，根据最小项性质，只有 m_6=1，其余各最小项均为 0，所以 Y=D_6，即 D_6 传送到输出端。

可以画出 8 选 1 数据选择器的卡诺图如图 3-38 所示。

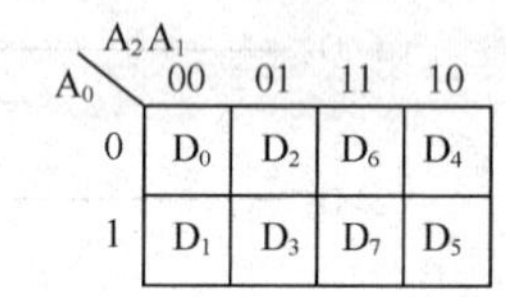

图 3-38　8 选 1 数据选择器卡诺图

3．数据选择器的扩展

当输入数据不够时，可以对数据选择器进行扩展，扩展的方法有 2 种：一种是利用使能端，形成译码器-数据选择器的电路结构，图 3-39 所示的电路为 32 选 1 数据选择器，它由 4 片 8 选 1 数选器 74151 和 1 片 2 线-4 线译码器组成，输入地址码 A_4A_3 通过译码得出 4 种状态分别控制 4 片 74151，从而实现 32 选 1。

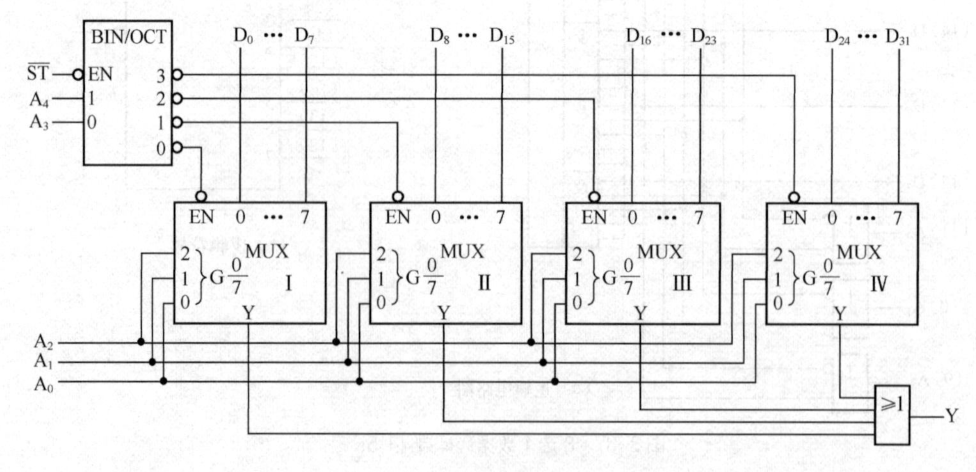

图 3-39　用 4 片 8 选 1 数据选择器扩展构成 32 选 1 数据选择器

另一种是数据选择器-数据选择器的电路结构，输入地址码 $A_2A_1A_0$ 则控制 4 片 74151，以选择各片 74151 数据输入中的 1 个，从而实现 32 选 4，而 A_4A_3 控制 4 选 1 数据选择器，以选择 4 片 74151 的输出中的 1 个，从而实现 32 选 1，如图 3-40 所示。

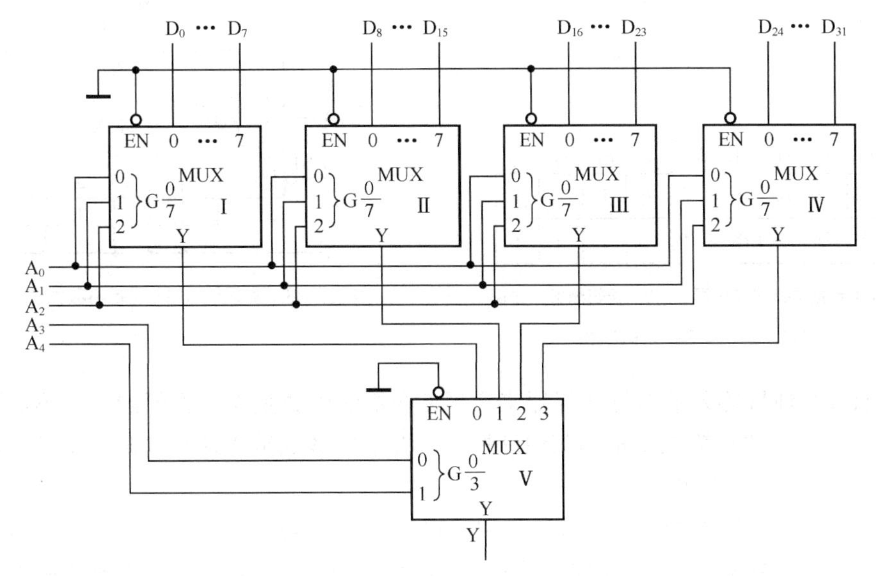

图 3-40　8 选 1 数据选择器扩展应用的另一种形式

4．数据选择器的分析设计举例

【例 3-10】　分析图 3-41 所示用 8 选 1 数据选择器构成的电路。

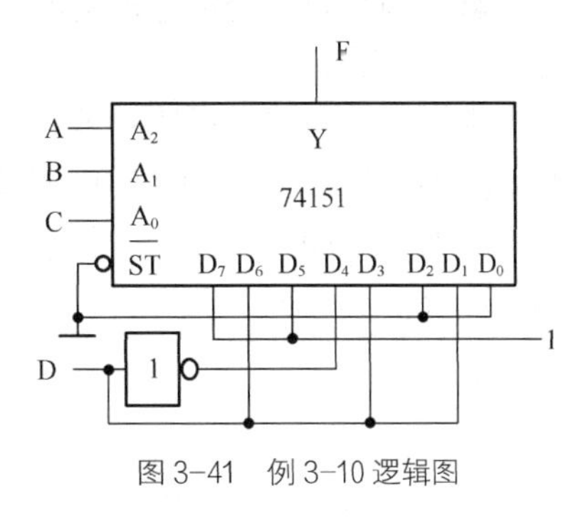

图 3-41　例 3-10 逻辑图

解　根据 8 选 1 数据选择器的表达式，可以方便地写出输出 F 的逻辑函数表达式

$$F=\overline{A}\ \overline{B}\ \overline{C}\cdot 0+\overline{A}\ \overline{B}C\cdot D+\overline{A}B\overline{C}\cdot 0+\overline{A}BC\cdot D$$

$$+A\overline{B}\ \overline{C}\cdot\overline{D}+A\overline{B}C\cdot 1+AB\overline{C}\cdot D+ABC\cdot 1$$

经化简，可以得到输出的最简与或式

$$F=AC+CD+A\overline{B}\ \overline{D}+ABD$$

也可以用数据选择器方便的实现组合逻辑函数。用数据选择器实现组合逻辑电路时，一般可按以下步骤进行。

① 画出要求实现的逻辑函数 F 的卡诺图。

② 画出选用数据选择器器件输出 Y 的卡诺图。

③ 对比 2 个卡诺图，做地址与变量的对比，输入数据和函数取值的对比，以确定地址和数据输入，为使 $Y=F$，需使各对应的最小项的系数相等。

④ 画逻辑图。

【例 3-11】　用 8 选 1 数据选择器实现逻辑函数 $F=A\overline{B}+\overline{A}C+B\overline{C}$。

解　因 F 为 3 变量逻辑函数，74151 地址输入端数为 3，函数 F 变量个数和地址输入端个数相同。

画出8选1数据选择器和函数F的卡诺图，如图3-42所示。分别做地址和数据的对比，若设$A_2A_1A_0$=ABC，则可得$D_0=D_7=0$，$D_1=D_2=D_3=D_4=D_5=D_6=1$。根据对比结果，可以画出逻辑图如图3-43所示。

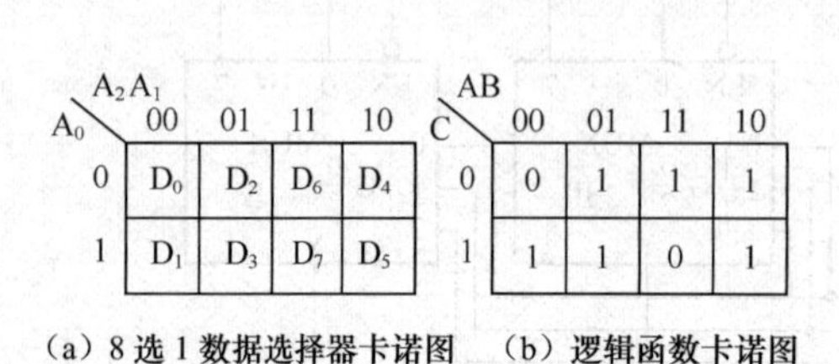

（a）8选1数据选择器卡诺图　（b）逻辑函数卡诺图

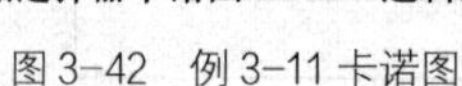

图3-42　例3-11卡诺图

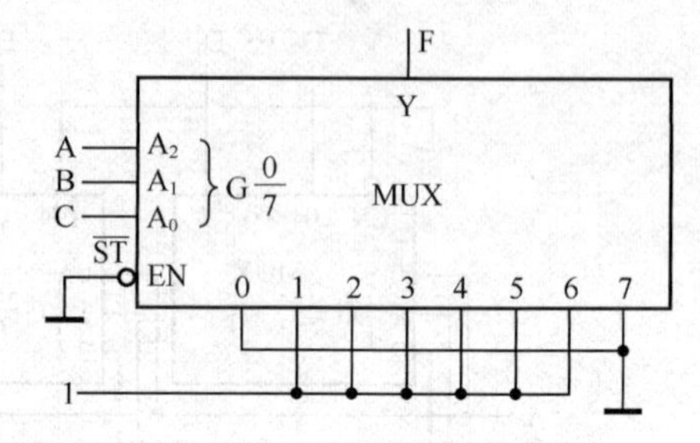

图3-43　实现例3-11逻辑函数的逻辑图

用具有*n*个地址输入的数据选择器来实现*n*变量的函数是十分方便的，它不需要将函数化简为最简式，只要将输入变量加到地址端，选择器的数据输入端按卡诺图中最小项格中的值（0或1）对应相连即可。

用具有*n*个地址输入端的数据选择器也可以实现*m*（$m \neq n$）变量的组合逻辑函数。

当$m<n$，即输入变量小于数据选择器的地址端数时，只需将多余的地址输入端接高电平或接地，并将相应的数据输入端做一定处理，仍然采用逻辑函数对照法实现即可。

【例3-12】　用8选1数据选择器74151实现逻辑函数$F=A\overline{B}+\overline{A}B+AB$

解　因F为2变量逻辑函数，74151地址输入端数为3，$m<n$，函数F变量个数小于地址输入端个数。

画出函数F的卡诺图，如图3-44（a）所示。若设A_2A_1=AB，A_0接地，则数据输入端$D_1D_3D_5D_7$多余，可送数据0，即$D_1=D_3=D_5=D_7=0$，有效数据输入端$D_0D_2D_4D_6$和8选1数据选择器卡诺图一一对比，可得$D_0=0$，$D_2=D_4=D_6=1$。根据对比结果，可以画出逻辑图如图3-44（b）所示。

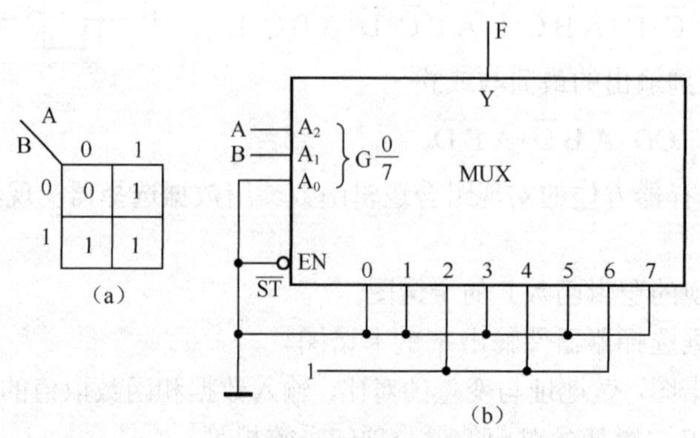

图3-44　3-12逻辑函数的卡诺图和逻辑电路图

当选择不同的多余地址端，并将该地址端分别接高或低电平时，有效数据输入端也会变化，在和数选器卡诺图对比时，要注意的是逻辑关系的一致，对多余数据输入端都可送数据0。因此，本例有多种不同的解决方案，请读者自行设计。

当$m>n$即输入变量大于数据选择器的地址端数时，由于有n个地址端的数据选择器一共有2^n个数据输入端．而m变量的函数一共有2^m个最小项，所以当$m>n$时，一种方法是将2^n选1数据选择器扩展成2^m选1数据选择器，称为扩展法；另一种方法是将m变量的函数，采用降维的方法，转换成为n变量的函数，使2^m个最小项组成的逻辑函数转换为由2^{m-n}个子函数组成的逻辑函数，而每一个子函数又是由2^n个最小项组成，从而可以用2^n选1数据选择器实现。这种方法称为降维图法。

① 扩展法

【例3-13】 用8选1数据选择器实现逻辑函数

$$F(ABCD)=\sum_m(1,5,6,7,9,11,12,13,14)$$

解 8选1数据选择器有3个地址端、8个数据输入端，而4变量函数一共有16个最小项，所以采用2片8选1数据选择器，扩展成16选1数据选择器，如图3-45所示。图中，以输入变量A作为使能端EN的控制信号$\overline{ST}$，输入变量BCD作为8选1数据选择器的地址端$A_2A_1A_0$的输入地址。当A=0时，片II被封锁，输出Y=0，片I执行数据选择功能，在BCD输入变量作用下，输出$m_0\sim m_7$中的函数值。在A=1时，片I被封锁，片II执行数据选择功能，在BCD输入变量作用下，输出$m_8\sim m_{15}$中的函数值。每片数据输入端的连接与具有n个地址端的数据选择器实现n变量函数的方法相同。

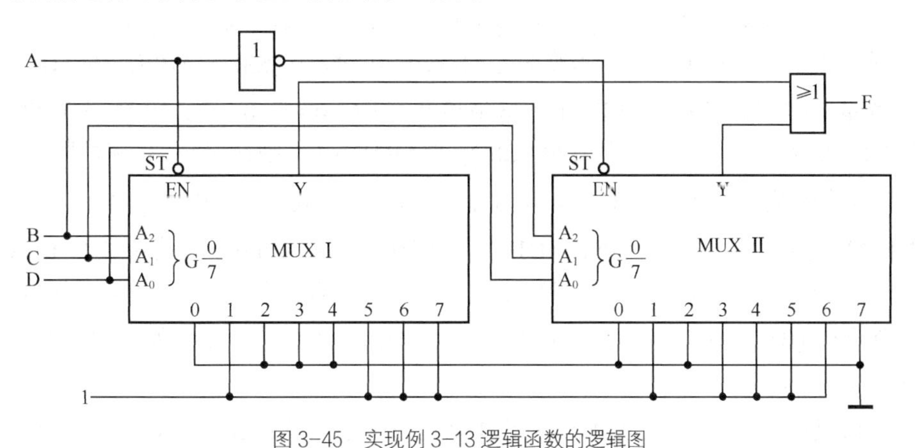

图3-45 实现例3-13逻辑函数的逻辑图

对于例3-13，如果用4选1数据选择器，则需将4选1扩展成16选1，如图3-46所示。输入变量CD作片Ⅰ～片Ⅳ的地址，AB作为片Ⅴ的地址。当输入信号AB=00时，片Ⅴ输出F为片Ⅰ输出Y的信号；AB=01时，片Ⅴ输出F为片Ⅱ输出Y的信号；AB=10时，片Ⅴ输出F为片Ⅲ输出Y的信号；AB=11时，片Ⅴ输出F为片Ⅳ输出Y的信号。而各片Y的输出又通过CD变量来选择，例如，变量输入ABCD=1011时，则输出F为片Ⅲ中D_3的输入，F=1，相当于函数F的m_{11}最小项值。

② 降维图法

在一个函数的卡诺图中，函数的所有变量均为卡诺图的变量，图中每一个最小项小方格，都填有1，0或任意值×。一般将卡诺图的变量数称为该图的维数。如果把某些变量也作为卡诺图小方格内的值，则会减少卡诺图的维数，这种卡诺图称为降维卡诺图，简称降维图。作为降维图小方格中值的那些变量称为记图变量。下面举例说明降维方法。

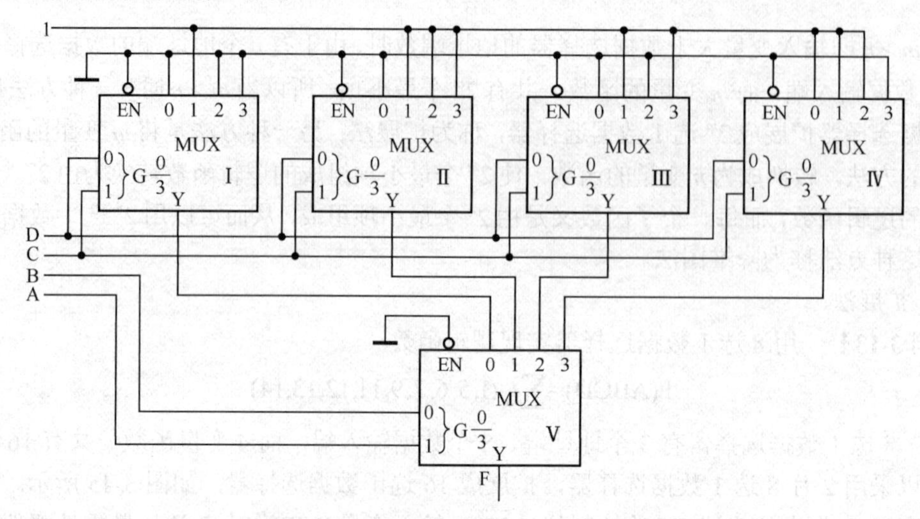

图3-46 用5片4选1实现例3-13逻辑函数

【例3-14】 用8选1数据选择器实现逻辑函数

$$F(ABCD)=\sum_m(0,3,4,5,6,10,11,12,14)$$

解 作出F的卡诺图如图3-47（a）所示，以C为记图变量，以ABD作为3维卡诺图的输入变量，作出3变量降维图如图3-47（b）所示。将4变量卡诺图转换成3变量降维图的具体作法是：根据4变量卡诺图，若变量C=0及C=1时，函数值F(AB0D)=F(AB1D)=0，则在对应3变量降维图对应的F(ABD)小方格中填0，即$\overline{C}\cdot 0+C\cdot 0=0$。如图（b）F(111)中的0。若变量C=0及C=1时，函数值F(AB0D)=F(AB1D)=1，则在对应3变量降维图对应的F(ABD)小方格中填1，即$\overline{C}\cdot 1+C\cdot 1=1$。如图（b）中F(110)，F(010)中的1。若变量C=0时，函数F(AB0D)=0，C=1时，函数F(AB1D)=1，则在对应F(ABD)小方格中填$\overline{C}\cdot 0+C\cdot 1=C$。如图（b）中的F(001)，F(100)及F(101)小方格中的C。若变量C=0时，函数F(AB0D)=1，C=1时，函数F(AB1D)=0，则在对应F(ABD)小方格中填$\overline{C}\cdot 1+C\cdot 0=\overline{C}$。如图（b）中的F(000)，F(011)小方格中的$\overline{C}$。

将函数降维图与图3-42（a）所示8选1数据选择器卡诺图比较，若设$A_2A_1A_0$=ABD，则可得$D_2=D_6=1$，$D_7=0$，$D_1=D_4=D_5=C$，$D_0=D_3=\overline{C}$。根据对比结果，可以画出逻辑图如图3-48所示。

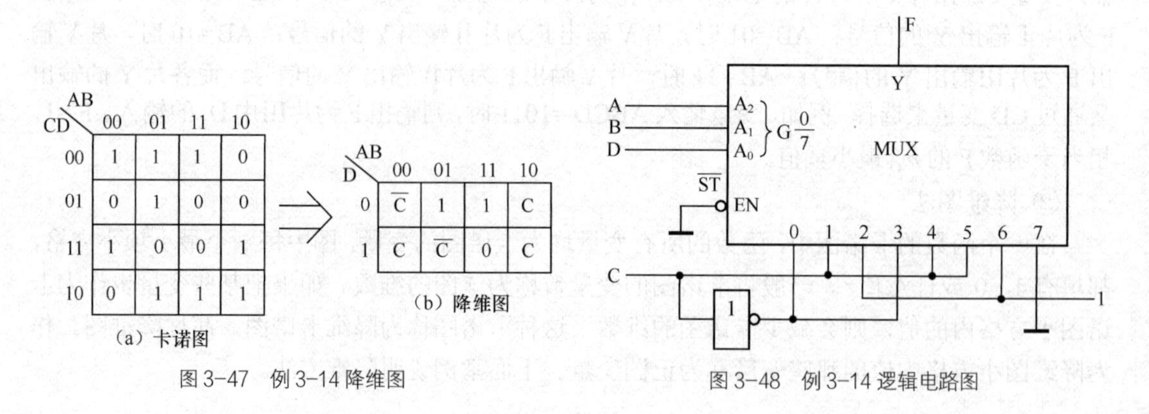

（a）卡诺图

（b）降维图

图3-47 例3-14降维图

图3-48 例3-14逻辑电路图

采用降维图法时，可以选用不同的记图变量，有时，合理选择记图变量，可以使电路更简。图 3-49 和图 3-50 是以 B 为记图变量的实现方案。

【例 3-15】 用 8 选 1 数据选择器实现逻辑函数

$$F(A,B,C,D)=\sum_m(0,1,2,5,6,9,10,13,16,17,19,20,21,30,31)$$

解 分别作出 F 的卡诺图和以 CE 为记图变量的降维图，如图 3-51 所示。将图 3-51（c）与如图 3-42（a）所示 8 选 1 数据选择器卡诺图比较，若设 $A_2A_1A_0=ABD$，则可得 $D_0=\overline{C}+E$，$D_1=\overline{E}$，$D_2=E$，$D_3=\overline{C}\cdot\overline{E}$，$D_4=1$，$D_5=\overline{C}\cdot E$，$D_6=0$，$D_7=C$。根据对比结果，采用门电路及 8 选 1 数据选择器，可以画出逻辑图如图 3-52 所示。

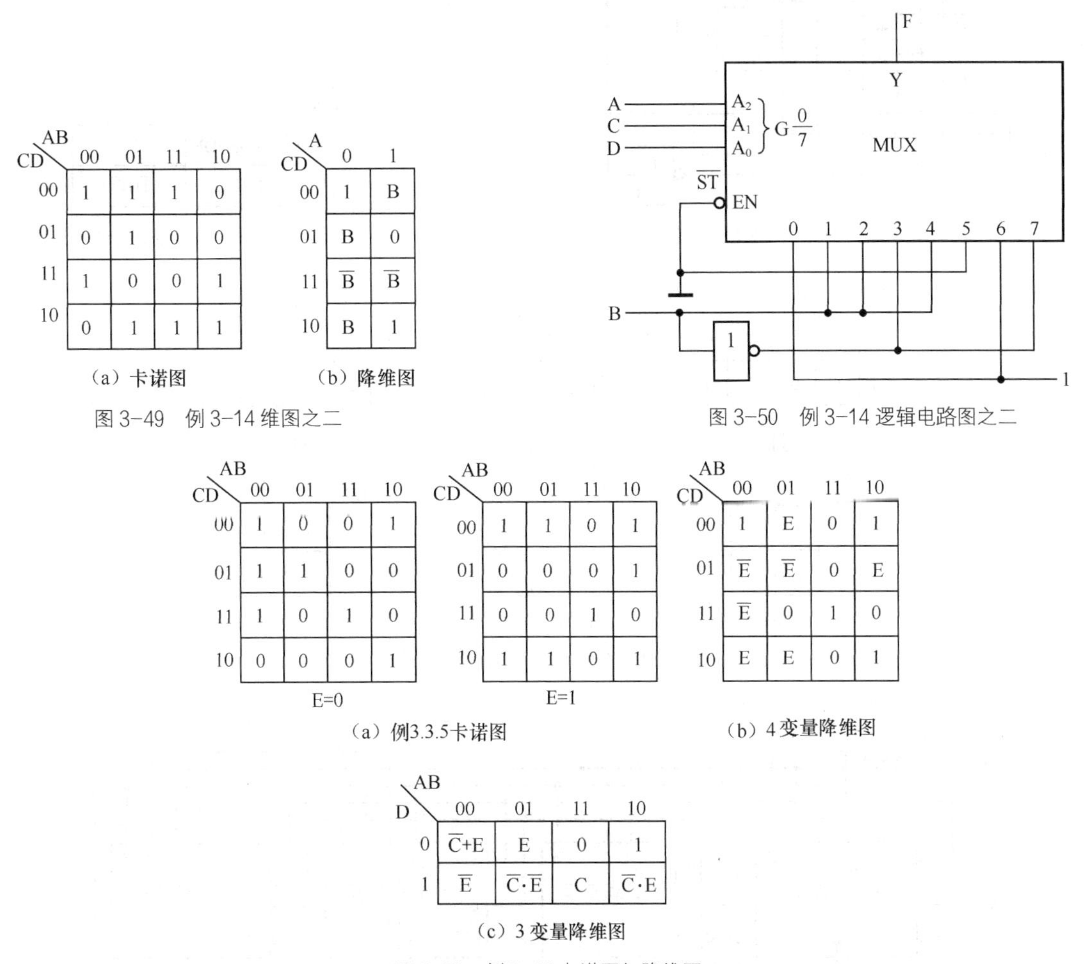

图 3-49 例 3-14 维图之二

图 3-50 例 3-14 逻辑电路图之二

图 3-51 例 3-15 卡诺图与降维图

对于此例，也可以采用 4 选 1 数据选择器来实现，变换成 2 变量降维图，如图 3-53 所示。图中以 AB 作为 4 选 1 数据选择器的地址，以 CDE 作为记图变量。其中有 4 个子函数，分别为

$$f_0=\overline{C}\,\overline{D}+\overline{D}\,E+DE \quad f_1=\overline{D}\,E+\overline{C}\,D\,\overline{E} \quad f_2=CD \quad f_3=\overline{D}+\overline{C}\,E$$

必须选用 4 片 4 选 1 分别实现这 4 个子函数中的 $f_0 \sim f_3$。其中子函数 f_0，f_1，f_3 还需进一步降维如图 3-54 所示，图 3-55 是用 4 选 1 数据选择器的实现方案。

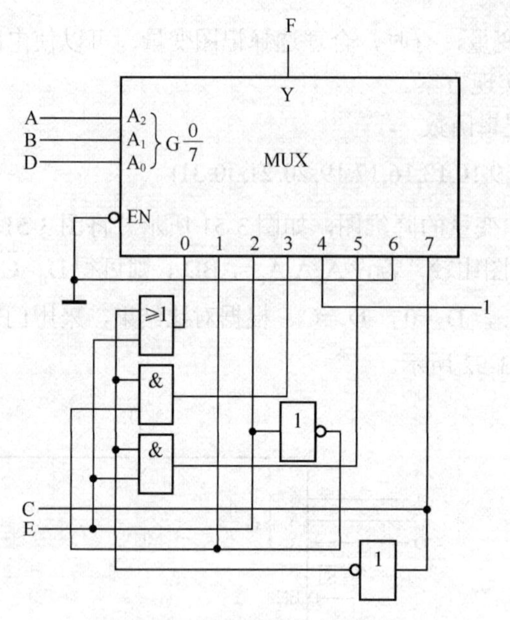

图 3-52　例 3-15 逻辑电路图

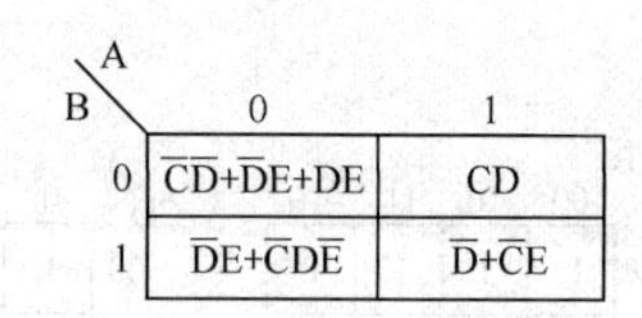

图 3-53　例 3-15 的 2 变量降维卡诺图

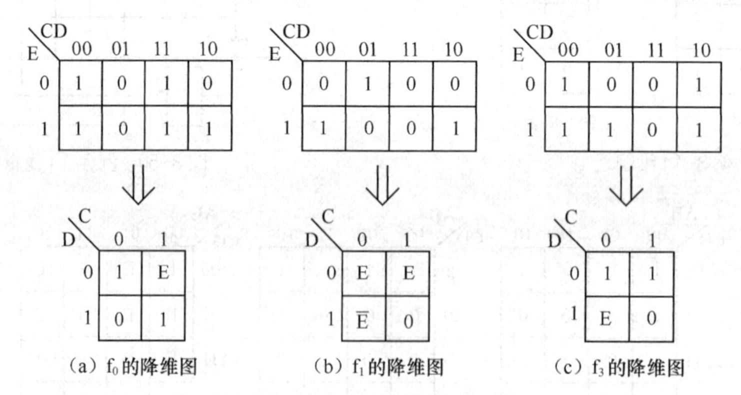

图 3-54　例 3-15 子函数降维卡诺图

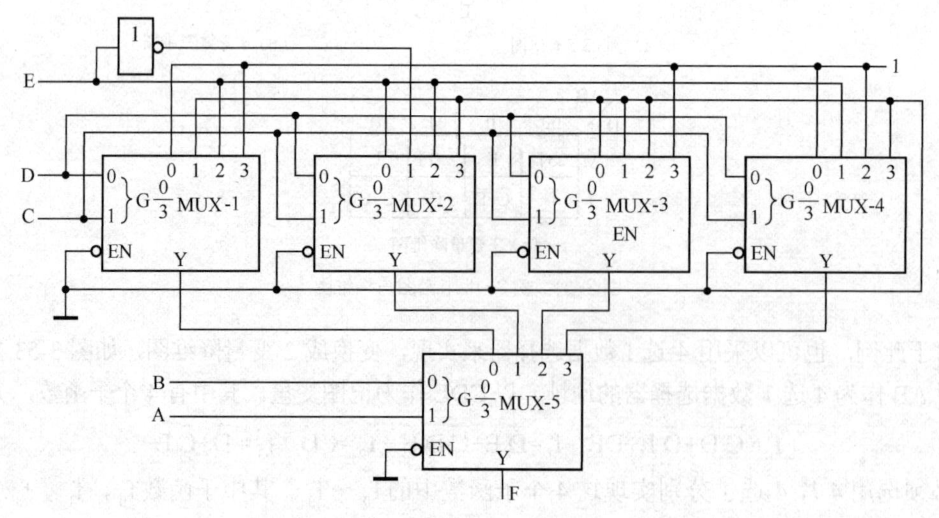

图 3-55　用 4 选 1 数据选择器实现例 3-15 逻辑函数

3.2.4 运算电路（加法器）

在数字系统中，加法是最常执行的算术操作。加法器（Adder）采用第1章所述的加法规则来组合2个算术操作数。同样的加法规则、同样的加法器既用于无符号数也用于二进制补码数。由于减法可以视为被减数与变补的减数相加，因此用加法器就能够实现减法，也可以构建直接完成减法的减法器（Subtractor）电路。

1. 半加器

2个1位二进制数相加，若只考虑了2个加数本身，而没有考虑由低位来的进位，称为半加，实现半加运算的逻辑电路称为半加器（Half adder）。半加器的逻辑关系可用真值表3-16表示，其中AB是2个加数，S表示和数，C表示进位数。由真值表可得出逻辑表达式

$$S=A\overline{B}+\overline{A}B$$

$$C=AB$$

由此画出半加器的逻辑图和逻辑符号如图3-56（a）、（b）所示。

表3-16 半加器真值表

A	B	S	C
0	0	0	0
0	1	1	0
1	0	1	0
1	1	0	1

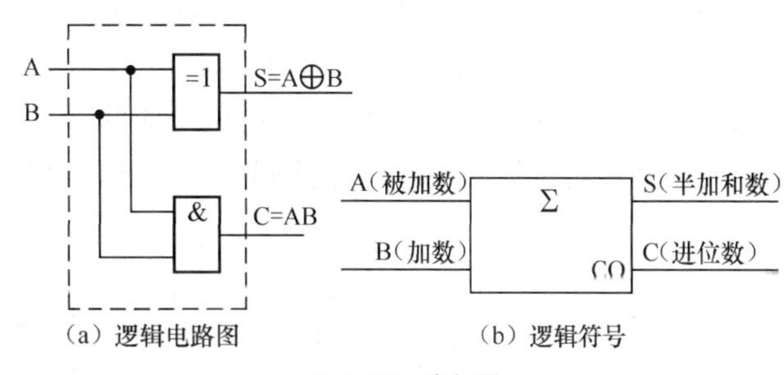

图3-56 半加器

2. 全加器

要对多于1位的操作数相加，则必须提供位与位之间的进位。从而引出全加器（Full Adder）。全加器能进行加数、被加数和低位来的进位信号相加，并根据求和结果给出该位的进位信号。

根据全加器的功能，可列出它的真值表，如表3-17所示。其中AB是2个加数，CI为相邻低位来的进位数，S为本位和数（称为全加和），CO为相邻高位的进位数。由真值表写出表达式并加以转换，可得

$$\begin{aligned}S&=\sum\nolimits_m(1,2,4,7)\\&=\overline{A}\,\overline{B}\cdot CI+\overline{A}B\cdot\overline{CI}+A\overline{B}\cdot\overline{CI}+AB\cdot CI\\&=CI(\overline{A}\,\overline{B}+AB)+\overline{CI}(\overline{A}B+A\overline{B})\\&=A\oplus B\oplus CI\end{aligned}$$

$$\begin{aligned}CO&=\sum\nolimits_m(3,5,6,7)\\&=\overline{A}B\cdot CI+A\overline{B}\cdot CI+AB\cdot\overline{CI}+AB\cdot CI\\&=(\overline{A}B+A\overline{B})CI+AB(\overline{CI}+CI)\\&=(A\oplus B)CI+AB\end{aligned}$$

用 2 个半加器和 1 个或门可实现全加器功能，逻辑图和符号如图 3-57 所示。

表 3-17　全加器真值表

A	B	CI	S	CO
0	0	0	0	0
0	0	1	1	0
0	1	0	1	0
0	1	1	0	1
1	0	0	1	0
1	0	1	0	1
1	1	0	0	1
1	1	1	1	1

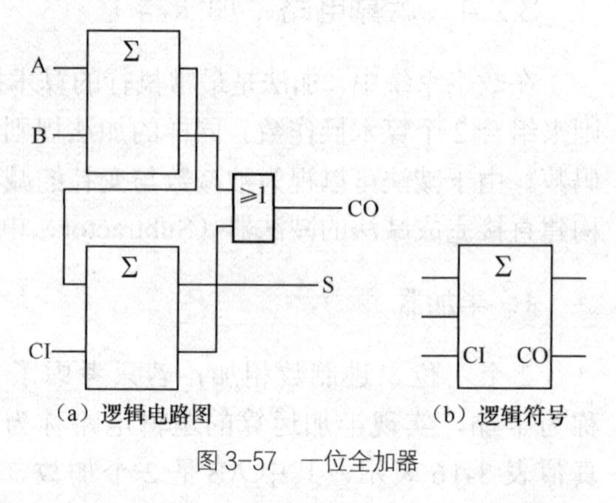

（a）逻辑电路图　　（b）逻辑符号

图 3-57　一位全加器

所谓全加器，就是完成 2 个 1 位二进制数相加，并考虑到低位来的进位，得到本位的和且产生向高位进位的逻辑部件。

3．多位加法器

为了实现 n 位二进制数的加法，可采用 n 位全加器进位实现，但进位的处理有两种，一种是将低位的进位输出接到高位的输入端，即逐位进位，或称为串行进位。串行进位全加器电路结构简单，图 3-58 就是按这种思想接成的 4 位逐位加法器电路。这种进位处理方式，要经过 n 位全加器运算完成之后才能确定，因此，进位产生的时间很长，影响工作速度。

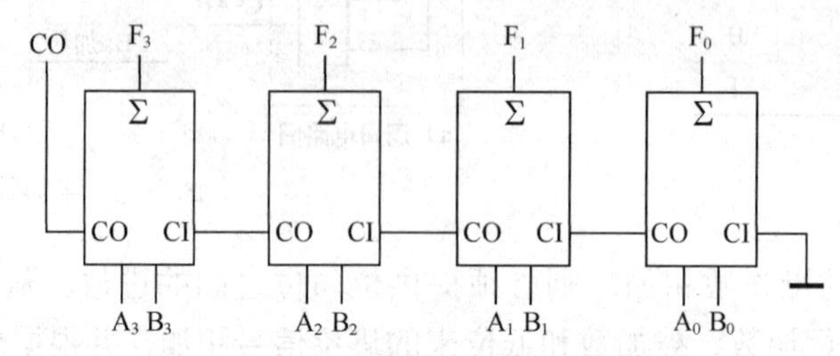

图 3-58　4 位逐位进位加法器

另一种方法是采用附加的组合逻辑电路（通常称为进位形成逻辑）来实现快速进位，也称为先行进位或超前进位。但是这种方法需要的器件将增加，因此，通常采用折衷的办法将 n 位二进制数分为若干组，组内采用先行进位，组与组之间采用串行进位。

下面用逻辑推理的方法来阐述超前进位加法器输出函数（和项及进位信号）产生的过程，以 2 个 4 位二进制数 A_3~A_0 和 B_3~B_0 相加为例。

2 个数作加法运算的竖式为

$$\begin{array}{rcccc} & A_3 & A_2 & A_1 & A_0 \\ & B_3 & B_2 & B_1 & B_0 \\ +) & C_3 & C_2 & C_1 & C_0 \\ \hline & S_3 & S_2 & S_1 & S_0 \end{array}$$

式中 S_3~S_0 为和项，C_3~C_0 为各相应位的进位信号。输出函数 S_3~S_0 和 C_3~C_0 的逻辑表达

式分别为

$$S_0=A_0 \oplus B_0,\qquad C_0=A_0B_0$$
$$S_1=A_1 \oplus B_1 \oplus C_0,\qquad C_1=A_1B_1+(A_1 \oplus B_1)C_0$$
$$S_2=A_2 \oplus B_2 \oplus C_1,\qquad C_2=A_2B_2+(A_2 \oplus B_2)C_1$$
$$S_3=A_3 \oplus B_3 \oplus C_2,\qquad C_3=A_3B_3+(A_3 \oplus B_3)C_2$$

经化简并整理得函数 S_3， C_3 的表达式分别为

$$S_0=A_0 \oplus B_0$$
$$S_1=A_1 \oplus B_1 \oplus (A_0B_0)$$
$$S_2=A_2 \oplus B_2 \oplus \left[A_1B_1+(A_1+B_1)A_0B_0\right]$$
$$S_3=A_3 \oplus B_3 \oplus \left\{A_2B_2+(A_2+B_2)\left[A_1B_1+(A_1+B_1)A_0B_0\right]\right\}$$
$$C_3=A_3B_3+(A_3+B_3)\left\{A_2B_2+(A_2+B_2)\left[A_1B_1+(A_1+B_1)A_0B_0\right]\right\}$$

超前进位加法器输出函数 S_3， C_3 的复杂程度明显增加，但可缩短加法器的运算时间。通常完成两个 4 位二进制加数加法的时间约为几级门电路的平均传输时间。

超前进位加法器也有现成的集成电路，74283 就是其中的一种。74283 是 4 位二进制全加器，图 3-59 是其逻辑图和逻辑符号。其中，A_4~A_1 和 B_4~B_1 是两组 4 位二进制加数，F_4~F_1 是 4 位二进制和数， CO 是向高位的进位信号， CI 是低位向 A_1B_1 位的进位信号。

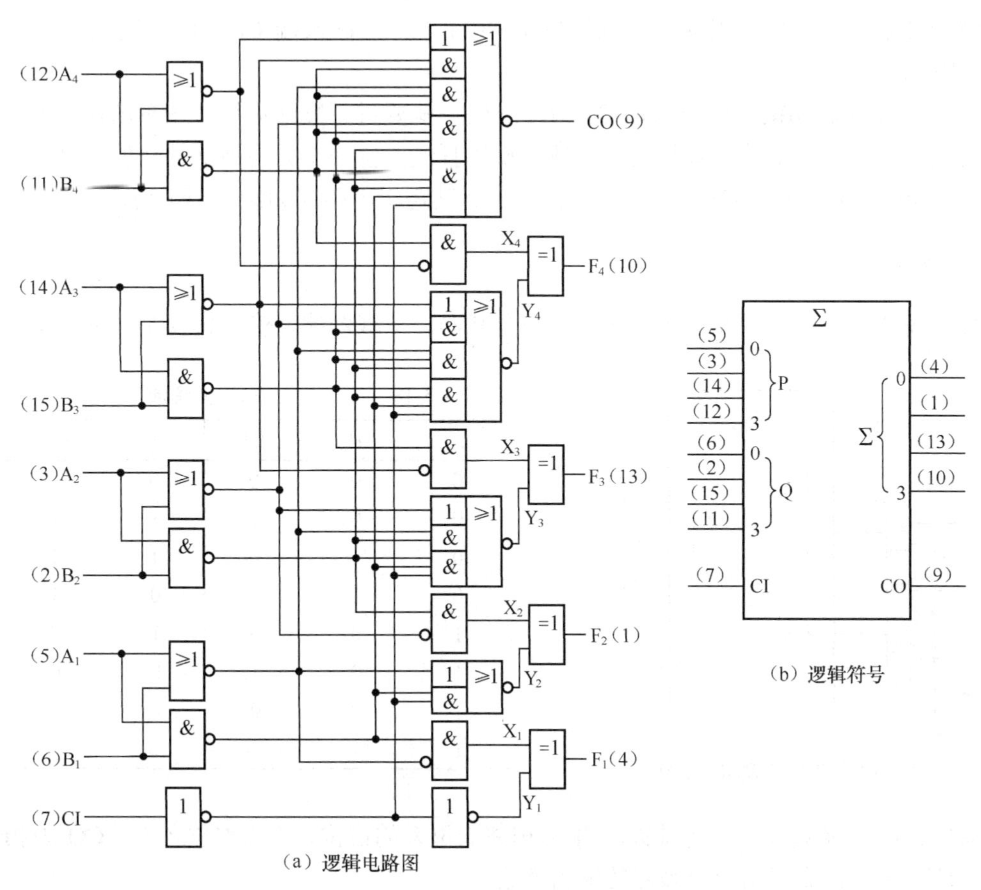

(a) 逻辑电路图

(b) 逻辑符号

图 3-59 4 位超前进位全加器 74283

如果将2片74283级联可以方便地得到8位二进制数的全加，电路如图3-60所示。

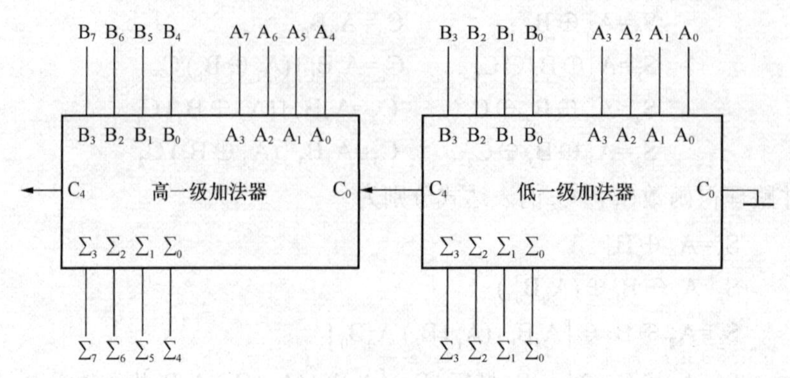

图3-60 8位二进制数全加

全加器的基本功能是实现二进制的加法，除此之外，还可用来设计代码转换电路、二进制减法器等。

【例3-16】 设计一个码制转换电路。当M=0时，将8421BCD码转换成余3BCD码；当M =1时，将余3BCD码转换成8421BCD码；

解 由余3BCD码的定义可知，余3BCD码比相应的8421BCD码多3。为了实现8421BCD码转换成余3BCD码，用1个4位全加器即可。只要在4位全加器的一组输入端加8421BCD码，另一组输入端加上常数0011，进位输入端CI接地，则在输出端即得到余3BCD码。

而要实现将余3BCD码转换成8421BCD码，就要进行减法运算。在布尔代数中，采用的是补码运算方法，减法运算只要取减数的反码且最低位加1并与被减数相加就可以实现。即（−3）$_{补}$=（−0011）$_{补}$=1101（未考虑符号位）。其逻辑电路图如图3-61所示。

4．全减器

能实现2个1位二进制数减法的电路叫全减器。全减器的真值表如表3-18所示。

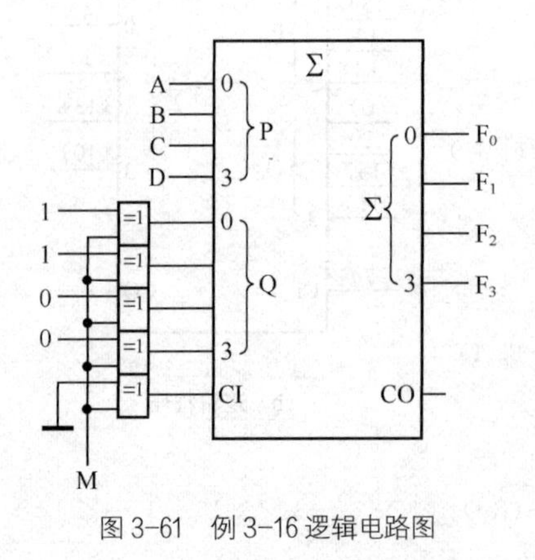

图3-61 例3-16逻辑电路图

表3-18 **全减器真值表**

A	B	CI	S	CO
0	0	0	0	0
0	0	1	1	1
0	1	0	1	1
0	1	1	0	1
1	0	0	1	0
1	0	1	0	0
1	1	0	0	0
1	1	1	1	1

其中，A是被减数，B是减数，CI为相邻低位来的借位，S为本位之差，CO为相邻高位的借位。由真值表可写出全减器的输出表达式

$$
\begin{aligned}
S&=\sum\nolimits_m(1,2,4,7)\\
&=\overline{A}\ \overline{B}\cdot CI+\overline{A}B\cdot\overline{CI}+A\overline{B}\cdot\overline{CI}+AB\cdot CI\\
&=A\oplus B\oplus CI
\end{aligned}
$$

$$
\begin{aligned}
CO&=\sum\nolimits_m(1,2,3,7)\\
&=\overline{A}\ \overline{B}\cdot CI+\overline{A}\ B\cdot\overline{CI}+\overline{A}B\cdot CI+AB\cdot CI\\
&=\overline{A}\cdot CI+B\cdot CI+\overline{A}B
\end{aligned}
$$

读者可根据全减器真值表自行画出其逻辑图。

3.2.5 数值比较器

在数字和计算机系统中，经常需要比较 2 个数的大小，能执行 2 个数比较功能的数字逻辑电路，称为数值比较器。数值比较器可分成两大类：一类是等值比较器，它只能检验两数是否相等。另一类是数值比较器（也称大小比较器），它不仅能检验两数是否相等，而且能比较两数谁大谁小。

下面讨论这两类比较器的构成和工作原理。

1．等值比较器

首先讨论 1 位二进制数的等值比较器，它的真值表如表 3-19 所示。

表 3-19 1 位等值比较器真值表

输入		输出	注释
A	B	F	
0	0	1	A=B
0	1	0	A≠B
1	0	0	A≠B
1	1	1	A=B

由真值表可知，当 A=B 时，输出 F=1，否则 F=0，所以由此真值表可直接得到此等值比较器输出函数的逻辑表达式

$$F=\overline{A}\ \overline{B}+AB=\overline{A\oplus B}$$

因此 1 位二进制数的等值比较器就是 1 个同或门。

在此基础上，我们再进一步讨论多位二进制数的等值比较问题。设有 4 位二进制数 $A_3A_2A_1A_0$ 和 $B_3B_2B_1B_0$，要使两个多位二进制数相等，唯一的条件是：两数的对应位必须相等。因此，无须列出这 2 个 4 位二进制数等值比较的真值表，就可写出它的输出逻辑表达式

$$
\begin{aligned}
F&=F_3F_2F_1F_0\\
&=\overline{A_3\oplus B_3}\cdot\overline{A_2\oplus B_2}\cdot\overline{A_1\oplus B_1}\cdot\overline{A_0\oplus B_0}\\
&=\overline{A_3\oplus B_3+A_2\oplus B_2+A_1\oplus B_1+A_0\oplus B_0}
\end{aligned}
$$

这是因为，只有当 4 个 1 位等值比较器的输出 $F_3F_2F_1F_0$ 均为 1 的情况下，这 2 个 4 位二进制数才能相等。

根据这个输出表达式，可得到 2 个 4 位二进制数等值比较器的逻辑电路图，如图 3-62 所示。

2．数值比较器

A 和 B2 个数，进行数值比较，比较结果只能有 3 种情况：

当 A>B，应使比较器的输出 $F_{A>B}=1$；当 A=B，应使比较器的输出 $F_{A=B}=1$；当 A<B，应

使比较器的输出 $F_{A<B}=1$。

根据上述 3 种情况，可以直接列出 1 位数值比较器的真值表，如表 3-20 所示。

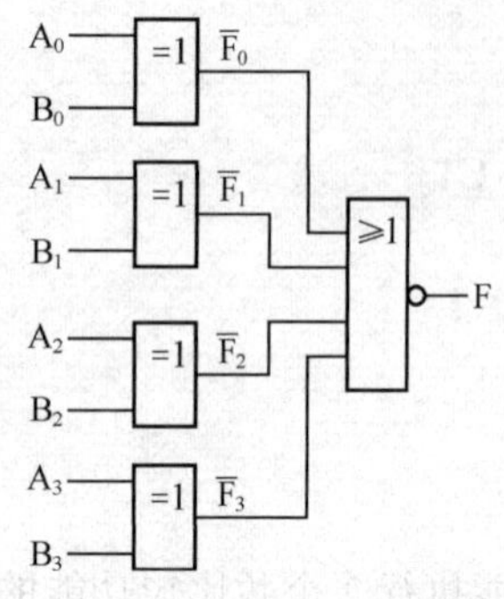

图 3-62　4 位等值比较器的逻辑图

表 3-20　1 位数值比较器真值表

输入		输出		
A	B	$F_{A>B}$	$F_{A=B}$	$F_{A<B}$
0	0	0	1	0
0	1	0	0	1
1	0	1	0	0
1	1	0	1	0

由真值表，可得到它们的输出逻辑表达式

$$F_{A>B}=A\,\overline{B}$$
$$F_{A=B}=\overline{A}\,\overline{B}+A\,B$$
$$F_{A<B}=\overline{A}\,B$$

根据输出逻辑表达式，可得 1 位数值比较器的逻辑电路图，如图 3-63 所示。

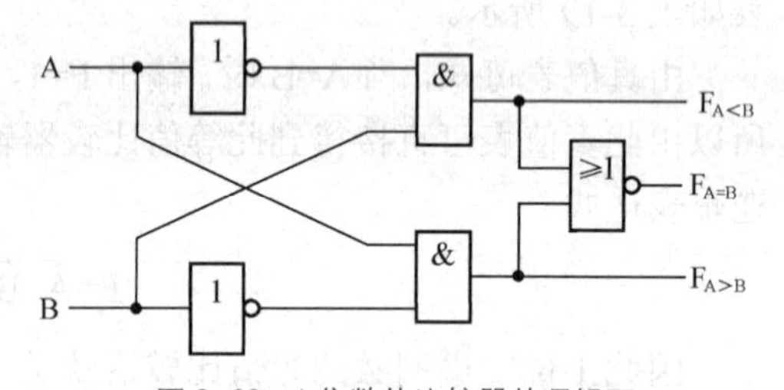

图 3-63　1 位数值比较器的逻辑图

在 1 位数值比较器的基础上，下面再分析 2 个 4 位二进制数 A 和 B 比较情况。

（1）若要使 A=B，则必须使 $A_3=B_3$，$A_2=B_2$，$A_1=B_1$ 和 $A_0=B_0$。

（2）若要使 A>B 或 A<B，则必须从高位到低位逐位比较：

① 若 $A_3>B_3$（$A_3<B_3$），则不论低位数的大小如何，肯定 A>B（A<B）。

② 若 $A_3=B_3$，而 $A_2>B_2$（$A_2<B_2$），不论低位数的大小如何，肯定 A>B（A<B）。

③ 若 $A_3=B_3$，$A_2=B_2$，而 $A_1>B_1$（$A_1<B_1$），不论低位数的大小如何，肯定 A>B（A<B）。

④ 若 $A_3=B_3$，$A_2=B_2$，$A_1=B_1$，而 $A_0>B_0$（$A_0<B_0$），则 A>B（A<B）。

由上述分析，可得到两个 4 位二进制数数值比较器的真值表，如表 3-21 所示。

表中级联输入 A>B，A= B，A< B 是由低位来的进位信号。

由真值表，可以写出其输出逻辑函数表达式

$$\begin{aligned}F_{A>B}=&A_3\overline{B_3}+\overline{A_3\oplus B_3}A_2\overline{B_2}+\overline{A_3\oplus B_3}\cdot\overline{A_2\oplus B_2}A_1\overline{B_1}+\overline{A_3\oplus B_3}\cdot\overline{A_2\oplus B_2}\cdot\overline{A_1\oplus B_1}A_0\overline{B_0}\\&+\overline{A_3\oplus B_3}\cdot\overline{A_2\oplus B_2}\cdot\overline{A_1\oplus B_1}\cdot\overline{A_0\oplus B_0}\,(A>B)\overline{(A<B)}\,\overline{(A=B)}\end{aligned}$$

$$F_{A=B}=\overline{A_3\oplus B_3}\cdot\overline{A_2\oplus B_2}\cdot\overline{A_1\oplus B_1}\cdot\overline{A_0\oplus B_0}\cdot\overline{(A>B)}\,\overline{(A<B)}\,(A=B)$$

$$\begin{aligned}F_{A<B}=&\overline{A_3}B_3+\overline{A_3\oplus B_3}\cdot\overline{A_2}B_2+\overline{A_3\oplus B_3}\cdot\overline{A_2\oplus B_2}\cdot\overline{A_1}B_1+\overline{A_3\oplus B_3}\cdot\overline{A_2\oplus B_2}\cdot\overline{A_1\oplus B_1}\cdot\overline{A_0}B_0\\&+\overline{A_3\oplus B_3}\cdot\overline{A_2\oplus B_2}\cdot\overline{A_1\oplus B_1}\cdot\overline{A_0\oplus B_0(A>B)}\,(A<B)\,\overline{(A=B)}\end{aligned}$$

表 3-21　　4 位数值比较器 7485 真值表

数码输入				级联输入			输出		
A_3 B_3	A_2 B_2	A_1 B_1	A_0 B_0	A>B	A<B	A=B	$F_{A>B}$	$F_{A<B}$	$F_{A=B}$
$A_3>B_3$	×	×	×	×	×	×	1	0	0
$A_3<B_3$	×	×	×	×	×	×	0	1	0
$A_3=B_3$	$A_2>B_2$	×	×	×	×	×	1	0	0
$A_3=B_3$	$A_2<B_2$	×	×	×	×	×	0	1	0
$A_3=B_3$	$A_2=B_2$	$A_1>B_1$	×	×	×	×	1	0	0
$A_3=B_3$	$A_2=B_2$	$A_1<B_1$	×	×	×	×	0	1	0
$A_3=B_3$	$A_2=B_2$	$A_1=B_1$	$A_0>B_0$	×	×	×	1	0	0
$A_3=B_3$	$A_2=B_2$	$A_1=B_1$	$A_0<B_0$	×	×	×	0	1	0
$A_3=B_3$	$A_2=B_2$	$A_1=B_1$	$A_0=B_0$	1	0	0	1	0	0
$A_3=B_3$	$A_2=B_2$	$A_1=B_1$	$A_0=B_0$	0	1	0	0	1	0
$A_3=B_3$	$A_2=B_2$	$A_1=B_1$	$A_0=B_0$	0	0	1	0	0	1

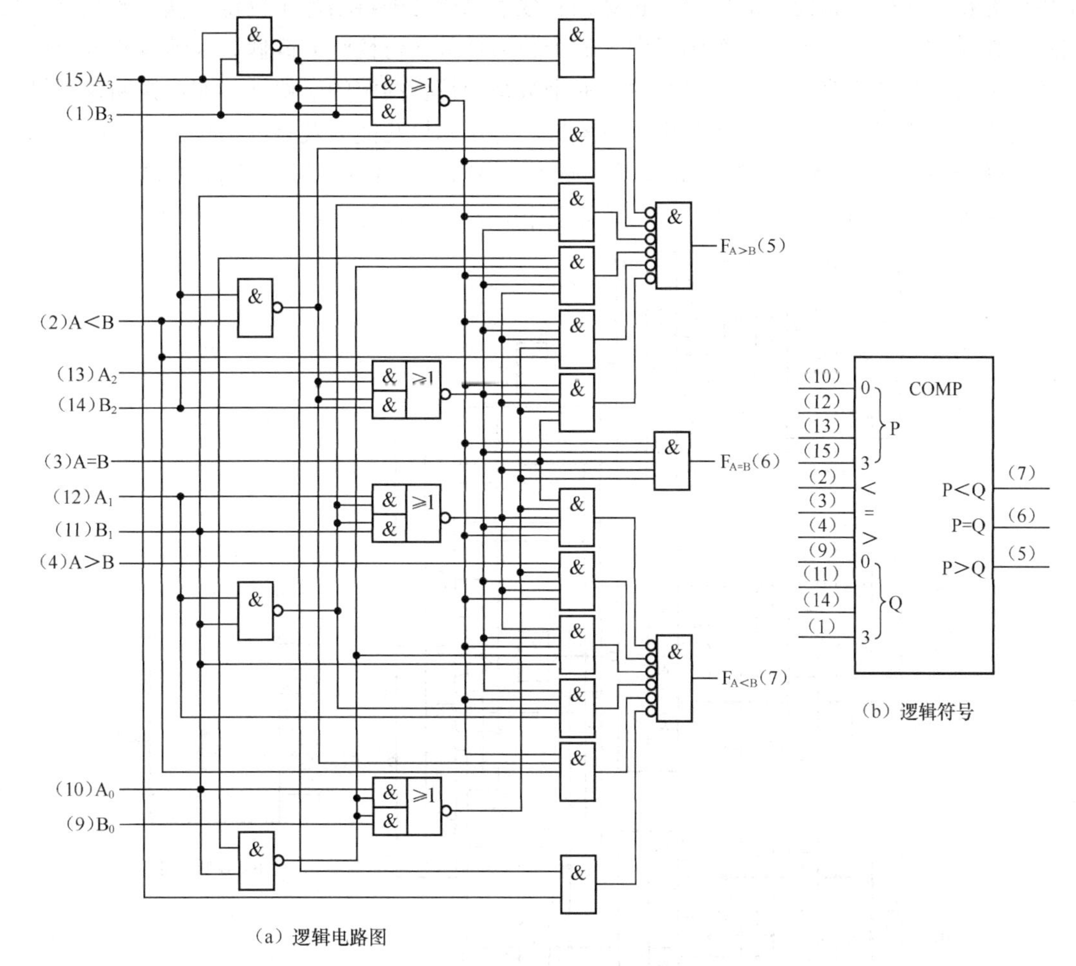

(a) 逻辑电路图　　(b) 逻辑符号

图 3-64　4 位数值比较器 7485

图 3-64 是 4 位数值比较器 7485 的逻辑图和逻辑符号。

利用级联输入端，可以扩展数值比较的位数。图 3-65 是两片 4 位数值比较器扩展为 8 位数值比较器的逻辑图。低位片级联输入 A>B、A<B 置 0，A=B 置 1。

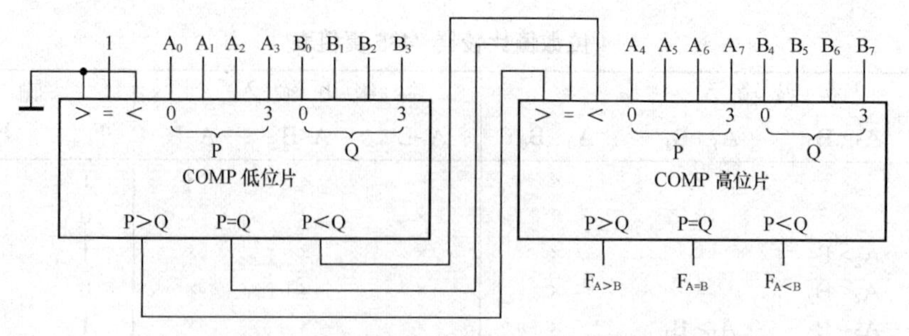

图 3-65 用 4 位数值比较器扩展构成 8 位数值比较器

3.2.6 奇偶校验器

计算机的外设与主机之间进行数据交换时或者数字信息在传输过程中，由于不可避免的干扰而可能发生误码，检测是否发生误码的一种最简便的方法称为奇偶校验。奇偶校验码是常用的有检测 1 位差错能力的代码，它是在有效信息位之外再增加 1 位奇（偶）校验位，利用这一校验位，使传输的每 1 个码组中 1 的个数为奇数（奇校验）或偶数（偶校验）。然后，在接收方通过检查收到的每 1 个码组中 1 的个数是否符合约定的奇偶性，即可判断该码组在传输过程中是否发生误码，能检测出 1 位差错。有奇偶校验能力及能产生校验奇偶码的电路称为奇偶产生/校验电路。图 3-66 是 9 位奇偶产生/校验器 74280 的逻辑图和逻辑符号。该奇偶产生/校验器有 9 个数据位（A～I），有两个输出端，偶输出端 F_{EV} 和奇输出端 F_{OD}。

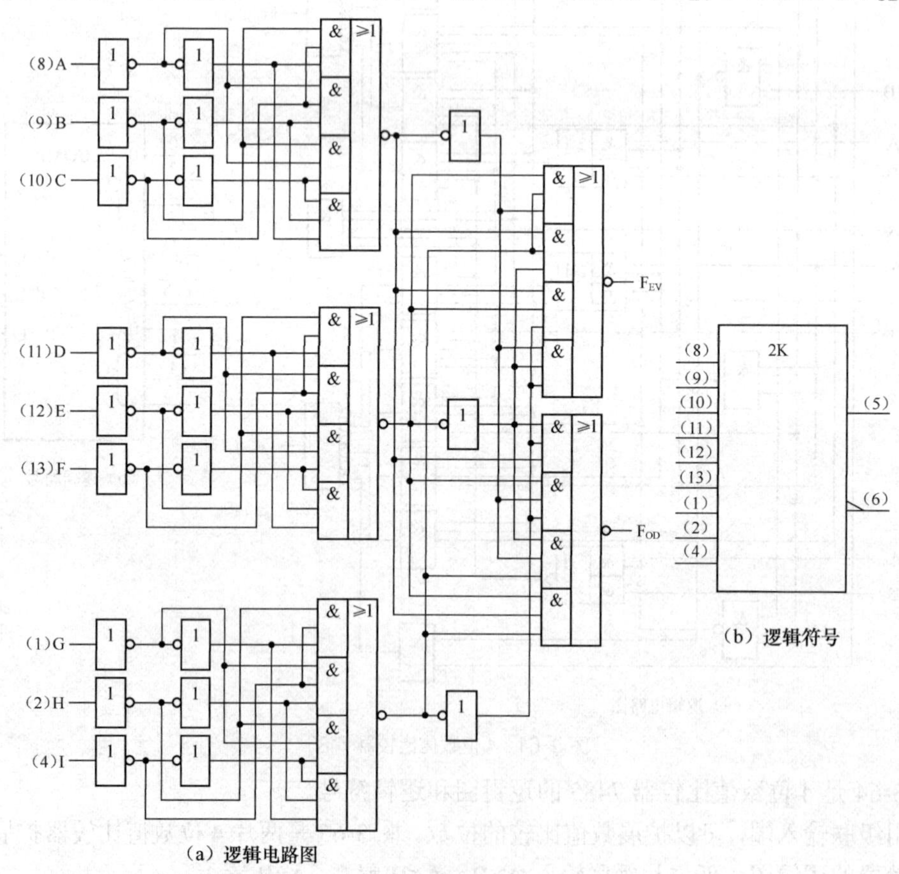

图 3-66 9 位奇偶产生/校验器 74280

若A～I个输入中1的个数为偶数，则$F_{EV}=1$，$F_{OD}=0$；

若A～I个输入中1的个数为奇数，则$F_{EV}=0$，$F_{OD}=1$。

由此，可得到其真值表，如表3-22所示。

表3-22 9位奇偶产生/校验器74280的真值表

输入 A～I 中1的个数	输出 F_{EV}	 F_{OD}
偶数	1	0
奇数	0	1

如图3-67所示奇偶校验的简单系统可以说明奇偶校验器的应用。图中片I是偶数产生电路。若在发送端发送的8位数据已有偶数个1，根据表3-22，奇数输出$F_{OD}=0$，这样，片I的F_{OD}和8位数据构成9位数据传输，F_{OD}为校验位，在这9位数据中1的个数仍为偶数。若在发送端发送的8位数据已有奇数个1，根据表3-22，奇数输出$F_{OD}=1$，这样，片I的F_{OD}和8位数据构成的9位数据中包含偶数个1。由此，不论发送端8位数据中1的个数是偶数还是奇数，加上F_{OD}奇校验位后，9位传输数据一定包含偶数个1。片II为偶校验电路，将传输的9位数据中，8路发送数据接到A～H输入端，奇校验位F_{OD}接到I输入端，在正确传输时，根据表3-21，片II输出$F_{OD}=0$，$F_{EV}=1$。如果在传输过程中有1个数据位发生了差错，由0变为1或由1变为0，则在片II输入端会出现A～I为奇数个1，因此输出$F_{OD}=1$，$F_{EV}=0$。这样，可以根据片II F_{OD}和F_{EV}的输出，判断出数据在传输过程中有没有发生差错。若$F_{OD}=0$，$F_{EV}=1$，表示传输正确；若$F_{OD}=1$，$F_{EV}=0$，说明传输过程中有差错。

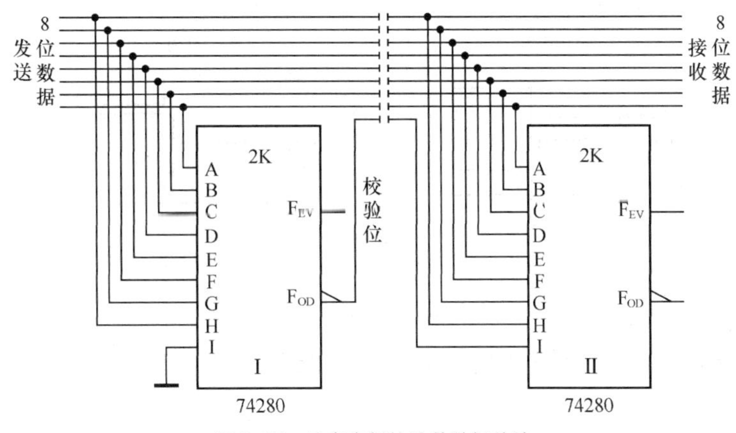

图3-67 具有奇偶校验的数据传输

如果奇偶产生/校验器有多余的输入端，则在正逻辑工作的情况下，应将所有多余的输入端接地，若在负逻辑下工作，则应将所有的多余输入端接高电平。

3.3 组合逻辑电路中的竞争冒险现象

前面章节中对组合逻辑电路的分析和设计，都没有考虑门电路的传输延迟时间对组合电路性能的影响。而实际的门电路是有传输延时的，即输入信号改变时，输出信号到达新的稳态值有一定时间延迟。若传输延迟时间过长，就可能发生信号尚未传输到输出端，输入信号的状态已发生了新的变化，使电路的逻辑功能遭到破坏的情况。另外，由于各种门的延时不同，或输入信号状态变化的速度不同，也可能引起电路工作不可靠，甚至无法正常工作。一般来说，当1个门的输入有2个或2个以上变量发生改变时，由于这些变量是经过不同路径产生的，使得它们状态改变的时刻有先有后，这种时间差引起的现象称为竞争。而由此造成组合电路输出波形出现不应有的尖脉冲信号的现象，称为冒险。本节仅讨论静态逻辑冒险。

3.3.1 产生竞争冒险的原因

下面举例分析组合逻辑电路产生竞争冒险的原因。设逻辑电路及工作波形如图 3-68（a）所示。它的输出逻辑表达式为$F=\overline{A}B+AC$。由此式可知，当BC 都为 1 时，F=1，与 A 的状态无关。但是，由波形图可以看出，在 A 由 1 变 0 时，$\overline{A}$ 由 0 变 1 有延迟时间，在这个时间间隔内，F_1 和 F_2 同时为 0，而使输出出现一负跳变的窄脉冲，即冒险现象，这种冒险现象称为 0 冒险。又设逻辑电路及工作波形如图 3-68（b）所示。它的输出逻辑表达式为$F=(\overline{A}+B)(A+C)$。由此式可知，当BC 都为 0 时，F=0，与 A 的状态无关。但是，由波形图可以看出，在 A 由 1 变 0 时，$\overline{A}$ 由 0 变 1 有一延迟时间，在这个时间间隔内，F_1 和 F_2 同时为 1，而使输出出现一正跳变的窄脉冲，这种冒险现象称为 1 冒险。这是产生竞争冒险的原因之一，即当电路中存在由非门产生的互补信号 A 和 $\overline{A}$，通过不同传输途径到输出端时，当输入 A 发生突变时，输出端可能产生静态逻辑冒险。

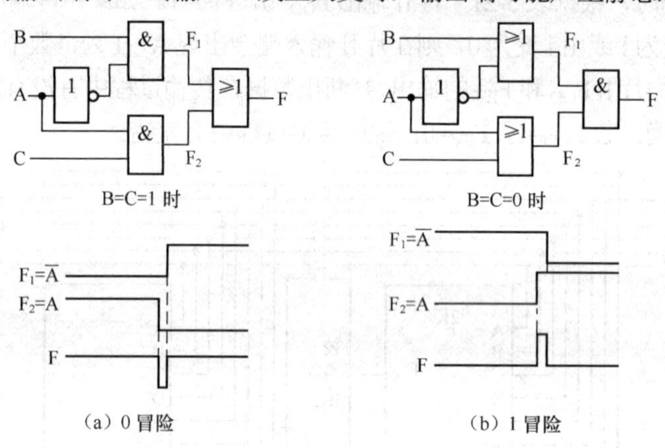

（a）0 冒险　　（b）1 冒险

图 3-68　组合逻辑电路的冒险现象

如图 3-69 所示电路中，设输入信号由 000 变化到 110 时，理想情况下，F=1，与输入变

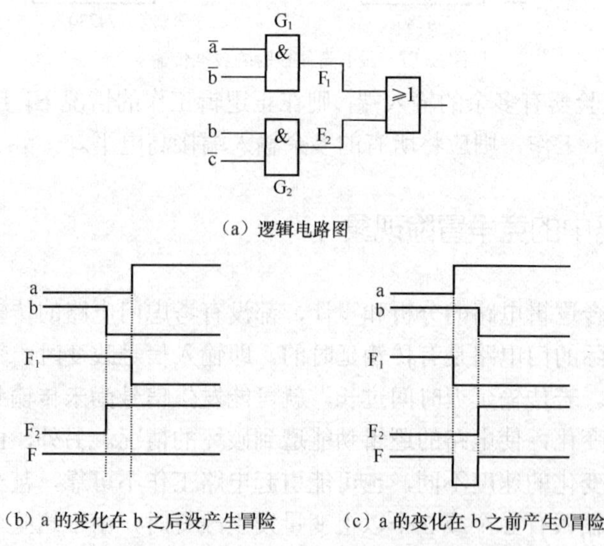

（b）a 的变化在 b 之后没产生冒险　　（c）a 的变化在 b 之前产生0冒险

图 3-69　另一种组合逻辑电路的冒险现象

化无关，由于组合电路中 a，b 两个不同变量的变化有先后差异时，也可能引起电路出现瞬间的 0 冒险，这是产生竞争冒险的原因之二，即当有 2 个及 2 个以上输入信号发生突变时，输出端也有可能产生静态逻辑冒险。

3.3.2　消除竞争冒险的方法

组合逻辑电路中的竞争冒险主要是由信号到达时间不同而产生的，它仅发生在电路状态变化瞬间过渡过程中。因此可采取以下措施来消除竞争冒险。

1．增加多余项，修改逻辑设计

在存在竞争冒险现象的与门电路中，可以通过在其逻辑表达式中增加多余项，消去会导致竞争冒险现象的互补变量，达到消除竞争冒险的目的。如对逻辑表达式 $F=ab+\bar{a}c$，在 b=c=1 时，满足条件 $F=a+\bar{a}$，故存在竞争冒险现象。如将其变换为 $F=ab+\bar{a}c+bc$，则在同样的条件 b=c=1 下，互补变量乘积项 $a+\bar{a}$ 被消除，F=1，不会产生竞争冒险。如图 3-70 所示。

2．增加选通脉冲

通过在可能产生冒险的门电路的输入端加入一个选通信号，当输入信号变化时，使输出端与电路断开；当信号进入稳态后，再加入选通信号，将输出端门电路打开。这样，就避免了电路输出端出现瞬时尖峰脉冲。如图 3-71 所示。

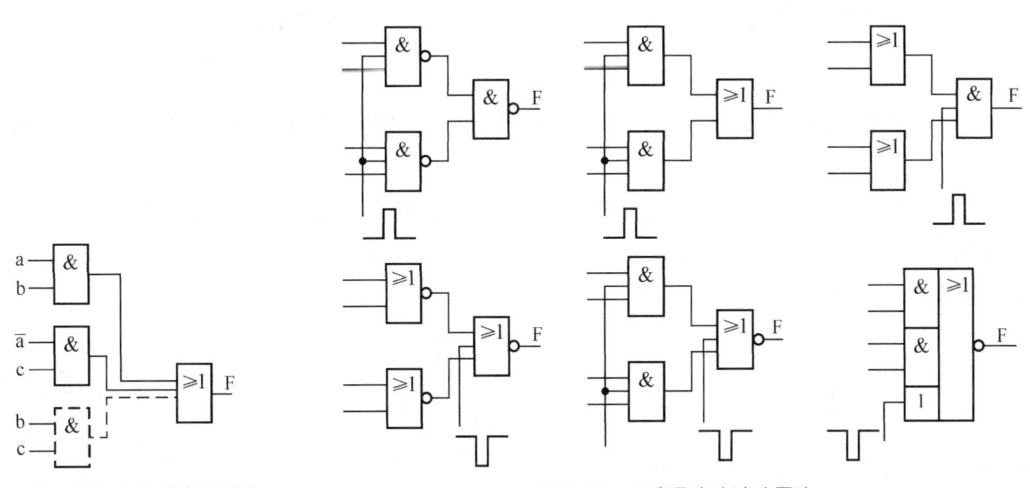

图 3-70　增加多余项消除冒险

图 3-71　用选通脉冲消除冒险

3．输出端加滤波电容

由于竞争冒险产生的尖峰脉冲的宽度一般都很窄，可以门电路输出端并接一个几十至几百皮法（pF）级的滤波电容来滤除竞争冒险产生的毛刺。但这样产生的输出波形其上升沿和下降沿都会变得比较缓慢，影响了电路的工作速度，所以只适用于工作速度不高的电路中。如图 3-72 所示。

组合逻辑电路的竞争冒险现象是实际工作中常遇到的问题，它会使电路产生错误动作，因此，在所设计的组合电路中，必须采取消除竞争冒险的措施。

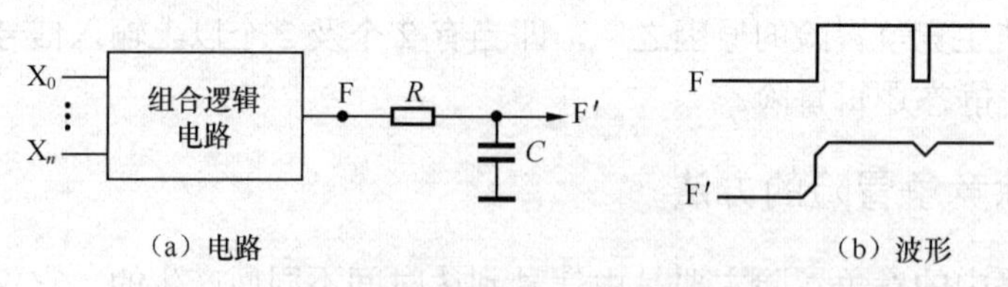

（a）电路　　（b）波形

图 3-72　用惯性延时网络消除冒险

习　题

1．分析题图 1 所示电路，写出电路输出 Y_1 和 Y_2 的逻辑函数表达式，列出真值表，说明它的逻辑功能。

2．分析题图 2 所示电路，要求：写出输出逻辑函数表达式，列出真值表，画出卡诺图，并总结电路功能。

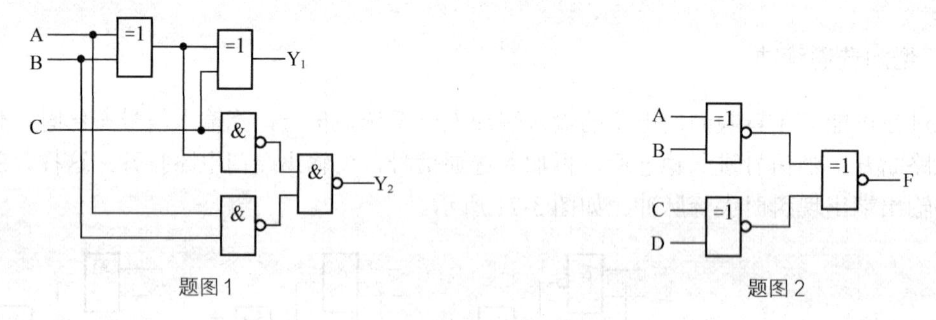

题图 1　　题图 2

3．分析题图 3 所示电路，要求：写出 X，Y，Z 的逻辑表达式，列出真值表，并总结电路功能。

4．题图 4 所示是某人设计的代码转换电路。当控制信号 K＝1 时，可将输入的 3 位二进制码转换成循环码，K＝0 时能把输入的 3 位循环码转换成二进制码。代码转换表见题表 1。试检查电路有无错误，若有错，请改正之。

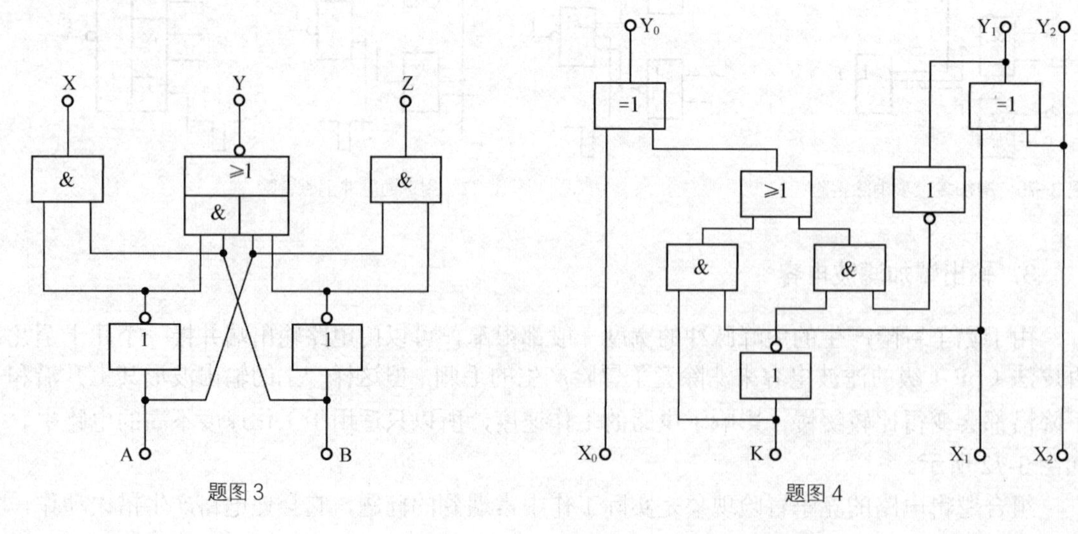

题图 3　　题图 4

题表1

二进制码			循环码		
B_2	B_1	B_0	G_2	G_1	G_0
0	0	0	0	0	0
0	0	1	0	0	1
0	1	0	0	1	1
0	1	1	0	1	0
1	0	0	1	1	0
1	0	1	1	1	1
1	1	0	1	0	1
1	1	1	1	0	0

5．用与非门设计下列函数，允许反变量输入。

（1）$F(A,B,C,D)=\sum_m(1,2,3,7,8,11)+\sum_d(0,9,10,12,13)$

（2）$F(A,B,C,D)=\prod_M(1,2,4,10,12,14)\cdot\prod_d(5,6,7,8,9,13)$

（3）$F(A,B,C)=A\overline{B}+A\overline{C}D+\overline{A}C+BC$

（4）$\begin{cases}F_1(A,B,C,D)=\sum_m(2,4,5,6,7,10,13,14,15)\\F_2(A,B,C,D)=\sum_m(2,5,8,9,10,11,12,13,14,15)\end{cases}$

6．用与非门设计能实现下列功能的组合电路。

（1）4变量表决电路——输出与大多数变量的状态一致；

（2）4变量判奇电路——4个变量中有奇数个1时输出为1，否则输出为0；

（3）运算电路——当K=1时，实现1位全加器功能；当K=0时，实现1位全减器功能。

7．用或非门设计下列函数，允许反变量输入。

（1）$F(A,B,C,D)=\sum_m(4,5,6,7,12,13)+\sum_d(8,9)$

（2）$F(A,B,C,D)=\prod_M(1,3,4,6,9,11,12,14)$

（3）$F(W,X,Y,Z)=(W+X+Y+Z)(W+X+\overline{Y}+\overline{Z})(\overline{W}+\overline{Y}+Z)\ (\overline{W}+X+Y+Z)(\overline{W}+X+\overline{Y}+\overline{Z})$

8．用最少的与非门，实现组合逻辑函数

$$F(A,B,C,D)=\sum_m(4,5,6,7,8,9,10,11,12,13,14)$$

9．用最少的或非门，实现组合逻辑函数

$$F(A,B,C,D)=\sum_m(0,5,7,11,12,13,15)$$

10．已知输入信号A，B，C，D的波形如题图5所示，用或非门设计产生输出F波形的组合电路，允许反变量输入。

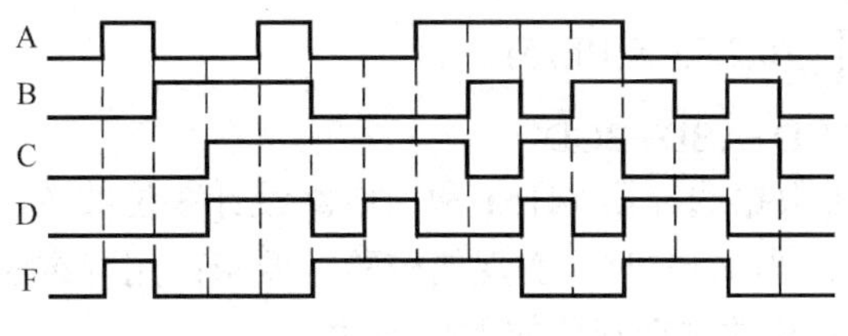

题图5

11．设计一个如题图6所示的优先排队电路，其优先顺序如下。

（1）当A=1时，不论B、C、D为何值，W灯亮；

（2）当A=0、B=1时，不论C、D为何值，X灯亮，其余灯不亮；

（3）当A=B=0、C=1时，不论D为何值，Y灯亮，其余灯不亮；

（4）当A=B=C=0、D=1时，Z灯亮，其余灯不亮；

（5）当A=B=C=D=0时，所有灯不亮。

12．分析题图7所示电路，写出表达式，列出真值表，总结功能。并用一片集成3线—8线译码器74138和与非门设计满足上述功能的电路。

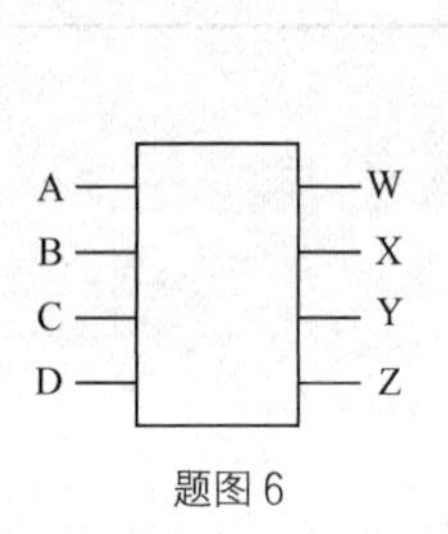

题图6

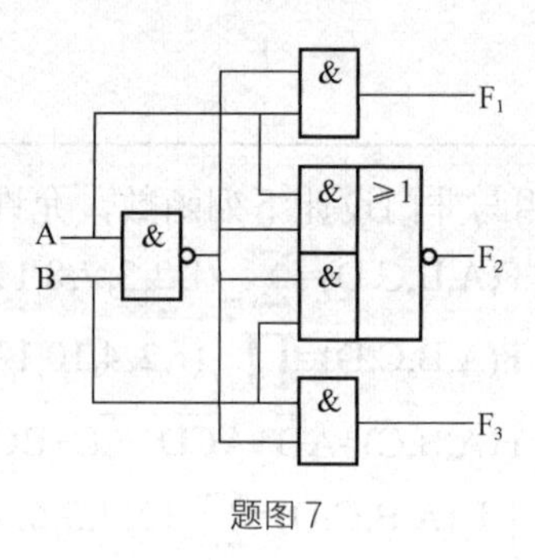

题图7

13．分析如题图8所示由集成8选1数据选择器74151构成的电路，要求写出F_1和F_2的最简逻辑函数表达式，列出真值表，并总结电路功能。

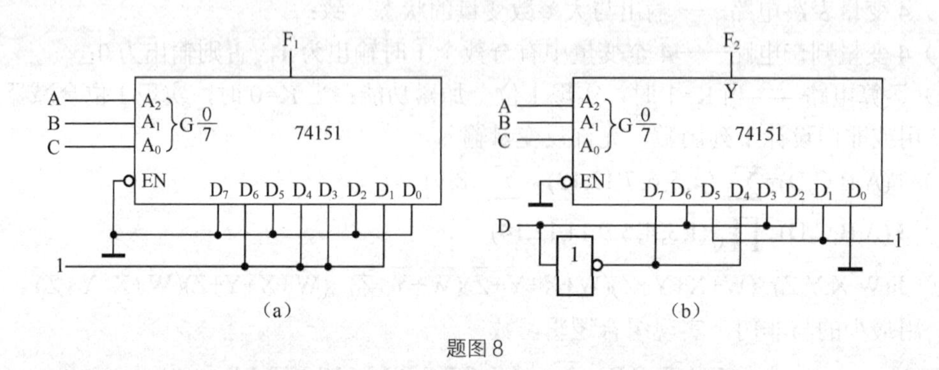

题图8

14．分析如题图9所示由数据选择器14539和译码器74139构成的电路，写出电路输出F的逻辑函数表达式，并说明该电路所完成的功能。

15．试用集成8选1数据选择器74151，分别采用扩展法和降维图法实现下列组合逻辑函数

（1）$F(A,B,C,D)=\sum_m(0,2,8,10,11,13,14,15)$

（2）$F(A,B,C,D)=\prod_M(0,2,3,4,8,10,15)$

（3）$F=A\bar{B}D+\bar{A}BD+CD+AB\bar{D}+BC\bar{D}$

16．试用集成8选1数据选择器74151和门电路设计3位数A，B，C的奇偶校验电路：当K=0时，实现奇校验；当K=1时，实现偶校验。要求：用降维法实现，其中，A，B，C接数选地址，控制信号K从数据选择器的数据端输入。

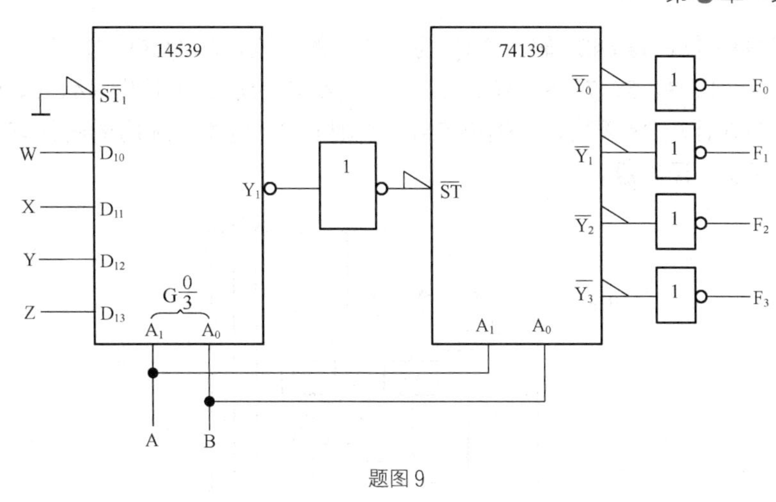

题图 9

17．采用降维法用 1 片集成双 4 选 1 数据选择器 14539 和必要的门电路设计 1 位全加器，当 K=1 时，全加器工作；当 K=0 时，全加器不工作。

18．用 1 片集成 8 选 1 数据选择器 74151 和必要的门电路设计实现 1 个函数发生器电路，其功能如题表 2 所示。

题表 2

控制信号		输出
M_1	M_2	F
0	0	A+B
0	1	$A\odot B$
1	0	AB
1	1	$A\oplus B$

19．用 1 片集成 3 线—8 线译码器 74138 和必要的门电路实现下列多输出组合逻辑函数。

$$\begin{cases} F_1=ABC+\overline{A}(B+C) \\ F_2=A\overline{B}+\overline{A}B \\ F_3=(A+B)(\overline{A}+\overline{C}) \\ F_4=ABC+\overline{A}\ \overline{B}\ \overline{C} \end{cases}$$

20．用 1 片集成 4 线—10 线译码器 7442 和必要的门电路实现 1 位全减器（即 1 位带借位输入的二进制减法电路），当 K=0 时，全减器工作；当 K=1 时，全减器不工作。

21．用 1 片集成 3 线—8 线译码器 74138 和必要的门电路设计 1 个运算电路，当 K=1 时，实现 1 位全加器；当 K=0 时，实现 1 位全减器。

22．用 1 片集成 4 线—16 线译码器设计 1 个把余 3 循环码转换成 8421BCD 码的码组变换电路。

23．分析如题图 10 所示由 1 片 4 位超前进位全加器和 4 个异或门组成的电路，说明其逻辑功能。

24．设计 1 个数字日历用的日计数控制器，该控制器的输入 Q_1 代表“月”的十位；$Q_2\,Q_3$

Q_4Q_5为“月”的个位，是 8421 码；Q_6Q_7为“日”的十位，$Q_8Q_9Q_{10}Q_{11}$为“日”的个位。控制器在大月份（1、3、5、7、8、10、12 月）计满 31 天后、小月份（4、6、9、11 月）计满 30 天后、2 月在计满 28 天后，使输出 F=1，否则 F=0。电路可选用的器件有与非门、与或非门、数据选择器、译码器。

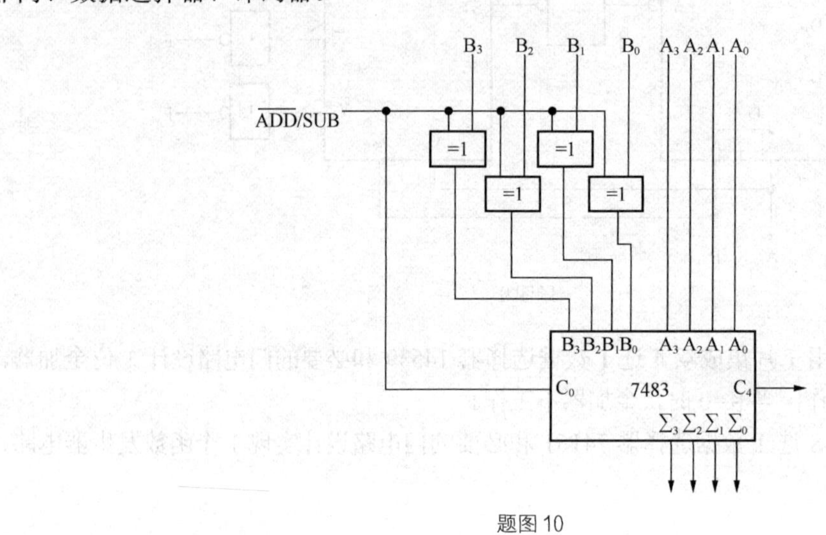

题图 10

25．在输入既有原变量、又有反变量的条件下，用与非门实现组合逻辑函数 $F(A,B,C,D)=\overline{A}B+AD+B\overline{C}\,\overline{D}$。试问：

（1）判断在哪些输入信号组合变化条件下，可能发生冒险；

（2）用增加多余项方法消除逻辑冒险；

（3）用增加选通脉冲方法避免冒险现象。

第 4 章 集成触发器

上一章介绍了组合逻辑电路的分析和设计。组合电路的特征是在任何时刻，电路的输出只取决于当时的输入，而与电路原先的状态无关；在电路结构上，组合逻辑电路是没有反馈回路的。

从这一章开始，将学习时序逻辑电路的分析和设计。时序电路的特点是电路的输出不仅和当前输入有关，而且还和电路原先的状态有关。因此，需要有一种电路具有存储功能，能将电路原先状态记忆下来，触发器就提供了这种存储功能。触发器（Flip-Flop）是一种具有记忆功能，可以存储二进制信息的双稳态电路，它是组成时序逻辑电路的基本单元，是数字系统中不可缺少的一种功能电路。

本章首先介绍各种基本触发器的组成和特点；然后重点介绍各种结构触发器的工作原理和动作特点；最后简要介绍几种典型集成触发器的工作特性和应用。通过这一章的介绍，使读者了解时序电路的最基本特点。

4.1 基本 RS 触发器

基本RS触发器（也叫RS锁存器），是构成各种功能触发器的基本单元，它可以用2个与非门或2个或非门交叉耦合构成，逻辑图如图4-1所示。

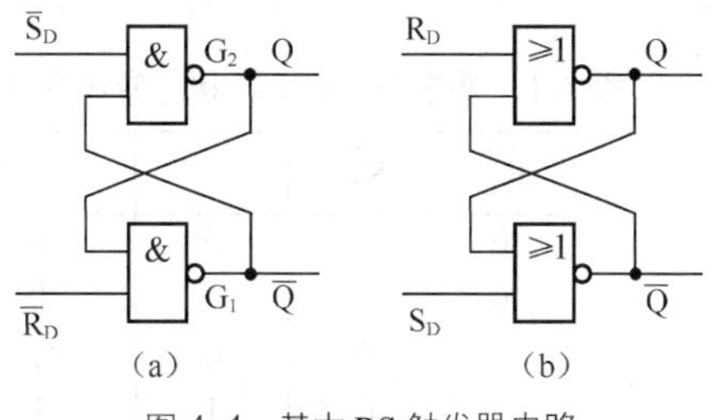

图 4-1 基本 RS 触发器电路

下面将以图4-1(a)所示2个与非门组成的基本RS触发器为例，分析其工作原理。至于图4-1（b）所示由2个或非门组成的基本RS触发器请读者自行分析。

在图4-1（a）中，$\overline{R_D}$，$\overline{S_D}$ 为触发器的2个输入端（或称激励端）。触发器具有2个互补输出端Q和$\overline{Q}$，一般用Q端的逻辑值来表示触发器的状态。当Q=0，$\overline{Q}$=1时，称触发器处于0状态；反之，当Q=1，$\overline{Q}$=0时，称触发器处于1状态。

当输入信号发生变化时，触发器可以从一个稳定状态转换到另一个稳定状态。我们把输入信号作用前的触发器状态称为现在状态（简称现态，S(t)），用 Q^n 和 $\overline{Q^n}$ 表示；把在输入信号作用下触发器触发后所进入的状态称为下一状态（简称次态，N(t)），用 Q^{n+1} 和 $\overline{Q^{n+1}}$ 表示。因此，根据图4-1（a）中电路中的与非逻辑关系，对触发器的功能描述如下。

（1）当$\overline{R_D}$=0，$\overline{S_D}$=1时，不论触发器原来处于什么状态，其次态一定为0，即$Q^{n+1}=0$，称触发器处于置0（复位）状态。

（2）当$\overline{R_D}$=1，$\overline{S_D}$=0时，不论触发器原来处于什么状态，其次态一定为1，即$Q^{n+1}=1$，称触发器处于置1（置位）状态。

（3）当$\overline{R_D}$=1，$\overline{S_D}$=1时，触发器状态不变，即$Q^{n+1}=Q^n$，称触发器处于保持（记忆）状态。

（4）当$\overline{R_D}$=0，$\overline{S_D}$=0时，两个与非门的输出均为1，即$Q^{n+1}=\overline{Q^{n+1}}=1$，此时破坏了触发器正常工作时的互补输出关系，从而导致触发器失效。并且，当$\overline{R_D}$，$\overline{S_D}$同时发生从0到1的变化时，触发器的状态取决于2个与非门延迟时间的差异而无法断定。因此，从电路正常工作的角度来考虑，$\overline{R_D}$=0，$\overline{S_D}$=0是不允许出现的输入组合，在$\overline{R_D}$，$\overline{S_D}$同时由00变化为11时电路由于竞争而出现不定现象。

综上所述，基本RS触发器具有置0、置1和保持的逻辑功能，通常称$\overline{S_D}$为置1端或置位（Set）端；$\overline{R_D}$称为置0或复位（Reset）端。因此，基本RS触发器又称为置位-复位触发器，或称为$\overline{R_D}$-$\overline{S_D}$触发器，其逻辑符号如图4-2所示。因为它是以$\overline{R_D}$和$\overline{S_D}$为低电平时被置0和置1的，所以称$\overline{R_D}$和$\overline{S_D}$低电平有效或负脉冲有效，逻辑符号中体现在$\overline{R_D}$和$\overline{S_D}$的输入端加小圆圈。

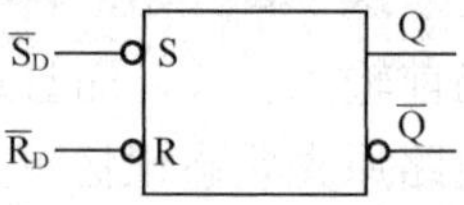

图4-2　基本RS触发器逻辑符号

触发器的逻辑功能通常可以用状态转移真值表（状态表）、特征方程（状态方程、特性方程）、状态转移图、激励表和工作波形5种形式来描述，它们之间可以相互转换。下面以基本RS触发器为例来说明这5种描述形式。

1. 状态转移真值表

将触发器的次态Q^{n+1}、现态Q^n，以及输入信号之间的逻辑关系用表格的形式表示出来，这种表格就称为状态转移真值表，简称状态表。根据以上对基本RS触发器的功能描述，可得出其状态表如表4-1所示，表4-2是表4-1的简化表。可以看出，状态表在形式上与组合电路的真值表相似，左边是输入状态的各种组合；右边是相应的输出状态。不同的是触发器的次态Q^{n+1}不仅与输入信号有关，还与它的现态Q^n有关，这正体现出时序电路的特性。

表4-1　基本RS触发器状态转移真值表

$\overline{R_D}$	$\overline{S_D}$	Q^n	Q^n+1
0	1	0	0
0	1	1	0
1	0	0	1
1	0	1	1
1	1	0	0
1	1	1	1
0	0	0	不允许
0	0	1	

表4-2　简化真值表

$\overline{R_D}$	$\overline{S_D}$	Q^{n+1}
0	1	0
1	0	1
1	1	Q^n
0	0	不允许

2. 特征方程（状态方程）

触发器逻辑功能还可以用逻辑函数表达式来描述。描述触发器逻辑功能的函数表达式称

为特征方程，简称状态方程，也叫特性方程。将基本RS触发器状态转移真值表4-1填卡诺图，如图4-3所示，经化简后可得

$$\begin{cases} Q^{n+1}=S_D+\overline{R_D}Q^n \\ \overline{S_D}+\overline{R_D}=1 \end{cases} \tag{4-1}$$

其中，$\overline{S_D}+\overline{R_D}=1$是使用该触发器的约束条件，即正常使用时应避免$\overline{R_D}$和$\overline{S_D}$同时为0。

3. 状态转移图

描述触发器的逻辑功能还可以采用图形的方式，即状态转移图。图4-4所示为基本RS触发器的状态转移图，它可由状态表得出。图中的两个圆圈表示触发器的两个稳定状态，圈内的数值0或1表示状态的取值，箭头表示在输入信号作用下状态转移的方向，箭头旁的标注表示状态转移时的条件，即输入信号。

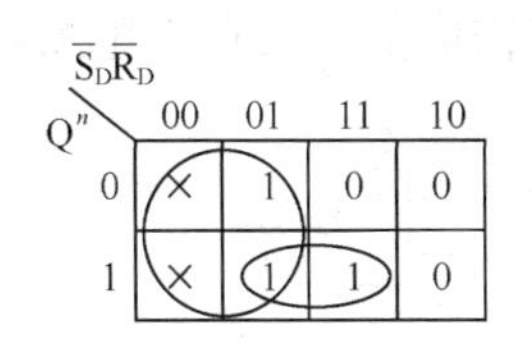

图4-3 基本RS触发器卡诺图

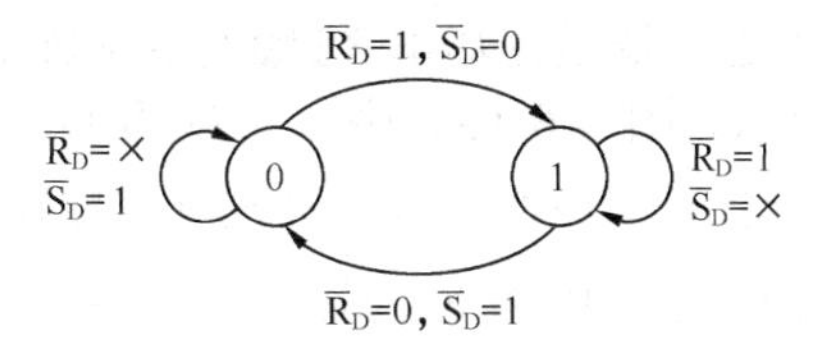

图4-4 基本RS触发器状态转移图

由图4-4可见，如果触发器现态Q^n=0，则在输入为$\overline{R_D}$=1，$\overline{S_D}$=0的条件下，转至次态Q^{n+1}=1；若输入为$\overline{S_D}$=1，$\overline{R_D}$=0或1，则触发器维持在0状态。如果触发器现态Q^n=1，则在输入为$\overline{R_D}$=0，$\overline{S_D}$=1的条件下，转至次态Q^{n+1}=0；若输入为$\overline{R_D}$=1，$\overline{S_D}$=0或1，则触发器维持在1状态。这与状态转移真值表所描述的功能是相吻合的。

4. 激励表

表4-3是基本RS触发器的激励表，它表示了触发器由当前状态Q^n转移到确定要求的下一状态Q^{n+1}时，对输入信号的要求。激励表可以根据图4-4的状态转移图直接列出。

5. 工作波形

工作波形图又称时序图，它反映了触发器的输出状态随时间和输入信号变化的规律，是实验中可观察到的波形。

图4-5为基本RS触发器的工作波形。其中，虚线部分表示状态不确定。

表4-3 基本RS触发器激励表

状态转移		激励输入	
Q^n →	Q^{n+1}	$\overline{R_D}$	$\overline{S_D}$
0	0	×	1
0	1	1	0
1	0	0	1
1	1	1	×

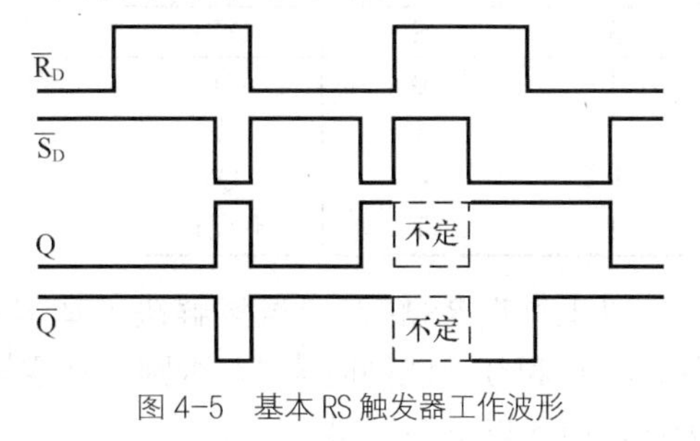

图4-5 基本RS触发器工作波形

4.2 钟控触发器

基本RS触发器具有直接置0和置1的功能，只要输入信号发生变化，触发器的状态就会立即发生改变。但是，在实际应用中，通常要求触发器的输入信号仅仅作为触发器发生状态变化的转移条件，而不希望触发器状态随输入信号的变化而立即发生变化。这就要求触发器的翻转时刻受时钟脉冲（CP）的控制，而翻转到何种状态由输入信号来决定，于是出现了时钟控制触发器，简称钟控触发器，又叫同步触发器。

钟控触发器是在基本RS触发器的基础上加上触发导引电路而构成，根据其逻辑功能的不同，具体可以分为钟控RS，D，JK，T和T′等5种类型。

4.2.1 钟控RS触发器

钟控RS触发器是在基本RS触发器基础上加两个与非门构成的，其逻辑电路和逻辑符号如图4-6所示。图4-6（a）中，门G_1和G_2构成基本触发器，门G_3和G_4构成触发导引电路，CP为时钟控制端，R和S为输入端，字母R和S分别代表复位（Reset）和置位（Set）。

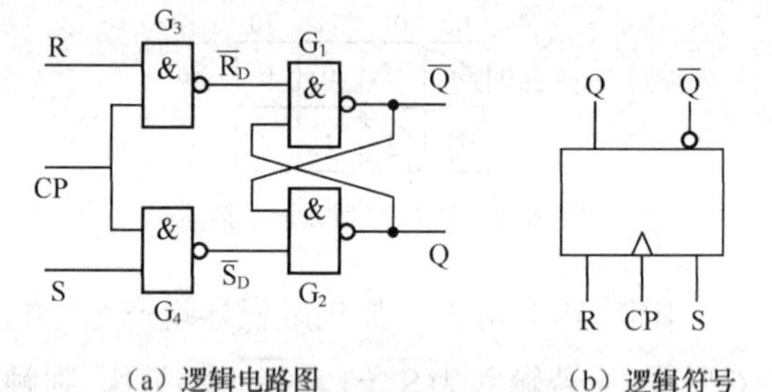

（a）逻辑电路图 （b）逻辑符号

图4-6 钟控RS触发器

由电路图可知，基本RS触发器的输入为$\overline{S_D}=\overline{S\cdot CP}$，$\overline{R_D}=\overline{R\cdot CP}$。

当CP=0时，$\overline{S_D}=1$，$\overline{R_D}=1$，由基本RS触发器功能可知，触发器状态维持不变。

当CP=1时，$\overline{S_D}=\overline{S}$，$\overline{R_D}=\overline{R}$，触发器的状态将随输入信号R和S的变化而变化。根据基本RS触发器的特征方程（4-1），可以得出当CP=1时钟控RS触发器的特征方程为

$$\begin{cases} Q^{n+1}=S+\overline{R}Q^n \\ RS=0 \end{cases} \tag{4-2}$$

其中，RS=0是约束条件，表示在CP=1时为确保电路正常工作，应避免出现输入信号R和S同时为高电平的现象，在R和S同时由11变化为00时电路由于竞争也会出现不定现象。

同理可以得出在CP=1时，钟控RS触发器的状态转移真值表如表4-4所示，激励表如表4-5所示，状态转移图如图4-7所示及工作波形如图4-8所示。

表4-4 钟控RS触发器状态转移真值表

R	S	Q^{n+1}
1	0	0
0	1	1
0	0	Q^n
1	1	不允许

表4-5 钟控RS触发器激励表

Q^n → Q^{n+1}		R	S
0	0	×	0
0	1	0	1
1	0	1	0
1	1	0	×

以上钟控RS触发器虽然解决了基本RS触发器的直接触发问题，但是仍然存在约束条件，即R和S不能同时为1，否则会使逻辑功能混乱。因此，使用起来仍有一定的不便之处。为此，引入以下触发器。

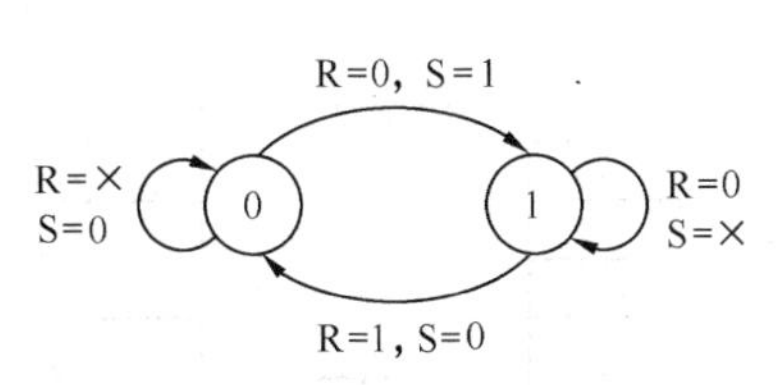

图 4-7 钟控 RS 触发器状态转移图

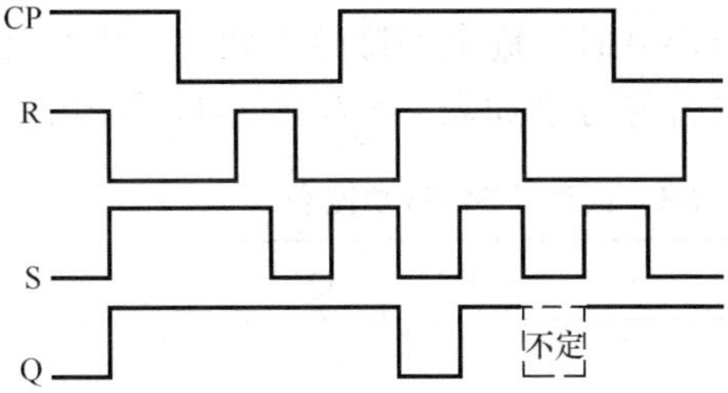

图 4-8 钟控 RS 触发器工作波形

4.2.2 钟控 D 触发器

将图 4-6 所示钟控RS触发器的 R 端接至G_4门输出端，这样就构成了钟控D触发器，电路及逻辑符号如图 4-9 所示。其中，门G_1和G_2构成基本触发器，门G_3和G_4构成触发导引电路，D 为输入端，字母D代表数据（Data）。

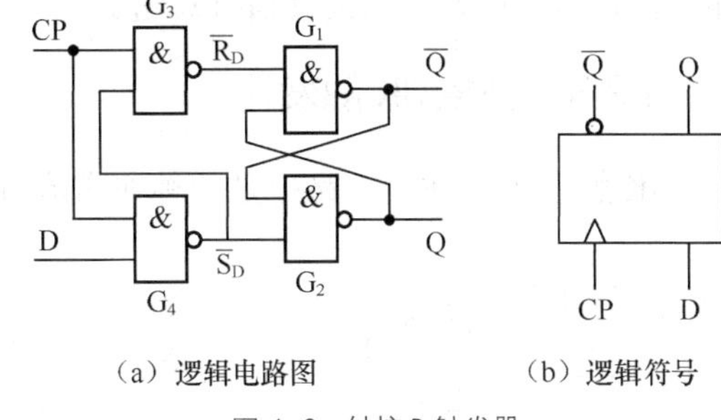

（a）逻辑电路图　（b）逻辑符号

图 4-9 钟控 D 触发器

由电路图可知，基本 RS 触发器的输入为$\overline{S_D}=\overline{D\cdot CP}$，$\overline{R_D}=\overline{\overline{S_D}\cdot CP}=\overline{\overline{D}\cdot CP}$。

当 CP=0 时，$\overline{S_D}=1$，$\overline{R_D}=1$，由基本 RS 触发器功能可知，触发器状态维持不变。

当 CP=1 时，$\overline{S_D}=\overline{D}$，$\overline{R_D}=D$，触发器的状态将随输入信号 D 的变化而变化。根据基本 RS 触发器的特征方程（4-1），可以得出当 CP=1 时钟控 D 触发器的特征方程为

$$Q^{n+1}=D \tag{4-3}$$

由于钟控触发导引电路中加入了反馈线，所以$\overline{S_D}$和$\overline{R_D}$正好互补，即$\overline{S_D}+\overline{R_D}=1$，约束条件自动满足。

根据上述功能描述，可以得到钟控 D 触发器表在 CP=1 时的状态转移真值表如表 4-6 所示，激励表如表 4-7 所示，状态转移图如图 4-10 所示。

表 4-6 D 触发器状态转移真值表

D	Q^{n+1}
0	0
1	1

表 4-7 D 触发器激励表

Q^n → Q^{n+1}		D
0	0	0
0	1	1
1	0	0
1	1	1

由于钟控 D 触发器在时钟作用下，次态Q^{n+1}始终和输入 D 一致，因此，又称 D 触发器为延迟触发器或 D 型锁存器。

由于 D 触发器的功能和结构都很简单，并且解决了对输入信号的约束条件，所以目前得到了普遍应用。

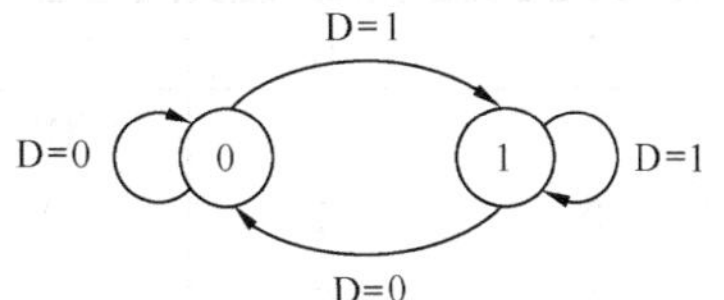

图 4-10 钟控 D 触发器状态转移图

74373 是常用的 8 位 D 型锁存器，具有两个控制端：$\overline{OC}$和 C。其中，$\overline{OC}$是输出控制，当$\overline{OC}=0$时，锁存器正常工作，当$\overline{OC}=1$时，所有触发器的输出都呈高阻状态。C 是存储控制，也就是使能控

制，当C=0时，输出保持原来状态，当C=1时，将数据D写入到锁存器。74373 的功能表和逻辑符号分别如表 4-8 和图 4-11 所示。

表 4-8　锁存器 74373 功能表

$\overline{OC}$	C	D	Q^{n+1}
0	1	1	1
0	1	0	0
0	0	×	Q^n
1	×	×	高阻

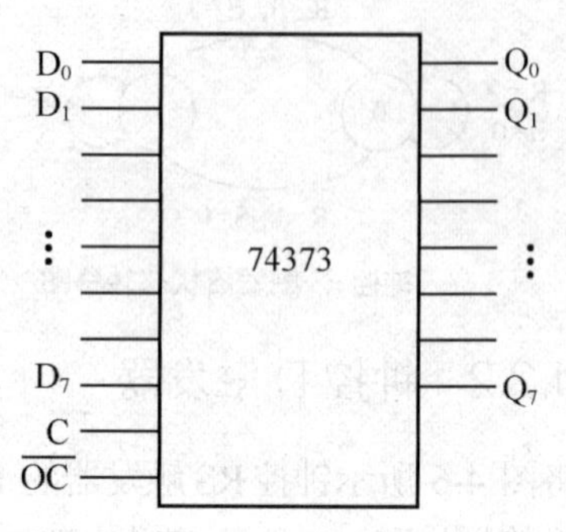

图 4-11　锁存器 74373 逻辑符号

此外，利用两片 74373 可以构成双向数据锁存器，具体连接方式请读者自行思考。

4.2.3　钟控 JK 触发器

JK 触发器在数字电路中是一种非常流行、功能较多且使用广泛的触发器。钟控 JK 触发器也是一种双输入端触发器。在钟控 RS 触发器的输出端与输入端之间加入两条反馈通路，就构成了钟控 JK 触发器，电路及逻辑符号如图 4-12 所示。图中，门 G_1 和 G_2 构成基本触发器，门 G_3 和 G_4 构成触发导引电路，J 和 K 为信号输入端，字母 J 和 K 没有具体的意义。

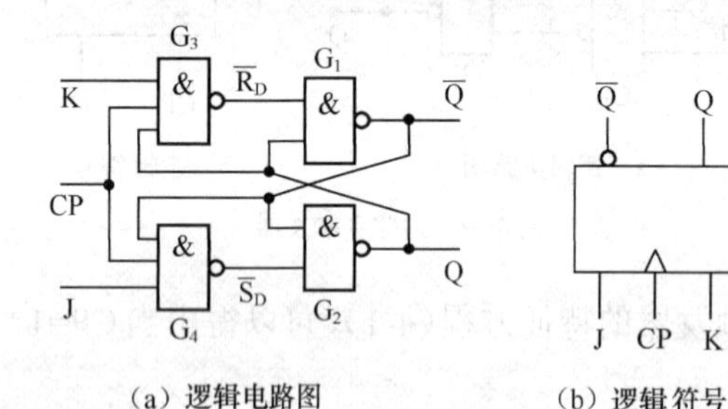

（a）逻辑电路图　　（b）逻辑符号

图 4-12　钟控 JK 触发器

由电路图可知，基本 RS 触发器的输入为 $\overline{S_D}=\overline{J\overline{Q^n}\cdot CP}$，$\overline{R_D}=\overline{KQ^n\cdot CP}$。

当 CP=0 时，$\overline{S_D}=1$，$\overline{R_D}=1$，由基本 RS 触发器功能可知，触发器状态维持不变。

当 CP=1 时，$\overline{S_D}=\overline{J\overline{Q^n}}$，$\overline{R_D}=\overline{KQ^n}$，触发器的状态将随输入信号 J 和 K 的变化而变化。根据基本 RS 触发器的特征方程（4-1），可以得出当 CP=1 时钟控 JK 触发器的特征方程为

$$Q^{n+1}=J\overline{Q^n}+\overline{K}Q^n \tag{4-4}$$

其约束条件 $\overline{S_D}+\overline{R_D}=\overline{\overline{J\overline{Q^n}}}+\overline{KQ^n}=1$，因此，不论 J、K 信号如何变化，基本触发器的约束条件始终满足。

由特征方程（4-4），可以得出当 CP=1 时，钟控 JK 触发器的状态转移真值表如表 4-9 所示，激励表如表 4-10 所示以及状态转移图如图 4-13 所示。

表 4-9　JK 触发器状态转移真值表

J	K	Q^{n+1}
0	0	Q^n
0	1	0
1	0	1
1	1	$\overline{Q^n}$

表 4-10　JK 触发器激励表

Q^n	→	Q^{n+1}	J	K
0		0	0	×
0		1	1	×
1		0	×	1
1		1	×	0

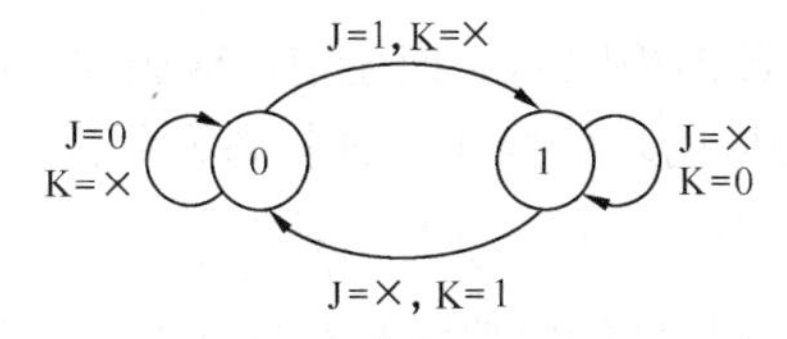

图 4-13　钟控 JK 触发器状态转移图

由状态转移真值表（表 4-9）可以看出，钟控 JK 触发器在 J=0，K=0 时具有保持功能，在 J=0，K=1 时具有置 0 功能，在 J=1，K=0 时具有置 1 功能，在 J=1，K=1 时具有状态翻转功能。

4.2.4　钟控 T 和 T′触发器

1．钟控 T 触发器

将图 4-12 所示钟控 JK 触发器的输入信号端 J 和 K 连在一起，共同作为一个信号输入端 T，即得钟控 T 触发器，如图 4-14 所示。

由图 4-14，结合式（4-4），可得 T 触发器的特征方程为

$$Q^{n+1} = T\overline{Q^n} + \overline{T}Q^n \tag{4-5}$$

由特征方程，可以得到当 CP=1 时，钟控 T 触发器状态转移真值表如表 4-11 所示，激励表如表 4-12 所示，状态转移图如图 4-15 所示。由表 4-11 可知，当 T=0 时，触发器状态保持不变，而当 T=1 时，每来一个 CP，触发器的状态就会翻转（Toggle）一次。T 触发器也就由此而得名，并且又常被称为计数触发器。它是 JK 触发器的特殊情况。

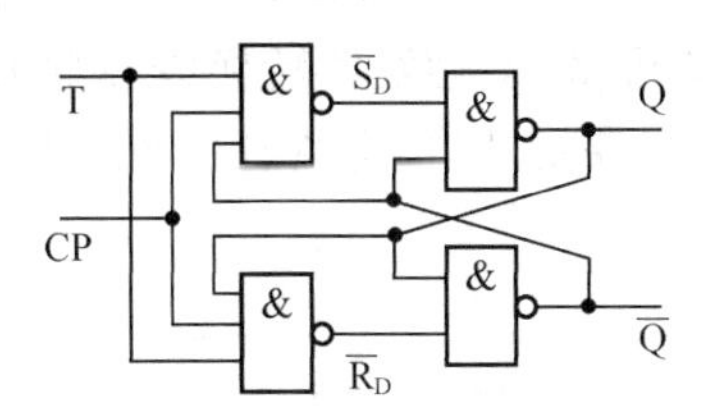

图 4-14　钟控 T 触发器

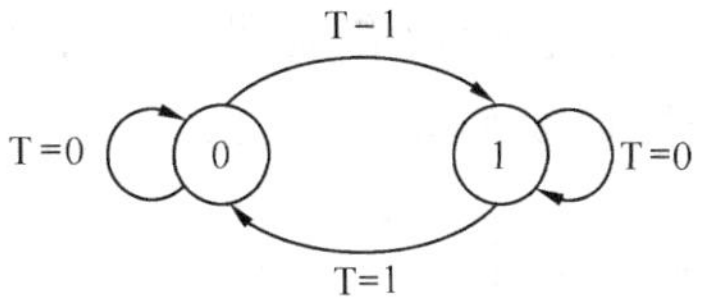

图 4-15　钟控 T 触发器状态转移图

表 4-11　钟控 T 触发器状态转移真值表

T	Q^{n+1}
0	Q^n
1	$\overline{Q^n}$

表 4-12　钟控 T 触发器激励表

Q^n →	Q^{n+1}	T
0	0	0
0	1	1
1	0	1
1	1	0

实际生产的集成触发器中没有 T 触发器，需要使用时可以利用 JK 触发器或 D 触发器来改接。具体转换方法见 4.2.5 节。

2．钟控 T′触发器

如果将上述 T 触发器的输入端恒接高电平，就成了钟控 T′触发器。钟控 T′触发器没有输入控制端，可看作 T 触发器在 T 恒等于 1 条件下的特例。因此，其状态转移真值表、激励表

和状态转移图都包含在T触发器的相应功能描述中，即去掉T触发器各种功能描述中T=0的部分，就得到T′触发器各种相应的功能描述。其状态方程为

$$Q^{n+1} = \overline{Q^n} \tag{4-6}$$

当CP是周期信号时，可画出T′触发器波形如图4-16所示。其中，输出Q的周期是CP周期的2倍，Q的频率是CP频率的1/2，所以T′触发器也叫模2计数器，或叫2分频电路。可以很方便地用2个T′触发器构成4分频电路，用n个T′触发器构成2^n分频电路。请读者自行画图，不再赘述。

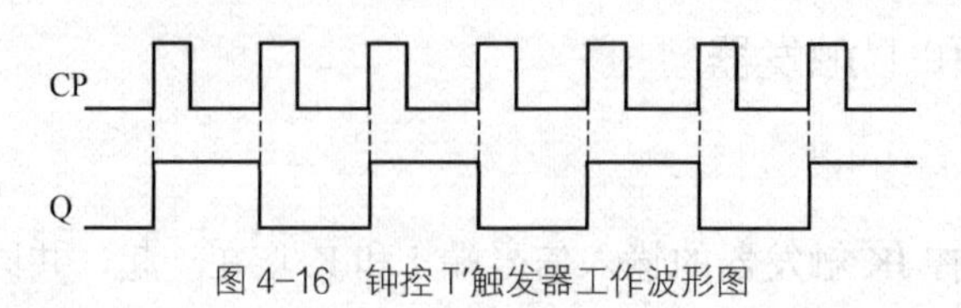

图4-16 钟控T′触发器工作波形图

4.2.5 触发器的转换

在实际应用中，最常用的是JK触发器和D触发器，所以下面只介绍这两种触发器转换成其他类型的触发器，以及两者之间的相互转换。

1. JK触发器转换成D、T、T′和RS触发器

JK触发器的状态方程为$Q^{n+1} = J\overline{Q^n} + \overline{K}Q^n$，而D触发器的状态方程为$Q^{n+1} = D = D\overline{Q^n} + DQ^n$，因此，只需令J=D，$K=\overline{D}$，电路连接如图4-17所示即可将JK触发器转换成D触发器。

JK触发器改接为T触发器的方法前面已经介绍，只要把J和K连在一起共同作为输入端即可，电路连接如图4-18所示。

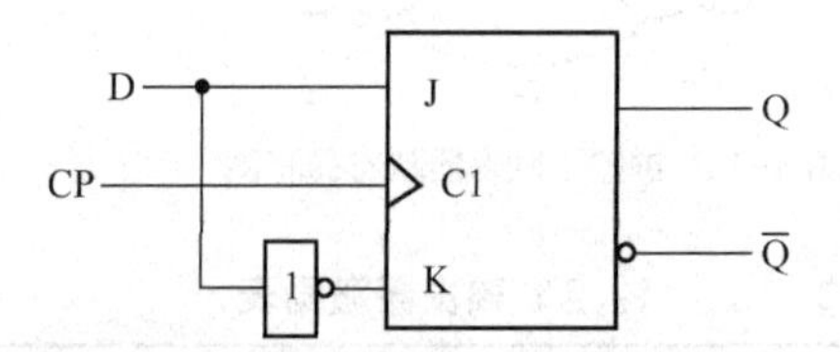

图4-17 JK触发器转换成D触发器

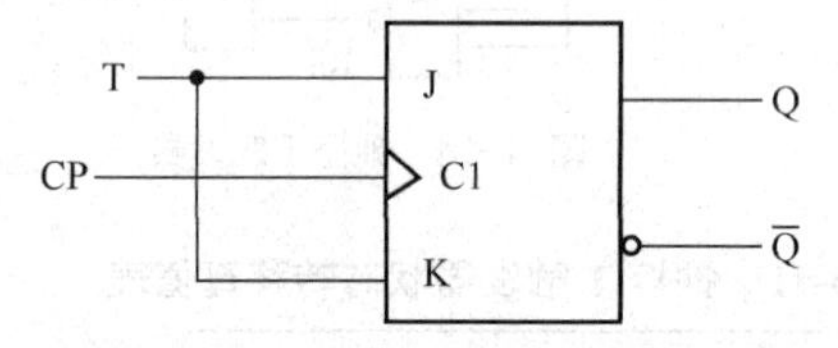

图4-18 JK触发器转换成T触发器

JK触发器改接为T′触发器方法更为简单，只需令J=K=T=1即可，电路连接如图4-19所示。也可直接将输入激励悬空得到。

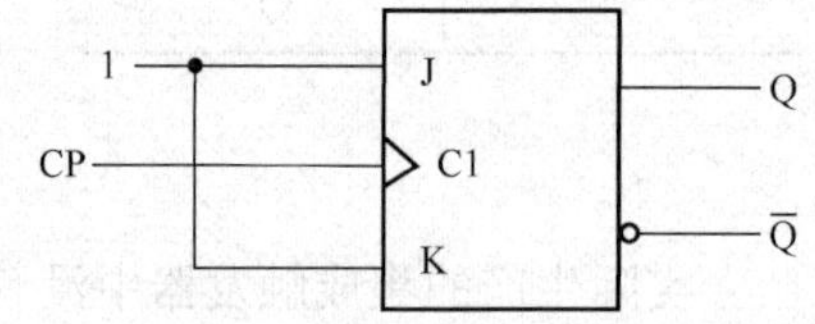

图4-19 JK触发器转换成T′触发器

JK触发器改接为RS触发器，也需要将两者的状态方程做对比，JK触发器的状态方程为$Q^{n+1} = J\overline{Q^n} + \overline{K}Q^n$，而RS触发器的状态方程为$Q^{n+1} = S + \overline{R}Q^n = S\overline{Q^n} + SQ^n + \overline{R}Q^n = S\overline{Q^n} + (S+\overline{R})Q^n$，因此，需令J=S，$K=\overline{S+\overline{R}}=\overline{S}R$，电路连接如图4-20所示即可将JK触发器转换成RS触发器。

2. D触发器转换成JK、T和T′触发器

用D触发器转换成JK触发器所需的外部逻辑门电路较多，这是因为D触发器内部电路简

单，而JK触发器功能又更强大的原因，根据触发器的状态方程比较，$D=J\overline{Q^n}+\overline{K}Q^n=\overline{\overline{J\overline{Q^n}}\cdot\overline{\overline{K}Q^n}}$，可以得到只用与非门连接的转换电路如图4-21所示。

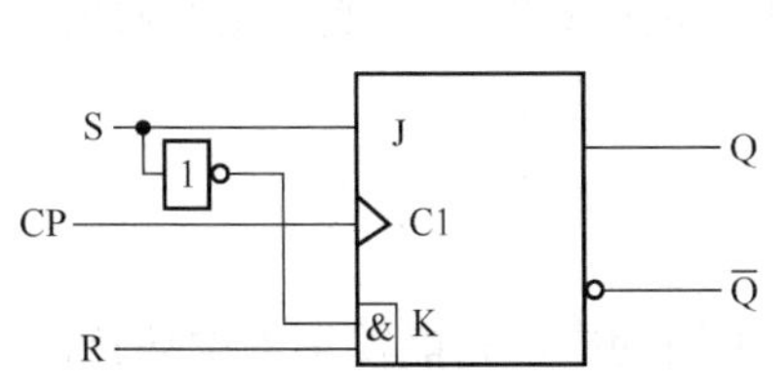

图4-20 JK触发器转换成RS触发器

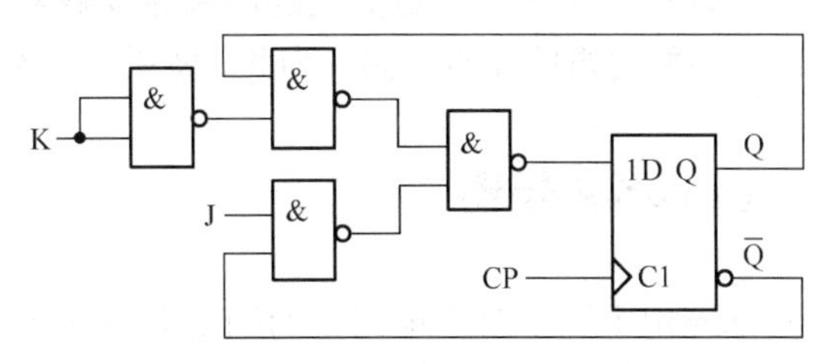

图4-21 D触发器转换成JK触发器

由于T触发器的特征方程为$Q^{n+1}=T\overline{Q^n}+\overline{T}Q^n$，T′触发器的特征方程为$Q^{n+1}=\overline{Q^n}$，所以同样比较状态方程，可根据$D=T\overline{Q^n}+\overline{T}Q^n=T\oplus Q^n$，得到D触发器转换成T触发器的转换电路如图4-22所示，也可根据$D=\overline{Q^n}$，得到D触发器转换成T′触发器的转换电路如图4-23所示。

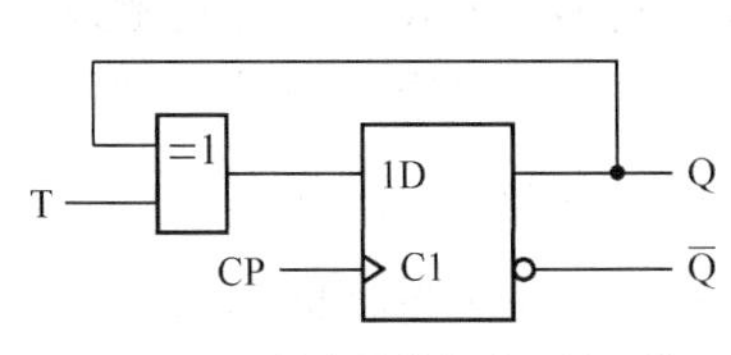

图4-22 D触发器转换成T触发器

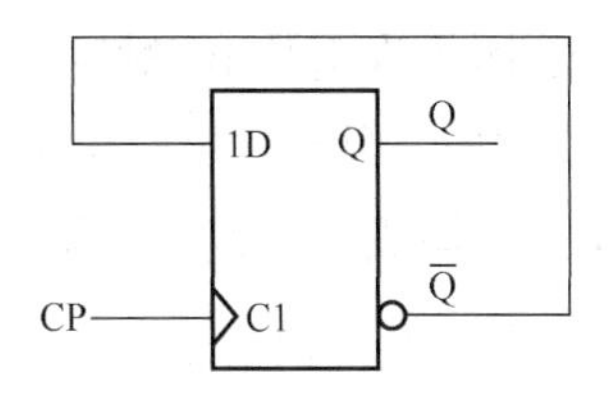

图4-23 D触发器转换成T′触发器

而由于RS触发器本身用得就较少，因此本书不再赘述。由D触发器转换成RS触发器的转换电路，有兴趣的读者可参照上述方法自行转换。

4.2.6 电位触发方式

以上分析的钟控触发器电路均由4个与非门组成，当钟控信号CP为低电平（CP=0）时，触发器不接受输入激励信号，输出状态保持不变，当钟控信号CP为高电平（CP=1）时，触发器接受输入激励信号，状态发生转移，这种钟控方式称为电位触发方式。电位触发方式有上沿触发和下沿触发两种方式，前述钟控触发器均属于上沿触发。

电位触发方式的特点是，在约定电平（如前述钟控触发器的CP=1）期间，触发器随输入激励信号的变化而变化，在非约定电平（如前述钟控触发器的CP=0）期间，触发器保持不变。

电位触发方式的触发器，在约定电平期间对输入激励信号非常敏感，以图4-24为例，从图中可以看出，在CP=1（$t_1\sim t_2$）期间，J、K信号发生了变化，使得输出Q也发生了多次翻转，这正是上沿触发的特点。在CP=1（$t_3\sim t_4$）期间， J、K信号没有发生变化，根据上沿触发的特点，输出Q应保持不变，但如果CP=1时间较长，由于J=K=1，按照JK触发器的功能，$Q^{n+1}=\overline{Q^n}$。在进入t_3时， Q=0，经一段时延后，Q状态变为1，一会又变成0，……，这种状态的不断翻转只有在CP=0到来时才能结束。通常把这种在约定电平期间虽然输入信号没有变化，但

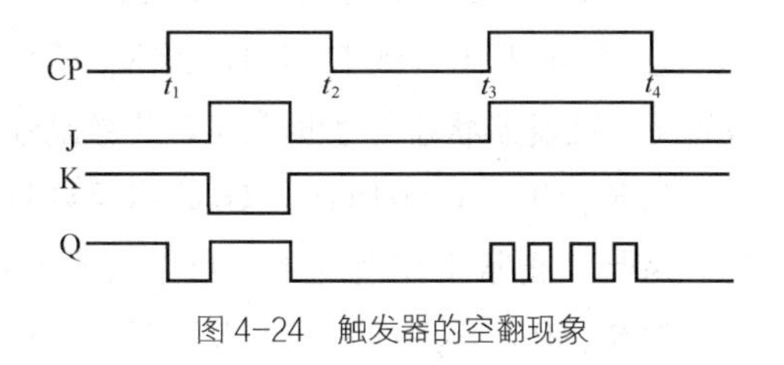

图4-24 触发器的空翻现象

触发器也发生连续不停的无谓翻转称为触发器的空翻现象。

因此，如果要求每来 1 个 CP 脉冲触发器仅发生 1 次翻转的话，则对钟控信号约定电平的宽度要求极其苛刻。为避免空翻现象导致触发器工作不可靠，从而影响其实用性和抗干扰能力，有必要对电路予以改进。为此，特引入主从触发器、边沿触发器、维持-阻塞触发器等。

4.3 主从 JK 触发器

实际应用于同步时序电路中的触发器应该在 1 个时钟周期中，只能发生 1 次翻转，并且对于时钟脉冲的宽度也不应有苛刻的要求，主从触发器可以满足这些要求。虽然随着电子技术的发展，主从触发器的应用越来越少，但由于市场上仍有这种触发器，而且在一些数字设备中也有用主从触发器来构造的，所以本书以主从 JK 触发器为例来介绍主从触发器的工作。

4.3.1 主从 JK 触发器的工作原理

图 4-25 所示为主从 JK 触发器的逻辑电路图和逻辑符号，它由 2 个电位触发方式的钟控触发器串联而成。其中，$\overline{R_D}$ 和 $\overline{S_D}$ 分别为直接（异步）置 0 和直接（异步）置 1 输入端。门 G_5, G_6, G_7, G_8 构成主触发器，输入为 J 和 K，输出为 $Q_主$ 和 $\overline{Q_主}$；门 G_1, G_2, G_3, G_4 构成从触发器，输入为主触发器的输出 $Q_主$ 和 $\overline{Q_主}$，输出为 Q 和 $\overline{Q}$。主触发器的输入为整个主从触发器的激励输入，从触发器的输出为整个主从触发器的输出。图中，从触发器的输出反馈到主触发器的输入这种结构，使得主从触发器在 CP=1 期间只要输入不变化，就能获得稳定输出。

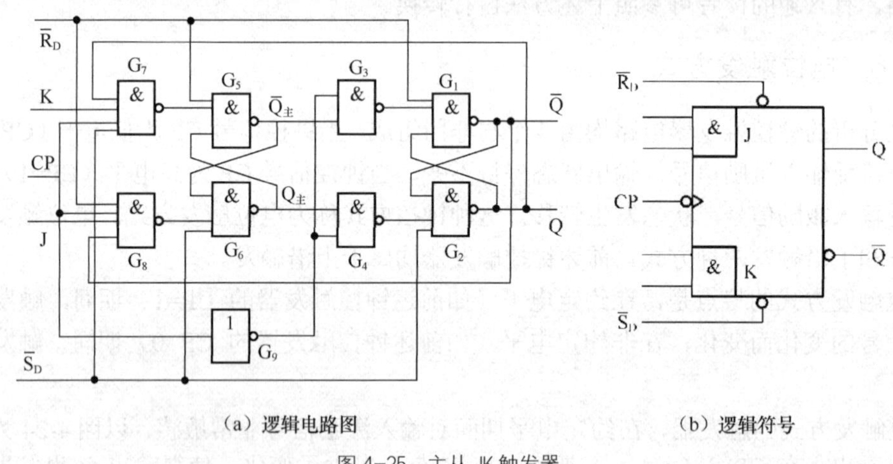

（a）逻辑电路图　　（b）逻辑符号

图 4-25　主从 JK 触发器

主从 JK 触发器的基本工作原理如下。

① 异步工作方式的作用，当 $\overline{R_D}$ 或 $\overline{S_D}$ 端加低电平或负脉冲作用时，触发器被直接清 0 或置 1，触发器状态不受时钟 CP 及激励输入信号 J 和 K 的影响，具体分析如下。

当 $\overline{R_D}$=0，$\overline{S_D}$=0 时，门 G_1 和 G_2 输出均为 0，从而使 Q=$\overline{Q}$=1，违背 Q 和 $\overline{Q}$ 互补的正常逻辑。因此，正常工作情况下，该组合不允许出现。

当 $\overline{R_D}$=0，$\overline{S_D}$=1时，门 G_1，G_5，G_8 均输出 1，因此 Q=0，实现清 0。

当$\overline{R_D}$=1，$\overline{S_D}$=0时，门G_2，G_6，G_7均输出1，因此Q=1，实现置1。

在$\overline{R_D}$=1，$\overline{S_D}$=1时，相当于异步工作方式没有起作用，电路正常运行。

② 在CP=0期间，门G_7和G_8被封锁，无论输入信号J和K如何变化，主触发器的输出$Q_主$和$\overline{Q_主}$状态不变；与此同时，门G_3和G_4被打开，从触发器接收来自主触发器输出端的数据，其输入信号为$R=\overline{Q^n_主}$，$S=Q^n_主$，所以

$$Q^{n+1}=S+\overline{R}Q^n=Q^n_主+\overline{\overline{Q^n_主}}Q^n=Q^n_主 \tag{4-7}$$

也就是说，CP = 0以后，从触发器的状态就变得和主触发器一致，并且在整个CP = 0期间，由于主触发器的状态不会发生改变，所以从触发器的状态也不会再发生改变。

③ 在CP = 1期间，门G_3和G_4被封锁，从触发器输出状态不会再发生变化。但对于主触发器来讲，门G_7和G_8被打开，主触发器的输出要随着输入信号J和K的变化而发生变化，其输入信号为$R=KQ^n$，$S=J\overline{Q^n}$，所以

$$Q^{n+1}_主=S+\overline{R}Q^n_主=J\overline{Q^n}+\overline{KQ^n}Q^n_主=J\overline{Q^n}+\overline{K}Q^n_主+\overline{Q^n}Q^n_主 \tag{4-8}$$

由于在CP=1之前，主触发器状态和从触发器状态是一致的，即$Q^n_主=Q^n$。则上式可以改写为

$$Q^{n+1}=J\overline{Q^n}+\overline{K}Q^n \tag{4-9}$$

也就是说，主从JK触发器的功能描述和钟控JK触发器完全一样。由此可以看出，主从JK触发器状态转换发生在CP下降沿时刻，有时为了说明这一特点，将触发器的特征方程写成

$$Q^{n+1}=\left[J\overline{Q^n}+\overline{K}Q^n\right]\cdot CP\downarrow \tag{4-10}$$

这里CP↓作为注释条件存在，表明：当时钟下降沿到达时，触发器按照特征方程进行状态转移；反之，当时钟下降沿过去后，触发器状态保持不变。

由上述分析可见，主从JK触发器的工作可分两步完成：第1步，当CP由0正向跳变至1及CP = 1期间，主触发器接收输入激励信号，状态发生变化，而从触发器被封锁，状态保持不变；第2步，当CP由1负向跳变至0及CP = 0期间，主触发器被封锁，状态保持不变，而从触发器接收在这一时刻主触发器的状态，并在CP = 0期间保持不变。

由于CP由1负向跳变至0以后，在CP = 0期间，主触发器不再接收输入激励信号，这样就保证了在整个时钟周期内，主从JK触发器只能在CP时钟的下降沿时刻发生1次变化，而不会发生2次以上的翻转，从而克服了多次翻转现象。

主从JK触发器的逻辑符号如图4-25（b）所示。图中，CP端的小圆圈表示CP下降沿时触发器状态翻转；$\overline{R_D}$和$\overline{S_D}$端的小圆圈表示低电平或负脉冲有效。

4.3.2 主从JK触发器的一次翻转

由上述分析可见，主从JK触发器可以防止空翻现象，但是，它还存在一次翻转现象。所谓一次翻转现象，是指一旦在CP=1期间，主触发器接收了输入激励信号，发生一次翻转后，主触发器状态就一直保持不变，也不再随输入激励信号J和K的变化而变化。

以图 4-26 所示主从 JK 触发器的工作波形为例来说明一次翻转现象。在第 2 个脉冲 CP=1 期间 J 和 K 发生了多次变化。

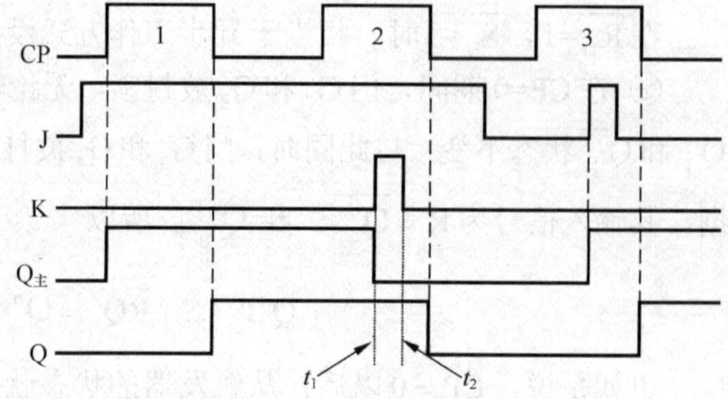

图 4-26 主从 JK 触发器工作波形

① 第一次变化发生在 t_1 时刻，此时 J=K=1，$Q^n_主=1$，$Q^n=1$。所以对于主触发器来讲，$R=KQ^n=1$，$S=J\overline{Q^n}=0$，从而 $Q^{n+1}_主=S+\overline{R}Q^n_主=0$，主触发器发生 1 次翻转。

② 第二次变化发生在 t_2 时刻，此时 J=1，K=0，$Q^n_主=0$，$Q^n=1$。所以对于主触发器来讲，$R=KQ^n=0$，$S=J\overline{Q^n}=0$，而 $Q^{n+1}_主=S+\overline{R}Q^n_主=0$，主触发器状态保持不变。根据式（4-9）描述的状态方程，此时 $Q^{n+1}=J\overline{Q^n}+\overline{K}Q^n=1$，与触发器实际状态转移并不一致。

同理，可以证明图 4-26 在第 3 个脉冲 CP＝1 期间状态也仅翻转 1 次。从上面分析可以发现，在 CP=1 期间主触发器的状态一旦翻转，那么只能翻转 1 次，而不可能随输入信号 J 和 K 的变化而作多次翻转。因此，触发器的实际转移状态就有可能与式（4-9）描述的转移结果不一致。

为了使 CP 下降沿时触发器的状态转移和当时的 J、K 信号一致，要求主从 JK 触发器在 CP=1 期间输入激励信号 J 和 K 不发生变化。但实际上由于干扰信号的影响，主从触发器的一次翻转现象仍会使触发器产生错误动作，这就使主从触发器的使用受到一定限制，而且降低了其数据输入端的抗干扰能力。为减少接收干扰的机会，在实际使用时，可采用宽度较窄的正脉冲作为时钟信号，以减少在时钟宽度内输入信号 J 和 K 变化的可能性。

4.4 边沿触发器

采用主从触发方式，可以克服电位触发方式的多次翻转现象，但是主从 JK 触发器的一次翻转特性，影响了其使用范围，降低了其抗干扰能力。为彻底解决上述问题，特此引入边沿触发器。边沿触发器不仅可以克服电位触发方式的空翻现象，而且其抗干扰能力较强，工作更为可靠。

同时具备以下条件的触发器称为边沿触发方式触发器（简称边沿触发器）：

① 触发器仅仅在 CP 的某一约定跳变（上升沿或下降沿）瞬间，才接收输入激励信号，并对其作出响应；

② 在 CP=0 和 CP=1 期间，以及在 CP 的非约定跳变时刻，触发器不接收输入激励信号。

边沿触发方式的触发器主要有 2 种类型：一种是利用触发器内部逻辑门电路延迟时间的不同来实现，主要有 CP 上升沿（前沿）和下降沿（后沿）2 种形式，如常见的下降沿 JK 触发器就是利用这个原理来实现的；另一种是维持-阻塞式触发器，利用直流反馈来维持翻转后的新状态，阻塞触发器在同一时钟内再次发生翻转，如常见的维持-阻塞 D 触发器。

4.4.1 下降沿 JK 触发器

图 4-27 所示为下降沿触发的 JK 触发器逻辑电路，它是利用内部各逻辑门传输延迟时间

差异而构成的。图中，两个与或非门构成基本RS触发器，与非门G和H构成触发导引电路，$\overline{R_D}$ 和 $\overline{S_D}$ 分别为直接清0和置1输入端。

1. 基本工作原理

图4-27所示电路要实现正确的逻辑功能，必须保证与非门G和H的平均延迟时间大于基本RS触发器的平均延迟时间，这一点在制造时一般已经给予满足。在满足这一条件的前提下，分析该触发器的基本工作原理如下：

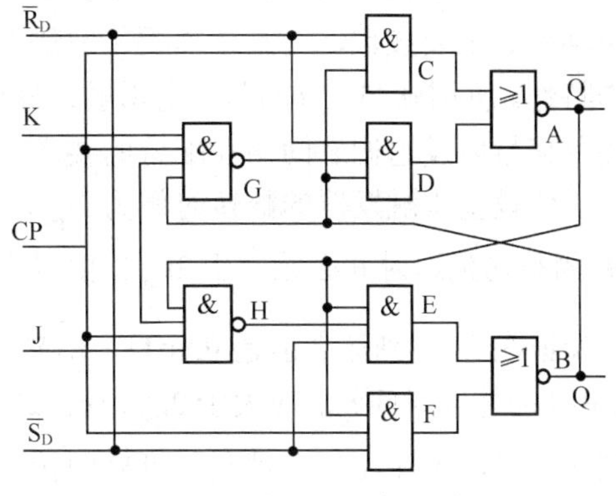

图4-27 下降沿JK触发器逻辑图

$\overline{R_D}$ 和 $\overline{S_D}$ 的异步工作方式（即直接清0和直接置1的工作方式）和前述主从JK触发器一样，这里就不再赘述。

在 $\overline{R_D}=1$，$\overline{S_D}=1$ 的条件下，当CP=0时，门G，H，C，F均被封锁，这样，由门A，B，D，E构成了类似2个与非门组成的基本RS触发器，H起 $\overline{S_D}$ 信号作用，G起 $\overline{R_D}$ 信号作用，可得

$$Q^{n+1}=S_D+\overline{R_D}Q^n=\overline{H}+GQ^n \tag{4-11}$$

此时，不论J和K为何种状态，G=H=1，代入式（4-11）可得 $Q^{n+1}=Q^n$，可见触发器状态保持不变。

当CP＝1时，

$$\begin{aligned}Q^{n+1}&=\overline{\overline{S_D}\cdot CP\cdot\overline{Q^n}+\overline{S_D}\cdot H\cdot\overline{Q^n}}=Q^n\\ \overline{Q^{n+1}}&=\overline{\overline{R_D}\cdot CP\cdot Q^n+\overline{R_D}\cdot G\cdot Q^n}=\overline{Q^n}\end{aligned} \tag{4-12}$$

触发器状态保持不变。实际上，这时触发器处于一种“自锁”状态。

当CP由1负向跳变至0时，由于与非门G和H的平均延迟时间大于基本RS触发器的平均延迟时间，所以CP=0首先封锁了门C和门F，使其输出C=F=0，从而解除了由门A，B，D，E构成的基本RS触发器的“自锁”状态。此时，在基本触发器状态转移完成之前，触发导引电路门G和H的输出仍然为

$$G=\overline{KQ^n}，\quad H=\overline{J\overline{Q^n}} \tag{4-13}$$

代入式（4-11）

$$Q^{n+1}=\overline{H}+GQ^n=\overline{\overline{J\overline{Q^n}}}+\overline{KQ^n}Q^n=J\overline{Q^n}+\overline{K}Q^n \tag{4-14}$$

也就是说，在CP由1负向跳变至0时，触发器接收了输入激励信号J和K，并且按照JK触发器的特性进行状态转换，从而实现了JK触发器的逻辑功能。

此后，门G和H被CP=0封锁，G=H=1，触发器状态维持不变。触发器在完成一次状态转移后，不会再发生多次翻转现象。

由以上分析可知，这种触发器几乎在整个时钟周期内对外都是隔离的。在稳定的CP=0及CP=1期间，触发器状态均维持不变；只有在CP下降沿（后沿）到达时刻，触发器状态才随着J、K信号的变化而发生相应的转移。所以属于下降沿（后沿）触发，可以将状态方程写成

$$Q^{n+1}=\left[J\overline{Q^n}+\overline{K}Q^n\right]\cdot CP\downarrow \tag{4-15}$$

其功能表和逻辑符号分别如表4-13和图4-25（b）所示。

表4-13　下降沿JK触发器功能表

$\overline{R_D}$	$\overline{S_D}$	CP	J	K	Q	$\overline{Q}$
0	1	×	×	×	0	1
1	0	×	×	×	1	0
1	1	↓	0	0	Q^n	$\overline{Q^n}$
1	1	↓	0	1	0	1
1	1	↓	1	0	1	0
1	1	↓	1	1	$\overline{Q^n}$	Q^n

2．脉冲工作特性

为了正确使用触发器，不仅需要了解触发器的逻辑功能、主要参数，而且还需要了解触发器的脉冲工作特性。所谓脉冲工作特性，是指触发器对时钟脉冲、输入信号以及它们之间相互配合的要求。

假设基本触发器的翻转时间为$2t_{pd}$，那么门G和H的平均延迟时间必须大于$2t_{pd}$。由以上分析可见，为保证在CP↓到达之前建立起$G=\overline{KQ^n}$，$H=\overline{\overline{JQ^n}}$，CP=1的持续时间$t_{CPH}$应大于$2t_{pd}$，且在这段时间内J、K信号要保持稳定，不能发生变化；CP↓到达以后，为保证基本触发器可靠翻转，CP=0的持续时间t_{CPL}也应大于$2t_{pd}$。

这样，下降沿JK触发器的最高工作频率

$$f_{CPmax}\leqslant\frac{1}{t_{CPH}+t_{CPL}}=\frac{1}{4t_{pd}} \tag{4-16}$$

综上所述，图4-27所示下降沿触发器只有在CP↓到达之前，G和H信号建立时间内对输入激励信号J、K敏感；而在CP↓到达之后，CP=0即封锁了门G和H，此时J和K不需要保持。因此，这种触发器的抗干扰性能强，工作速度也较高，是一种性能优良、用途广泛的触发器。

图4-28所示为下降沿JK触发器的工作波形。由图可见，在$\overline{R_D}=\overline{S_D}=1$时，触发器的次态仅仅取决于CP↓到达前一时刻J、K以及Q^n的取值。

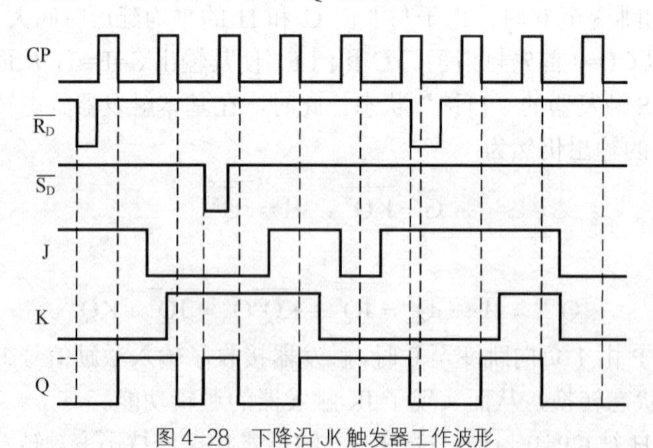

图4-28　下降沿JK触发器工作波形

4.4.2　维持-阻塞D触发器

维持-阻塞触发器是利用直流反馈原理来实现边沿触发的。维持是指在CP期间输入发生变化的情况下，使应开启的门保持畅通无阻，从而完成预定的操作；阻塞是指在CP期间输入发生变化的情况下，使不应开启的门处于关闭状态，从而阻止产生不应该的操作。

图 4-29 所示为维持-阻塞 D 触发器逻辑电路，这个电路在钟控 RS 触发器基础上，增加了置 0、置 1 维持和置 0、置 1 阻塞 4 条反馈线。图中，D 为信号输入端；$\overline{R_D}$ 和 $\overline{S_D}$ 分别为直接异步置 0 和置 1 输入端。

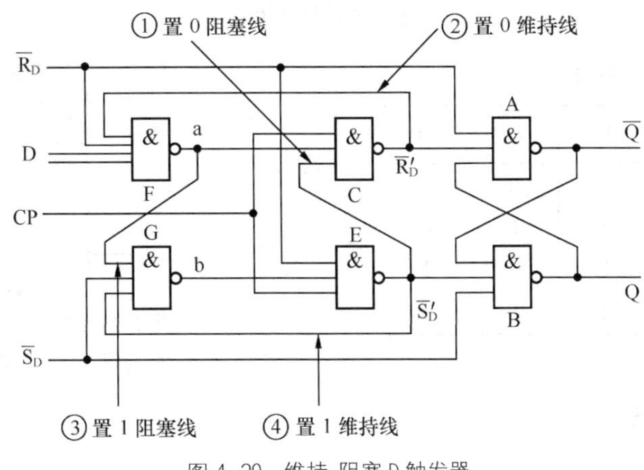

图 4-29 维持-阻塞 D 触发器

1. 基本工作原理

$\overline{R_D}$ 和 $\overline{S_D}$ 的异步工作方式（即直接清 0 和直接置 1 的工作方式）和前述主从 JK 触发器一样，这里就不再赘述。

在 $\overline{R_D}=1$，$\overline{S_D}=1$ 的条件下，当 CP=0 时，使门 C、门 E 输出 $\overline{R'_D}=\overline{S'_D}=1$，触发器状态保持不变，$Q^{n+1}=Q^n$。此时，门 F 和 G 被打开，$a=\overline{D}$，$b=D$。

当 CP 由 0 正向跳变至 1 时，$\overline{R'_D}=\bar{a}=D$，$\overline{S'_D}=\bar{b}=\overline{D}$，触发器状态转移为 $Q^{n+1}=\overline{\overline{S'_D}}+\overline{R'_D}Q^n=D+DQ^n=D$。即：触发器的输出状态由 CP 上升沿到达前瞬间的输入信号 D 来决定，从而实现 D 触发器的逻辑功能。

假设 CP 上升沿到达前 D=0，则由于 CP=0，$\overline{R'_D}=\overline{S'_D}=1$，因此 D 信号存储在门 F 和 G 的输出，使 a=1，b=0。当 CP 上升沿到达后 $\overline{R'_D}=0$，$\overline{S'_D}=1$，使 $Q^{n+1}=0$。如果此时 D 由 0 变为 1，由于反馈线②将 $\overline{R'_D}=0$ 的信号反馈到门 F，使门 F 被封锁，D 信号变化不会引起触发器状态改变，即维持原来的 $Q^{n+1}=0$ 状态，因此反馈线②称置 0 维持线。维持置 0 信号 $\overline{R'_D}=D$ 经门 F 反相后，再经反馈线③使 b 保持 0，从而封锁门 E，使 $\overline{S'_D}$ 保持 1，这样触发器不会再翻向 1 状态，故反馈线③称置 1 阻塞线。

同理可以分析，若 CP 上升沿到达前 D=1，则 a=0，b=1。当 CP 上升沿到达后 $\overline{R'_D}=1$，$\overline{S'_D}=0$，使 $Q^{n+1}=1$。如果此时 D 由 1 变为 0，反馈线④将 $\overline{S'_D}=0$ 的信号反馈到门 G，使 b=1，$\overline{S'_D}=0$，即维持原来的 $Q^{n+1}=1$ 状态，因此反馈线④称置 1 维持线。同时，$\overline{S'_D}=0$ 经反馈线①封锁门 C，使 $\overline{R'_D}$ 保持 1，这样触发器不会再翻向 0 状态，故反馈线①称置 0 阻塞线。

综上所述，由于维持-阻塞的作用，使得该触发器仅在 CP 信号由 0 变到 1 的上升沿时刻才发生状态转移，而在其余时间触发器状态均保持不变。因此，维持-阻塞 D 触发器是时钟

CP的上升沿触发，具有边沿触发器的功能，并有效防止了空翻。

表4-14、图4-30和图4-31分别为上升沿触发D触发器的功能表、逻辑符号和工作波形。其中，图4-30中CP端没有小圆圈，表示为CP上升沿到达时触发器状态发生转移，因此，有时将触发器的状态方程写成

$$Q^{n+1} = [D] \cdot CP\uparrow \tag{4-17}$$

表4-14 D触发器功能表

$\overline{R_D}$	$\overline{S_D}$	CP	D	Q	$\overline{Q}$
0	1	×	×	0	1
1	0	×	×	1	0
1	1	↑	0	0	1
1	1	↑	1	1	0

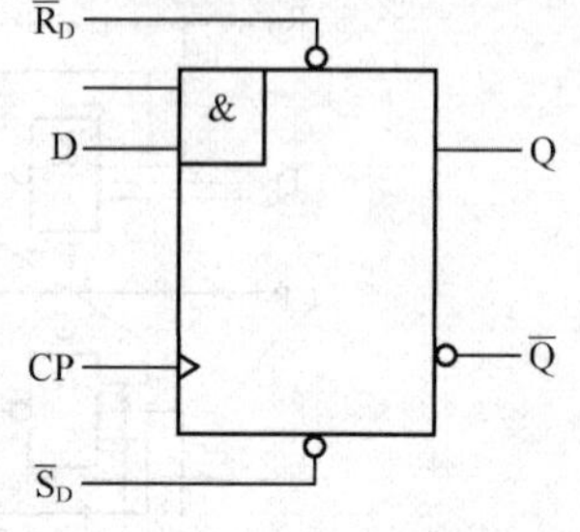

图4-30 D触发器的逻辑符号

2. 脉冲工作特性

从上面分析可知，维持-阻塞D触发器的工作分两个阶段，CP=0期间为准备阶段；CP由0至1正向跳变时为状态转移阶段。为了使维持-阻塞D触发器能可靠工作，必须要求：

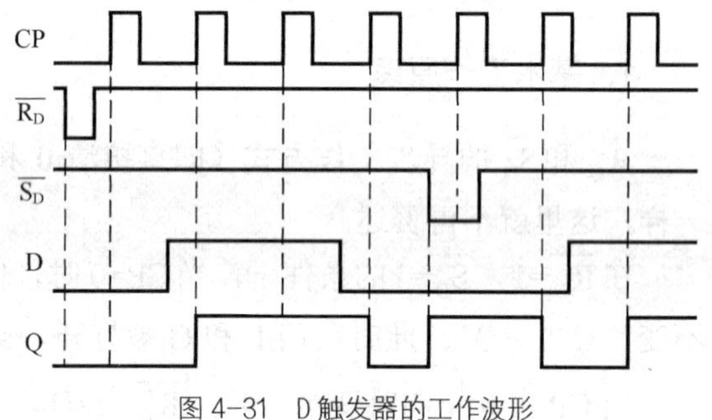

图4-31 D触发器的工作波形

① CP=0期间，门F和门G的输出端a和b应当能够建立起稳定状态。由于a和b稳定状态的建立需要经历两个与非门的延迟时间，这段时间称为建立时间t_{set}，$t_{set} = 2\,t_{pd}$。在t_{set}内要求输入D信号保持不变，且CP=0的持续时间应满足$t_{CPL} \geqslant t_{set} = 2\,t_{pd}$。

② 在CP由0正向跳变至1及CP脉冲前沿到达后，要达到维持-阻塞作用，必须使$\overline{S_D'}$或$\overline{R_D'}$由1变为0，这需要经历一个与非门的延迟时间。在这段时间内输入D信号也不能发生变化，将这段时间称为保持时间t_h，$t_h = 1\,t_{pd}$。

③ 从CP由0正向跳变至1开始，直至触发器状态稳定建立，除经保持时间t_h外，还需经历基本触发器状态翻转时间，这样一共需要经历三级与非门的延迟时间$3\,t_{pd}$，因此要求CP=1的持续时间应满足$t_{CPH} \geqslant 3\,t_{pd}$。

④ 为使维持-阻塞D触发器稳定可靠地工作，CP脉冲的工作频率应满足

$$f_{CP\max} \leqslant \frac{1}{t_{CPL} + t_{CPH}} = \frac{1}{5\,t_{pd}} \tag{4-18}$$

从上面分析可以看出，由于维持-阻塞D触发器只要求输入信号D在CP上升沿前后很短时间（$t_{set} + t_h = 3\,t_{pd}$）内保持不变，而在CP=0及CP=1的其余时间内，无论输入信号如何变化，都不会影响输出状态。因此，它的数据输入端具有较强的抗干扰能力，且工作速度快，

故应用较为广泛。

4.4.3 CMOS触发器

从基本工作原理而言，CMOS触发器和TTL触发器是相同的，因此CMOS也有D、JK等功能的触发器。但就其具体结构和使用方法来看，两者还是有所不同的。

在TTL集成触发器中，钟控基本触发器一般都是RS触发器；而CMOS集成触发器中则常用D触发器作为钟控基本触发器，基本的逻辑结构示于图4-32。它由两个传输门（TG_1、TG_2）和两个或非门相连组成。电路的工作具体可分为两步进行。

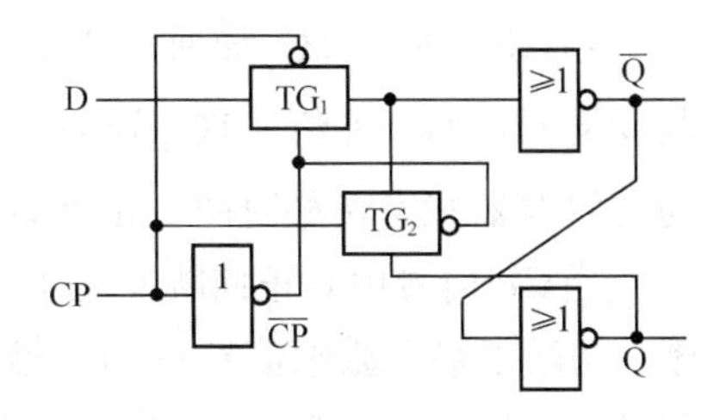

图4-32 CMOS传输门构成的基本触发器

CP=0时，传输门TG_1导通，TG_2关断，触发器接收输入激励信号D。这时的电路，实际上是按组合电路工作，因此有$\overline{Q}=\overline{D}$，Q=D。

CP=1时，传输门TG_1关断，TG_2导通，触发器的状态保持不变，将CP=0时接收到的信号存储起来。

从以上分析可以看出，该触发器在CP=1期间状态保持不变；在CP=0期间实现钟控D触发器的逻辑功能，属于电位触发方式，CP为低电平有效。

1. CMOS传输门构成的主从D触发器

如图4-32所示的两个CMOS传输门基本触发器级联可构成CMOS主从D触发器，逻辑图如图4-33所示。

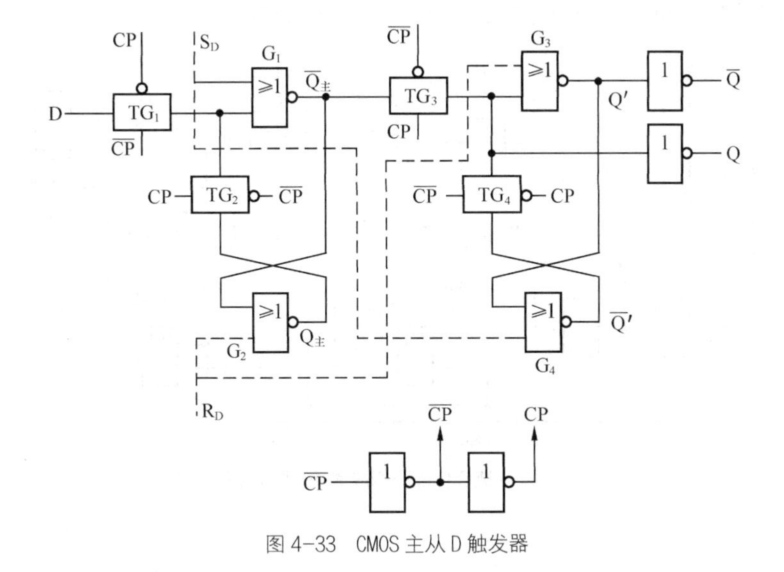

图4-33 CMOS主从D触发器

（1）电路构成

传输门TG_1、TG_2和或非门G_1、G_2构成主触发器，输出为$Q_主$和$\overline{Q_主}$；传输门TG_3、TG_4和或非门G_3、G_4构成从触发器，输出为Q'和$\overline{Q'}$；两个反相器为输出门，输出Q和$\overline{Q}$作为

整个电路的输出。图中，R_D、S_D 为异步置 0、置 1 输入端，如图中虚线所示。在此，直接置位信号是高电平有效，而不是像 TTL 触发器中是低电平有效，这也是 CMOS 触发器和 TTL 触发器的差别之一，使用时必须特别注意。所以，当 R_D=1、S_D=0 时，实现异步置 0；当 R_D=0、S_D=1 时，实现异步置 1。

（2）工作原理

当 CP=0 时，TG_1 导通，TG_2 关断，主触发器接收输入激励信号 D，使 $\overline{Q_主}=\overline{D}$，$Q_主$=D；与此同时，$TG_3$ 关断，TG_4 导通，主从触发器断开，从触发器保持原状态不变。综上，CP=0 为主触发器状态转移时间，是准备阶段。

当 CP 信号由 0 正向跳变至 1 时刻，$\overline{CP}$ 由 1 负向跳变至 0。由于 CP=1，$\overline{CP}$=0，TG_1 关断，切断了输入激励信号 D 与主触发器的通路；而 TG_2 导通，或非门 G_1 和 G_2 形成交叉耦合，保持 CP 由 0 正向跳变至 1 这一时刻所接收的 D 信号，且在 CP=1 期间主触发器状态一直保持不变。与此同时，TG_3 导通，TG_4 关断，从触发器和主触发器连通，接收主触发器在这一时刻的状态 $Q_主$，使 $Q'=Q_主$，$\overline{Q'}=\overline{Q_主}$，输出 $Q=Q'=Q_主=D$，$\overline{Q}=\overline{Q'}=\overline{Q_主}=\overline{D}$。这一时刻从触发器状态转移。

从以上分析可以看出，图 4-33 所示主从 D 触发器的状态转移是发生在 CP 上升沿（前沿）到达时刻，且接收这一时刻的输入信号 D，因此特征方程为

$$Q^{n+1}=[D]\cdot CP\uparrow \tag{4-19}$$

2. CMOS 传输门构成的 JK 边沿触发器

图 4-34 所示为 CMOS 传输门构成的 JK 边沿触发器电路，它的结构与图 4-33 是相同的，只是在输入端增加了控制门，形成了 2 个激励信号输入端。

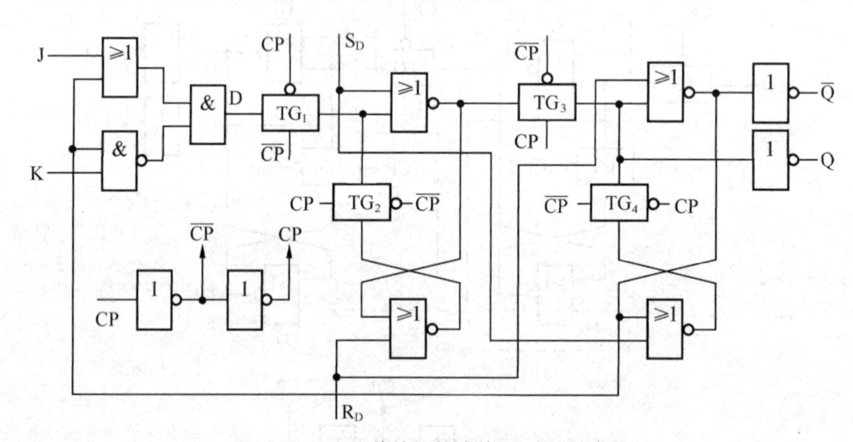

图 4-34 CMOS 传输门构成的 JK 边沿触发器

由图可见

$$D=\left(J+Q^n\right)\overline{KQ^n}=\left(J+Q^n\right)\left(\overline{K}+\overline{Q^n}\right)=J\overline{Q^n}+\overline{K}Q^n$$

所以

$$Q^{n+1}=D=J\overline{Q^n}+\overline{K}Q^n \tag{4-20}$$

需要说明的是，图 4-34 所示电路虽然是主从结构，但由于 CP=1 时，TG_1 关断，切断了输入激励信号 D 与主触发器的通路，因此不会发生一次翻转现象。所以，这是边沿触发形式，而不是主从触发形式。

习　题

1．就功能而言，触发器有几种类型？其中又有几种无空翻的触发器结构？

2．电位触发方式和时钟边沿触发方式各有什么特点？

3．主从触发器和边沿触发器的状态改变都在 CP 脉冲的下降沿时刻，而引起这一现象的原因是不同的，区别在哪里？

4．分析图 4-1（b）所示由两个或非门组成的基本触发器，写出其真值表，特征方程及状态转移图；并画出输出端的工作波形。其中，输入信号 R_D 和 S_D 的波形如题图 1 所示。

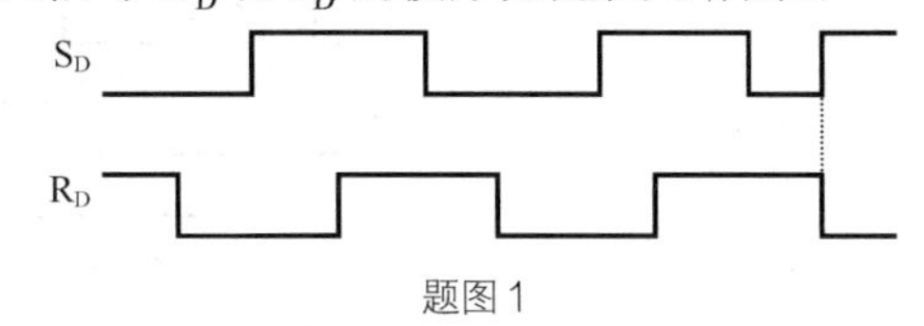

题图 1

5. 分析如题图 2（a）所示电路，其中 RS 触发器为钟控触发器，试问：

（1）在题图 2（b）所示输入波形作用下，画出输出端 Q 的工作波形；

（2）如果把题图 2（a）所示触发器的 S 和 $\overline{Q}$ 端相连，R 和 Q 端相连，构成一个新的触发器。试写出触发器的特征方程，并分析该电路存在什么问题？

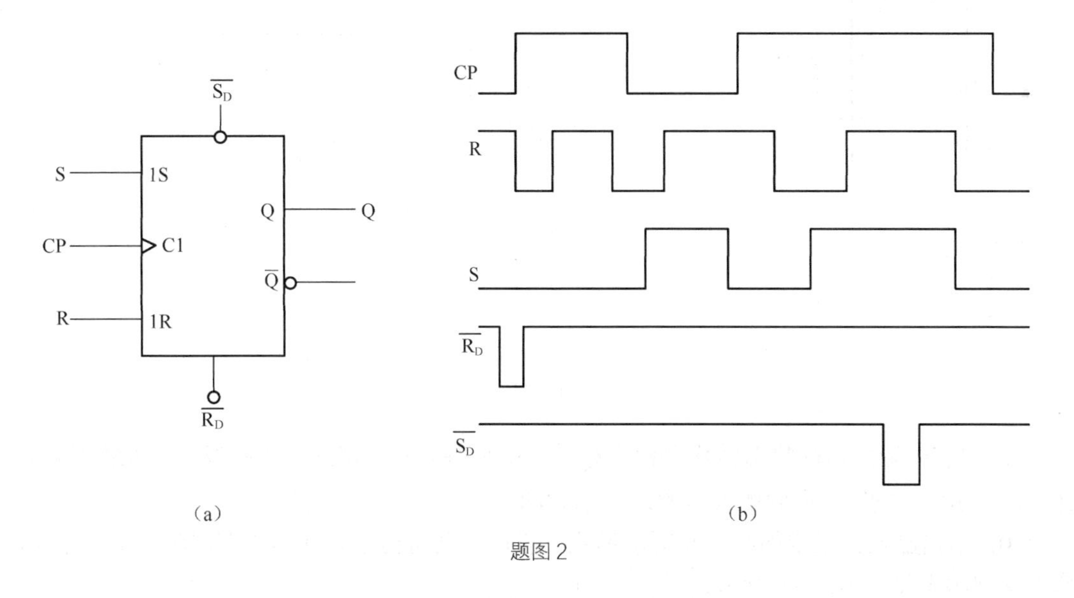

题图 2

6．分析题图 3 所示电路构成的基本触发器，分别写出真值表、特征方程及状态转移图。

7．今有主从 JK 触发器和边沿 JK 触发器，均为下降沿触发，已知其输入信号如图 4 所示，分别画出它们输出端的工作波形。

8．试分析如题图 5（a）所示主从 JK 触发器构成的电路，说明其功能，并画出在题图 5（b）所示输入波形作用下输出端 Q 的工作波形。

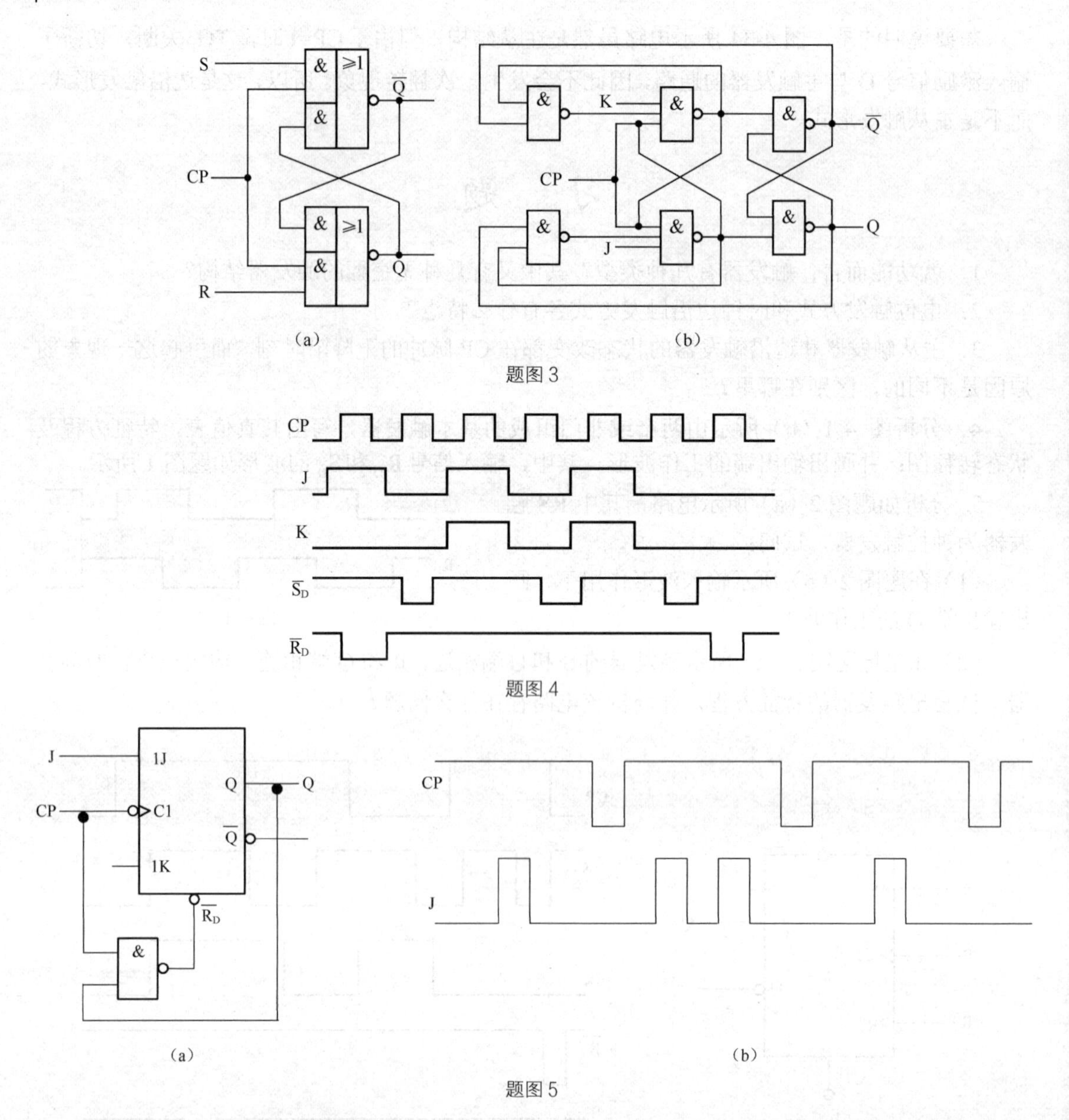

题图 3

题图 4

题图 5

9．现有一触发器的状态转移方程为 $Q^{n+1}=A\oplus B\oplus Q^{n}$，试画出该触发器的状态转移图，并画出用 RS 触发器构成此触发器的逻辑示意图。

10．边沿触发器接成如题图 6 所示形式，假设触发器初态为 0，试根据图 6（e）所示 CP 波形分别画出 Q_1，Q_2，Q_3 和 Q_4 的工作波形。

11．维持-阻塞 D 触发器接成如题图 7 所示形式，假设触发器初态为 0，试根据图 7（e）所示 CP 波形分别画出 Q_1，Q_2，Q_3 和 Q_4 的工作波形。

12．试画出题图 8（a）所示边沿触发器构成的电路在图 8（b）作用下输出端 Q_1 和 Q_2 的工作波形，设初始状态均为 0。

13．分别写出题图 9（a）和题图 9（b）所示电路的特征方程，并画出在输入波形题图 9（c）作用下 Q_1 和 Q_2 的工作波形（设触发器的初态为 0）。

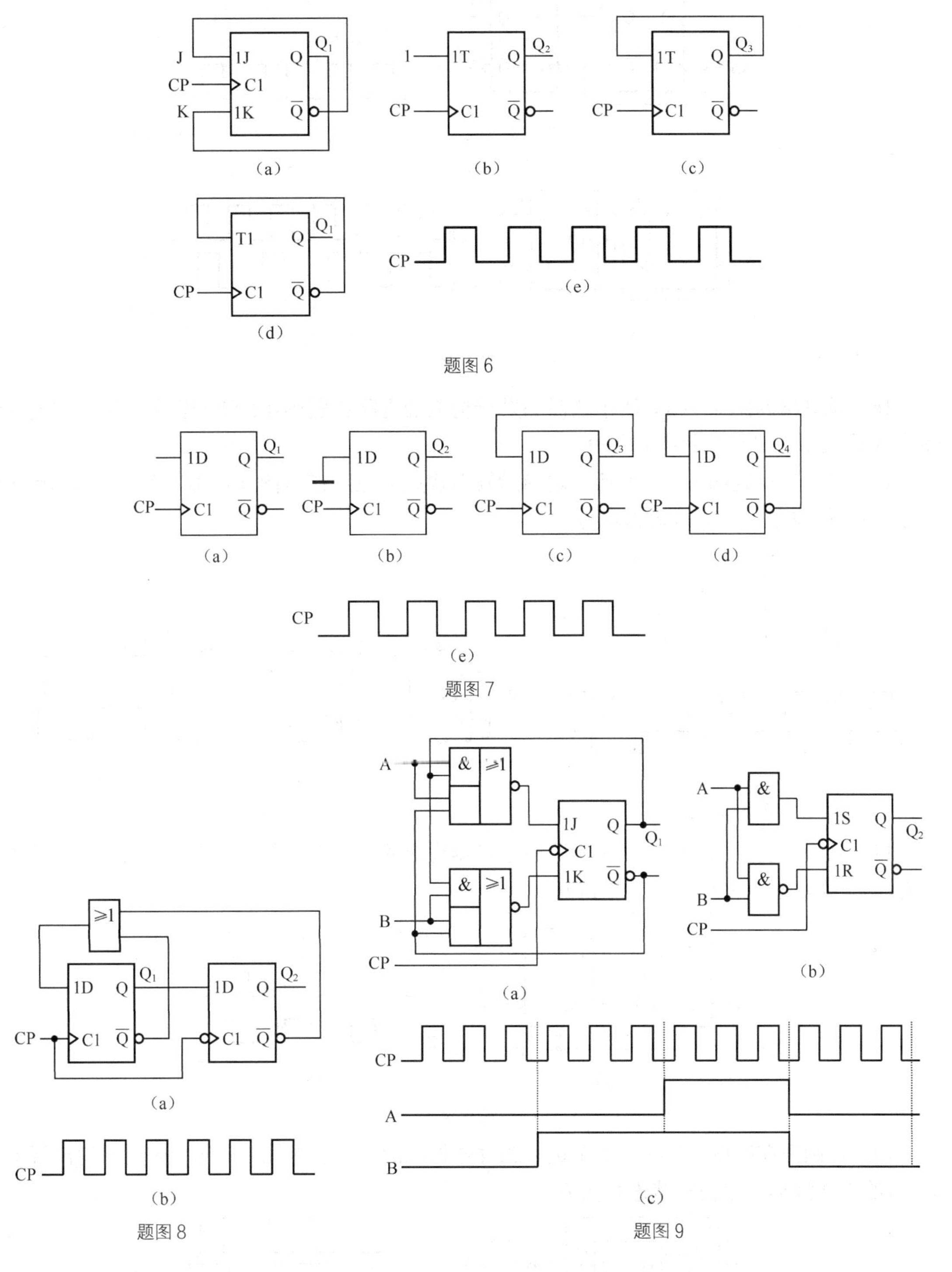

题图 6

题图 7

题图 8

题图 9

14．试画出题图 10（a）所示边沿触发器构成的电路在题图 10（b）作用下输出端 Q_1 和 Q_2 的工作波形，设初始状态均为 0。

15．试画出题图 11（a）所示边沿触发器构成的电路在题图 11（b）作用下输出端 Q_1 和 Q_2 的工作波形，设初始状态为 0。

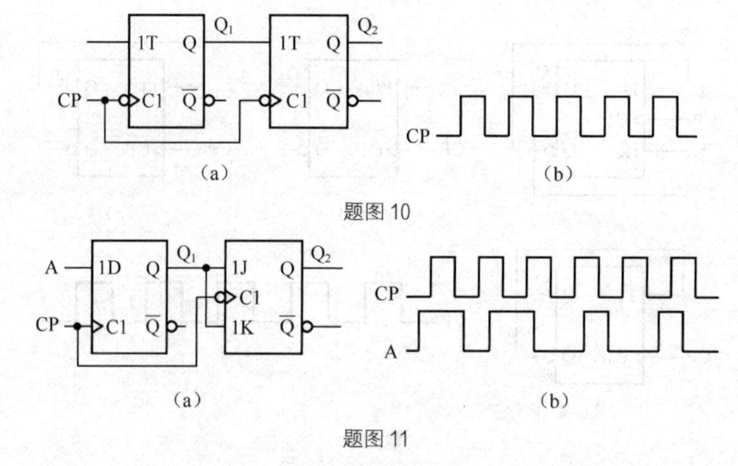

题图 10

题图 11

16．试画出题图 12（a）所示边沿触发器构成的电路在题图 12（b）作用下输出端 Q_1 和 Q_2 的工作波形，设初始状态均为 0。

17．试画出在题图 13（a）所示边沿触发器构成的电路在题图 13（b）作用下输出端 Q_1 和 Q_2 的工作波形，设初始状态均为 0。

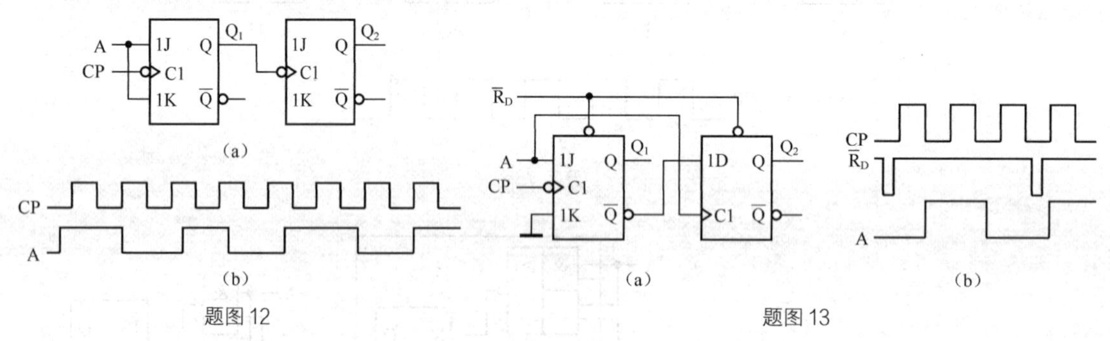

题图 12

题图 13

18．试画出在题图 14（a）所示边沿触发器构成的电路在题图 14（b）作用下输出端 Q_2 和 Q_2 的工作波形，设初始状态均为 0。

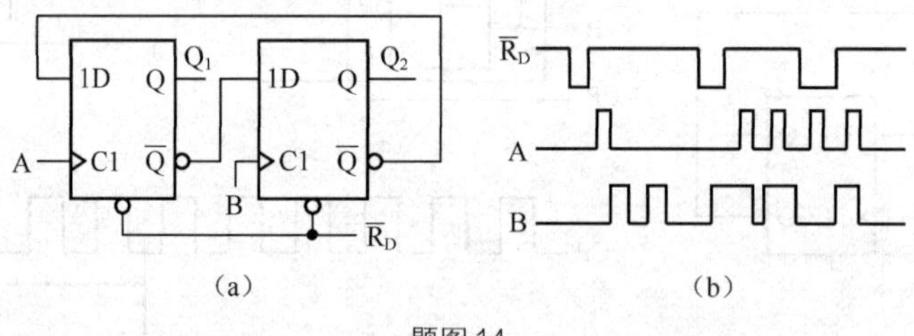

题图 14

19．试画出在题图 15（a）所示边沿触发器构成的电路在题图 15（b）作用下输出端 Q_1 和 Q_2 的工作波形，设初始状态均为 0。

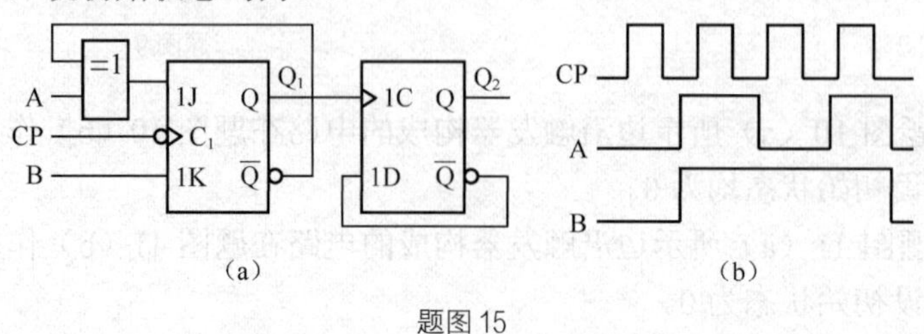

题图 15

20．试分析如题图 16（a）所示由主从 JK 触发器和边沿 D 触发器构成的电路，画出在题图 16（b）所示输入波形作用下输出端 Q_1 和 Q_2 的工作波形。

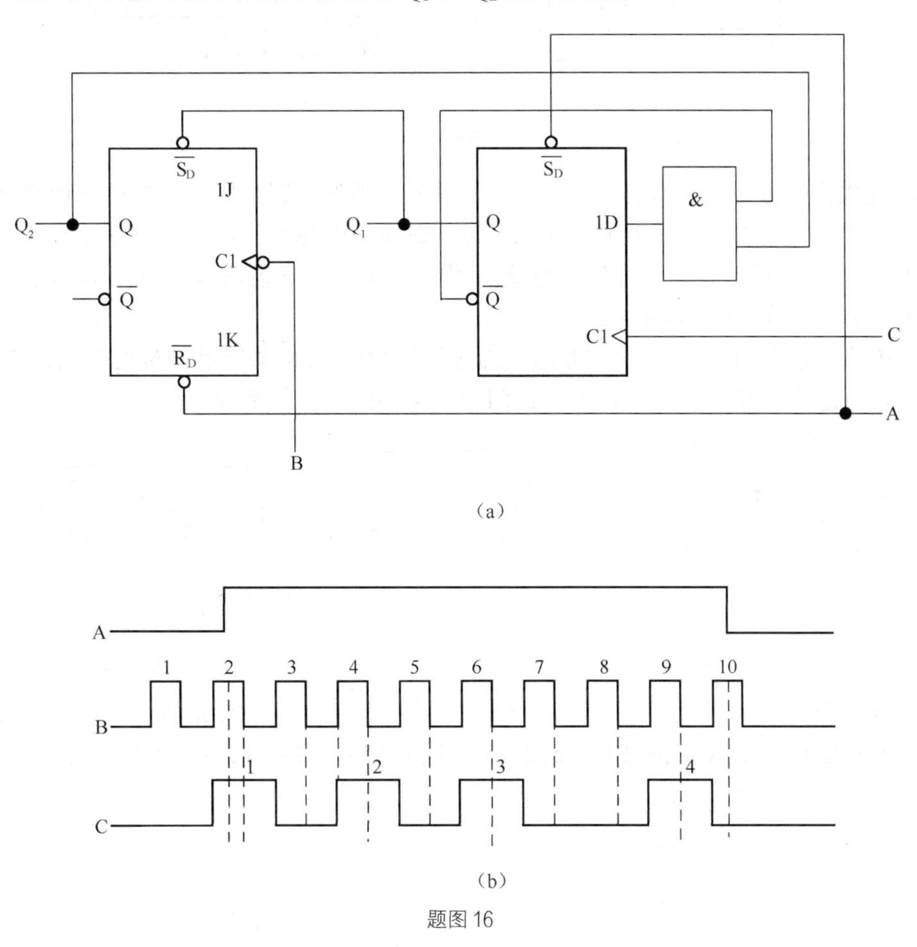

题图 16

21．分别画出以下 2 种情况下题图 17（a）所示电路在题图 17（b）作用下输出端 Q_1 和 Q_2 的工作波形，设初始状态均为 0。

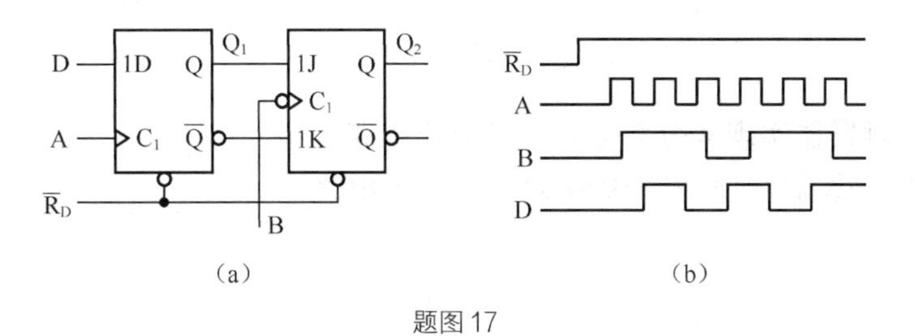

题图 17

（1）题图 17（a）中 D 触发器为钟控触发器，JK 触发器为主从触发器；

（2）题图 17（a）中 D 触发器为边沿触发器，JK 触发器为边沿触发器；

22．按钮开关在转换的时候，由于簧片的颤动，使信号出现抖动，因此实际使用时往往要加上防抖动电路。基本 RS 触发器电路是常用的电路之一，其连接如题图 18（a）所示。请说明其工作原理，并画出对应于题图 18（b）中输入波形的输出波形。

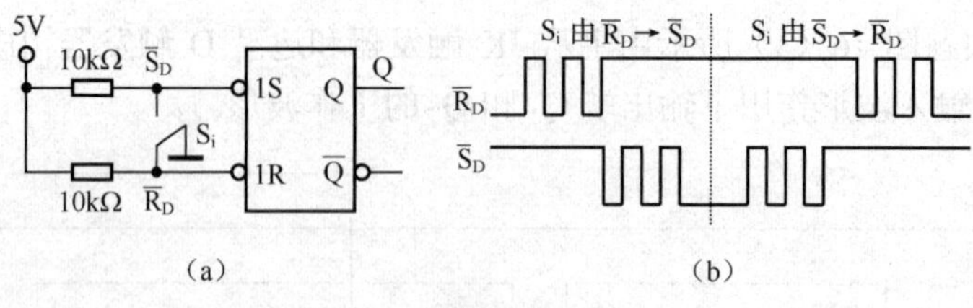

题图 18

23．在数字设备中常常需要一种所谓单脉冲发生器的装置。用一个按钮来控制脉冲的产生，每按一次按钮就输出一个宽度一定的脉冲。题图 19（a）就是一种单脉冲发生器，按钮 S_i 每按下一次（不论时间长短），就在 Q_1 端输出一个脉冲。试根据题图 19（b）给定的 CP 和 J_1 的波形，画出 Q_1 和 Q_2 的波形。

24．电路如题图 20 所示，设与非门延迟时间为 20ns，JK 触发器的延迟时间为 30ns，CP 的时间间隔远远大于输出脉冲的宽度。试问输出脉冲的宽度是多少？

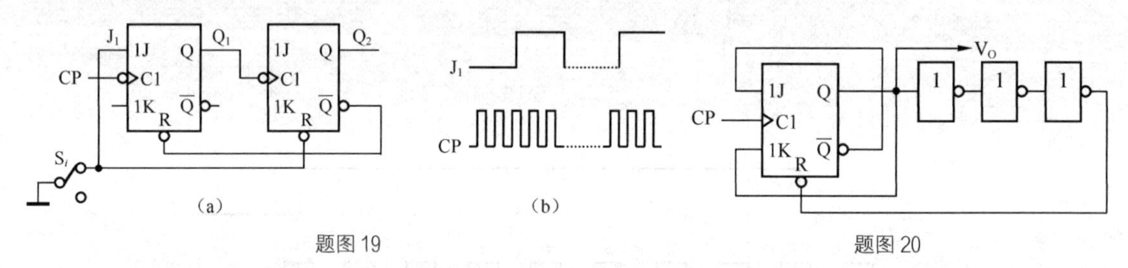

题图 19　　　　题图 20

25．在题图 21（a）所示电路中，已知输入信号 V_I 的电压波形如题图 21（b）所示，试画出与之对应的输出电压 V_O 的波形，触发器为维持-阻塞结构，假设初始状态为 0（提示：考虑触发器和异或门的延迟时间）。

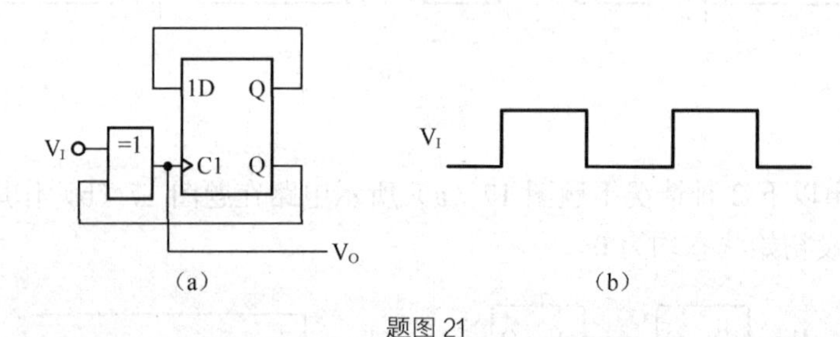

题图 21

26．试用 D 触发器实现 4 分频电路，请画出电路。

27．试用 JK 触发器实现 16 分频电路，请画出电路。

第 5 章 时序逻辑电路

时序逻辑电路是非常重要的另一种数字逻辑电路，它是数字系统中不可缺少的组成部分。

本章讲述时序逻辑电路的结构模型、特点，讨论时序逻辑电路的分析设计方法；并介绍在计算机和其他数字系统中广泛应用的时序逻辑功能器件：计数器、寄存器、序列信号发生器和状态机。

5.1 概述

5.1.1 时序逻辑电路的结构模型及特点

组合逻辑电路仅由若干逻辑门组成，没有存储电路，因而无记忆功能，电路的输出仅仅取决于当前的输入。而时序逻辑电路的结构就和组合逻辑电路的结构不相同。

如图 5-1 所示电路是一个简单的时序逻辑电路。电路由 位全加器构成的组合电路和 D 触发器构成的存储电路组成。A_i，B_i 为串行数据输入，S_i 为串行数据输出，当 A_0，B_0 作为串行数据输入的第 1 组数送入 1 位全加器，产生第 1 个本位和输出 S_0 以及第 1 个进位输出 C_0，在 CP 上升沿到达时，C_0 作为 D 触发器的激励信号到达 Q 端，作为全加器第 2 次相加的 C_{i-1} 信号，因此，在第 2 次相加时，全加器的输入是 A_1，B_1 和 C_0，并产生第 2 次相加的输出 S_1 以及 C_1，即 $S_i = A_i + B_i + C_{i-1}$，以上分析可知，图 5-1 的逻辑功能是串行加法器。它的结构、特点和组合电路完全不同。如图 5-2 所示是时序逻辑电路的结构框图，其中：$X(x_1,x_2,\cdots,x_n)$ 是时序逻辑电路的外部输入信号，$Q(q_1,q_2,\cdots,q_n)$ 是存储器的输出信号，它被反馈到组合电路的输入端，与输入信号共同决定时序逻辑电路的输出状态。$Z(z_1,z_2,\cdots,z_n)$ 是输出信号，$W(w_1,w_2,\cdots,w_n)$ 是存储器的激励（驱动）输入信号，也是组合逻辑电路的内部输出。这些信号之间的逻辑关系可以表示为

输出方程：$Z(t_n)=F[X(t_n),Q(t_n)]$

激励方程（驱动方程）：$W(t_n)=G[X(t_n),Q(t_n)]$

状态方程：$Q(t_{n+1}) = H[W(t_n),Q(t_n)]$

由上述可知，时序逻辑电路有如下的特点。

① 结构特点：由组合逻辑电路和存储电路组成；存储电路必不可少，存储电路由触发器或由具有反馈回路的电路构成；

② 逻辑特点：任何时刻电路的输出不仅仅取决于该时刻的输入信号，而且还与电路的历

史状态有关，具有记忆功能。

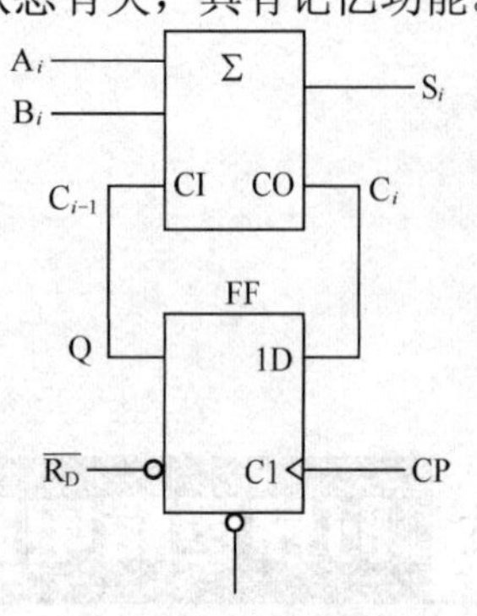

图 5-1　串行加法器

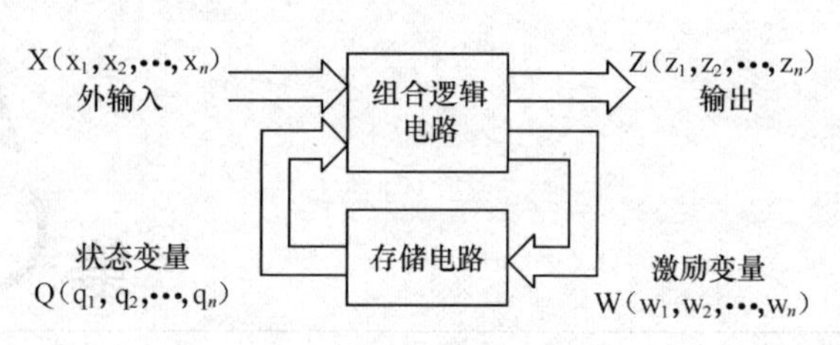

图 5-2　时序电路结构框图

5.1.2 时序逻辑电路的类型

时序逻辑电路可以按照多种分类方式进行划分。

（1）按逻辑功能来分类：有计数器、寄存器、移位寄存器、顺序脉冲发生器等。在科研、生产、活动中，完成各种操作的时序逻辑电路非常多，这里提到的几种是比较典型、常用的电路。

（2）按电路输出信号的特性可分为：米里型（Mealy）和莫尔型（Moore）。其电路结构框图如图 5-3 所示，其中，米里型时序电路是指其输出不仅与现状态有关，而且还取决于电路的输入，多用于一般时序电路。莫尔型时序电路是指输出是现状态的函数。即输出仅仅取决于存储电路的状态（尽管存储电路与外部输入有关），多用于计数器，是米里型电路的一种特例。

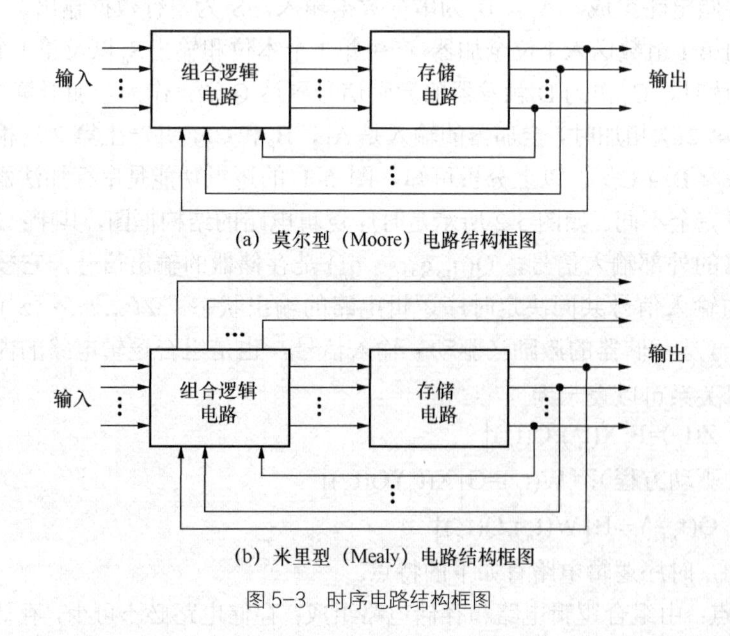

图 5-3　时序电路结构框图

（3）按电路中触发器状态变化是否同步可分为：同步时序电路和异步时序电路。其中，同步时序电路是指电路状态改变时，电路中要更新状态的触发器是同步翻转的，同步电路中所有的触发器由统一时钟脉冲信号控制。异步时序电路是指电路状态改变时，电路中要更新状态的触发器，有的先翻转，有的后翻转，是异步进行的，异步电路中的触发器不由统一时钟脉冲信号控制。

（4）按变量的取值确定与否可分为：完全确定时序电路和非完全确定时序电路。其中，完全确定时序电路的输入为确定的逻辑变量，其取值为 0，或 1。非完全确定时序电路至少 1 个输入为随机变量，其值不确定，输出是输入的随机函数，而且输出与输入不再一一对应，呈现出多值性。

此外，还可按集成度不同分为小规模（SSI）、中规模（MSI）、大规模（LSI）、超大规模（VLSI）等；按使用的开关元件类型分为 TTL 和 CMOS 等。

5.2 时序逻辑电路的分析

时序逻辑电路分析建立在组合逻辑电路和触发器分析方法的基础上，主要利用状态转移表、状态方程、状态转移图、时序图等工具进行分析。分析的目的是根据给定逻辑电路，确定电路的类型，找出电路的逻辑功能。本节先给出时序逻辑电路分析的一般步骤，再分析一些典型、常见的时序电路，如：同步计数器、异步计数器和移位寄存器。

5.2.1 时序逻辑电路的分析步骤

图 5-4 所示为分析时序逻辑电路的一般步骤。

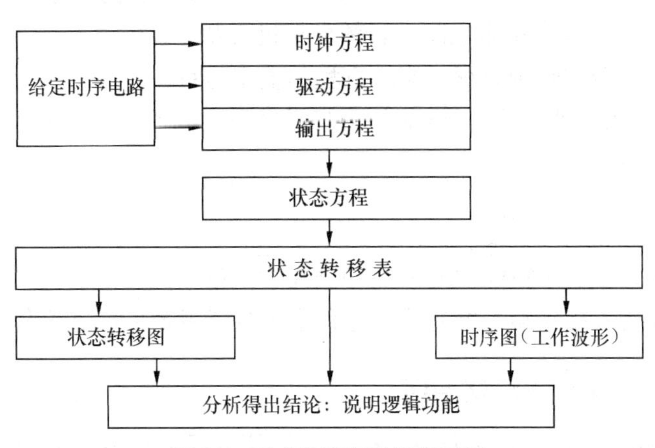

图 5-4 时序电路分析过程示意图

（1）根据给定时序逻辑电路图，写出下列各种逻辑方程式。

① 写出每个触发器的时钟方程，如果是同步时序逻辑电路，由于各触发器时钟脉冲信号 CP 相同，时钟方程可以省略不写。

② 写出每个触发器的驱动方程（激励方程），即 $W(t_n)=G\left[X(t_n),Q(t_n)\right]$。

③ 写出时序电路的输出方程，即 $Z(t_n)=F\left[X(t_n),Q(t_n)\right]$。

（2）根据驱动方程，逐级写出每个触发器的状态方程，即 $Q(t_{n+1})=H\left[W(t_n),Q(t_n)\right]$。

（3）根据状态方程、输出方程列出电路的状态转移表，画出状态转移图和时序图。

状态转移表是反映时序逻辑电路的输出 Z、次态 Q^{n+1} 与电路的输入 X 、现态 Q^n 间对应取值关系的表格，具体做法是将任意一组输入变量及存储电路的初始状态取值，代入状态方程和输出方程进行计算，可以求出存储电路转移的下一状态（次态）和输出值；把得到的次态又作为新的初态，和这时的输入变量取值一起，再代入状态方程和输出方程进行计算，又可得到存储电路转移的新的次态和输出值；如此反复进行，直到找到存储电路的状态转移规律为止，并以表格形式列出，即是状态转移表。

状态转移图是反映逻辑电路状态转移规律及相应输入输出取值关系的图形，是状态转移表的图形形式。

时序图是时序电路的工作波形图。它直观地描述时序电路的输入信号、时钟信号、输出信号及电路的状态转换等在时间上的对应关系。

（4）用文字概括电路的逻辑功能。

【例 5-1】 分析如图 5-5 所示时序逻辑电路。

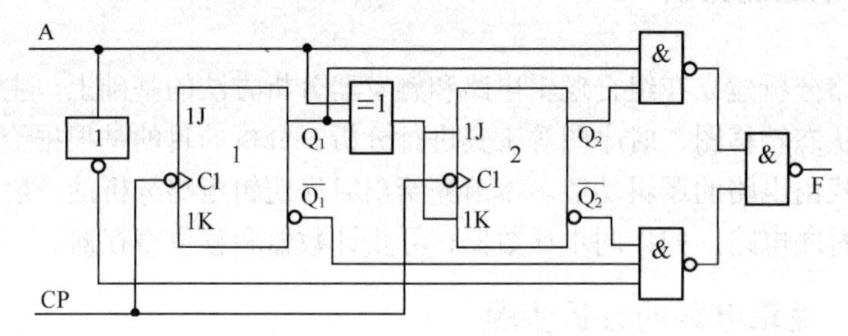

图 5-5　例 5-1 的时序电路图

解 由图 5-5 可见，该时序逻辑电路是由 2 个 JK 触发器和门电路构成。各级触发器受同一时钟 CP 控制，是同步时序逻辑电路。具体分析过程如下。

① 写出各级触发器的时钟方程、驱动方程和输出方程。

各触发器都统一在时钟脉冲信号 CP 的下降沿触发，因而时钟方程可以不写。

驱动方程：$\begin{cases} J_1=K_1=1 \\ J_2=K_2=A\oplus Q_1^n \end{cases}$

输出方程：$F=\overline{\overline{AQ_1^nQ_2^n}\cdot\overline{\overline{A}\cdot\overline{Q_1^n}\cdot\overline{Q_2^n}}}=AQ_1^nQ_2^n+\overline{A}\cdot\overline{Q_1^n}\cdot\overline{Q_2^n}$

② 将驱动方程代入相应触发器的特性方程求出各触发器的状态方程，即

$$\begin{cases} Q_1^{n+1}=J_1\overline{Q_1^n}+\overline{K}_1Q_1^n=\overline{Q_1^n} \\ Q_2^{n+1}=J_2\overline{Q_2^n}+\overline{K}_2Q_2^n=(A\oplus Q_1^n)\overline{Q_2^n}+\overline{A\oplus Q_1^n}\,Q_2^n=A\oplus Q_1^n\oplus Q_2^n \end{cases}$$

③ 列状态转移表、画状态图和时序图。

列状态转移表是分析时序逻辑电路的关键步骤，依次假设电路的现在状态 A、Q_2^n、Q_1^n，代入输出方程及状态方程，进行计算，求出相应的次态 Q_2^{n+1}、Q_1^{n+1} 和输出 F，可列出状态表，如表 5-1 所示。

根据状态转移表可以画出对应的状态转移图如图 5-6 所示。根据状态表和状态图，可画出在一系列 CP 脉冲作用下的时序图，如图 5-7 所示。

表 5-1　例 5-1 状态转移表

输入	现态		次态		输出
A	Q_2	Q_1	Q_2	Q_1	F
0	0	0	0	1	1
0	0	1	1	0	0
0	1	0	1	1	0
0	1	1	0	0	0
1	0	0	1	1	0
1	1	1	1	0	1
1	1	0	0	1	0
1	0	1	0	0	0

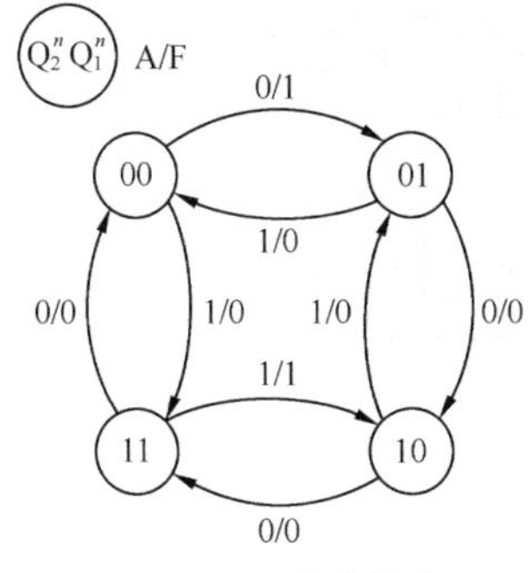

图5-6 例5-1状态转移图

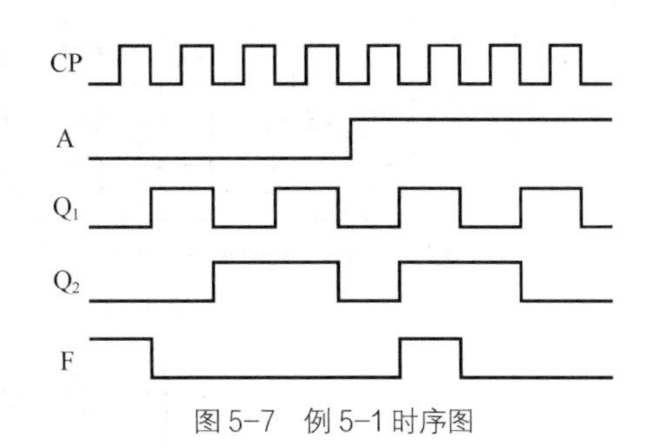

图5-7 例5-1时序图

④ 逻辑功能分析。

由状态图可看出，此电路是同步模4可逆计数器。当A=0时，实现模4加法计数功能，在时钟脉冲作用下，Q_2Q_1 的数值从00到11递增又返回00，每经过4个时钟脉冲作用后，电路的状态循环1次。同时在输出端F输出1个进位脉冲，此时F是进位信号。当A=1时，电路进行减1计数，实现模4减法计数功能，此时F是借位信号。有关计数器的详细内容将在5.3节加以介绍。

5.2.2 小规模同步计数器

数字计数器是数字系统中常见的基本时序逻辑部件，它的基本逻辑功能是用计数器的状态来记忆输入脉冲的个数。它是用途最广泛的基本部件之一，几乎在各种数字系统中都有计数器。它不仅可以计数，还可以对某个频率的时钟脉冲进行分频，以及构成时间分配器或时序发生器对数字系统进行定时、程序控制操作，此外还能用它执行数字运算。计数器的种类很多，可以按照不同的方法来分类。

（1）按照计数器的计数进制（模值）分类，有二进制计数器和非二进制计数器。其中，二进制计数器的模值为 2^n，n 为触发器级数。

（2）按照计数器的时钟控制类型分类，有同步计数器和异步计数器。其中，同步计数器中所有触发器的时钟信号相同，都是输入计数脉冲。当输入计数脉冲到来时，所有触发器都同时触发；而异步计数器中触发器不受统一的时钟控制，不是同时动作，从电路结构上来看，计数器中各个触发器的时钟信号不相同。

（3）按照计数器的计数增减规律分类，有加法计数器，减法计数器和可逆计数器。其中，加法计数器每来1个计数脉冲，触发器组成的状态，就按二进制代码规律增加。减法计数器每来1个计数脉冲，触发器组成的状态，按二进制代码规律减少。而可逆计数器，计数规律可按加法规律，也可按减法规律，由控制端决定。

总之，计数器不仅应用十分广泛，分类方法不少，而且规格品种也很多。

同步计数器中所有触发器的时钟同步，所以没有附加的传输延迟，还可以产生较高的时钟频率，这是同步计数器的优点，而缺点是同步计数器的电路一般较复杂，需要较多的逻辑门来控制翻转。

【例5-2】 分析如图5-8所示电路的时序逻辑电路。

解 ① 写出各级触发器的驱动方程和输出方程。

驱动方程：

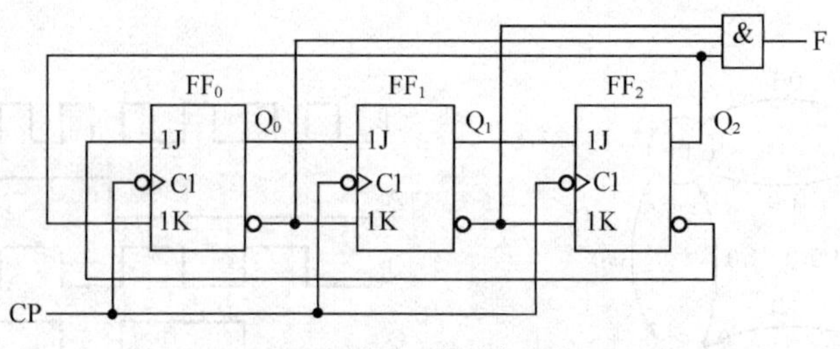

图 5-8 例 5-2 的时序电路图

$$\begin{cases} J_0=\overline{Q_2^n} & K_0=Q_2^n \\ J_1=Q_0^n & K_1=\overline{Q_0^n} \\ J_2=Q_1^n & K_2=\overline{Q_1^n} \end{cases}$$

输出方程： $F=\overline{Q_0^n}\ Q_1^n\ Q_2^n$

② 将驱动方程代入相应触发器的特性方程求出各触发器的状态方程。

状态方程：

$$\begin{cases} Q_0^{n+1}=\overline{Q_2^n}\ \overline{Q_0^n}+\overline{Q_2^n}\ Q_0^n=\overline{Q_2^n} \\ Q_1^{n+1}=Q_0^n\ \overline{Q_1^n}+Q_0^n\ Q_1^n=Q_0^n \\ Q_2^{n+1}=Q_1^n\ \overline{Q_2^n}+Q_1^n\ Q_2^n=Q_1^n \end{cases}$$

③ 列状态转移表、画状态图和时序图。

由于电路无输入，所以状态转移表只有现态 Q^n、次态 Q^{n+1} 和输出 F，根据计算列出状态表，如表 5-2 所示。

表 5-2 例 5-2 状态转移表

	现态			次态			输出
	Q_2	Q_1	Q_0	Q_2	Q_1	Q_0	F
有效状态	0	0	0	0	0	1	0
	0	0	1	0	1	1	0
	0	1	1	1	1	1	0
	1	1	1	1	1	0	0
	1	1	0	1	0	0	0
	1	0	0	0	0	0	1
偏离态	0	1	0	1	0	1	0
	1	0	1	0	1	0	0

在表 5-2 中，有 6 个状态反复循环，这 6 个状态为该时序电路的有效状态。然而，采用 3 级触发器，$Q_2Q_1Q_0$ 一共有 8 种状态取值组合，除了 6 个有效状态外，剩下的 2 个状态（010，101）没有被利用上，称为无效状态，也叫偏离状态。为了了解电路的全部状态转移情况，偏离态也需代入到输出方程和状态方程进行计算，以得到完整的状态转移表。这个过程称为检验电路的自启动。如果电路的偏离态经过 1 个或多个 CP 脉冲作用，能自动转入到有效状态，回到有效循环，就称电路具备自启动特性，反之，偏离态之间形成了循环，无法自动转入有效状态，就称电路不具备自启动特性。在这种情况下，一旦电路因某种原因，例如受到干扰而进入无效状态，就再也回不到有效状态，电路就再也无法正常工作了。因此，通常是希望时序电路具有自启动特性。

根据状态转移表可以画出对应的状态转移图如图 5-9 所示。从状态转移表和状态转移图，都可看出，电路不具有自启动特性。根据状态表和状态图，可画出在一系列 CP 脉冲作用下的时序图，如图 5-10 所示。值得注意的是，在时序图中，只有有效状态，偏离态是不能出现在时序图中的。

④ 概述逻辑功能：这是 1 个不具备自启动特性的同步六进制计数器。

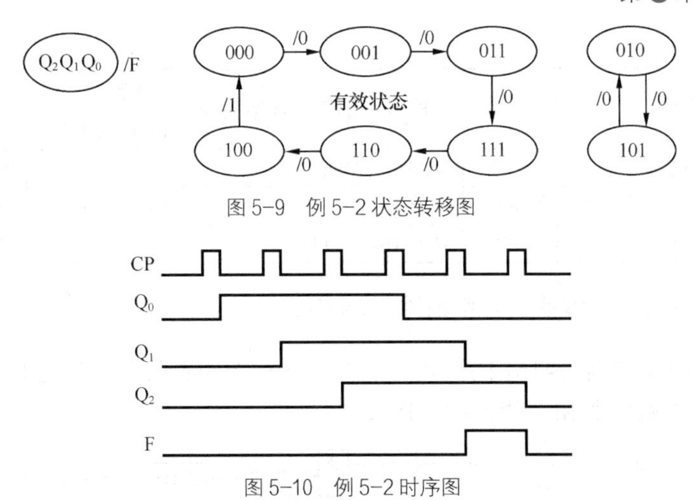

图 5-9　例 5-2 状态转移图

图 5-10　例 5-2 时序图

5.2.3　集成同步计数器

中规模时序电路具有功能较完善、通用性强、功耗低、工作速率高且可以自扩展等许多优点，因而得到广泛应用。集成计数器具有功能较完善、通用性强、功耗低、工作速率高且可以自扩展等许多优点，因而得到广泛应用。 目前，由 TTL 和 CMOS 电路构成的 MSI 计数器都有许多品种，表 5-3 列出了一些常用 TTL 型 MSI 计数器的型号及工作特点。集成计数器分为同步和异步两大类，为适应不同的使用要求，它们有多种型号的产品，本小节介绍几种典型的同步集成计数器产品，集成异步计数器芯片在 5.2.5 小节介绍。

表 5-3　　常用 TTL 型 MSI 计数器

类型	名称	型号	模值、编码、计数规律	预置方式，有效电平	复位方式，有效电平	触发方式
同步计数器	十进制计数器	74160	模 10，8421BCD 码，加法	同步，低	异步，低	上升沿
	4 位二进制计数器	74161	模 16，二进制，加法	同步，低	异步，低	上升沿
	十进制计数器	74162	模 10，8421BCD 码，加法	同步，低	同步，低	上升沿
	4 位二进制计数器	74163	模 16，二进制，加法	同步，低	同步，低	上升沿
	十进制加/减计数器	74168	模 10，8421BCD 码，可逆	同步，低	—	上升沿
	4 位二进制加/减计数器	74169	模 16，二进制，可逆	同步，低	—	
	十进制加/减计数器	74190	模 10，8421BCD 码，可逆	异步，低	—	上升沿
	4 位二进制加/减计数器	74191	模 16，二进制，可逆	异步，低	—	上升沿
	十进制加/减计数器（双时钟）	74192	模 10，8421BCD 码，可逆	异步，低	异步，高	上升沿
	4 位二进制加/减计数器	74193	模 16，二进制，可逆	异步	异步	上升沿
异步计数器	二-五-十进制计数器	7490	2-5-10，加法	异步置 9，高	异步，高	下降沿
	二-六-十二进制计数器	7492	2-6-12，加法	—	异步	下降沿
	二-八-十六进制计数器	7493	2-8-16，加法	—	异步，高	下降沿
	二-五-十进制计数器	74196	2-5-10，加法	异步，低	异步，低	下降沿
	二-八-十六进制计数器	74197	2-8-16，加法	异步，低	异步，低	下降沿
	二-五-十进制计数器	74290	2-5-10，加法	异步置 9，高	异步，高	下降沿

续表

类型	名称	型号	模值、编码、计数规律	预置方式，有效电平	复位方式，有效电平	触发方式
异步计数器	二-八-十六进制计数器	74293	2-8-16，加法	—	异步，高	下降沿
	双二-五-十进制计数器	74390	双模10	异步，高	异步，高	下降沿
	双4位二进制计数器	74393	双模16，二进制	—	异步，高	下降沿

1. 4位二进制同步计数器（异步清除）74161

4位二进制同步计数器74161的逻辑电路图、国标逻辑符号和惯用逻辑符号如图5-11所示，它是由4级JK触发器和一些控制门构成的。

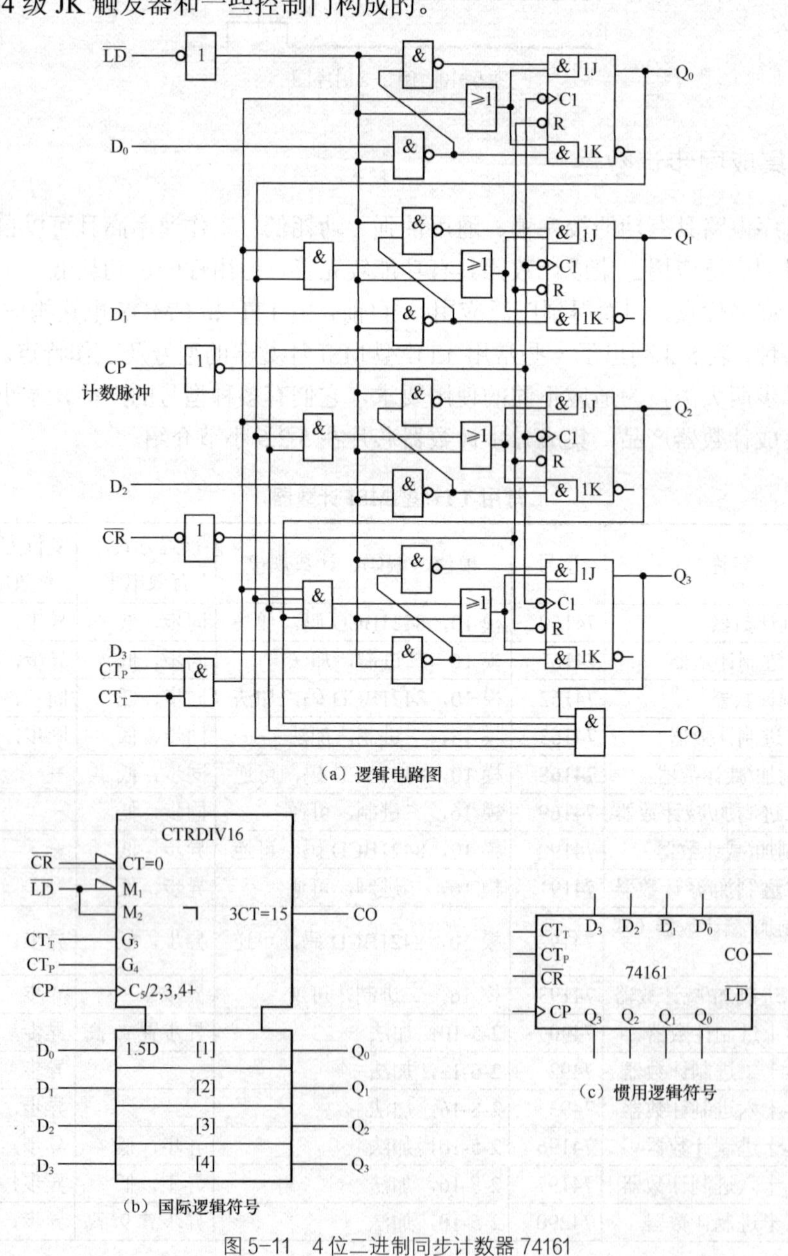

（a）逻辑电路图

（b）国际逻辑符号

（c）惯用逻辑符号

图5-11　4位二进制同步计数器74161

输入端子有：

① 时钟输入端 CP，上升沿有效；

② 并行数据输入端 $D_0 \sim D_3$；

③ 低电平有效的异步清 0 端 $\overline{CR}$；

④ 低电平有效的同步置入控制端 $\overline{LD}$；

⑤ 高电平有效的计数控制输入端 CT_P，CT_T。

输出端子有：

① 数据输出端 $Q_0 \sim Q_3$，Q_3 为最高位；

② 进位输出端 CO，$CO=Q_3^nQ_2^nQ_1^nQ_0^n$。

4 位二进制同步计数器 74161 的功能表如表 5-4 所示。从功能表不难得出其以下功能特点。

表 5-4　　74161 功能表

输　入									输　出				
$\overline{CR}$	$\overline{LD}$	CT_P	CT_T	CP	D_3	D_2	D_1	D_0	Q_3	Q_2	Q_1	Q_0	CO
0	×	×	×	×	×	×	×	×	0	0	0	0	0
1	0	×	×	↑	d_3	d_2	d_1	d_0	d_3	d_2	d_1	d_0	
1	1	1	1	↑	×	×	×	×	计数（模值为 16）				
1	1	0	×	×	×	×	×	×	保　持				
1	1	×	0	×	×	×	×	×	保　持				0

① 模值：74161 是模 16（4 位二进制）同步计数器，计数规律遵循 8421 码。

② 异步清 0 功能：当异步清 0 端 $\overline{CR}=0$ 时，立即有 $Q_3Q_2Q_1Q_0=0000$，与时钟 CP 的状态无关。$\overline{CR}$ 低电平有效。

③ 同步置入功能：在 $\overline{CR}=1$ 的条件下，当同步置入控制端 $\overline{LD}=0$ 时，在时钟 CP 的上升沿作用下，才能将输入数据的数据 $D_3D_2D_1D_0$ 同时置入，送至输出端，即 $Q_3Q_2Q_1Q_0=D_3D_2D_1D_0$。$\overline{LD}$ 低电平有效。

④ 同步计数功能：在 $\overline{CR}=1$，$\overline{LD}=1$ 的条件下，当计数控制输入端 $CT_P=CT_T=1$ 时，在时钟 CP 的上升沿作用下，计数器正常加法计数。完成 4 位二进制加法计数，模为 16。并且当计数至最大值 1111 时，进位输出端 CO=1，表示 1 次计数循环结束。CT_P，CT_T 高电平有效。

⑤ 保持功能：在 $\overline{CR}=1$，$\overline{LD}=1$ 的条件下，当 $CT_P \cdot CT_T=0$ 时，各触发器的 J、K 端均为 0，从而使计数器处于保持状态。CT_P，CT_T 的区别是，若 $CT_T=0$，进位输出 CO=0；若 $CT_P=0$，则 $CO=Q_3Q_2Q_1Q_0$。

综上所述，集成计数器 74161 是一个具有异步清 0、同步置入、同步计数、保持等功能的 4 位二进制同步计数器。

图 5-12 所示是 74161 功能示意波形图。请注意观察波形中，异步清零和同步置入功能的区别。

74161 是一种功能比较全面的 MSI 同步计数器。使用 74161 的复位和置数功能，可以方便地构成任意进制计数器。

2. 十进制同步计数器（异步清除）74160

74160 为同步十进制加法计数器，逻辑电路图和惯用逻辑符号如图 5-13 所示。从图 5-13（a）

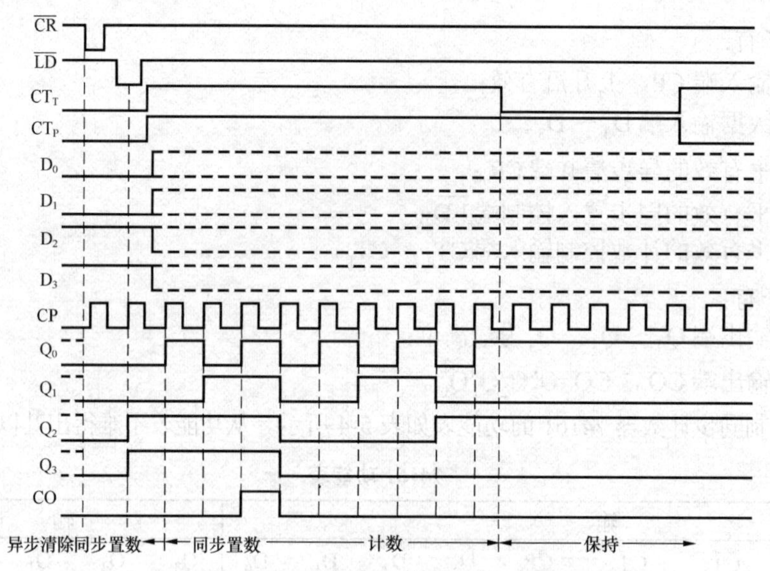

图 5-12　4 位二进制同步计数器功能示意波形图

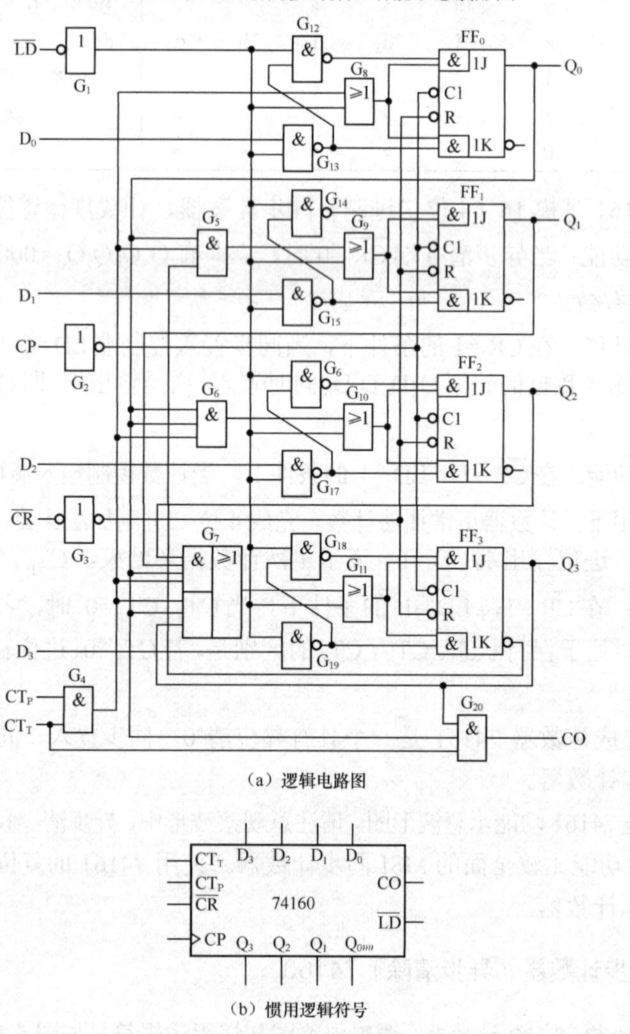

（a）逻辑电路图

（b）惯用逻辑符号

图 5-13　同步十进制加法计数器 74160

中可得，74160 有和二进制计数器 74161 完全相同的输入输出端，只是 74160 的进位输出端 $CO=Q_3Q_0$，当计数从 0000 至最大值 1001 时，进位输出端 CO，表示 1 次计数循环结束，74160 的模值是 10，遵循 8421BCD 码计数规律。

74160 的功能表如表 5-5 所示。从功能表中可以看出，74160 具有和二进制计数器 74161 完全相同的逻辑功能，如同步计数、保持、同步置入、异步清 0 等功能，所不同的是，74161 是模 16（8421 码）同步计数器，而 74160 是模 10（8421BCD 码）同步计数。

表 5-5　　74160 功能表

输入									输出				
$\overline{CR}$	$\overline{LD}$	CT_P	CT_T	CP	D_3	D_2	D_1	D_0	Q_3	Q_2	Q_1	Q_0	CO
0	×	×	×	×	×	×	×	×	0	0	0	0	0
1	0	×	×	↑	d_3	d_2	d_1	d_0	d_3	d_2	d_1	d_0	
1	1	1	1	↑	×	×	×	×	计数（模值为 10,8421BCD 码）				
1	1	0	×	×	×	×	×	×	保 持				
1	1	×	0	×	×	×	×	×	保 持				0

3．4 位二进制同步计数器（同步清除）74163

4 位二进制同步计数器 74163 的逻辑图与 74161 相似，计数模值与 74161 相同，惯用逻辑符号如图 5-14 所示，功能表如表 5-6 所示。从功能表中可以看出， 74163 具有同步清 0 功能，这一点是和二进制计数器 74161 不同的，而其他逻辑功能，如同步计数、保持、 同步置入等功能，就和 74161 完全相同。

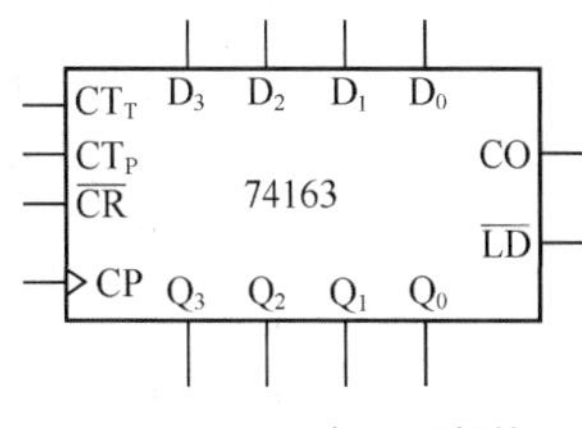

图 5-14　74163 惯用逻辑符号

表 5-6　　74163 功能表

输入									输出				
$\overline{CR}$	$\overline{LD}$	CT_P	CT_T	CP	D_3	D_2	D_1	D_0	Q_3	Q_2	Q_1	Q_0	CO
0	×	×	×	↑	×	×	×	×	0	0	0	0	0
1	0	×	×	↑	d_3	d_2	d_1	d_0	d_3	d_2	d_1	d_0	
1	1	1	1	↑	×	×	×	×	计数（模值为 16）				
1	1	0	×	×	×	×	×	×	保持				
1	1	×	0	×	×	×	×	×	保持				0

4．同步计数器的应用

（1）计数

集成计数器可以加适当反馈电路后构成任意模值计数器。

【例 5-3】 分析图 5-15 由 74163 构成的电路。

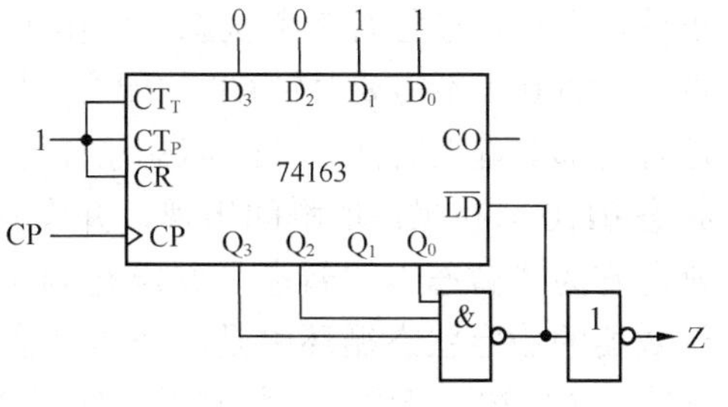

图 5-15　例 5-3 逻辑电路图

解　74163 的功能表见表 5-6，观察 74163

的电路连接，可以看到，74163的同步清0端$\overline{CR}$、计数控制输入端CT_P，CT_T都接高电平，同步置入控制端$\overline{LD}=\overline{Q_3^n \cdot Q_2^n \cdot Q_0^n}$，电路的工作情况取决于$\overline{LD}$，当$\overline{LD}$=0，在时钟CP的上升沿作用下，实现同步置数功能，当$\overline{LD}$=1，在时钟CP的上升沿作用下，实现计数功能，并遵循74163的8421码规律计数。因此，不妨设$Q_3Q_2Q_1Q_0$的初始状态为置入数据0011，此时，由于$\overline{LD}$=1，同时$\overline{CR}=CT_P=CT_T$=1，每来1个CP上升沿，状态自然加1计数，当计数到$Q_3Q_2Q_1Q_0$=1101时，$\overline{LD}$=0，在时钟CP的上升沿作用下，实现同步置数功能，且置入数据$Q_3Q_2Q_1Q_0=D_3D_2D_1D_0$=0011，此时，输出Z=1，标志1次计数循环的结束。整个状态转移过程如表5-7所述，表中11个状态都持续了1个时钟周期，都是有效状态，因此，电路构成了同步模11计数器。

【例5-4】 分析图5-16由74160构成的电路。

表5-7 例5-3状态转移表

Q_3	Q_2	Q_1	Q_0	Z
0	0	1	1	0
0	1	0	0	0
0	1	0	1	0
0	1	1	0	0
0	1	1	1	0
1	0	0	0	0
1	0	0	1	0
1	0	1	0	0
1	0	1	1	0
1	1	0	0	0
1	1	0	1	1

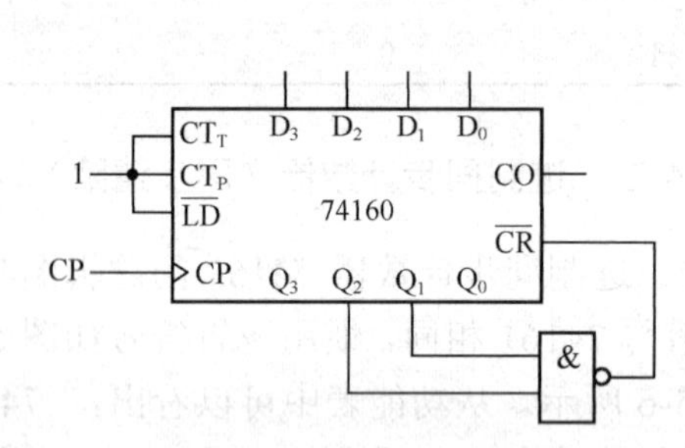

图5-16 例5-4逻辑电路图

解 74160的功能表见表5-5，图中，74160的同步置入控制端$\overline{LD}$、计数控制输入端CT_P，CT_T都接高电平，异步清0端$\overline{CR}=\overline{Q_2^n \cdot Q_1^n}$，电路的工作情况取决于$\overline{CR}$，当$\overline{CR}$=0，在时钟CP的上升沿作用下，实现异步清0功能，当$\overline{CR}$=1，在时钟CP的上升沿作用下，实现计数功能，并遵循74160的8421BCD码规律计数。因此，不妨设$Q_3Q_2Q_1Q_0$的初始状态为0000，此时，由于$\overline{CR}$=1，同时$\overline{LD}=CT_P=CT_T$=1，每来一个CP上升沿，状态自然加1计数，当计数到$Q_3Q_2Q_1Q_0$=0110时，$\overline{CR}$=0，在时钟CP的上升沿作用下，实现异步清0功能，$Q_3Q_2Q_1Q_0$返回到初始状态0000，说明一次计数循环结束。虽然整个计数过程有7个状态，但由于74160的$\overline{CR}$是异步清0端，在清0时不需要时钟CP的配合，所以仅经过1个与非门和芯片内部的延迟时间，0110状态就结束返回到0000状态，所以状态0110只在极短的瞬间出现，并没有持续一个时钟周期，通常称它为“暂态”。“暂态”并没起到统计时钟周期的作用，在计数器的稳定状态循环中是不包含暂态的。整个状态转移过程如表5-8所述，表中6个状态都持续了1个时钟周期，都是有效

表5-8 例5-4状态转移表

Q_3	Q_2	Q_1	Q_0
0	0	0	0
0	0	0	1
0	0	1	0
0	0	1	1
0	1	0	0
0	1	0	1

状态，因此，电路构成了同步模 6 计数器。

（2）分频

从较高频率的输入信号得到较低频率的输出信号的过程称为分频。

使用计数器和触发器来实现分频的 1 个典型的例子如图 5-17 所示。该系统利用分频技术来获得 1 天时间（TOD）的时钟滴答信号，以此来保持该数字系统的时钟更新。这种时间/日期信息有时应用在日常时间标记文件中。

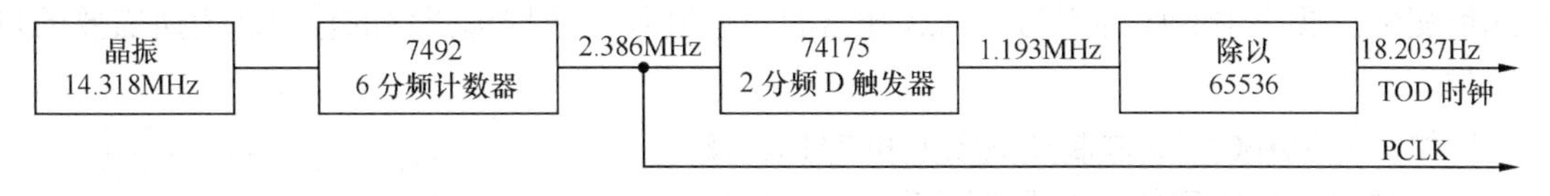

图 5-17　TOD 时钟逻辑电路图

在图 5-17 中，基频来源于 1 个标准的 14.31818MHz 的晶振。该频率被由 7492 构成的 6 分频计数器 6 分频后得到 2.386 MHz 的频率（14.31818 MHz/6=2.386 MHz）。在有些系统中利用这种频率来启动较慢的外围设备，因此将之称为外围时钟（PCLK）信号。2.386 MHz 频率能够进一步被 74175 所构成的 2 分频计数器分频为 1.193 MHz 的信号（2.386 MHz/2=1.193 MHz），这种信号用于可编程的间隔时钟电路，以获得 TOD 时钟滴答信号。

在可编程的间隔时钟电路中，利用 1 个 16 位的减计数器将 1.193MHz 的信号进行 65536 分频之后可得到 18.2037 Hz 的频率信号（1.193 MHz/65536=18.2037 Hz），该信号为一天时间（TOD）的时钟滴答信号。

TOD 时钟电路利用 18.2037 Hz 的时钟信号来驱动 1 个 16 位的加计数器。当计数到 $(FFFF)_{16}$ 时，时钟的小时部分加 1，因为 65536 个 TOD 时钟滴答信号刚好等于一个小时（3600 秒）（18.2037 Hz/65536=277.8×10^{-6} Hz，即 3 600 秒）。

在本书第 9 章详细介绍了数字计时器的设计原理和方法。

（3）构成顺序脉冲发生器

顺序脉冲发生器也叫节拍信号发生器，是一种能够在周期时钟脉冲作用下输出各种节拍脉冲的数字电路。利用计数器和译码器，可以方便地实现脉冲分配。例如，用 74161（16 进制计数器）和 74138（3-8 译码器）实现的 8 路顺序脉冲发生器电路及工作波形如图 5-18 所示。

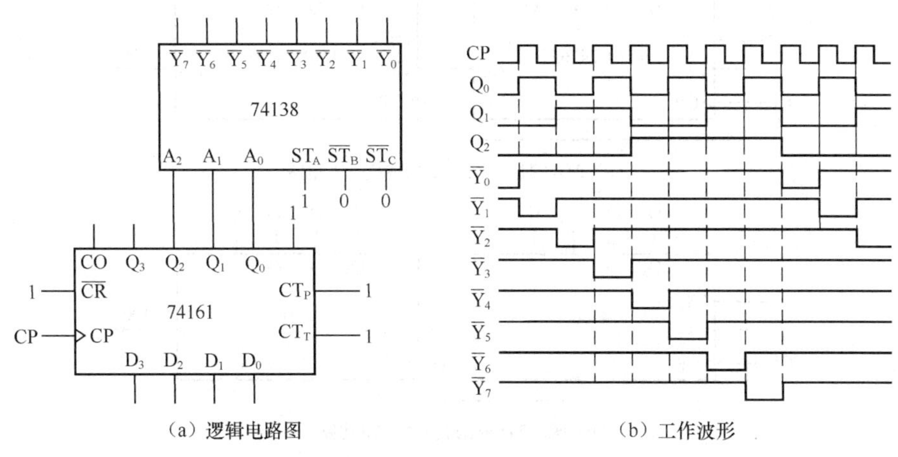

图 5-18　8 路顺序脉冲发生器

在时钟脉冲CP驱动下，计数器74161的$Q_2Q_1Q_0$输出端将周期性地产生000～111输出，通过译码器74138译码后，依次在$\overline{Y_0}$～$\overline{Y_7}$端按一定顺序轮流输出1个时钟周期的低电位，电路即为1组具有8个输出的顺序脉冲发生器。

（4）脉冲序列发生器

利用计数器的状态循环特性和数据选择器（或其它组合逻辑器件），可以实现计数型周期性脉冲序列发生器。计数器的模数M等于序列的周期，计数器的状态输出作为数据选择器的地址变量，要产生的序列作为数据选择器的数据输入，数据选择器的输出即为所需要的输出序列。

例如，用74160（10进制计数器）和74151（8选1数据选择器）实现的7位周期性序列1110010发生器电路如图5-19所示。在时钟脉冲CP驱动下，计数器74160的$Q_2Q_1Q_0$输出端将周期性地产生000～110输出（M=7），作为数据选择器74151的地址输入端，则数选输出Y端将出现一串1110010的脉冲序列，7个CP为1个周期，电路即为1个7位二进制的脉冲序列发生器。

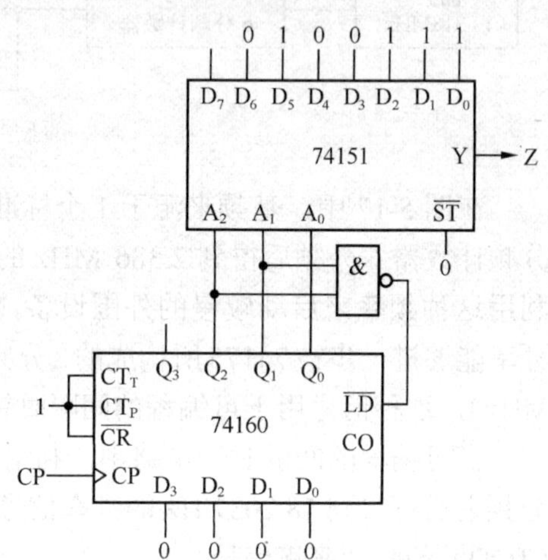

图5-19　7位1110010脉冲序列发生器

5．同步计数器的级联

当1片集成计数器无法满足设计模值需要时，还可以对多片芯片进行级联。同步计数器芯片有同步级联和异步级联两种方法。

（1）同步计数器的同步级联

图5-20给出了2片集成芯片的同步级联方案。图中（a）和（b）接法一样，2个芯片的CP连在一起，有统一的时钟控制，图中芯片没有标出$\overline{CR}$和$\overline{LD}$，意味着这两个控制端都没起作用，默认为接1，片Ⅰ的CT_P，CT_T都接1，说明片Ⅰ是正常计数功能，在CP上升沿作

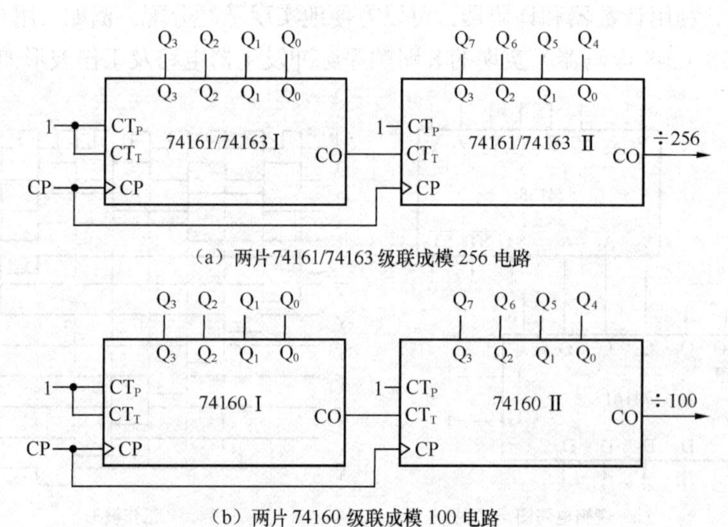

（a）两片74161/74163级联成模256电路

（b）两片74160级联成模100电路

图5-20　两片集成同步芯片的同步级联电路

用下，完成模16（图（a））或模10（图（b））计数。片Ⅱ的CT_P都接1，CT_T由片Ⅰ的CO控制，只有当片Ⅰ的CO=1，即片Ⅰ完成了一次计数循环，片Ⅱ才计数1次，当片Ⅱ也完成一次计数循环时，同步级联电路的1次循环才结束。

所以图（a）能完成的计数模制为16×16=256，计数规律是自然二进制码加1，计数范围为$(0000\ 0000)_2$～$(1111\ 1111)_2$，或00H～FFH。图（b）能完成的计数模制为10×10=100，计数规律是8421BCD码加1，计数范围为$(0000\ 0000)_{8421BCD码}$～$(1001\ 1001)_{8421BCD码}$，或00D～99D。

【例5-5】 分析如图5-21所示时序电路。

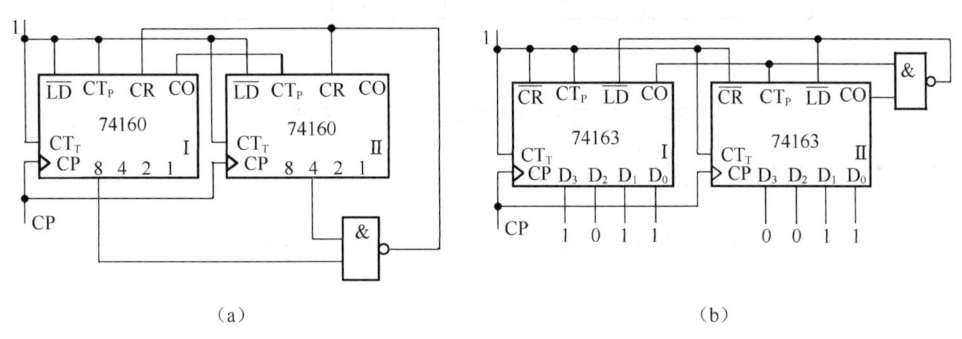

图5-21 例5-5电路图

解 图5-21（a）（b）的两片级联方式和图5-20一致，都是同步级联，所以片Ⅱ是高位片，输出$Q_3Q_2Q_1Q_0$其实是整个电路的输出$Q_7Q_6Q_5Q_4$，片Ⅰ是低位片，输出$Q_3Q_2Q_1Q_0$其实是整个电路的输出$Q_3Q_2Q_1Q_0$。具体分析如下。

图5-21（a）：由于74160是模10计数芯片，遵循的计数规律是8421BCD码，所以设电路的初态$Q_7Q_6Q_5Q_4Q_3Q_2Q_1Q_0$为$(0000\ 0000)_{8421BCD码}$，在CP上升沿作用下，按照8421BCD码加1计数，当状态转移到$Q_7Q_6Q_5Q_4Q_3Q_2Q_1Q_0=(0100\ 1000)_{8421BCD码}$时，$\overline{CR}=0$，执行异步清0操作，状态返回到$(0000\ 0000)_{8421BCD码}$，由于清0状态$(0100\ 1000)_{8421BCD码}$持续时间极短暂，是暂态，所以，有效计数循环为$(0000\ 0000)_{8421BCD码}$到$(0100\ 0111)_{8421BCD码}$，模制为48。

图5-21（b）：由于74163是模16计数芯片，遵循的计数规律是自然二进制码，所以设电路的初态$Q_7Q_6Q_5Q_4Q_3Q_2Q_1Q_0$为置入数据$(0011\ 1011)_2$，在CP上升沿作用下，按照8位二进制加1计数，当状态转移到$Q_7Q_6Q_5Q_4Q_3Q_2Q_1Q_0=(1111\ 1111)_2$时，$\overline{LD}=0$，执行同步置数操作，状态返回到$(0011\ 1011)_2$，所以，有效计数循环为$(0011\ 1011)_2$到$(1111\ 1111)_2$，模制为197。

（2）同步计数器的异步级联

图5-22给出了两片集成芯片的异步级联方案。和同步级联方案不同的是，2个芯片的CP没有连在一起，片Ⅰ的CP连接外部计数脉冲，片Ⅱ的CP输入是片Ⅰ的$\overline{CO}$，这是因为74160，74161和74163都是上升沿触发，当片Ⅰ完成1次计数循环并开始第2次循环时，CO提供的是下降沿，所以需将$\overline{CO}$作为片Ⅱ的CP输入。如果片Ⅰ的模制是M_1，片Ⅱ的模制是M_2，则异步级联后电路的模制为$M_1 \times M_2$。值得注意的是，74161和74163是状态计数到1111时CO=1，而74160是状态计数到1001时CO=1。

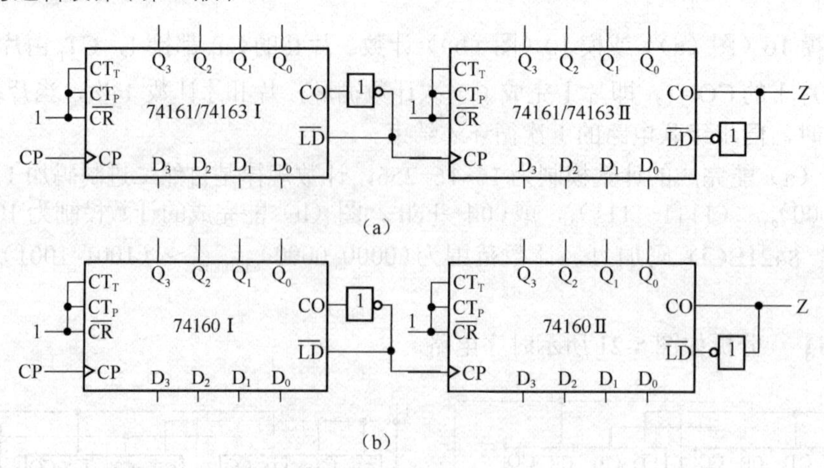

图 5-22 两片集成同步芯片的异步级联电路

【例 5-6】 分析如图 5-23 所示时序电路。

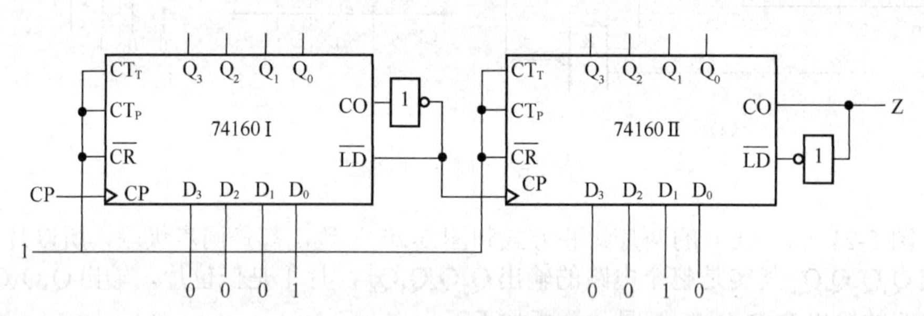

图 5-23 例 5-6 电路图

解 图 5-23 的两片级联方式和图 5-22 一致，是异步级联，所以片Ⅱ是高位片，输出 $Q_3Q_2Q_1Q_0$ 其实是整个电路的输出 $Q_7Q_6Q_5Q_4$，片Ⅰ是低位片，输出 $Q_3Q_2Q_1Q_0$ 其实是整个电路的输出 $Q_3Q_2Q_1Q_0$。具体分析如下。

片Ⅰ：设电路的初态 $Q_3Q_2Q_1Q_0$ 为$(0001)_{8421BCD码}$，在 CP 上升沿作用下，按照 8421BCD 码加 1 计数，当状态转移到 $Q_3Q_2Q_1Q_0=(1001)_{8421BCD码}$ 时，CO=1，$\overline{LD}$=0，执行同步置数操作，状态返回到$(0001)_{8421BCD码}$，所以，有效计数循环为$(0001)_{8421BCD码}$到$(1001)_{8421BCD码}$，模制为 9。

片Ⅱ分析过程略，它的有效计数循环为$(0010)_{8421BCD码}$到$(1001)_{8421BCD码}$，模制为 8。

整个电路的模制为 9×8=72，电路的转移规律为$(21, 22, 23,\cdots, 29, 31, 32,\cdots, 39, 41, 42,\cdots, 91,\cdots, 99)_{10}$。请读者自行画出电路的状态转移表，并比较和例 5-5 状态转移表的不同。

5.2.4 小规模异步计数器

异步计数器中触发器的状态变更不是同一时刻。分析异步计数器时，要注意各级触发器的时钟脉冲。异步计数器的电路比同步计数器简单，但是异步计数器有一个固有的缺点，就是附加的传输延迟，会导致如下问题：产生瞬时误码影响了译码输出，当输入时钟频率过高时会产生错码。

【例 5-7】 分析如图 5-24 所示异步时序电路。

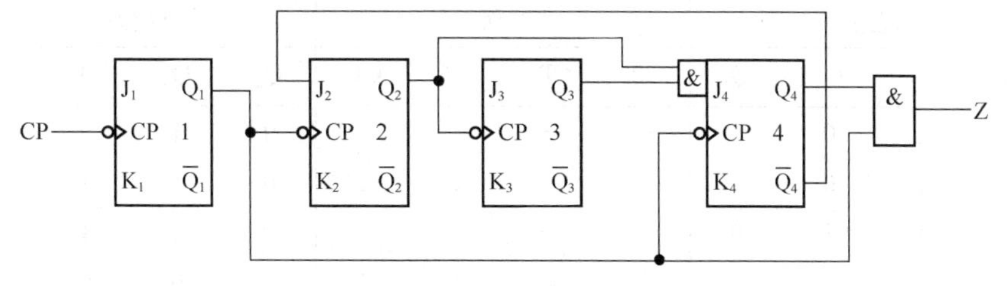

图 5-24 例 5-7 异步时序电路

解 ① 写出各级触发器的时钟方程、驱动方程和输出方程。

时钟方程：

$$\begin{cases} CP_1 = CP\downarrow \\ CP_2 = Q_1\downarrow \\ CP_3 = Q_2\downarrow \\ CP_4 = Q_1\downarrow \end{cases}$$

驱动方程：

$$\begin{cases} J_1 = K_1 = 1 \\ J_2 = \overline{Q_4^n},\quad K_2 = 1 \\ J_3 = K_3 = 1 \\ J_4 = Q_2^n Q_3^n,\quad K_4 = 1 \end{cases}$$

输出方程：$Z = Q_4^n Q_1^n$

② 将驱动方程代入相应触发器的驱动方程求出各触发器的状态方程。

状态方程：

$$\begin{cases} Q_1^{n+1} = \left[\overline{Q_1^n}\right]\cdot CP\downarrow \\ Q_2^{n+1} = \left[\overline{Q_4^n}\ \overline{Q_2^n}\right]\cdot Q_1\downarrow \\ Q_3^{n+1} = \left[\overline{Q_3^n}\right]\cdot Q_2\downarrow \\ Q_4^{n+1} = \left[Q_2^n Q_3^n \overline{Q_4^n}\right]\cdot Q_1\downarrow \end{cases}$$

③ 列状态转移表、画状态图和时序图。

由状态方程，可以列出状态转移表，如表 5-9 所示。

表 5-9　例 5-7 状态转移表

	现态				时钟				次态				输出
	Q_4	Q_3	Q_2	Q_1	CP_4	CP_3	CP_2	CP_1	Q_4	Q_3	Q_2	Q_1	Z
有	0	0	0	0	—	—	—	↓	0	0	0	1	0
效	0	0	0	1	↓	—	↓	↓	0	0	1	0	0
状	0	0	1	0	—	—	—	↓	0	0	1	1	0
态	0	0	1	1	↓	↓	↓	↓	0	1	0	0	0

续表

	现态				时钟				次态				输出
	Q_4	Q_3	Q_2	Q_1	CP_4	CP_3	CP_2	CP_1	Q_4	Q_3	Q_2	Q_1	Z
有效状态	0	1	0	0	—	—	—	↓	0	1	0	1	0
	0	1	0	1	↓	—	↓	↓	0	1	1	0	0
	0	1	1	0	—	—	—	↓	0	1	1	1	0
	0	1	1	1	↓	↓	↓	↓	1	0	0	0	0
	1	0	0	0	—	—	—	↓	1	0	0	1	0
	1	0	0	1	↓	—	↓	↓	0	0	0	0	1
偏离态	1	0	1	0	—	—	—	↓	1	0	1	1	1
	1	0	1	1	↓	↓	↓	↓	0	1	0	0	1
	1	1	0	0	—	—	—	↓	1	1	0	1	1
	1	1	0	1	↓	—	↓	↓	0	1	0	0	1
	1	1	1	0	—	—	—	↓	1	1	1	1	1
	1	1	1	1	↓	↓	↓	↓	0	0	0	0	1

由于没有统一的时钟脉冲，电路中的触发器状态各自按 CP 触发时刻到达与否而翻转，高位触发器的 CP 往往决定于低位触发器状态的跳变。因此填表时一般从低位依次往高位按电位状态变化顺序逐行填写。设初始状态为 0（$Q_4Q_3Q_2Q_1$=0000），第 1 个脉冲输入（CP_1 的↓到达）时，触发器 1 的输出 Q_1 由 0→1，故 CP_2、CP_4 的有效触发时刻没到达，这时无论触发器 2，4 的激励值如何，触发器状态 Q_4Q_2 保持不变，故 CP_3 的有效触发时刻也没到达，Q_3 也不变，因此电路在第 1 个 CP 作用后的状态为 0001，它便是第 2 个脉冲到达时的原状态（表中第 2 行），当第 2 个 CP 输入电路时，触发器 1 的 Q_1 由 1→0，其负跳变使 CP_2、CP_4 得到所需的↓，此时，Q_4Q_2 触发，Q_2 由 0→1，Q_4 由 0→0，CP_3 的有效触发时刻没到达，故 Q_3=0 保持，电路在第 2 个 CP 脉冲作用后的状态为 0010。其余分析类似。当各级触发器状态处于 1001 时，在下一个计数脉冲作用下，各级触发器状态依次转为 0，完成一次状态转移循环。表 5-9 还列出了偏离状态的转移情况。其状态转移图如图 5-25 所示。

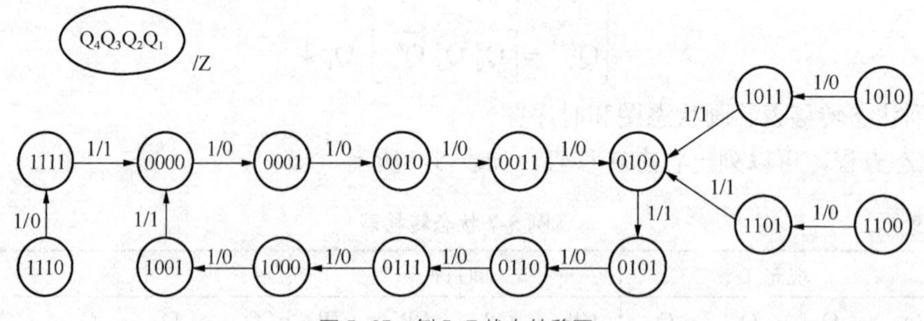

图 5-25　例 5-7 状态转移图

根据状态转移表（图），可以得到电路的工作波形（时序图）如图 5-26 所示。

④ 概述逻辑功能。

从上面分析可以看到，电路有 10 个有效状态 0000～1001 构成循环，且偏离态能自动转移到有效循环，所以这是一个具备自启动特性的异步 8421 码十进制异步计数器。

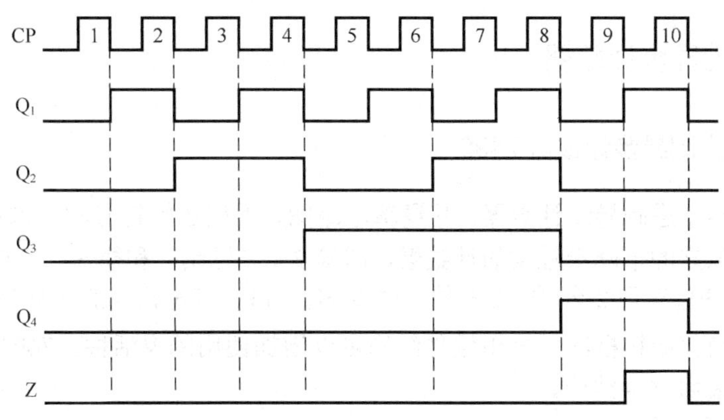

图 5-26 例 5-7 时序图

1. 递增异步计数器

由 3 个下降沿触发的边沿 JK 触发器构成的异步计数器如图 5-27 所示，图中每个 JK 触发器输入端都悬空，相当于接高电平，状态方程都为$Q^{n+1}=\overline{Q}$，和 T′ 触发器功能一致，所以每个 JK 触发器都是 1 个二分频电路，或称为模 2 计数器。3 个触发器相连，就构成了模 8 计数器。可以轻松画出它的时序图如图 5-28 所示。从时序图可以看出，每经过 1 个时钟下降沿，计数器的输出都要依次递增。当第 8 个时钟下降沿达到时，计数器的输出增加到最后的计数状态 111，然后准备下一个循环。所以这是 1 个加法计数器，它执行的状态转移规律是递增的，也叫升序。可见，下降沿触发器能构成升序计数器。

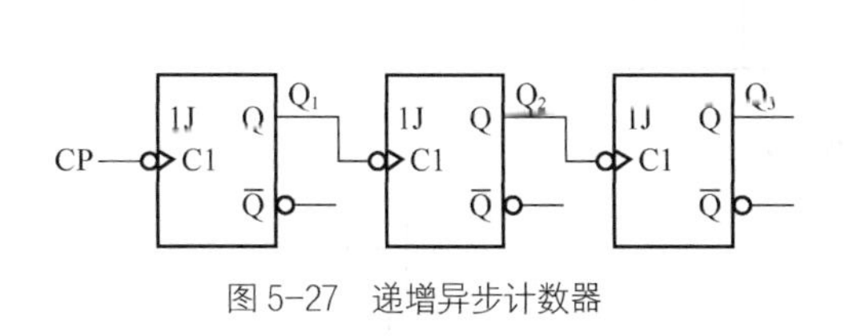

图 5-27 递增异步计数器

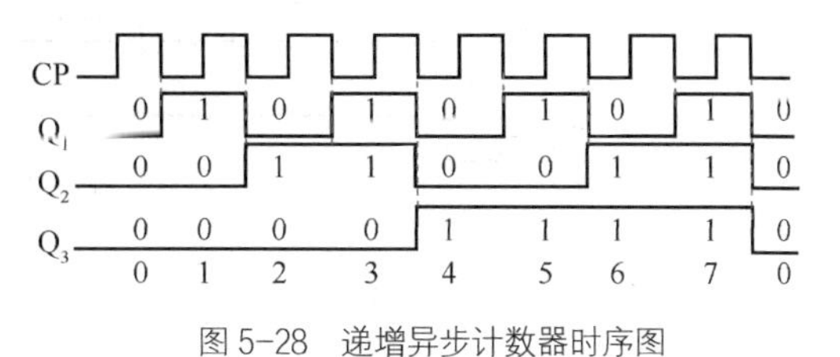

图 5-28 递增异步计数器时序图

2. 递减异步计数器

由 3 个上升沿触发的边沿 D 触发器构成的异步计数器如图 5-29 所示，图中每个 D 触发器输入端都接到$\overline{Q}$，所以每个 D 触发器也构成了二分频，而 3 个触发器相连，同样构成了模 8 计数器。但观察它的时序图图 5-30 可以发现，每经过 1 个时钟下降沿，计数器的输出都要向下依次递减。当第 8 个时钟下降沿达到时，计数器的输出减到最后的计数状态 000，然后准备下一个循环。所以这是 1 个减法计数器，它执行的状态转移规律是递减的，也叫降序。可见，上升沿触发器能构成降序计数器。

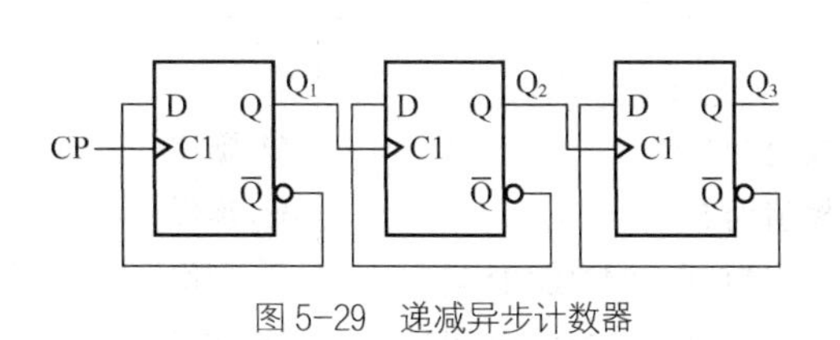

图 5-29 递减异步计数器

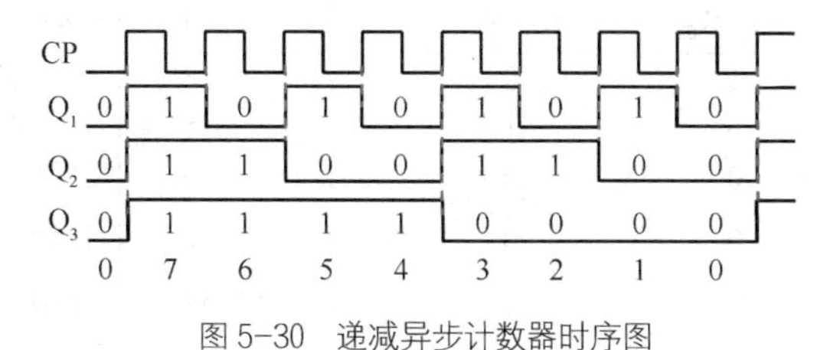

图 5-30 递减异步计数器时序图

5.2.5 集成异步计数器

1. 二-五-十进制异步计数器 7490

7490 是二-五-十进制异步计数器，其逻辑电路图、惯用逻辑符号和结构框图如图 5-31 所示。它包含 2 个独立的下降沿触发的计数器，即模 2（二进制）和模 5（五进制）计数器，其中：CP_1 独立触发 FF_0 实现 2 分频，CP_2 独立触发 FF_1，FF_2，FF_3 构成的 5 分频计数器；图 5-31（c）为 7490 的简化结构框图。采用这种结构可以增加使用的灵活性。7492，74196，74293 等异步计数器多采用这种结构。

7490 的输入端子有：

① 两相时钟输入端 CP_1，CP_2，下降沿有效；

② 高电平有效的异步清 0 端 R_{01}，R_{02}；

③ 高电平有效的异步置 9 端 S_{91}，S_{92}；

输出端子有：数据输出端 $Q_0 \sim Q_3$；

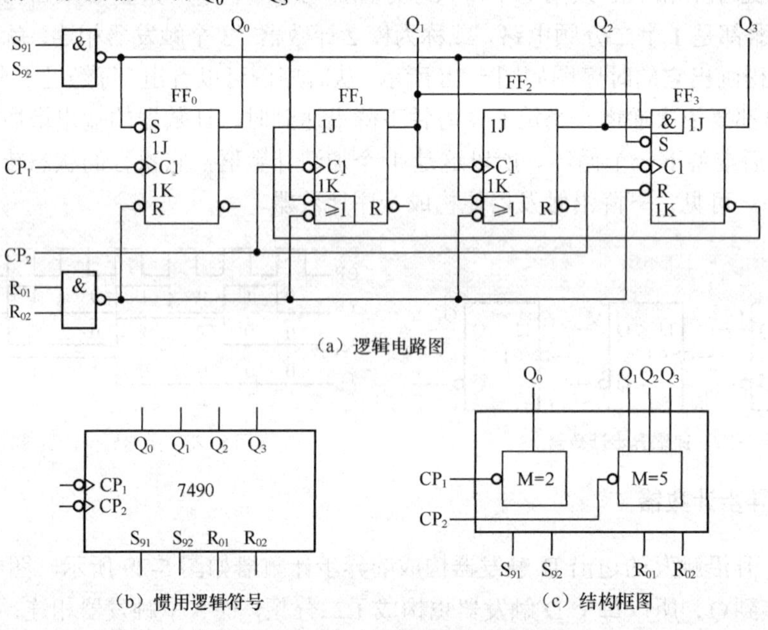

（b）惯用逻辑符号　　（c）结构框图

图 5-31　二-五-十进制异步计数器 7490

二-五-十进制异步计数器 7490 的功能表如表 5-10 所示。从功能表不难得出其以下功能特点。

表 5-10　　7490 功能表

输入				输出	
$R_{01} \cdot R_{02}$	$S_{91} \cdot S_{92}$	CP_1	CP_2	Q_3　Q_2　Q_1　Q_0	
1	0	×	×	0　0　0　0	
×	1	×	×	1　0　0　1	
0	0	↓	×	计数（模值为 2）	Q_0 输出
0	0	×	↓	计数（模值为 5）	Q_3 输出
0	0	↓	Q_0	计数（模值为 10，8421BCD 码）	Q_3 输出
0	0	Q_3	↓	计数（模值为 10，5421BCD 码）	Q_0 输出

① 模值：7490 的模值有模 2，模 5 和模 10 3 种。

② 异步清 0 功能：在 $S_{91} \cdot S_{92}=0$ 的条件下，当异步清 0 端 $R_{01} \cdot R_{02}=1$ 时，立即有 $Q_3Q_2Q_1Q_0=0000$，与时钟 CP 的状态无关。R_{01}，R_{02} 高电平有效。

③ 异步置 9 功能：当异步置 9 端 $S_{91} \cdot S_{92}=1$ 时，立即有 $Q_3Q_2Q_1Q_0=1001$，与时钟 CP 的状态无关。S_{91}，S_{92} 高电平有效，且其优先级别高于 R_{01}，R_{02}。

④ 计数功能：在 $R_{01} \cdot R_{02}=0$，$S_{91} \cdot S_{92}=0$ 的条件下，在时钟 CP 的下降沿作用下，计数器正常计数。根据 CP_1，CP_2 的各种接法，7490 可以实现 4 种不同的计数功能：

第 1 种计数情况：当外部输入计数脉冲 CP 加在 CP_1 端，CP_2 不加信号时，计数器的 FF_0（T′触发器）工作，构成 2 进制计数器，从 Q_0 端输出 2 分频进位信号，而 FF_1，FF_2，FF_3 不工作。

第 2 种计数情况：当外部输入计数脉冲 CP 加在 CP_2 端，CP_1 不加信号时，显然计数器的 FF_0 不工作，而 FF_1，FF_2，FF_3 工作，构成 5 进制异步计数器，Q_3Q_2Q 的状态转移表如表 5-11 所示。从表中不难看出，5 分频信号的进位输出信号是 Q_3 端。

第 3 种计数情况：当外部输入计数脉冲 CP 加在 CP_1 端，而 2 分频的输出 Q_0 与 CP_2 从外部连接如图 5-32（a）所示，则电路将对 CP 按照 8421 BCD 码进行十进制异步加法计数，$Q_3Q_2Q_1Q_0$ 的状态转移表如表 5-12（a）所示。从表中不难看出，8421 BCD 码模 10 的进位输出信号是最高位 Q_3 端。

表 5-11　5 进制状态转移表

Q_3	Q_2	Q_1
0	0	0
0	0	1
0	1	0
0	1	1
1	0	0

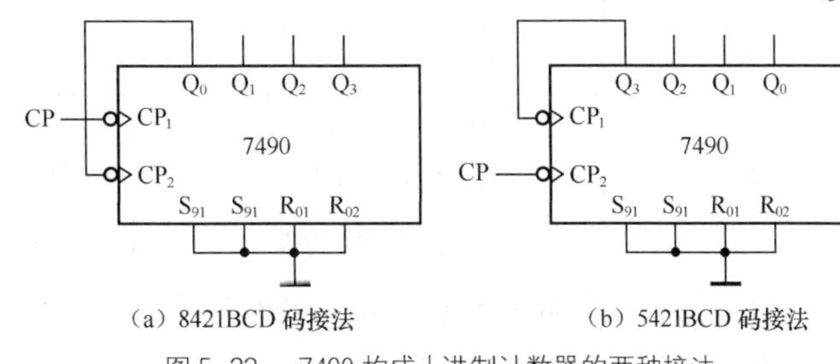

图 5-32　7490 构成十进制计数器的两种接法

第 4 种计数情况：当外部输入计数脉冲 CP 加在 CP_2 端，而 5 分频的输出 Q_3 与 CP_1 从外部连接如图 5-32（b）所示，则电路将对 CP 按照 5421 BCD 码进行 10 进制异步加法计数，$Q_0Q_3Q_2Q_1$ 的状态转移表如表 5-12（b）所示。从表中不难看出，5421 BCD 码模 10 的进位输出信号是最高位 Q_0 端，而且 Q_0 端输出的是对称波形。

表 5-12　BCD 码模 10 状态转移表

（a）8421 BCD 码模 10

序号	Q_3	Q_2	Q_1	Q_0
0	0	0	0	0
1	0	0	0	1
2	0	0	1	0
3	0	0	1	1
4	0	1	0	0
5	0	1	0	1
6	0	1	1	0
7	0	1	1	1
8	1	0	0	0
9	1	0	0	1

（b）5421 BCD 码模 10

序号	Q_0	Q_3	Q_2	Q_1
0	0	0	0	0
1	0	0	0	1
2	0	0	1	0
3	0	0	1	1
4	0	1	0	0
5	1	0	0	0
6	1	0	0	1
7	1	0	1	0
8	1	0	1	1
9	1	1	0	0

2．双十进制异步计数器 74390

74390 是双十进制异步计数器，其惯用逻辑符号如图 5-33 所示。电路有 8 个主从触发器和附加门，可以构成 2 个独立的模 10 计数器，每一个独立的模 10 计数器功能类似 7490，可以分别实现模 2，模 5，8421BCD 码模 10 和 5421BCD 码模 10 计数，其中：CP_1 独立触发使 Q_0 实现 2 分频，CP_2 独立触发使 $Q_3Q_2Q_1$ 实现 5 分频计数器；异步清 0 端 CR 高电平有效。1 片 74390 能实现模 100 计数。

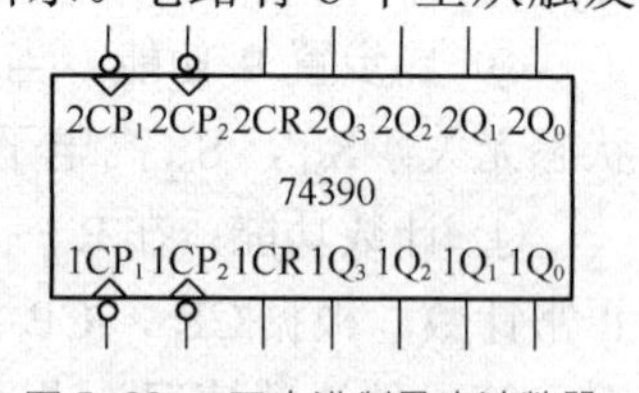

图 5-33　双十进制异步计数器 74390 惯用逻辑符号

74390 的输入端子有：

① 两组两相时钟输入端 $1CP_1$，$1CP_2$，$2CP_1$，$2CP_2$，下降沿有效；

② 两个高电平有效的异步清 0 端1CR，2CR；

输出端子有：数据输出端 $1Q_0$～$1Q_3$，$2Q_0$～$2Q_3$；

双十进制异步计数器 74390 的功能表如表 5-13 所示。

表 5-13　　74390 功能表

输入			输出	
CR	CP_1	CP_2	Q_3　Q_2　Q_1　Q_0	
1	×	×	0　0　0　0	
0	↓	×	计数（模值为 2）	Q_0 输出
0	×	↓	计数（模值为 5）	Q_3 输出
0	↓	Q_0	计数（模值为 10，8421BCD 码）	Q_3 输出
0	Q_3	↓	计数（模值为 10，5421BCD 码）	Q_0 输出

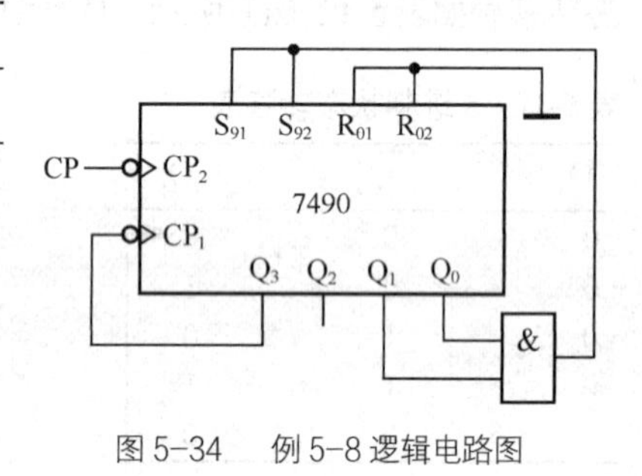

图 5-34　例 5-8 逻辑电路图

【例 5-8】　分析图 5-34 由 7490 构成的电路。

解　7490 的功能表见表 5-14，观察 7490 的电路连接，可以看到，外部输入计数脉冲 CP 加在 CP_2 端，Q_3 与 CP_1 从外部连接，此时，7490 接成 5421 BCD 码模 10 加法计数，7490 的异步清 0 端 R_{01}，R_{02} 接地，异步置 9 端 $S_{91}=S_{92}=Q_0^n \cdot Q_1^n$，电路的工作情况取决于 S_{91}，S_{92}，因此，不妨设 $Q_0Q_3Q_2Q_1$ 的初始状态为置入数据 1100，此时，由于 $R_{01}=R_{02}=0$，同时 $S_{91}=S_{92}=0$，每来一个 CP 下降沿，状态按照 5421 BCD 码加 1 计数，当计数到 $Q_0Q_3Q_2Q_1=1001$ 时，异步置 9 端 $S_{91}=S_{92}=Q_0^n \cdot Q_1^n=1$，不管时钟 CP 的状态如何，电路立即实现异步置 9 操作，置入数据 $Q_0Q_3Q_2Q_1=1100$，完成 1 次计数循环。由于 S_{91}，S_{92} 是异步清 9，因此 $Q_0Q_3Q_2Q_1=1001$ 状态是暂态。

表 5-14　例 5-8 状态转移表

Q_0	Q_3	Q_2	Q_1
1	1	0	0 ◄
0	0	0	0
0	0	0	1
0	0	1	0
0	0	1	1
0	1	0	0
1	0	0	0

综上所述，整个状态转移过程如表 5-14 所述，表中有 7 个有效状态，这 7 个状态都持续了 1 个时钟周期，因此，电路构成了模 7 计数器。

3. 异步计数器的级联

图 5-35 给出了两片异步计数器 7490 的异步级联方案。图中（a）和（b）的R_{01}，R_{02}，S_{91}，S_{92}接法一样，都接低电平，意味着芯片正常计数。片Ⅱ是高位片，片Ⅰ是低位片，级联后完成的模制是 10×10=100，计数范围是00D~99D。

图（a）是按照 8421BCD 码计数，具体计数范围$Q_3Q_2Q_1Q_0$（Ⅱ）$Q_3Q_2Q_1Q_0$（Ⅰ）为$(0000\ 0000)_{8421BCD码}$～$(1001\ 1001)_{8421BCD码}$。

图（b）是按照 5421BCD 码计数，具体计数范围$Q_0Q_3Q_2Q_1$（Ⅱ）$Q_0Q_3Q_2Q_1$（Ⅰ）为$(0000\ 0000)_{5421BCD码}$～$(1100\ 1100)_{5421BCD码}$。

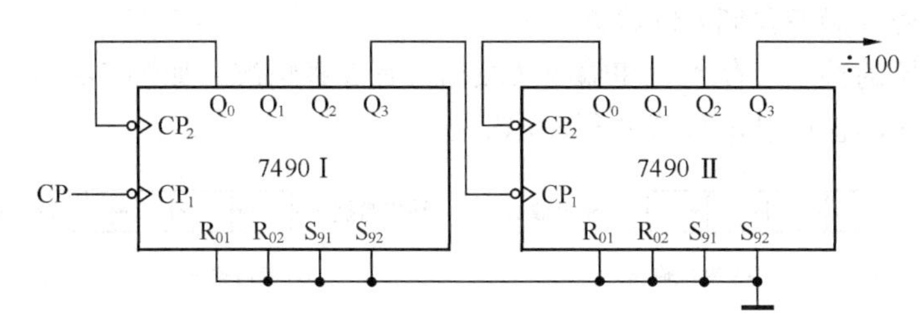

（a）两片 7490 的 8421BCD 码级联成模 100 电路

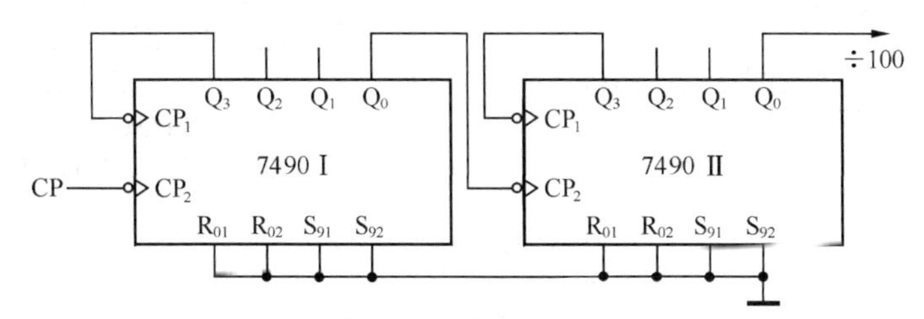

（b）两片 7490 的 5421BCD 码级联成模 100 电路

图 5-35 两片异步计数器 7490 的异步级联电路

【例 5-9】 分析如图 5-36 所示时序电路。

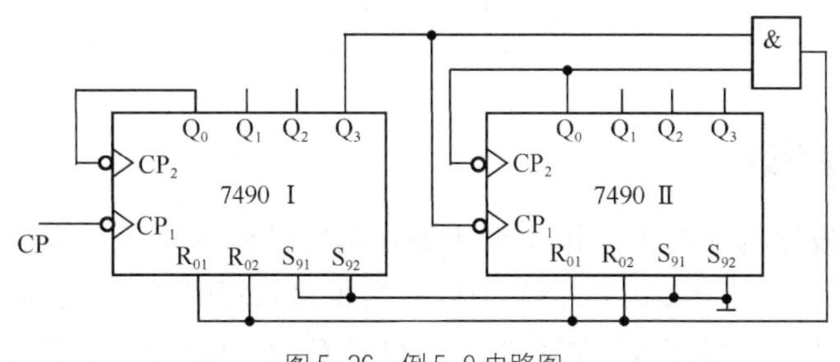

图 5-36 例 5-9 电路图

解 观察 7490 的电路连接，可以看到，外部输入计数脉冲 CP 加在CP_1端，Q_0与CP_2从外部连接，此时，7490 接成 8421 BCD 码模 10 加法计数，片Ⅰ的 10 进制进位输出接到片Ⅱ的外部计数脉冲CP_1，所以片Ⅱ是高位片，输出$Q_3Q_2Q_1Q_0$其实是整个电路的输出$Q_7Q_6Q_5Q_4$，片Ⅰ是低位片，输出$Q_3Q_2Q_1Q_0$其实是整个电路的输出$Q_3Q_2Q_1Q_0$。

图 5-36 中，7490 的异步置 9 端S_{91}，S_{92}接地，异步清 0 端R_{01}，R_{02}由与门输出控制，电路的工作情况取决于R_{01}，R_{02}，所以设电路的初态$Q_7Q_6Q_5Q_4Q_3Q_2Q_1Q_0$为$(0000\ 0000)_{8421BCD码}$，

在 CP 下降沿作用下，按照 8421BCD 码加 1 计数，当状态转移到 $Q_7Q_6Q_5Q_4Q_3Q_2Q_1Q_0=$ $(0001\ 1000)_{8421BCD码}$ 时，$R_{01}=R_{02}=1$，执行异步清 0 操作，状态返回到 $(0000\ 0000)_{8421BCD码}$，由于清 0 状态 $(0001\ 1000)_{8421BCD码}$ 持续时间极短暂，是暂态，所以，有效计数循环为 $(0000\ 0000)_{8421BCD码}$ 到 $(0001\ 0111)_{8421BCD码}$，模制为 18。请读者自行列出计数的状态转移真值表。

5.2.6 小规模寄存器和移位寄存器

寄存器是常见的一种时序逻辑电路，用于寄存（存储）、传输或移动数据，具有移位功能的寄存器叫移位寄存器，即不仅能够存放二进制数，还能对所存储的二进制数移位。寄存器和移位寄存器广泛地应用于数字计算机和数字系统中。1 个触发器能存储 1 位数据，所以用 n 个触发器组成的寄存器能存储 n 位数据。

数据在寄存器的输入（存入）和输出（取出）有 5 种情况，如图 5-37 所示。数据可以串行输入或并行输入，也可以串行或并行输出。

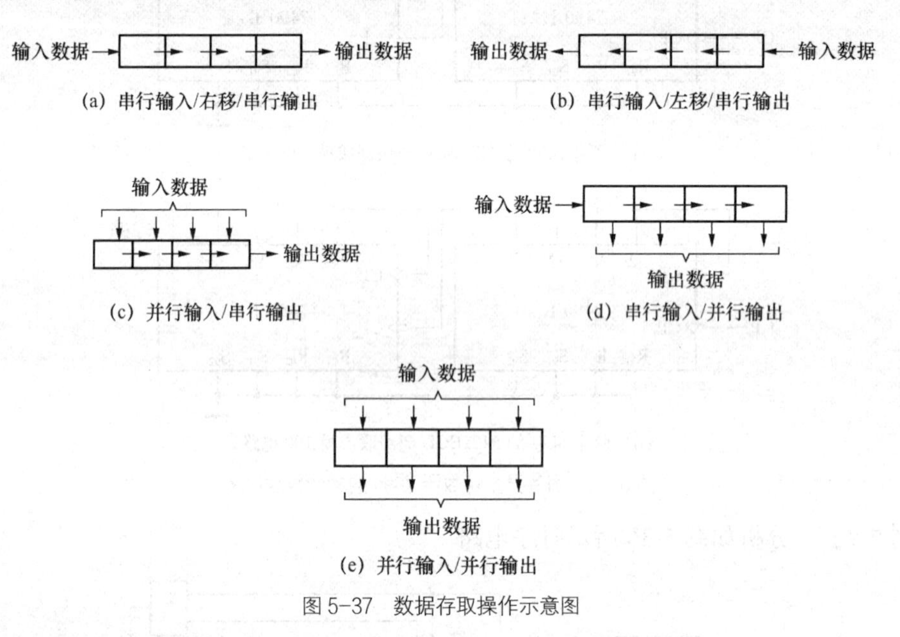

图 5-37 数据存取操作示意图

1. 并入/并出寄存器

利用 4 个 D 触发器构成的 4 位并入/并出寄存器如图 5-38 所示。其中，$D_4D_3D_2D_1$ 是数据（或信息）输入端，当存数指令 CP 上升沿到达时，数据输入端的 4 位二进制数据 $D_4D_3D_2D_1$（如 $D_4D_3D_2D_1=1011$）就会保存在数据寄存器中（$Q_4Q_3Q_2Q_1=1011$），而其余时间，寄存器保持原状态。存数指令的作用是存入和保存信息。并入/并出可用于存储二进制数据。当数据以并行方式存储时，可以提供高速、非破坏性的读操作，以并行方式传输数据的速度也很快。

这个基本电路工作很简单，其中 4 位数据称为半字节数据，1 个字节（Byte）有 8 位数据。

2. 串入串出移位寄存器

具有单向移位功能的移位寄存器称为单向移位寄存器。利用 4 个 D 触发器构成的 4 位右移的移位寄存器如图 5-39 所示。分析可得状态转移方程为：

$$Q_1^{n+1}=v_I;\ Q_2^{n+1}=Q_1^n;\ Q_3^{n+1}=Q_2^n;\ Q_4^{n+1}=Q_3^n$$

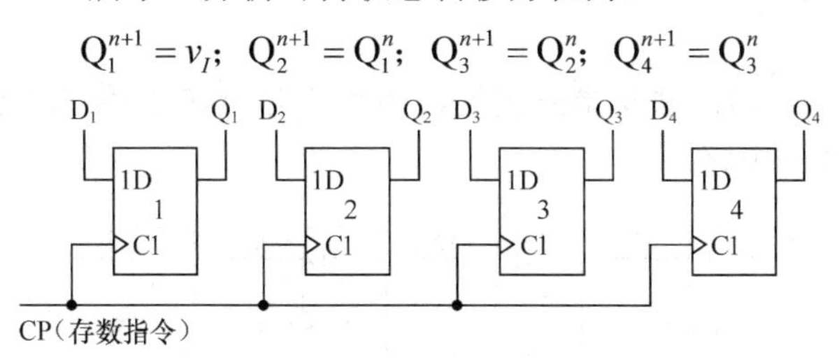

图 5-38　4 位数据寄存电路

$$Q_1^{n+1}=V_I;\ Q_2^{n+1}=Q_1^n;\ Q_3^{n+1}=Q_2^n;\ Q_4^{n+1}=Q_3^n$$

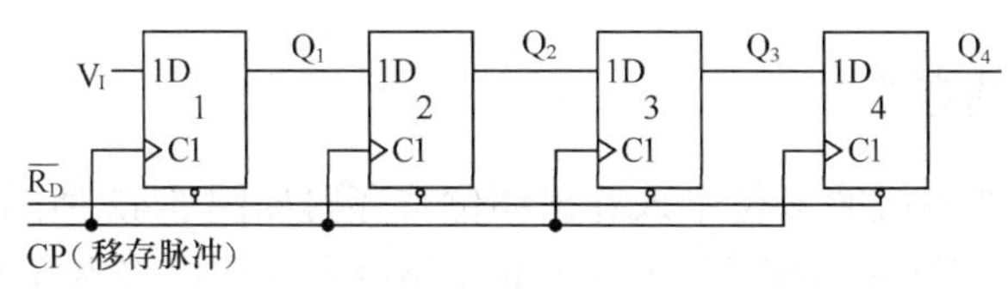

图 5-39　4 位右移移位寄存器

由此可总结出移位寄存器的移存规律为：

$$Q_1^{n+1}=V_I;\ Q_i^{n+1}=Q_{i-1}^n;n\in(4,3,2)$$

4 位右移移位寄存器的状态转移表如表 5-15 所示。假设移位寄存器的初始状态是 0000，如将待输入的数据 $D_4D_3D_2D_1$（左边先输入）依次送到输入端 V_I，在第 1 个移存脉冲作用下，$Q_1=D_4$，在第 2 个移存脉冲作用下，$Q_1=D_3,Q_2=D_4$，依此类推，经过 4 个移存脉冲，输入数据 $D_4D_3D_2D_1$ 依次右移到各级 Q 端。$Q_4Q_3Q_2Q_1=D_4D_3D_2D_1$，这样就实现了数码在移存脉冲作用下，向右逐位移存。假设输入 $V_I=D_4D_3D_2D_1=1101$，则可得寄存器中各级 Q 的波形如图 5-40 所示。由波形可见，在 4 个时钟脉冲后电路完成数据的移位和寄存。

表 5-15　图 5-39 状态转移表

移存脉冲	数据输出			
CP	Q_1	Q_2	Q_3	Q_4
0	0	0	0	0
1	D_4	0	0	0
2	D_3	D_4	0	0
3	D_2	D_3	D_4	0
4	D_1	D_2	D_3	D_4

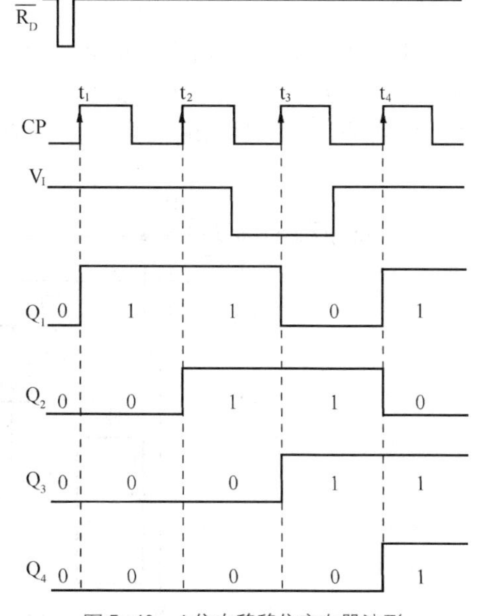

图 5-40　4 位右移移位寄存器波形

同理可以构成左移移位寄存器，如图 5-41 所示电路是由 4 级 D 触发器构成的 4 位左移的移位寄存器（不带清除端）。左移移位寄存器和右移移位寄存器，两者输入数据移动的方向虽然不同，但是所满足的移存规律是完全一样的。

这是串入/串出的寄存器，串入/串出方式通常用于信号延时。在计算机网络远距离通信时，计算机内部数据传送采用串入/串出方式，在远距离通信如通过电话线时，为了降低通信线路的价格往往采用串行的方式即串入/串出方式传递数据。

移位寄存器也可以用JK触发器来实现，请读者自行画出用JK触发器来实现图5-38，图5-39和图5-41功能的电路图。

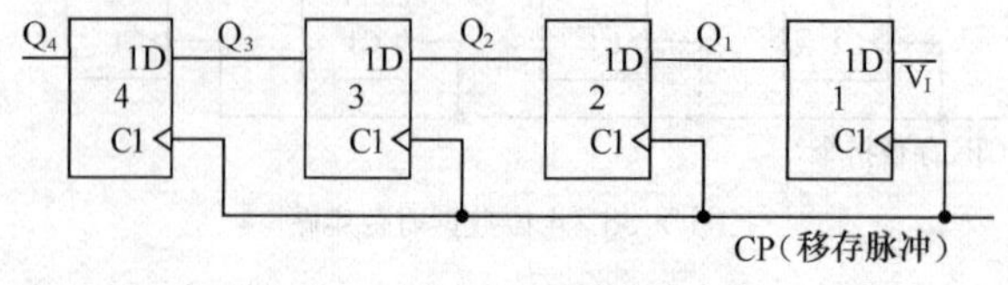

图5-41　4位左移移位寄存器

3. 串入并出移位寄存器

利用4个D触发器构成的4位串入并出移位寄存器如图5-42所示。与串入串出移位寄存器类似，该寄存器所有触发器都是同时锁存的。该寄存器可以将串行方式转换为并行方式。在系统内部，由于快速的要求，数据常以并行的方式移动。而为了把数据传输到远处的另一个系统，又需要将其转换成串行方式，这常常用于接收系统。

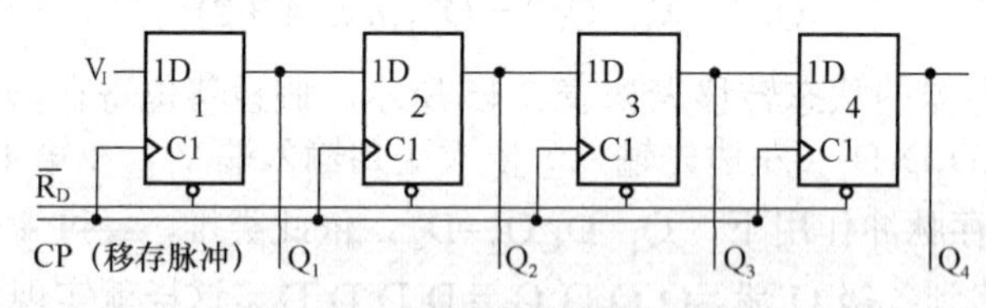

图5-42　4位串入并出移位寄存器

4. 并入串出移位寄存器

利用4个D触发器构成的4位并入串出移位寄存器如图5-43所示。并入串出移位寄存器可以用于发送系统，用于将数据从并行方式转换为串行方式。图中SHIFT/$\overline{\text{LOAD}}$是移位/并入控制端，串行数据输出是Q_3。电路上升沿触发。可以写出电路的状态方程为

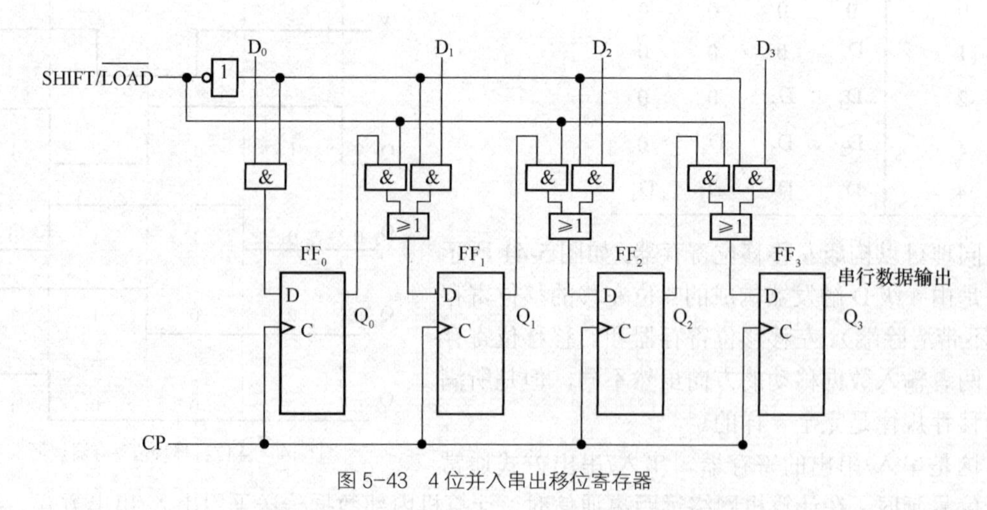

图5-43　4位并入串出移位寄存器

$$Q_0^{n+1}=\overline{\text{SHIFT}/\overline{\text{LOAD}}}\cdot D_0$$

$$Q_1^{n+1}=\overline{\text{SHIFT}/\overline{\text{LOAD}}}\cdot D_1+\text{SHIFT}/\overline{\text{LOAD}}\cdot Q_0^n$$

$$Q_2^{n+1}=\overline{\text{SHIFT}/\overline{\text{LOAD}}}\cdot D_2+\text{SHIFT}/\overline{\text{LOAD}}\cdot Q_1^n$$

$$Q_3^{n+1}=\overline{\text{SHIFT}/\overline{\text{LOAD}}}\cdot D_3+\text{SHIFT}/\overline{\text{LOAD}}\cdot Q_2^n$$

当 $\text{SHIFT}/\overline{\text{LOAD}}=0$ 时，$Q_0^{n+1}=D_0$，$Q_1^{n+1}=D_1$，$Q_2^{n+1}=D_2$，$Q_3^{n+1}=D_3$，执行并入操作，此时电路和图 5-38 一致。

当 $\text{SHIFT}/\overline{\text{LOAD}}=1$ 时，$Q_0^{n+1}=0$，$Q_1^{n+1}=Q_0^n$，$Q_2^{n+1}=Q_1^n$，$Q_3^{n+1}=Q_2^n$，执行串入右移操作，串行数据从 Q_3 端逐位输出，此时电路和图 5-39 一致。

5．双向移位寄存器

双向移位寄存器既可左移又可右移，利用 4 个 D 触发器构成的 4 位双向移位寄存器如图 5-44 所示。图中 $\text{RIGHT}/\overline{\text{LEFT}}$ 是右移/左移移位控制端，串行数据输入是 V_I。电路上升沿触发。可以写出电路的状态方程为

$$Q_0^{n+1}=\text{RIGHT}/\overline{\text{LEFT}}\cdot v_I+\overline{\text{RIGHT}/\overline{\text{LEFT}}}\cdot Q_1^n$$

$$Q_1^{n+1}=\text{SHIFT}/\overline{\text{LOAD}}\cdot Q_0^n+\overline{\text{SHIFT}/\overline{\text{LOAD}}}\cdot Q_2^n$$

$$Q_2^{n+1}=\text{SHIFT}/\overline{\text{LOAD}}\cdot Q_1^n+\overline{\text{SHIFT}/\overline{\text{LOAD}}}\cdot Q_3^n$$

$$Q_3^{n+1}=\text{SHIFT}/\overline{\text{LOAD}}\cdot Q_2^n+\overline{\text{SHIFT}/\overline{\text{LOAD}}}\cdot V_I$$

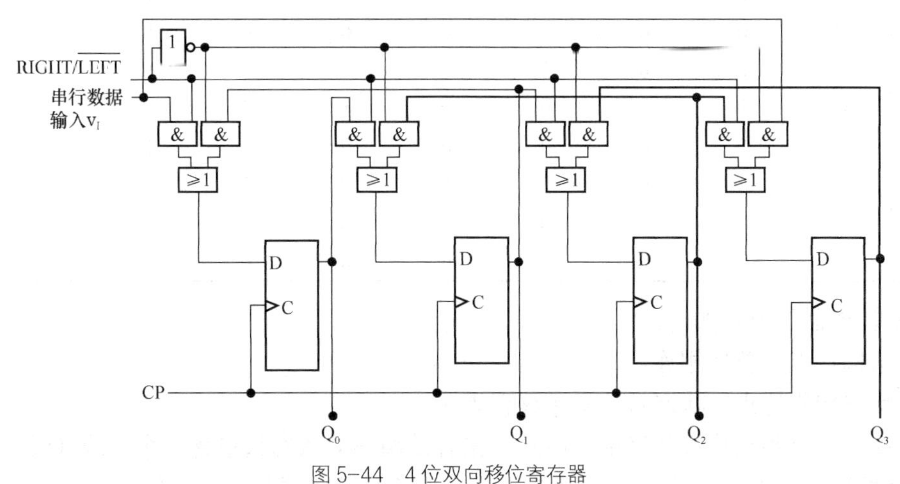

图 5-44　4 位双向移位寄存器

当 $\text{RIGHT}/\overline{\text{LEFT}}=0$ 时，$Q_0^{n+1}=Q_1^n$，$Q_1^{n+1}=Q_2^n$，$Q_2^{n+1}=Q_3^n$，$Q_3^{n+1}=V_I$，执行串入左移操作，串行数据从 Q_0 端逐位输出。

当 $\text{RIGHT}/\overline{\text{LEFT}}=1$ 时，$Q_0^{n+1}=V_I$，$Q_1^{n+1}=Q_0^n$，$Q_2^{n+1}=Q_1^n$，$Q_3^{n+1}=Q_2^n$，执行串入右移操作，串行数据从 Q_3 端逐位输出。

6．移位寄存器型计数器

如果把移位寄存器的输出，以一定方式反馈到串行输入端，就可以得到一些电路连接简

单，编码特色明显，用途极为广泛的移位寄存器型计数器。常见的有环形计数器（Ring Counter）和扭环形计数器（Twisted Counter）。

（1）环形计数器

环形计数器是将移位寄存器的末级输出反馈连接到首级数据输入端构成的计数器。环形计数器一般通过顺序触发开和关来控制事件（电路），比如计算机和视频摄像机等的操作，图 5-45 是 10 位环形计数器电路。表 5-16 是其状态转移表。

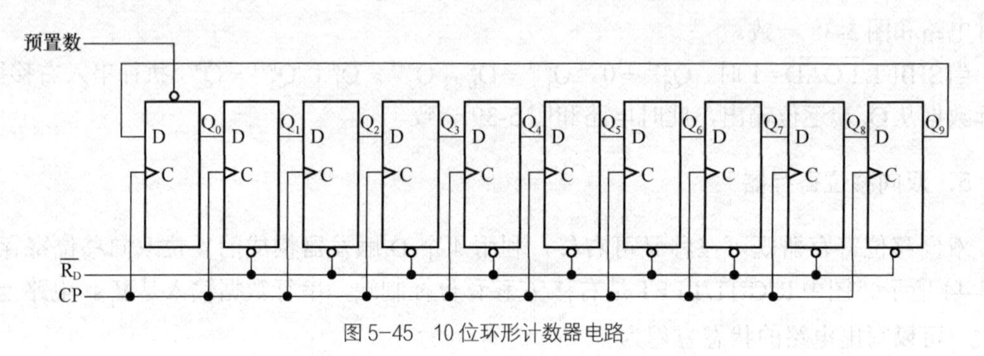

图 5-45 10 位环形计数器电路

表 5-16 **10 位环形计数器状态转移表**

CP	Q_0	Q_1	Q_2	Q_3	Q_4	Q_5	Q_6	Q_7	Q_8	Q_9
0	1	0	0	0	0	0	0	0	0	0
1	0	1	0	0	0	0	0	0	0	0
2	0	0	1	0	0	0	0	0	0	0
3	0	0	0	1	0	0	0	0	0	0
4	0	0	0	0	1	0	0	0	0	0
5	0	0	0	0	0	1	0	0	0	0
6	0	0	0	0	0	0	1	0	0	0
7	0	0	0	0	0	0	0	1	0	0
8	0	0	0	0	0	0	0	0	1	0
9	0	0	0	0	0	0	0	0	0	1

环形计数器的特点如下。

① 结构特点：首尾相连。

② 状态转移特点：状态转移满足移存规律。

③ 优点：电路结构极其简单。而且，在有效循环的状态只包含一个 1 或（0）时，可以直接以触发器的状态表示节拍，利用 Q 端作状态输出不需要另外加译码器。在 CP 脉冲的作用下，Q 端轮流出现矩形脉冲，组成顺序（节拍）脉冲分配器。

④ 缺点：有效状态利用率低。n 级移位寄存器可以构成模 n（n 进制）环形计数器。无效状态为 2^n-n 个。

环形计数器也可以用 JK 触发器实现，请读者自行画出其电路图，本书不再赘述。

（2）扭环形计数器

扭环形计数器是将移位寄存器的末级输出取反后反馈连接到首级数据输入端构成的计数器，也叫约翰逊计数器。前述例 5-2 的图 5-8 其实就是一个由 JK 触发器构成的 3 位扭环形计数器。扭环形计数器的特点如下。

① 结构特点：首尾交叉相连。

② 状态转移特点：状态转移满足移存规律。

③ 优点：每次状态变化只有1个触发器翻转，因此译码时不存在竞争冒险。

④ 缺点：有效状态利用率低。n级移位寄存器可以构成模$2n$偶数进制扭环形计数器。无效状态为2^n-2n个。

环形计数器和扭环形计数器都不具备自启动特性，请读者自行验证。

5.2.7 集成移位寄存器

1．集成4位双向移位寄存器74194

74194是4位通用移存器，具有串入左移、串入右移、并行置数、保持、清除等多种功能，其逻辑图和惯用逻辑符号如图5-46所示，它是由4级RS触发器和一些门电路构成的。

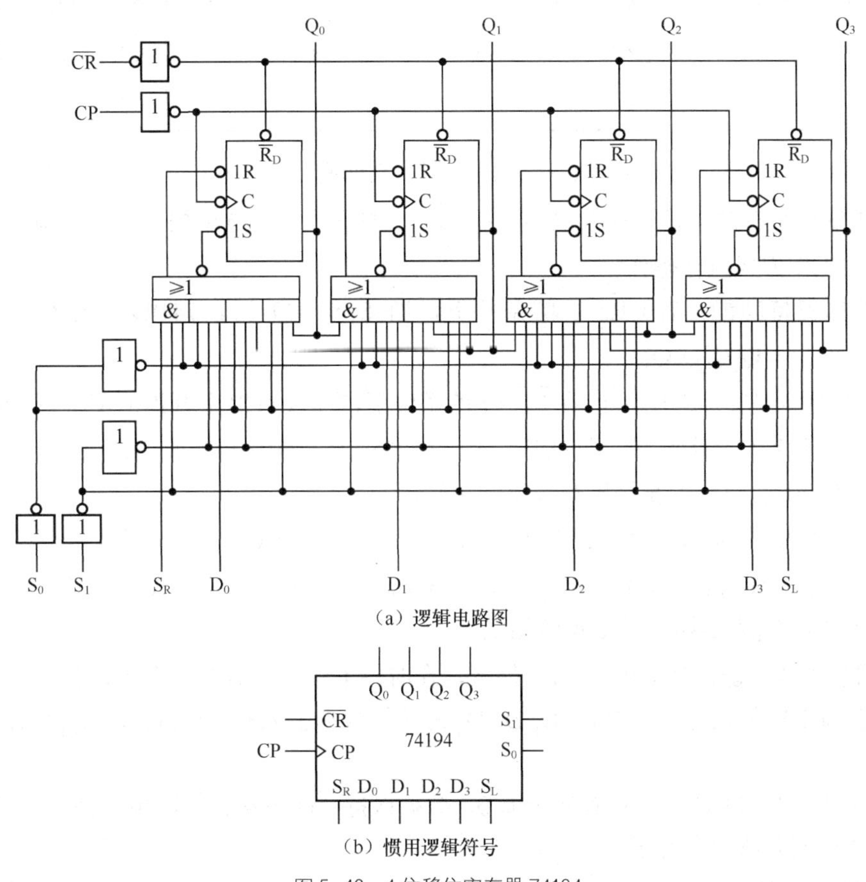

（a）逻辑电路图

（b）惯用逻辑符号

图5-46 4位移位寄存器74194

输入端子有：

① 时钟输入端CP，上升沿有效；

② 并行数据输入端D_0~D_3；

③ 低电平有效的异步清0端$\overline{CR}$；

④ 高电平有效的左移串行数码输入端S_L；

⑤ 高电平有效的右移串行数码输入端S_R；

⑥ 高电平有效的工作方式控制端S_0，S_1；

输出端子有：数据输出端Q_0~Q_3，Q_3为最高位。

4 位双向移位寄存器 74194 的功能表如表 5-17 所示。从功能表不难得出其功能特点。

表 5-17　　74194 功能表

输入										输出			
$\overline{CR}$	S_1	S_0	CP	S_L	S_R	D_0	D_1	D_2	D_3	Q_0	Q_1	Q_2	Q_3
0	×	×	×	×	×	×	×	×	×	0	0	0	0
1	1	1	↑	×	×	d_0	d_1	d_2	d_3	d_0	d_1	d_2	d_3
1	1	0	↑	S_L	×	×	×	×	×	Q_1^n	Q_2^n	Q_3^n	S_L
1	0	1	↑	×	S_R	×	×	×	×	S_R	Q_0^n	Q_1^n	Q_2^n
1	0	0	×	×	×	×	×	×	×	Q_0^n	Q_1^n	Q_2^n	Q_3^n
1	×	×	0	×	×	×	×	×	×	Q_0^n	Q_1^n	Q_2^n	Q_3^n

① 异步清 0 功能：当异步清 0 端$\overline{CR}=0$时，立即有$Q_0Q_1Q_2Q_3$=0000，与时钟 CP 的状态无关。$\overline{CR}$低电平有效，且优先级最高。在$\overline{CR}$=1 的条件下，电路按照方式控制输入端S_1S_0设置的 4 种工作方式执行操作。

② 数据保持功能：在$\overline{CR}$=1 的条件下，当S_1S_0=00 时，74194 处于保持状态，即$Q_0^{n+1}Q_1^{n+1}Q_2^{n+1}Q_3^{n+1}=Q_0^nQ_1^nQ_2^nQ_3^n$。

③ 同步串入/左移/串出功能：在$\overline{CR}$=1 的条件下，在时钟 CP 上升沿的配合下，当S_1S_0=10 时，74194 处于串入左移状态，即$Q_0^{n+1}=Q_1^n$，$Q_1^{n+1}=Q_2^n$，$Q_2^{n+1}=Q_3^n$，Q_3^{n+1}=S_L，其中S_L为左移串行数据输入端，Q_0为左移串行数据输出端。

④ 同步串入/右移/串出功能：在$\overline{CR}$=1 的条件下，在时钟 CP 上升沿的配合下，当S_1S_0=01 时，74194 处于右移状态，即Q_0^{n+1}=S_R，$Q_1^{n+1}=Q_0^n$，$Q_2^{n+1}=Q_1^n$，$Q_3^{n+1}=Q_2^n$，其中S_R为右移串行数据输入端，Q_3为右移串行数据输出端。

⑤ 同步置数功能：在$\overline{CR}$=1 的条件下，在时钟 CP 上升沿的配合下，当S_1S_0=11 时，74194 处于同步置数状态，其中D_0 D_1 D_2 D_3为并行数据输入端，Q_0 Q_1 Q_2 Q_3是并行数据输出端。

综上所述，74194 是一个具有异步清 0、数据保持、同步左移、同步右移、同步置数等 5 种功能的 4 位双向移位寄存器。

图 5-47 所示是 74194 功能示意波形图。

【例 5-10】 分析图 5-48 由 74194 构成的计数器电路。

解 图 5-48 中 74194 的$\overline{CR}$都接高电平 1，S_1接一个启动信号，S_0=1，当启动时S_1=1，这时 74194 执行同步置入数据操作（并入并出），启动后，S_1=0，这时 74194 执行同步串入/右移/串出操作。

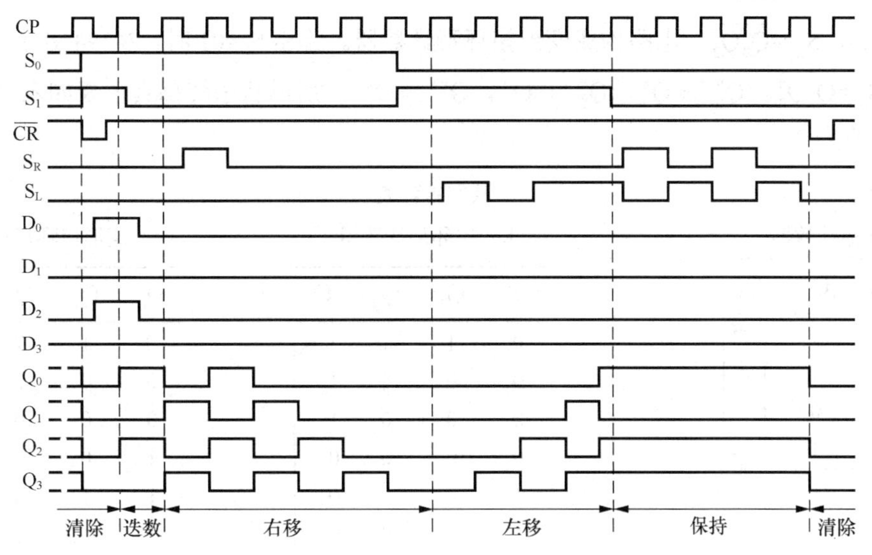

图 5-47　4 位双向移位寄存器 74194 功能示意波形

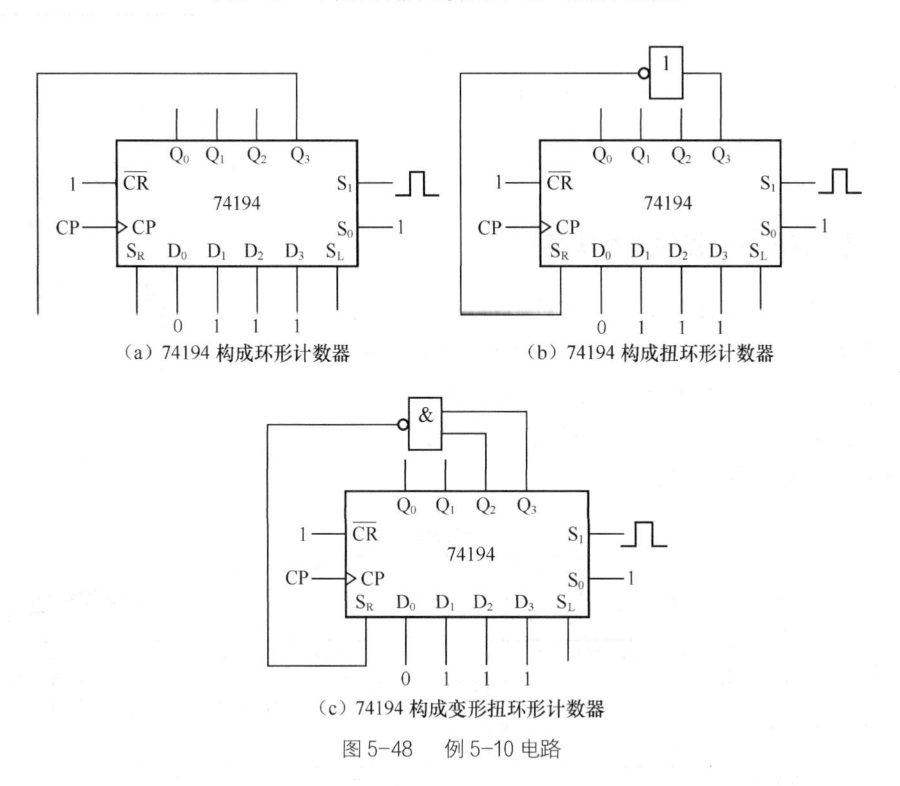

（a）74194 构成环形计数器

（b）74194 构成扭环形计数器

（c）74194 构成变形扭环形计数器

图 5-48　例 5-10 电路

图（a），Q_3 反馈接到 S_R，电路构成环形计数器。当 S_1S_0=01 时，74194 处于右移状态，即 $Q_0^{n+1}=S_R=Q_3^n$，$Q_1^{n+1}=Q_0^n$，$Q_2^{n+1}=Q_1^n$，$Q_3^{n+1}=Q_2^n$，所以状态转移真值表如表 5-18（a）所示。模值为 4。

图（b），$\overline{Q_3}$ 反馈接到 S_R，电路构成扭环形计数器。当 S_1S_0=01 时，74194 处于右移状态，即 $Q_0^{n+1}=S_R=\overline{Q_3^n}$，$Q_1^{n+1}=Q_0^n$，$Q_2^{n+1}=Q_1^n$，$Q_3^{n+1}=Q_2^n$，所以状态转移真值表如表 5-18（b）所示。模值为 8。

图（c），$S_R=\overline{Q_3Q_2}$，电路构成变形扭环形计数器。当 S_1S_0=01 时，74194 处于右移状态，即 $Q_0^{n+1}=S_R=\overline{Q_3^nQ_2^n}$，$Q_1^{n+1}=Q_0^n$，$Q_2^{n+1}=Q_1^n$，$Q_3^{n+1}=Q_2^n$，所以状态转移真值表如表 5-18（c）所示。模值为 7。

表 5-18　　状态转移表

（a）环形计数器

Q_0	Q_1	Q_2	Q_3
0	1	1	1
1	0	1	1
1	1	0	1
1	1	1	0

（b）扭环形计数器

Q_0	Q_1	Q_2	Q_3
0	1	1	1
0	0	1	1
0	0	0	1
0	0	0	0
1	0	0	0
1	1	0	0
1	1	1	0
1	1	1	1

（c）变形扭环形计数器

Q_0	Q_1	Q_2	Q_3
0	1	1	1
0	0	1	1
0	0	0	1
1	0	0	0
1	1	0	0
1	1	1	0
1	1	1	1

检验电路的自启动特性，可知变形扭环形计数器能自启动，可得到图（c）的状态转移图如图 5-49 所示。

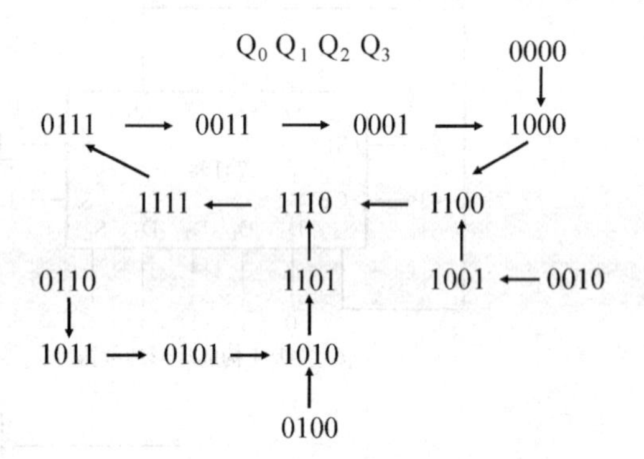

图 5-49　变形扭环形计数器状态转移图

2．中规模移位寄存器的串并转换

在数字系统中，信息的传播通常是串行的，而处理和加工往往是并行的，因此经常要在信息的发送端进行数据的并入/串出转换，在信息的接收端进行数据的串入/并出转换。用移位寄存器可以很方便地进行数据的串并转换。

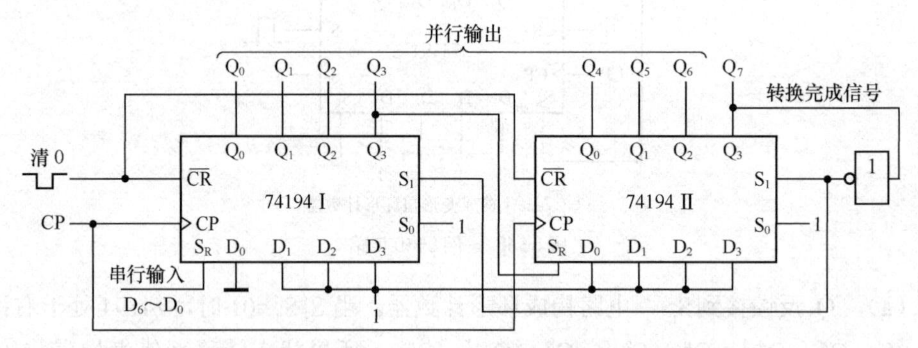

图 5-50　7 位串入/并出转换电路

（1）实现数据的串入/并出转换

图 5-50 所示电路是应用两片 74194 构成的 7 位串入/并出转换电路。图中片Ⅰ的右移串行数码输入端 S_R 接外部串行输入数据 $D_6\sim D_0$，并行数据输入端 D_0 接标志码 0，其余并行数据输入端 D_3 D_2 D_1 接 1，片Ⅱ的右移串行数码输入端 S_R 接片Ⅰ的输出 Q_3，并行数据输入端

$D_3 \sim D_0$ 都接 1。片Ⅱ的输出 Q_3 取反后作片Ⅰ、Ⅱ的工作方式控制端 S_1，两片的 S_0 都接 1。当器件清零后，由于片Ⅱ的输出 $\overline{Q_3}$ 为 1，两片的 S_1 为 1，所以在时钟 CP 上升沿的配合下，执行同步置数操作，电路的并行输出的状态 $Q_0 \sim Q_6$ 为 0111111。由于片Ⅱ的输出 Q_3 为 1，$\overline{Q_3}$ 为 0，即两片的 S_1 为 0，所以在时钟 CP 上升沿的配合下，执行右移操作，即外部串行输入数据 D_0 移入寄存器，电路的并行输出的状态 $Q_0 \sim Q_6$ 为 D_0 011111。片Ⅱ的输出 $\overline{Q_3}$ 为 0，以后在 CP 的作用下，电路继续执行右移操作，外部串行输入数据逐个存入到移位寄存器。直到并行输出状态 $Q_0 \sim Q_6$ 为 $D_6D_5D_4D_3D_2D_1D_0$ 时，这时片Ⅱ的输出 Q_3 为 0，即标志码 0 已移到片Ⅱ的最高位，此时 $\overline{Q_3}$ 为 1，一方面使两片的 S_1 S_0 为 11，在下一个 CP 的作用下，执行并行同步置数功能，从而开始新的一组 7 位数码的串入/并出转换；另一方面标志 7 位数码串入/并出转换完成。表 5-19 是 7 位串入/并出状态表。

表 5-19　　　　7 位串入/并出状态表

序号	Ⅰ	Q_0	Q_1	Q_2	Q_3	Ⅱ	Q_0	Q_1	Q_2	Q_3	操作
		Q_0	Q_1	Q_2	Q_3		Q_4	Q_5	Q_6	Q_7	
0		0	0	0	0		0	0	0	0	清零
1		0	1	1	1		1	1	1	1	并入
2		D_0	0	1	1		1	1	1	1	串入右移
3		D_1	D_0	0	1		1	1	1	1	串入右移
4		D_2	D_1	D_0	0		1	1	1	1	串入右移
5		D_3	D_2	D_1	D_0		0	1	1	1	串入右移
6		D_4	D_3	D_2	D_1		D_0	0	1	1	串入右移
7		D_5	D_4	D_3	D_2		D_1	D_0	0	1	串入右移
8		D_6	D_5	D_5	D_3		D_2	D_1	D_0	0	串入右移

（2）实现数据的并入/串出转换

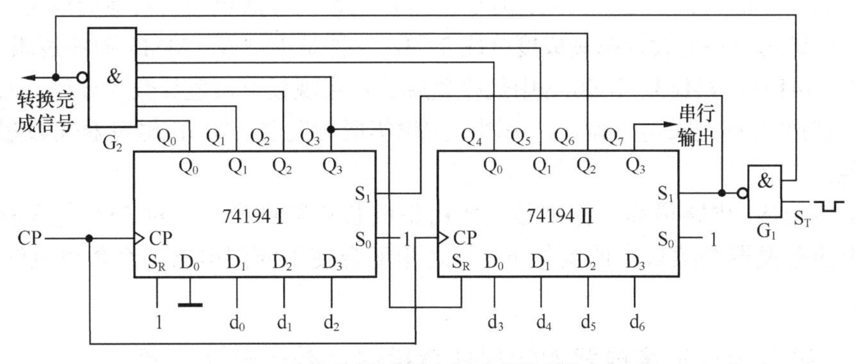

图 5-51　7 位并入/串出转换电路

图 5-51 所示电路是应用两片 74194 构成的 7 位并入/串出转换电路。图中，片Ⅰ的右移串行数码输入端 S_R 接 1，并行数据输入端 D_0 接标志码 0，片Ⅱ的右移串行数码输入端 S_R 接片Ⅰ的输出 Q_3，其余并行数据输入端接并行输入数据 $d_0 \sim d_6$。片Ⅰ的输出 Q_0 Q_1

Q_2Q_3和片Ⅱ的输出Q_0 Q_1 Q_2与非逻辑后作片Ⅰ、Ⅱ的工作方式控制端S_1，两片的S_0都接1。开始工作时，首先加一个负向启动脉冲使S_1为1，此时S_1 S_0为11，在时钟CP上升沿的配合下，执行同步置数操作，电路的并行输出的状态Q_0～Q_7为0 $d_0d_1d_2d_3d_4d_5d_6$，同时在Q_7端即片Ⅱ的Q_3端串行输出第一个数据d_6。以后启动脉冲消失，在CP作用下，由于S_1 S_0为01，所以在时钟CP上升沿的配合下，执行右移操作，电路的并行输出的状态Q_0～Q_7为10 $d_0d_1d_2d_3d_4d_5$，同时在Q_7串行输出第2个数据d_5。在CP的作用下，并行输入数据由Q_7端逐位串行输出，同时又不断地将片Ⅰ的右移串行数码输入端S_R等于1的数据移位寄存到寄存器。当第7个CP上升沿到达时，门G_2的输入端全部为1，则G_2输出为0，标志这一组7位数码并入/串出转换完成，同时使2片的S_1 S_0为11，在下一个CP的作用下，执行并行同步置数功能，从而开始新的一组7位数码的并入/串出转换。表5-20是7位并入/串出状态表。

表5-20　　7位并入/串出状态表

序号	Ⅰ	Q_0	Q_1	Q_2	Q_3	Ⅱ	Q_0	Q_1	Q_2	Q_3	操作
		Q_0	Q_1	Q_2	Q_3		Q_4	Q_5	Q_6	Q_7	
1		0	d_0	d_1	d_2		d_3	d_4	d_5	d_6	并入
2		1	0	d_0	d_1		d_2	d_3	d_4	d_5	串入右移
3		1	1	0	d_0		d_1	d_2	d_3	d_4	串入右移
4		1	1	1	0		d_0	d_1	d_2	d_3	串入右移
5		1	1	1	1		0	d_0	d_1	d_2	串入右移
6		1	1	1	1		1	0	d_0	d_1	串入右移
7		1	1	1	1		1	1	0	d_0	串入右移

5.3 时序逻辑电路的设计

时序逻辑电路的设计就是根据具体逻辑要求，设计出完成该逻辑功能的最简时序逻辑电路。可将时序逻辑电路的设计按集成度分成2种，一种是中规模（MSI）时序逻辑电路设计，采用74160，74161，74163，7490等中规模集成芯片实现任意模值计数（分频）器，另一种是小规模（SSI）时序逻辑电路设计，采用小规模集成触发器（如JK触发器或D触发器）和门电路实现。

通常，对MSI电路最简的标准是：所用集成芯片数量最少；对SSI电路最简的标准是：在所用的触发器个数最少的条件下，与之相配合使用的门电路的个数以及输入端数尽可能少。

5.3.1 采用中规模集成器件实现任意模值计数（分频）器

集成计数器可以加适当反馈电路后构成任意模值计数器。

应用N进制中规模计数器实现任意模值$M(M<N)$计数（分频）器时，只需要在N进制计数器的顺序计数过程中，设法使之跳过（$N–M$）个状态，只在M个状态中循环，从而得到

M 计数分频器。

通常 MSI 计数器都有清 0、置数控制端，因此实现模 *M* 计数分频器的基本方法有 2 种：一种是利用清除端的反馈复位法（或称反馈清 0 法），另一种是利用置入控制端的反馈置位法（或称反馈置数法）。

1. 利用清除端的反馈复位法

这种方法的基本设计思想是：计数器从全 0 状态 S_0 开始计数，计满 *M* 个状态后产生清 0 信号，使计数器恢复到初态 S_0，然后再重复上述过程。根据集成计数器清零端的清零方式，又可分两种情况：

（1）异步清 0 方式：

计数器在 $S_0 \sim S_{M\text{-}1}$ 共 *M* 个状态中工作，当计数器进入 S_M 状态时，利用 S_M 状态进行译码产生清 0 信号并反馈到异步清 0 端，使计数器立即返回 S_0 状态。由于是异步清 0，只要 S_M 状态一出现便立即被置成 S_0 状态，因此 S_M 状态是“暂态”，在计数器的稳定状态循环中是不包含暂态 S_M 的。

（2）同步清 0 方式：

计数器在 $S_0 \sim S_{M\text{-}1}$ 共 *M* 个状态中工作，当计数器进入 $S_{M\text{-}1}$ 状态时，利用 $S_{M\text{-}1}$ 状态译码产生清 0 信号并反馈到同步清 0 端，要等下一拍时钟来到时，才完成清 0 动作，使计数器返回 S_0。可见，同步清 0 方式没有暂态，全部状态为有效状态。

【例 5-11】 采用一片集成同步 4 位二进制计数器 74161，设计模 10 计数器。

解 74161 的功能表见表 5-4，从功能表中，不难看出，74161 的 $\overline{CR}$ 是低电平有效的异步清 0 端，因此设计时，要考虑暂态。

① 列出模 10 的状态转移表如表 5-21 所示，表中有 0000～1001 共 10 个有效状态；

② 利用卡诺图求“清零”信号：由于 74161 的 $\overline{CR}$ 是异步清 0 端，因此产生 $\overline{CR}=0$ 的状态选在 10 个有效状态的下一个状态 1010，令 $Q_3Q_2Q_1Q_0=1010$ 时，产生 $\overline{CR}=0$，得到 $\overline{CR}$ 的卡诺图如图 5-52 所示，经化简，可得 $\overline{CR}=\overline{Q_3^n \cdot Q_1^n}$，而状态 $Q_3Q_2Q_1Q_0=1010$ 为暂态。

表 5-21 模 10 状态转移表

Q_3	Q_2	Q_1	Q_0
0	0	0	0
0	0	0	1
0	0	1	0
0	0	1	1
0	1	0	0
0	1	0	1
0	1	1	0
0	1	1	1
1	0	0	0
1	0	0	1

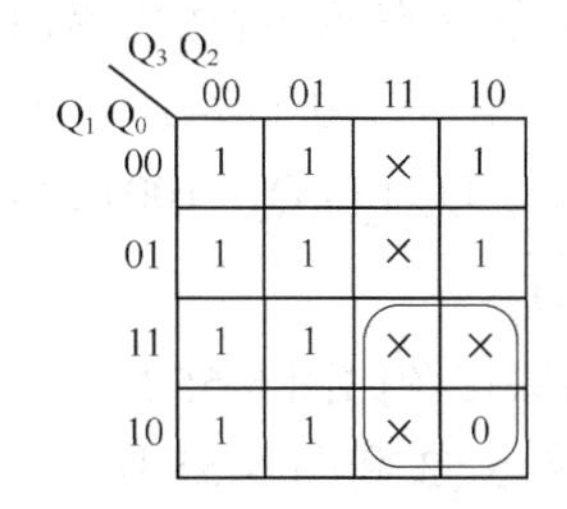

图 5-52 例 5-11 $\overline{CR}$ 的卡诺图化简

③ 画出电路联接图如图 5-53（a）所示。

74160 利用异步清除端反馈复位时和 74161 类似，在设计时也要考虑暂态。

在实际应用中，常将图 5-53（a）的输出端加一个由 G_2、G_3 与非门构成的基本 RS 触发器如图 5-53（b）所示，基本 RS 触发器的作用是使各级触发器可靠清 0。

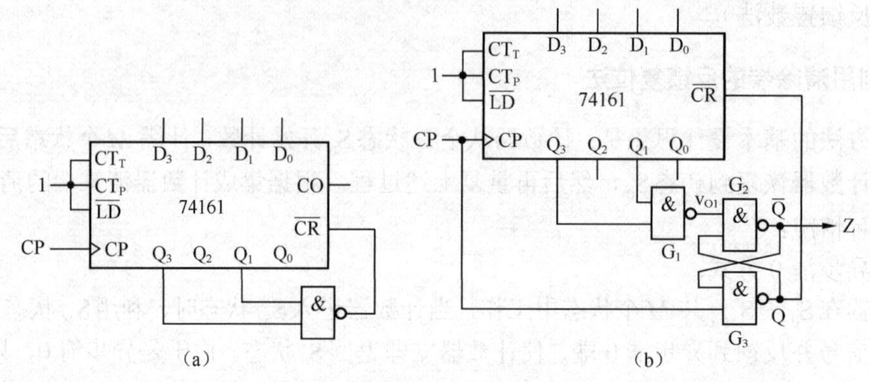

图 5-53　例 5-11 电路图

④ 画出电路时序图（工作波形）如图 5-54 所示，实现模 10 计数分频。值得注意的是，时序图中没有暂态，只有有效状态。

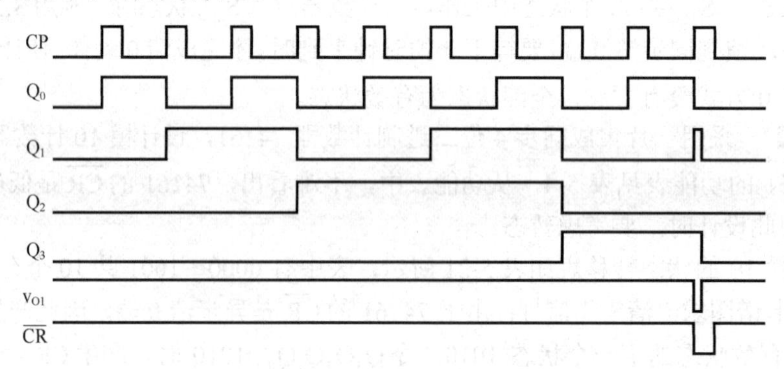

图 5-54　例 5-11 时序图

【例 5-12】　采用一片集成同步 4 位二进制计数器 74163，设计模 10 计数器。

解　74163 的功能表见表 5-6，从功能表中，不难看出，74163 的 $\overline{CR}$ 是低电平有效的同步清 0 端。

① 列出模 10 的状态转移表如上例中表 5-21 所示，表中有 0000～1001 共 10 个有效状态；

② 求“清零”信号：由于 74163 的 $\overline{CR}$ 是同步清 0 端，因此产生 $\overline{CR}=0$ 的状态选在第 10 个有效状态 1001，令 $Q_3Q_2Q_1Q_0=1001$ 时，产生 $\overline{CR}=0$，

可得到 $\overline{CR}=\overline{Q_3^n \cdot Q_0^n}$。

③ 画出电路联接图如图 5-55 所示。

请读者结合图 5-53 和图 5-55 比较同步清 0 和异步清 0 方式在设计计数器时的不同。

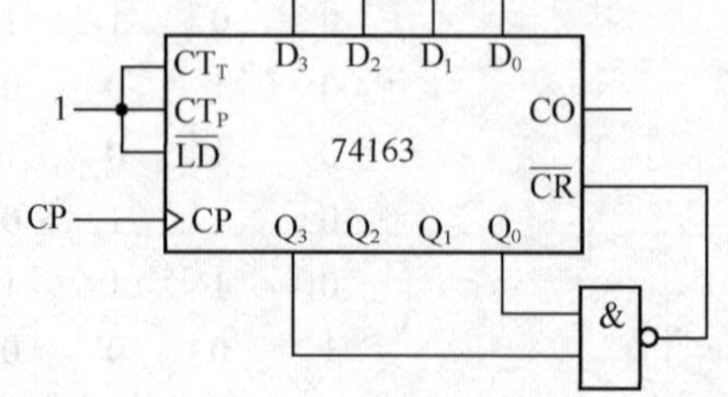

图 5-55　例 5-12 电路图

【例 5-13】　采用一片二-五-十进制异步计数器 7490，设计模 7 计数器。

解　7490 的功能表见表 5-10，从功能表中，不难看出，7490 的 R_{01}，R_{02} 是高电平有效

的异步清0端，因此设计时，也要考虑暂态。设计模7计数器有两种设计方案。

方案一：选择8421BCD码方案。

① 列出模7的8421BCD码状态转移表如表5-22（a）所示，表中有0000～0110共7个有效状态；

表5-22 模7状态转移表

（a）模7 8421BCD码

Q_3	Q_2	Q_1	Q_0
0	0	0	0
0	0	0	1
0	0	1	0
0	0	1	1
0	1	0	0
0	1	0	1
0	1	1	0

（b）模7 5421BCD码

Q_0	Q_3	Q_2	Q_1
0	0	0	0
0	0	0	1
0	0	1	0
0	0	1	1
0	1	0	0
1	0	0	0
1	0	0	1

② 求“清零”信号：由于7490的R_{01}，R_{02}是高电平有效的异步清0端，因此产生$R_{01}\cdot R_{02}=1$的状态选在7个有效状态的下一个状态0111，令$Q_3Q_2Q_1Q_0=0111$时，产生$R_{01}\cdot R_{02}=1$，可得$R_{01}=R_{02}=Q_2^n\,Q_1^nQ_0^n$，而状态$Q_3Q_2Q_1Q_0=0111$为暂态。

③ 画出电路联接图如图5-56（a）所示。

方案二：选择5421BCD码方案。

① 列出模7的5421BCD码状态转移真值表如表5-22（b）所示，表中有0000～1001共7个有效状态；

② 求“清零”信号：由于7490的R_{01}，R_{02}是高电平有效的异步清0端，因此产生$R_{01}\cdot R_{02}=1$的状态选在7个有效状态的下一个状态1010，令$Q_0Q_3Q_2Q_1=1010$时，产生$R_{01}\cdot R_{02}=1$，可得$R_{01}=R_{02}=Q_0^nQ_2^n$，而状态$Q_0Q_3Q_2Q_1=1010$为暂态。

③ 画出电路联接图如图5-56（b）所示。

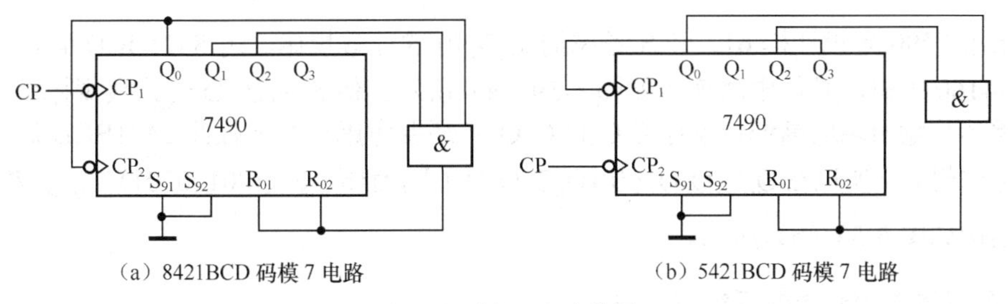

图5-56 例5-13 电路图

图5-53、图5-55和图5-56电路分别是集成计数器74161，74163，7490利用清除端复位法的固定结构。改变图中与非门（与门）的输入端，就可以实现不同模值计数器。

利用清除端的复位法，对具有异步清除端的N进制计数器（如74160，74161，7490等）来说，用一片集成芯片所能实现的最大模值是$N-1$；对具有同步清除端的N进制计数器（如

74162，74163 等）来说，用一片集成芯片所能实现的最大模值是 N。

【例 5-14】 采用两片 74160 设计模 61 进制计数器。

解 首先要将 2 片 74160 连接成模 100 的电路如图 5-20 所示。由于也要考虑暂态，所以用 0～60 个有效状态的下一个状态，即 $Q_3Q_2Q_1Q_0$(Ⅱ)$Q_3Q_2Q_1Q_0$(Ⅰ)为$(61)_{10}=(0110\ 0001)_{8421BCD码}$来清 0，而这个状态为暂态，所以连接 $\overline{CR}$ 的与非门的输入为片Ⅱ的 Q_2Q_1 和片Ⅰ的 Q_0。具体连接如图 5-57 所示。

如果用 74161 和 74163 来设计模 61，还需要考虑芯片进位规律和模制进位规律不一致的问题，具体电路连接如图 5-58 所示。其中图 5-58（a）是用 74161 的实现方案，考虑到也有暂态，所以在 $Q_3Q_2Q_1Q_0$(Ⅱ)$Q_3Q_2Q_1Q_0$(Ⅰ)为$(61)_{10}=(0011\ 1101)_2$来清 0。图 5-58（b）是 74163 的实现方案，没有暂态，所以在 $Q_3Q_2Q_1Q_0$(Ⅱ)$Q_3Q_2Q_1Q_0$(Ⅰ)为$(60)_{10}=(0011\ 1100)_2$来清 0。

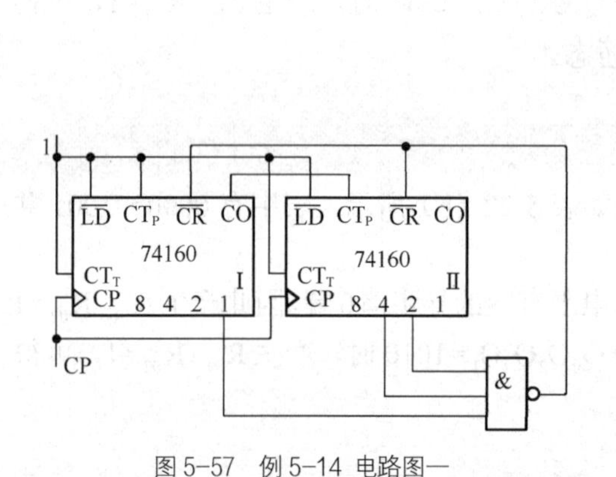

图 5-57 例 5-14 电路图一

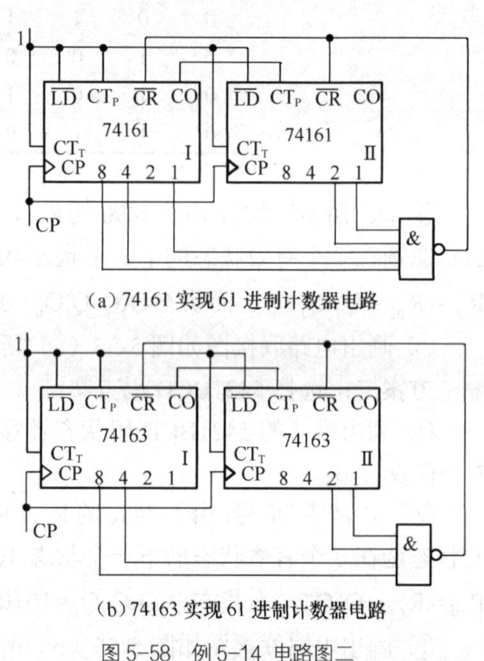

图 5-58 例 5-14 电路图二

如果用 7490 来设计模 61，还需考虑的是 7490 的计数规律，用 8421BCD 码计数规律的设计与 74160 类似，具体电路连接如图 5-59（a）所示。但 5421BCD 码计数规律就不同了，既要考虑芯片输出端的高低位顺序是 $Q_0Q_3Q_2Q_1$，还要考虑计数要按照 5421BCD 码规律，当然也要考虑暂态，所以在 $Q_0Q_3Q_2Q_1$(Ⅱ)$Q_0Q_3Q_2Q_1$(Ⅰ)为$(61)_{10}=(1001\ 0001)_{5421BCB码}$来清 0，具体电路连接如图 5-59（b）所示。

2．利用置入控制端的反馈置位法

置位法和复位法不同，它是利用 N 进制的集成计数器件的置入控制端 $\overline{LD}$，使计数器从某个预置状态 S_i 开始计数，计满 M 个状态后产生置数信号，使计数器又进入预置状态 S_i，然后再重复上述过程，从而跳越（$N-M$）个状态，实现模值为 M 的计数分频。

【例 5-15】 采用一片集成同步 4 位二进制计数器 74163，设计模 10 计数器。

解 74163 的功能表见表 5-6，从功能表中，不难看出，74163 的$\overline{LD}$是低电平有效的同步置入端，因此设计时，没有暂态。设计模 10 计数器有多种设计方案。

方案一：利用CO端的方案。

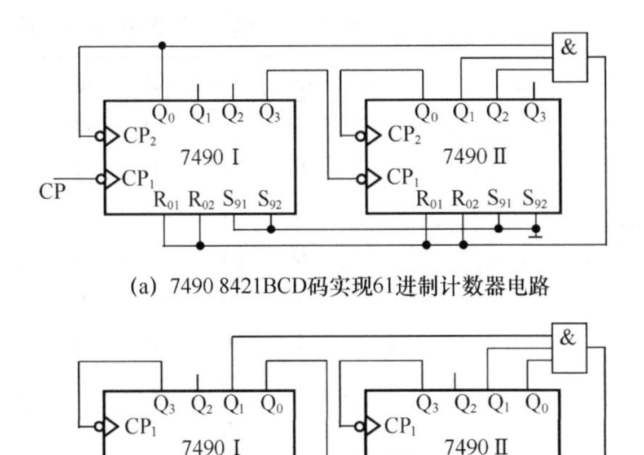

(a) 7490 8421BCD码实现61进制计数器电路

(b) 7490 5421BCD码实现61进制计数器电路

图 5-59 例 5-14 电路图三

表 5-23 模 10 状态转移真值表 1

Q_3	Q_2	Q_1	Q_0
0	1	1	0
0	1	1	1
1	0	0	0
1	0	0	1
1	0	1	0
1	0	1	1
1	1	0	0
1	1	0	1
1	1	1	0
1	1	1	1

① 列出模 10 的状态转移表如表 5-23 所示，表中有 0110～1111 共 10 个有效状态；

② 求置入信号和置入数据：当 $Q_3Q_2Q_1Q_0$ =1111 时，产生 $\overline{LD}$ =0，可得 $\overline{LD}=\overline{Q_3^n \cdot Q_2^n \cdot Q_1^n \cdot Q_0^n}$，利用计数器的满值输出 $CO=Q_3^n \cdot Q_2^n \cdot Q_1^n \cdot Q_0^n$，可得 $\overline{LD}=\overline{CO}$，这样，当 74163 计数到满值时，$\overline{LD}=\overline{CO}$=0，在下 1 个时钟作用下，74163 内各触发器状态置入为 $Q_3Q_2Q_1Q_0=D_3D_2D_1D_0$=0110（6），从而完成模 10 计数分频。

③ 画出电路联接图如图 5-60 所示。

这种置数方法，其电路结构也是一种固定结构。在改变模值 *M* 时，只需改变置入输入数据端 $D_3D_2D_1D_0$ 的值即可。其置入输入数据为（*N*–*M*），其中，*N* 是计数芯片的最大模值。这种设计方案跳越了 0000 状态，但包含了计数的最大值。

方案二：状态含 0000 的方案。

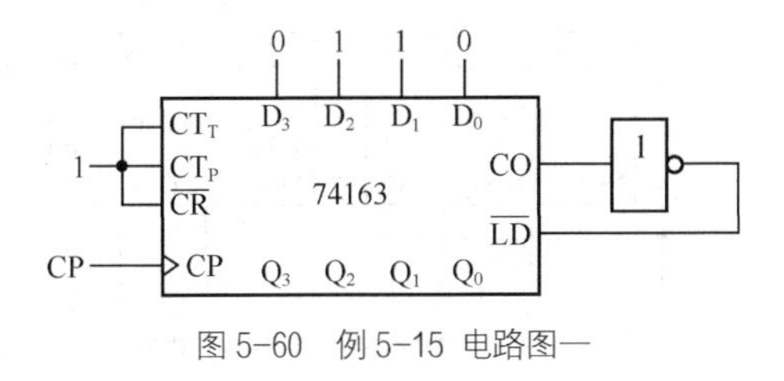

图 5-60 例 5-15 电路图一

表 5-24 模 10 状态转移真值表 2

Q_3	Q_2	Q_1	Q_0
0	1	1	1
1	0	0	0
1	0	0	1
1	0	1	0
1	0	1	1
1	1	0	0
1	1	0	1
1	1	1	0
1	1	1	1
0	0	0	0

① 列出模 10 的状态转移表如表 5-24 所示，表中有 0111～0000 共 10 个有效状态；

② 求置入信号和置入数据：当 $Q_3Q_2Q_1Q_0$ =0000 时，产生 $\overline{LD}$ =0，可得 $\overline{LD}=Q_3^n+Q_2^n+Q_1^n+Q_0^n$，在下一个时钟作用下，74163 内各触发器状态置入为 $Q_3Q_2Q_1Q_0=D_3D_2D_1D_0$=0111（7），从而完成模 10 计数分频。

③ 画出电路联接图如图 5-61 所示。

这种置数方法，其电路结构也是一种固定结构。在改变模值 M 时，只需改变置入输入数据端 $D_3D_2D_1D_0$ 的值即可。其置入输入数据为（$N-M+1$），其中，N 是计数芯片的最大模值。

方案三：任意截取状态的方案。

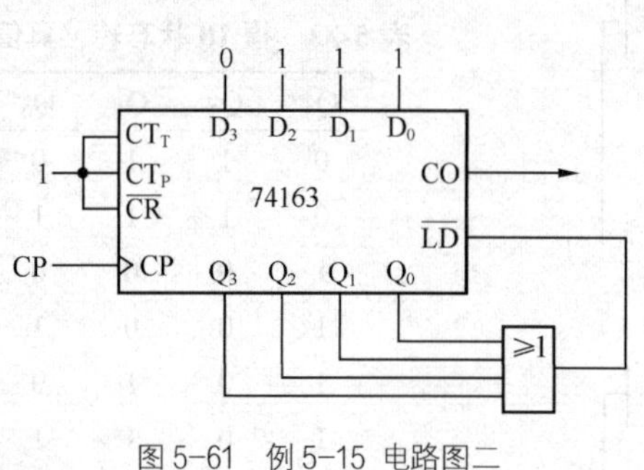

图 5-61 例 5-15 电路图二

表 5-25 模 10 状态转移真值表 3

Q_3	Q_2	Q_1	Q_0
0	1	0	0
0	1	0	1
0	1	1	0
0	1	1	1
1	0	0	0
1	0	0	1
1	0	1	0
1	0	1	1
1	1	0	0
1	1	0	1

① 列出任意截取的模 10 的状态转移表如表 5-25 所示，表中有 0100～1101 共 10 个有效状态，在这些状态中，没有 0000 和 1111 状态；

② 求置入信号和置入数据：当 $Q_3Q_2Q_1Q_0$=1101 时，产生 $\overline{LD}$=0，可得 $\overline{LD}=\overline{Q_3^nQ_2^nQ_0^n}$，在下一个时钟作用下，74163 内各触发器状态置入为 $Q_3Q_2Q_1Q_0=D_3D_2D_1D_0$=0100，从而完成模 10 计数分频。

③ 画出电路联接图如图 5-62 所示。

【例 5-16】 采用 2 片集成同步 4 位二进制计数器 74161，设计 72 进制计数器。

解 采用例 5-15 电路图 5-60 的固定结构设计，实现 72 进制计数器，即模值 M=72，因此置入输入数据为 $N-M$=256-72=184，所以可得 $D_3D_2D_1D_0$（Ⅱ）$D_3D_2D_1D_0$（Ⅰ）为$(184)_{10}=(B8)_{16}=(10111000)_2$。值得注意的是，这个固定结构的基本思想是从计数最大值倒推 M 个有效状态从而得到模值 M 的，所以当用 2 片来级联实现时，也要注意让计数最大值取反送到置入控制端来实现反馈置入。具体电路连接如图 5-63 所示。

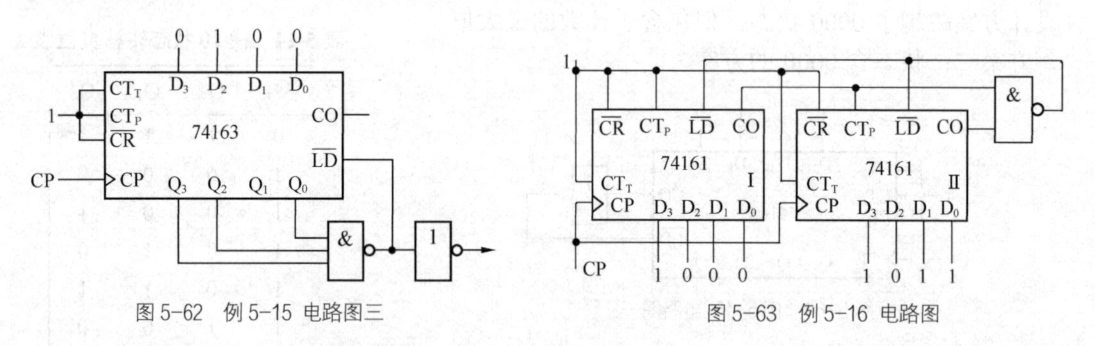

图 5-62 例 5-15 电路图三

图 5-63 例 5-16 电路图

综上可以看出，与利用清除端的复位法不同，利用置入控制端的置位法实现任意模值计数器可选择的方案有很多，可以根据具体设计任务灵活地采用。

5.3.2 采用小规模器件设计时序逻辑电路的一般过程

设计时序逻辑电路的任务就是根据给定的逻辑问题，设计出满足要求的时序逻辑电路。

采用小规模器件设计时序逻辑电路的一般过程如图5-64所示。

1．根据设计题目建立原始状态图或原始状态表

由于时序电路在某一时刻的输出信号，不仅与当时的输入信号有关，而且还与电路原来的状态有关。因此设计时序电路时，首先必须分析给定的逻辑功能，从而求出对应的状态转换图。这种直接由给定的逻辑功能求得的状态转换图称为原始状态图，是设计时序电路的最关键的一步。

建立原始状态图的具体做法是：首先分析给定的逻辑功能，确定输入变量和输出变量，确定有多少种输入信息需要“记忆”，并对每一种需“记忆”的输入信息规定一种状态来表示；其次分别以上述状态为现态，考察在每一个可能的输入组合作用下应转入哪个状态及相应的输出，便可求得符合题意的状态图。

将原始状态图表格化即可得到原始状态表。

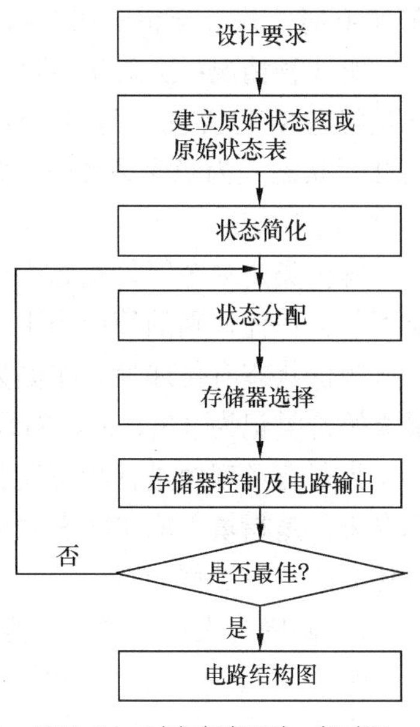

图5-64 时序电路设计一般过程

2．状态简化

根据给定要求得到的原始状态图不一定是最简的，很可能包含有多余的状态，有些状态可以进行合并。状态简化的实质就是进行状态合并。

状态化简的规则是：若有2个状态“等价”，则这2个状态可以合并为一个状态，而不改变输入输出的关系。通过合并等价状态可以达到状态简化的目的。

2个状态等价的条件如下。

① 等价必要条件：在所有输入条件下，2个状态对应输出完全相同；

② 等价充分条件：在所有输入条件下，2个状态的次态符合下面3种情况（如表5-26所示）。

表5-26　　状态的次态情况示意表

$S(t)$	$N(t)$		$Z(t)$		说明
	X=0	X=1	X=0	X=1	
S_1	S_2	S_7	0	1	次态相同
S_2	S_2	S_7	0	1	
S_3	S_4	S_3	1	0	次态交错 或维持现态
S_4	S_3	S_4	1	0	
S_5	S_1	S_8	0	0	次态循环： S_5和S_6状态对与S_7和S_8状态对互为等价隐含条件
S_6	S_1	S_7	0	0	
S_7	S_6	S_3	1	0	
S_8	S_5	S_3	1	0	

第1种情况：次态相同。如表5-26中的状态S_1和状态S_2在全部输入条件下，对应输出相同，次态相同，称S_1和S_2等价，记为等价对$S_1 \approx S_2$。

第 2 种情况：次态交错或维持现态。如表 5-26 中的状态 S_3 和状态 S_4，有相同的输出，在 X=0 时，次态交错；在 X=1 时，次态维持现态。称 S_3 和 S_4 等价，记为等价对 $S_3 \approx S_4$。

第 3 种情况：次态互为隐含条件（循环）。如表 5-26 中的状态 S_5 和状态 S_6 等价的前提条件是状态 S_7 和状态 S_8 等价，而状态 S_7 和状态 S_8 等价的前提条件又是状态 S_5 和状态 S_6 等价，当 2 对状态互为隐含条件时，2 对状态都等价。即 S_5 和 S_6 等价，S_7 和 S_8 等价，记为等价对 $S_5 \approx S_6$，$S_7 \approx S_8$。

等价类是多个等价状态组的集合，在等价类中任意两个状态都是等价的。如果一个等价类不包含在任何别的等价类中，则叫做最大等价类。

等价状态有传递性。即如果 $S_1 \approx S_2$，$S_2 \approx S_3$，则有 $S_1 \approx S_2 \approx S_3$，即 S_1、S_2、S_3 相互等价，最大等价类记为（S_1，S_2，S_3），此时 S_1，S_2，S_3 三个状态可以合并成一个状态。

为了有条理地进行状态简化，寻找全部等价状态对，可以采用隐含表化简的方法。所谓隐含表，是指填入原始状态表中所有状态两两比较的等价隐含条件的一种阶梯形表格。隐含表化简的基本过程如下。

① 画隐含表：按照“左竖无头，下横无尾”的结构画出 1 个阶梯形表格。

② 填隐含表：在填表时，不满足等价必要条件的状态对所对应的方格内打“×”，满足等价必要条件，且次态相同的等价状态对所对应的方格内打“√”，其余方格内填入需比较的两状态的等价隐含条件。

③ 寻找全部等价状态对：采用排除法，在隐含条件中包括（含有）非等价状态对的对应状态所在的方格中打“×”。并反复进行，直到排除所有非等价状态对为止。这样就找出了全部的等价状态对。

④ 求出全部的最大等价类，进行状态合并，列出最简状态表。

显然，状态化简使状态数目减少，从而可以减少电路中所需触发器的个数或门电路的个数。

3．状态分配（状态编码）

在得到简化的状态图后，要对每一个状态指定 1 组二进制代码，这就是状态编码（或称状态分配）。

一个 n 位二进制数一共有 2^n 种代码，如果最简状态表中的状态数是 M，则需要的代码位数 n 和 M 的关系式应满足：$2^n \geqslant M$。

编码的方案不同，设计的电路结构也就不同。编码方案选择得当，设计结果可以很简单。为此，选取的编码方案应该有利于所选触发器的驱动方程及电路输出方程的简化。为便于记忆和识别，一般选用的状态编码都遵循一定的规律，如用自然二进制码、移存码、循环码等。编码方案确定后，根据简化的状态图，画出编码形式的状态图及状态表。

4．选择触发器的类型，求出触发器的激励方程和输出方程

根据编码后的状态表及触发器的驱动表，可求得电路的输出方程和各触发器的驱动方程。

5．检查电路自启动特性

将偏离态代入状态方程，检查电路是否具备自启动特性。如不具备，则说明编码方案选择不当，需返回第 3 步中修改状态编码方案，重新设计。

6．画出逻辑图

经检查电路具备自启动特性后，画出逻辑电路图。

下面举例说明同步时序电路设计的一般过程。

【例 5-17】 设计 1 个二进制序列脉冲检测电路，当连续输入信号 1101 时，电路输出为 1，否则输出为 0。

解 第 1 步：分析设计要求，建立原始状态图和状态表

由设计要求可知，要设计的电路有一个输入端（X），接收被检测的二进制序列串行输入，有一个输出端（Z）。为了正确接收输入序列，整个电路的工作与输入序列必须同步。根据检测要求，当连续输入信号 1101 时，输出 1，其余情况下均输出 0。所以该电路必须“记忆”3 位连续输入序列，一共有 8 种情况，即 A(000)、B(001)、C(010)、D(011)、E(100)、F(101)、G(110)、H(111)。每次输入信号二进制序列 X 只有两种可能：0 或 1。假设，电路已记忆了前 3 位输入为 D(011)，若第 4 位输入 X=0，则电路的次态 N(t) 为 G(110)；若第 4 位输入 X=1，则电路的次态 N(t) 为 H(111)；其余类推。只有当电路为 G(110)，且第 4 位输入 1 时，输出才为 1。由以上分析，可画出原始状态图如图 5-65 所示。列出原始状态表如表 5-27 所示。

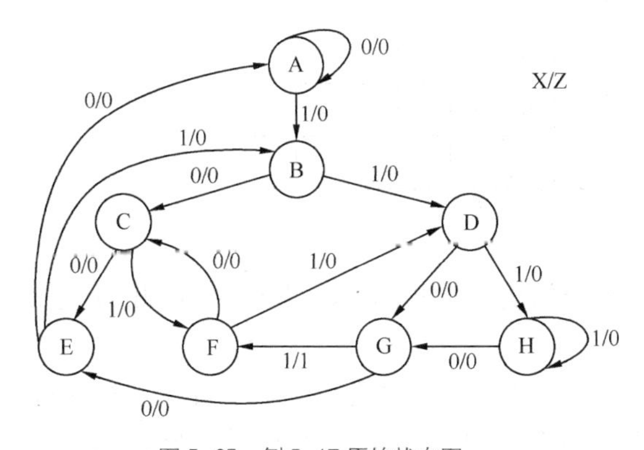

图 5-65 例 5-17 原始状态图

表 5-27 例 5-17 原始状态表

S(t)	N(t)		Z (t)	
	X=0	X=1	X=0	X=1
A	A	B	0	0
B	C	D	0	0
C	E	F	0	0
D	G	H	0	0
E	A	B	0	0
F	C	D	0	0
G	E	F	0	1
H	G	H	0	0

第 2 步 状态简化。

① 画隐含表如表 5-28（a）所示。

② 填隐含表如表 5-28（b）所示。

原始状态表中，2 个状态输出 Z(t) 不相同，不满足等价必要条件，则这两个状态不是等价状态，不能合并，则在对应的小方格中填“×”，如表 5-28（b）中 A-G、B-G、C-G、D-G、E-G、F-G、H-G 各小方格中的“×”。

满足等价必要条件，且次态相同的等价状态对所对应的方格内打“√”，如表 5-28（b）中 A-E、B-F、D-H 各小方格中的“√”。

其余方格内填入需比较的两状态的等价隐含条件。如表 5-27 中，状态 A 和状态 B，在所有输入条件下，对应输出均相同，满足等价必要条件，但次态在输入 X=0 时，分别为 A 和 C，在输入 X=l 时，分别为 B 和 D，则在表 5-28（b）相应的方格中填入 $\begin{bmatrix}AC\\BD\end{bmatrix}$ 表示 A、C 和 B、

D两对状态是A和B两状态等价的隐含条件。

表 5-28　例 5-16 隐含表

（a）

B							
C							
D							
E							
F							
G							
H							
	A	B	C	D	E	F	G

（b）

B	AC BD						
C	AE BF	CE DF					
D	AG BH	CG DH	EG FH				
E	√	CA DB	EA FB	GA HB			
F	AC BD	√	EC FD	GC HD	AC BD		
G	×	×	×	×	×	×	
H	AG BH	CG DH	GE HF	√	AG HB	CG DH	×
	A	B	C	D	E	F	G

（c）

B	AC BD						
C	AE BF	CE DF					
D	×	×	×				
E	√	CA DB	EA FB	×			
F	AC BD	√	EC FD	×	AC BD		
G	×	×	×	×	×	×	
H	×	×	×	√	×	×	×
	A	B	C	D	E	F	G

（d）

B	×						
C	AE BF	×					
D	×	×	×				
E	√	×	EA FB	×			
F	×	√	×	×	×		
G	×	×	×	×	×	×	
H	×	×	×	√	×	×	×
	A	B	C	D	E	F	G

依照上述3种情况比较结果，作出如表5-27所示原始状态表的隐含表，如表5-34（b）所示。

③ 寻找全部等价状态对。

对表5-28（b）进行简化。采用排除法，在隐含条件中包括（含有）非等价状态对的对应状态所在的方格中打"×"。表5-28（b）中G行所有格均为×号，说明G状态同其他状态都不等价。因此，表5-28（b）中凡是隐含条件中包括G状态的状态对都不能满足等价条件，在表5-28（c）中都打×号，如A-D格、A-H格、B-D格、B-H格、C-D格、C-H格、D-E格、D-F格、E-H格、F-H格。这样就将表5-28（b）简化成表5-28（c）。

继续对表5-28（c）进行判断，如A-B格，A和B两状态等价的隐含条件之一的B、D状态对不等价，所以A和B也不等价，在A-B格中打"×"。反复进行，并直到排除所有非等价状态对为止。这样就将表5-28（c）简化成表5-28（d）。

在表5-28（d）中凡是小方格中未记有"×"号的对应状态对都满足等价条件，是等价的。这样，就寻找到全部的等价状态对，它们是A≈C，A≈E，B≈F，C≈E，D≈H。

④ 求出全部的最大等价类，进行状态合并，列出最简状态表。

寻找最大等价类可以用作图法。将原始状态表中所有状态以"点"的形式均匀地标在一个圆周上，然后将各等价的状态对用直线相连。若干个顶点之间两两均有连线的构成最大多边形，最大多边形的各顶点就构成一个最大等价类。如图5-66所示，可求出全部的最大等价类，它们是（ACE），（BF），（DH）和G。

如果令（ACE）合并为状态 a，（BF）合并为状态 b，（DH）合并为状态 d 和 G 改写为 g，可将原始状态表 5-27 简化成最简状态表 5-29。由最简状态表 5-29 可得最简状态图如图 5-67 所示。

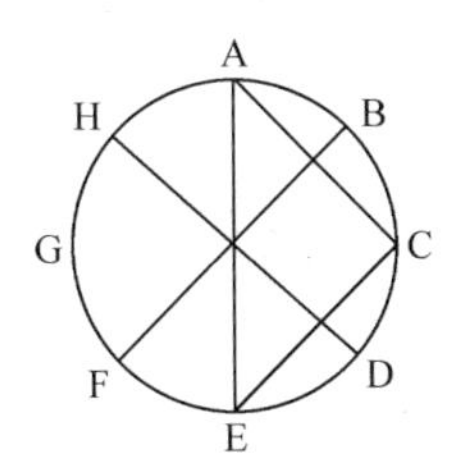

图 5-66 作图法求最大等价类

表 5-29 例 5-17 最简状态表

S(t)	N(t)		Z (t)	
	X=0	X=1	X=0	X=1
a	a	b	0	0
b	a	d	0	0
d	g	d	0	0
g	a	b	0	1

第 3 步 状态分配（状态编码）

最简状态表 5-29 中有 4 个状态，因此，n=2，选择两位循环码 00、01、11、10 分别表示 a，b，d，g，由最简状态表 5-29 可得状态转移表如表 5-30 所示。

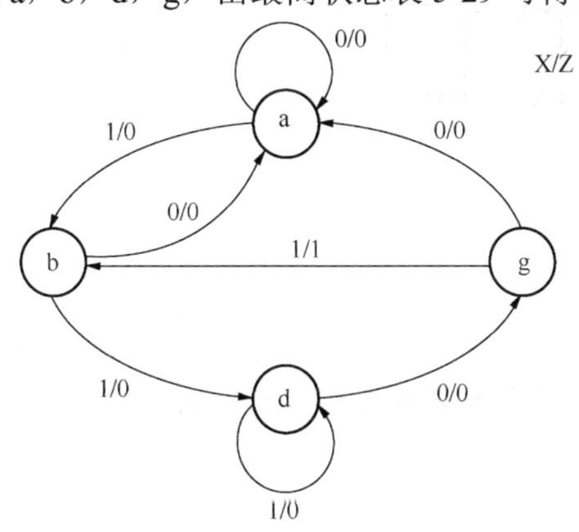

图 5-67 例 5-17 最简状态图

表 5-30 例 5-17 状态转移表

S（t） Q_2 Q_1	N（t）		Z（t）	
	X=0 Q_2 Q_1	X=1 Q_2 Q_1	X=0	X=1
0 0	0 0	0 1	0	0
0 1	0 0	1 1	0	0
1 1	1 0	1 1	0	0
1 0	0 0	0 1	0	1

第 4 步 选择触发器的类型，求出触发器的激励方程和输出方程

本电路 M=4，n=2，需用 2 个触发器，选择 JK 触发器。可以通过次态卡诺图求出各级触发器的激励方程和输出方程。

由表 5-30 可画出 Q_2^{n+1}、Q_1^{n+1} 和输出 Z 的卡诺图如图 5-68 所示。为了方便地求出各级触发器的激励方程，考虑到 JK 触发器的状态方程为：$Q^{n+1}=J\overline{Q^n}+\overline{K}Q^n$，可以采用在卡诺图中"部分范围内圈最简"的方法，具体加圈如图 5-68 所示。如在 Q_2^{n+1} 卡诺图中，分别在 Q_2^n，$\overline{Q_2^n}$ 的范围内加圈，虽然在 $\overline{Q_2^n}$ 的范围内加的圈并不能使整个函数最简，但是观察由此写出的状态方程，可以很容易的得到 $\overline{Q_2^n}$，Q_2^n 的系数，分别就是 J_2 和 $\overline{K_2}$，由此，可以很方便地得到触发器 FF_2 的激励方程。同样，为了求得触发器 FF_1 的激励方程，需要在 Q_1^{n+1} 卡诺图中，找到 Q_1^n，$\overline{Q_1^n}$ 的范围内，并分别加圈。

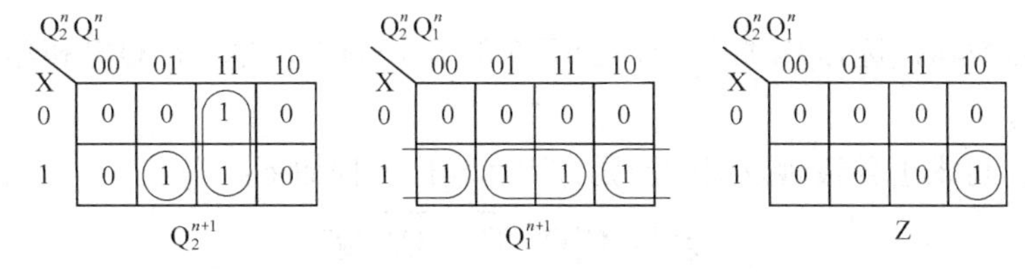

图 5-68 例 5-17 次态卡诺图和输出卡诺图

由上述方法，可得各级触发器的激励方程如下：

$$Q_2^{n+1} = XQ_1^n \cdot \overline{Q_2^n} + Q_1^n \cdot Q_2^n$$

$$\Rightarrow J_2 = XQ_1^n, K_2 = \overline{Q_1^n}$$

$$Q_1^{n+1} = X \cdot \overline{Q_1^n} + X \cdot Q_1^n$$

$$\Rightarrow J_1 = X, K_1 = \overline{X}$$

由图 5-68 中输出 Z 的卡诺图，可得输出 Z=X $Q_2^n\ \overline{Q_1^n}$ 。

第 5 步　画出逻辑图

根据各级触发器的激励方程和输出方程，现在 JK 触发器，可画出逻辑电路图如图 5-69 所示。

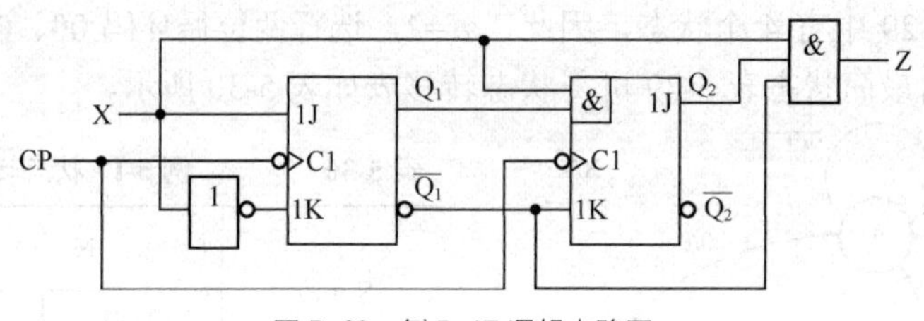

图 5-69　例 5-17 逻辑电路图

5.3.3　采用小规模器件设计计数器

根据时序逻辑电路设计一般过程，现举例说明同步计数器和异步计数器的设计。

1. 同步计数器的设计

【例 5-18】　设计模 6 同步计数器。

解　模 6 计数器要求记忆 6 个状态，逢 6 进 1，状态不需简化，可以建立原始状态图也即最简状态图如图 5-70 所示。

本电路 *M*=6，可得 *n*=3，即需 3 位代码。

方案一：选 3 位自然二进制代码，得到状态转移图如图 5-71 所示，状态转移表如表 5-31 所示。

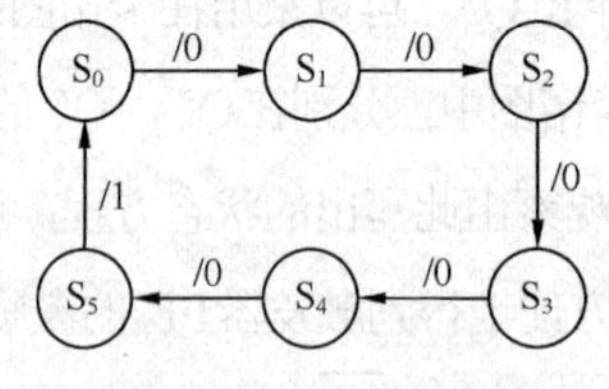

图 5-70　例 5-18 最简状态图

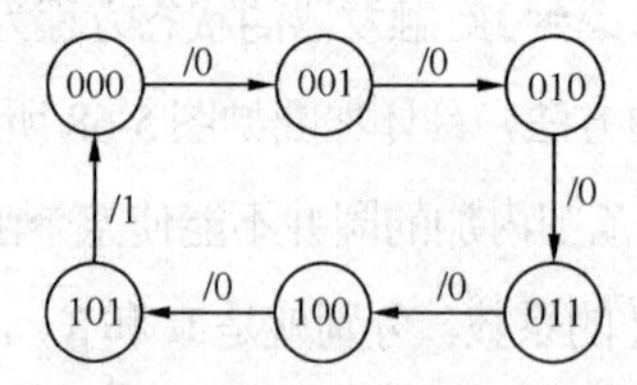

图 5-71　例 5-18 状态图一

需用 3 个触发器，选择 JK 触发器。由表 5-31 画出 Q_2^{n+1}，Q_1^{n+1}，Q_0^{n+1} 和输出 Y 的卡诺图如图 5-72 所示。

由图 5-72，可求出各级触发器的激励方程和输出方程如下：

$$Q_2^{n+1} = Q_1^n Q_0^n \cdot \overline{Q_2^n} + \overline{Q_0^n} \cdot Q_2^n$$

$$\Rightarrow J_2 = Q_1^n Q_0^n, K_2 = Q_0^n$$

$$Q_1^{n+1} = \overline{Q_2^n}\, Q_0^n \cdot \overline{Q_1^n} + \overline{Q_0^n} \cdot Q_1^n$$

$$\Rightarrow J_1 = \overline{Q_2^n}\, Q_0^n, K_1 = Q_0^n$$

$$Q_0^{n+1} = 1 \cdot \overline{Q_0^n} + 0 \cdot Q_0^n$$

$$\Rightarrow J_0 = 1, K_0 = 1$$

表 5-31 例 5-18 状态转移表 1

	现态			次态			输出
	Q_2	Q_1	Q_0	Q_2	Q_1	Q_0	Y
有	0	0	0	0	0	1	0
效	0	0	1	0	1	0	0
	0	1	0	0	1	1	0
状	0	1	1	1	0	0	0
态	1	0	0	1	0	1	0
	1	0	1	0	0	0	1

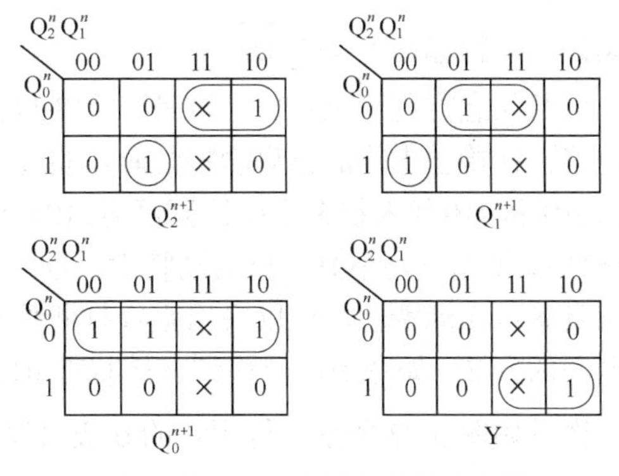

图 5-72 例 5-18 次态卡诺图和输出卡诺图一

输出方程：$Y = Q_2^nQ_0^n$，确定了状态方程后，可以检验电路是否具备自启动特性。由于 3 位代码的全部状态取值组合是 8 个，需检查的偏离态有 2 个，分别是 110，111 状态，将无效状态代入状态方程计算可得：110→111→000（有效状态）满足自启动特性。可画出电路的状态转移图如图 5-73 所示。根据各级触发器的激励方程和输出方程，可画出逻辑电路图如图 5-74 所示。

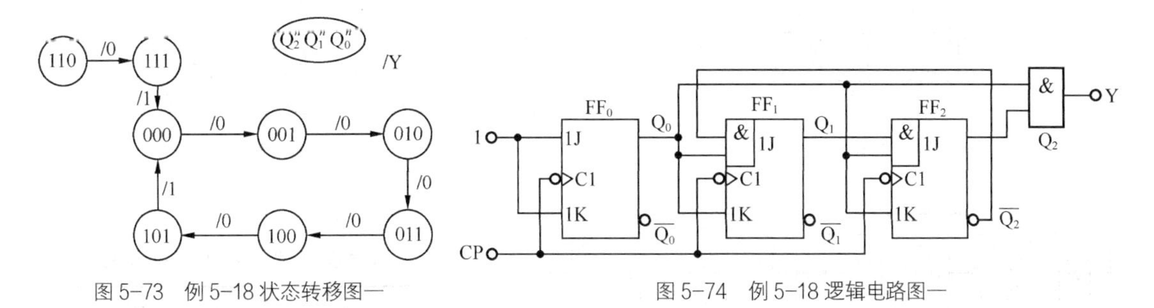

图 5-73 例 5-18 状态转移图一

图 5-74 例 5-18 逻辑电路图一

方案二：选 3 位移存码。得到状态转移图如图 5-75 所示，状态转移表如表 5-32 所示。

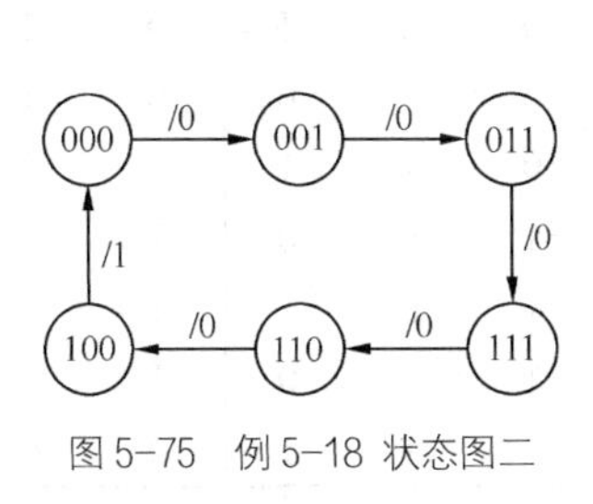

图 5-75 例 5-18 状态图二

表 5-32 例 5-18 状态转移表 2

	现态			次态			输出
	Q_2	Q_1	Q_0	Q_2	Q_1	Q_0	Y
有	0	0	0	0	0	1	0
效	0	0	1	0	1	1	0
	0	1	1	1	1	1	0
状	1	1	1	1	1	0	0
态	1	1	0	1	0	0	0
	1	0	0	0	0	0	1

需用 3 个 D 触发器，考虑到本设计方案中选择了移存码，即编码符合移存规律：$Q_i^{n+1}=Q_{i-1}^n$，即 $Q_2^{n+1}=Q_1^n$，$Q_1^{n+1}=Q_0^n$，可以很方便地由移存规律得到 1，2 两级触发器的激励方程为：$D_2=Q_1^n$，$D_1=Q_0^n$，所以由表 5-32 只需画出 Q_0^{n+1} 和输出 Y 的卡诺图如图 5-76 所示即可。又考虑到 D 触发器的状态方程为：$Q^{n+1}=D$，求 D_0 方程只需在 Q_0^{n+1} 的卡诺图内整个范围内圈最简即可，得到 0 级触发器的激励方程为：$D_0=Q_0^{n+1}=\overline{Q_2^n}$，由图 5-76 中输出 Y 的卡诺图，可得输出 $Y=Q_2^n\overline{Q_1^n}$。

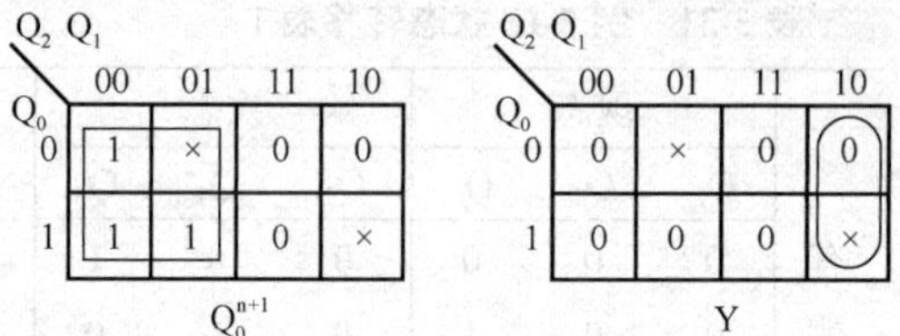

图 5-76 例 5-18 次态卡诺图和输出卡诺图二

从状态方程可以看出，这是一个 3 位扭环电路，在检验电路的自启动特性时，将无效状态 101 和 010 代入状态方程计算可得：101→010→101，说明电路不具备自启动特性。为了使电路具备自启动特性，可以采用强行打断偏离态循环的方法，如令 101 转移到有效状态 011，从而使电路具备自启动特性。因此，修改 Q_0^{n+1} 的卡诺图如图 5-77 所示。得到新的 0 级触发器的激励方程为：$D_0=Q_0^{n+1}=\overline{Q_2^n}+\overline{Q_1^n}\,Q_0^n$。画出电路的状态转移图如图 5-78 所示。根据各级触发器的激励方程和输出方程，可画出逻辑电路图如图 5-79 所示。

请读者思考其他的修改设计方案，并完成设计。

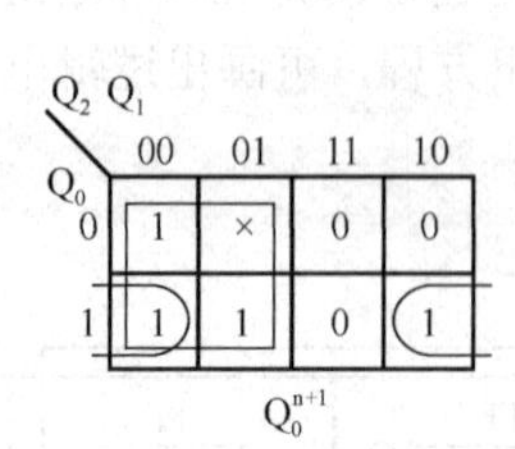

图 5-77 例 5-18 修改后的 Q_0 次态卡诺图

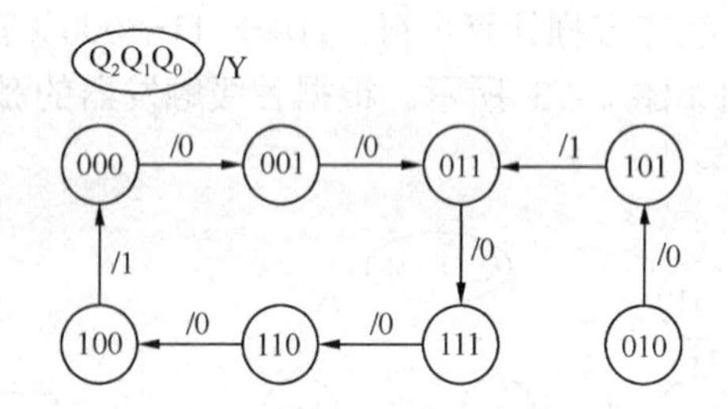

图 5-78 例 5-18 状态转移图二

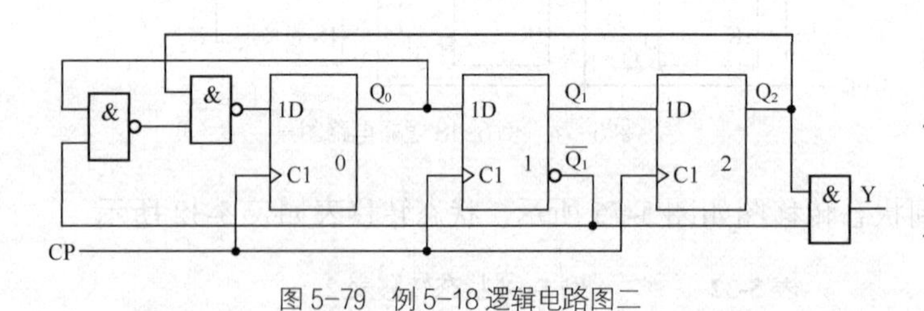

图 5-79 例 5-18 逻辑电路图二

【例 5-19】 用 JK 触发器设计 3 位全序列同步计数器。

解 所谓 3 位全序列同步计数器是指该同步计数器的状态按照 3 位自然二进制规律加 1 计数，所以模制为 8。因此可以得到其状态转移表如表 5-33 所示，卡诺图如图 5-80 所示。

表 5-33 例 5-19 状态转移表

S(t)			N(t)		
Q_2	Q_1	Q_0	Q_2	Q_1	Q_0
0	0	0	0	0	1
0	0	1	0	1	0
0	1	0	0	1	1
0	1	1	1	0	0
1	0	0	1	0	1
1	0	1	1	1	0
1	1	0	1	1	1
1	1	1	0	0	0

根据图 5-80，可以方便地得到状态方程和激励方程如下：

$$
\begin{cases}
Q_0^{n+1}=1\cdot\overline{Q_0^n}+0\cdot Q_0^n \\
Q_1^{n+1}=Q_0^n\cdot\overline{Q_1^n}+\overline{Q_0^n}\cdot Q_1^n \\
Q_2^{n+1}=Q_1^nQ_0^n\cdot\overline{Q_2^n}+(\overline{Q_1^n}+\overline{Q_0^n})\cdot Q_2^n=Q_1^nQ_0^n\cdot\overline{Q_2^n}+\overline{Q_1^nQ_0^n}\cdot Q_2^n
\end{cases}
$$

$$
\begin{cases}
J_0=K_0=1 \\
J_1=K_1=Q_0^n \\
J_2=K_2=Q_1^nQ_0^n
\end{cases}
$$

Q_0 \ Q_2Q_1	00	01	11	10
0	0	0	1	1
1	0	1	0	1

Q_2^{n+1}

Q_0 \ Q_2Q_1	00	01	11	10
0	1	1	1	0
1	1	0	0	1

Q_1^{n+1}

Q_0 \ Q_2Q_1	00	01	11	10
0	1	1	1	1
1	0	0	0	0

Q_0^{n+1}

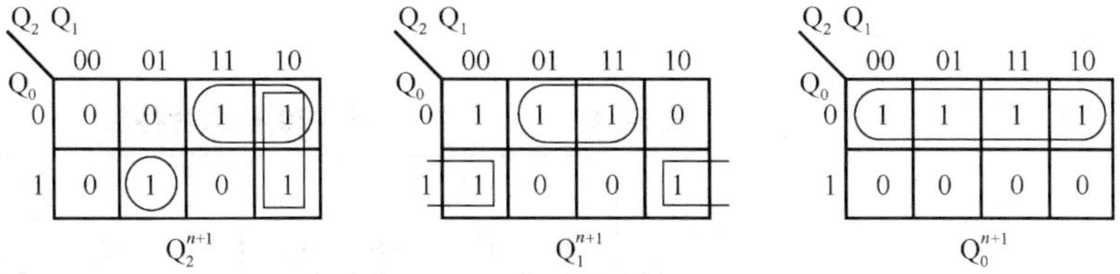

图 5-80　例 5-19 最简状态图

因此，可得 3 位全序列同步计数器电路如图 5-81 所示。其实，全序列同步计数器的激励输入是很有规律的。比如 5 位全序列同步计数器的激励输入是

$$
\begin{cases}
J_0=K_0=1 \\
J_1=K_1=Q_0^n \\
J_2=K_2=Q_1^nQ_0^n \\
J_3=K_3=Q_2^nQ_1^nQ_0^n \\
J_4=K_4=Q_3^nQ_2^nQ_1^nQ_0^n
\end{cases}
$$

触发器的翻转仅发生在状态全为高电平时。读者可自行验证。

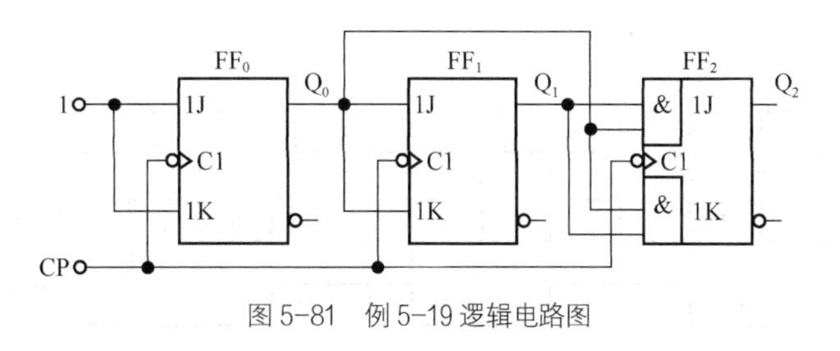

图 5-81　例 5-19 逻辑电路图

2. 异步计数器的设计

异步计数器设计首先必须合理选择各级触发器的时钟信号，其余步骤与同步计数器的设计步骤基本相同。选择各级触发器时钟脉冲的原则是：

① 在某一级触发器的状态需要发生变更时（即由 0 至 1 或由 1 至 0），必须有相应的时钟信号触发沿到达；

② 在满足原则①的前提下，其他时刻（即触发器的状态不发生变更的时刻）到达该级触发器的时钟信号触发沿越少越好；这样有利于该级触发器的激励函数的简化。

可以借助波形图来选择和确定异步计数器各级触发器的时钟信号。

【例 5-20】 设计一个 8421BCD 异步计数器。

解 画出原始状态转移图（也是最简状态转移图）如图 5-82 所示。8421BCD 码异步加法计数器是一个十进制计数器，需要 4 个 JK 触发器构成。而 4 个触发器有 16 个状态，如果在计数过程中计数器从 0000 计数到 1001 时，能够阻塞 1010～1111 这 6 个状态产生，使下一个状态自动回到 0000，就可以实现十进制计数。采用 8421BCD 码，即 S_0=0000，S_1=0001，S_2=0010，S_3=0011，S_4=0100，S_5=0101，S_6=0110，S_7=0111，S_8=1000，S_9=1001。这样可以得到状态转移表，如表 5-34 所示。

借助波形图来选择、确定各个触发器的时钟信号。画出 8421BCD 异步计数器的波形图如图 5-83 所示。

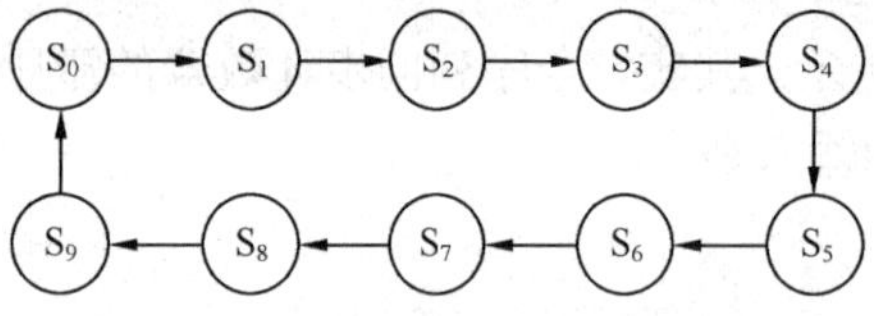

图 5-82 例 5-20 原始（最简）状态转移图

表 5-34 例 5-20 状态转移表

序号	S（t）				N（t）				输出
	Q_4	Q_3	Q_2	Q_1	Q_4	Q_3	Q_2	Q_1	Z（t）
0	0	0	0	0	0	0	0	1	0
1	0	0	0	1	0	0	1	0	0
2	0	0	1	0	0	0	1	1	0
3	0	0	1	1	0	1	0	0	0
4	0	1	0	0	0	1	0	1	0
5	0	1	0	1	0	1	1	0	0
6	0	1	1	0	0	1	1	1	0
7	0	1	1	1	1	0	0	0	0
8	1	0	0	0	1	0	0	1	0
9	1	0	0	1	0	0	0	0	1

对于第 1 级触发器，Q_1 的每次状态变更都发生在计数脉冲的下降沿，因此其时钟来自计数脉冲，即 CP_1=CP↓。

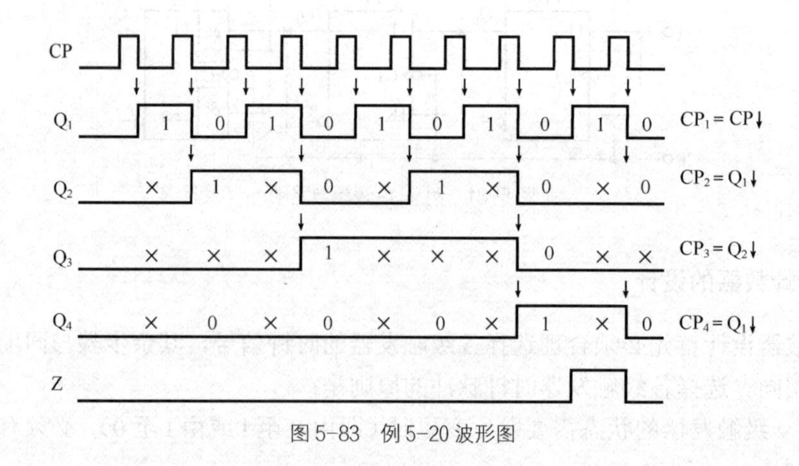

图 5-83 例 5-20 波形图

第 2 级触发器 Q_2 的状态变更发生时，分别有计数脉冲的下降沿和 Q_1 输出的下降沿，本着触发器时钟脉冲选择原则②，选择 Q_1 输出的下降沿作为第 2 级触发器 Q_2 的时钟，即 CP_2=Q_1↓。

第 3 级触发器 Q_3 的状态变更发生时，分别有计数脉冲的下降沿、Q_1 输出的下降沿和 Q_2

输出的下降沿，同样本着触发器时钟脉冲选择原则②，选择Q_2输出的下降沿作为第3级触发器Q_3的时钟，即$CP_3=Q_2\downarrow$。

第4级触发器Q_4的状态变更发生时，分别有$CP\downarrow$和$Q_1\downarrow$，因此，选择$Q_1\downarrow$作为第4级触发器Q_4的时钟，即$CP_4=Q_1\downarrow$。

在选择了各级触发器的时钟信号后，可以根据各个触发器的时钟信号求出各级触发器的转移情况。次态函数中凡没有时钟沿到达的次态均作为任意态处理。可得如表5-41所示的简化的状态转移表。

根据表5-35作出各级触发器的次态卡诺图和输出卡诺图，如图5-84所示。

表5-35　　例5-20状态转移表

序号	S(t)				N(t)				输出Z(t)	CP
	Q_4	Q_3	Q_2	Q_1	Q_4	Q_3	Q_2	Q_1		
0	0	0	0	0	×	×	×	1	0	$CP_1=CP\downarrow$
1	0	0	0	1	0	×	1	0	0	$CP_2=Q_1\downarrow$
2	0	0	1	0	×	×	×	1	0	$CP_3=Q_2\downarrow$
3	0	0	1	1	0	1	0	0	0	$CP_4=Q_1\downarrow$
4	0	1	0	0	×	×	×	1	0	
5	0	1	0	1	0	×	1	0	0	
6	0	1	1	0	×	×	×	1	0	
7	0	1	1	1	1	0	0	0	0	
8	1	0	0	0	×	×	×	1	0	
9	1	0	0	1	0	×	0	0	1	

Q_2Q_1 \ Q_4Q_3	00	01	11	10
00	×××1	×××1	××××	×××1
01	0×10	1×10	××××	0×00/1
11	0100	1000	××××	××××
10	×××1	×××1	××××	××××

图5-84　例5-20触发器次态及输出卡诺图

由图5-84，可以求得各级触发器的状态方程如下：

$$\begin{cases} Q_4^{n+1}=[Q_3^nQ_2^n\overline{Q_4^n}]\cdot Q_1\downarrow \\ Q_3^{n+1}=[\overline{Q_3^n}]\cdot Q_2\downarrow \\ Q_2^{n+1}=[\overline{Q_4^n}\,\overline{Q_2^n}]\cdot Q_1\downarrow \\ Q_1^{n+1}=[\overline{Q_1^n}]\cdot CP\downarrow \end{cases}$$

得到8421BCD码异步计数器的各个JK触发器的激励函数和触发脉冲表达式分别为

$$\begin{cases}J_4=Q_3^nQ_2^n\\K_4=1\\CP_4=Q_1\downarrow\end{cases};\quad\begin{cases}J_3=1\\K_3=1\\CP_3=Q_2\downarrow\end{cases};\quad\begin{cases}J_2=\overline{Q_4^n}\\K_2=1\\CP_2=Q_1\downarrow\end{cases};\quad\begin{cases}J_1=1\\K_1=1\\CP_1=CP\downarrow\end{cases}$$

本例中有1010，1011，1100，1101，1110，1111共6个偏离状态，分别代入到状态方程检验电路的自启动特性，得到如表5-42所示偏离状态转移表。

电路具有自启动特性。

由表5-34和表5-36可以作出状态转移图，如图5-85所示。

表5-36　例5-20偏离状态转移表

S（t）				N（t）			
Q_4	Q_3	Q_2	Q_1	Q_4	Q_3	Q_2	Q_1
1	0	1	0	1	0	1	1
1	0	1	1	0	1	0	0
1	1	0	0	1	1	0	1
1	1	0	1	0	1	0	0
1	1	1	0	1	1	1	1
1	1	1	1	0	0	0	0

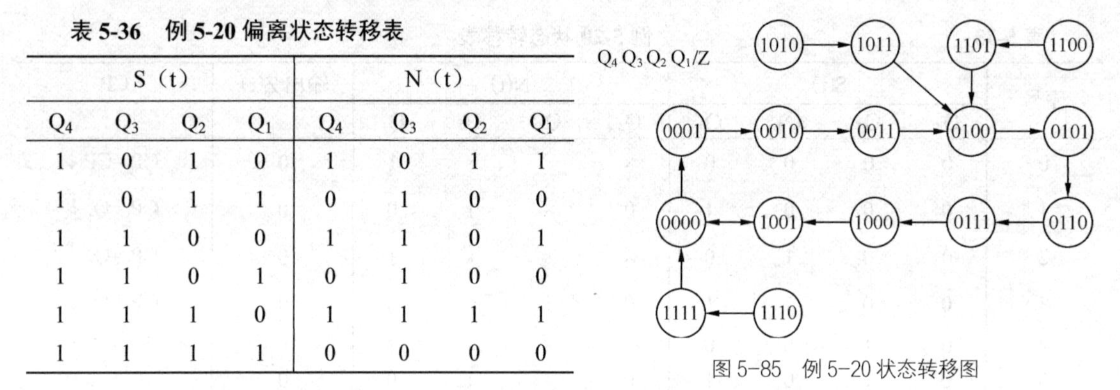

图5-85　例5-20状态转移图

根据状态方程和输出方程，利用JK触发器可以画出8421BCD码异步计数器的逻辑电路如图5-86所示。该电路实际上由1个二进制计数器Q_1和1个五进制计数器Q_4 Q_3 Q_2级联构成，是MSI异步计数器7490的基本结构。

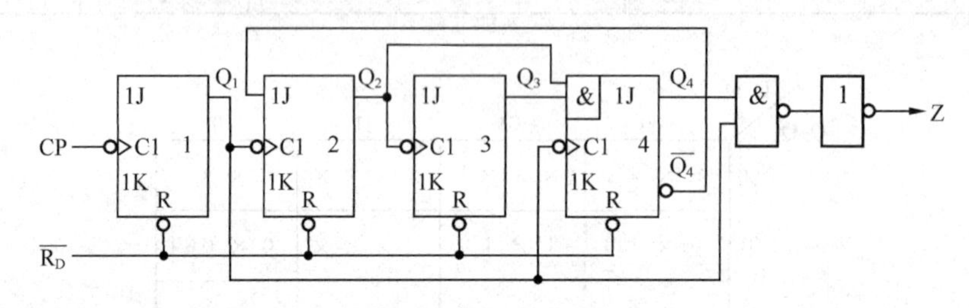

图5-86　例5-20逻辑电路图

5.3.4　采用小规模器件设计序列信号发生器

序列信号发生器是能够循环产生一组或多组序列信号的时序电路，它可以用触发器、移位寄存器或计数器构成，下面介绍2种采用小规模器件设计序列信号发生器的方法。一是移存型序列信号发生器的设计；二是M序列发生器的设计。

1．移存型序列信号发生器

移存型序列信号发生器是以移位寄存器作为主要存储部件，因此要将给定的长度为M的序列信号，按移存规律，组成*M*个状态组合，完成状态转移。然后求出移位寄存器的串行输入激励函数，就可构成该序列信号的产生电路。

【例 5-21】 设计 1 个 11001 序列信号发生器。

解 根据给定序列信号的循环长度 M=5，因此确定移位寄存器的位数 n≥3。若选择 n=3，则将序列信号依次取 3 位序列码元，构成 5 个状态的循环，如表 5-37 所示。由于状态转移符合移存规律：$Q_i^{n+1}=Q_{i-1}^n$，即 $Q_2^{n+1}=Q_1^n$，$Q_1^{n+1}=Q_0^n$，因此只需设计输入第 0 级 FF_0 的激励信号。选择 D 触发器构成移位寄存器，由 Q_0 次态卡诺图 5-87，可以求得：$Q_0^{n+1}=\overline{Q_2^n}+\overline{Q_1^n}=\overline{Q_2^n\cdot Q_1^n}$。

表 5-37 例 5-21 状态转移表

序号	Q_2	Q_1	Q_0
0	1	1	0
1	1	0	0
2	0	0	1
3	0	1	1
4	1	1	1

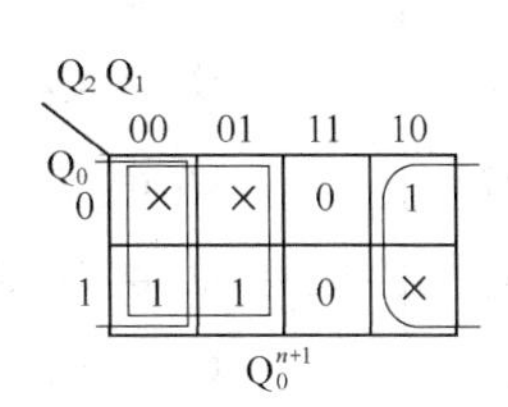

图 5-87 例 5-21 Q_0 次态卡诺图

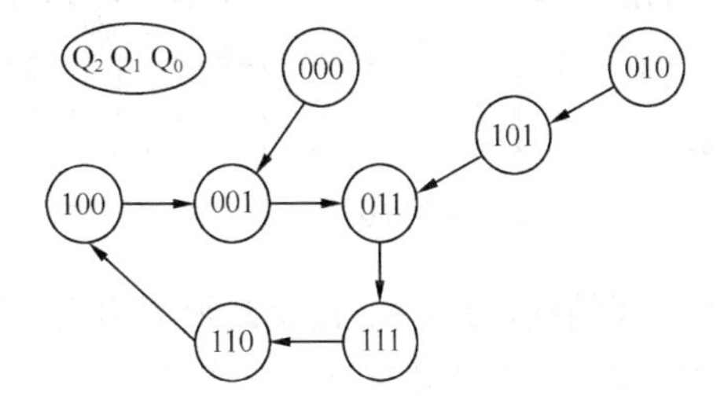

图 5-88 例 5-21 状态转移图

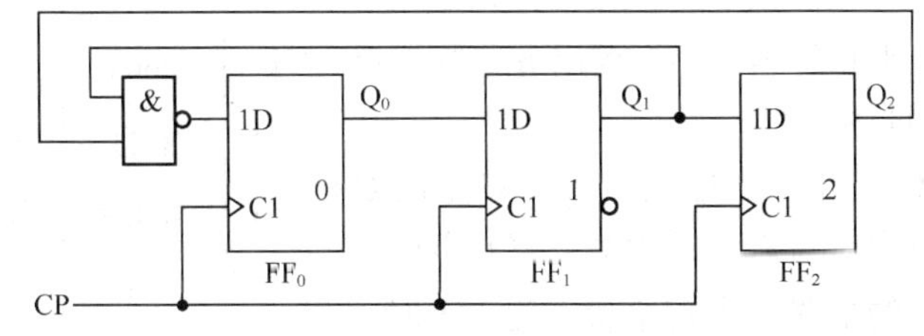

图 5-89 例 5-21 11001 序列信号发生器逻辑电路图

检验是否具有自启动特性。由表 5-37 可见，有效状态为 5 个，尚有 3 个偏离状态 000，010，101。根据 Q_0 状态方程及移存规律，可求得偏离状态的转移为 000→001（有效状态），010→101→011（有效状态），具有自启动特性，其状态转移图如图 5-88 所示。11001 序列信号发生器电路如图 5-89 所示。

2. M 序列信号发生器

M 序列信号也称伪随机序列码，其主要特点是：

① 循环长度 $P=2^n-1$（n 为移存器级数），是最长线性序列。

② 每个循环周期中码元为 1 的总数比 0 的总数仅只多一个。因此循环长度 P 值很大时，序列中出 1 和出 0 的概率都接近 1/2。而且 P 值越大，序列中码元的 0，1 排列的规律性越差。

③ 因为随机序列中码元为 0 或为 1 的概率均为 1/2，而且任一码元的取值都与其前后码无关，显示出码元分布的随机性。因此常用这种 M 序列来模拟离散的随机信号。

M 序列信号发生器是一种反馈移位型结构的电路，它由 n 位移位寄存器加异或反馈网络组成，其序列长度 $M=2^n-1$，只有一个多余状态即全 0 状态，所以也称为最长线性序列信号

发生器。其一般结构如图5-90所示。n级D触发器构成n位移位寄存器，由异或网络组合逻辑产生的输出f作为串行输入

$$f = c_1 Q_1 \oplus c_2 Q_2 \oplus \cdots \oplus c_i Q_i \oplus \cdots \oplus c_n Q_n$$

上式中，c_i为系数，Q_i为第i级触发器输出。当c_i=1时，则第i级的输出Q_i参与反馈；c_i=0时，表示第i级Q_i不参与反馈。

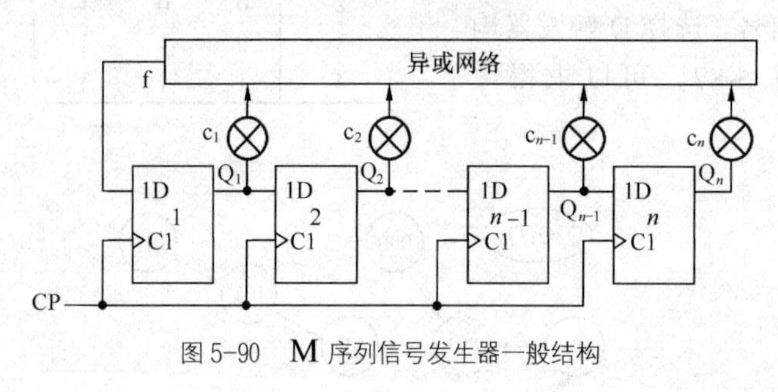

图5-90　M序列信号发生器一般结构

表5-38　M序列反馈函数表

n	$M=2^n-1$	反馈函数
3	7	$Q_2 \oplus Q_3$
4	15	$Q_3 \oplus Q_4$
5	31	$Q_3 \oplus Q_5$
6	63	$Q_5 \oplus Q_6$
7	127	$Q_6 \oplus Q_7$
8	255	$Q_4 \oplus Q_5 \oplus Q_6 \oplus Q_8$
9	511	$Q_5 \oplus Q_9$
10	1023	$Q_7 \oplus Q_{10}$
11	2047	$Q_9 \oplus Q_{11}$
12	4095	$Q_6 \oplus Q_8 \oplus Q_{11} \oplus Q_{12}$
13	8191	$Q_9 \oplus Q_{10} \oplus Q_{12} \oplus Q_{13}$
14	16383	$Q_9 \oplus Q_{11} \oplus Q_{13} \oplus Q_{14}$
15	32767	$Q_{14} \oplus Q_{15}$
21	2097152	$Q_{19} \oplus Q_{21}$
23	8388608	$Q_{18} \oplus Q_{23}$

由于其结构已定型，且反馈函数和连接形式都有一定的规律，因此利用查表的方式就可以设计出M序列信号。表5-38列出了部分M序列信号的反馈函数f和M序列信号发生器位数n的对应关系。如果给定1个序列信号长度M，则根据$M=2^n-1$求出n，由n查表便可得到相应的反馈函数f。

例如，要产生M=7的M序列信号，首先根据$M=2^n-1$，确定n=3，再查表可得反馈函数$f = Q_2 \oplus Q_3$，就得到如图5-91所示的电路。当初始状态为111时，在时钟CP作用下，可得电路的状态转移表如表5-39所示，其中Q_3端输出序列为1110010，循环长度为7。电路的偏离状态是全0状态，由于反馈网络是异或网络结构，当各级触发器均处于0状态时，其输出f=0。因此，M序列发生器是在全0状态不具有自启动特性。

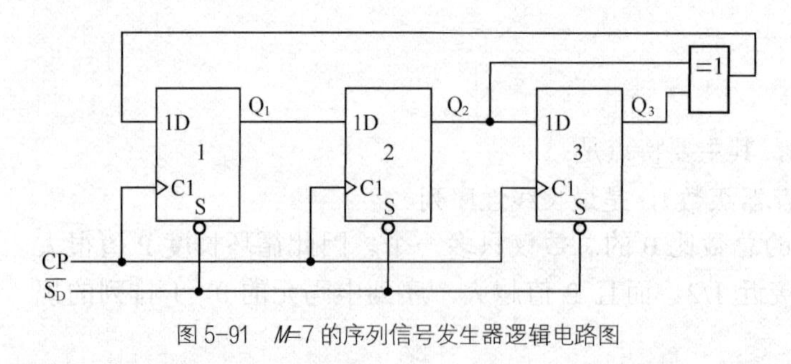

图5-91　M=7的序列信号发生器逻辑电路图

表5-39　图5-91状态转移表

Q_3	Q_2	Q_1
1	1	1
1	1	0
1	0	0
0	0	1
0	1	0
1	0	1
0	1	1

为了使电路具有自启动特性可以采取修改逻辑设计的方法。在反馈方程中加上全0校正项$\overline{Q_1}\,\overline{Q_2}\,\overline{Q_3}$，即$f = Q_2 \oplus Q_3 + \overline{Q_1}\,\overline{Q_2}\,\overline{Q_3} = Q_2 \oplus Q_3 + \overline{Q_1 + Q_2 + Q_3}$，其逻辑电路如图5-92所示。

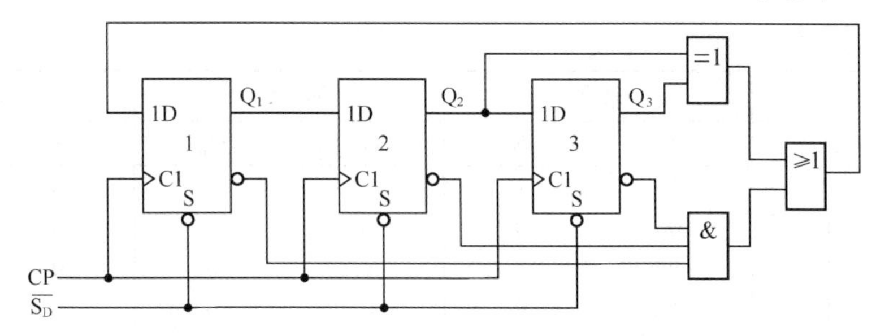

图 5-92 M=7 的序列信号发生器逻辑电路图

5.3.5 采用小规模器件设计状态机

状态机可认为是组合逻辑和存储电路的特殊组合，其中，组合逻辑部分确定状态机的激励方程和输出方程；存储电路部分用来存储状态机的内部状态。状态机的基本操作有状态机内部状态转换和产生输出信号序列 2 种。

状态机也分为摩尔型和米里型 2 种。大多数实用的状态机都是同步时序电路。在高效、可综合的状态机设计中，常使用硬件描述语言实现。本书介绍用硬件电路实现的方法。

【例 5-22】 试设计 1 个自动售矿泉水的逻辑电路，每次只允许投入 1 枚五角或一元的硬币，投入一元五角硬币后机器自动给出一瓶矿泉水，如果投入二元（两枚一元）硬币，则给出矿泉水的同时找回五角硬币。

解 取投币信号为输入逻辑变量。投入 1 枚一元时用 A=1 表示，未投入时 A=0；投入 1 枚五角时用 B=1 表示，未投入时 B=0。给出饮料和找钱为两个输出变量，分别用 Y，Z 表示。给出饮料时 Y=1，不给时 Y=0；找回五角硬币时 Z=1，不找是 Z=0。

假定通过传感器产生的投币信号（A=1 或 B=1）在电路转入新状态的同时也随之消失，否则将被误认作又一次投币信号。

设未投币前电路的初始状态为 S_0，投入五角硬币后状态为 S_1，投入一元硬币（含 1 枚一元和两枚五角情况）后状态为 S_2，再投入 1 枚五角硬币后电路返回 S_0，同时输出为 Y=1，Z=0；如果投入的是 1 枚一元硬币后电路也返回 S_0，同时输出为 Y=1，Z=1。其余因此，电路的状态数 M=3。根据以上分析，可得自动售矿泉水机的逻辑电路的状态图如图 5-93 所示。

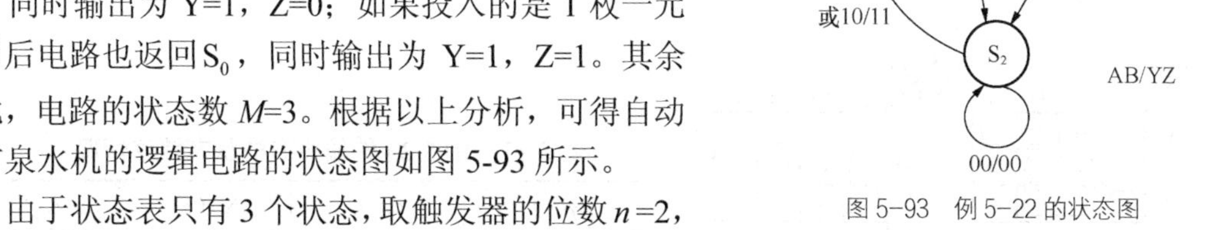

图 5-93 例 5-22 的状态图

由于状态表只有 3 个状态，取触发器的位数 n=2，即 Q_1 Q_0 就满足要求，假设令 S_0=00，S_1=01，S_2=10，则可得状态转移表如表 5-40 所示。

表 5-40　　例 5-23 的状态转移表

S（t）		输入		N（t）		输出	
Q_1	Q_0	A	B	Q_1	Q_0	Y	Z
0	0	0	0	0	0	0	0
0	0	0	1	0	1	0	0
0	0	1	0	1	0	0	0

续表

S（t）		输入		N（t）		输出	
Q_1	Q_0	A	B	Q_1	Q_0	Y	Z
0	0	1	1	×	×	×	×
0	1	0	0	0	1	0	0
0	1	0	1	1	0	0	0
0	1	1	0	0	0	1	0
0	1	1	1	×	×	×	×
1	0	0	0	1	0	0	0
1	0	0	1	0	0	1	0
1	0	1	0	0	0	1	1
1	0	1	1	×	×	×	×
1	1	0	0	×	×	×	×
1	1	0	1	×	×	×	×
1	1	1	0	×	×	×	×
1	1	1	1	×	×	×	×

若电路选择D触发器实现，则可得次态卡诺图（也是D触发器的激励）和输出的卡诺图如图5-94所示。

利用卡诺图化简，可得激励函数和输出函数的表达式为

$$D_1 = Q_1^{n+1} = BQ_0^n + A\overline{Q_1^n}\,\overline{Q_0^n} + \overline{A}\,\overline{B}Q_1^n$$

$$D_0 = Q_0^{n+1} = \overline{A}\,\overline{B}Q_0^n + B\overline{Q_1^n}\,\overline{Q_0^n}$$

$$Y = AQ_1^n + BQ_1^n + AQ_0^n$$

$$Z = AQ_1^n$$

检验电路的自启动特性，将偏离（无效）状态11代入到根据激励函数和输出函数的表达式可得到偏离态的转移情况即如表5-47所示。在实际运行时，自动售矿泉水机不会出现$Q_1\ Q_0$ A B=1111的情况，所以在表5-41中没有列出该情况。根据表5-47可得如图5-95所示的电路运行实际的状态转移图。

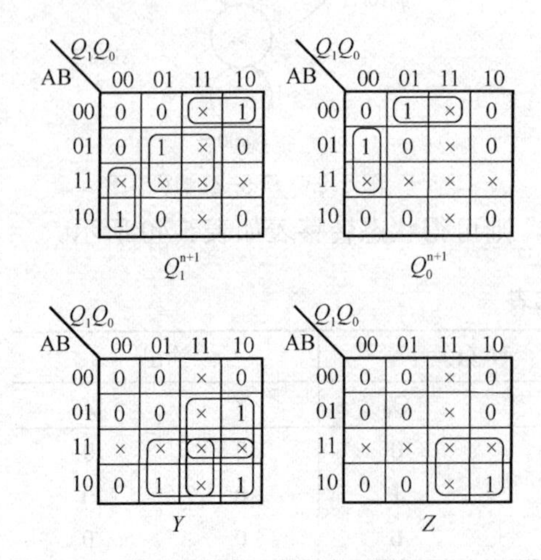

图5-94　例5-23的卡诺图

表5-41　例5-23的偏离态的状态转移情况

S（t）		输入		N（t）		输出	
Q_1	Q_0	A	B	Q_1	Q_0	Y	Z
1	1	0	0	1	1	0	0
1	1	0	1	1	0	1	0
1	1	1	0	0	0	1	1

考虑到无效状态 11，在无输入信号的情况下（即 AB=00）不能自行返回到有效状态，即不能自启动。在有输入信号的情况下（即 AB=01 或 10）时，虽然能返回到有效循环，但收费结果是错误的。因此，在电路设计中考虑使用含异步清除端的 D 触发器，并且在开始工作时，在异步清除端上加入低电平信号，将电路置为 00 状态。所以可得如图 5-96 所示的逻辑电路图。

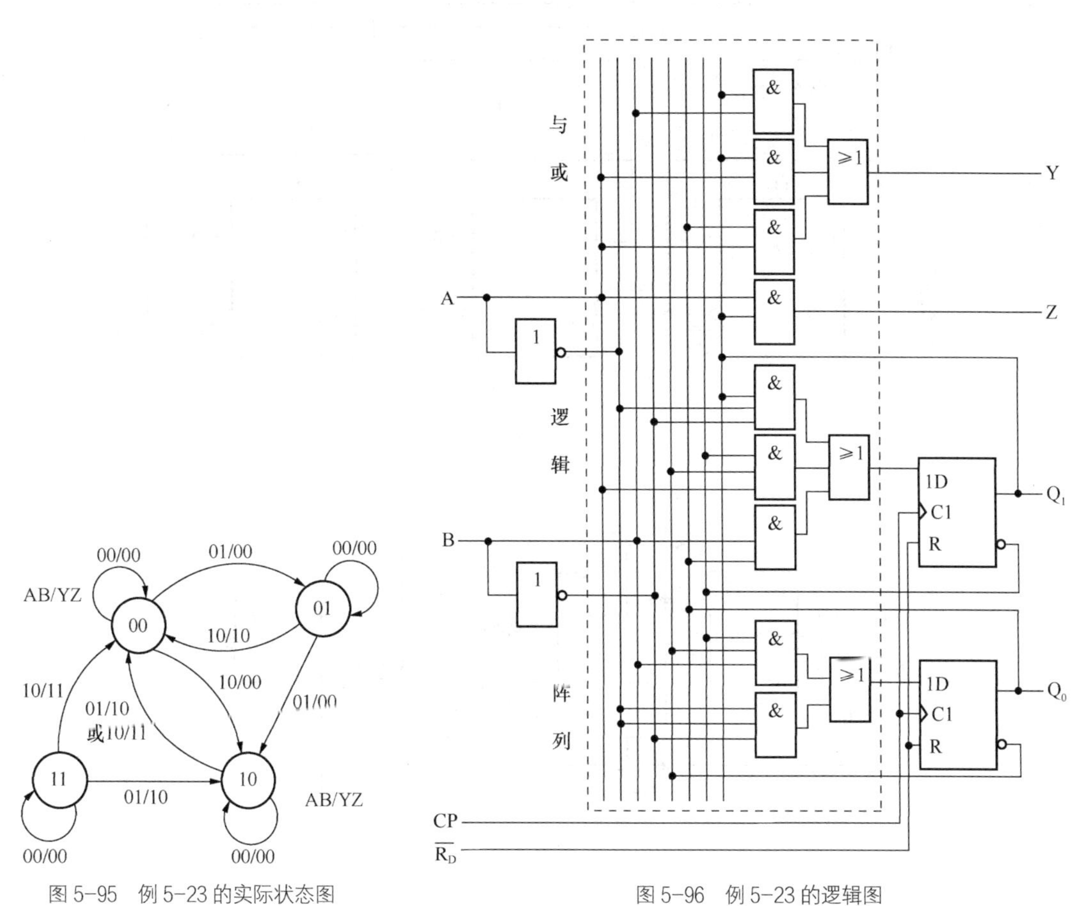

图 5-95 例 5-23 的实际状态图

图 5-96 例 5-23 的逻辑图

习 题

1. 时序电路和组合电路的根本区别是什么？同步时序电路与异步时序电路有何不同？

2. 分析题图 1 所示时序电路的逻辑功能，写出电路驱动方程、状态转移方程和输出方程，画出状态转移图，并判断电路是否具备自启动特性。

3. 分析题图 2 所示时序电路，写出电路驱动方程、状态转移方程和输出方程，画出状态转移图，并找出在控制信号 A 的作用下电路的逻辑功能。

4. 分析题图 3 所示时序电路，画出在 CP 作用下 Q_2 的输出波形（假设初始状态全部为 0），并说明 Q_2 输出与 CP 之间的关系。

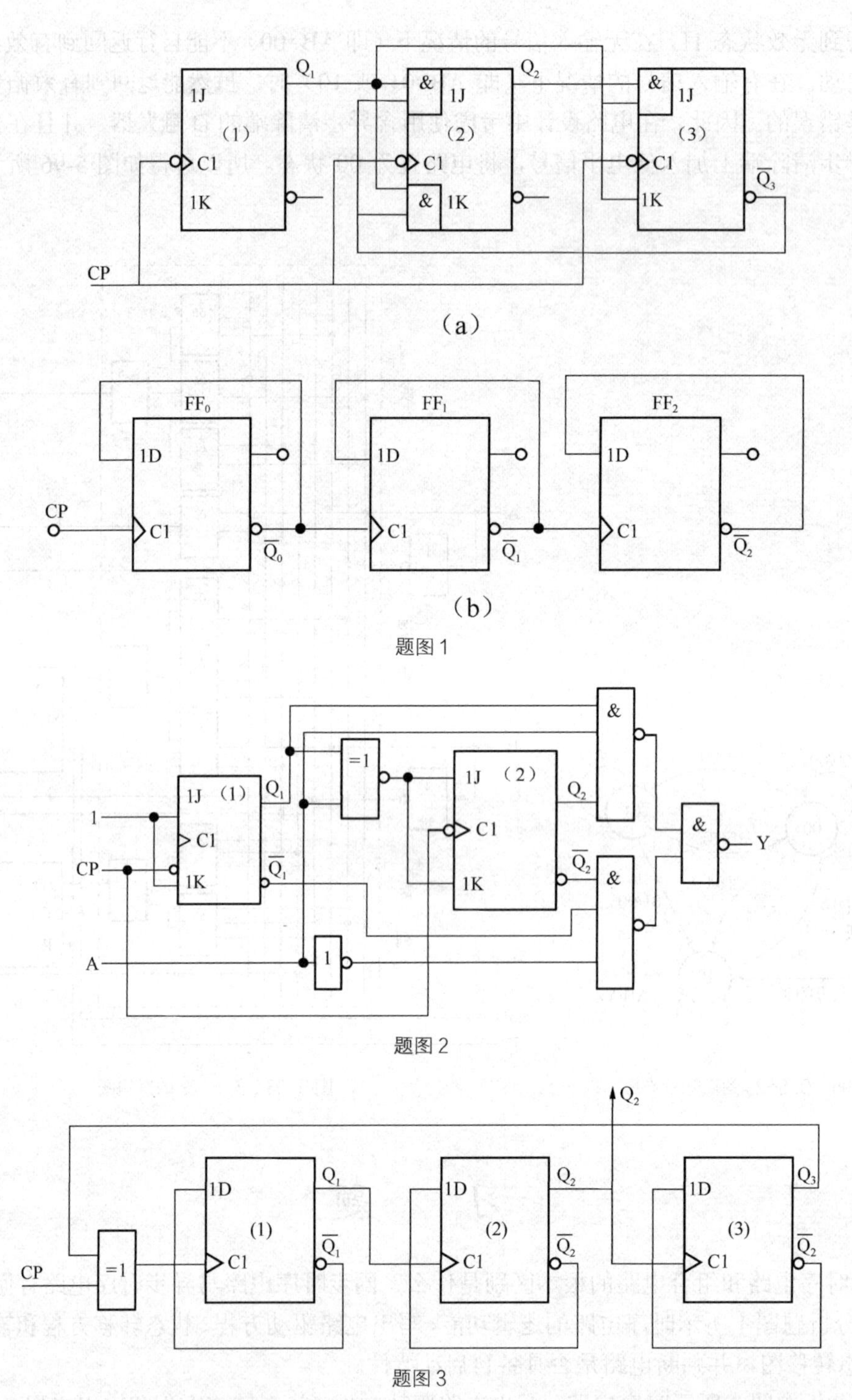

题图1

题图2

题图3

5．试用两片集成4位双向移位寄存器74194组成一个8位的环形计数器，画出电路连接图。

6．分析题图4所示由集成移位寄存器74195构成的各计数器电路，列出状态转移表，并说明其计数模值。其中，74195功能表如题表1所示。

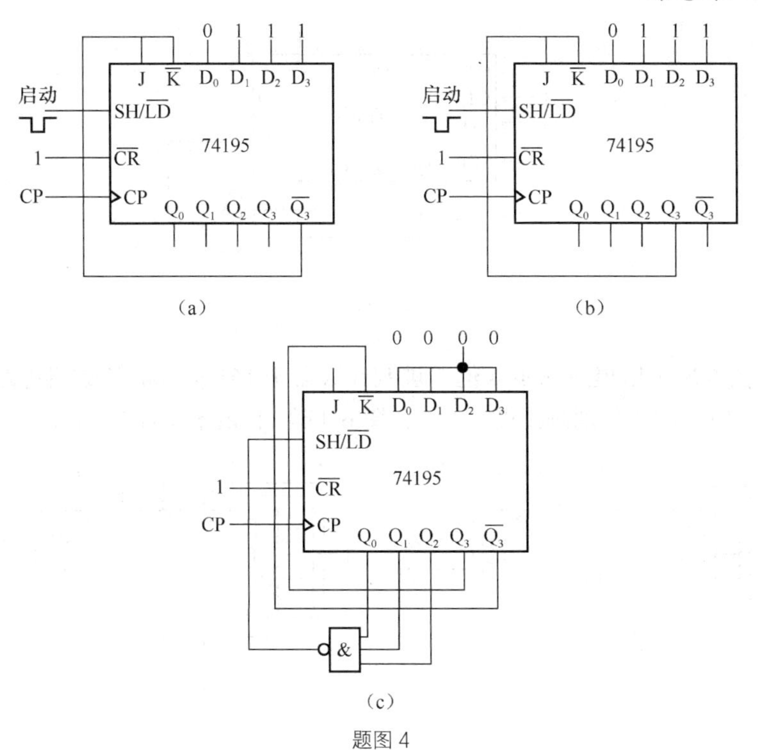

题图 4

题表 1 **74195 功能表**

输入									输出				
$\overline{CR}$	SH/$\overline{LD}$	CP	J	$\overline{K}$	D_0	D_1	D_2	D_3	Q_0	Q_1	Q_2	Q_3	$\overline{Q_3}$
0	×	×	×	×	×	×	×	×	0	0	0	0	1
1	0	↑	×	×	d_0	d_1	d_2	d_3	d_0	d_1	d_2	d_3	$\overline{d_3}$
1	1	↑	0	1	×	×	×	×	Q_0^n	Q_0^n	Q_1^n	Q_2^n	$\overline{Q_2^n}$
1	1	↑	0	0	×	×	×	×	0	Q_0^n	Q_1^n	Q_2^n	$\overline{Q_2^n}$
1	1	↑	1	0	×	×	×	×	$\overline{Q_0^n}$	Q_0^n	Q_1^n	Q_2^n	$\overline{Q_2^n}$
1	1	↑	1	1	×	×	×	×	1	Q_0^n	Q_1^n	Q_2^n	$\overline{Q_2^n}$
1	1	0	×	×	×	×	×	×	Q_0^n	Q_1^n	Q_2^n	Q_3^n	$\overline{Q_3^n}$

7．分析题图 5 所示各计数器电路，列出状态转移表，说明该计数器的模值。

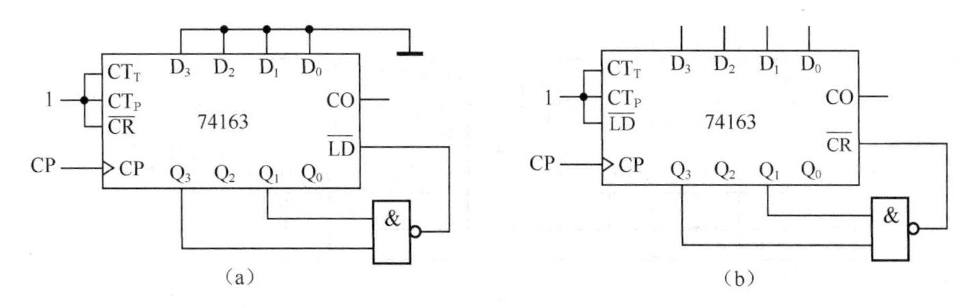

题图 5

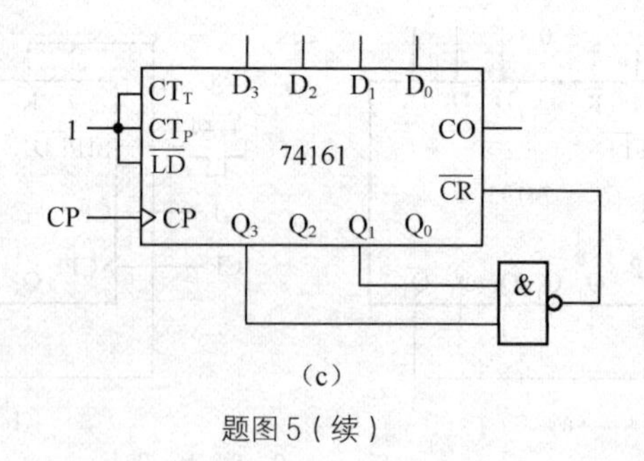

（c）

题图5（续）

8．分析题图6所示用集成同步4位二进制计数器74161构成的计数器电路，列出状态转移表，说明计数模值，并分别画出图6（a）、图6（b）中 Z_1 和 Z_2 的波形。

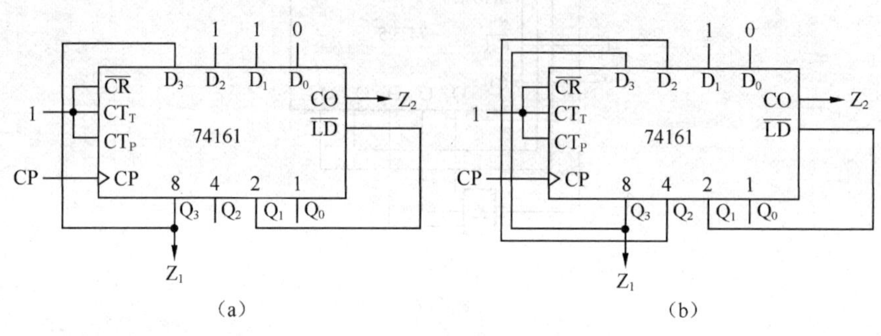

（a）　　（b）

题图6

9．分析题图7所示用集成二—五—十进制异步计数器7490构成的电路，列出状态转移表，画出状态图和时序图，说明其计数模值。

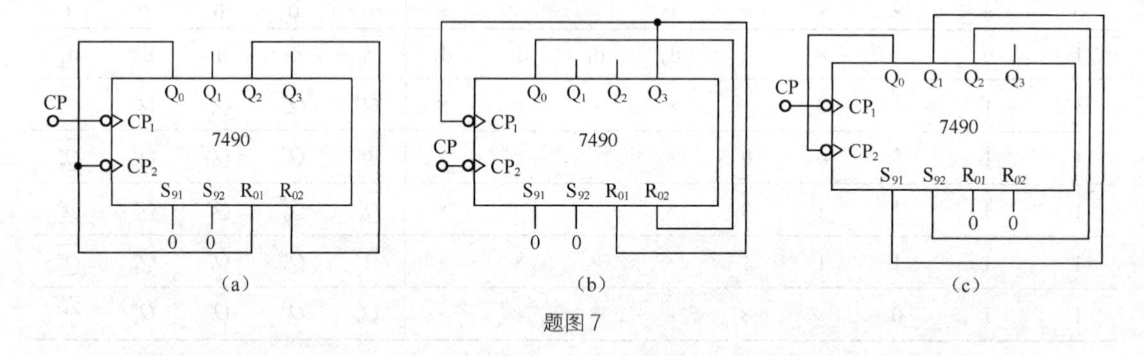

（a）　　（b）　　（c）

题图7

10．分析题图8所示中规模集成电路组成的计数器电路，说明该计数器的分频比。

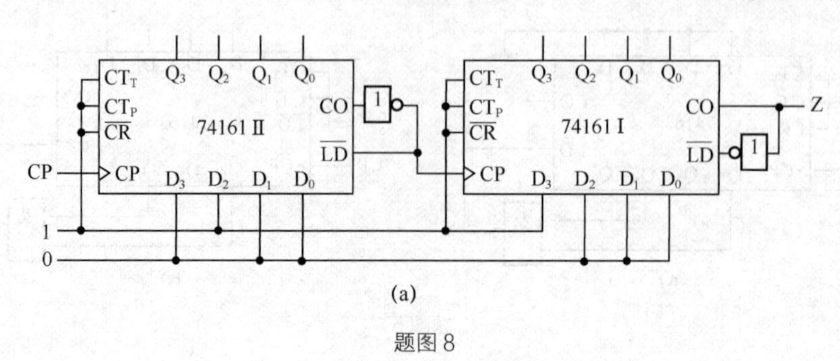

(a)

题图8

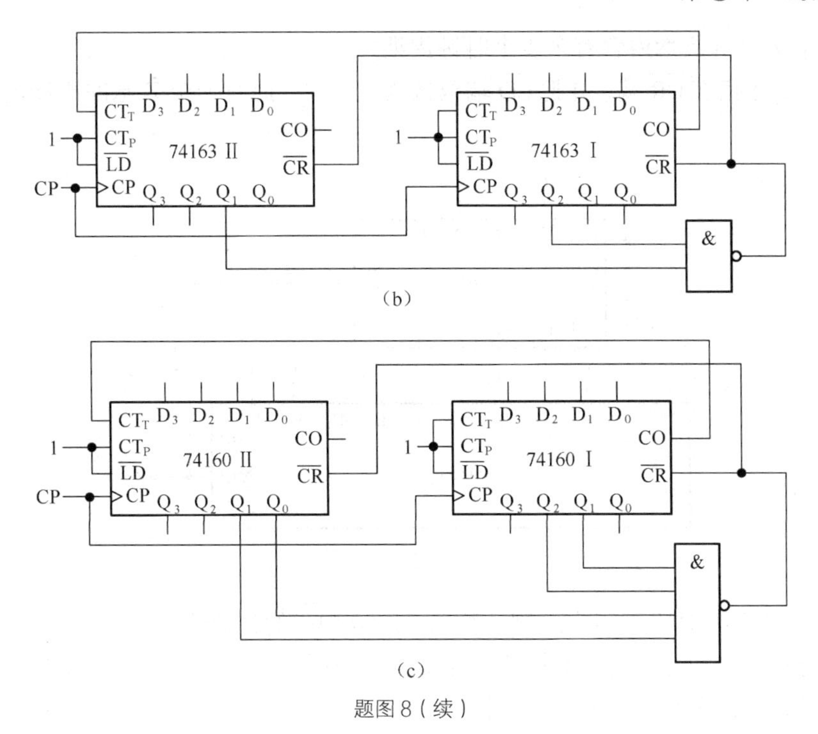

（b）

（c）

题图8（续）

11．分析题图9所示用两片集成同步十进制加法计数器74160构成的计数器电路，说明其计数模值。如果计数器输入时钟脉冲CP的频率是120kHz，问电路中P点的输出脉冲P和整个计数器输出脉冲Z的频率各为多少？

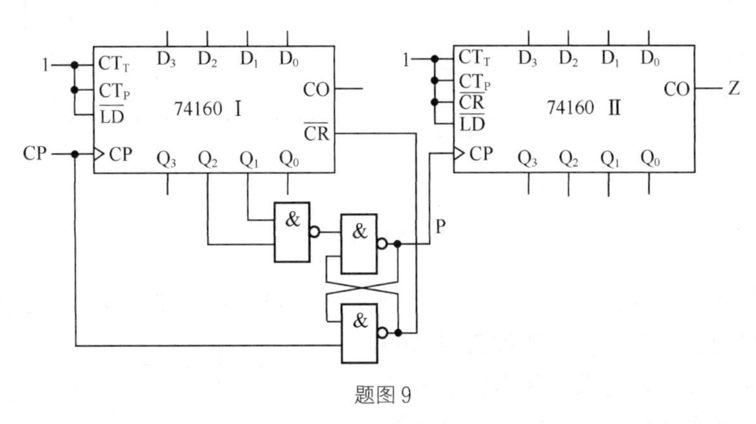

题图9

12. 分析题图10所示由集成4位二进制计数器74161和集成2线—4线译码器构成的可控分频器；设时钟脉冲CP的频率$f_{CP}=90\text{kHz}$，说明当译码器的地址输入AB分别为00，01，10，11时，74161的输出CO的频率f各是多少？

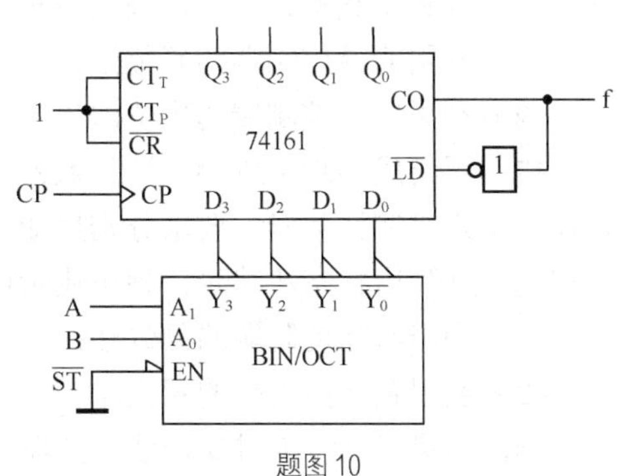

题图10

13．题图11所示是由4位数值比较器7485和集成同步4位二进制计数器74161构成的定时电路，试问：

（1）一个Z脉冲周期内含有多少个时钟周期？

（2）若将$\overline{Z}$改接在$\overline{CR}$端，并把$\overline{LD}$端改接为高电平，此时一个Z脉冲周期内含有多少个时钟周期？

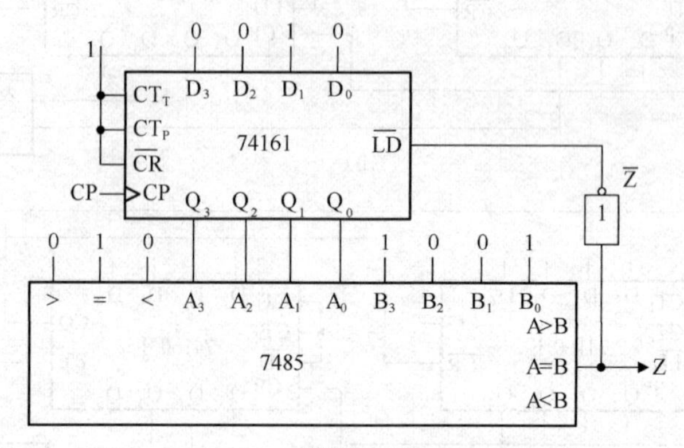

题图11

14．题图12所示是由同步十进制计数器74160构成的计数器电路。

（1）试分析片Ⅰ和片Ⅱ的计数模值各为多少？级联采用了哪种连接方式？

（2）分别作出片Ⅰ和片Ⅱ的状态转移图。

（3）如果该电路作为分频器使用，则片Ⅱ进位输出CO和时钟脉冲的分频比是多少？

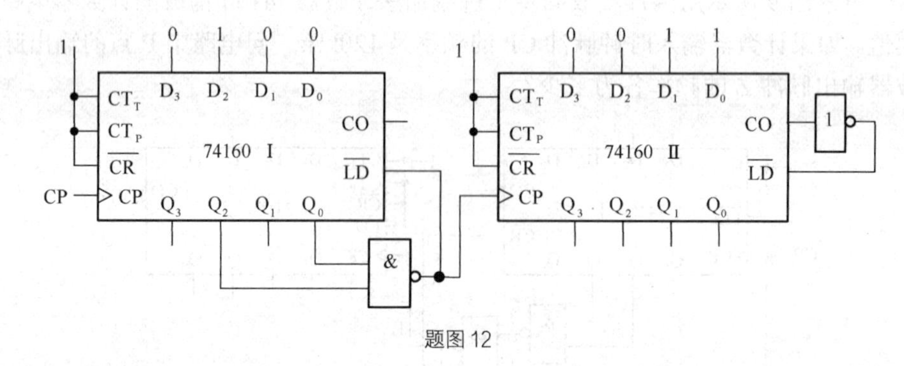

题图12

15．试分析题图13所示计数器电路，说明是多少进制计数器，列出状态转移表。

16．用集成同步十进制加法计数器74160，设计一个六进制计数器，要求分别用如下两种方法实现，并列出状态转移表，画出逻辑电路图。

（1）利用清除控制端的复位法；

（2）利用置入控制端的置位法。

17．用集成同步十进制加法计数器74161，设计一个六进制计数器，要求分别用如下两种方法实现，并列出状态转移表，画出逻辑电路图。

（1）利用清除控制端的复位法；

（2）利用置入控制端的置位法。

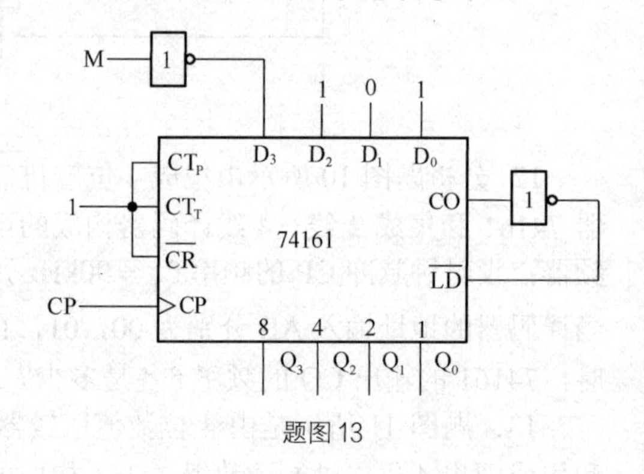

题图13

18．用集成同步十进制加法计数器74163，设计一个六进制计数器，要求分别用如下两种方法实现，并列出状态转移表，画出逻辑电路图。

（1）利用清除控制端的复位法；

（2）利用置入控制端的置位法。

19．用集成异步二—五—十进制加法计数器 7490，设计一个六进制计数器，要求分别用如下四种方法实现，并列出状态转移表，画出逻辑电路图。

（1）采用 8421BCD 码计数方式，并用异步清零端；

（2）采用 8421BCD 码计数方式，并用异步置 9 端；

（3）采用 5421BCD 码计数方式，并用异步清零端；

（4）采用 5421BCD 码计数方式，并用异步置 9 端。

20．分别用集成同步计数器 74160、74161 和 74163，设计一个 36 进制计数器，画出电路图，列出状态转移表，并简要说明设计思路。

21．试用两片 74161 设计一个分频电路，电路采用 M=9×12 的形式，芯片Ⅱ的输出端和时钟 CP 的分频比为 1/108。请分别列出各片的状态转移表，并画出逻辑电路图。

22．用集成二—五—十进制异步计数器 7490，设计一个 42 进制计数器，要求分别用如下两种方法实现，并列出转移表，画出逻辑电路图。

（1）采用 8421BCD 码计数方式；（2）采用 5421BCD 码计数方式。

23．用一片集成 4 位二进制计数器 74163 和必要的门电路设计一个可变模值计数器，当 A=0 时，实现模 8；当 A=1 时，实现模 6。简要说明设计思路，画出逻辑电路图。

24．试用隐含表将题表 2 和题表 3 所示的原始状态表化简，并列出简化状态表。

题表 2

S(t)	N(t)		Z(t)	
	X=0	X=1	X=0	X=1
A	C	B	0	1
B	F	A	0	1
C	D	G	0	0
D	D	E	1	0
E	C	E	0	1
F	D	G	0	0
G	C	D	1	0

题表 3

S(t)	N(t)		Z(t)	
	X=0	X=1	X=0	X=1
A	E	D	0	0
B	D	F	0	0
C	F	E	0	1
D	A	C	0	0
E	D	C	0	1
F	B	E	0	0

25. 有一时序逻辑的原始状态图如题图 14 所示，试画出原始状态表，用隐含表进行化简，列出简化状态表并分别用 JK 触发器和 D 触发器设计。

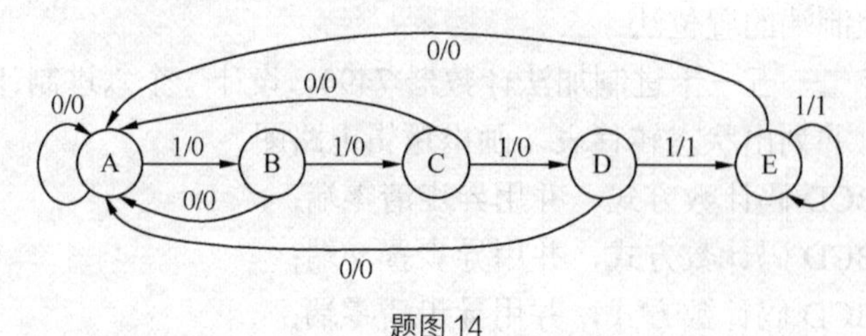

题图 14

26. 试用 JK 触发器设计一个满足题图 15 所示波形的同步时序电路。

27. 选择触发器设计一个同步时序电路，用它来检测二进制序列，当电路连续收到 4 个 1 时，电路输出 1。

28. 用 JK 触发器，设计一个按自然态序进行计数的七进制同步加法计数器。

29. 用 D 触发器，设计一个按照移存规律进行计数的七进制同步加法计数器。

30. 选用 D 触发器和与非门按题表 4 所示的状态转移表设计一个 5 进制计数器，要求在时钟信号 CP 为对称方波时，输出也是方波。

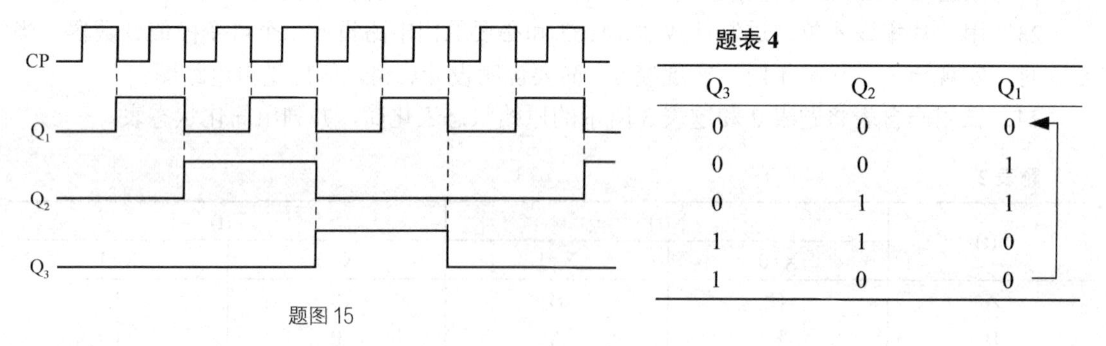

题图 15

题表 4

Q_3	Q_2	Q_1
0	0	0
0	0	1
0	1	1
1	1	0
1	0	0

31. 设计一个同步模 6 可控减法计数器，当 X=0 时，停止计数，并保持原状态；当 X=1 时，按减法计数。

32. 用 JK 触发器设计一个可控同步时序电路，X_1X_2 是控制信号输入，初态 $Q_2Q_1=00$，要求：

（1）当 $X_1X_2=00$ 时，返回初态；

（2）当 $X_1X_2=01$ 时，实现模 4 二进制加法计数；

（3）当 $X_1X_2=10$ 时，实现模 4 二进制减法计数；

（4）当 $X_1X_2=11$ 时，实现模 4 格雷码计数。

33. 用 JK 触发器，设计一个按自然态序进行计数的 7 进制异步加法计数器。

34. 用 JK 触发器设计一个可逆十进制异步计数器，当 A=0 时，实现增 1 计数；当 A=1 时，实现减 1 计数。

35. 题图 16 所示是某人设计的同步模 6 计数器，试检查该电路有无错误，若有错，请改正之。

36. 设计一个脉冲序列发生器，使之在一系列 CP 信号作用下，其输出端能周期性地输出 00101101 的脉冲序列。

37. 设计一个控制步进电动机三组三相六状态工作的逻辑电路。如果用 1 表示电机绕组导通，0 表示电机绕组截止，则 3 个绕组 ABC 的状态转换如题图 17 所示。M 为输入控制变量，当 M=1 时为正转，M=0 时为反转。

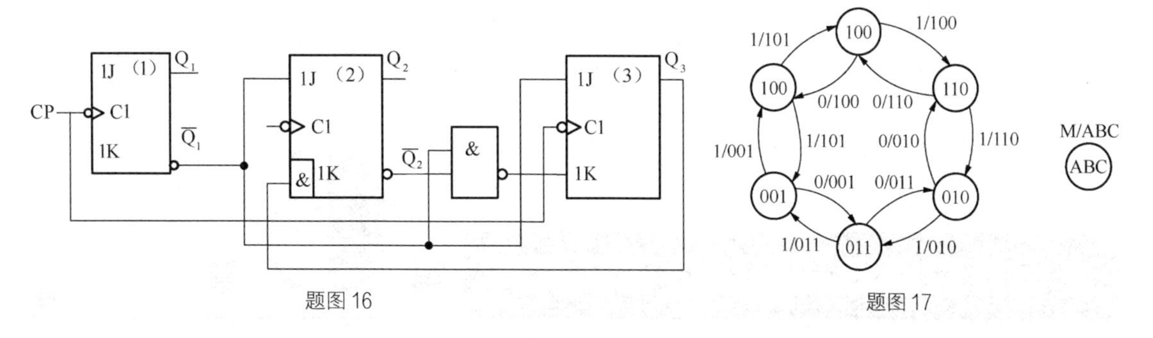

题图 16　　　　题图 17

38．设计一个咖啡产品包装线上用的检测逻辑电路。在正常工作状态下，传送带顺序送出成品，每 3 瓶一组，装入一个纸箱中，如题图 18 所示。每组含两瓶咖啡和一瓶咖啡伴侣，咖啡的顶盖为棕色，咖啡伴侣顶盖为白色。要求在传送带上的产品排列次序出现错误时逻辑电路能发出故障信号，同时自动返回初始状态。

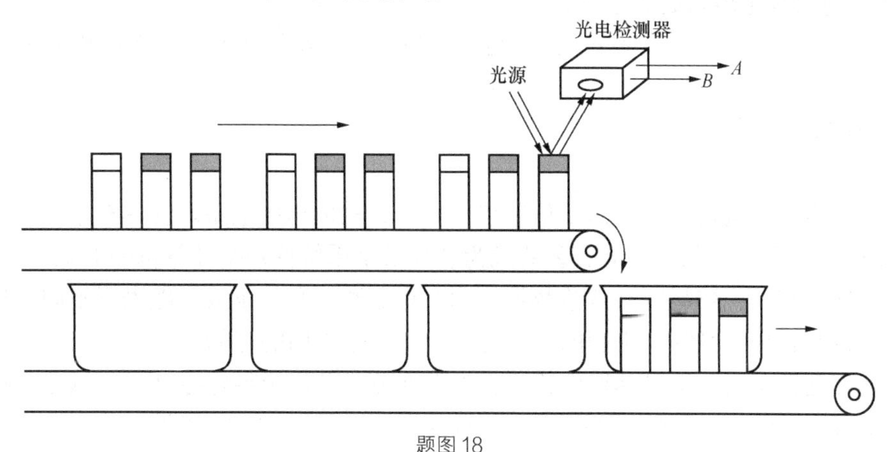

题图 18

39．试利用 74161 设计一个数字钟逻辑电路，画出系统方框图和各方框的连接图，要求：

（1）能产生秒、分和小时脉冲；

（2）能按 24 小时进制计数；

（3）采用 4096Hz 的标准脉冲源。

40．设计一个小汽车尾灯控制电路，小汽车左、右两侧各有 3 个尾灯，要求：

（1）左转弯时，在左转弯开关控制下，左侧 3 个灯按题图 19 所示周期性地亮与灭；

（2）右转弯时，在右转弯开关控制下，右侧 3 个灯按题图 19 所示周期性地亮与灭；

（3）在左、右两个转弯开关控制下，两侧的灯做同样的周期性的亮与灭动作；

（4）在制动开关（制动器）作用下，6 个尾灯同时亮。若在转弯情况下制动，则 3 个转向尾灯正常工作，另一侧 3 个尾灯则均亮。

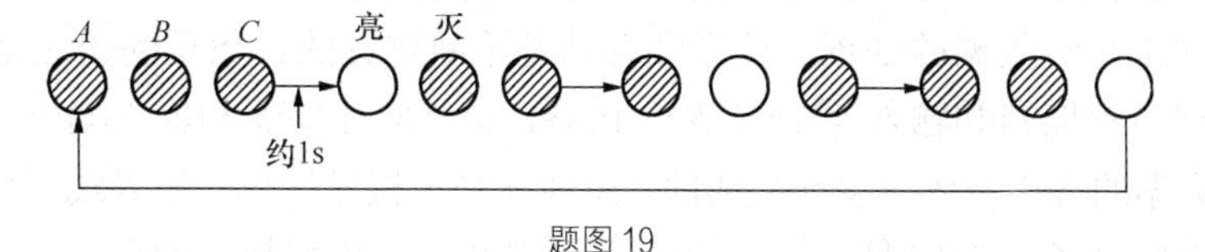

题图 19

第6章 半导体存储器和可编程逻辑器件

前面各章介绍了小规模、中规模数字集成电路，本章介绍通用型大规模数字集成电路。

在半导体存储器中，将系统介绍SAM、ROM、RAM等各种类型的存储器的结构特点和用PROM实现组合逻辑函数的方法。

在可编程逻辑器件中，介绍PLA、PAL、GAL、FPGA的基本结构特点和工作原理。

6.1 半导体存储器

存储器是指以结构化方式存储二值数字信息的大规模集成电路。它具有集成度高、体积小、价格低廉、存储速度快等特点，因此成为现代数字系统特别是计算机中的重要组成部分，用来存放程序、数据、资料等。这些数据（由二进制数0和1组成）能表示不同的指令、数字、字母，以及各种符号等。不同的存储任务可以使用不同的存储器。

半导体存储器主要由半导体器件构成。按存取方式分，半导体存储器可以分为顺序存取存储器（SAM）、只读存储器（ROM）和随机存取存储器（RAM）3类。

6.1.1 存储器的基本概念

计算机存储器可分为两类：主存储器和辅助存储器。主存储器又称为机载存储器，用来存放微处理器正要使用的数据和程序，用户可随时访问且存储速度快。RAM和ROM就属于主存储器，这类存储器的存储速度快，但最大的不足是存储容量受到限制。

辅助存储器能存储更多的数据，适应了目前对存储容量越来越高的要求，所以又称为大容量存储器。硬盘、软盘、光盘（CD），以及磁带等都属于辅助存储器。辅助存储器是混合设备，既有机械结构，又有电子结构，因此速度比主存储器慢。

如果数据是以指令序列的形式存储在存储器内，这样的指令集合称为程序。程序又称软件，是由数值1和0组成。计算机内部的微处理器、各种集成电路，以及其他的组件称为硬件。硬件，如存储器芯片，与其内部存储的软件合称为固件。

在计算机内部，对数据的处理、传送和存储是不断进行的。数据的传送是双向的，需要传送的数据可取自存储器和输入/输出（I/O）设备，也可向存储器和输入/输出设备传送数据。

计算机内数据的传送是依靠总线完成的。总线就是一根导线或一组导线，利用它可将系统中的多个设备连接起来。总线可以是实际的导线，也可以是电路板上的布线。计算机内部通常有 3 类总线：地址总线、数据总线和控制总线，如图 6-1 所示。地址总线是单向总线，用于微处理器对指定存储器或 I/O 设备寻址。数据总线是双向总线，用于与微处理器之间的数据传送，数据总线的宽度（数据线的数目）就是系统的字长。字是数字系统中能同时处理的数据的位数，存储器是以字为单位进行存储的。如果数据总线是由 8 根数据线构成的，字长就为 8 位（1 个字节）；如果数据线是以 16 根数据线构成的，字长就为 16 位（通常也称高位字节和低位字节）。控制总线也是双向的，计算机利用它发出特定的指令，如读、写或中断指令等。该总线也用于监控某设备的工作状态或确认某事件。计算机的三总线体系结构如图 6-2 所示。图中，地址总线由 20 根地址线构成，标号为 A_{19}~A_0，数据总线包含 8 位数据线。从图中可以看出，微处理器是该系统的核心部件，通常称为中央处理器（CPU），控制着计算机的所有活动。

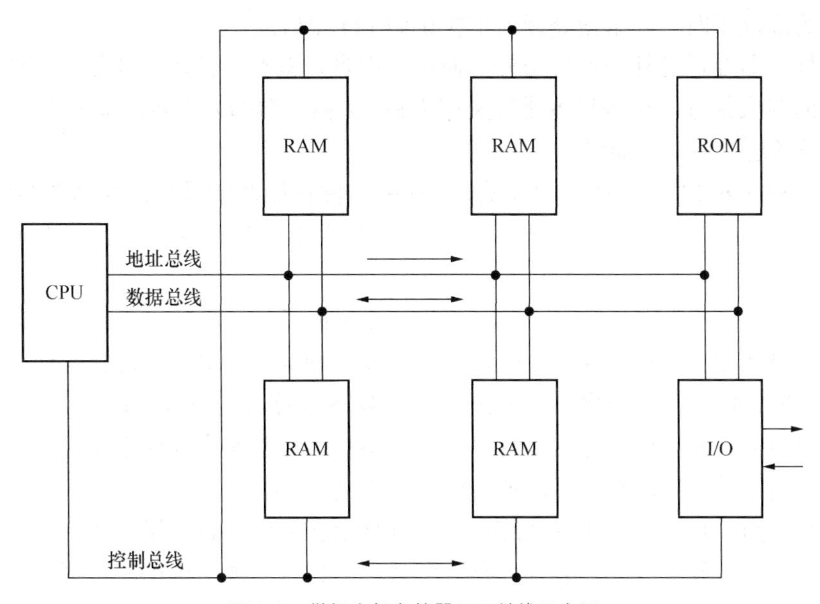

图 6-1　微机内部存储器及三总线示意图

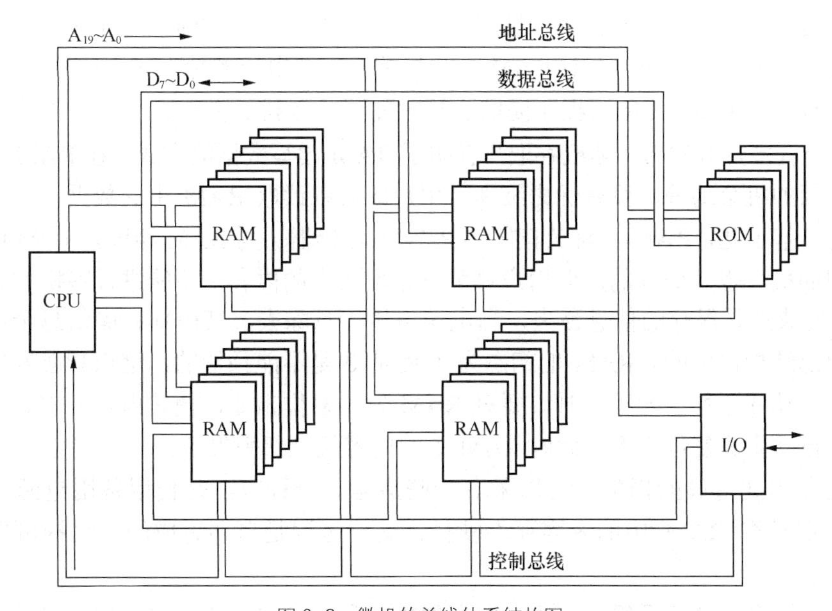

图 6-2　微机的总线体系结构图

当微处理器完成一项指令时，所花费的时间称为总线周期。总线周期与时钟周期不同，一个总线周期可能由多个时钟周期组成。例如，当微处理器正从存储器中读取数据，则处于读总线周期，而向指定的存储器内写入数据时，称为写总线周期。

微处理器生成了几种不同的控制信号。

读（$\overline{RD}$）：读操作，也称取数操作，低电平有效，表示微处理器正由存储器中或I/O端口读入数据。

写（$\overline{WR}$）：写操作，也称存储操作，低电平有效，表示微处理器正向存储器内或I/O端口写数据。

输入-输出/存储器（$IO/\overline{M}$）：当该控制端为低电平时，表示微处理器正在访问存储器；当该控制端为高电平时，表示微处理器正在访问I/O端口。

由于微处理器要通过外围设备与外部通信，键盘、鼠标、打印机及磁盘驱动器等是计算机必不可少的组成部分，这些设备通常又称为输入/输出（I/O）设备。输入/输出端口是微处理器与I/O设备进行通信的通道。

在图6-1和图6-2中，方块表示存储器，其中一种存储器就是只读存储器（ROM）。ROM是由制造商编程的，其内部数据不易丢失。一般条件下，其存储的内容既不会丢失也不会改变。

ROM中包含很重要的初始化数据，这些数据保证了计算机的正常启动和运行，也称为引导程序。一旦系统完成自检和初始化，引导程序将硬盘或软盘中的磁盘操作系统装入随机存取存储器（RAM）中。磁盘操作系统程序用来实现计算机的内务处理。

系统一旦启动，就可以运行应用程序了。应用程序可以是字处理程序、电子数据表或游戏等。当确定运行某个应用程序后，该程序就装入到RAM中。

计算机加电启动后，首先进行系统自检，屏幕上会显示检查结果。然后，磁盘操作系统的常驻部分会自动由硬盘驱动器装入内存。随之，屏幕上出现主菜单，主菜单中显示可使用的应用程序信息。对于不同的计算机，配置可能有所不同，但基本过程是一致的。

在引导过程中，计算机对内部存储器进行检测。系统初始化时，对RAM的读写要进行多次，以确保它能正常工作。在对RAM进行检测时，使用了多种不同的位模式。ROM使系统启动和运行，而RAM为应用程序提供了暂时驻留，有利于快速访问和存储用户数据。

图6-2中有多片RAM，“随机存取”表明了RAM读写数据的方式。在RAM中，所有存储单元被访问的机会均等，没有优先级别。用户既可以读取RAM中的数据，也可以随时写入新的信息，基于此，RAM又称为读写（$R/\overline{W}$）存储器。与RAM相同，ROM中所有存储单元被访问的机会也是均等的，但用户只可以读取其中的内容，不能进行写操作。

RAM的缺点是保存的信息易失，当电源电压一旦除去，其内部存储信息全部丢失，这是由它的内部结构决定的。RAM的初态为1还是0是不能预知的，这点和触发器类似，所以，在系统启动并运行引导程序时，要对RAM发出复位指令，使其内容清零。当去掉外部电源时，会自动生成复位指令，此时RAM中的内容就全部丢失了。

为了避免由此造成的损失，可以采取一些措施。一种方法是使用备用电源。目前，一些系统可以定时将RAM中的内容存入硬盘，这一过程是自动完成的，这样可以使数据长久保存。

存储器由许多存储单元组成，每一个存储单元只能存放1位二进制数。通常用存储容量来衡量存储器存储数据的能力。存储容量就是存储器内存单元的数目。存储器是以字为单位进行存储的。1 个字单元由若干个存储单元构成，而 1 个存储器又包含有若干个字单元。一个存储容量为 8K×1 的存储器能存储 8192 位数据（1K=1024），该存储器的每 1 个字单元可以存放 1 位二进制数。存储器内部有许多字单元，每 1 个字单元有一个固定的编号，即地址。

图 6-3 所示是一个 RAM 电路，内含 8 个字单元，每 1 个字单元存放 1 位二进制数，所以该电路中的 1 个字单元就是 1 个存储单元，图示电路采用 74138 作为地址译码器。

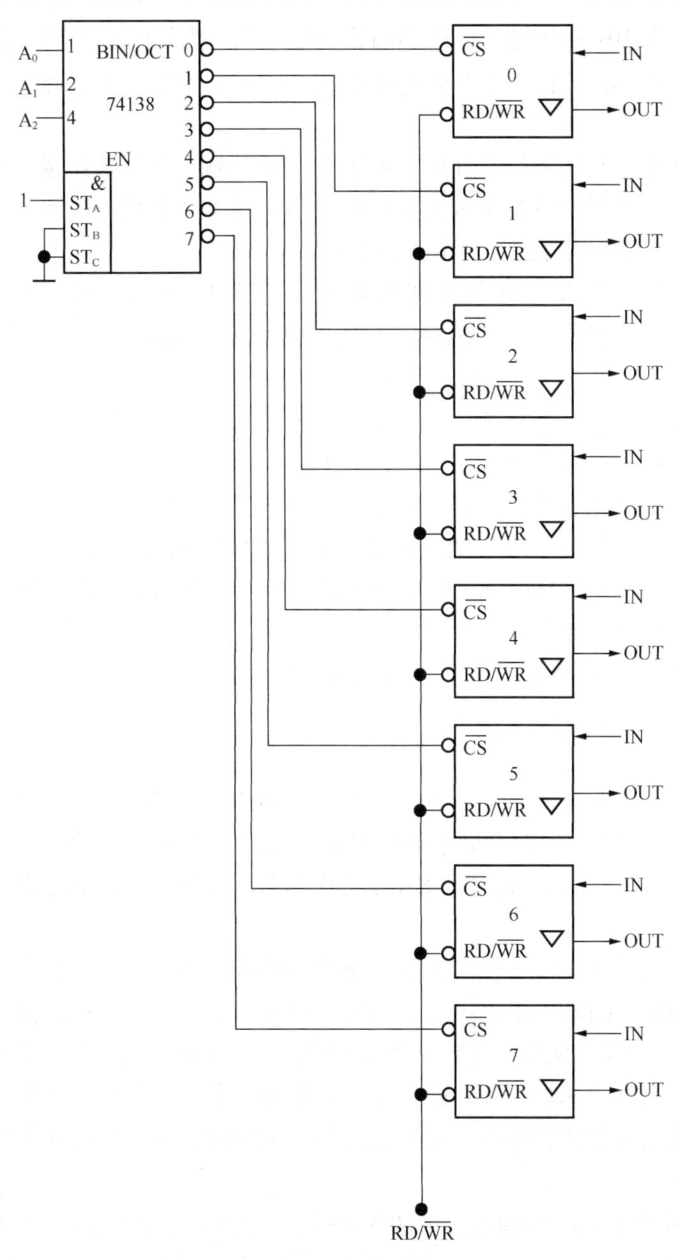

图 6-3 8×1 RAM 电路

因为 $2^3=8$，所以对 8 个字单元编码需要 3 位地址码（$A_2 \sim A_0$）。同样可以知道，5 根地址线可以寻址存储器中的 32 个字单元，n 根地址线可以寻址存储器中的 2^n 个字单元。

在图 6-3 中，地址译码器的反相输出端与 8 个字单元的低电平有效输入端相连，这个输入端称为片选端$\overline{CS}$，有时也称为使能端（$\overline{E}$）或片能端（$\overline{CE}$），低电平有效。如果该输入端输入为高电平，则相应的字单元没被选中，数据输出线处于高阻态。

图 6-3 中，各字单元还有$RD/\overline{WR}$（或简称$R/\overline{W}$）输入端，该输入端的电平状态决定了是对相应字单元进行读操作（$RD/\overline{WR}=1$）还是写操作（$RD/\overline{WR}=0$）。

如果设$RD/\overline{WR}=1$，$A_2\sim A_0=101$，则 5 号字单元被选中，其内部存储内容被送到输出端。具体工作过程是，将 101 送到地址译码器的相应输入端，则译码器的输出端$\overline{Y_5}=0$，相应的 5 号字单元的片选端$\overline{CS}=0$，即 5 号字单元被选中。其余 7 个字单元未被选中，所以它们的输出呈高阻态。

如果图 6-3 中的每 1 个字单元由 8 位并行输入/并行输出寄存器组成，则 1 个字单元可以存放 8 位二进制数，该图就成为 8×8 的存储器电路。第 1 个 8 表示电路中字单元的数目，第 2 个 8 表示每个字单元中包含的存储单元的数目。

在实际使用中，存储器的容量都非常大，通常以 K 或 M 来衡量，1K=1024，1M=1024K=1048576。例如，某一 RAM 芯片的存储容量为 32K×8，这表示该芯片内有 32768 个字单元，能存储 32768 字节（1 个字节为 8 位）的数据，它的实际存储容量为 262144 位。该 RAM 芯片的地址引脚数是 15 根。这是因为$2^{15}=2^5$K=32K=32768。

存储器的应用并不局限于微处理器，甚至不局限于纯数字系统。例如，公用电话系统中的设备，使用 ROM 来完成数字化语音信号的某些变换，并使用快速静态存储器作为用户之间转换数字化语音的“交换单元”。许多便携式音频 CD 唱机先“预读”几秒钟音频信息，将它存储在动态存储器中，这样即使 CD 唱机在物理上会有短暂的中断，它仍然能保持连续的播放（这要求所存储的音频信息每秒钟超过 1.4 兆位）。还有很多现代化音频/图像设备的例子，都是利用存储器来暂存数字化信号，以方便进行数字信号处理。

6.1.2 顺序存储器（SAM）

顺序存取存储器（Sequential Access Memory，SAM）具有“先入先出（FIFO）”或“先入后出（FILO）”的特点。由时钟脉冲的控制有序地读写数据，读写数据时不需要提供地址信息，可以同时读写同一单元的数据。SAM 可作为数据缓冲区，已成为高速数据采集系统中不可或缺的部分。

SAM 由动态移存器构成。利用 MOS 管栅极和源极（基片）之间的电容（栅电容）来暂存信息。由于 MOS 管的输入电阻极大，当栅电容充满电荷后，电荷经输入电阻的自然泄漏（放电）比较缓慢，一般可保持几毫秒，如果移位脉冲（CP）的周期在微秒数量级，则在 1 个周期内栅电容上的电荷基本不变，栅极电位也基本不变。若长时间没有移位脉冲，存放在栅电容上的二值信息就会随着电荷的泄漏而消失，因此动态移存器必须在移位脉冲的连续作用下工作。

动态 CMOS 移存单元的结构形式如图 6-4 所示。电路由 2 个传输门与 CMOS 反相器串接而成。当 CP=1 时，TG_1 导通，输入数据存入栅电容C_1，TG_2 关断，栅电容C_2上的信息保持不变。这时前级反相器接收输入信息，后级反相器保持原来信息；当 CP=0 时，TG_1 关断，封锁输入信号，TG_2 导通，C_1 上的信息经前级反相器反相后传输到C_2，再经后级反相器反相输出。这时前级反相器保持原存信息，后级反相器随前级反相器变化。经过一个 CP 周期，数据可右移动 1 位。

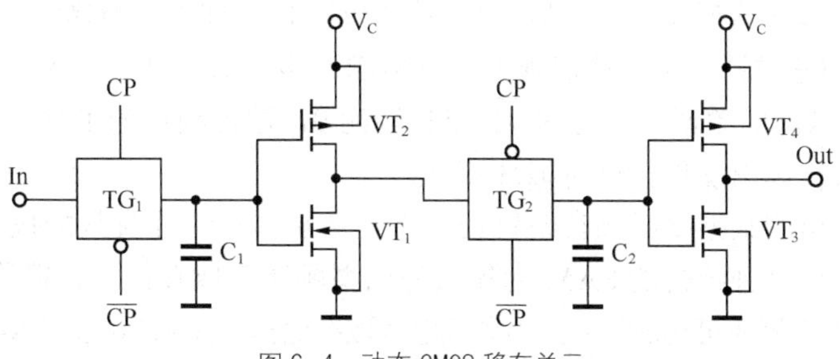

图 6-4 动态 CMOS 移存单元

动态移存器由动态移存单元串接而成，图 6-5 是由 1024 个动态移存单元串接成的 1024 位动态移存器。动态移存器除用作数字式延时线外，主要用来组成顺序存取存储器（SAM）。

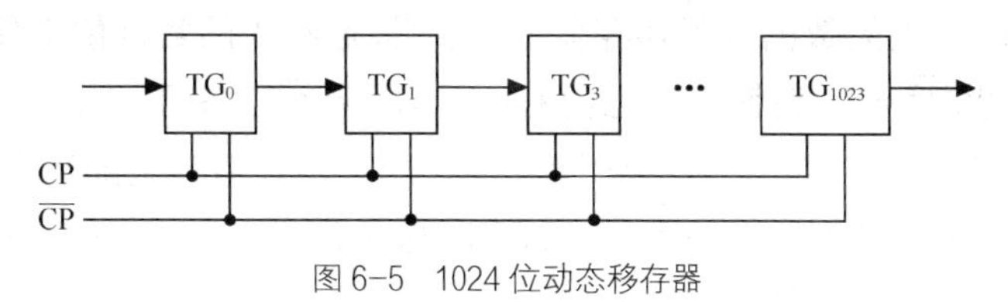

图 6-5 1024 位动态移存器

图 6-6 是 1024×1 位 SAM 原理图，有 2 种顺序，其中图 6-6（a）有循环刷新、读、写 3 种工作方式。

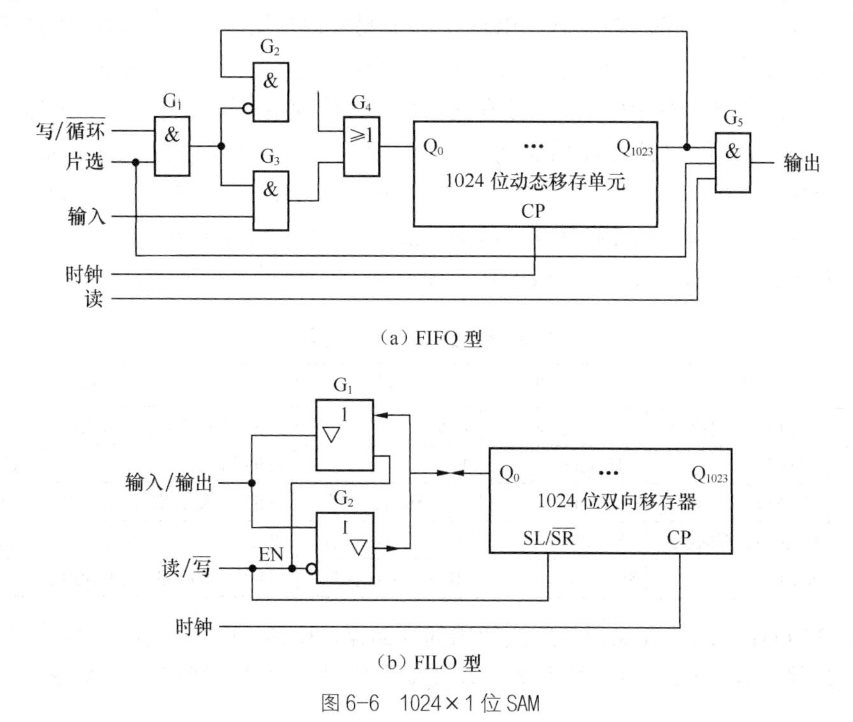

图 6-6 1024×1 位 SAM

（1）循环刷新：当片选端为 0 时或写/$\overline{循环}$ 端为 0 时，G_1，G_3，G_5 封锁，G_2 开放，故不能从数据输入端输入数据，也不能从输出端输出数据。它只能在时钟控制下，将动态移存器输出的数据反馈回输入端，执行循环刷新操作，以此刷新原存入的信息，只要不断电源，这些信息就可以在动态中长期保存。

（2）读和写：当片选端为1时，G_1，G_5开放可对它进行读、写操作。若写/$\overline{循环}$控制端为1，则G_3开放，G_2封锁，在时钟控制下，数据输入移存器，执行写入操作。如果读控制端也同时为1，则可以读取数据。当写/$\overline{循环}$控制端为0，读控制端为1时，G_2开放，G_3封锁，在时钟控制下，执行读出操作，同时循环刷新。

由于输入、输出的数据字必须在时钟控制下，逐位进行，而且只能按“先入先出”的原则顺序读写，所以称这种结构的SAM为先入先出型顺序存取存储器，简称FIFO型SAM。

利用双向动态移存器还可构成先入后出型顺序存取存储器，简称FILO型SAM，如图6-6（b）所示。图中数据输入、输出端均由移存器的Q_0端引出，经读写控制电路G_1，G_2与输入/出端子相连。

写入数据时，读/$\overline{写}$=0，使输入三态门G_2工作，输出三态门G_1禁止，左/右移位控制信号SL/$\overline{SR}$=0，移存器呈右移状态，在时钟推动下，输入/出端的输入数据逐位存入移存器。n+1个时钟周期后，最先存入的数据位于移存器的Q_n，最后存入的数据位于移存器的Q_0；

读出数据时，读/$\overline{写}$=1，使输出三态门G_1工作，输入三态门G_2禁止，左/右移位控制信号SL/$\overline{SR}$=1，移存器呈左移状态，在时钟脉冲的作用下，最后存入的数据最先读出，最先存入的数据最后读出。这种先入后出的工作方式，就像子弹夹，先压入的子弹最后才能打出来，在计算机中把这种结构称作堆栈。

6.1.3　只读存储器（ROM）

只读存储器（Read Only Memory，ROM）是非易失性存储器，其内部存储的数据是事先固化到存储器内，所以非常稳定，即使去掉或中断外部电源电压，内部的数据也不会丢失。在正常运行时，只能读出信息，不能写入。只读存储器可分为掩膜型只读存储器（简称ROM）和可编程只读存储器。可编程只读存储器又可分为可编程只读存储器（Programmable Read Only Memory，PROM），可擦除可编程只读存储器（Erasable Programmable Read Only Memory，EPROM），电可擦除可编程只读存储器（Electrically Erasable Programmable Read Only Memory，EEPROM）和闪速存储器（Flash Memory）几种类型。ROM的类型如表6-1所示。

表6-1　　只读存储器ROM的类型

类型	技术	读周期	写周期	说明
ROM	NMOS、CMOS	10～200 ns	4周	只能写入1次，低功耗
ROM	双极性	<100 ns	4周	只能写入1次，高功耗、低密度
PROM	双极性	<100 ns	10～50 μs/字节	只能写入1次，高功耗、无掩膜费用
EPROM	NMOS、CMOS	25～200 ns	10～50 μs/字节	可重复使用、低功耗、无掩膜费用
EEPROM	NMOS	50～200 ns	10～50 μs/字节	只能写10000～100000次，有位置限制

目前EEPROM和闪速存储器是广泛使用的存储器，ROM可存储用户编写的程序和数据，应用于码制转换电路，脉冲序列发生器，方波发生器以及单片机微机控制系统等领域。

1．掩膜型只读存储器（ROM）

掩模型ROM又称为固定ROM，这种ROM出厂时其内部存储的信息由生产厂家采用掩模工艺固化在里面，用户不可对其再编程。为了编程或写信息到 ROM 中，用户提供给厂商 1 张关于所需 ROM 内容的清单（用软盘或其他传输介质），厂商使用该信息创建 1 个或多个定制的掩膜，从而生产出具有所需模式的 ROM。由于要获得已编程的芯片需要掩膜费用和 4 周的延迟时间，所以，掩膜型 ROM 通常只用于需求量特别大的应用中。

ROM 在使用时只能读出，不能写入，因此通常只用来存放固定数据，固定程序和函数表等。ROM 主要由地址译码器，存储矩阵和输出缓冲器 3 部分组成，其基本结构如图 6-7 所示。存储矩阵是存放信息的主体，由许多存储单元排列组成。存储单元可以由二极管构成，也可以由双极型三极管或 MOS 管构成。每个存储单元存放 1 位二值代码（0 或 1），若干个存储单元组成 1 个“字”（也称一个信息单元）。地址译码器有 n 条地址输入线 A_0~A_{n-1}，2^n 条译码输出线 W_0~W_{2^n-1}，每 1 条译码输出线 W_i 称为“字线”，它与存储矩阵中的 1 个“字”相对应。每当给定 1 个输入地址时，只有一条输出字线 W_i 有效，该字线可以在存储矩阵中找到 1 个相应的“字”，并将字中的 m 位信息 D_0~D_{m-1} 送至输出缓冲器。存储矩阵中的“字”个数称为“字数”，读出 D_0~D_{m-1} 的每条数据输出线 D_i 也称为“位线”，每个字中信息的位数称为“字长”。

存储器的容量用存储单元的数目来表示，写成“字数×位数”的形式。图 6-7 的存储矩阵有 2^n 个字，每个字的字长为 m，因此整个存储器的存储容量为 $2^n \times m$ 位。

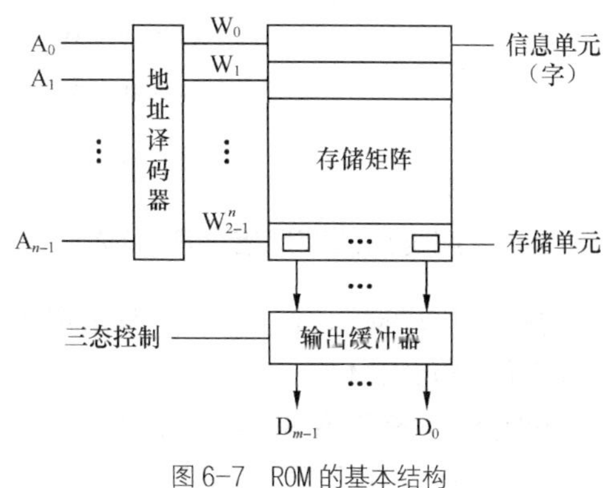

图 6-7 ROM 的基本结构

输出缓冲器是 ROM 的数据读出电路，通常用三态门构成，它可以实现对输出数据的三态控制，以便与系统总线连接。

图 6-8 所示为具有 2 位地址输入和 4 位数据输出的 ROM 结构图，其存储容量为 4×4，存储单元用二极管构成。图 6-8（a）中 W_0~W_3 4 条字线分别选择存储矩阵中的 4 个字，每个字存放 4 位信息。若在某个字中的某 1 位存入

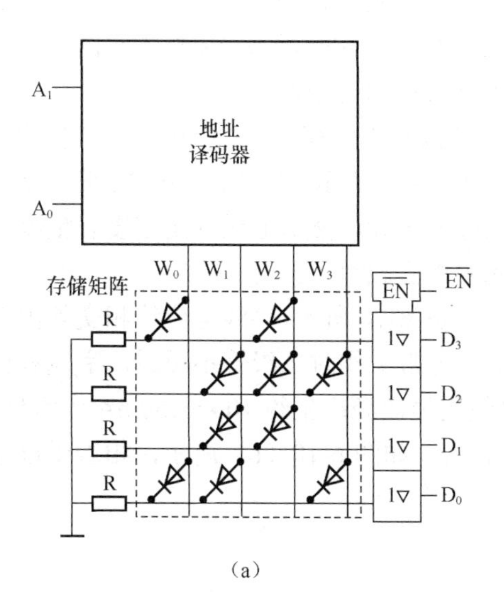

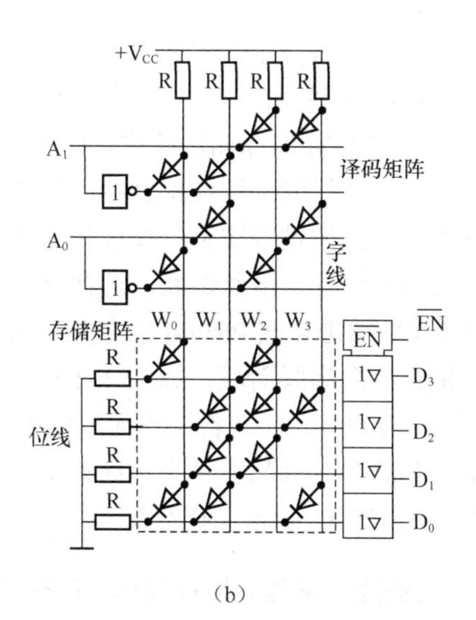

图 6-8 4×4 位二极管 ROM 结构图

1，则在该字的字线 W_i 与位线 D_i 之间接入二极管；反之，就不接二极管。读出数据时，首先输入地址码，并使三态控制有效，在数据输出端 D_0~D_3 可以获得该地址对应字中所存储的数据。例如，当 $A_1\ A_0$=00 时，即此时 W_0 有效，读出 W_0 对应地址单元中的数据 1001。同理，当 $A_1\ A_0$ 分别为 01，10，11 时，依次读出各对应字中的数据分别为 0111，1110，0101。图 6-8（b）中给出了地址译码器具体的译码电路。因此，该 ROM 全部地址内所存储的数据可用表 6-2 表示。

表 6-2　　4×4 位 ROM 数据表

地址		字线				数据			
A_1	A_0	W_3	W_2	W_1	W_0	D_3	D_2	D_1	D_0
0	0	0	0	0	1	1	0	0	1
0	1	0	0	1	0	0	1	1	1
1	0	0	1	0	0	1	1	1	0
1	1	1	0	0	0	0	1	0	1

根据表 6-2，可以写出输出数据的表达式为

$$
\begin{aligned}
D_0 &= W_0+W_1+W_3=\overline{A_1}\ \overline{A_0}+\overline{A_1}A_0+A_1A_0 \\
D_1 &= W_1+W_2=\overline{A_1}A+A_1\overline{A_0} \\
D_2 &= W_1+W_2+W_3=\overline{A_1}\ A_0+A_1\overline{A_0}+A_1A_0 \\
D_3 &= W_0+W_2=\overline{A_1}\ \overline{A_0}+A_1\overline{A_0}
\end{aligned}
\tag{6-1}
$$

2．可编程只读存储器（PROM）

掩膜型 ROM 由于成本高，只适用于大批量生产。如 ROM 需求较小，可以使用可编程只读存储器 PROM。

PROM 与掩膜型 ROM 非常类似，只是掩膜型 ROM 是由制造商编程，PROM 是由用户使用 1 个 PROM 编程器，只需几分钟即可对它存储数据值(即对 PROM 编程)。厂商制造 PROM 芯片时，所有的二极管或晶体管都是相连的，这相当于存储单元全部存入 1 个特定值 1(或 0)，用户根据需要，可将某些单元改写为 0（或 1）。PROM 采用熔丝或 PN 结击穿的方法编程，由于熔丝烧断或 PN 结击穿后不能再恢复，因此 PROM 只能改写 1 次。

熔丝型 PROM 的存储矩阵中，每个存储单元都接有 1 个存储管，但每个存储管的 1 个电极都通过一根易熔的金属丝接到相应的位线上，如图 6-9 所示。用户对 PROM 编程是逐字逐位进行的。首先通过字线和位线选择需要编程的存储单元，然后通过规定宽度和幅度的脉冲电流，将该存储管的熔丝熔断，这样就将该单元的内容改写了。

采用 PN 结击穿法 PROM 的存储单元原理图如图 6-10 所示，字线与位线相交处由 2 个肖特基二极管反向串联而成，如图 6-10（a）所示。正常工作时二极管不导通，字线和位线断开，相当于存储了 0。若将该单元改写为 1，可使用恒流源产生约 100～150mA 电流使 V_2 击穿短路，存储单元只剩下 1 个正向连接的二极管 V_1，如图 6-10（b）所示，相当于该单元存储了 1，未击穿 V_2 的单元仍存储 0。

3．可擦除可编程只读存储器（EPROM）

使用 PROM 最大的不足是只能编程一次，数据一旦写入，不可修改。而 EPROM 利用浮

栅 MOS 管进行编程，存储的数据可以进行多次擦除和改写。尽管可以对 EPROM 进行读或写的操作，但实际应用时，只要程序写入，通常便只对它进行读操作。

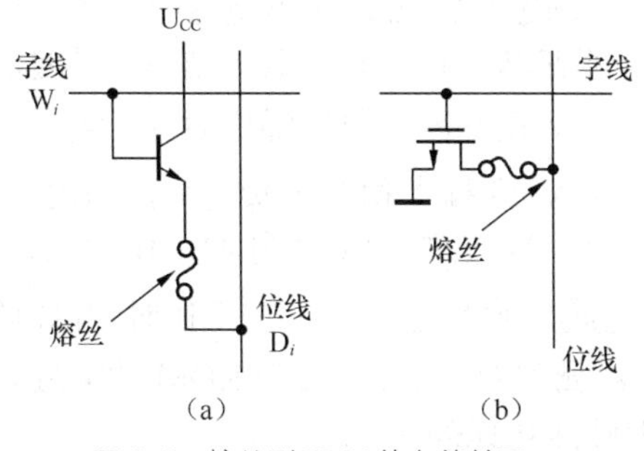

图 6-9 熔丝型 PROM 的存储单元

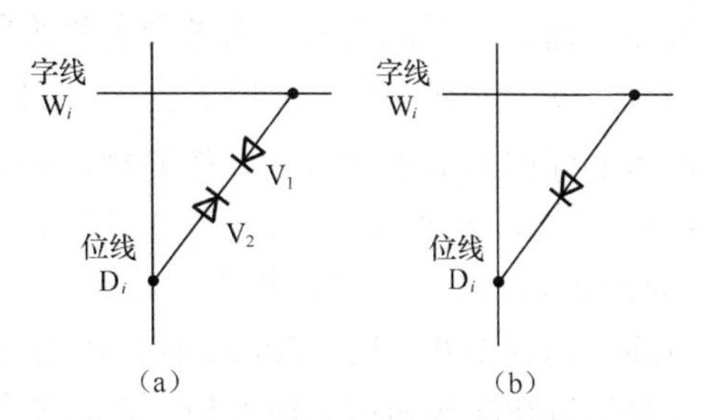

图 6-10 PN 结击穿法 PROM 的存储单元

如图 6-11 所示，EPROM 在每个位的存储位置上都有一个浮栅 MOS 晶体管，每个这种晶体管有浮栅和非浮栅，浮栅与其他部分没有连接，四周被高阻抗绝缘材料包围。为了给 EPROM 编程，编程器将一个高电压加在需存储 0 的每个位的非浮栅上，使得绝缘材料暂时击穿并允许负电荷累积在浮栅上。当去除高电压后，负电荷仍然可以保留下来。在后面的读操作中，这种负电荷能防止 MOS 晶体管在被选中时变为导通状态。

EPROM 利用紫外线照射擦除，芯片封装背面有 1 个透明的石英窗口，用具有特定波长的紫外线照射芯片 5～20 分钟，注入浮栅的电子获得足够能量而离开浮栅，从而使存储器恢复为全 1 状态，即可完成擦除操作。

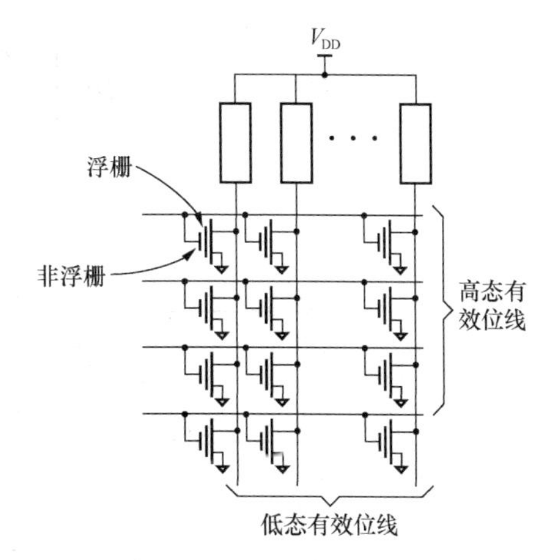

图 6-11 使用浮栅 MOS 晶体管的 EPROM 存储矩阵

EPROM 存在的问题是，当紫外线照射 EPROM 组件的石英窗口时，EPROM 内存储的内容会全部被擦除。此外在编程过程中需要高电压也使得 EPROM 不能在系统可编程（In System Programe，ISP），即对 EPROM 进行擦除和再编程时，必须将芯片从电路中取出。

4．电可擦除可编程只读存储器（EEPROM）

利用 EEPROM 可以克服 EPROM 的不足。EEPROM 是种静态存储器，内部存储内容不易丢失。现代的 EEPROM 可以实现位、字节或整体数据内容的擦除，而且不需要从电路中取出芯片就可以对其进行快速的擦除和写入操作，即可以 ISP。此外，它不需要专门的编程人员。

EEPROM 的应用越来越广泛，可以用于计算机中，取代现代 DIP 转换器和跳接器；可以用于数据收集和保险系统；在远程控制、无绳电话、无线通信和摄像机中，利用 EEPROM 可以存储有用数据；还广泛用于电话和门禁系统中代码的存储；在微处理器系统中也发挥着越来越重要的作用。

EEPROM 的存储单元如图 6-12 所示，图 6-12（a）中 V_2 是选通管，V_1 是浮栅隧道氧化层 MOS 管（Floating-gate Tunnel Oxide MOS，Flotox），其结构如图 6-12（b）所示。Flotox

管是一个N沟道增强型的MOS管，它有2个栅极：控制栅 G_c 和浮栅 G_f，浮栅与漏极区（N+）之间有一小块面积极薄的二氧化硅绝缘层（厚度在 2×10^{-8} m以下）的区域，称为隧道区。当隧道区的电场强度大到一定程度（$>10^7$ V/cm）时，漏区和浮栅之间出现导电隧道，电子可以双向通过，形成电流。这种现象称为隧道效应。若使 $W_i=1$，D_i 接地，则 V_2 导通，V_1 漏极（D_1）接近地电位。此时若在 V_1 控制栅 G_c 上加21V正脉冲，通过隧道效应，电子由衬底注入到浮栅 G_f，脉冲过后，控制栅加+3V电压，由于 V_1 浮栅上积存了负电荷，因此 V_1 截止，在位线 D_i 读出高电平1；若 V_1 控制栅接地，$W_i=1$，D_i 上加21V正脉冲，使 V_1 漏极获得约+20V的高电压，则浮栅上的电子通过隧道返回衬底，脉冲过后，正常工作时 V_1 导通，在位线上则读出0。因此Flotox管是利用隧道效应使浮栅俘获电子的。EEPROM的编程和擦除都是通过在漏极和控制栅上加一定幅度和极性的电脉冲实现的。

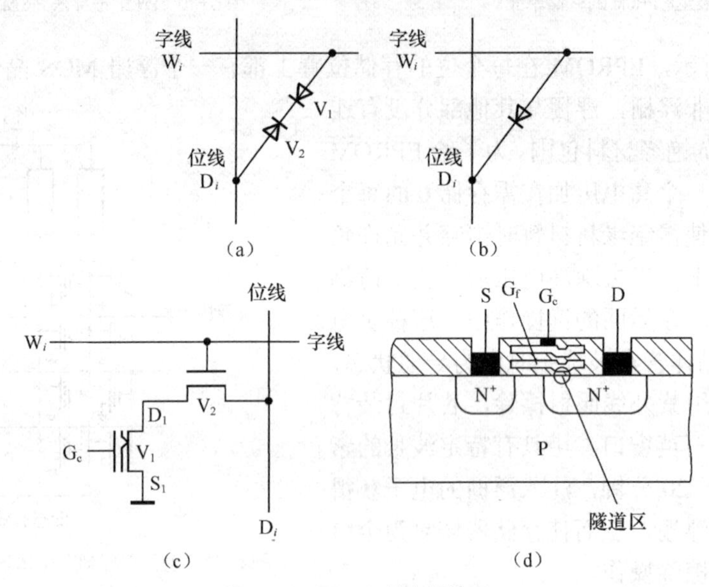

图6-12 EEPROM的存储单元

一般EEPROM集成片允许擦写10 000～100 000次，擦写共需时间约几十毫秒，数据可保存5～10年。早期的EEPROM集成芯片如2815，2817等需用高电压脉冲擦写，一般需用专用编程器来完成。而新型EEPROM如2816A，2864A等内部设置了升压电路，使擦、写、读都在5V电源下进行，不需要编程器，而是在用户系统中用读/写端的逻辑电平来控制，这种在线改写非常方便，与RAM的读/写操作类似，但断电后不会丢失数据。标准EEPROM的逻辑符号（28脚双列直插式封装）如图6-13所示。

闪速储器（Flash Memory）是新一代电信号擦除的可编程ROM。它既吸收了EPROM结构简单、编程可靠的优点，又保留了EEPROM用隧道效应擦除快捷的特性，而且集成度可以做得很高。快闪存储器自问世以来，由于其集成度高、容量大、成本低和使用方便等优点在诸如MP3、数码相机等消费类电子产品中的到广泛应用。

5．只读存储器在组合逻辑设计中的应用

ROM是一种具有 n 个输入 b 个输出的组合逻辑电路，如图6-14所示。输入称为地址输入，分别是 A_0~A_{n-1}，输出称为数据输出，分别是 D_0~D_{b-1}。

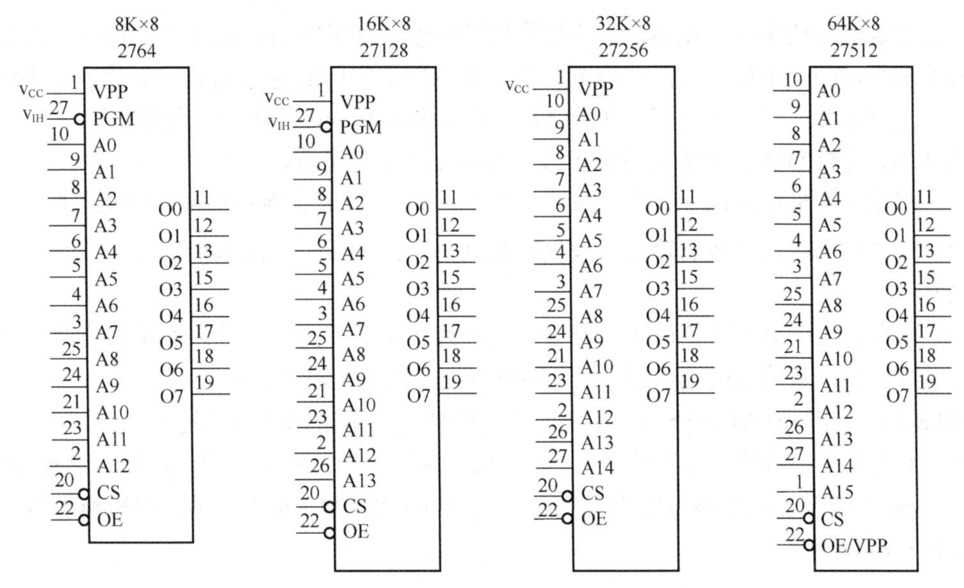

图 6-13 EEPROM 的逻辑符号（28 引脚双列直插式封装）

ROM 存储了一个 n 输入 b 输出组合逻辑功能的真值表，表 6-2 所示的 ROM 数据表中，如果将输入地址 A_1，A_0 看成两个输入逻辑变量，而将数据输出 D_3，D_2，D_1，D_0 看成 A_1，A_0 的一组逻辑函数，表 6-2 就是这一组多输出组合逻辑函数的真值表，因此该 ROM 可以实现表 6-2 中的 4 个函数 D_3，D_2，D_1，D_0，其表达式为如前述式 6-1 所示。

为了表述方便，常用与或阵列图来表示 ROM 的逻辑结构。图 6-8 的 ROM 与或阵列图如图 6-15 所示：地址译码器由 2 个非门，2^n 个与门所组成的与阵列所表示。与阵列中每根字线与一个输入变量的地址最小项相对应，地址最小项由与该字线有交点的地址输入变量组成，例如：W_0 所代表的地址最小项为 $\overline{A_1}\cdot A_0$，存储矩阵和输出电路由或阵列表示，或阵列中每根位线表示一路函数，该函数是与该位线有交点的字线所对应的地址最小项之和，D_0 所代表的函数 $D_0=W_0+W_1+W_3=\overline{A_1}\ \overline{A_0}+\overline{A_1}A_0+A_1A_0$。值得注意的是，图 6-15 中“·”表示固定连接。如果是编程连接在图中用“×”表示。图 6-15 的与门和或门也可以省略，毕竟在 ROM 里是没有具体的与门和或门的。

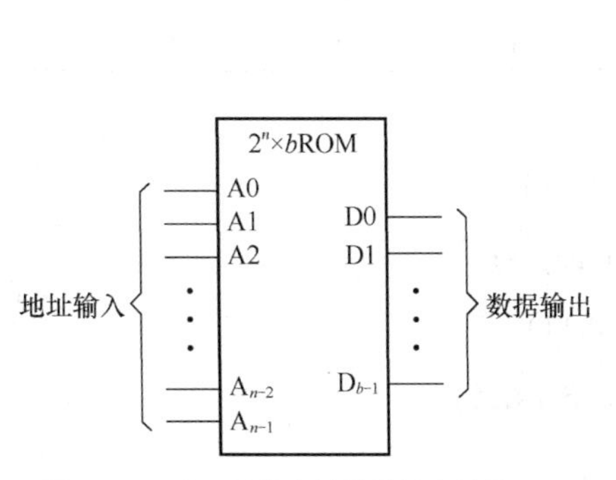

图 6-14 $2^n\times b$ 只读存储器的基本结构

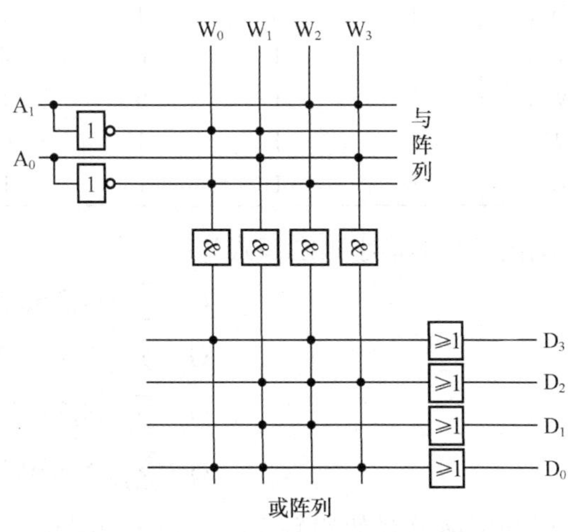

图 6-15 图 6-8 的 ROM 与或阵列图

从组合逻辑结构来看，ROM 中的与阵列形成输入变量的所有最小项，即每一条字线对应输入地址变量的一个最小项；或阵列相当于由 ROM 实现的逻辑函数的真值表。字线与位线的交叉点有连接（“·”或“×”）表示 1，无连接表示 0，位线表示输出函数。

用 ROM 或 PROM 实现组合逻辑函数一般按以下步骤进行。

（1）将输入变量作为地址输入变量，字线 $W_0 \sim W_{2^n-1}$ 与最小项相对应，绘出与阵列。

（2）位线作为逻辑函数的输出。根据函数列出真值表或写出函数的标准与或式（最小项表达式）。

（3）由真值表或最小项表达式对照绘出或阵列。在或阵列中，输入变量取值组合（最小项）由字线表示，函数由位线表示。1 由字线与位线的交叉连接表示。

【例 6-1】 用 PROM 设计一个 4 位二进制码转换为格雷码的代码转换电路。

解 输入是 4 位自然二进制码 $B_3 \sim B_0$，输出是四位格雷码 $G_3 \sim G_0$，输入变量为 4 个，共有 16 种输入组合，每种码长度为 4，故选 16×4 的 PROM。4 位二进制码转换为格雷码的真值表如表 6-3 所示。

表 6-3　二进制码转换为格雷码的真值表

字	二进制码				格雷码			
	B_3	B_2	B_1	B_0	G_3	G_2	G_1	G_0
W_0	0	0	0	0	0	0	0	0
W_1	0	0	0	1	0	0	0	1
W_2	0	0	1	0	0	0	1	1
W_3	0	0	1	1	0	0	1	0
W_4	0	1	0	0	0	1	1	0
W_5	0	1	0	1	0	1	1	1
W_6	0	1	1	0	0	1	0	1
W_7	0	1	1	1	0	1	0	0
W_8	1	0	0	0	1	1	0	0
W_9	1	0	0	1	1	1	0	1
W_{10}	1	0	1	0	1	1	1	1
W_{11}	1	0	1	1	1	1	1	0
W_{12}	1	1	0	0	1	0	1	0
W_{13}	1	1	0	1	1	0	1	1
W_{14}	1	1	1	0	1	0	0	1
W_{15}	1	1	1	1	1	0	0	0

输出函数的最小项之和式为：

$$
\begin{aligned}
G_0 &= \sum\nolimits_m (1,2,5,6,9,10,13,14) \\
G_1 &= \sum\nolimits_m (2,3,4,5,10,11,12,13) \\
G_2 &= \sum\nolimits_m (4,5,6,7,8,9,10,11) \\
G_3 &= \sum\nolimits_m (8,9,10,11,12,13,14,15)
\end{aligned} \tag{6-2}
$$

用 PROM 实现码组转换的阵列图如图 6-16 所示。

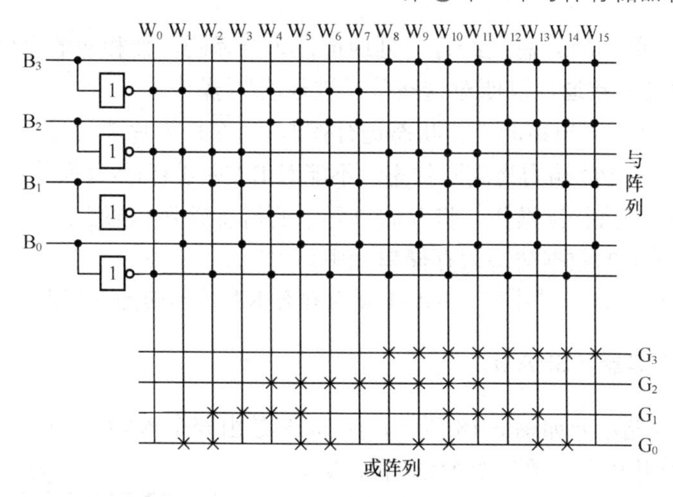

图 6-16 例 6-1PROM 阵列图

6.1.4 随机存取存储器（RAM）

随机存取存储器（Random Access Memory，RAM）也称随机读/写存储器，可在任何时刻随机地对任意一个单元直接存取信息。RAM 是易失性存储器，如果断电，则存储数据丢失。根据所采用的存储器单元工作原理的不同，可分为静态存取存储器（SRAM）和动态存取存储器（DRAM）。在不停电的情况下，SRAM 存储的数据可以长期保存，DRAM 则必须采用刷新电路，定期地刷新数据才能保证数据不丢失，但 DRAM 存储单元结构非常简单，它所能达到的集成度远高于 SRAM。

SAM 可按 FIFO 或 FILO 存取数据，但若要随机存取数据，则很不方便。RAM 工作时可以随时从任何一个指定的地址读、写信息。RAM 主要由地址译码器，存储矩阵和读/写控制电路三部分组成，结构如图 6-17 所示。

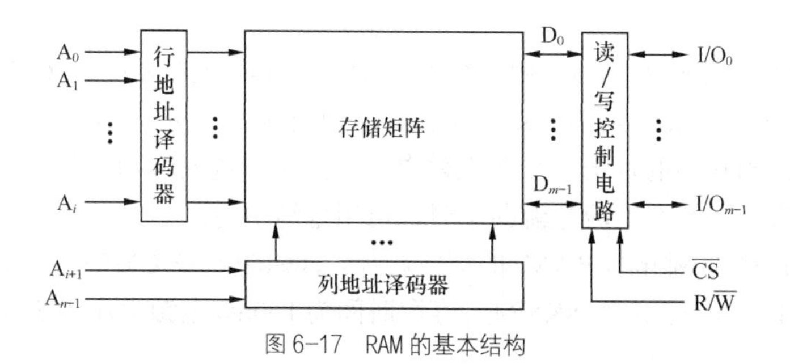

图 6-17 RAM 的基本结构

存储矩阵由许多存储单元排列组成，每个存储单元能存放 1 位二值信息（0 或 1），在译码器和读/写电路的控制下，对存储矩阵进行读/写操作。一个存储单元，可以是静态的触发器，也可以是动态的 MOS 存储单元。这些存储单元一般都按阵列形式排列，形成存储矩阵。

地址译码器一般都分成行地址译码器和列地址译码器两部分，行地址译码器将输入地址代码的若干位 $A_0 \sim A_i$ 译成某一根输出线有效，从存储矩阵中选中一行存储单元；列地址译码器将输入地址代码的其余若干位 $A_{i+1} \sim A_{n-1}$ 译成某一根输出线有效，从字线选中的一行存储单元中再选中 1 位（或n位）。总之经行、列地址译码器译码，使相应的存储单元与读/写电路和I/O（输入/输出端）接通，以便对这些单元进行读/写操作。

读/写控制电路用于对电路的工作状态进行控制。$\overline{CS}$称为片选信号，当$\overline{CS}$=0 时，RAM工作，$\overline{CS}$=1 时，所有I/O端均为高阻状态，不能对RAM进行读/写操作。R/$\overline{W}$称为读/写控制信号，R/$\overline{W}$=1 时，执行读操作，将存储单元中的信息送到I/O端上；当R/$\overline{W}$=0 时，执行写操作，加到I/O端上的数据被写入存储单元中。

根据存储单元的工作原理不同，RAM分为静态RAM和动态RAM。

1．静态随机存储器（SRAM）

静态RAM的存储单元如图6-18所示，图6-18是由6个NMOS管（V_1～V_6）组成的存储单元。V_2，V_4采用P沟道增强型MOS管，V_1，V_3采用N沟道增强型MOS管。V_1，V_2构成的反相器与V_3，V_4构成的反相器交叉耦合组成一个RS触发器，可存储1位二进制信息。Q和$\overline{Q}$是RS触发器的互补输出。V_5，V_6是行选通管，受行选线 X控制，行选线X为高电平时Q和$\overline{Q}$的存储信息分别送至位线D和$\overline{D}$。V_7，V_8是列选通管，受列选线Y控制，列选线 Y 为高电平时，位线D和$\overline{D}$上的信息被分别送至输入输出线I/O和$\overline{I/O}$，从而使位线上的信息同外部数据线相通。读出操作时，行选线X和列选线Y同时为1，则存储信息Q和$\overline{Q}$被读到I/O和$\overline{I/O}$线上。写入信息时，X，Y线也必须都为1，同时要将写入的信息加在I/O线上，经反相后I/O线上有其相反的信息，信息经V_7，V_8和V_5，V_6加到V_3和V_1的栅极，从而使触发器触发，即信息被写入。

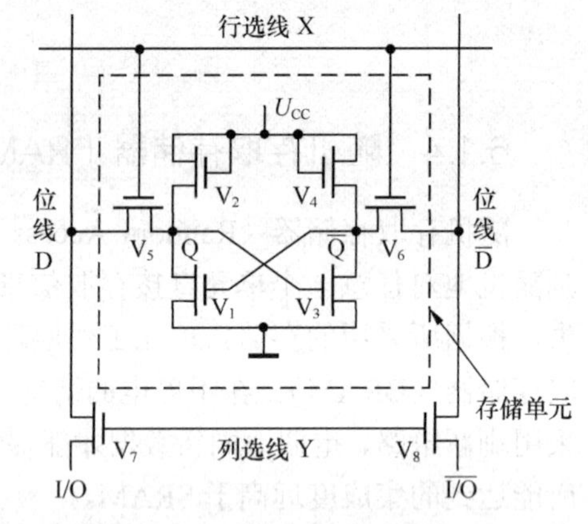

图 6-18　6 管 CMOS 静态存储单元

采用6管CMOS存储单元的常用SRAM芯片有6264（8K×8位）、62256（32K×8位）、628128（128K×8位）、628512（512K×8位）等，如图6-19所示。由于采用CMOS构造，使其静态功耗极小，当它们的片选端加入无效电平时，立即进入微功耗保持数据状态，可以保持原存数据不丢失。因此在交流电源断电时，可用电池供电。

下面以HM6264为例介绍RAM 的集成芯片。HM6264是CMOS的SRAM，采用6管CMOS静态存储单元，存储容量 8K×8位，存取时间为100ns，电源电压为5V，工作电流40mA，维持电流2μA。

其中，HM6264的外引脚排列图如图6-20所示，因存储字数是8K=2^{13}，所以有13条地址线A_0~A_{12}，每字有8位，所以有8条数据输入/输出线I/O_0~I/O_7，它还有4条控制线$\overline{CS_1}$，CS_2，R/$\overline{W}$，$\overline{OE}$。HM6264的工作状态如表6-4所示。当片选端有效，即$\overline{CS_1}$=0，CS_2=1时，选中芯片工作，可以进行正常的读或写；当片选端无效，芯片处于维持状态，不能读或写，此时I/O端呈现高阻浮置态，但可以维持原存数据不变，这时的电流只有 2μA，称为维持电流。$\overline{OE}$为输出允许端，$\overline{OE}$低电平有效，即$\overline{OE}$=0时数据才可以读出；$\overline{OE}$无效时，I/O端呈现高阻浮置态。

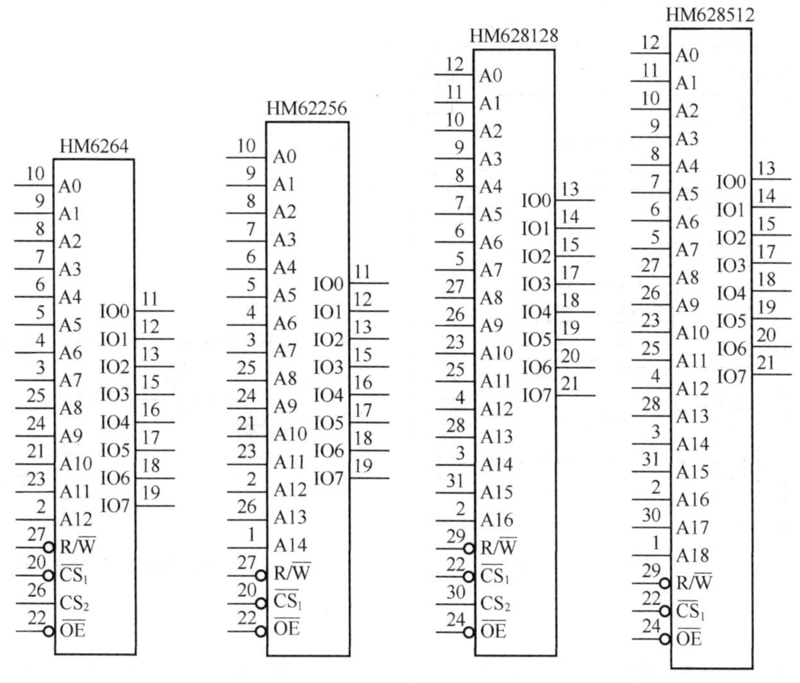

图 6-19 SRAM 的逻辑符号（28 引脚和 32 引脚双列直插式封装）

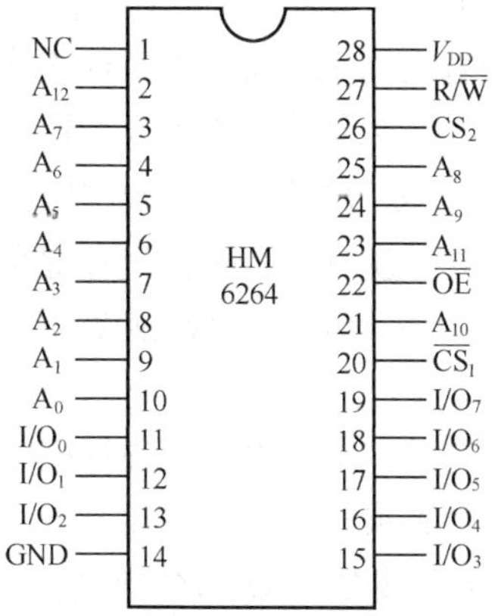

图 6-20 HM6264 外引脚排列图

表 6-4 HM6264 工作状态

工作状态	$\overline{CS_1}$	CS_2	$\overline{OE}$	$R/\overline{W}$	I/O
读（选中）	0	1	0	1	输出数据
写（选中）	0	1	×	0	输入数据
维持（未选中）	1	×	×	×	高阻浮置
维持（未选中）	×	0	×	×	高阻浮置
输出禁止	0	1	1	1	高阻浮置

2. 动态随机存储器（DRAM）

动态 RAM 的存储矩阵由动态 MOS 存储单元组成，如图 6-21 所示。动态 MOS 存储单元利用 MOS 管的栅极电容来存储信息，但由于栅极电容的容量很小，而漏电流又不可能绝对等于 0，所以电荷保存的时间有限。为了避免存储信息的丢失，必须定时地给电容补充漏掉的电荷，因此 DRAM 内部要有刷新控制电路，其操作也比静态 RAM 复杂。尽管如此，由于 DRAM 存储单元的结构常简单，所用元件少，功耗低，所以目前大容量 RAM 主要采用动态存储单元结构。

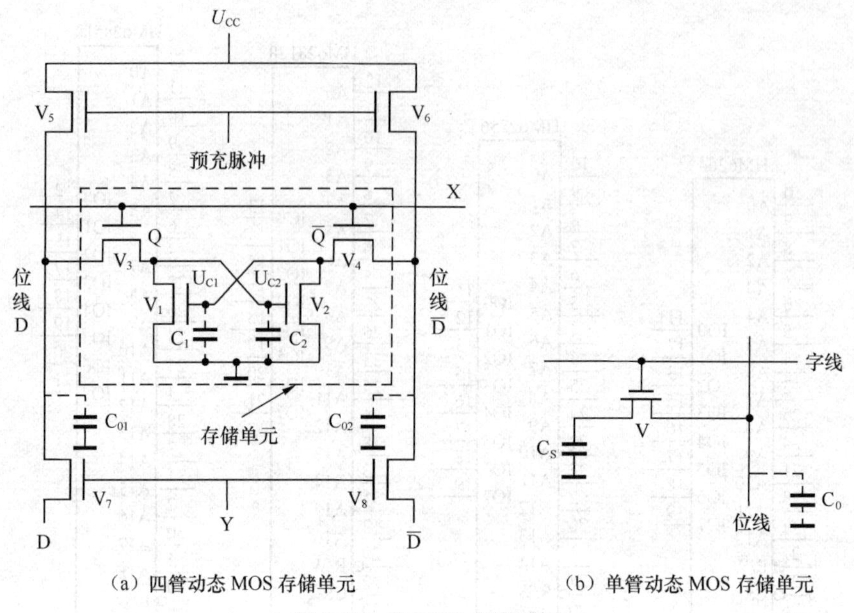

（a）四管动态 MOS 存储单元　　（b）单管动态 MOS 存储单元

图 6-21　动态 MOS 存储单元

动态 MOS 存储单元有 4 管电路、3 管电路和单管电路等。4 管和 3 管电路比单管电路复杂，但外围电路简单。图 6-21（a）为 4 管动态 MOS 存储单元电路。V_1 和 V_2 为两个 N 沟道增强型 MOS 管，它们的栅极和漏极交叉相连，信息以电荷的形式储存在电容 C_1 和 C_2 上，V_5,V_6 是同一列中各单元公用的预充管，预充电脉冲是脉冲宽度为 1μs 而周期一般不大于 2ms 的脉冲信号，C_{01}，C_{02} 是位线上的分布电容，其容量比 C_1，C_2 大得多。若对 C_1 充电，而 C_2 上没有电荷，则 V_1 导通，V_2 截止，此时 Q=0 和 $\overline{Q}$=1。该状态称为存储单元的 0 状态；反之，若对 C_2 充电，C_1 上没有电荷，则 V_2 导通，V_1 截止，Q=1 和 $\overline{Q}$=1，此时称为存储单元的 1 状态。当字选线 X 为低电位时，门控管 V_3，V_4 均截止。在 C_1 和 C_2 上电荷泄漏掉之前，存储单元的状态维持不变，因此存储的信息被记忆。由于 V_3，V_4 存在着泄漏电流，电容 C_1，C_2 上存储的电荷将慢慢释放，因此每隔一定时间要对电容进行一次充电，即进行刷新。两次刷新之间的时间间隔一般不大于 2ms。在读出信息之前，先加预充电脉冲，预充管 V5，V6 导通，电源 U_{CC} 向位线上的分布电容 C_{01}，C_{02} 充电，使两条位线 D，$\overline{D}$ 都充到 U_{CC}。预充脉冲消失后，V_5，V_6 截止，C_{01}，C_{02} 上的信息保持。

读出信息时，该单元被选中，X、Y 均为高电平，V_3，V_4 导通，若原来存储单元处于 0 状态（Q=0 和 $\overline{Q}$=1），V_1 导通，V_2 截止，这样 C_{01} 经 V_3，V_1 放电到 0，使位线 D 为低电平，而 C_{02} 因 V_2 截止无放电回路，所以经 V_4 对 C_1 充电，补充了 C_1 漏掉的电荷，结果读出数据仍为 D=0 和 $\overline{D}$=1；反之，若原存储信息为 1（Q=1 和 $\overline{Q}$=0），C_2 上有电荷，则预充电后 C_{02} 经 V_4，V_2 放电到 0，而 C_{01} 经 V_3 对 C_2 补充充电，读出数据为 D=1 和 $\overline{D}$=0，因此位线 D，$\overline{D}$ 上读出的电位分别和 C_2，C_1 上的电位相同。同时每进行一次读操作，实际上也刷新一次。

写入信息时，首先该单元被选中，V_3，V_4 导通，Q 和 $\overline{Q}$ 分别与两条位线连通。若需要写 0，则在位线 $\overline{D}$ 上加高电平，D 上加低电平。这样 $\overline{D}$ 上的高电位经 V_4 向 C_1 充电，使 $\overline{Q}$=1，而 C_2 经 V_3 向 D 放电使 Q=0，于是该单元写入 0 状态。若需要写 1，则在位线 D 上加高电平，

$\overline{D}$上加低电平。这样 D 上的高电位经 V_3 向 C_2 充电，使 Q=1，而 C_1 经 V_4 向 $\overline{D}$ 放电，使 $\overline{Q}$=0，于是该单元写入 1 状态。

图 6-19（b）是单管动态 MOS 存储单元，它只有一个 NMOS 管和存储电容 C_S，C_0 是位线上的分布电容，其容量比 C_S 大的多。采用单管存储单元的 DRAM，其容量可以做得更大。

写入信息时，字线为高电平，V 导通，位线上的数据经过 V 存入 C_S。读出信息时也使字线为高电平，V 管导通，这时 C_S 经 V 向 C_0 充电，使位线获得读出的信息。

单管动态存储单元需要高灵敏读出放大器及再生放大器，而且外围电路也较复杂，但实际制造时已将将这些电路集成在芯片内部，因此使用时并不复杂。由于它所用元件最少、集成度高、功耗低，因而大存储容量的 DRAM 多数采用这种单管动态存储单元。

3．随机存储器容量的扩展

在实际应用中，当 1 片 RAM 的容量不能满足设计要求时。往往需要用若干片 RAM 连接成容量更大的存储系统。扩大容量的方法分为位扩展和字扩展两种。

存储器芯片的字长多数为 1 位、4 位、8 位等。当实际的存储系统的字长超过存储器芯片的字长时，需要进行位扩展。位扩展可以利用芯片的并联方式实现，图 6-22 为两片 1K×8 位的 RAM 扩展为 1K×16 位的存储系统结构图。图中 2 片 RAM 的所有地址线，$R/\overline{W}$，$\overline{CS}$ 分别对应并接在一起，第 1 片的 I/O 端作为整个RAM的I/O端的低8位，第2片的I/O端作为整个 RAM 的 I/O 端的高 8 位。

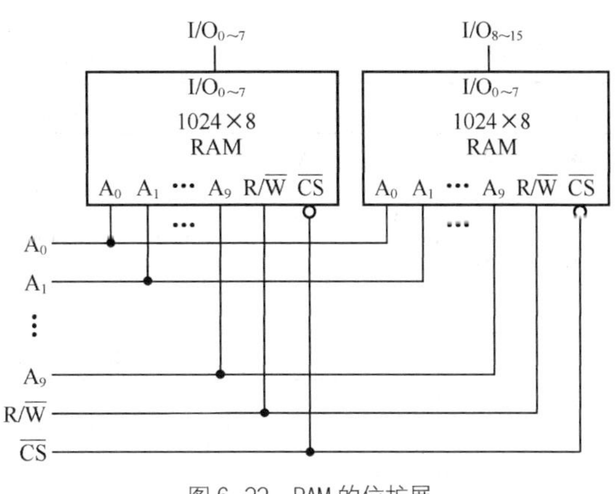

图 6-22 RAM 的位扩展

如果一片 RAM 中的字长够用，但字数不够时，可用字数扩展方法。字数扩展利用译码器控制 RAM 片选输入端来实现。

图 6-23 为字扩展方式将 256×8 位的 RAM 扩展为 1024×8 位 RAM 的系统框图。在画扩展图前，首先要计算扩展需用的芯片数量，可以采用总容量相除的方法来得到该数量为 4，所以图中用了 4 片 RAM。其次，由于扩展前后 RAM 的位数都是 8 位，而扩展前的 RAM 字数是 256 个，是用 8 条地址线来对 256 个字做寻址的，而扩展后的字数是 1024 个，系统需要 10 条地址线来寻址 1024 个字，所以要完成扩展需增加 2 条地址线，因此，选用一片 2-4 译码器来提供增加的 2 条地址。

图 6-23 中译码器的输入是系统的高位地址 A_9 和 A_8，其输出是各片 RAM 的片选信号。若 A_9A_8=00，则 RAM（1）的 $\overline{CS}$=0，该芯片工作，其余各片 RAM 的 $\overline{CS}$ 均为 1，I/O 口为高阻。因此可以通过数据总线读写 RAM（1）的信息，读写内容由低位地址 A_7～A_0 决定。显然，4 片 RAM 轮流工作，任何时候，只有一片 RAM 处于工作状态，整个系统字数扩大了 4 倍，而字长仍为 8 位。各片所占用的地址范围如表 6-5 所示。里面的地址全为系统的有效地址。

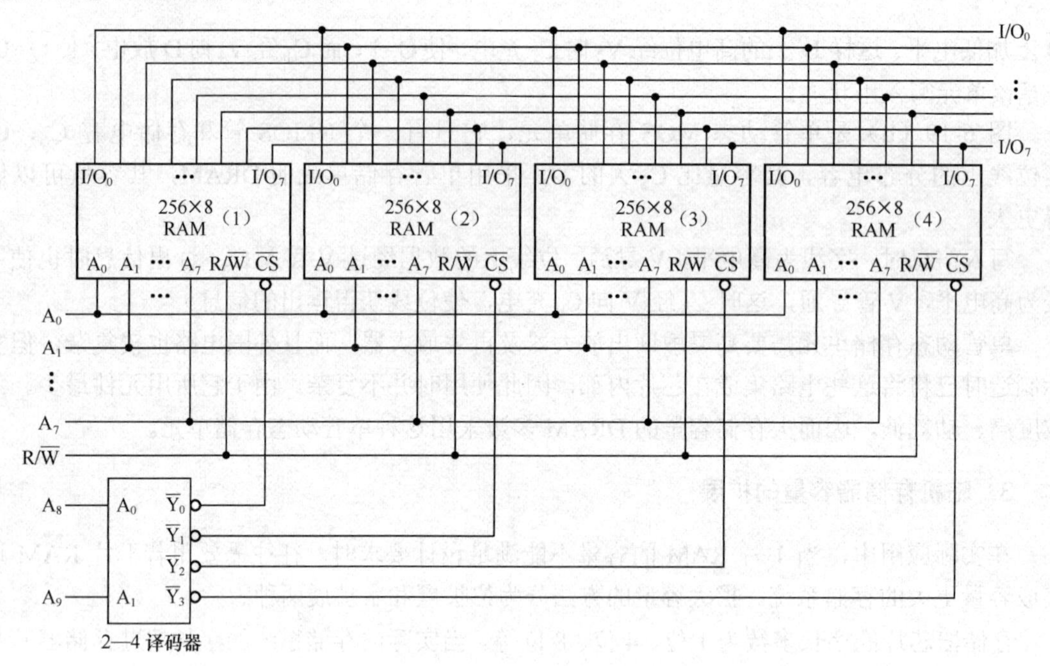

图 6-23 RAM 的字扩展

表 6-5　　图 6-23 各片的地址范围

地址范围											工作芯片
A_9	A_8	A_7	A_6	A_5	A_4	A_3	A_2	A_1	A_0		
		0	0	0	0	0	0	0	0	0000H	
0	0				…					…	1
		1	1	1	1	1	1	1	1	00FFH	
		0	0	0	0	0	0	0	0	0100H	
0	1				…					…	2
		1	1	1	1	1	1	1	1	01FFH	
		0	0	0	0	0	0	0	0	0200H	
1	0				…					…	3
		1	1	1	1	1	1	1	1	02FFH	
		0	0	0	0	0	0	0	0	0300H	
1	1				…					…	4
		1	1	1	1	1	1	1	1	03FFH	

如果采用图 6-23 的方式，仅扩展 2 片，且 2-4 译码器的地址输入端 A_1 接高电平，则新扩展的 RAM 系统仅用到片（3）和（4），系统的有效地址为 0200H～03FFH。

6.2 可编程逻辑器件

数字系统的设计可用 2 种途径实现，一种是采用通用型的小规模、中规模数字集成电路来实现。由于这些器件逻辑功能比较简单，而且固定不变，可以用它们设计简单的对速度要求不高的数字系统，但是用这种方式来实现一个复杂的数字系统就需要大量的芯片及连线，功耗大，可靠性差，成本也不理想。为了减小体积和功耗，提高电路的可靠性以及降低成本，现在复杂的高速数字系统均采用专用可编程集成电路来实现。

专用集成电路 （Application Specific Integrated Circuit，ASIC）是面向专门用途的电路，它可根据某一用户的特定要求，低成本地全定制、半定制集成电路。ASIC 的应用和发展标志着集成电路已进入了一个新的阶段。传统的通用集成电路已不能适应现代复杂高速数字系统的要求。可编程 ASIC 是由用户编程实现所需功能的专用集成电路，它是 ASIC 的一个重要分支。可编程 ASIC 通过对器件编程实现 ASIC 的要求。可编程 ASIC 种类繁多，有早期的现场可编程逻辑阵列（FPLA）、可编程阵列逻辑 （PAL）、通用阵列逻辑（GAL）、以及 20 世纪 80 年代中后期出现的可擦除可编程逻辑器件（EPLD）和现场可编程门阵列（FPGA）等。这些器件使得用户可借助 EDA 工具设计和制造出所需的专用集成电路，因此缩短了产品的开发周期，提高了产品的市场竞争力。可编程 ASIC，特别是高密度可编程 ASIC 近年来发展十分迅速，已在工业控制、智能仪表、数字通信系统、家用电器等领域中得到了广泛的应用。掌握可编程 ASIC 芯片的结构、原理和设计方法，已成为现代电子系统设计人员必须具备的技能。

可编程逻辑器件（Programmable Logic Device，PLD）是通过编程来实现数字逻辑功能的可编程 ASIC。它是一种“与-或”两级结构的逻辑器件，由用户进行编程，其最终的逻辑结构和功能由用户决定。PLD 集成度高、功耗低，它的应用和发展简化了传统数字系统的设计，降低了成本，提高了系统的可靠性和保密性，因此给数字系统的设计带来崭新的变化。

从 20 世纪 70 年代至今，PLD 的发展大体可以分为 4 个发展阶段。第 1 阶段：可编程只读存储器 PROM 和现场可编程逻辑阵列 FPLA（Field Programmable Logic Array）。第 2 阶段：可编程阵列逻辑 PAL（Programmable Array Logic）。第 3 阶段：通用可编程阵列逻辑 GAL（Generic Programmable Array Logic）。第 4 阶段：复杂可编程逻辑器件 CPLD（Complex Programmable Logic Devices）。其中 PROM、FPLA、PAL、GAL 均属于简单可编程逻辑器件，它们之间的区别就在于编程的位置和输出结构的形式有所不同。

从芯片集成密度上分，PLD 可分为低密度可编程逻辑器件（LDPLD）和高密度可编程逻辑器件（HDPLD）。GAL22V10 是 LDPLD 和 HDPLD 的分水岭， GAL22V10 的集成密度大致在 500～750 门之间。按此标准，PROM、PLA、PAL 和 GAL 属于低密度可编程逻辑器件，EPLD、CPLD 和 FPGA 则属于高密度可编程逻器件。

PROM，即可编程只读存储器，是 20 世纪 70 年代初期出现的第一代 PLD。其内部结构是由“与阵列”和“或阵列”组成，其中“与阵列”固定，“或阵列”可编程。它可以实现以“与或”形式表示的各种组合逻辑函数。PROM 采用熔丝工艺编程，只能写一次，不可以反复擦写。随着技术的发展，又出现了 EPROM（紫外线擦除可编程只读存储器）和 EEPROM（电擦除可编程只读存储器）。由于 PROM 有价格低、易于编程，适合于存储函数和数据表格，目前在某些应用领域还在使用。

PLA 是基于“与-或阵列”的一次性编程器件，它的与阵列和或阵列都可编程的。由于器件内部的资源利用率低，现在已经不常使用。

PAL 是 AMD 公司在 20 世纪 70 年代末期发明的可编程逻辑器件，它也是“与-或”阵列结构的器件。它的与阵列可编程，或阵列是固定连接的。PAL 具有多种的输出结构形式，使用灵活。但PAL仍采用熔断丝工艺，只能一次型编程。

GAL是Lattice公司在20世纪80年代发明的电可擦写、可重复编程、可设置加密位的高性能PLD器件。与PAL器件相比，增加了一个可编程的输出逻辑宏单元（OLMC）。通过对OLMC配置，可以得到多种形式的输出和反馈。代表性的GAL芯片是GAL22V10。在实际应用中，GAL器件对PAL器件具有100%的兼容性，所以GAL几乎完全代替了PAL器件。

低密度可编程逻辑器件易于编程，对开发软件的要求低，在20世纪80年代得到了广泛的应用。但是低密度可编程逻辑器件的寄存器，I/O引脚等资源有限，低密度可编程逻辑器件在集成密度和性能方面的局限性已不能适应现代数字电子系统设计的要求。

EPLD（Erasable Programmable Logic Device）是A1tera公司1986年推出的一种新型的可擦除、可编程逻辑器件，它是一种基于EEPROM和CMOS技术的可编程逻辑器件。EPLD器件的基本逻辑单位是宏单元，它由可编程与或阵列、可编程寄存器和可编程I/O 3部分组成。EPLD增加了输出宏单元的数目，提供了更大的与阵列。由于EPLD特有的宏单元结构，加上其集成密度的提高，使其在一块芯片内能够实现更为复杂的逻辑功能。

CPLD（Complicated Programmable Logic Device）是20世纪90年代初出现的EPLD改进器件。与EPLD相比，CPLD增加了内部连线，对逻辑宏单元和I/O单元做了重大的改进。一般情况下CPLD器件包含3部分结构：可编程逻辑宏单元、可编程I/O单元和可编程内部连线。部分CPLD器件还集成了RAM、FIFO或双口RAM等存储器，以适应DSP应用设计的要求。典型的CPLD器件有Lattice的PLSI/ispLSI系列器件、Xilinx的7000和9000系列器件、AItera的MAX7000和MAX9000系列器件等。

FPGA（Field Programmable Gate Array）是Xilinx公司于1985年推出的一种新型的可编程逻辑器件。FPGA在结构上由逻辑功能块排列为阵列，由可编程的内部连线连接这些功能块以实现一定的逻辑功能。FPGA的功能由逻辑结构的配置数据决定，工作时这些配置数据存放在片内的SRAM或者熔丝图上。使用FPGA器件时，需要从芯片外部加载配置数据，这些配置数据可以存放在片外的EEROM或其他存储体上，可以通过单片机控制加载过程，在现场修改器件的逻辑功能。FPGA的发展十分迅速，目前已达到300万门/片的集成度、3ns内部门延时的水平。

由于可编程逻辑器件都是从与—或阵列和门阵列两类基本结构发展而来的，所以又可从结构上将其分为两大类器件：PLD器件和FPGA器件。PLD是最早的可编程逻辑器件，它的基本逻辑结构由与阵列和或阵列组成，能够有效地实现“与或”形式的逻辑函数。FPGA是近年来发展起来的另一种可编程逻辑器件，它的基本结构类似于门阵列，能够实现一些较大规模的复杂数字系统。PLD主要通过修改具有固定内部电路的逻辑功能来编程，FPGA则通过改变内部连线的布线来编程。

6.2.1 PLD的基本结构

PLD的基本结构如图6-24所示，其中实现与—或逻辑的与阵列和或阵列是电路的核心，与阵列产生输入逻辑变量的乘积项，或阵列产生与或形式的逻辑函数。输入缓冲电路产生输入变量的原变量和反变量。输出结构如果不包含触发器，只能设计组合逻辑电路；包含触发器结构的输出结构，可用来设计时序逻辑电络。输出信号往往可以通过内部反馈到与阵列的输入端。

由于 PLD 阵列规模庞大，用传统表示法很不方便，因此 PLD 电路表示法与传统表示方法不同，图 6-25 为 3 种连接方式。连线交叉处有实点的表示固定连接：有符号“×”的表示编程连接，连线单纯交叉表示不连接或者断开。图 6-26 分别为三态缓存器、与门、或门的表示方法。

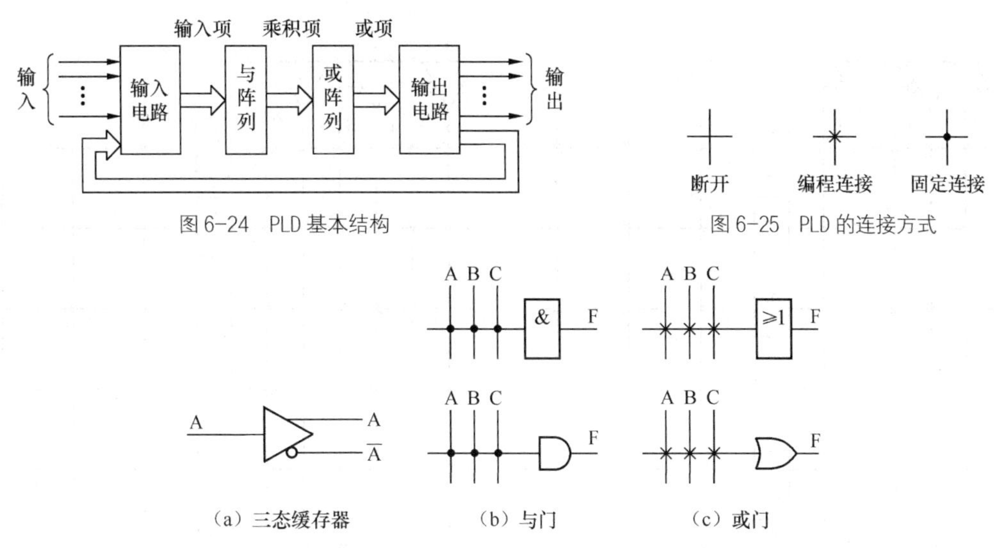

图 6-24 PLD 基本结构

图 6-25 PLD 的连接方式

图 6-26 几种常见的逻辑符号表示方法

根据与阵列和或阵列是否可编程，PLD 可分为 3 种基本类型。

1. 与阵列固定、或阵列可编程的 PLD

如图 6-27 所示，与阵列是一个全译码的固定阵列，输入为 n 个变量，输出则为 n 个变量的 2^n 个最小项。或阵列可编程，每一个输出端可选择最小项相或，构成标准与或函数。前面介绍的可编程只读存储器 PROM 就是采用这种结构。PROM 能够较方便地实现多输入多输出组合逻辑函数。它以最小项为基础，当输入变量增加时，与阵列输出项的个数以 2^n 增加，这将使得芯片面积、成本相应增加。而且总有相当一部分最小项未被使用因而芯片利用率也较低。

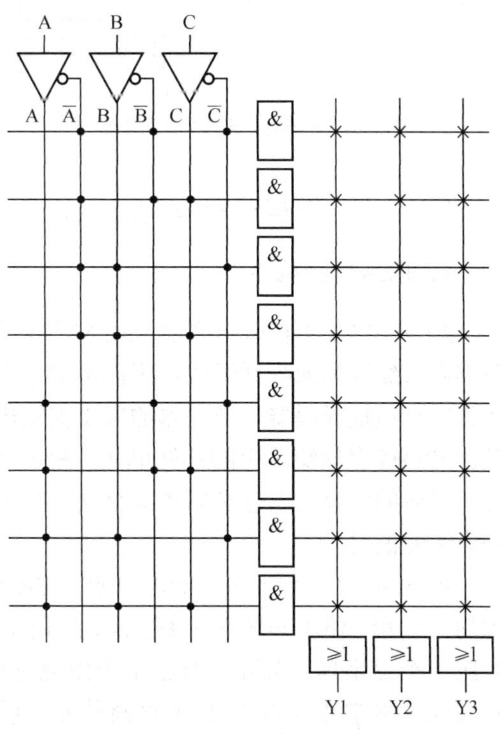

图 6-27 与阵列固定、或阵列可编程 PLD

2. 与阵列和或阵列均可编程的 PLD

如图 6-28 所示，与阵列可编程产生函数所需乘积项，乘积项并非最小项。或阵列仍可编程，选择所需要的乘积项相或，在输出端产生与或函数。可编程逻辑阵列 PLA 采用此结构，与 PROM 相比，PLA 提高了芯片利用率，但制造工艺复杂，器件工作速度较低。

3．与阵列可编程或阵列固定的PLD

如图6-29所示，与阵列可编程，或阵列固定。这种结构不仅能实现绝大多数逻辑功能，而且极大地提高了系统的性能和速度，可编程阵列逻辑PAL，通用阵列逻辑GAL都采用这种结构。

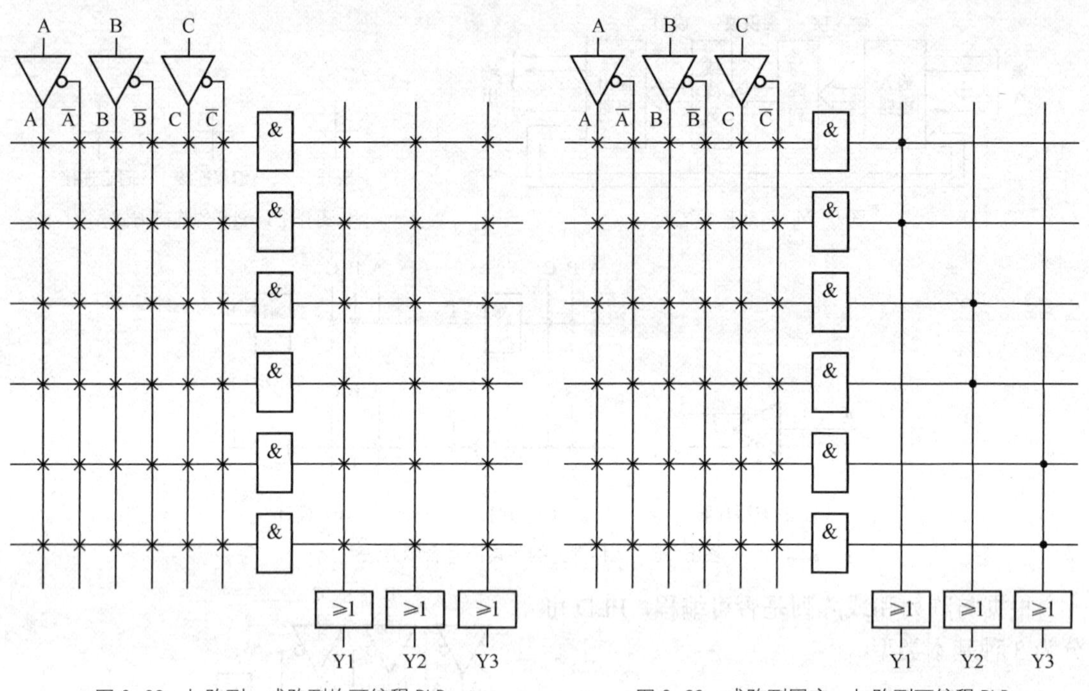

图6-28　与阵列、或阵列均可编程PLD　　　　图6-29　或阵列固定、与阵列可编程PLD

6.2.2　可编程逻辑阵列（PLA）

1．PLA的结构特点

20世纪70年代研制成的PROM是最早的PLD。因为PROM是由完全地址译码器的与阵列和可编程的或阵列组成，因而可用于实现各种与或逻辑函数。由于采用固定的与门阵列作为完全地址译码器，译码器的每1根输出线对应一个最小项，n个输入变量对应2^n个最小项。PROM存储矩阵中的存储单元，根据函数真值表存入相应的内容。因此，即使有多个地址码对应的内容相同也必须重复存储，即存储容量为2^n个字单元。这对于存储空间来说是一种资源的浪费。

PLA是20世纪70年代中期在PROM基础上发展起来的PLD，它的与阵列和或阵列均可编程。但由与阵列构成的地址译码器是1个非完全译码器，它的每1根输出线可以对应1个最小项，也可以对应1个由地址变量任意组合成的与项，因此允许用多个地址码对应同一根字线仅占用1个存储单元。所以，PLA可以根据逻辑函数的最简与或式，直接产生所需的与项，以实现相应的组合逻辑电路。用PLA进行组合逻辑电路设计时，只要将函数转换成最简与或式，由与阵列产生与项，再由或阵列完成与项相或的运算后便得到输出函数。

2. PLA 实现组合逻辑

PLA 器件的基本结构与 PROM 类似，都是基于与或表达式，但 PLA 器件的与阵列和或阵列都是可编程的，不需要包含输入信号每个可能的组合。

【例 6-2】 用 PLA 实现例 6-1 要求的 4 位二进制码转换为格雷码的代码转换电路。

解 根据表 6-3 所示的代码转换真值表，将多输出函数化简后得出最简输出表达式，即

$$
\begin{aligned}
G_0 &= B_1\overline{B}_0+\overline{B}_1B_0\\
G_1 &= B_2\overline{B}_1+\overline{B}_2B_1\\
G_2 &= B_3\overline{B}_2+\overline{B}_3B_2\\
G_3 &= B_3
\end{aligned}
\qquad (6\text{-}3)
$$

根据式 6-3 可得 PLA 阵列图如图 6-30 所示。

3. PLA 实现时序逻辑

在例 6-2 所示的 PLA 电路中不包含触发器，这种结构的 PLA 只能用于设计组合逻辑电路，称为组合型 PLA。如果设计时序逻辑电路，则需要增加触发器电路。这种含有内部触发器的 PLA 称为时序逻辑型 PLA。图 6-31 为时序逻辑型 PLA 结构图，与组合型 PLA 器件结构相比，它由可编程的与阵列、或阵列和触发器存储电路构成。

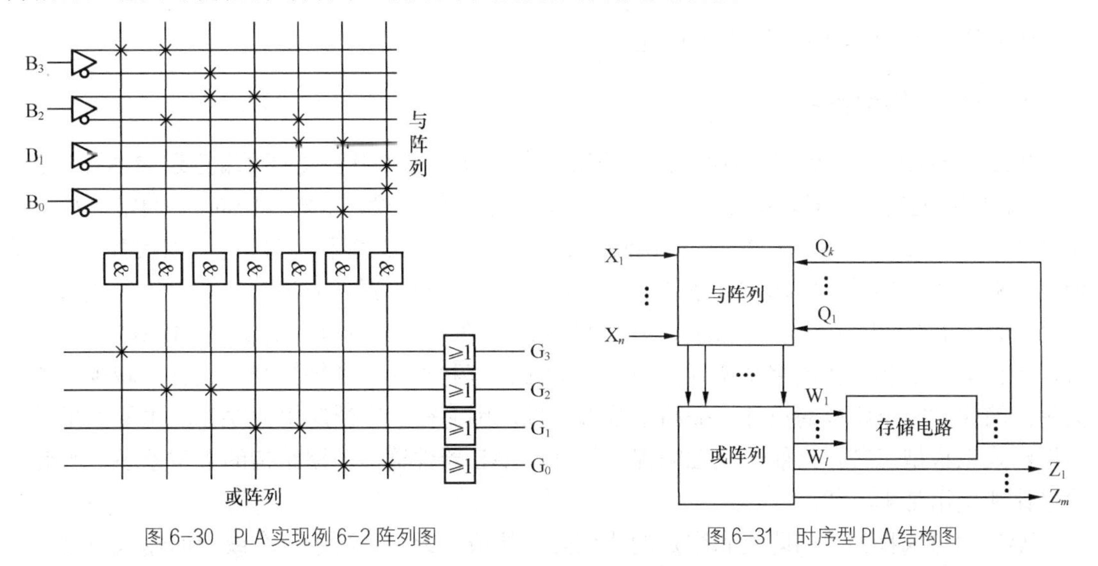

图 6-30 PLA 实现例 6-2 阵列图

图 6-31 时序型 PLA 结构图

【例 6-3】 用 PLA 和 JK 触发器实现模 4 可逆计数器。当 X=0 时实现加法计数，X=1 时实现减法计数。

解 模 4 可逆计数器状态如图 6-32 所示。

根据状态图可求得时序电路的激励方程和输出方程为

$$
\begin{aligned}
J_0 &= K_0 = 1\\
J_1 &= K_1 = X\overline{Q}_0+\overline{X}Q_0\\
Z &= X\overline{Q}_1\overline{Q}_0+\overline{X}Q_1Q_0
\end{aligned}
\qquad (6\text{-}4)
$$

模4可逆计数器PLA结构图如图6-33所示。

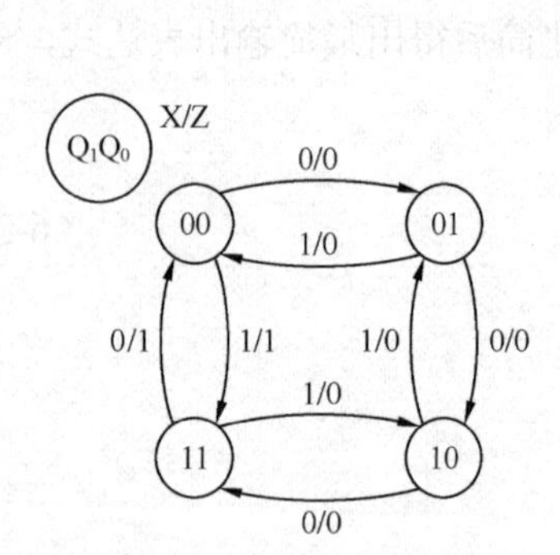

图6-32　模4可逆计数器状态图

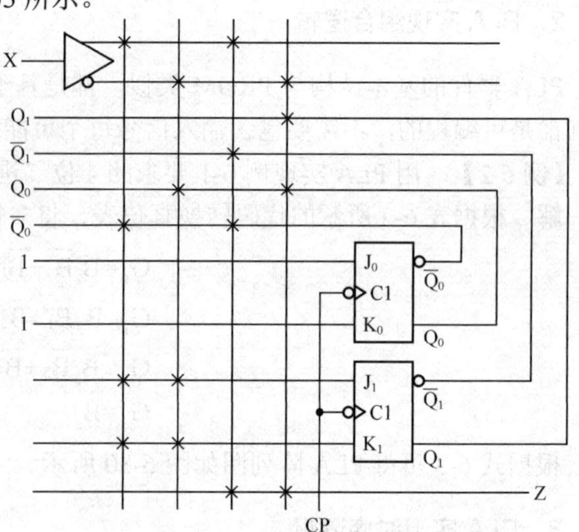

图6-33　模4可逆计数器PLA结构图

PLA可以设计出各种组合逻辑电路和时序逻辑电路，电路的功能越复杂，利用PLA的优势越显著。但由于PLA出现较早，当时PC机还未普及，因此缺少成熟的编程工具和高质量的配套软件，且速度、价格优势不明显，因而未能像PAL、GAL那样得到广泛应用。

6.2.3　可编程阵列逻辑（PAL）

1．PAL的结构特点

PAL器件是20世纪70年代末推出的第一个具有典型实用意义的可编程逻辑器件。PAL和SSI、MSI通用标准器件相比有许多优点：提高了功能密度，节省了空间。 通常一片PAL可以代替 4～12 片 SSI或 2～4 片MSI。虽然PAL只有 20 多种型号，但可以代替 90% 的通用 SSI、MSI 器件，因而进行系统设计时，可以大大减少器件的种类。采用熔丝式双极型工艺，增强了设计的灵活性，且编程和使用都比较方便。PAL具有上电复位功能和加密功能，可以防止非法复制。在数字系统开发中采用PAL，有利于简化和缩短开发过程，减少元器件数量，简化印制电路板的设计，提高系统可靠性，因而得到广泛应用。PAL的主要不足是采用熔丝式双极型工艺，只能一次性编程。另外，PAL器件输出电路结构的类型繁多，因此也给设计和使用带来不便。

PAL由可编程的与门阵列和固定的或门阵列构成。或门阵列中每个或门的输入与固定个数的与门输出（地址输入变量构成的的与项）相连，每个或门的输出是若干个与项之和。由于与门阵列是可编程的，与项的内容可由用户自行定义，所以PAL可用于实现各种逻辑关系。

2．PAL的基本类型

PAL器件根据输出及反馈电路的结构划分有以下几种基本结构：专用输出结构、可编程输入/输出结构、带反馈的寄存器结构、带异或的寄存器结构等。

（1）专用输出结构

这种结构的输出端只能输出信号，不能做反馈输入，图6-34所示为具有4个乘积项的或非门输出结构。输入信号经过输入缓冲器与输入行相连。图中的输出部分采用或非门，输出低电平有效。若输出部分采用或门，则为输出高电平有效。有的器件还采用互补输出的或门，则称为互补型输出。这种输出结构只适用于实现组合逻辑函数。目前常用的产品有PAL10H8（10输入，8输出，高电平有效），PAL10L8，PAL16C1（16输入，1输出，互补型输出）等。

由于专用输出型PAL器件输入和输出引出端是固定的，不能由设计者自行定义，因此在使用中缺乏一定的灵活性。这类器件只适用于简单的组合逻辑电路设计。

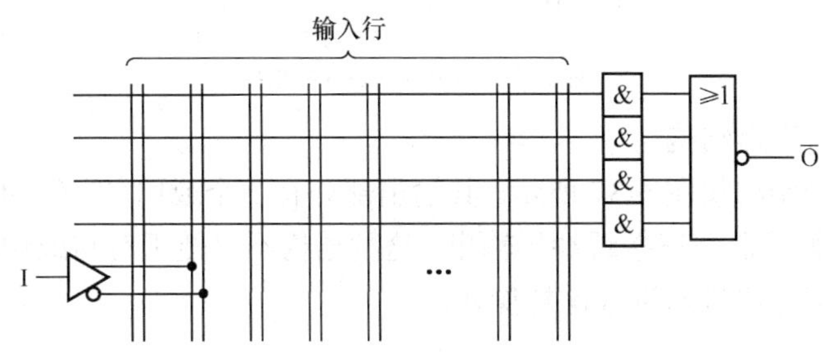

图6-34　专用输出结构

（2）可编程输入/输出结构

可编程输入/输出结构如图6-35所示。图中或门经三态缓冲器由I/O端引出，三态门受第一个与门所对应的乘积项控制，I/O端的信号也可经过缓冲器反馈到与阵列的输入。当与门输出为0时，三态门禁止，输出呈高阻状态，I/O引脚作输入使用；当与门输出为1时，三态门被选通，I/O引脚作输出使用。与专用输出结构相比，这种PAL器件的引出端配置灵活，输入/输出引出端的数目可根据实际应用加以改变，即提供双向输入/输出功能。利用可编程输入/输出型PAL器件，可方便地设计编码器、译码器、数据选择器等组合逻辑电路。这种结构的产品有PAL16L8，PAL20L10等。

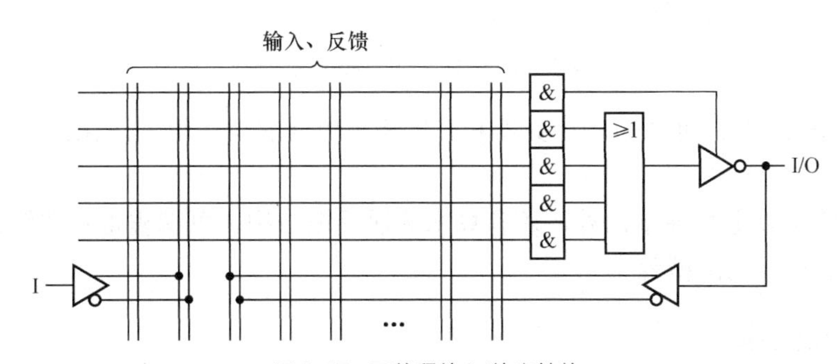

图6-35　可编程输入/输出结构

（3）带反馈的寄存器结构

带反馈的寄存器结构如图6-36所示。这种结构输出端有一个D触发器，在时钟上升沿作用下先将或门的输出（输入乘积项的和）寄存在D触发器的Q端，当使能信号EN有效时，Q端的信号经三态缓冲器反相后输出。触发器的$\overline{Q}$输出还可以通过反馈缓冲器送至与阵列的输入端，因而这种结构的PAL能记忆原来的状态，且整个器件只有一个共用时钟脉冲CP和一个使能信号输入端，从而实现时序逻辑功能，因此可构成计数器、移位寄存器等同步时序逻辑电路。这种结构的PAL产品有PAL16R4，PAL16R8等。

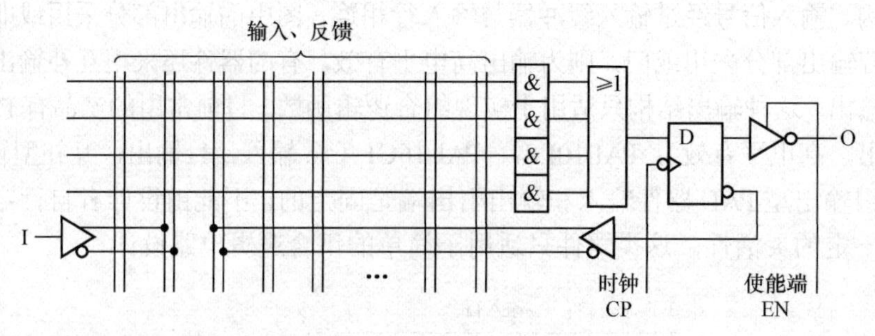

图 6-36 带反馈的寄存器结构

（4）带异或的寄存器结构

带异或的寄存器结构如图 6-37 所示。其输出部分有 2 个或门，它们的输出经异或门进行异或运算后再经 D 触发器和三态缓冲器输出。这种结构不仅便于对与或逻辑阵列输出函数求反，还可以实现对寄存器状态进行保持操作。

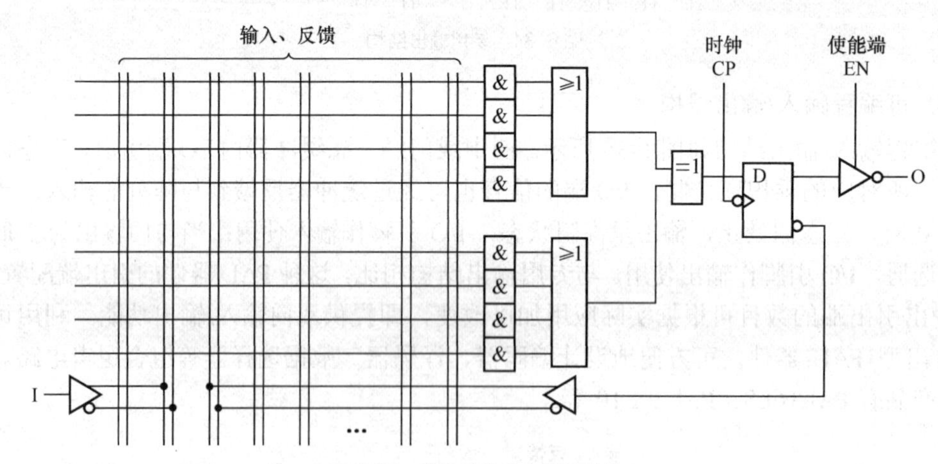

图 6-37 带异或的寄存器型结构

利用这类 PAL 器件可使一些计数器和时序逻辑电路的设计得到简化，这种结构的 PAL 产品有 PAL20X4，PAL20X8 等。

PAL 器件除了以上几种结构外，还有算术选通反馈结构、可编程寄存器输出型、乘积项公用输出型和宏单元输出型等。

3．PAL 的设计举例

【例 6-4】 用 PAL 器件设计一个 3 线—8 线译码器。

解 设输入选通端为$\overline{EN}$，译码器的地址输入为 A_0，A_1 和 A_2，其输出为 $\overline{Y_0}$~$\overline{Y_7}$。3 线—8 线译码器真值表和表达式见 3.2.2 节。

因为输出表达式为组合型负逻辑函数，需要输出低电平有效的 PAL 器件，又要求具有使能输出，需要带输出三态控制的 PAL 器件，另外还需要 4 个输入端，8 个输出端。PAL16L8 器件为可编程输入/输出型结构的 PAL 器件，它有 16 个输入端、8 个输出端。每个输出中有 8 个乘积项，其中每个输出中第 1 个乘积项为专用乘积项，用于控制三态输出缓冲器的输出。故可以选用 PAL16L8 器件实现 3 线—8 线译码器。简化示意如图 6-38 所示。

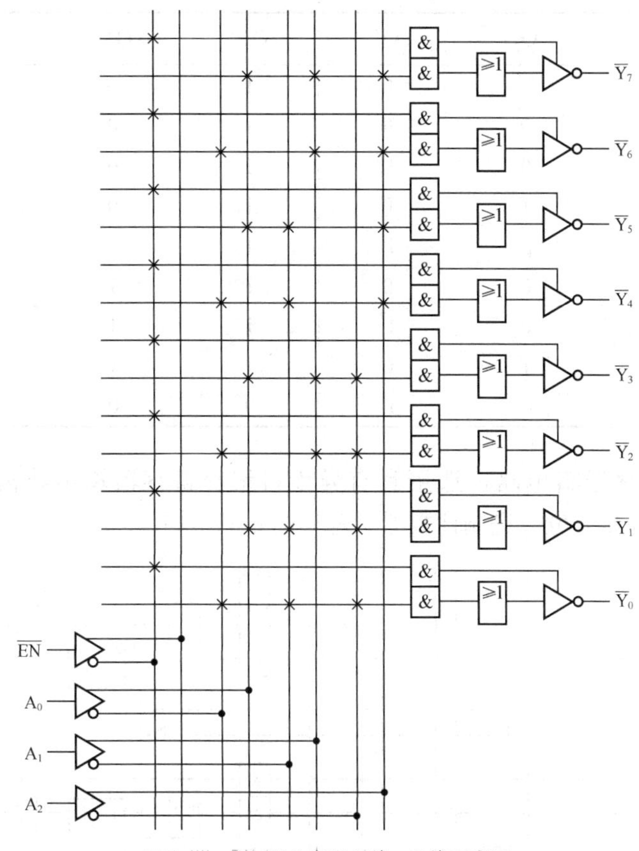

图6-38　PAL16L8实现3线—8线示意图

【例6-5】　用PAL器件设计1个异步4位二进制计数器。

解　异步4位二进制计数器的状态转移表如表6-6所示。由该状态转移表可写出各级触发器状态转移方程为

$$
\begin{aligned}
Q_1^{n+1} &= [\overline{Q_1^n}] \cdot CP \downarrow \\
Q_2^{n+1} &= [\overline{Q_2^n}] \cdot Q_1^n \downarrow \\
Q_3^{n+1} &= [\overline{Q_3^n}] \cdot Q_2^n \downarrow \\
Q_4^{n+1} &= [\overline{Q_4^n}] \cdot Q_3^n \downarrow
\end{aligned}
\tag{6-5}
$$

表6-6　异步4位二进制计数器状态转移表

Q_4^n	Q_3^n	Q_2^n	Q_1^n	Q_4^{n+1}	Q_3^{n+1}	Q_2^{n+1}	Q_1^{n+1}
0	0	0	0	0	0	0	1
0	0	0	1*	0	0	1	0
0	0	1	0	0	0	1	1
0	0	1*	1*	0	1	0	0
0	1	0	1*	0	1	1	0
0	1	1	0	0	1	1	1

续表

Q_4^n	Q_3^n	Q_2^n	Q_1^n	Q_4^{n+1}	Q_3^{n+1}	Q_2^{n+1}	Q_1^{n+1}
0	1*	1*	1*	1	0	0	0
1	0	0	0	1	0	0	1
1	0	0	1*	1	0	1	0
1	0	1	0	1	0	1	1
1	0	1*	1*	1	1	0	0
1	1	0	0	1	1	0	1
1	1	0	1*	1	1	1	0
1	1	1	0	1	1	1	1
1	1*	1*	1*	0	0	0	0

因为是异步时序逻辑电路，选用具有异步可编程寄存器输出结构的 PAL 器件。用PAL16RA8 设计的异步 4 位二进制计数器示意如图 6-39 所示。

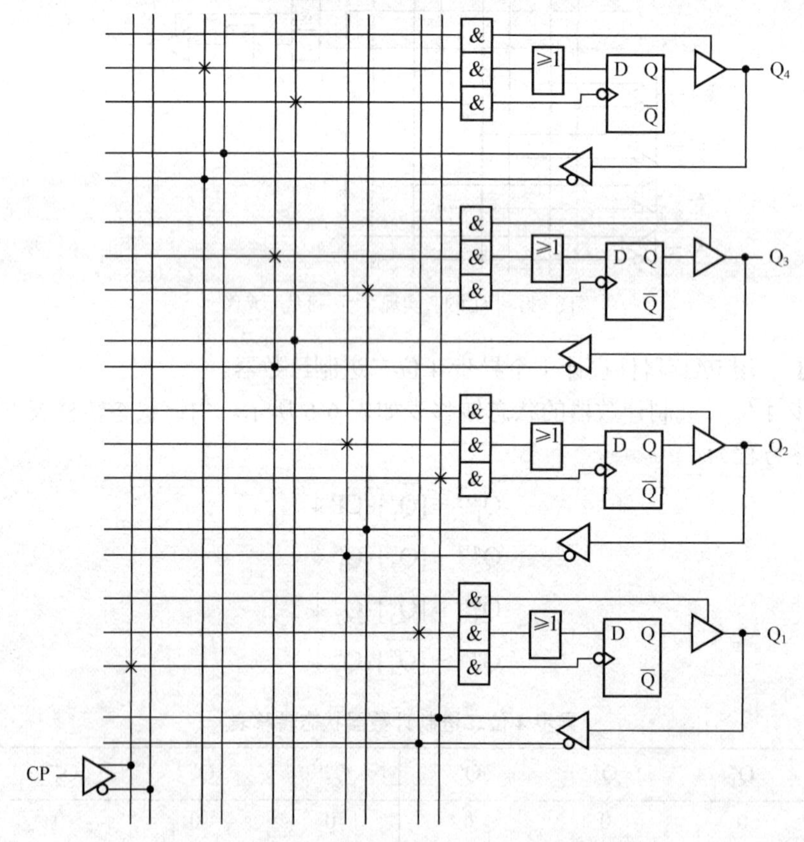

图 6-39　PAL16RA8 实现异步 4 位二进制计数器示意图

对任何逻辑电路，只要其输入变量数、乘积项数目、寄存器数目和输出变量数不超过 PAL 本身的资源，就可用一片 PAL 实现其逻辑设计。因此使用 PAL 能够减小硬件电路的规模，提高系统的可靠性。

6.2.4 通用阵列逻辑（GAL）

1．GAL器件的基本结构特点

GAL是Lattice公司在1985年推出的一种新型可编程逻辑器件。它采用了电擦除、电可编程的EECMOS工艺制作，可以用电信号擦除并反复编程上百次。GAL器件的输出端设置了可编程的输出逻辑宏单元（OLMC-Output Logic Macro Cell），通过编程可以将OLMC设置成不同的输出方式。因此GAL器件能够实现PAL器件所有的输出工作模式，几乎可以取代所有的中小规模数字集成电路和PAL器件，故称为通用可编程逻辑器件。GAL器件可分为3种基本结构：PAL型GAL器件，如GAL16V8、GAL20V8，其与或阵列结构与PAL相似；系统编程型GAL器件，如ispGAL16Z8、ispGAL22V10；FPLA器件，如GAL39V8，其与或阵列均可编程。GAL器件具有以下优点：

（1）采用电擦除工艺和高速编程方法，使器件擦除改写方便、快速，改写整个芯片只需几秒钟，一片可改写 100 次以上。

（2）采用先进的EECMOS工艺，使GAL器件既有双极型器件的高速性能，又有CMOS器件功耗低的优点。存取速度为几十纳秒，功耗仅为双极性PAL器件的几分之一，编程数据可保存 20 年以上。

（3）采用可编程逻辑宏单元（OLMC），使器件结构灵活、通用性强。少数几种GAL器件几乎可取代大多数的中、小规模数字集成电路和PAL。

（4）具有加密功能，可有效防止电路设计被非法抄袭；具有电子标签，便于文档管理，提高生产效率。

GALl6V8器件逻辑图如图6-40所示。该器件有8个输入缓冲器，8个三态输出缓冲器，8个输出反馈/输入缓冲器，1个系统时钟输入缓冲器和1个三态输出使能输入缓冲器；与阵列由8×8个与门构成，共形成64个乘积项，每个乘积项有32个输入项，由8 个输入的原变量、反变量和 8 个反馈信号的原变量、反变量组成，故可编程与阵列共有 32×8×8=2048 个可编程单元；8个输出逻辑宏单元OLMC，前3个和后3个OLMC输出端，都有反馈线接到邻近单元的OLMC。在GAL16V8中，除了8个引出端是固定作输入端外，还可将其他8个双向输入/输出引出端配置成输入模式。因此，GALl6v8最多可有16个引出端作为输入端，而输出端最多为8个，这也是器件型号中2个数字的含义。PAL型GAL器件和一般GAL器件在结构上主要不同是输出结构可多次编程和改写，根据需要可构成多种形式的输出结构。

GAL16V8中除了逻辑阵列外，还有一些可编程单元。GAL的逻辑功能、工作模式都是靠编程来实现的。编程时写入的数据按行安排，共分 64 行，供用户使用的有 36 行。可编程单元的地址分配和功能划分如图6-41所示。因为它并不是实际的空间布局图，所以也称为行地址映射图。

图6-41中，第0～31行对应于逻辑阵列的编程单元，编程后可产生0～63共64个乘积项。第32行是电子标签（ES），供用户存放各种备查的信息，如器件的编号、电路的名称、编程日期、编程次数等；第33～59行是制造厂家保留的地址空间，用户不能使用；第60行是结构控制字，共有82位，用于设定8个OLMC的工作模式和 64 个乘积项的禁止位；第61行是一位加密单元。这一位被编程以后，将不能对与逻辑阵列做进一步的编程或读出验证，

因此可以实现对电路设计结果的保密。只有在与逻辑阵列被整体擦除时，才能将加密单元同时擦除。但电子标签的内容不受加密单元的影响，在加密单元被编程后电子标签的内容仍可读出；第63行只包含1位，用于整体擦除。

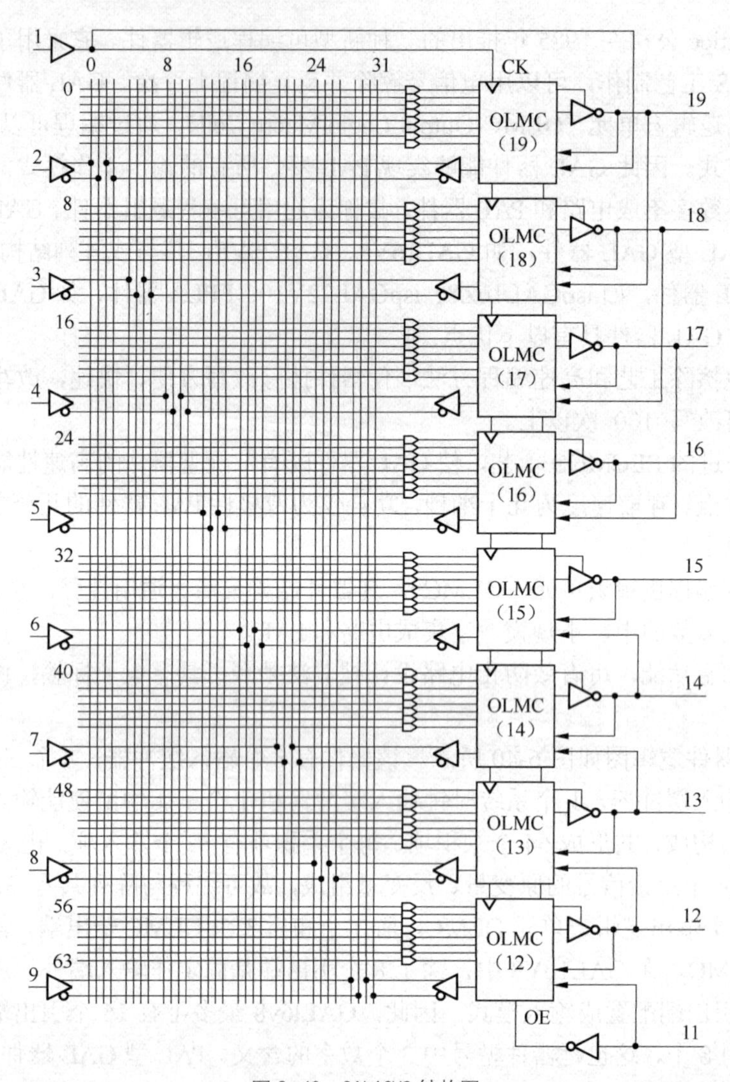

图 6-40　GAL16V8结构图

图6-41中所示移位寄存器是一个高速串行移位寄存器，共82位。CP是时钟输入端，S_{D1}是串行数据输入端，S_{D0}是串行数据输出端。移位寄存器用于编程数据流的输入和校验。对GAL器件编程是逐行进行的，编程数据以串行方式从S_{D1}输入到移位寄存器，寄存器装满一次，就并行地写入到指定的一行中。校验时，指定行的已编程数据并行装入移位寄存器，然后以串行方式从S_{D0}输出。

2．输出逻辑宏单元（OLMC）的结构

OLMC的逻辑结构如图6-42所示。OLMC包含或阵列中的1个或门、1个可编程异或门、1个D触发器和4个可编程多路开关。这些多路开关的状态，由设计者可编程的结构控制字

AC_0 和 AC_1（n）决定，其中 n 为输出宏单元的引出端号。AC_0 为各 OLMC 共用，AC_1（n）为第 n 个 OLMC 专用。

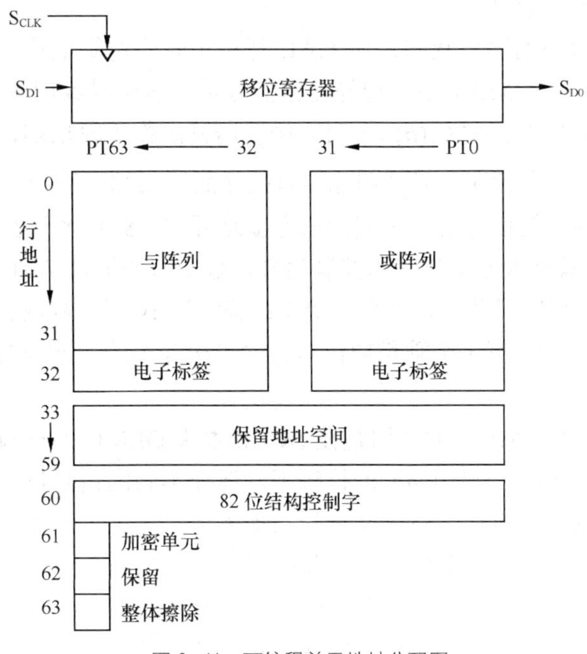

图 6-41　可编程单元地址分配图

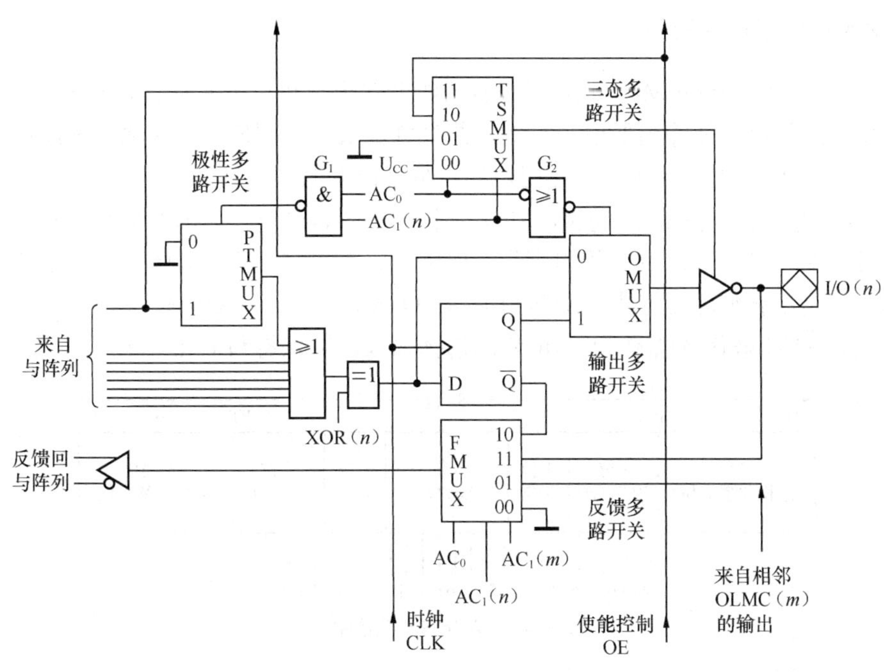

图 6-42　OLMC 逻辑结构图

或门有 8 个输入端，和来自与阵列的 8 个乘积项（PT）相对应，其中 7 个直接相连。极性多路开关 PTMUX 在 AC_0 和 AC_1（n）的控制下选择第 1 乘积项作为或门的 1 个输入。当 AC_0 和 AC_1（n）编程为 11 时，第 1 个乘积项还可作为三态输出使能控制信号使用。

异或门的作用是选择输出信号的极性。XOR（n）是 GAL16V8 结构控制字中的 1 位。当 XOR（n）为 1 时，异或门为反相器，输出信号高电平有效；当 XOR（n）为 0 时，输出信号极性不变，输出信号低电平有效。

D 触发器存储异或门的输出状态，使 GAL 适用于时序逻辑电路。触发器的输出接可编程输出多路开关 OMUX，OMUX 用于选择输出信号是直接由异或门旁路输出，还是经 D 触发器输出，当其控制信号 $\overline{AC_0}+AC_1(n)=0$ 时，触发器输出作为输出端，输出为寄存器型；当 $\overline{AC_0}+AC_1(n)=1$ 时，触发器旁路，异或门输出直接送到输出端，输出为组合型。

三态输出缓冲器的使能信号通过可编程三态多路开关 TSMUX 选择。当 AC_0 和 AC_1（n）编程为 00 时，则取电源电压 U_{CC} 作三态控制信号，输出缓冲器被选通；编程为 01 时，取地作三态控制信号，输出缓冲器关闭，呈高阻状态；编程为 10 时，则取公共使能位 OE 作为三态控制信号；编程为 11 时，第 1 个乘积项作为为输出缓冲器的三态控制信号，由设计者编程控制。

可编程反馈多路开关 FMUX 的作用是在 AC_0 和本级 OLMC 的结构控制信号 AC_1（n）、邻近 OLMC 的结构控制信号 AC_1（m）的控制下，选择不同的信号反馈给与阵列的输入端。当 AC_0 和 AC_1（m）编程为 00 时，FMUX 选择接地电平，与阵列无反馈信号输入；当 AC_0 和 AC_1（m）编程为 01 时，FMUX 选择邻近 OLMC 的输出反馈回与阵列。而当 AC_0 和 AC_1（n）编程为 10 时，FMUX 选择本级 OLMC 的触发器反相输出 $\overline{Q}$ 作为与阵列反馈输入；当 AC_0 和 AC_1（n）编程为 11 时，FMUX 选择本级 OLMC 的输出作为与阵列的反馈输入。

3. OLMC 的结构控制字

GAL 器件的每一个 OLMC，既可以设置成组合输出又可以设置成寄存器输出；既可以使输出高电平有效又可以使输出低电平有效，并且可以采用不同信号作为输出使能信号。根据不同情况对 OLMC 采用不同组态，给用户设计带来很大的灵活性。

GAL 的结构控制字共 82 位，每位取值为 1 或 0，如图 6-43 所示。图中 XOR（n）和 AC_1（n）字段下的数字对应各个 OLMC 的引脚号。SYN 决定 GAL 器件是具有寄存器型输出能力（SYN=0），还是组合型输出能力（SYN=1）。在 OLMC（12）和 OLMC（19）中，*SYN* 还替代 AC_1（m），$\overline{SYN}$ 替代 AC_0 作为 FMUX 的选择输入，以保持与 PAL 器件的兼容性。

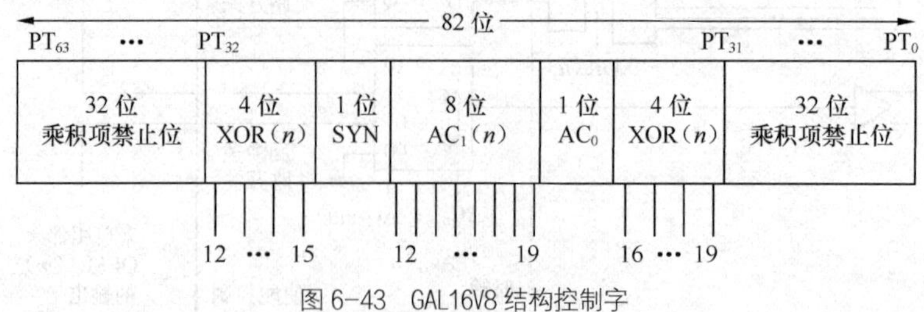

图 6-43　GAL16V8 结构控制字

AC_0、AC_1（n）为结构控制位。8 个 OLMC 共用 1 位 AC_0。AC_1（n）共 8 位，每个 OLMC（n）有 1 位，n 为引脚号（12～19）。AC_0、AC_1（n）两者配合控制 4 个多路开关的工作。

XOR（n）为极性控制位，共 8 位，每个 OLMC（n）有 1 位，它通过异或门来控制输出极性。XOR（n）=0 时，输出低电平有效；XOR（n）=1 时，输出高电平有效。

PT（n）为乘积项禁止位，共 64 位，和与阵列中 64 个乘积项（PT_0～PT_{63}）相对应，用以禁止（屏蔽）某些不用的乘积项。

4．逻辑宏单元（OLMC）的工作组态

在 SYN、AC_0、AC_1（n）组合控制下，OLMC 可配置成 5 种工作模式，表 6-7 列出了各种模式下对控制位的配置和选择。图 6-44～图 6-48 分别表示不同配置模式下 OLMC 的等效电路。OLMC 组态的实现，即结构控制字各控制位的设定是由开发软件和硬件自动完成的。

表 6-7　　　OLMC 的工作模式

SYN	AC_0	$AC_1(n)$	XOR(n)	工作模式	输出极性	备注
0	0	1	×	专用输入模式	×	1，11 输出脚为数据输入，三态门截止
1	0	0	0	专用组合输出	低电平有效	1，11 输出脚为数据输入，三态门导通
1	0	0	1		高电平有效	
1	1	1	0	选通组合输出	低电平有效	1，11 输出脚为数据输入，三态门选通信号为第一乘积项
1	1	1	1		高电平有效	
0	1	1	0	时序电路	低电平有效	1 脚为 CP,11 脚为 OE,至少另有一个 OLMC 是寄存器输出
0	1	1	1	组合输出	高电平有效	
0	1	0	0	寄存器输出	低电平有效	1 脚为 CP
0	1	0	1		高电平有效	11 脚为 OE

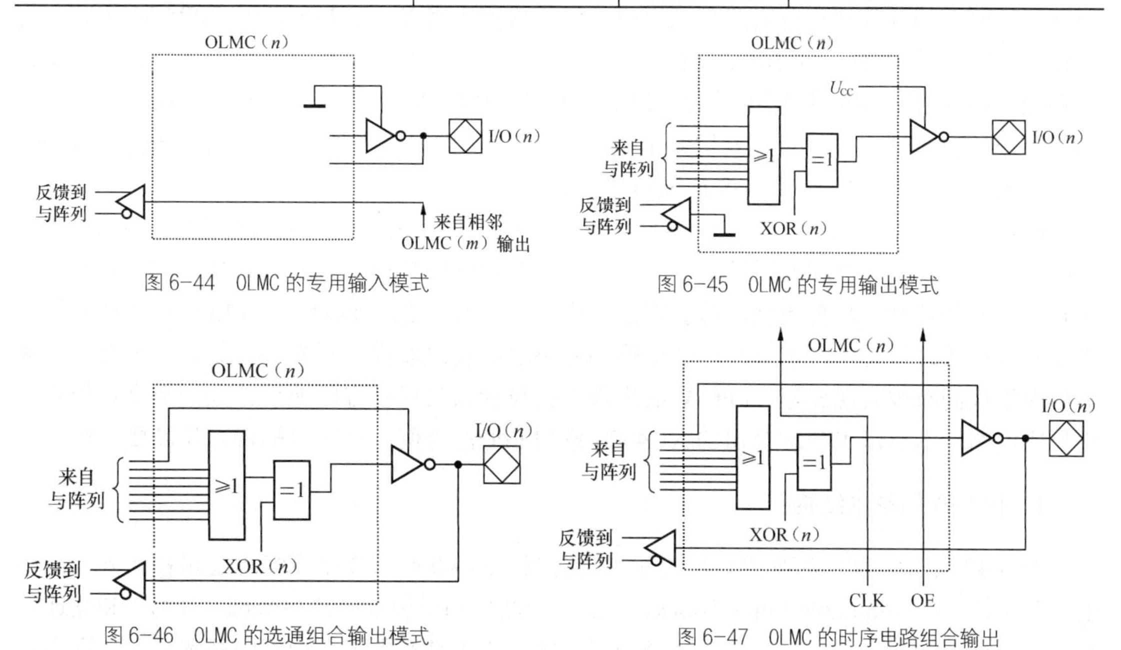

图 6-44　OLMC 的专用输入模式

图 6-45　OLMC 的专用输出模式

图 6-46　OLMC 的选通组合输出模式

图 6-47　OLMC 的时序电路组合输出

从以上分析看出，由于 GAL 器件采用了 OLMC，所以使用更加灵活，只要写入不同的结构控制字，就可以得到不同类型的输出电路结构。这些电路结构完可以取代 PAL 器件的各种输出电路结构。

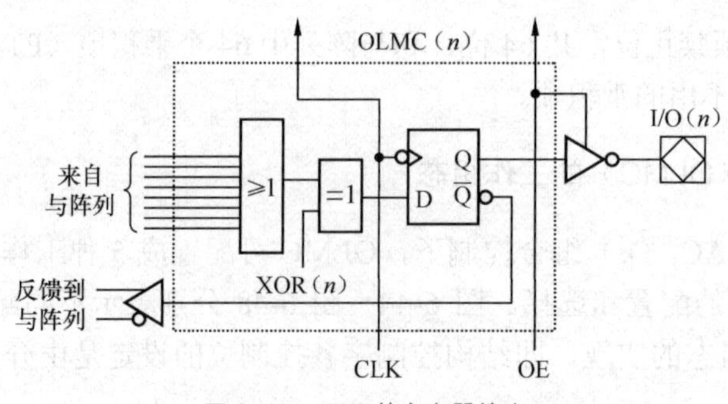

图 6-48　OLMC 的寄存器输出

采用 GAL 器件，可以使系统设计方便灵活，系统体积缩小，可靠性和保密性提高，还可以提高系统速度并降低功耗。但 GAL 和 PAL 一样，都属于低密度器件，它们的共同缺点是逻辑阵列规模小，每个器件只相当于几十个等效门，不适用于较复杂的逻辑电路的设计. 并且也不能完全杜绝编程数据的非法抄袭。GAL 器件的这些不足，在高密度可编程器件 CPLD 和 FPGA 中得到较好的解决。

6.2.5　现场可编程阵列（FPGA）

前面介绍的 PLA、PAL 和 GAL 均属于低密度可编程逻辑器件，其集成密度小于每片 700 个门。而高密度可编程逻辑器件的集成密度大于每片 1000 个门，它主要包括 EPLD，CPLD 和 FPGA 3 种。其中 EPLD 和 CPLD 称为阵列扩展型高密度复杂可编程逻辑器件，它们是在 PAL，GAL 结构的基础上扩展或改进而成的，基本结构与 PAL 和 GAL 类似，均由可编程的与阵列、固定的或阵列和逻辑宏单元组成，但集成度大得多。EPLD 采用 EPROM 工艺，与 GAL 相比，大量增加了 OLMC 的数目，并且增加了对 OLMC 中寄存器的异步复位和异步置位功能，因此其 OLMC 使用更灵活。CPLD 采用 EEPROM 工艺，与 EPLD 相比，增加了内部连线，对逻辑宏单元和 I/O 单元均做了重大改进。现场可编程阵列 FPGA（Field Programmable Gate Array）是另一种高密度可编程逻辑器件。

FPGA 是美国 Xilinx 公司于 1984 年首先开发的一种通用型用户可编程器件。FPGA 既有门阵列器件的高集成度和通用性，又有可编程逻辑器件用户可编程的灵活性，FPGA 与其他 PLD 相比速度更快，功耗更低，功能更强，适应性更加广泛。FPGA 与 EPLD、CPLD 器件的主要差别在于：后者是通过修改内部电路的逻辑功能实现编程，而 FPGA 是通过修改一根或多根内连线的布线实现编程。FPGA 的出现使得设计人员可以方便地设计大型数字系统和专用集成电路。本节以 Xilinx 公司的 XC4000 系列 FPGA 为例，对其结构特点作简要介绍。

1. FPGA 的基本结构

图 6-49 为 XC4000 系列 FPGA 的基本结构图。XC4000 有 3 个可编程逻辑模块阵列：可配置逻辑块（Confiqurable Logic Block，CLB）、输入/输出模块（I/O Block，IOB）和互连资源（Interconnect Resource，ICR）。可配置逻辑块 CLB 是实现用户功能的基本单元，它们通常规则地排列成 1 个二维阵列，散布于整个芯片；可编程输入/输出模块（IOB）主要完成芯片内部逻辑阵列与外部封装脚的接口，它通常排列在芯片的四周；可编程互连资源（ICR）包括各种长度的连线线段和一些可编程开关矩阵，它们将各个 CLB 之间或 CLB 与 IOB 之间

连接起来，构成特定功能的电路。另外，XC4000 还有一个用于存放配置数据的静态存储（SRAM），FPGA 的功能由这些配置数据决定。

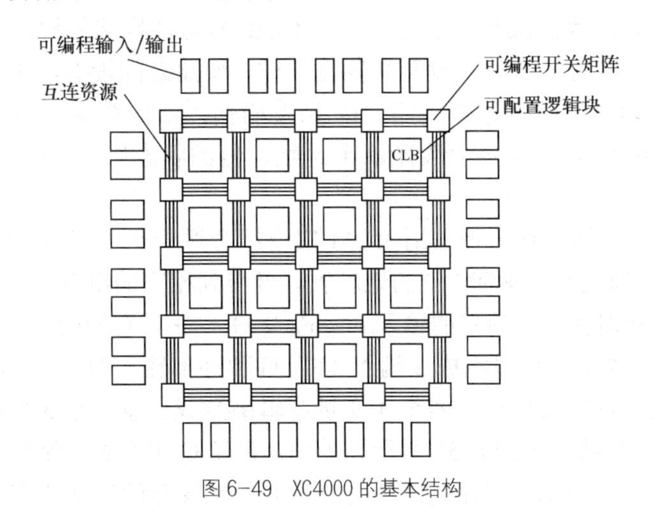

图 6-49 XC4000 的基本结构

2．可配置逻辑块（CLB）

XC4000 系列 CLB 的基本结构如图 6-50 所示。CLB 由 2 个 D 触发器、2 个独立的 4 输入组合逻辑函数发生器 F，G 和由数据选择器组成的内部控制电路所组成。

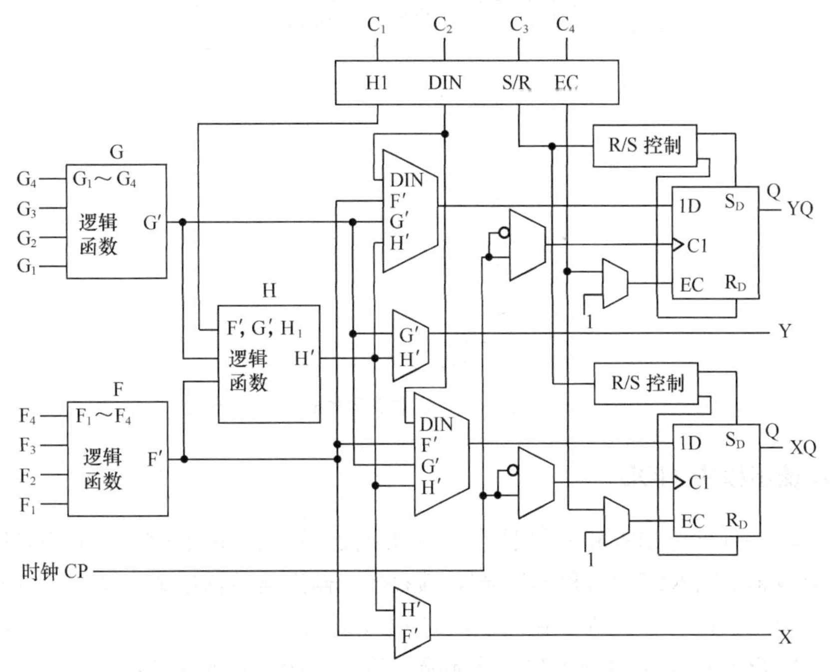

图 6-50 XC4000 的 CLB 基本结构

CLB 中有许多数据选择器，用来选择触发器输入信号、时钟有效沿、时钟使能信号，以及输出信号。这些数据选择器的地址控制信号均由配置数据提供，从而实现所需的电路结构。

D触发器可通过编程确定为时钟上升沿触发或下降沿触发。每个触发器均有时钟使能信号EC，它可受外部信号或固定逻辑1电平控制。通过对S/R控制逻辑的编程，2个触发器均可分别进行异步置位或异步清0操作。CLB的这种特殊结构，使触发器的时钟、时钟使能、置位和复位均可被独立设置和独立工作，彼此之间没有约束关系，从而可以方便灵活地实现不同功能的时序逻辑电路。D触发器输入端的数据也由编程确定，可以从G'、F'、H'或者DIN这4个信号中选择1个。触发器的状态经CLB的输出端YQ和XQ输出。

组合逻辑函数发生器工作原理与用ROM实现组合逻辑函数相同。F和G的输入等效于ROM的地址码，通过查找ROM中的地址表，可得到相应的组合逻辑函数输出。每个组合逻辑函数发生器分别有4个独立的输入F_1～F_4及G_1～G_4，它们的输出F'，G'可以是4变量的任意组合逻辑函数。H可以完成3输入（F'、G'和外部输入H1）的任意组合逻辑函数。CLB通过编程配置，可以实现任意两个4变量逻辑函数或任意一个5变量逻辑函数，甚至9变量的逻辑函数，其结构如图6-51所示。另外，F和G组合逻辑函数发生器还可作为器件内高速RAM或小容量的读/写存储器使用。当编程配置存储器功能有效时，F和G作为器件内部存储器使用，F_1～F_4及G_1～G_4输入相当于地址输入信号以选择存储器中的特定存储单元。

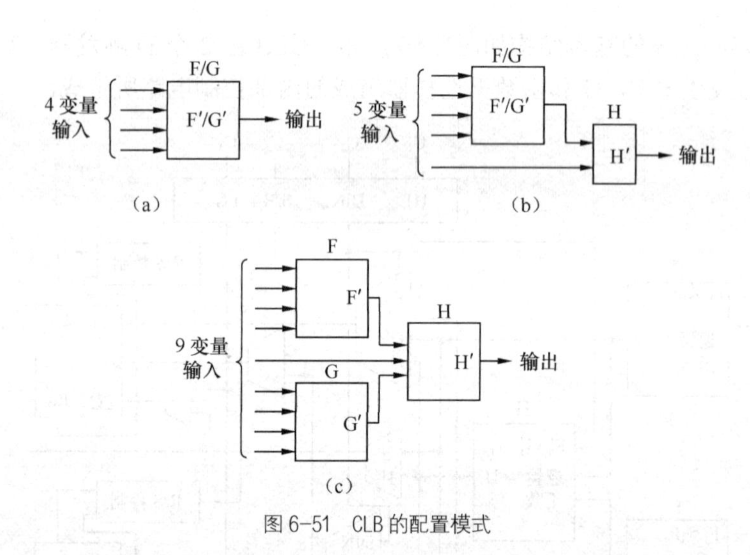

图6-51 CLB的配置模式

3. 输入/输出模块（IOB）

IOB提供器件外部引出端和内部逻辑之间的连接，其结构如图6-52所示。XC4000的IOB主要由输入触发器、输入缓冲器和输出触发/锁存器、输出缓冲器组成。每个IOB控制1个外部引出端，它可以被编程为输入、输出或双向I/O功能。

当IOB的I/O脚被定义为输入时，外部输入信号先送至输入缓冲器。缓冲器的输出一路可以直接送到数据选择器，另一路经延时电路，送到触发锁存器，再送到数据选择器。通过编程，确定送至CLB阵列的I_1和I_2是来自输入缓冲器还是来自触发器。

当IOB的I/O脚被定义为输出时，CLB阵列的输出信号可直接经数据选择器送至输出缓冲器，也可以先存入输出通路的D触发器，再送至输出缓冲器。输出缓冲器受CLB阵列的

OE 信号控制，使输出引脚有高阻状态。同时它还受摆率控制电路的控制，使它可高速或低速运行，后者有抑制噪声的作用。

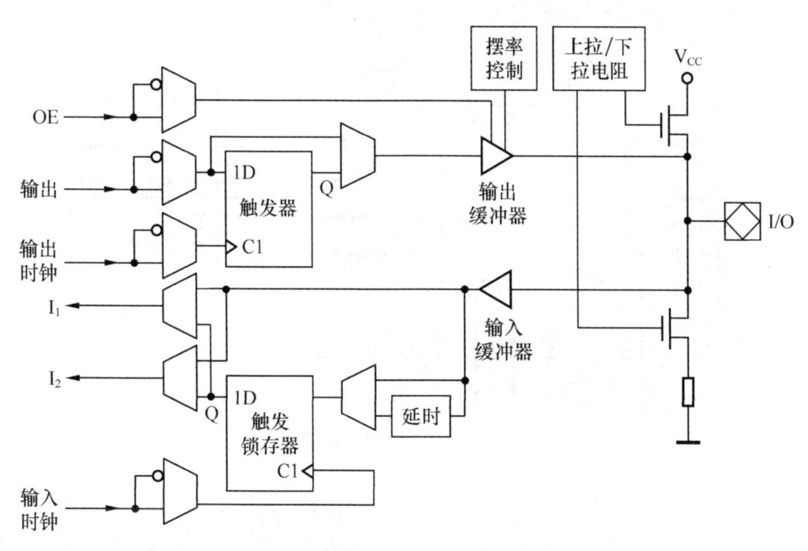

图 6-52　XC4000 的 IOB 基本结构

输入和输出触发器有各自的时钟信号，通过编程可选择上升沿触发或下降沿触发。

IOB 的输出端配有 2 个 MOS 管，它们的栅极均可编程，使 MOS 管导通或截止，分别经上拉电阻或下拉电阻接通 V_{CC}、地或者不接通，用以提高带负载能力以及改善输入波形。

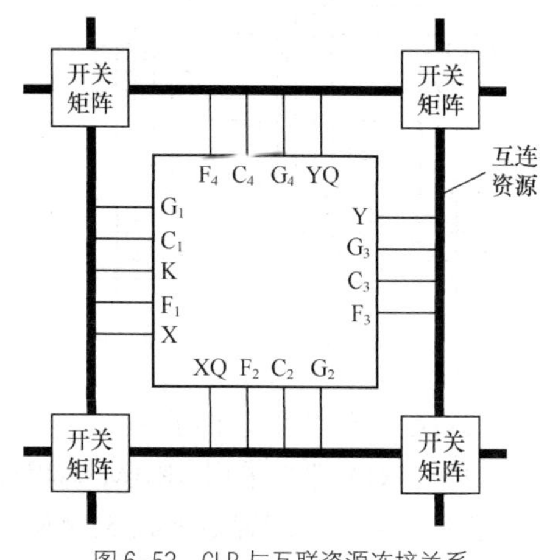

图 6-53　CLB 与互联资源连接关系

4．内部互连资源（ICR）

CLB 有 13 个输入和 4 个输出，这些输入、输出可与 CLB 周围的互连资源相连，如图 6-53 所示。CLB 之间、CLB 和 IOB 之间的连接通过开关矩阵实现。互连资源按长度可分为单线、双线和长线 3 种。单线和长线主要用于 CLB 之间的连接，任意两点都要通过开关矩阵实现连接。它提供了相邻 CLB 之间互连的灵活性，但传输信号每通过一个可编程开关矩阵，就增加一次时延。可见，FPGA 的内部时延与器件结构和逻辑布线等有关，它的信号传输时延不可确定。

单长线结构原理如图 6-54 所示。单长线是指通过开关矩阵的水平金属线和垂直金属线。单长线通常用来实现 CLB 与其他 CLB 或 IOB 的连接。开关矩阵有若干个节点，根据需要实现单长线之间的直接连接、拐弯连接或多路连接。

双长线结构原理如图 6-55 所示。双长线由 2 倍于单长线的金属线构成。1 个双长线要经过 2 个 CLB 后，再交汇于其开关矩阵，双长线通常用来实现 2 个相隔 CLB 的连接。

长线结构原理如图 6-56 所示。长线是是由穿过整个芯片的垂直或水平金属线组成，形成网格状分布。垂直长线可以由特定的全局缓冲器驱动，扇出系数大；同时长线不经过开关矩阵，信号延时小。因而应用于实现整个芯片的控制线，如时钟信号。

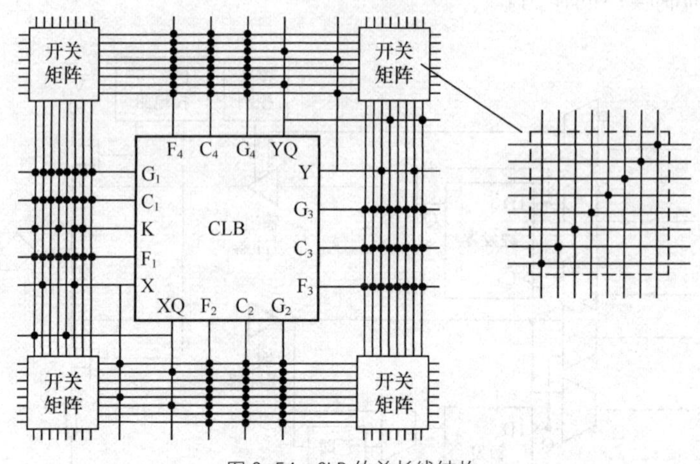

图 6-54 CLB 的单长线结构

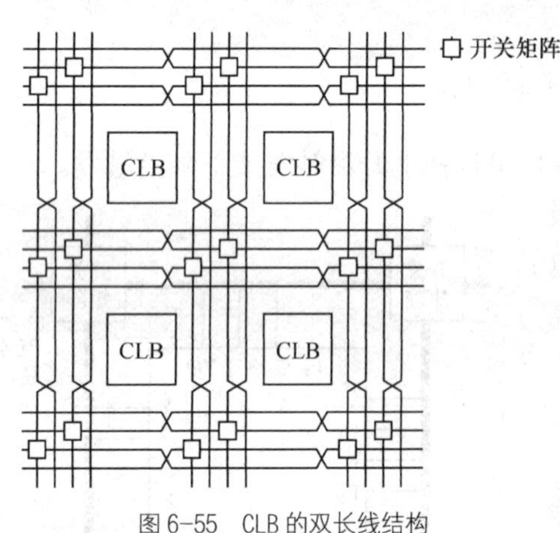

图 6-55 CLB 的双长线结构

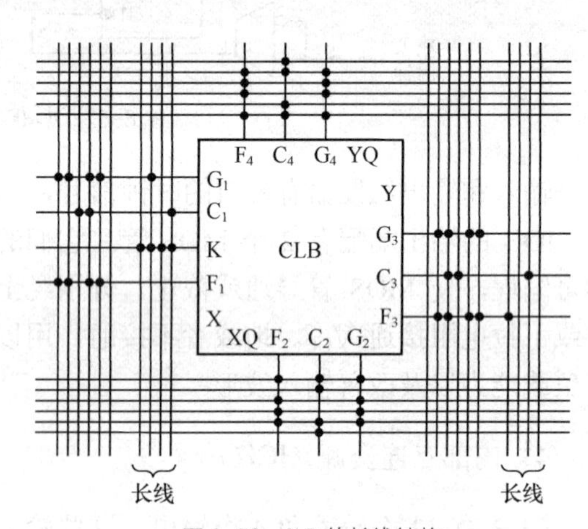

图 6-56 CLB 的长线结构

FPGA 具有以下几个特点。

（1）FPGA 器件采用 SRAM 编程技术，FPGA 的功能由这些配置数据决定。工作前，需要从芯片外部加载配置数据到 SRAM。配置数据可以存储在片外的 EEPROM 或计算机中。设计人员可以控制加载过程，在现场修改器件的逻辑功能，即所谓现场编程。当断电时，FPGA 器件中的配置数据自动丢失。

（2）FPGA 器件提供了丰富的 I/O 端口和触发器资源，其集成度大大高于 GAL 器件。

（3）FPGA 器件结构灵活，内部的 CLB，IOB 和 ICR 均可编程，具有组合逻辑函数发生器，可以实现多个变量的任意逻辑函数。

（4）内部时间延时与器件结构及逻辑连接等有关，因此传输时延不可预测。

习 题

1．试述动态 CMOS 移存单元工作原理。

2．只读 ROM，PROM，EPROM 和 EEPROM 之间有何不同？

3．ROM 和 RAM 的主要区别是什么？它们各适用于哪些场合？

4．DRAM 中存储的数据如果不进行周期性的刷新，其数据将会丢失。但是，SRAM 中存储的数据无需刷新，只要电源不断电就可以永远保存，为什么？

5．写出题图 1 所示 ROM 阵列图所实现的逻辑函数的表达式，列出真值表，并概括总结电路的功能。

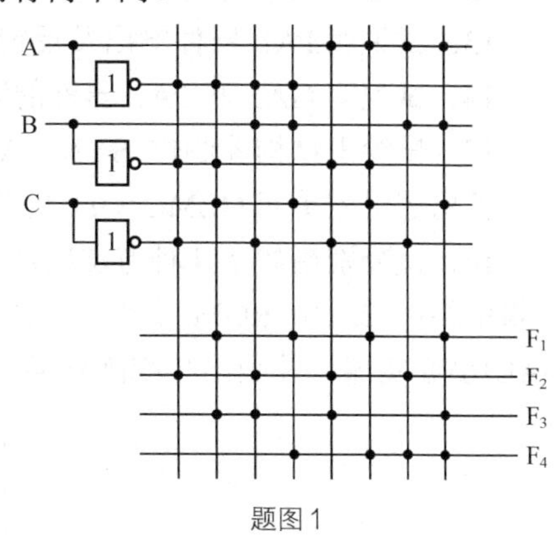

题图 1

6. 分析题图 2 所示由集成同步 4 位二进制计数器 74161 和 1 个 8×4 位的 EPROM 构成的电路，列出 74161 的状态转移表，画出电路输出端 A、B、C、D 在时钟 CP 作用下的波形。

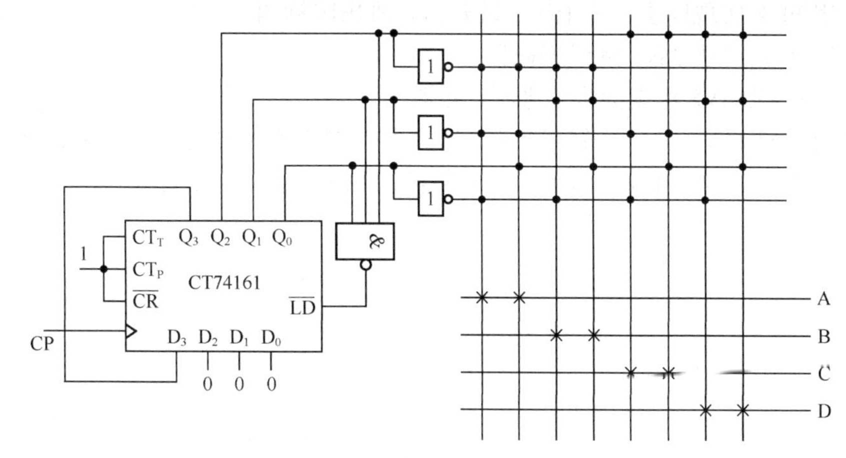

题图 2

7．试用 ROM 实现下列代码转换，要求画出阵列图。

（1）余 3 BCD 码转换成 5421 BCD 码；

（2）8 位二进制数到 8421 BCD 码的转换。

8．试用 PROM 实现 1 位全减器，要求画出阵列图。

9．试用 PROM 和 D 触发器，实现循环码十六进制计数器，要求画出阵列图。

10．对于 1 个存储容量为 32K×16 的 RAM，判断下列哪些说法是正确的？

（1）该存储器有 512K 个存储单元；

（2）每次可同时读/写 8 位数据；

（3）该存储器有 16 根地址线；

（4）该存储器的字长为 16 位；

（5）该存储器有 32 根数据线。

11．试判断以下 RAM 存储容量扩展时需要多少个相应芯片，并画出扩展时的连线示意图。

（1）将 256×4 位 RAM 扩展成 256×8 位 RAM；

（2）将 256×4 位 RAM 扩展成 512×4 位 RAM；

（3）将 256×4 位 RAM 扩展成 512×8 位 RAM。

12．试述 FPGA 的基本结构。

13．试说明 PAL 器件输出及反馈电路的结构类型及其特点。

14．试说明 GAL 和 PAL 器件的区别。

15．试绘出结构控制位 SYN、AC_0、AC_1（n）和 XOR（n）分别为 0101、0111、1001 时，输出逻辑宏单元 OLMC（n）的等效电路。

16．试分别用如下 4 种方法实现下列组合逻辑函数：（1）由一般标准门电路构成的组合逻辑电路；（2）由 ROM 实现，并画出阵列图；（3）用 PLA 实现，并画出阵列图；（4）用 GAL16V8 实现，并画出与或阵列编程后的电路图。

$$\begin{cases} F_1 = A\overline{B} + BC + AC \\ F_2 = \overline{A}\ \overline{B} + B\overline{C} + ABC \\ F_3 = \overline{A}C + BC + A\overline{C} \end{cases}$$

17．试用 PLA 实现同步二—十进制计数器，画出阵列图。

18．试用 PAL 实现 2 线—4 线译码器。

19．试用 GAL16V8 实现同步十进制计数器。

20．试用 GAL16V8 实现一个可控计数器，当控制信号 A=0 时，实现 8421 BCD 码十进制计数器；A=1 时，实现 4 位二进制加法计数器，要求输出高电平有效。

第 7 章 D/A 和 A/D 转换

微型计算机工业检测与控制、数字测量仪表、数字通信等领域中，常常需要将模拟量转换成数字量，或将数字量转换成模拟量。由模拟量转换成数字量的过程叫做模数（Analog to Digital，A/D）转换，实现这一转换的电路系统叫做模数转换器（Analog-Digital Converter，ADC）。将数字量转换成模拟量的过程叫做数模（Digital to Analog，D/A）转换，实现这一转换的电路系统叫做数模转换器（Digital-Analog Converter，DAC）。为了利用今天数字技术的优势，从模拟到数字及从数字到模拟之间的相互转换是必需的。

例如，在微机工业控制系统中，被控制量（如温度、速度、压力、流量、加速度等）经传感器检测后的输出量通常都是模拟量，此模拟量需经 A/D 转换器转换成数字量送入计算机。而计算机要对生产过程中的某些量（参数）进行控制，计算机输出的数字量也常需要经 D/A 转换器转换成模拟量去控制执行机构。某微机控制系统框图如图 7-1 所示。

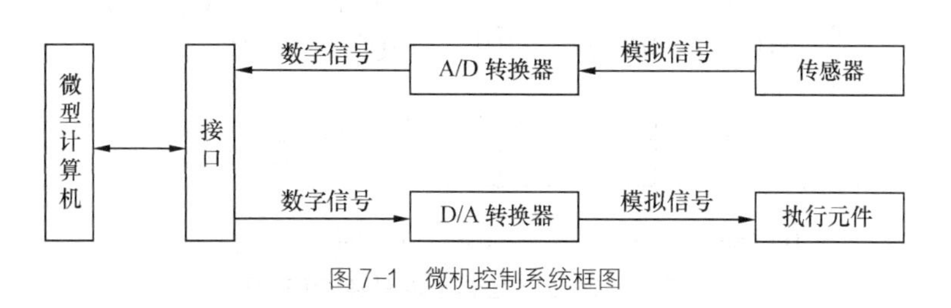

图 7-1　微机控制系统框图

本章主要介绍各类数模转换器和模数转换器的组成和工作原理。

7.1　D/A 转换器

数模转换器 DAC 可以看成如图 7-2 所示的电位计，其输出电平由数字输入控制且与之成比例。在某种意义上说也相当于译码电路，它将给定的二进制码译成相应的模拟量的数值。按照译码网络的不同，DAC 可以分为权电阻网络 DAC、R-2R T 型电阻 DAC、R-2R 倒 T 型电阻 DAC、权电流型 DAC、双极性输出 DAC 等多种。而采用不同的电子模拟开关，也可构成不同的 DAC。

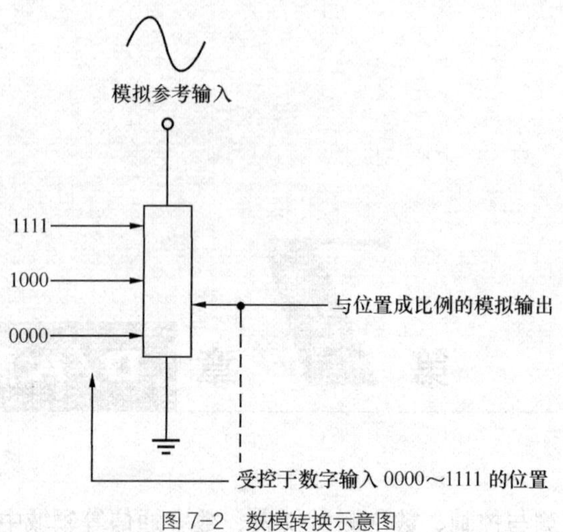

图 7-2　数模转换示意图

7.1.1　*R*–2*R* T 型电阻 D/A 转换器

在 *R* -2*R* T 型电阻网络中，整个电路由若干个相同的电路环节组成，每个环节有 2 个电阻（*R* 和 2*R*）和 1 个开关，电阻接成 T 型。图 7-3 是一个输入 4 位数字量的 *R*-2*R* T 型网络 D/A 转换器的示意图。其中，D_0～D_3 表示 4 位二进制输入信号，D_3 为高位，D_0 为低位。S_0～S_3 是 4 个电子模拟开关，这些模拟开关分别受 D_0～D_3 的信号控制，若 D_i =0，开关 S_i 打到右边，使与之相串联的 2*R* 电阻接地；若 D_i=1：开关 S_i 打到左边，使 2*R* 电阻接基准电压 U_{REF}。

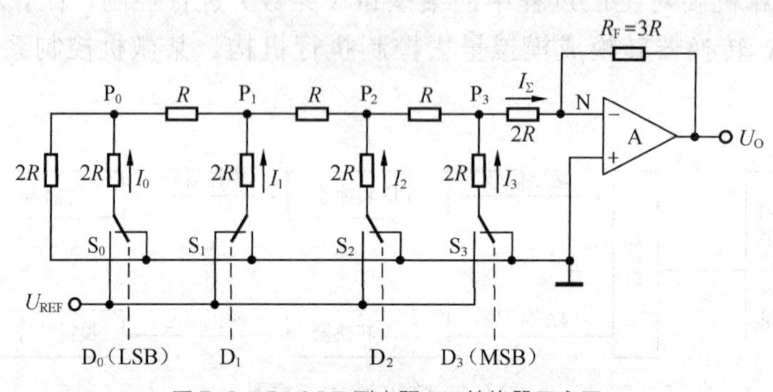

图 7-3　*R* –2*R* T 型电阻 D/A 转换器示意图

R-2*R* T 型电阻 D/A 转换器电路具有以下特点。

① 无论 DAC 有多少位，电阻网络中只有 *R* 和 2*R* 2 种电阻，为集成电路的设计和制作带来了方便。

② 如果不考虑基准电压源 U_{REF} 的内阻，那么无论模拟开关的状态如何，从 T 型电阻网络的节点（P_0，P_1，P_2，P_3）向左、向右或向下看的等效电阻都等于 2*R*，则从运算放大器的虚地点 N 向左看去，T 型电阻网络的等效电阻等于 3*R*。

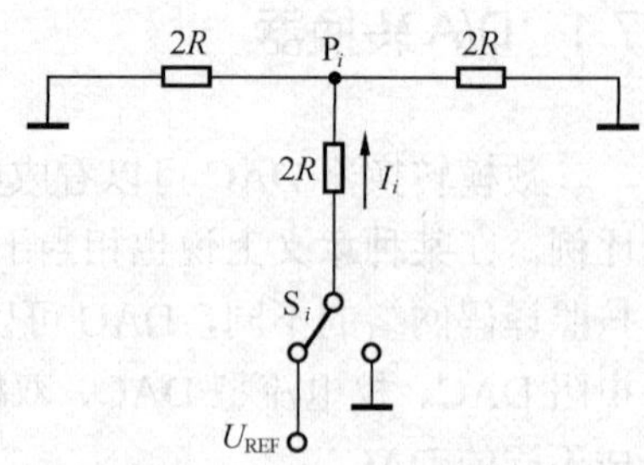

图 7-4　P_i 节点等效电路

③ 当任意一位 D_i =1，其余位 D_j =0 时，根据图 7-4 所示的等效电路，可以计算出流过该 2*R* 电阻支路的电流

$I_i = U_{REF}/3R$，并且这部分电流每流进1个节点时，都会向另外2个方向分流，分流系数为1/2。

输入0001（$D_3 \sim D_0$）时：只有D_0=1（即只有开关S_0接U_{REF}，其余的开关都接地）时，经S_0流出的电流$I_0=U_{REF}/3R$，它要经过4个节点的分流才能到达求和放大器。在每一节点处，由于向右和向下看的等效电阻都是2R，所以在每一节点分流时的分流系数都是1/2。因而，流向求和放大器的电流I_0'应为$I_0/2^4$。

输入0010（$D_3 \sim D_0$）时：只有D_1=1（即只有开关S_1接U_{REF}，其余的开关都接地）时，经S_1流出的电流$I_1=U_{REF}/3R$，它要经过3个节点的分流才能到达求和放大器。因而，流向求和放大器的电流I_1'应为$I_1/2^3$。

同理，当输入0100（$D_3 \sim D_0$）和1000（$D_3 \sim D_0$）时，流向求和放大器的电流分别为：$I_2' = I_2/2^2$，$I_3' = I_3/2^1$。根据叠加原理，对于任意输入的一个二进制数$D_3\ D_2\ D_1\ D_0$，流向求和放大器的电流I_Σ应为

$$\begin{aligned}I_\Sigma &= I_0' + I_1' + I_2' + I_3' \\ &= \frac{1}{2^4}\frac{U_{REF}}{3R}(D_0 \times 2^0 + D_1 \times 2^1 + D_2 \times 2^2 + D_3 \times 2^3) \\ &= \frac{1}{2^4}\frac{U_{REF}}{3R}\sum_{i=0}^{3} D_i \times 2^i\end{aligned}$$

求和放大器的反馈电阻$R_F = 3R$，则输出电压U_O为

$$U_O = -I_\Sigma R_F = -\frac{U_{REF}}{2^4}\sum_{i=0}^{3}(D_i \times 2^i)$$

即输出的模拟电压与输入的数字信号$D_3 \sim D_0$的状态以及位权成正比。推广到n位T型电阻网络DAC电路，可得

$$U_O = -I_\Sigma R_F = -\frac{U_{REF}}{2^n}\sum_{i=0}^{n-1}(D_i \times 2^i)$$

显然，当数字输入$D_3 \sim D_0$＝1111时，D/A转换器的输出电压是最大值，用U_{max}表示，如果假设U_{REF}＝−4V，则U_{max}的值为

$$U_{max} = -\frac{-4}{2^4}(1\times 2^3 + 1\times 2^2 + 1\times 2^1 + 1\times 2^0) = \frac{4}{16}\times 15 = 3.75\text{V}$$

U_{max}叫作转换器的满刻度电压，也可用FSR（Full Scale Range）表示，是对应于最大输入数字量的最大电压输出值。转换器的位数越多，该电压越接近基准电压U_{REF}。

当数字输入$D_3 \sim D_0$＝0001时，D/A转换器的输出电压是最小值，用U_{min}表示，同样假设U_{REF}＝−4V，则U_{min}的值为

$$U_{min} = -\frac{-4}{2^4}(0\times 2^3 + 0\times 2^2 + 0\times 2^1 + 1\times 2^0) = \frac{4}{16}\times 1 = 0.25\text{V}$$

U_{min}是转换器的最小输出电压，也可用1 LSB（Least Significant Bit）表示，是信息所能分辨的最小值。转换器位数越多，该电压越小。

图7-5（a）所示为从模16加法计数器输入的4位数据DAC。每增加一个计数，输出电压增加0.25V。DAC输出电压的波形如图7-5（b）所示。每个连续的模拟输出以0.25V递增，它等于1 LSB。

R-2*R* T型电阻网络的缺点是，当开关位置变化时，电流大小及方向的变化，会影响开关速度和寿命。

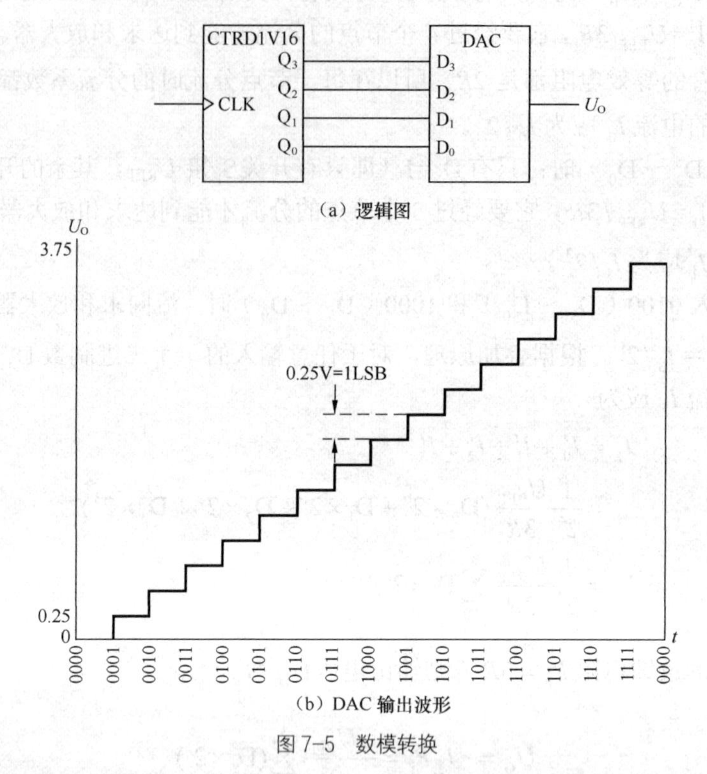

图 7-5　数模转换

R-2*R* T型电阻网络的输出也可以接至运算放大器的同相和反相2个输入端，如图7-6所示。这种结构称作倒T型电阻网络DAC。

倒T型电阻网络DAC的特点是，无论输入信号如何变化，流过基准电压源、模拟开关，以及各电阻支路的电流均保持恒定，电路中各节点的电压也保持不变，这有利于提高DAC的转换速度。再加上倒T型电阻网络DAC电路只有2种电阻值且便于集成，使其成为目前集成DAC中应用最多的转换电路。

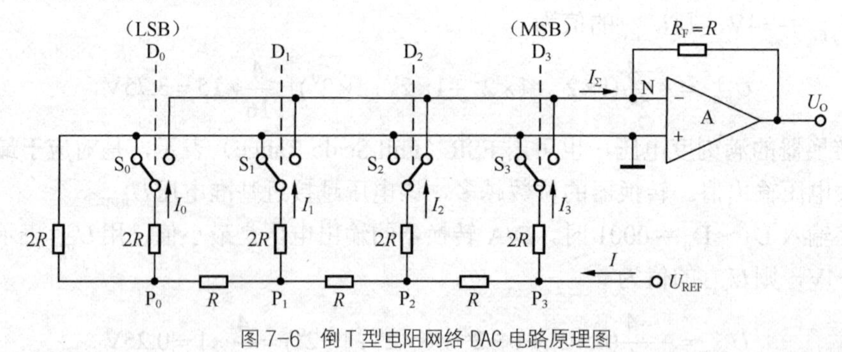

图 7-6　倒T型电阻网络DAC电路原理图

7.1.2　集成D/A转换器

在设计微机接口电路时，D/A转换部分不需要自行设计，只需选用合适的大规模集成电路——D/A转换器即可。下面介绍2种常用的大规模集成转换器。

1．T型电阻网络D/A转换器集成电路AD7226

AD7226为20管脚CMOS T型4路8位D/A转换器，图7-7所示为AD7226内部结构框图和引脚图。AD7226集成电路包括4路带有输入数据锁存和输出缓冲放大器的电压输出数模转换器。

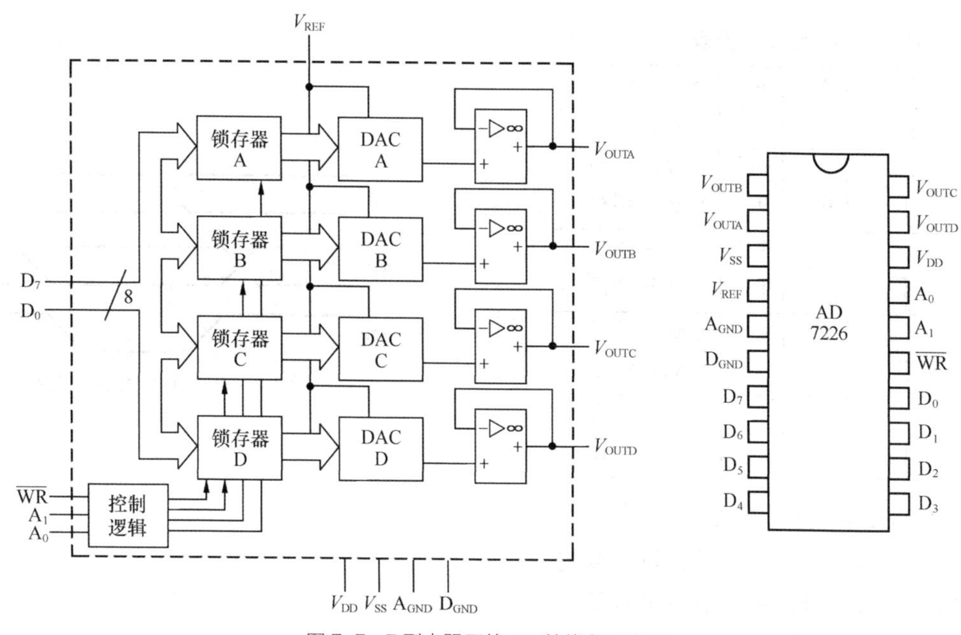

图7-7　T型电阻网络D/A转换器AD7226

AD7226器件上各引脚的名称和功能如下。

$D_7 \sim D_0$：8位数字输入量，TTL电平。

$V_{OUTA} \sim V_{OUTD}$：4路电压输出。

V_{REF}：参考电压输入端（单电源时V_{REF}=+10V，双电源时V_{REF}为2V～(V_{DD}−4V)）。

V_{DD}：电源电压端，通常V_{DD}=+15V。

V_{SS}：单电源时接地，双电源时V_{SS}=−5V。

A_{GND}，D_{GND}：模拟信号、数字信号地。

$\overline{WR}$：写入信号，低电平有效。

A_1A_0：地址译码输入端，和$\overline{WR}$构成输入控制逻辑，其功能和写周期的时序图如表7-1和图7-8所示。当$\overline{WR}$=0时，A_1A_0选通的输入锁存器呈“透明”状，锁存器中数据输出；$\overline{WR}$的上升沿到时，数据被锁存，同时在输出端保留有锁存的数据。

AD7226数模转换部分DACA～DACD由*R*-2*R*的T型电阻网络和高速NMOS电子开关组成。AD7226输出缓冲为CMOS工艺、增益为1的射极跟随结构，可提供5mA的输出驱动电流，并可驱动3300pF的容性负载。

2．D/A转换器集成电路DAC0832

D/A转换器集成电路DAC0832是美国国家半导体公司（NSC）生产，采用CMOS工艺。

它由1个8位输入寄存器、1个8位DAC寄存器和1个8位D/A转换器3大部分组成，D/A转换器采用了倒T型R-2R电阻网络。由于DAC0832有2个可以分别控制的数据寄存器，所以在使用时有较大的灵活性，可根据需要接成不同的工作方式。DAC0832中无运算放大器，且是电流输出，使用时须外接运算放大器。芯片中已设置了R_{fb}，只要将9脚接到运算放大器的输出端即可。若运算放大器增益不够，还须外加反馈电阻。如图7-9所示。

表7-1 AD7226功能表

$\overline{WR}$	A_1	A_0	AD7226操作
1	×	×	无操作
0	0	0	DACA透明
↑	0	0	DACA锁存
0	0	1	DACB透明
↑	0	1	DACB锁存
0	1	0	DACC透明
↑	1	0	DACC锁存
0	1	1	DACD透明
↑	1	1	DACD锁存

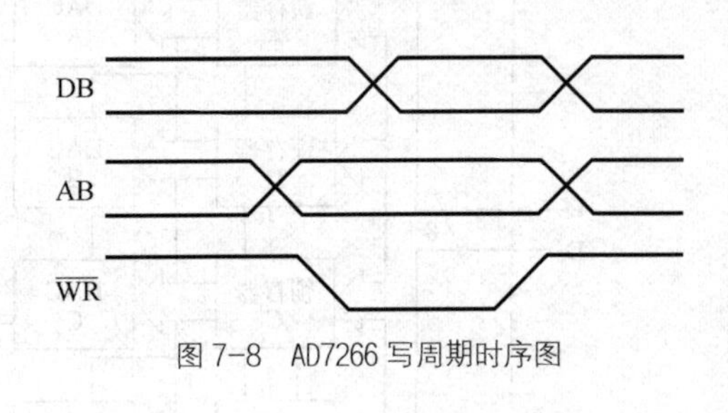

图7-8 AD7266写周期时序图

DAC0832各引脚的名称和功能如下。

ILE：输入锁存允许信号，输入高电平有效。

$\overline{CS}$：片选信号，输入低电平有效。

$\overline{WR_1}$, $\overline{WR_2}$：写选通信号，输入低电平有效。

$\overline{XFER}$：传送控制信号，输入低电平有效。

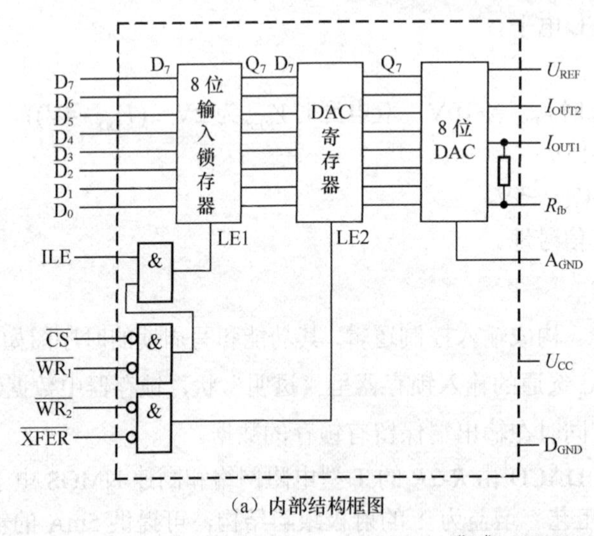

（a）内部结构框图

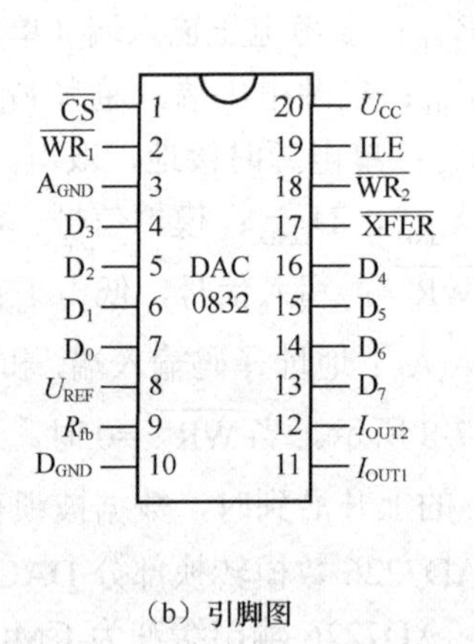

（b）引脚图

图7-9 集成DAC0832

$D_7 \sim D_0$：8位输入数据信号，D_7为最高位，D_0为最低位。

U_{REF}：参考电压输入。一般此端外接精确、稳定的电压基准源。U_{REF}可在−10V至+10V范围内选择。

R_{fb}：反馈电阻（内已含1个反馈电阻）接线端。

I_{OUT1}：DAC输出电流1。此输出信号一般作为运算放大器的1个差分输入信号。当DAC寄存器中的各位为1时，电流最大；全0时，电流为0。

I_{OUT2}：DAC输出电流2。运算放大器的另一个差分输入信号（一般接地）。I_{OUT1}和I_{OUT2}满足如下关系：$I_{OUT1}+I_{OUT2}$=常数

U_{CC}：电源输入端（一般取+5V）。

A_{GND}，D_{GND}：模拟信号、数字信号地。

从DAC0832的内部控制逻辑分析可知，当ILE、$\overline{CS}$和$\overline{WR_1}$同时有效时，LE1为高电平。在此期间，输入数据D_7～D_0进入输入寄存器。当$\overline{WR_2}$和$\overline{XFER}$同时有效时，LE2为高电平。同时，输入寄存器的数据进入DAC寄存器。8位D/A转换电路随时将DAC寄存器的数据转换为模拟信号（$I_{OUT1}+I_{OUT2}$）输出。

根据芯片内部的2个锁存器（8位输入锁存器、8位D/A锁存器）工作状态的不同，DAC0832可以有以下3种工作方式。

① 双缓冲工作方式：2个8位锁存器均处于受控锁存工作状态，如图7-10（a）所示；

② 单缓冲工作方式：2个锁存器中，1个直通状态，而另一个处于受控锁存状态，如图7-10（b）所示。

③ 直通工作方式：2个锁存器均处于直通工作状态，如图7-10（c）所示；

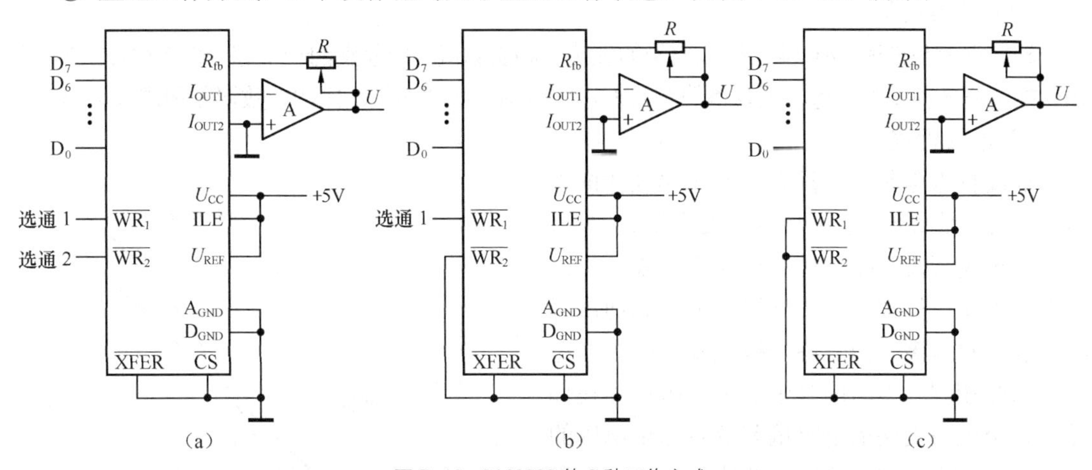

图7-10 DAC0832的3种工作方式

如图7-11所示是DAC0832双缓冲工作方式连线图和时序图。

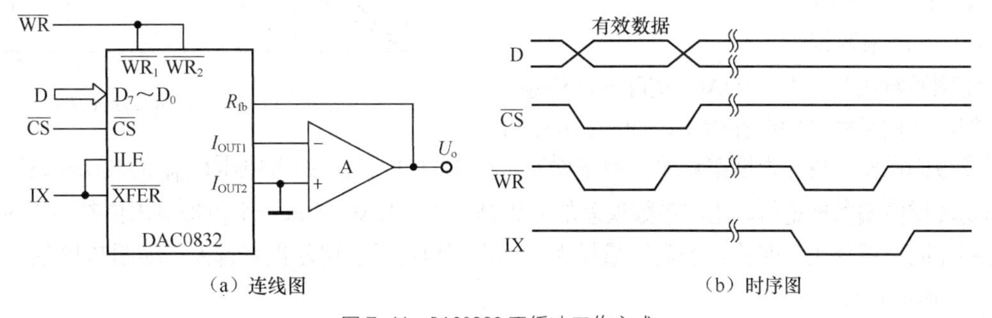

（a）连线图 （b）时序图

图7-11 DAC0832双缓冲工作方式

7.1.3 D/A 转换器的主要参数

为了确保数据处理的准确性，D/A 转换器必须有足够的转换精度。同时，为了适应快速转换过程的控制和检测的需要，D/A 转换器必须有足够的转换速度。转换精度和转换速度是描述数模转换的重要技术参数。

1. DAC 的转换精度

在 DAC 中通常用“分辨率”和“转换误差”来描述其转换精度。

（1）分辨率

分辨率是指 DAC 能够分辨最小电压的能力，它是 D/A 转换器在理论上所能达到的精度，定义为 DAC 的最小输出电压和最大输出电压之比，即分辨率是指输入数字量最低有效位为 1 时，对应输出可分辨的电压变化量 1LSB 与最大输出电压 U_{max} 之比，即

$$分辨率 = \frac{1LSB}{U_{max}} = \frac{1}{2^n - 1}$$

分辨率越高，转换时对输入量的微小变化的反应越灵敏。而分辨率与输入数字量的位数有关，DAC 的位数 n 越大，分辨率越高。因此，在实际的集成 DAC 产品的参数表中，有时直接将 2^n 或 n 作为 DAC 的分辨率。例如：8 位 DAC 的分辨率为 2^8 或 8 位。

（2）转换误差

转换误差是描述DAC输出模拟信号的理论值和实际值之间差别的一个综合性指标，这种差值，由转换过程各种误差引起，主要指静态误差，它包括非线性误差，比例系数误差和漂移误差。

① 非线性误差

非线性误差是一种没有一定变化规律的误差，它既不是常数，也不与输入数字量成比例，通常用偏离理想转换特性的最大值来表示。产生的原因是：模拟开关的导通电阻和导通压降不可能绝对为零，而且各个模拟开关的导通电阻也未必相同；电阻网络中的电阻阻值存在偏差，各个电阻支路的电阻偏差及对输出电压的影响也不一定相同，等等。非线性误差的后果是：使得 DAC 理想的线性转换特性变为非线性，如图 7-12 所示。

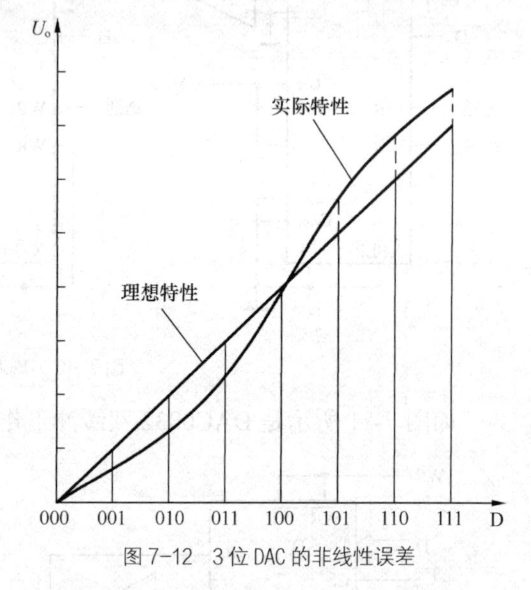

图 7-12 3 位 DAC 的非线性误差

② 比例系数误差

比例系数误差是由于 DAC 实际的比例系数与理想的比例系数之间存在偏差，而引起的输出模拟信号的误差，也称为增益误差或斜率误差。产生的原因是：参考电压 U_{REF} 的波动和运算放大器的闭环增益偏离理论值。比例系数误差的后果是：使得 DAC 的每一个模拟输出值都与相应的理论值相差同一百分比，即输入的数字量越大，输出模拟信号的误差也就越大，如图 7-13 所示。

③ 漂移误差

漂移误差是指当输入数字量的所有位都为 0 时，DAC 的输出电压与理想情况下的输出电压（应

为 0）之差。产生的原因是：运算放大器的零点漂移，它与输入的数字量无关。产生的后果是：DAC 实际的转换特性曲线相对于理想的转换特性曲线发生了平移（向上或向下），如图 7-14 所示。

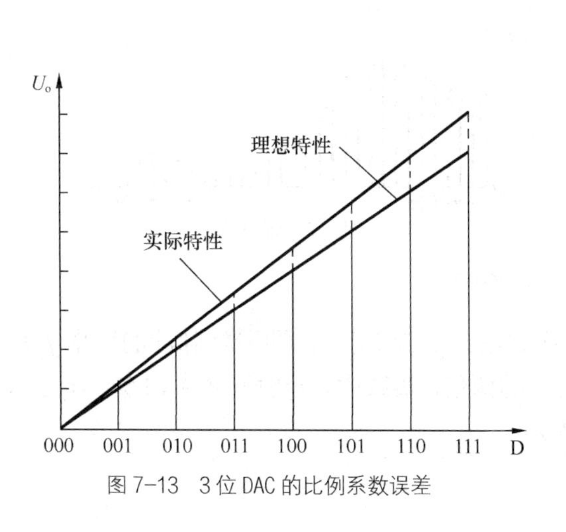

图 7-13 3 位 DAC 的比例系数误差

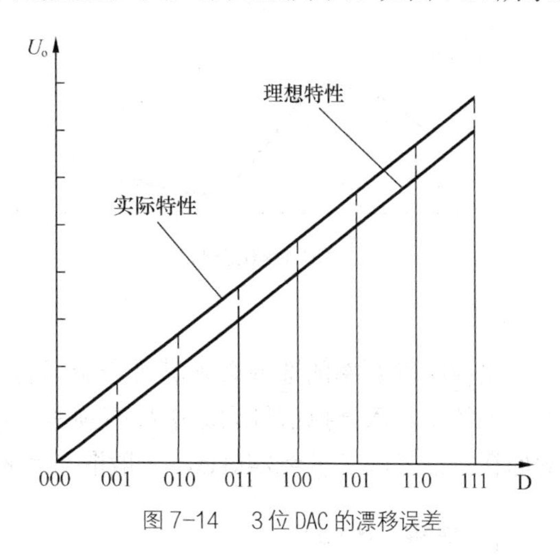

图 7-14 3 位 DAC 的漂移误差

2．DAC 的转换速度

通常用建立时间 t_{set} 来定量描述 DAC 的转换速度。建立时间 t_{set} 是指从输入的数字量发生突变开始，直到输出电压进入与稳态值相差 $\pm\frac{1}{2}$LSB 范围以内的这段时间，如图 7-15 所示。

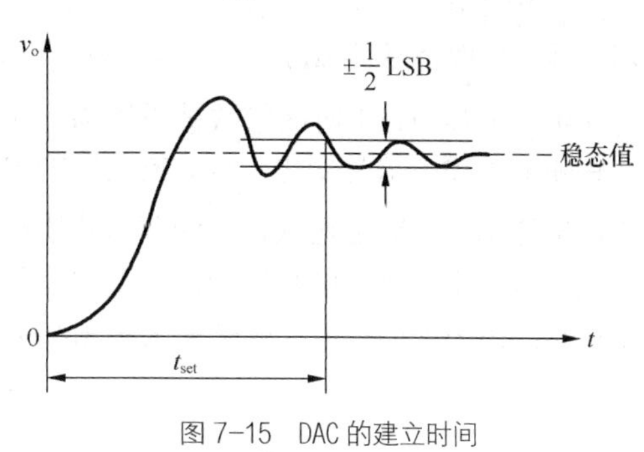

图 7-15 DAC 的建立时间

因为输入数字量的变化越大，建立时间越长，所以一般产品说明中给出的都是输入全 0 跳变到全 1（或从全 1 跳变到全 0）时的建立时间。低速 DAC 的建立时间大约为 300μs，中速 DAC 的建立时间为 10～300μs，高速 DAC 的建立时间为 0.01～10μs，超高速 DAC 的建立时间小于 0.01μs。T 型电阻网络 D/A 转换器建立时间为几百纳秒。

7.2 A/D 转换器

7.2.1 A/D 转换的基本原理

将模拟信号转换成数字信号时，必须在一系列选定的时间点对输入的模拟信号进行采样，然后再将这些采样值转换为数字量输出。整个 A/D 转换过程通常包括采样、保持、量化和编码 3 个步骤。

1．采样（Sample）

所谓采样是指周期地采取模拟信号的瞬时值，得到一系列的脉冲样值。图 7-16 表明了采样过程。$U(t)$是输入模拟信号，$S(t)$是采样输出信号，实质上是一串时间上间断的模拟信号。

采样周期的长短决定了转换结果的精确度。显然，采样周期太长将导致采样点太少，采样虽然能很快完成，但会失真；采样周期越短，采样频率越高，采样点越多，A/D 转换结果越精确，但 A/D 转换需要的时间也越长。

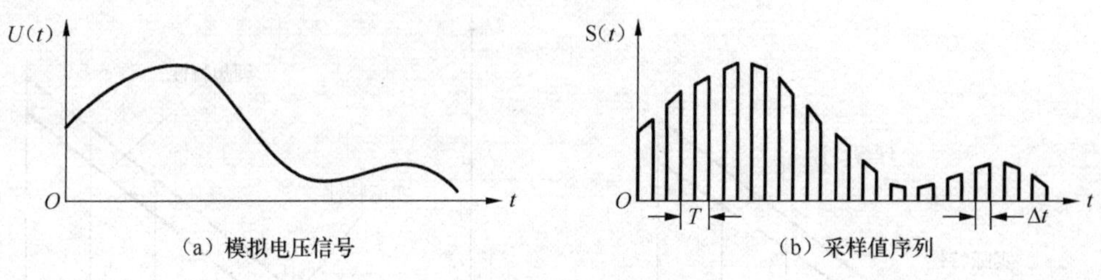

（a）模拟电压信号　　（b）采样值序列

图 7-16　模拟信号的采样

采样脉冲频率的选择必须满足奈奎斯特采样定理：$f_s \geqslant 2f_{max}$，即采样脉冲的频率 f_s 应大于或等于输入模拟信号频谱中最高频率（f_{max}）的两倍。实践中，一般取 $f_s=(2.5\sim3)f_{max}$，例如话音信号的 $f_{max}=3.4\text{kHz}$，一般取 $f_s=8\text{kHz}$。

2．保持（Hold）

在连续 2 次采样之间，为了使前一次采样所得信号保持不变，以便量化（数字化）和编码，需要将其保存起来。这就要求在采样电路后面加上保持电路。采样-保持电路基本组成如图 7-17 所示。电路由 1 个存储样值的电容 C，1 个场效应管 V 构成的电子模拟开关及电压跟随运算放大器组成。当取样脉冲 $S(t)=1$ 时，场效应管 V 导通，相当于开关闭合，输入模拟量 $U(t)$ 经 V 向电容充电，电容的充电时间常数被设置为远小于采样脉冲宽度，那么，在采样脉冲宽度内，电容电压跟随输入模拟信号变化，运算放大器的输出电压 $U_O(t)$ 也将跟踪电容电压。当采样脉冲 $S(t)=0$ 时，采样结束，V 迅速截止，因其截止阻抗很高（$10^{10}\Omega$ 左右），运算放大器的输入阻抗也很高，所以电容漏电极小，电容上的电压在采样停止期间可基本保持不变。当下一个取样脉冲到来，V 又导通，电容上的电压又跟随输入模拟信号的变化，获得新的采样一保持信号。

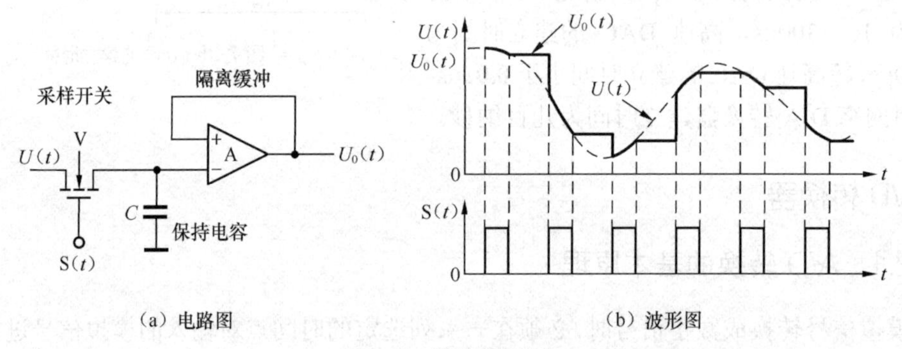

（a）电路图　　（b）波形图

图 7-17　采样/保持电路

3．量化和编码

经采样-保持所得电压信号仍是模拟量，不是数字量，因此量化和编码才是从模拟量产生数字量的过程，即 A/D 转换的主要阶段。量化是将采样-保持电路的输出信号按照某种近似方式归并到相应的离散电平上，也就是将模拟信号在取值上离散化的过程，离散后的电平称为量化电平。编码是将量化后的结果（离散电平）用数字代码即二进制数来表示。其中，单极性模拟信号，一般采用自然二进制编码；而双极性模拟信号，通常采用二进制补码。

任何一个数字量的大小，都是以某个最小数字量单位的整数倍来表示的，在用数字量表示模拟电压时，将数字量的最低有效位 LSB 的 1 所代表的模拟电压值，称为量化单位，记作 Δ 或 S。在量化过程中，量化结果（离散电平）都是这个最小离散电平的整数倍。将采样电压按一定的等级进行分割，也就是说用近似的方法取值，这就不可避免地带来了误差，我们称之为量化误差，用 ε 表示。误差的大小取决于量化的方法。而各种量化方法中，对模拟量分割的等级越细，则误差越小。

量化方法一般有 2 种，一种是采用只舍不入的方法，如图 7-18 所示，它是将取样保持信号中不足 1 个 Δ 的尾数舍去，取其原整数，它的最大误差 $\varepsilon_{max}=\Delta$。另一种是采取四舍五入的方法，如图 7-19 所示，当取样保持信号的尾数＜Δ/2 时，用舍尾取整法得其量化值；当取样保持信号的尾数≥Δ/2 时，用舍尾入整法得其量化值，这种方法要比第 1 种方法误差要小，它的最大误差 $\varepsilon_{max}=\Delta/2$。

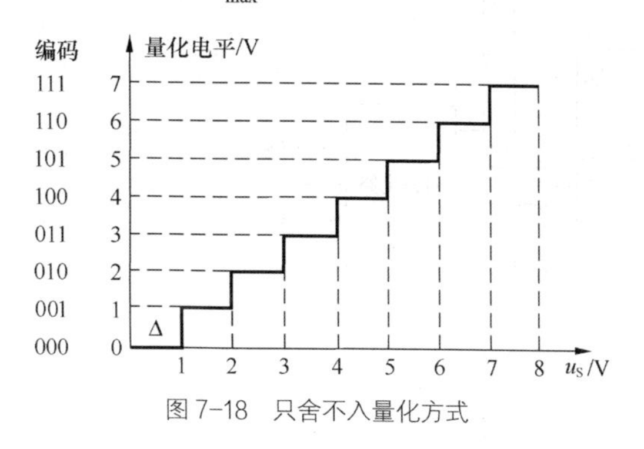

图 7-18 只舍不入量化方式

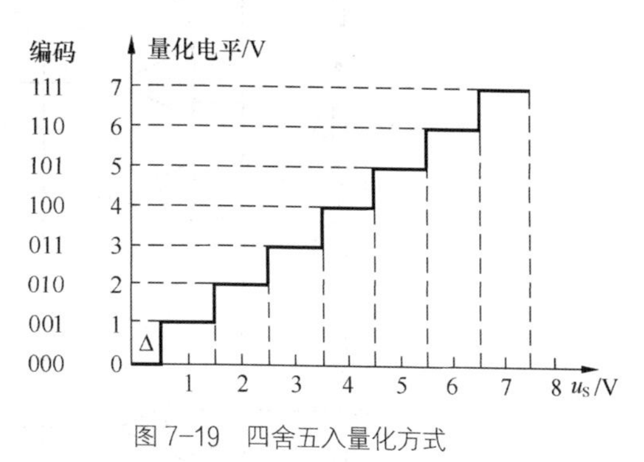

图 7-19 四舍五入量化方式

7.2.2 常见 A/D 转换的类型

ADC 电路分成直接法和间接法 2 大类。直接 A/D 转换是将模拟信号直接转换成数字信号。其特点是工作速度高，转换精度容易保证，调准也比较方便。比较典型的有并行比较型 A/D 转换和逐次逼近型 A/D 转换。间接 A/D 转换是先将模拟信号转换成某一中间变量（时间 t 或频率 f），然后再将中间变量转换成数字量。其特点是工作速度较低，但转换精度可以做得较高，且抗干扰性强，一般在测试仪表中用的较多。比较典型的有双积分型 A/D 转换和电压-频率转换型 A/D 转换。

本节介绍并行比较型 ADC 电路和逐次逼近型 ADC。

1．并行比较型 ADC 电路

电路由电阻分压器、电压比较器、数码寄存器及编码器等组成，如图 7-20 所示。

下面分析电路的工作原理。

电阻分压器的作用是将输入参考电压门限 U_{REF} 量化为 U_1～U_7 共 7 个比较电平，其具体数值为：$U_1=\frac{1}{16}U_{REF}$，$U_2=\frac{3}{16}U_{REF}$，$U_3=\frac{5}{16}U_{REF}$，$U_4=\frac{7}{16}U_{REF}$，$U_5=\frac{9}{16}U_{REF}$，$U_6=\frac{11}{16}U_{REF}$，$U_7=\frac{13}{16}U_{REF}$。采用的四舍五入量化方式，量化单位：$\Delta=\frac{2}{16}U_{REF}$，最大量化误差：在 0～$\frac{15}{16}U_{REF}$ 范围内，$\varepsilon_{max}=\Delta/2=\frac{1}{16}U_{REF}$。电压比较器的作用是将 U_S 和参考电压门限 U_{REF} 进行比

较。7 个电平分别接到 7 个电压比较器 C_1～C_7 的相同输入端上。7 个比较器的另一输入端连在一起，作为采样保持模拟电压的输入端。输入电压 U_S 与参考电压的比较结果由比较器输出，送到寄存器保存，以消除各比较器由于速度不同而产生的逻辑错误输出。编码电路把寄存器送出的信号进行二进制编码，以输出 3 位二进制数字信号。其对应关系如表 7-2 所示。

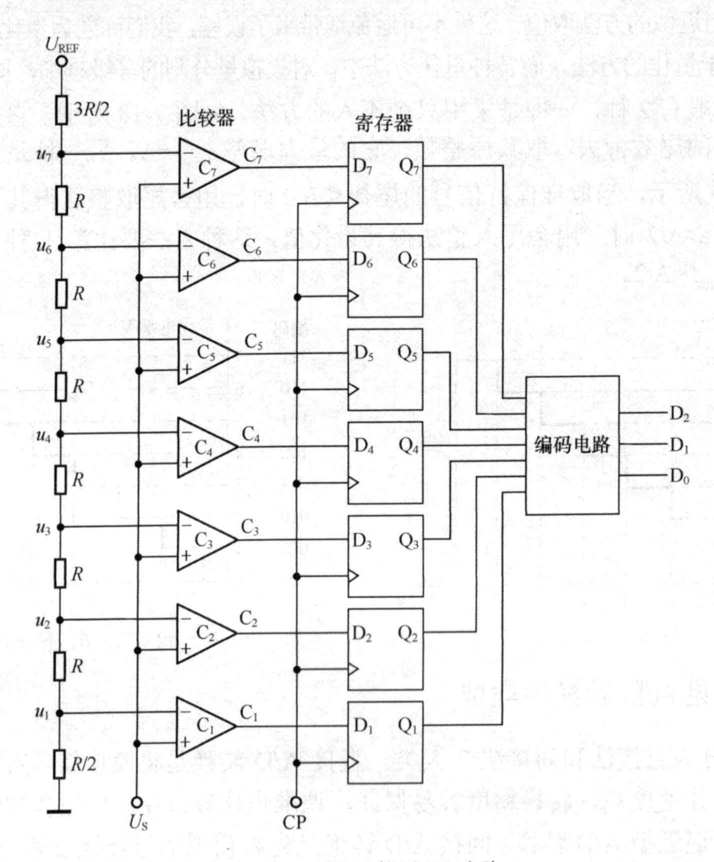

图 7-20　并行比较型 ADC 电路

并行比较型 ADC 电路的优点是：转换速度最快，一般为 ns 级；由于电路中比较器和 D 触发器同时兼有采样和保持的功能，所以不需要采样—保持电路。缺点是电路复杂。对于 n 位并行比较型 ADC，它需要 2^n 个分压电阻、2^n-1 个比较器和 2^n-1 个 D 触发器，而且当输出位数每增加 1 位时，元件数目就要增加一倍，它的成本随分辨率的提高而迅速增加，转换精度不易做得很高。因此该 ADC 适用于高转换速度、低分辨率的场合。

表 7-2　　3 位并行 ADC 模拟电压和输出编码转换关系表

模拟输入电压	比较器输出	量化电平	编码输出
U_S	C_7 C_6 C_5 C_4 C_3 C_2 C_1		D_2 D_1 D_0
$0 \leqslant U_S < \frac{1}{16}U_{REF}$	0 0 0 0 0 0 0	0	0 0 0
$\frac{1}{16}U_{REF} \leqslant U_S < \frac{3}{16}U_{REF}$	0 0 0 0 0 0 1	$\frac{1}{8}U_{REF}$	0 0 1

续表

模拟输入电压	比较器输出							量化电平	编码输出
U_S	C_7	C_6	C_5	C_4	C_3	C_2	C_1		D_2 D_1 D_0
$\frac{3}{16}U_{REF} \leqslant U_S < \frac{5}{16}U_{REF}$	0	0	0	0	0	1	1	$\frac{2}{8}U_{REF}$	0 1 0
$\frac{5}{16}U_{REF} \leqslant U_S < \frac{7}{16}U_{REF}$	0	0	0	0	1	1	1	$\frac{3}{8}U_{REF}$	0 1 1
$\frac{7}{16}U_{REF} \leqslant U_S < \frac{9}{16}U_{REF}$	0	0	0	1	1	1	1	$\frac{4}{8}U_{REF}$	1 0 0
$\frac{9}{16}U_{REF} \leqslant U_S < \frac{11}{16}U_{REF}$	0	0	1	1	1	1	1	$\frac{5}{8}U_{REF}$	1 0 1
$\frac{11}{16}U_{REF} \leqslant U_S < \frac{13}{16}U_{REF}$	0	1	1	1	1	1	1	$\frac{6}{8}U_{REF}$	1 1 0
$\frac{13}{16}U_{REF} \leqslant U_S < \frac{15}{16}U_{REF}$	1	1	1	1	1	1	1	$\frac{7}{8}U_{REF}$	1 1 1

2. 逐次逼近型ADC

逐次逼近型ADC的转换原理与天平称物体过程相似。假设物体质量为163g，可以把标准砝码设置为与8位二进制相对应的位权值，即128(2^7)g，64(2^6)g，32(2^5)g，16(2^4)g，8(2^3)g，4(2^2)g，2(2^1)g，1(2^0)g；先在砝码盘放128g砝码，经天平比较，163g>128g，则保留此砝码（D_7=1）；再加64g砝码，经比较，163g <(128+64)g，则舍下64g砝码（D_6=0）；依此类推，可得163=128+32+2+1，比较完成。最后转换结果为D_7～D_0=10100011。

逐次逼近型ADC是目前使用最多的一种。它由逐次逼近寄存器（SAR）、电压比较器、逻辑控制电路及内部DAC组成。电路如图7-21所示。当C_1=1时：采样-保持电路采样，ADC停止转换，将上一次转换的结果经输出电路输出；当C_1=0时：采样-保持电路停止采样，输出电路禁止输出，ADC工作。

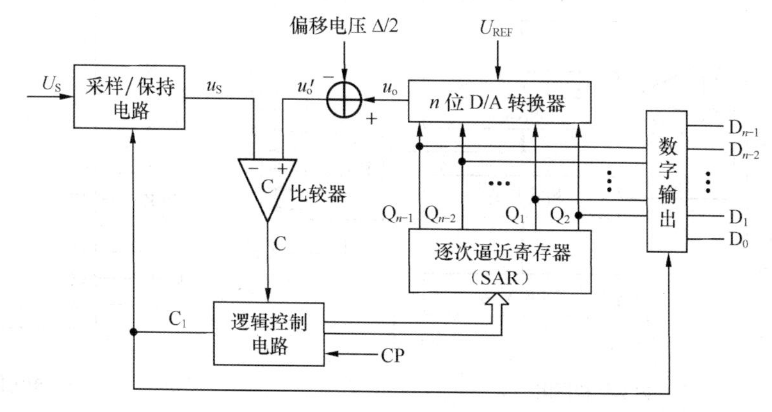

图7-21 逐次逼近型ADC电路

转换过程如下。

在转换开始之前，先将n位逐次逼近寄存器SAR清零。在第1个CP作用下，将SAR的最高位置1，寄存器输出为100…000。这个数字量被DAC转换成相应的模拟电压u_O，经偏移$\Delta/2$后得到$u_O{}'=u_O-\Delta/2$，然后将它送至比较器的正相输入端，与ADC输入模拟电压的采样值u_S相比较。如果$u_o{}' > u_s$，则比较器的输出C=1，说明这个数字量过大了，逻辑控制电路将SAR的最高位复0；如果$u_O{}' < u_S$，则比较器的输出C= 0，说明这个数字量小了，SAR的最高位将保持1不变。这样就确定了转换结果的最高位是0还是1。在第2个CP作用下，逻辑控制电路在前一次比较结果的基础上先将SAR的次高位置1，然后根据$u_O{}'$和u_S的比较结果以确定SAR次高位的1是保留还是清除。在CP的作用下，按照同样的方法一直比较下去，直到确定了最低位是0还是1为止。这时SAR中的内容就是这次A/D转换的最终结果。

其中，逐次逼近型ADC采用了四舍五入的量化方式，量化单位$\Delta=\dfrac{U_{REF}}{2^n}$，最大量化误差$\varepsilon_{max}=\Delta/2$。

逐次逼近型ADC电路的优点是：转换原理直观、电路简单、成本低、转换精度较高。其转换精度与输出数字量的位数有关，位数越多，转换精度越高。缺点是：工作速度较慢（完成1次n位转换需要n+1个T_{CP}）。工作速度与位数和时间频率有关，位数越少，时间频率越高，工作速度越快。因此逐次逼近型ADC适用于高精度、中速以下的场合。

7.2.3 集成A/D转换器

以A/D转换器集成电路ADC0809为例。

1. A/D转换器集成电路ADC0809

ADC0809是由美国国家半导体公司（NSC）生产的28管脚、CMOS8位逐次逼近型A/D转换器。该器件具有8路模拟量输入通道，输出具有三态锁存和缓冲能力，易于与微处理器相连，是应用较广的ADC。图7-22所示为ADC0809内部结构框图和引脚图。

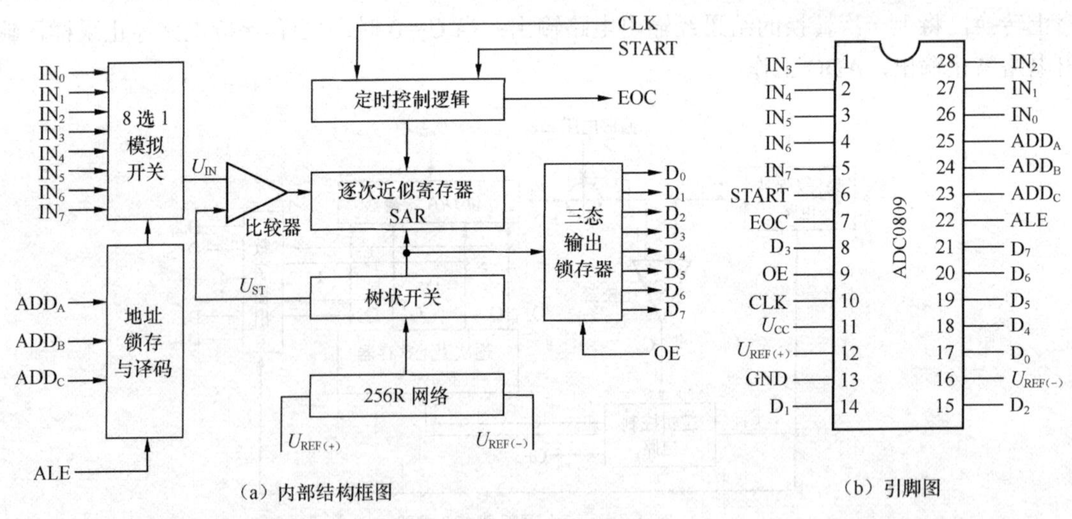

图7-22 所示为ADC0809

ADC0809的内部由两部分电路组成：第一部分是：8选1模拟开关、地址锁存与译码器。第二部分是：比较器、8位逐次逼近寄存器SAR、8位树型D/A转换电路（由树状开关和256R

网络组成)、定时控制逻辑、三态输出锁存器。

ADC0809各引脚的名称和功能如下。

IN_0～IN_7：8路模拟量输入。

$U_{REF(+)}$和$U_{REF(-)}$：基准电压的正端和负端，由此施加基准电压，基准电压的中心点应在$U_{CC}/2$附近，其偏差不应超过±0.1V。

ADD_C，ADD_B，ADD_A：模拟输入通道的地址选择线。它的状态译码与选中模拟电压输入通道的关系见表7-3。

表7-3　　模拟输入通道的地址线关系表

C B A	模拟通道	C B A	模拟通道
0 0 0	IN_0	1 0 0	IN_4
0 0 1	IN_1	1 0 1	IN_5
0 1 0	IN_2	1 1 0	IN_6
0 1 1	IN_3	1 1 1	IN_7

ALE：地址锁存允许信号输入，高电平有效，只有当该信号有效时，才能将地址信号有效锁

存，并经译码选中一个通道。

D_7～D_0：数据输出线。D_7为高位。

OE：输出允许信号，高电平有效。即当OE=1时，将三态输出锁存缓冲器打开，把其中所存转换结果数据送到数据输出线上。

CLK：时钟脉冲输入端。只有时钟输入时，控制与时序电路才能工作。一般在此端加500kHz的时钟信号。

START：脉冲输入信号启动端。为了启动A/D转换过程，应在此引脚加1个正脉冲，脉冲的上升沿将内部寄存器全部清0，下降沿开始模数转换。

EOC：转换结束输出信号，高电平有效。在START信号上升沿之后1～8个时钟周期内，EOC信号输出低电平信号，标志着转换器正在进行转换。当转换结束后，EOC变为高电平，通知数据接收设备取走转换后的数据。

2．ADC0809工作原理

由ADD_C，ADD_B，ADD_A及ALE选择8个模拟量之一，并通过通道选择开关加至比较器一端，由START信号启动A/D转换且SAR清零，在CLK的控制下，将SAR从高位到低位逐次置1，并将每次置位后的SAR送D/A转换器转换成与SAR中数字量成正比的模拟量，DAC的输出加至比较器的另一端与输入的模拟电压进行比较，若$U_{IN} \geqslant U_{ST}$，保留SAR中该位的1；若$U_{IN} < U_{ST}$，该位清零。经过8个CLK，即8次比较后，SAR中的8位数字量就是结果，在OE有效下，将SAR中8位二进制数输出到锁存器，并通过D_7～D_0输出，同时发出EOC转换结束信号。

其D/A转换电路由树状开关和256R电阻网络构成。256R电阻网络起分压作用，以分辨出256个二进制数。树状开关受逐次逼近寄存器（SAR）的状态控制。256R电阻网络与树状开关相配合，就能产生与SAR中二进制数字量相应的反馈模拟电压U_O。

3．ADC0809的典型连接

ADC0809的典型应用中，与微处理器的连接如图7-23所示。

ADC0809在开始转换时，需要在START引脚加一个正脉冲，可以采用外设$\overline{WR}$信号和地址译码器的端口地址信号经过逻辑电路进行控制。当A/D转换结束，ADC输出一个转

换结束信号，由于 ADC0809 芯片输出带有三态锁存器，ADC 的数据输出端可直接与主机相连。

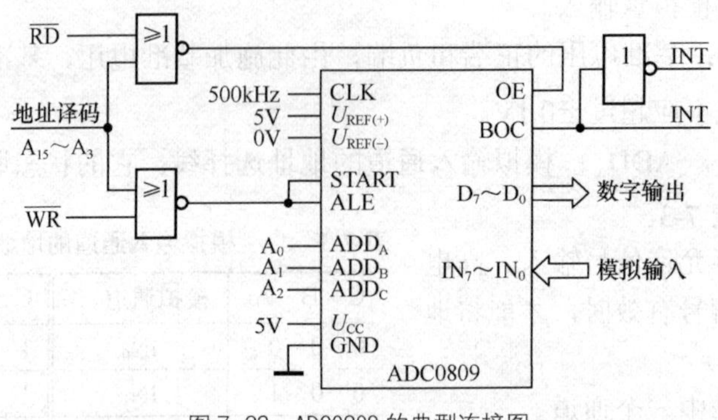

图 7-23　ADC0809 的典型连接图

7.2.4　A/D 转换器的主要参数

1．转换精度

A/D 转换器通常用分辨率和相对精度描述转换精度。

（1）分辨率

分辨率是指输出数字量变化一个最低位所对应的输入模拟量需要变化的量。ADC 的位数越多，量化的阶梯越小，分辨率也就越高。分辨率常以输出二进制码的位数表示。如输入模拟电压满量程为 5V，8 位 ADC 可以分辨的最小模拟电压是：$\frac{5}{2^8}=19.53\text{mV}$，模拟值低于此值，则转换器无法转换，而 12 位 ADC 可分辨的最小电压为：$\frac{5}{2^{12}}=1.22\text{mV}$，可见 ADC 位数越多，分辨率越高。

（2）相对精度

在理想转换特性情况下，所有转换点应当在一条直线上。但实际并非完全如此。相对精度是指实际的转换点偏离理想特性的误差。一般用最低有效位 LSB 来表示。如相对精度≤±$\frac{1}{2}$LSB。

2．转换速度

常用转换时间或转换速率来描述转换速度。转换时间是指 ADC 从接到转换控制信号起，到输出稳定的数字量为止所用的时间。时间越短，转换速度越快。双积分型 A/D 转换器的转换速度最慢，需几百毫秒左右；逐次逼近式 A/D 转换器的转换速度较快，转换速度在几十微秒；并联型 A/D 转换器的转换速度最快，仅需几十纳秒时间。

3．转换范围

指可输入的模拟电压范围，即可能转换的最大模拟电压。常用集成 A/D 芯片的主要性能参数如表 7-4 所示。

表 7-4 **A/D芯片主要性能参数**

型号	位数	精度%FSR (25℃)	转换时间	输入电压/V	电源电压/V	封装	说明
AD570	8	±1/2LSB	20μs	±5	+5, −12	18脚DIP	逐位逼近，μp兼容
AC7574	8	±1/2LSB	15μs	−5	+5	18脚DIP	逐位逼近，μp兼容
MAH0801	8	±1/2LSB	750ns	−5, −10	+5,±15	模块	逐位逼近，高速
				±5, ±10			
				±1.024			
ADC0804	8	±1LSB	100μs	+5	+5	20脚DIP	逐位逼近，μp兼容
ADC0809	8	±1LSB	100μs	+5	+5	28脚DIP	逐位逼近，μp兼容
ADC0816	8	±1/2LSB	100μs	+5	+5	40脚DIP	逐位逼近，μp兼容
MN5100	8	±0.2	1.5μs	+5, +10, +20, +2.5, ±5, ±10	+5,±15	24脚DIP	逐位逼近，高速
AM6108	8	±0.1	1μs	0.5,10, ±5	+5	28脚DIP	逐位逼近，μp兼容
AD571	10	±0.048	25μs	+10, ±5	+5, −15	18脚DIP	逐位逼近，μp兼容
AD579	10	±0.048	1.8μs	±5, ±10	+5,±15	模块	逐位逼近，高速
				+10,+20			
HAS1002	10	±0.025	1.7μs	±2.5, ±10, +5,+20		模块	
							逐位逼近，高速
μPd7004C	10	±0.5	104μs	5	+5	28脚DIP	逐位比较
AD574	12	±0.012	25μs	+10,+20，±5, ±10	+5,±15	28脚DIP	逻位逼近，μp兼容
AD58J	12	±0.012	3μs	+10,+20, ±5, ±10	+5,±15	32脚DIP	逐位逼近，μp兼容
ADC1210	12	±1/2LSB	100μs	+10.2	+5、±15	29脚DIP	逐位逼近，μp兼容
ICL7104-14	14	±0.015	165ms	±4	+5、±15	40脚DIP	双积分
ADC149	14	±0.003	50μs	−10, ±5, ±10	+5、±15	模块	逐位逼近
−14B							
MN5290	16	±0.003	40μs	+5, +10, +20, ±2.5, ±5, ±10	+5、±15	32脚DIP	逐位逼近
ICL7106	$3\frac{1}{2}$ (BCD)	±1字	333ms	+0.2，±2	+9	40脚DIP	液晶显示、双积分
ICL7129	$4\frac{1}{2}$ (BCD)	±1字	333ms	+0.2，±2	±5	40脚DIP	双积分，低功耗
							差分输入
AD7555	$5\frac{1}{2}$ (BCD)	±1字	1.760s	±2	±5	28脚DIP	μp兼容，4斜率积分

习　题

1．数字量和模拟量的主要区别是什么？

2．什么是A/D转换？什么是D/A转换？分别应用在什么场合？

3．影响D/A转换器转换精度的主要原因有哪些？请简要说明。

4．影响A/D转换器转换精度的主要原因有哪些？请简要说明。

5．若不经过采样、保持，可以直接进行A/D转换吗？请说明原因。在采样保持电路中，选择保持电容时，应考虑哪些因素？

6．填空。

（1）D/A 转换器电路的基本结构主要包含________、________、________3个部分。输入二进制数的n位D/A转换器的n越大，分辨率越________。

（2）D/A转换器电压型R-2R T型电阻网络的特点是从每个节点向左、右、下3个方向看去，等效电阻是________。

（3）A/D转换的基本步骤是________、________、________3个步骤。

（4）并行比较型ADC主要有________、________、________和________4个部分组成；逐次逼近型ADC主要有________、________、________和________4个部分组成。对于8位A/D转换器，并行比较型所需电压比较器的数量是________，逐次逼近型所需电压比较器的数量是________。

（5）集成ADC0809可以锁存________路模拟信号。

（6）A/D转换器的量化方式有________、________2种方式；逐次逼近型ADC只能采用________方式。

（7）通常，A/D转换的速度以________为最快，以________为最低。

7．什么叫DAC的分辨率？它与DAC的精度有什么关系？试求：

（1）12位二进制DAC的分辨率；

（2）12位BCD码DAC的分辨率。

8．有1个DAC满刻度电压为20V，需要在其输出端分辨出0.5mV的电压，试求：至少需要多少位二进制数？

9．已知某10位DAC满刻度电压为10V，试求：

（1）该DAC的分辨率；

（2）该DAC最小可分辨的电压变化量；

（3）当输入的二进制数码仅MSB为1时、仅LSB为1时、全部为1时，输出电压分别为多少？

10．T型电阻网络D/A转换器电路如题图1所示。

（1）根据电路工作原理，写出U_O的表达式。

（2）若电阻网络为8位，$U_{REF}=-10.24V$，$R=20k\Omega$，$R_F=60k\Omega$，求U_O的输出范围。

11．8位T型电阻网络D/A转换器电路，已知$U_{REF}=-10V$，$R=50k\Omega$，$R_F=150k\Omega$，已测得$U_O=7.03V$，求输入$D_7\sim D_0$的状态。

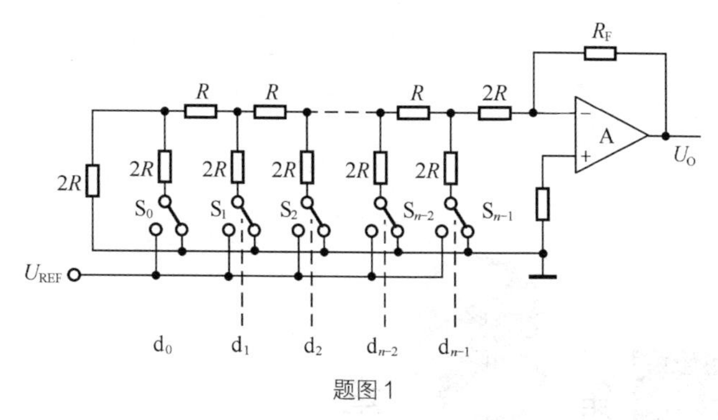

题图 1

12．模拟输入信号的最高频率分量是4000Hz，试求最低采样频率。

13．8位ADC输入满量程为10V，当输入下列电压值时，数字量的输出分别为多大？

（1）3.5V；

（2）7.08V。

14．某12位的A/D转换器，其输入满量程电压是10V。试计算该ADC分辨的最小阶梯电压是多少？

15．某3位并行ADC的参考电压 U_{REF}＝8V，试求当输入模拟电压 U_S＝4.7V时的输出数字量。

16．某电路如题图2所示。

（1）该电路的功能是什么？

（2）试分析 R_1 和 R_2 的作用。

（3）当 D_7～D_0=1111 1111时，U_O＝？

当 D_7～D_0=0000 0001时，U_O＝？

当 D_7～D_0=0101 0000时，U_O＝？

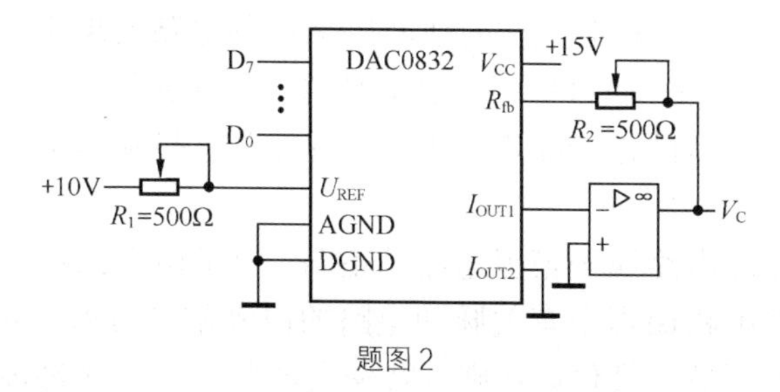

题图 2

脉冲单元电路 第8章

在数字电路或系统中，经常需要各种宽度、幅度且边沿陡峭的脉冲信号，如时钟信号、定时信号等。其中，时钟信号CP就是一种典型的矩形波信号，它在时序电路中协调各种功能部件的工作，因此必须考虑时钟脉冲信号的产生与变换问题。获得脉冲信号的方法通常有2种：一种方法是利用多谐振荡器直接产生所需的脉冲信号；另一种方法是利用已有的其他非脉冲信号，通过脉冲整形电路变换成所需的脉冲信号。

本章主要介绍555定时器及由555定时器构成的脉冲单元电路，至于其他器件构成的脉冲电路，请读者参阅有关参考书。

8.1 概述

8.1.1 脉冲电路概念

脉冲电路是用来产生和处理脉冲信号的电路，主要由2部分组成：开关元件和惰性电路（RC或RL电路）。其中，开关元件的通断用来控制电路实现不同状态的转换，它可以采用不同的电子器件来完成，如可以用分立晶体管、场效应管，也可以用集成门电路或运算放大器等，目前用得较多的是555定时电路；而惰性电路则是用来控制暂态变化过程的快慢。

严格意义上讲，脉冲电路属于模拟电路的范畴，但是由于脉冲电路与数字电路有着密切的联系，所以在数字电路课程中有关脉冲电路的内容常常占有一定篇幅，主要讨论脉冲波形的产生、变换、整形等，具体如：施密特触发器常用于对脉冲波形的整形或变换；单稳态触发器常用于作为定时电路；多谐振荡器常用于作为数字电路的触发脉冲。

8.1.2 脉冲信号

狭义地说，脉冲信号是一种持续时间极短的电压或电流波形；但在广义上，凡是不具有连续正弦波形状的信号，几乎都可以统称为脉冲信号。常见的脉冲波形如图8-1所示，其中图8-1（a）是方波，图8-1（b）是矩形波，图8-1（c）是尖顶脉冲，图8-1（d）是锯齿波，图8-1（e）是钟形脉冲。

脉冲波形的特性可以用脉冲参数来描述，波形不同，使用的参数也不同。现以常见的矩形波为例来说明脉冲波形的参数，如图8-2所示。理想的矩形波突变部分是瞬时的，不占用时间。但实际中，脉冲电压从零值跃升到最大值时，或从最大值降到零值时，都需要经历一定的时间。图 8-2 中，V_m 是脉冲信号的幅度，它是指脉冲电压的最大值与最小值之差；t_r 是脉冲信号的上升时间，又称前沿，它是指脉冲信号从 0.1 V_m 上升到 0.9 V_m 所需的时间；t_f 是脉冲信号的下降时间，又称后沿，它是指脉冲信号从 0.9 V_m 下降到 0.1 V_m 所需的时间；T 是脉冲信号的周期，它是指周期性脉冲信号中两个相邻脉冲之间的时间间隔；t_W 是脉冲信号持续时间，又称脉冲宽度（脉宽），它是指脉冲信号从上升至 0.5 V_m 处到又下降到 0.5 V_m 之间的时间间隔；$q=\frac{t_W}{T}$ 是脉冲信号的占空比，它是指脉冲宽度和脉冲周期的比值。需要说明的是，在实际的数字系统中，显然 t_r 和 t_f 越小越好；此外，$q=\frac{1}{2}$ 的矩形波称为方波，方波是矩形波的一种特殊情况。

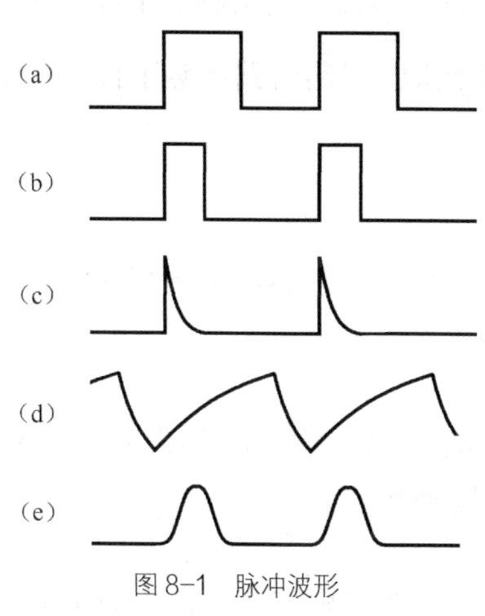

图 8-1 脉冲波形

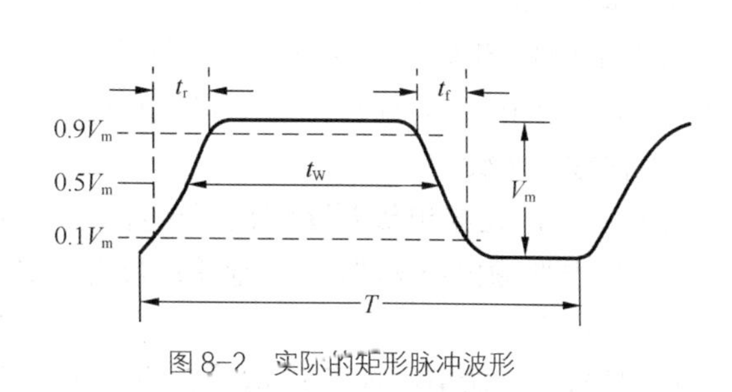

图 8-2 实际的矩形脉冲波形

8.1.3 555 定时器

定时器（timer）也称时基（timebase）电路，它可以作为定时器件用。集成 555 定时器是一种兼容模拟和数字电路于同一硅片的混合中规模集成电路，只需要添加有限的外围元器件，就可以极其方便地构成许多实用的电子电路，如施密特触发器、单稳态触发器和多谐振荡器等。由于其使用灵活方便，加上性能优良，因而在波形的产生与变换、信号的测量与控制、家用电器和电子玩具等许多领域中都得到了广泛应用。

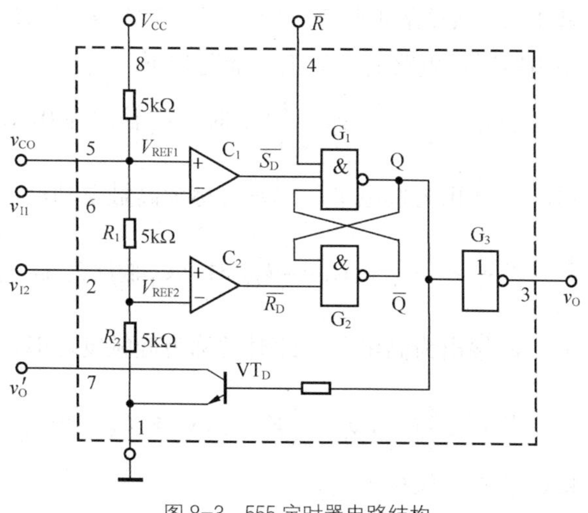

图 8-3 555 定时器电路结构

1. 555 定时器的组成部分

目前虽然生产厂商及产品型号繁多，但各种 555 定时器的结构大同小异，现以图 8-3 所示的简化结构原理图为例进行介绍，其中虚线内的阿拉伯数字为器件外部引出端的编号。

由图8-3可以看出，555定时器主要由以下几个部分组成。

① 电压比较器

C_1和C_2是两个结构完全相同的高精度电压比较器。当比较器的同相输入端v_+大于它的反相输入端v_-时，其输出为高电平；反之，当$v_+ < v_-$时，其输出为低电平。

② 分压器

由3个阻值为5kΩ的电阻串联构成分压器，从而为2个电压比较器（C_1和C_2）提供参考电压。通过改变引脚5的接法可以改变C_1和C_2的参考电压，当引脚5通过10kΩ电阻接地，则C_1和C_2的参考电压分别为$v_{1+}\left(V_{\text{REF1}}\right)=\frac{1}{2}V_{\text{CC}}$和$v_{2-}\left(V_{\text{REF2}}\right)=\frac{1}{4}V_{\text{CC}}$；当引脚5加控制电压$V_{\text{DD}}$时，则$C_1$和$C_2$的参考电压分别为$v_{1+}(V_{\text{REF1}})=V_{DD}$和$v_{2-}(V_{\text{REF2}})=\frac{1}{2}V_{DD}$；当引脚5不加控制电压时，一般不可悬空，可通过1个小电容（如0.01～0.1 μF）接地，以防旁路高频干扰，此时C_1和C_2的参考电压分别为$\frac{2}{3}V_{\text{CC}}$和$\frac{1}{3}V_{\text{CC}}$。

③ 基本RS触发器

由与非门G_1和G_2构成基本RS触发器，它的状态由2个电压比较器的输出来控制。其中，$\overline{R}$是专门设置的可从外部直接异步置0的复位端，低电平有效。

④ 泄放三极管

三极管VT_D是集电极开路输出三极管，为外接电容提供充、放电回路，称为泄放三极管。基本RS触发器输出$Q=1$时VT_D导通；反之，$Q=0$时VT_D截止。

⑤ 反相器

反相器G_3为输出缓冲反相器，它的设计考虑了有较大的驱动电流能力，一般可驱动2个TTL门电路；同时，还可隔离负载对定时器的影响，起整形作用。

2．555定时器的基本功能

综上所述，555定时器的主要功能取决于2个电压比较器C_1和C_2的输出，其输出控制着基本RS触发器和泄放三极管VT_D的状态。当$\overline{R}=1$，并且引脚5不外接电压而是对地接1个小电容时，电路的具体工作情况如下：

当$v_{\text{I1}} > \frac{2}{3}V_{\text{CC}}$，$v_{\text{I2}} > \frac{1}{3}V_{\text{CC}}$时，$C_1$输出为0，$C_2$输出为1，基本RS触发器被置1，$VT_D$导通，$v_{\text{O}}$输出为低电平。此时常称为高触发功能，高触发的主要触发条件是$v_{\text{I1}} > \frac{2}{3}V_{\text{CC}}$。

当$v_{\text{I1}} < \frac{2}{3}V_{\text{CC}}$，$v_{\text{I2}} < \frac{1}{3}V_{\text{CC}}$时，$C_1$输出为1，$C_2$输出为0，基本RS触发器被置0，$VT_D$截止，$v_{\text{O}}$输出为高电平。此时常称为低触发功能，低触发的主要触发条件是$v_{\text{I2}} < \frac{1}{3}V_{\text{CC}}$。

当$v_{\text{I1}} < \frac{2}{3}V_{\text{CC}}$，$v_{\text{I2}} > \frac{1}{3}V_{\text{CC}}$时，$C_1$和$C_2$输出均为1，基本RS触发器状态保持不变，因此$VT_D$和$v_{\text{O}}$状态也保持不变。

将上述讨论列成表格的形式如表 8-1 所示，即为 555 定时器的功能表。其中，$V_{REF1}=\frac{2}{3}V_{CC}$ 和 $V_{REF2}=\frac{1}{3}V_{CC}$。

在表 8-1 所示的功能表中，虽然看不出 555 定时器的用途，但事实上可以利用它的输入输出特性构成各种有用的电路。555 定时器的各种应用十分广泛，在下面各节中，仅介绍它构成脉冲单元电路的几种基本应用。

表 8-1　　555 定时器功能表

$\overline{R}$	v_{I1}	v_{I2}	$(\overline{S_D})$	$(\overline{R_D})$	(Q)	VT_D	v_0
L	×	×	×	×	H	导通	V_{OL}
H	$>V_{REF1}$	$>V_{REF2}$	0	1	H	导通	V_{OL}
H	$<V_{REF1}$	$<V_{REF2}$	1	0	L	截止	V_{OH}
H	$<V_{REF1}$	$>V_{REF2}$	1	1	保持	保持	保持

8.2 施密特触发器

施密特触发器（Schmitt FF）是数字系统中常用的一种波形变换电路，工作时具有稳态 I 和稳态 II 两个稳定的工作状态，属于双稳态电路。

8.2.1 555 定时器构成的施密特触发器

用 555 定时器构成的施密特触发器电路如图 8-4（a）所示。图中，555 定时器 2 个电压比较器输入端 $v_{I1}(6)$ 和 $v_{I2}(2)$ 连在一起，外接输入电压 v_I，作为施密特触发器的输入端；清 0 端 $\overline{R}(4)$ 接高电平 V_{CC}；$v_{CO}(5)$ 端对地接 0.01 μF 电容，起滤波作用，为的是提高比较器参考电压的稳定性。这样，输入 v_I 的大小将直接影响 555 定时器两个电压比较器 C_1 和 C_2 的输出，进而影响电路的输出状态。

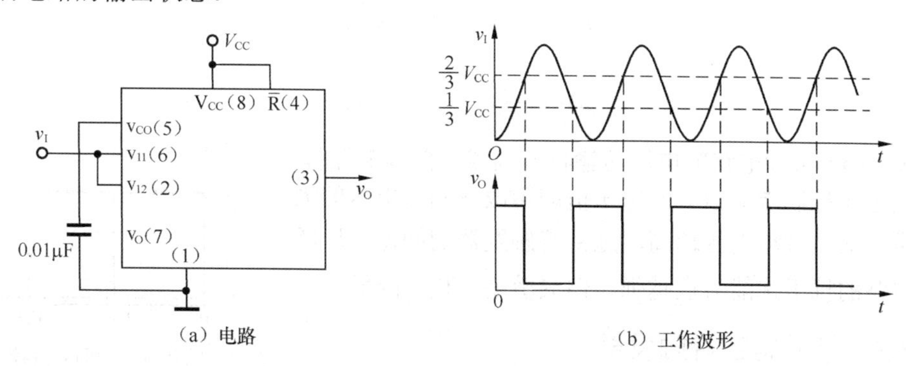

图 8-4　用 555 定时器构成的施密特触发器

1. 工作原理

如果在施密特触发器输入端 v_I 加正弦波，则可在输出端得到如图 8-4（b）所示的矩形脉冲。其工作过程如下：

当$v_{\mathrm{I}} < \frac{1}{3}V_{\mathrm{CC}}$时，对于$\mathrm{C_1}$，由于$v_{1+} > v_{1-}$，输出为高电平；对于$\mathrm{C_2}$，由于$v_{2+} < v_{2-}$，输出为低电平。这样，基本RS触发器被置0，电路输出为高电平，可视作电路处于稳态Ⅰ。此时的主要触发条件是$v_{\mathrm{I}} < \frac{1}{3}V_{\mathrm{CC}}$，相当于低触发功能。

当$\frac{1}{3}V_{\mathrm{CC}} < v_{\mathrm{I}} < \frac{2}{3}V_{\mathrm{CC}}$时，对于$\mathrm{C_1}$和$\mathrm{C_2}$，由于都存在$v_{+} > v_{-}$，因此二者输出均为高电平。这样，基本RS触发器状态保持不变，电路输出也不会发生变化。

当$v_{\mathrm{I}} \geqslant \frac{2}{3}V_{\mathrm{CC}}$时，对于$\mathrm{C_1}$，由于$v_{1+} < v_{1-}$，输出为低电平；对于$\mathrm{C_2}$，由于$v_{2+} > v_{2-}$，输出为高电平。这样，基本RS触发器被置1，电路输出为低电平，可视作电路处于稳态Ⅱ。此时的主要触发条件是$v_{\mathrm{I}} \geqslant \frac{2}{3}V_{\mathrm{CC}}$，相当于高触发功能。

显然，若v_{I}继续上升，电路输出则持续为低电平，保持在稳态Ⅱ。而当v_{I}由最大值逐步下降，只有当v_{I}下降至$v_{\mathrm{I}} \leqslant \frac{1}{3}V_{\mathrm{CC}}$时，$\mathrm{C_1}$和$\mathrm{C_2}$输出分别为高电平和低电平，基本RS触发器被置0，电路输出由低电平变为高电平，状态又发生一次翻转，返回到稳态Ⅰ。

2．主要参数

由以上分析可见，施密特触发器有2种稳定工作状态，具体处于哪一种工作状态，取决于输入信号电平的高低。当输入信号由低电平逐步上升到某一电平（$V_{\mathrm{T+}}$）时，电路状态发生1次转换；当输入信号由高电平逐步下降到某一电平（$V_{\mathrm{T-}}$）时，电路状态又会发生1次转换。因此，它是电平触发的双稳态电路。

施密特触发器的上限触发电平$V_{\mathrm{T+}}$和下限触发电平$V_{\mathrm{T-}}$的差值称为施密特触发器的回差电压ΔV_{T}，2次触发电平的不一致性称为施密特触发器的回差特性，又叫滞迟特性，这正是施密特触发器最重要的电气特性。

显然，对于图8-4（a）有

$$V_{\mathrm{T+}} = \frac{2}{3}V_{\mathrm{CC}};\quad V_{\mathrm{T-}} = \frac{1}{3}V_{\mathrm{CC}} \tag{8-1}$$

$$\Delta V_{\mathrm{T}} = V_{\mathrm{T+}} - V_{\mathrm{T-}} = \frac{1}{3}V_{\mathrm{CC}} \tag{8-2}$$

图8-4（a）所示电路的电压传输特性曲线如图8-5所示。通过改变电压控制端$v_{\mathrm{CO}}(5)$的电压值即可改变回差电压的大小。通常，$v_{\mathrm{CO}}(5)$端电压越高，施密特触发器的回差电压就越大，电路的抗干扰能力也越强，但灵敏度会相应降低。

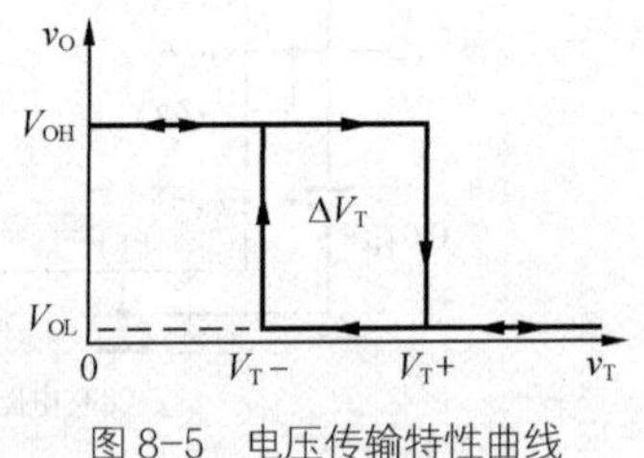

图8-5　电压传输特性曲线

8.2.2　集成施密特触发器

在数字系统中，集成施密特触发器由于性能稳定，因而得到了广泛应用。它有TTL和CMOS两大系列，下面以CMOS CC40106集成施密特触发器为例，介绍其工作原理。

CMOS集成施密特触发器CC40106的电路图及逻辑符号如图8-6所示。从图8-6（a）中可以看出，该电路由3部分组成：$\mathrm{VT_{P1}}$，$\mathrm{VT_{P2}}$，$\mathrm{VT_{P3}}$及$\mathrm{VT_{N1}}$，$\mathrm{VT_{N2}}$，$\mathrm{VT_{N3}}$构成施密特触

发器；VT_{P4}，VT_{P5}及VT_{N4}，VT_{N5}构成2个首尾相连的反相器，用来改善输出波形（整形）；VT_{P6}和VT_{N6}组成输出缓冲级，以提高电路的带负载能力，同时起隔离作用。

当输入$v_I=0$时，VT_{P1}，VT_{P2}导通，VT_{N1}，VT_{N2}截止，输出v_O'为高电平；v_O'经VT_{P5}，VT_{N5}反相，输出v_O''为低电平；v_O''经VT_{P6}，VT_{P6}反相，使电路输出v_O为高电平，$v_O=V_{OH}=V_{DD}$，此时电路处于稳态Ⅰ。同时，v_O''又作为VT_{P4}、VT_{N4}的输入，经反相维持v_O'为高电平。当v_O'为高电平时，VT_{P3}截止，VT_{N3}导通，且工作在源极跟随器状态，使A点（VT_{N1}的源极；VT_{N2}的漏极）电位约为$V_{DD}-V_{GS(th)N_3}$（其中，$V_{GS(th)N_3}$为VT_{N3}阈值电平）。

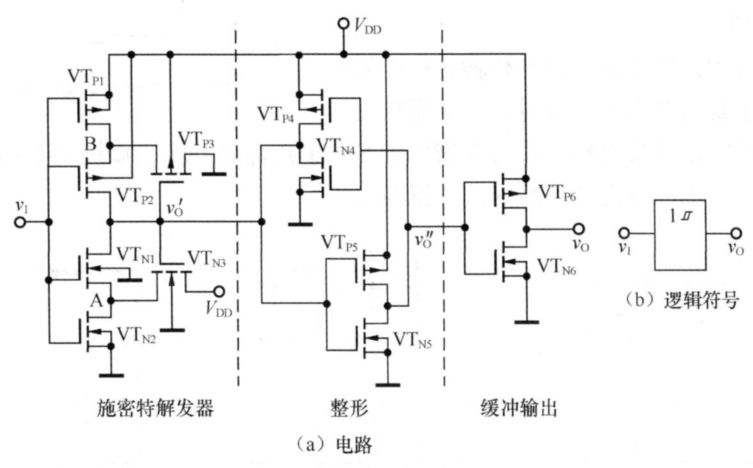

图8-6 CMOS集成施密特触发器电路

v_I逐步上升，当上升至$V_{GS(th)N_2}$以上时，VT_{N2}开始导通，此时VT_{N2}、VT_{N3}均处于导通状态，使A点电位约为VT_{N3}和VT_{N2}对V_{DD}的分压，近似为$\frac{1}{2}V_{DD}$，此时VT_{N1}仍然截止。当v_I继续上升至$\frac{1}{2}V_{DD}+V_{GS(th)N_1}$时，$VT_{N1}$开始导通，$v_O'$下降，则$VT_{P3}$导通，B点电位下降，$VT_{P2}$趋于截止，内阻升高，$v_O'$降低，$v_O''$上升，很快$v_O'$为低电平，$v_O''$为高电平。同时，$v_O''$又作为$VT_{P4}$、$VT_{N4}$的输入，维持$v_O'$为低电平。此时，电路翻转至稳态Ⅱ，$v_O=V_{OL}=0V$。因此，上限触发电平$V_{T+}=\frac{1}{2}V_{DD}+V_{GS(th)N_1}$。

当v_I由高电平逐步下降时，将发生与上述过程相反的变化。v_I下降至$V_{DD}-\left|V_{GS(th)P_1}\right|$时，$VT_{P1}$导通，B点电位约为$\frac{1}{2}V_{DD}$；$v_I$下降至$\frac{1}{2}V_{DD}-\left|V_{GS(th)P_2}\right|$时，$VT_{P2}$导通，$v_O'$上升，则使$VT_{P3}$截止，$VT_{N3}$导通，电路再一次翻转，$v_O=V_{OH}=V_{DD}$。因此，下限触发电平$V_{T-}=\frac{1}{2}V_{DD}-\left|V_{GS(th)P_2}\right|$。

根据以上分析过程，可得集成施密特触发器上、下限触发电平V_{T+}及V_{T-}典型数值如表8-2所示。

表8-2 CC40106阈值数

参数名称	V_{DD}/V	最小值/V	最大值/V
V_{T+}	5	2.2	3.6
	10	4.6	7.1
	15	6.8	10.8
V_{T-}	5	0.3	1.6
	10	1.2	3.4
	15	1.6	5.0

8.2.3 施密特触发器的应用

在脉冲与数字技术中，施密特触发器的应用非常广泛，下面举例说明。

① 波形变换

利用施密特触发器的回差特性，可以将输入三角波、正弦波、锯齿波等缓慢变化的周期信号变换成矩形脉冲输出。图 8-7 即是把三角波变成矩形波的例子。

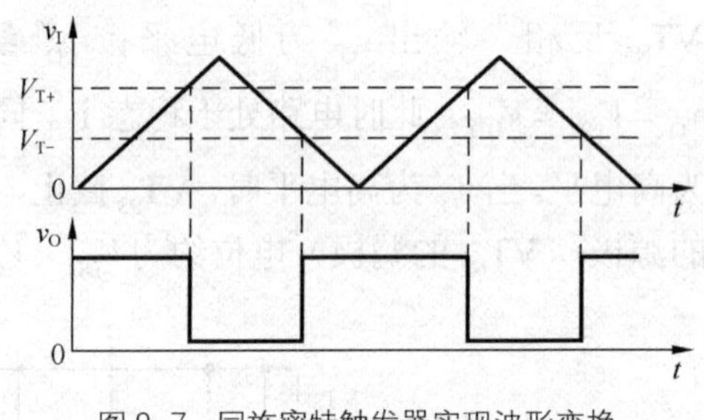

图 8-7 同施密特触发器实现波形变换

② 脉冲整形

在数字系统中，当矩形脉冲在传输过程中发生畸变或受到干扰而变得不规则时，可利用施密特触发器的回差特性将其整形，进而获得比较满意的矩形脉冲波，如图 8-8 所示。整形时，若适当增大回差电压，可提高电路的抗干扰能力。

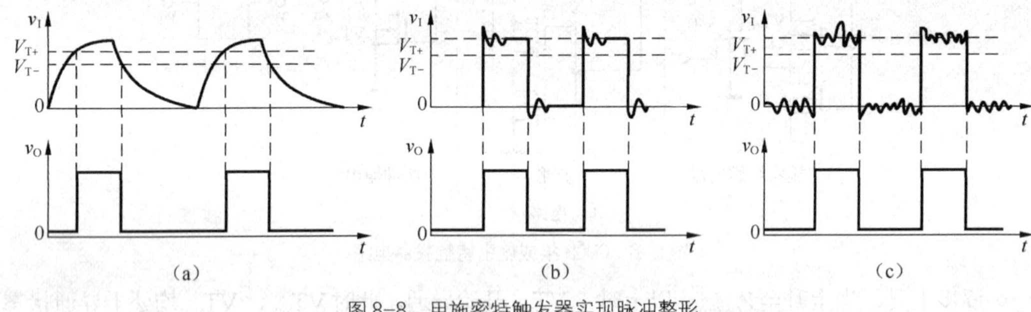

图 8-8 用施密特触发器实现脉冲整形

③ 脉冲鉴幅

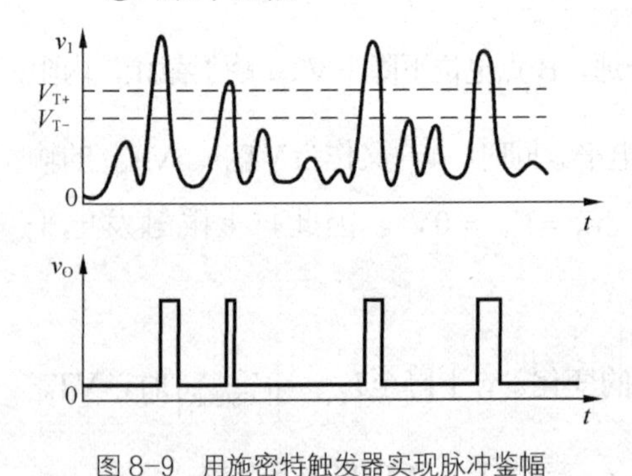

图 8-9 用施密特触发器实现脉冲鉴幅

由于施密特触发器的状态取决于输入信号电平的高低，因此可通过调整电路的 V_{T+} 和 V_{T-} 来甄别输入脉冲的幅度。在图 8-9 中施密特触发器被用作幅度鉴别器，电路的输入信号是一系列幅度各异的脉冲信号，只有那些幅度大于 V_{T+} 的脉冲才在输出端产生输出信号。因此可将幅度大于 V_{T+} 的脉冲选出，而将小于 V_{T+} 的脉冲消除。

此外，利用施密特触发器的回差特性还能组成单稳态触发器和多谐振荡器，这两种电路也是应用较广泛的脉冲电路。

8.3 单稳态触发器

单稳态触发器（one-shot monostable multivibrator），又称单稳态振荡器（monostable multivibrator），是广泛应用于脉冲整形、延时和定时的常用电路。

单稳态触发器具有稳态和暂稳态 2 个不同的工作状态，是单稳态电路。当无输入信号触发时电路处于稳态；在外界触发脉冲作用下，电路状态转换进入暂稳态，在暂稳态持续一定时间后，又会自动地翻转到稳态。

8.3.1 555定时器构成的单稳态触发器

用555定时器构成的单稳态触发器电路如图9-10（a）所示。图中，以$v_{I2}(2)$端作输入触发端，v_I的下降沿触发；清0端$\overline{R}(4)$接高电平V_{CC}；将VT_D三极管的集电极输出$v_O'(7)$端通过电阻R接V_{CC}，构成反相器；VT_D反相器输出端$v_O'(7)$通过电容C接地；同时，$v_O'(7)$和$v_{I1}(6)$端连在一起；$v_{CO}(5)$端对地接0.01 μF电容，以防干扰。

1．工作原理

单稳态触发器的工作波形如图8-10（b）所示。其工作过程如下：

设电源接通后，没有触发信号，输入信号$v_I=V_{CC}$，电路已达到稳态，输出为低电平。

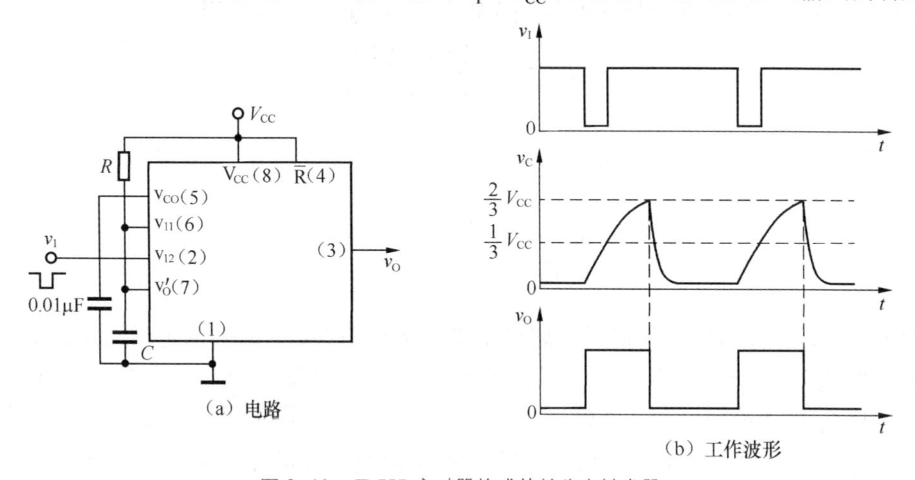

图8-10 用555定时器构成的单稳态触发器

在稳态期间，由于$v_I=V_{CC}$，对于电压比较器C_2，$v_{2+}>v_{2-}$，输出为高电平。电源刚接通时，电路会有一个暂态过程，即V_{CC}通过电阻R对电容C充电，使$v_{I1}(6)$电位上升。当$v_{I1}(6)$充电至大于$\frac{2}{3}V_{CC}$时，对比较器C_1，就会出现$v_{1+}<v_{1-}$，输出为低电平。这样，基本RS触发器被置1，电路输出v_O为低电平。同时，Q=1使泄放三极管VT_D导通，电容C将通过VT_D放电，当$v_{I1}(6)$放电至小于$\frac{1}{3}V_{CC}$时，比较器C_1输出也为高电平，最高电容C放电至0。这样，由于C_1和C_2输出均为高电平，基本RS触发器状态保持不变，电路输出也不会发生变化，电路将稳定的处于$v_O=V_{OL}=0V$。

当输入触发端v_I下降沿到达时，由于$v_I=0V<\frac{1}{3}V_{CC}$，对比较器C_2将会出现$v_{2+}<v_{2-}$，输出为低电平。这样，基本RS触发器被置0，电路输出为高电平$v_O=V_{OH}=V_{CC}$。电路受到触发发生一次翻转，进入到暂稳态。

在暂稳态期间，由于Q=0使VT_D截止，则V_{CC}通过R对C进行充电，使$v_{I1}(6)$电位逐步上升。当 $v_{I1}(6) \geqslant \frac{2}{3}V_{CC}$ 时，C_1 出现 $v_{1+} < v_{1-}$，输出为低电平。这样，基本 RS 触发器被置 1，电路输出 v_O 为低电平，又自动发生一次翻转，暂稳态结束。与此同时，Q=1 使 VT_D 导通，电容 C 很快通过 VT_D 放电至 0，电路恢复到初始的稳定状态。

这时，由于 $v_{I1}(6) < \frac{2}{3}V_{CC}$，$C_1$ 输出为高电平，基本 RS 触发器状态保持不变，电路为下次触发翻转做好了准备。当下一个触发信号到来时，又重复上述过程。

2．主要参数的估算

由以上分析可见，输出脉冲的宽度 t_W 是暂稳态的持续时间，为电容 C 的电压从 0 上升到 $\frac{2}{3}V_{CC}$ 所需的时间。

根据电路三要素公式 $v_C(t) = v_C(\infty) - [v_C(\infty) - v_C(0)]e^{-\frac{t}{\tau}}$，可导出

$$t = \tau \ln \frac{v_C(\infty) - v_C(0)}{v_C(\infty) - v_C(t)} \tag{8-3}$$

将 $\tau = RC$，$v_C(\infty) = V_{CC}$，$v_C(0) = 0$，$v_C(t) = v_C(t_W) = \frac{2}{3}V_{CC}$ 带入式（8-3）可得

$$t_W = RC \ln \frac{V_{CC} - 0}{V_{CC} - \frac{2}{3}V_{CC}} = RC \ln 3 = 1.1RC \tag{8-4}$$

不难看出，暂稳态持续时间的长短取决于电路本身的参数，即外接定时元件 R 和 C，而与外界触发脉冲无关。通常，电阻 R 取值在几百欧至几兆欧范围内，电容 C 取值在几百皮法至几百微法，所以 t_W 对应范围可在几微秒到几分钟。t_W 越大，电路的精度和稳定度会相对下降。

必须指明的是，图 8-10（a）所示电路对输入触发脉冲的宽度有一定的要求，它必须小于 t_W。如果输入触发脉冲宽度大于 t_W 时，应在 $v_{I2}(2)$ 端加 RC 微分电路，请读者自行分析。

8.3.2 集成单稳态触发器

由于脉冲整形、延时和定时的需要，目前已生产了便于使用的单片集成单稳态触发器。这种集成器件除了定时电阻和定时电容外接之外，整个单稳态电路都集成在 1 个芯片中。它具有定时范围宽、稳定性好、使用方便等优点，因此得到了广泛应用。

1．类型及特点

集成单稳态触发器根据电路及工作状态的不同，分为非可重触发和可重触发两种类型，其通用符号分别如图 8-11 所示。

所谓非可重触发单稳态触发器，是指在暂稳态定时时间 t_w 之内，若有新的触发脉冲输入，电路不会产生任何响应。如图 8-12 所示，图中 A，B，C，D 为输入触发脉冲，在输入脉冲 A 作用后，电路进入暂稳态。如果在暂稳态持续时间 t_W 内，又有输入脉冲 B，C 来触发，不会引起电路状态的改变。只有在电路返回到稳态后，电路才受输入脉冲信号作用，如输入脉冲 D 的触发。这样，电路输出脉冲宽度为 t_W，由电路本身参数 R 和 C 来决定。

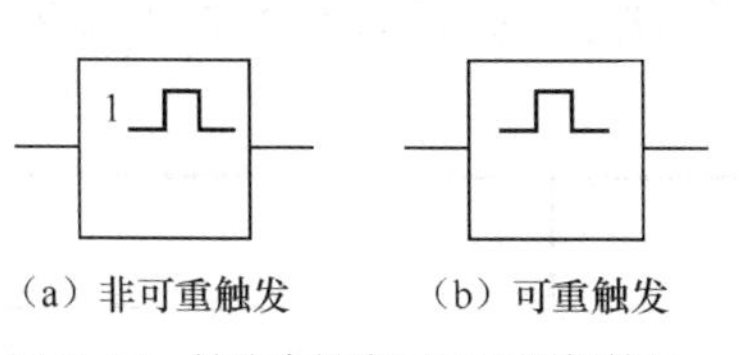

（a）非可重触发　（b）可重触发

图 8-11 单稳态触发器通用逻辑符号

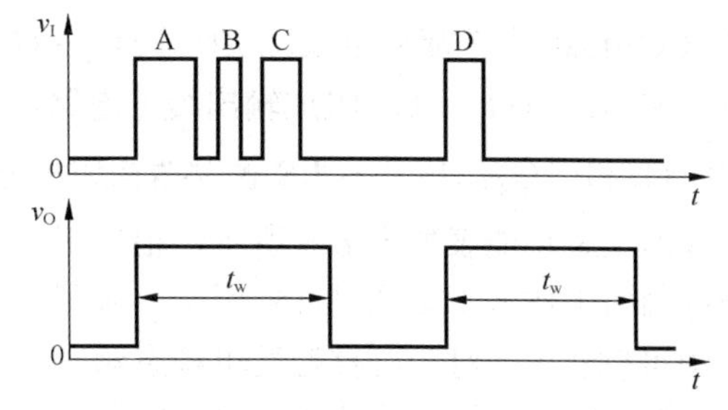

图 8-12 非可重触发单稳态触发器波形

所谓可重触发单稳态触发器，是指在暂稳态定时时间t_W之内，若有新的触发脉冲输入，可被新的输入脉冲重新触发，如图 8-13 所示。电路在受到 A 输入脉冲触发后，进入暂稳态。在暂稳态t_W期间，经t_Δ（$t_\Delta < t_W$）时间后，又受到 B 输入脉冲的触发，电路的暂稳态时间又将从受 B 脉冲触发开始，因此输出信号的脉冲宽度将为$t_\Delta + t_W$。采用可重触发单稳态触发器，只要在受触发后输出的暂态持续期t_w结束前，再输入触发脉冲，就可方便地产生持续时间很长的输出脉冲。

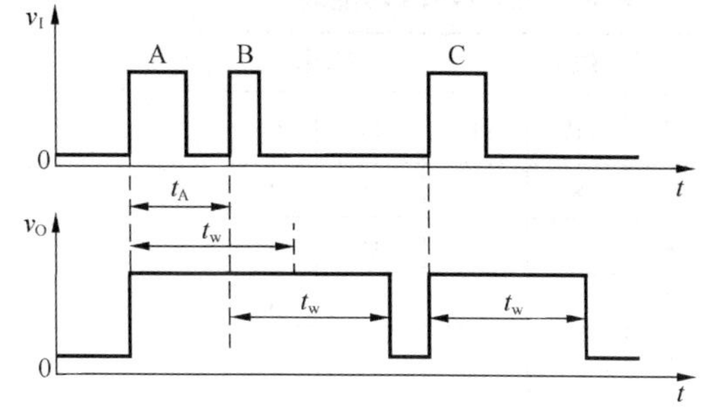

图 8-13 可重触发单稳态触发器波形

2．CMOS 集成单稳态触发器

集成单稳态触发器目前已有许多种型号，有 TTL 型、CMOS 型等。这里仅以 CMOS 型为例进行介绍，常用的 CMOS 集成单稳态触发器有可重触发单稳态触发器 CC14528、CC14538 及非可重触发单稳态触发器 CC74HC123 等，现以 CC14528 为例介绍 CMOS 集成单稳态触发器的工作原理。

图 8-14 所示为 CC14528 可重触发单稳态触发器逻辑电路。由图可见，除外接元件 R、C

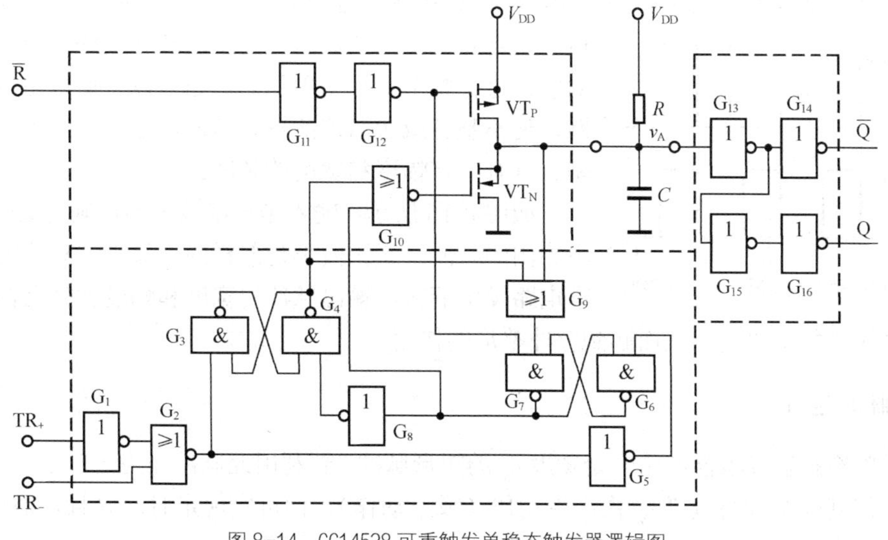

图 8-14 CC14528 可重触发单稳态触发器逻辑图

之外，CC14528 由 3 部分组成。其中，门 $G_1 \sim G_9$ 组成输入控制电路；门 $G_{10} \sim G_{12}$ 及 VT_P，VT_N 组成三态门；门 $G_{13} \sim G_{16}$ 组成输出缓冲电路。该电路是由积分电路 RC、三态门及控制三态门的门 G_3 和门 G_4 组成基本 RS 触发器构成积分型单稳态触发器，并带有异步清 0 端 $\overline{R}$。

CC14528 功能表如表 8-3 所示，根据工作表可画出工作波形如图 8-15 所示。从图 8-15 中可以看出，对于可重触发单稳态触发器，在暂稳态持续期 t_W 结束前，再来触发脉冲，就可以方便地使输出脉冲宽度加大。

表 8-3　CC14528 功能表

输入			输出	
R	TR_+	TR_-	Q	$\overline{Q}$
0	×	×	0	1
×	1	×	0	1
×	×	0	0	1
1	1	↓	⊓	⊔
1	↑	0	⊓	⊔

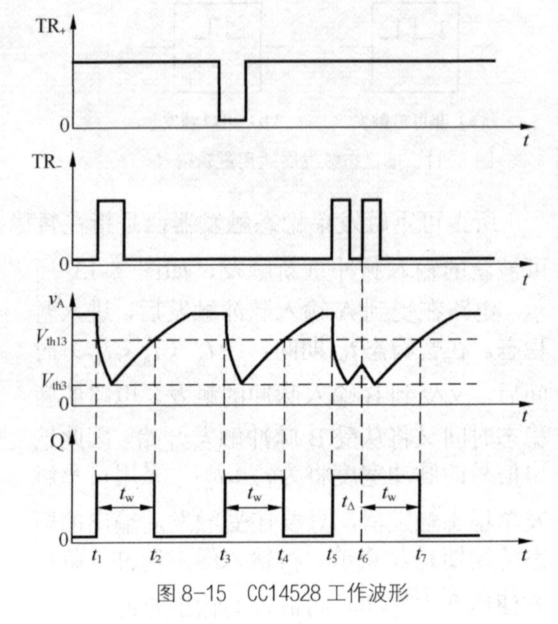

图 8-15　CC14528 工作波形

8.3.3　单稳态触发器的应用

单稳态触发器是数字电路中常用的基本单元电路，除了对脉冲信号的宽度进行变换之外，还广泛用在脉冲的整形、定时及延迟等场合，下面分别举例介绍。

1．脉冲整形

实际系统中，由于脉冲来源不同，因而它的波形也不同；此外，脉冲信号在远距离传送过程中，往往会受到电磁干扰等影响，从而导致波形边沿变化。因此，为了使这些脉冲信号成为符合我们要求的具有一定幅度和宽度的波形，就必须对它们进行整形。利用单稳态电路可以方便地组成整形电路，使不整齐或边沿差的输入脉冲，输出为整齐、边沿陡峭、具有一定幅度和宽度的脉冲。

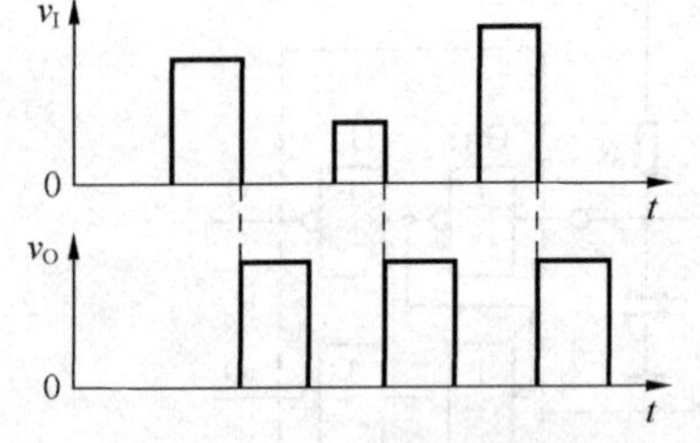

图 8-16　用单稳态触发器实现脉冲整形

如图 8-16 所示，输入是一串波形不规则，宽度、幅度不相同的脉冲，无论波形是怎样的不规则，只要能使单稳态电路发生翻转，输出脉冲的宽度和幅度就完全由单稳态电路本身的参数来决定，从而起到脉冲整形的作用。

2．脉冲定时

由于单稳态触发器能产生一定宽度 t_W 的矩形脉冲，若利用此脉冲作为定时信号去控制某一电路，使其在脉冲持续期 t_W 内产生动作（或不动作），便可实现定时。并且，通过调节外接定时元件 R 或 C，就可以改变控制时间的长短。

单稳态电路用于脉冲定时的典型电路及其工作波形如图 8-17 所示。其中，v_I 作为触发信号，使单稳态触发器输出宽度为 t_W 的正矩形脉冲 v_{O1}；利用 v_{O1} 打开与门使计时信号 CP 传输到 v_O。这样，只有在 t_W 时间内，CP 方能通过与门，从而达到了定时的目的。如果在与门输出端接 1 个计数器，并且使 $t_W = 1s$，则计数器的读数就是 v_I 的频率。

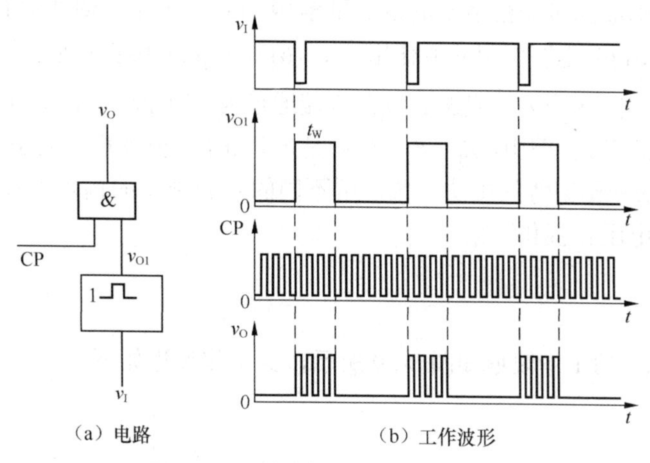

图 8-17 用单稳态触发器实现脉冲定时

3. 脉冲延迟

脉冲延迟电路一般要用 2 个首尾相接的单稳态触发器来完成，其典型电路及工作波形如图 8-18 所示。图中，单稳态触发器 I 产生脉宽 t_{W1} 的矩形脉冲 v_{O1}；单稳态触发器 II 利用 v_{O1} 的下降沿触发产生脉宽 t_{W2} 的矩形脉冲 v_O。显然，单稳态触发器 I 起了延迟作用，单稳态触发器 II 产生了输出脉冲。

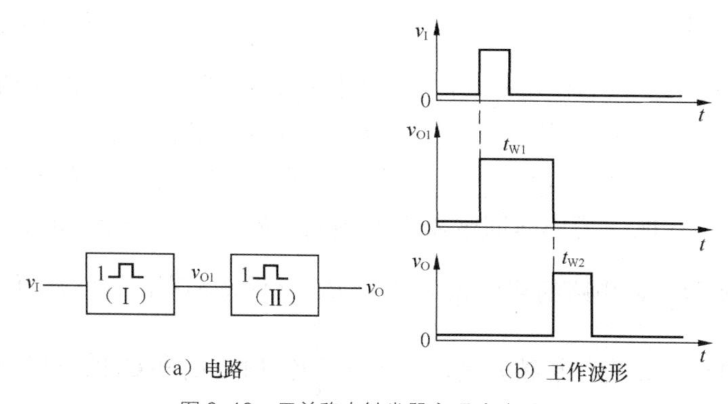

图 8-18 用单稳态触发器实现脉冲延迟

8.4 多谐振荡器

多谐振荡器是常用的矩形脉冲产生电路。它是一种自激振荡器，在接通电源后，不需要外加触发信号，就能自动产生矩形脉冲或方波。由于矩形波中除基波外还包含了丰富的高次谐波，因此习惯称之为多谐振荡器。

多谐振荡器工作时没有一个稳定状态，属于无稳态电路。电路的输出高电平和低电平的切换是自动进行的，常把这 2 个状态分别称为暂稳态 I 和暂稳态 II。

8.4.1 555 定时器构成的多谐振荡器

用 555 定时器构成的多谐振荡器电路如图 8-19 所示。图中，清 0 端 $\overline{\text{R}}(4)$ 接高电平 V_{CC}；$v_{CO}(5)$ 端对地接 0.01μF 电容，起滤波作用；$v_{I1}(6)$ 和 $v_{I2}(2)$ 相连并通过电容 C 接地，同时还通过 R_2 接到 VT_D 输出端 $v_O'(7)$；此外，$v_O'(7)$ 端通过 R_1 接电源 V_{CC}，这样，VT_D 就构成了集电极开路门反相器的形式。图中，R_1、R_2、C 均是定时元件。值得指出的是，多谐振荡器 $v_{I1}(6)$ 和 $v_{I2}(2)$ 相连的接法和施密特的接法一致，所不同的是施密特的输入由 v_I 提供，而多谐振荡器的输入是由电容电压 v_C 提供。

1．工作原理

图 8-19 所示电路的工作波形如图 8-20 所示，其工作过程如下。

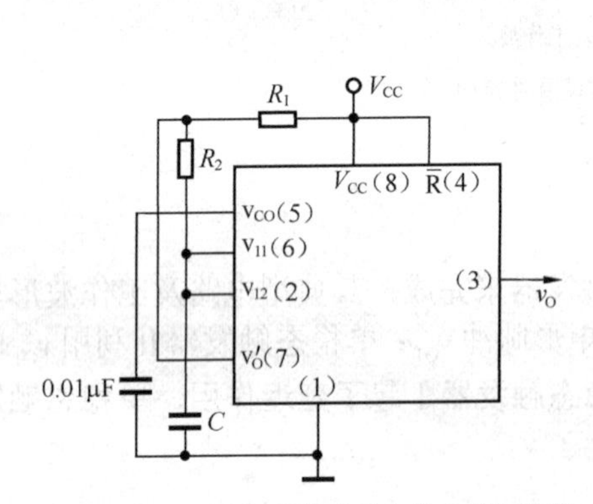

图 8-19 用 555 定时器构成的自激多谐振荡器

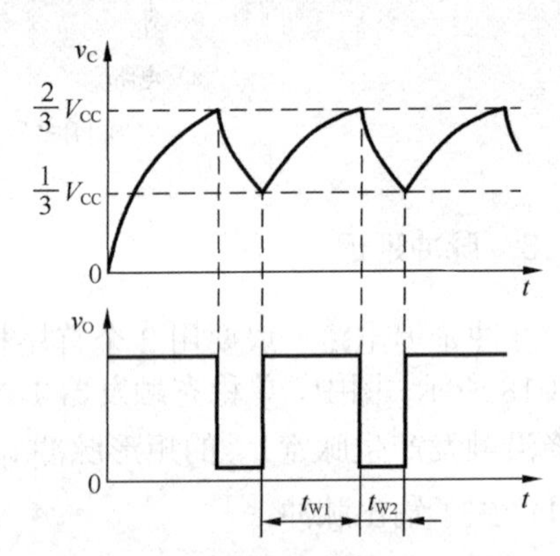

图 8-20 自激多谐振荡器工作波形

假设接通电源之前，电容电压 v_C（即 $v_{I1}(6)$ 和 $v_{I2}(2)$）为零。在电路接通电源时，由于 v_C 不能跳变，所以比较器 C_1 和 C_2 的输出分别为高电平和低电平。这样，基本 RS 触发器被置 0，电路输出为高电平。同时，$Q=0$ 使三极管 T_D 截止，电容 C 开始充电，充电路径为 $V_{CC} \to R_1 \to R_2 \to C \to$ 地，充电时间常数为 $\tau_1 = (R_1 + R_2)C$。随着充电的进行，v_C 电位不断升高，但只要 $v_C < \frac{2}{3}V_{CC}$，电路的输出 $v_O = V_{OH} = V_{CC}$ 就保持不变，这就是暂稳态 I。

随着充电的进行，v_C 电位继续升高，当 $v_C \geqslant \frac{2}{3}V_{CC}$ 时，C_1 和 C_2 的输出分别为低电平和高电平。这样，基本 RS 触发器被置 1，电路输出为低电平，发生第 1 次自动翻转。同时，Q=1 使三极管 VT_D 导通，电容 C 开始放电，放电路径为 $C \to R_2 \to VT_D \to$ 地，放电时间常数为 $\tau_2 = R_2C$。随着放电的进行，v_C 电位不断下降，但只要 $\frac{2}{3}V_{CC} > v_C > \frac{1}{3}V_{CC}$，电路的输出 $v_O = V_{OL} = 0V$ 就保持不变，这就是暂稳态 II。

随着放电的进行，v_C 电位继续下降，当 v_C 下降至 $v_C \leqslant \frac{1}{3}V_{CC}$ 时，基本 RS 触发器被置 0，

电路输出为高电平，发生第2次自动翻转。同时，Q=0使三极管VT_D截止，电源V_{CC}又通过(R_1+R_2)对电容C再次充电，重复上述过程，如此反复，形成自激多谐振荡，电路输出便得到周期性的矩形脉冲。

2. 主要参数的估算

由上述工作过程分析和工作波形可知，暂稳态Ⅰ持续时间t_{W1}为电容电压由$V_{CC}/3$充电至$2V_{CC}/3$所需的时间；暂稳态Ⅱ持续时间t_{W2}为电容电压由$2V_{CC}/3$放电至$V_{CC}/3$所需要的时间。结合式（8-3），可得

$$t_{W1}=(R_1+R_2)C\ln\frac{V_{CC}-\frac{1}{3}V_{CC}}{V_{CC}-\frac{2}{3}V_{CC}}=0.7(R_1+R_2)C \tag{8-5}$$

$$t_{W2}=R_2C\ln\frac{0-\frac{2}{3}V_{CC}}{0-\frac{1}{3}V_{CC}}=0.7R_2C \tag{8-6}$$

因此，电路输出矩形脉冲的周期为

$$T=t_{W1}+t_{W2}=0.7(R_1+2R_2)C \tag{8-7}$$

输出矩形脉冲的占空比为

$$q=\frac{t_{W1}}{T}=\frac{R_1+R_2}{R_1+2R_2} \tag{8-8}$$

8.4.2 石英晶体振荡器

前面介绍的用555定时器构成的自激多谐振荡器，其电路简单，工作可靠，频率调整方便。但是，其输出波形占空比的调节不够灵活（若调节占空比，将同时改变振荡周期），且只能大于50%，不能获得方波。而且，由于受电源电压、温度变化，以及所用元件参数随环境条件而变化的影响，该电路的频率稳定性不是很高。

为了获得稳定度高的振荡信号，必须采取稳频措施。目前普遍采用的一个方法是在多谐振荡器电路中接入石英晶体，组成石英晶体振荡器。石英晶体振荡器常用作数字系统的基准信号。

1. 石英晶体的基本特性

石英晶体是一种各向异性的硅石结晶体，之所以能做振荡电路是源于它的压电效应。在石英晶体两个极板间施加电场时，它将会产生一定的机械变形，而这种机械变形又会产生电场，这种物理现象称为压电效应。

如果在极板间施加交变电场，则晶体就会产生机械振动，同时机械振动又会产生交变电场，但其振幅都非常小。当外加交变电场的频率为某一特定值时，振幅会骤然增大，产生共振，称之为压电振荡。这一特定频率就是石英晶体的固有频率（由晶体的几何尺寸决定），也称谐振频率。

图 8-21 所示为石英晶体的符号、等效电路和阻抗频率特性。当石英晶体不振动时，等效为静态电容 C_0，其值取决于晶片的几何尺寸和电极面积，一般约为几到几十 pF；当晶片振动时，机械振动的惯性等效为电感 L，其值为几毫亨到几十毫亨；晶片的弹性等效为电容 C，其值仅 0.01~0.1pF；晶片的摩擦损耗等效为电阻 R，其值约为 100Ω，理想情况下 $R=0$。

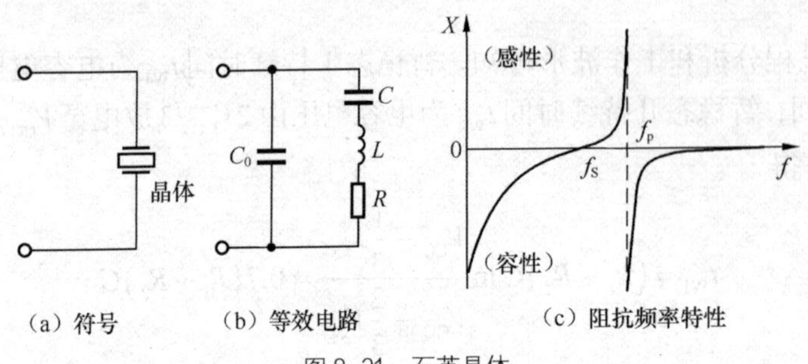

图 8-21　石英晶体

若设石英晶体串联谐振频率和并联谐振频率分别为 f_s 和 f_p，分析图 8-21（b）石英晶体的等效电路，不难得到 f_s 和 f_p 的表达式分别为

$$f_s = \frac{1}{2\pi\sqrt{LC}} \tag{8-9}$$

$$f_p = \frac{1}{2\pi\sqrt{LC}}\sqrt{1+\frac{C}{C_0}} = f_s\sqrt{1+\frac{C}{C_0}} \tag{8-10}$$

由于 $C << C_0$，因此 f_s 和 f_p 非常接近，即 $f_s \approx f_p$。由图 8-21 石英晶体的阻抗频率特性可知，当外加电压信号的频率等于石英晶体的固有谐振频率时，石英晶体的等效阻抗最小，信号最容易通过。利用这一特点，把石英晶体接入多谐振荡器电路中，使电路的振荡频率只由晶体的固有谐振频率来决定，而与电路中其他元件（如 R 和 C 等）的参数无关，从而达到稳定多谐振荡器输出脉冲信号频率的目的。

2．石英晶体振荡器的工作原理

图 8-22 所示是由 TTL 与非门和石英晶体构成的多谐振荡器电路。图中，反相器 G_1 和 G_2 首尾相接构成正反馈系统，$G_1 \to G_2$ 是经电容 C_1 耦合，$G_2 \to G_1$ 是经电容 C_2 耦合，显然满足振荡的相位条件；电阻 R_1 和 R_2 分别用来确定 G_1 和 G_2 的静态工作点；石英晶体接在反馈支路中并且与 C_2 串联。

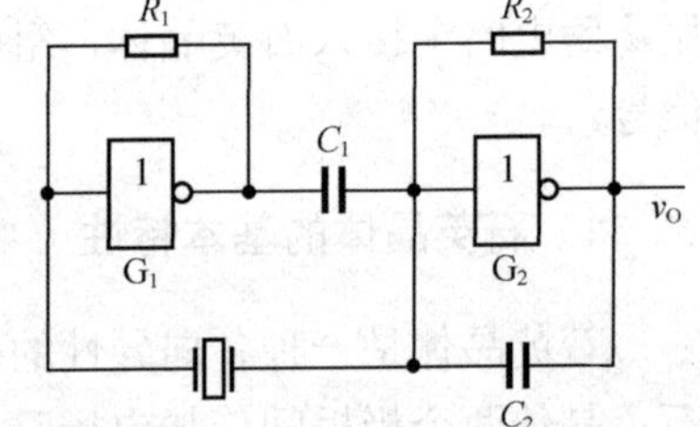

图 8-22　TTL 石英晶体振荡器

通过调节电阻 R_1 和 R_2 的阻值，可以使 G_1 和 G_2 在静态时都工作在转折区，成为具有很强放大能力的放大电路。由于石英晶体具有极其稳定的谐振频率，在这频率的两侧，晶体的阻抗值迅速增大。所以，把晶体串入 2 级正反馈电路的反馈支路中，则振荡器只有在晶体谐振频率时才能满足起振的条件而起振。综上分析可见，石英晶体振荡电路的振荡频率仅由晶体的固有频率决定，与外界电阻 R_1 和 R_2、以及电容 C_1 和 C_2 的参数均无关，这就是晶体的稳频作用。

需要特别说明的是，图 8-22 所示电路产生的振荡波形近似于正弦波，因此在实际应用中，为了改善输出波形和增强带负载的能力，通常还在v_O输出端再加1级反相器，以便得到比较理想的矩形脉冲。

3. 石英晶体振荡器的特点

由以上分析可知，石英晶体振荡器具有以下特点。

① 石英晶体振荡器的输出频率取决于石英晶体的固有谐振频率，与外接元件R和C等无关。因此，其频率稳定度极高，可达10^{-7}以上，足以满足大多数数字系统对频率稳定度的要求。

② 石英晶体振荡器可直接产生占空比为50%的矩形脉冲，即方波。

习 题

1. 描述脉冲信号的参数通常有哪几项？各个参数的具体含义是什么？

2. 555定时器由哪几个部分组成？各部分功能是什么？整体电路在组成结构和用途方面有何特点？

3. 试述采用555定时器构成的施密特触发器、单稳态触发器和多谐振荡器，其电路工作特点和区别是什么？另外，各电路的主要技术参数如何计算？

4. 石英晶体振荡器为什么振荡频率稳定性高？

5. 什么是可重触发单稳态？它的暂稳态持续时间如何计算？

6. 题图1所示电路由CMOS门电路组成，试问：

（1）稳态时v_I、v_O和v_C的逻辑电平；

（2）画出一个工作周期内v_I、v_O和v_C的工作波形，并说明该电路的名称及主要用途。

7. 图8-4（a）所示施密特触发器电路中，若在v_I端加三角波如题图2所示，试问：

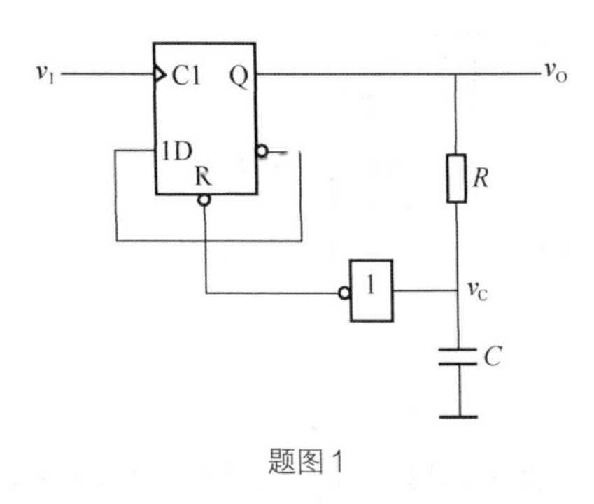

题图1

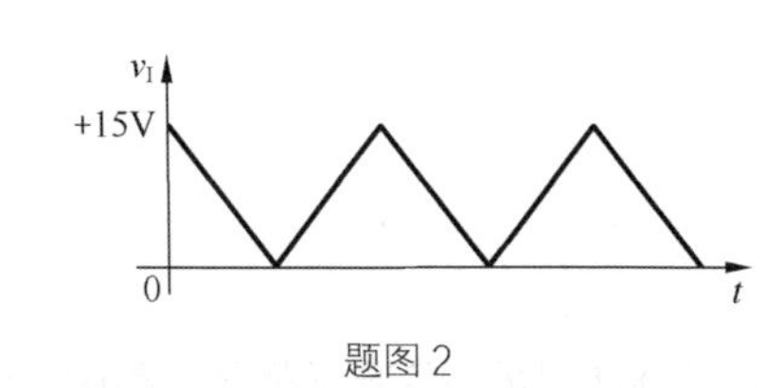

题图2

（1）当$V_{CC}=12V$而且没有外接控制电压时，V_{T+}、V_{T-}及ΔV_T各为多少？并请定性画出v_O的波形。

（2）当$V_{CC}=9V$，控制电压$V_{CO}=5V$时，V_{T+}、V_{T-}及ΔV_T各为多少？并请定性画出v_O的波形。

（3）当$V_{CC}=9V$而且引脚5通过$10\,k\Omega$电阻接地时，V_{T+}、V_{T-}及ΔV_T各为多少？并请定性画出v_O的波形。

（4）在第（3）小题参数下，画出电压传输特性$v_O=f(v_I)$的曲线。

8. 试用555定时器设计一个施密特触发器，以实现题图3所示的脉冲整形功能。请画出芯片的接线图，并标明有关的参数值。

9．图 8-10（a）所示单稳态电路，对输入脉冲的宽度有无限制？当输入脉冲的低电平持续时间过长时，电路应做何修改？

10．图 8-10（a）所示单稳态电路中，已知 $V_{CC}=10V$，$R=9.1\,k\Omega$，$C=1\mu F$，输入波形如题图 4 所示。试问：

（1）输出脉冲的宽度是多少？并请定性画出 v_C 和 v_O 的工作波形。

（2）若将电路中引脚 5 改接 4V 的参考电压，其他参数均不变，则输出脉冲的宽度又为多少？

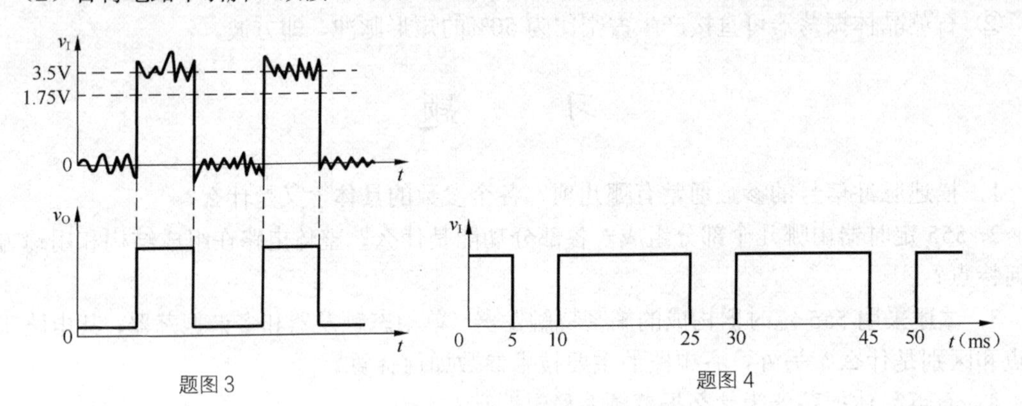

题图 3　　　　题图 4

11．试用 555 定时器设计 1 个单稳态触发器，要求输出脉冲宽度在 1～10s 内连续可调，假设定时电容 $C=10\mu F$。

12．电路如题图 5 所示，门 1 和门 2 构成单稳态触发器，暂稳态持续时间为 5μs，R_2C_2 电路起延迟作用，延迟时间为 1.5μs。已知输入信号 v_I 的周期为 10μs，脉宽 t_{W1} 为 1μs，试画出 A、B 和 Q 的工作波形，并说明该电路的逻辑功能。（假设 Q 初始状态为 0）

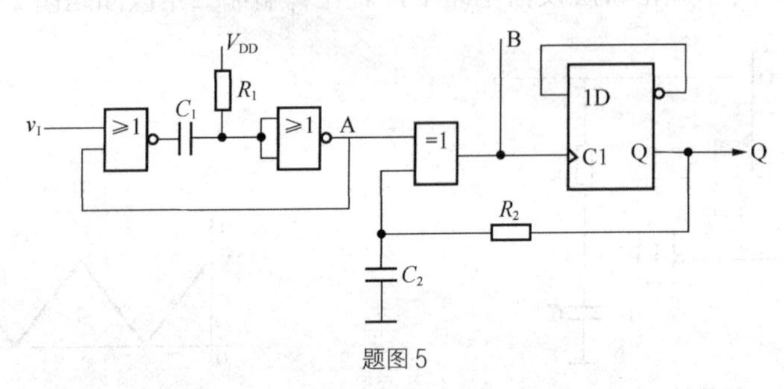

题图 5

13．图 8-19 所示多谐振荡器电路中，已知 $V_{CC}=5V$，$R_1=15k\Omega$，$R_2=25k\Omega$，$C=0.033\mu F$，试问：

（1）输出波形的振荡频率及占空比各为多少？并请定性画出 v_C 和 v_O 的工作波形。

（2）若将电路中引脚 5 改接 4V 的参考电压，其他参数均不变，则输出波形的振荡频率又为多少？电路的振荡频率与引脚 5 端所接参考电压是什么关系？

14．试用 555 定时器设计 1 个多谐振荡器，要求输出脉冲的振荡频率为 20 kHz，占空比为 25%。

15．2 片 555 定时器构成如题图 6 所示电路。试问：

（1）在图示元件参数下，估算 v_{O1}、v_{O2} 的振荡周期各为多少？

（2）定性画出 v_{O1}、v_{O2} 的工作波形，说明电路具备何种功能？

（3）若将电路中两片555芯片的引脚5均改接4V的参考电压，对电路的参量有何影响？

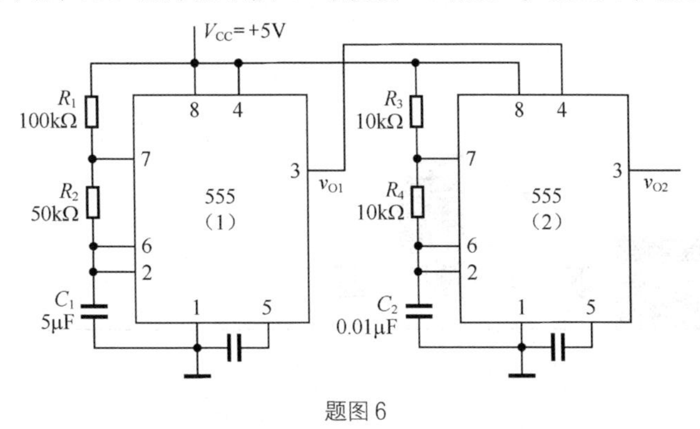

题图6

16．题图7是用2片555定时器接成的延迟报警电路。当开关S断开后，经过一定的延迟时间 t_d 后扬声器开始发出声音。如果在延迟时间内S重新闭合，扬声器不会发出声音。试分析其工作原理，并计算延迟时间 t_d 的具体数值和扬声器发出声音的频率。图中的 G_1 为CMOS反相器。

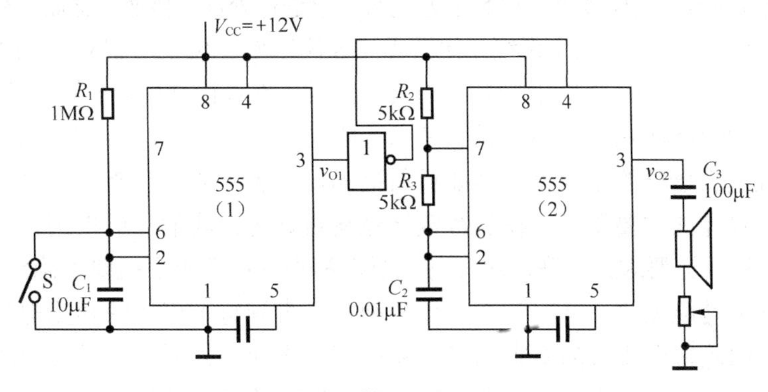

题图7

17．题图8由JK触发器和555定时器组成的电路中，已知CP为10Hz方波，$R_1=10\text{k}\Omega$，$R_2=56\text{k}\Omega$，$C_1=1000\text{pF}$，$C_2=4.7\mu\text{F}$。假设JK触发器和555触发器输出初始状态均为0，试问：

（1）画出Q、v_I 和 v_O 的工作波形；

（2）求输出波形的周期。

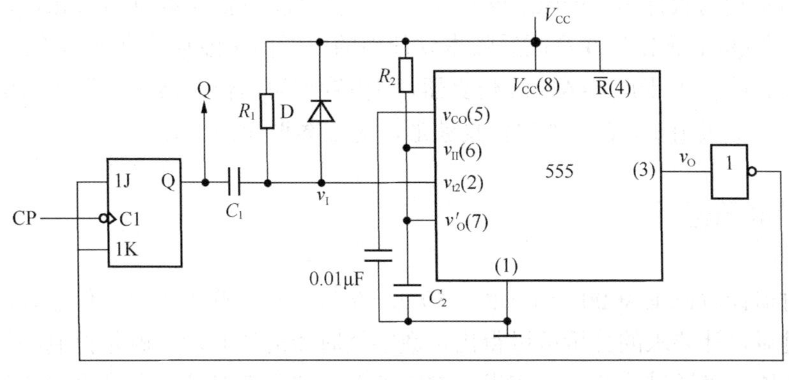

题图8

第9章 数字系统设计

9.1 概述

数字系统指通过数字逻辑器件，以数字方式对信息进行处理、传递或存储，来实现其特定的、复杂的功能。在实际应用中，数字系统往往需要综合各类典型电路。当然，一个实际应用的数字系统需要从实际出发，具备稳定的性能，具有可扩展性。在设计过程中不能仅仅考虑某个单一电路的实现，而要根据系统的指标要求，综合考虑各种因素，选取最优的设计方案。

随着可编程逻辑器件的集成度和功能日益提高，在现代电子系统设计领域，EDA 技术已经成为电子系统设计的主要手段。在进行数字系统设计时，我们一般采用自顶向下的设计方法，需要首先分析设计要求，正确理解任务、要求和指标；进而根据要求确定顶层系统结构，将顶层系统划分为功能模块，从粗到细，步步细化，直到每个模块的功能都易于实现，具有可重用性；然后明确每个模块的基本功能，完成模块设计；最后将各模块连接起来，构成完整系统。在方案的确定过程中，需要考虑数字系统实现的最终硬件环境，如：目标芯片的类型型号（FPGA 或 CPLD）、输入/输出的外围硬件资源（独立或矩阵按键、晶振、显示器、AD/DA 转化等）等。从可行性、性能价格比、复杂度、可靠性、通用性、可扩展性、工作速度、所需资源等出发，进行分析、计算和比较，选择合适、高效、稳定的设计方案。

本章以 2 个简单数字系统为例，讲解数字系统设计的思路、流程及典型电路应用。需要说明的是，本章使用软件为 QuartusII9.1 版本，尽管目前最新版本为 Quartus prime，但由于 Altera 公司已将 Quartus II 10.0 及此后版本软件中的内置门级波形仿真器移除，改为推荐使用接口于 Quartus II 的 ModelSim-Altera 仿真器，而内置的波形仿真器对初学者来说易学、高效、便捷，所以这里仍采用 9.1 版本观察仿真波形，对方案设计并无影响。

9.2 数字计时器设计

数字计时器计时范围为 00 分 00 秒～59 分 59 秒，具有开始计时、停止计时、清零及显示功能。通过对设计要求的分析可以得出，数字计时器的核心功能就是控制、计时和显示。其中，计时功能可以通过计数器来实现；控制功能主要是控制计时器是否开始计时或进行清零操作，实际上就是对计数器的控制；显示功能可以使用常见的液晶显示器 1602 或 12864，也可以使用数码管，本书使用 4 位数码管来显示计时结果。

9.2.1 系统原理框图

图 9-1 所示是数字计时器的系统原理框图。

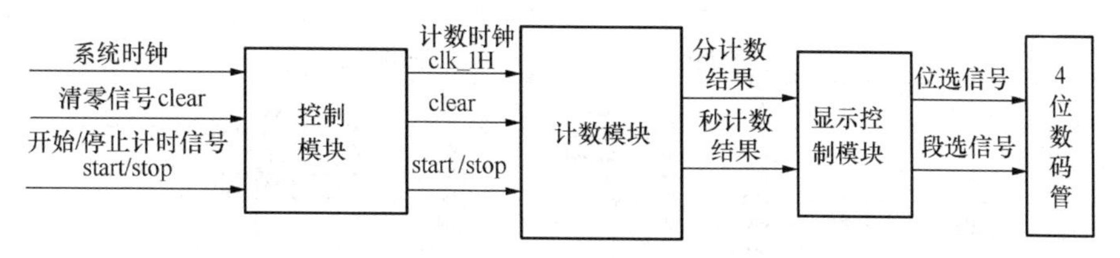

图 9-1　数字计时器系统原理框图

① 计数模块：由于计时范围最大到 59 分 59 秒，所以计数模块应该设计 2 个模 60 的计数器，每 1 秒钟计数 1 次。当秒计满 59 后，向分进位，分计数 1 次，从而实现计时功能。

② 控制模块：在设计数字系统时，需要考虑的一个关键因素是系统实现的最终硬件平台。本例在计数模块中需要的计数时钟频率必须是 1Hz（即 1 秒计数 1 次），实际中一般采用晶振或脉冲电路产生脉冲信号，其中晶振具有精度高、稳定性好的特点，被广泛用于各类电路中提供时钟信号。本例采用的硬件平台为自制的 FPGA 实验平台，能够提供 50MHz 晶振，所以需要分频获得 1Hz 计数时钟。另一方面，系统需要 2 个按键信号：清零信号 clear 和开始/停止计时信号 start/stop。按动 start/stop 一次，开始计时；再次按动，停止计时。按动 clear，计时结果清零。由于机械按键的抖动特性，为了避免抖动造成的误操作而影响系统的正确性，有必要对按键进行消抖。所以控制模块又可分为分频模块及按键控制模块。

③ 显示控制模块：在实际硬件电路中，为了节省 I/O 口、降低功耗，一般都将数码管的 8 个显示笔划“a，b，c，d，e，f，g，dp”的同名端连在一起，另外为每个数码管的公共极 COM 增加位选通控制电路，位选通由各自独立的 I/O 线控制，这就需要数码管的动态显示驱动。具体显示原理及驱动方式将在后面进一步讲解。

综上所述，数字计时器可分为控制模块、计数模块和显示控制模块。以下将详细讲解每一模块的具体实现。

9.2.2 计数模块

由前面分析可知，计数模块可以由 2 个模 60 计数器构成，分别实现秒和分的计数，其中秒计满 59 后向分进位，电路原理图如图 9-2 所示。其中 sec[7..0]代表秒计数结果，min[7..0]代表分计数结果，均用 8 位矢量表示。本例中只需要完成 1 个模 60 计数器即可模块重用，连接完成计数模块。

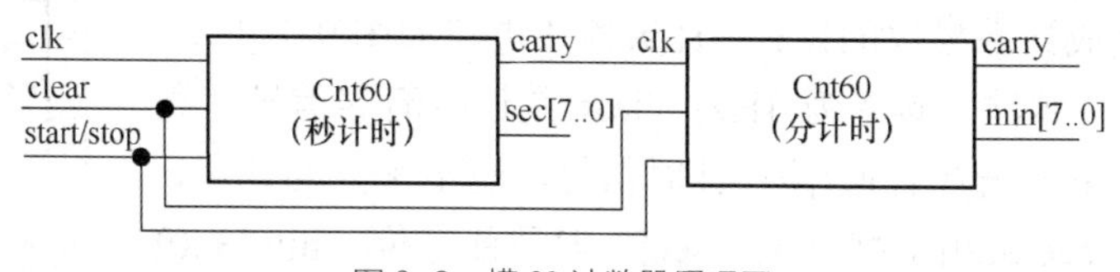

图 9-2　模 60 计数器原理图

模 60 计数器可由 1 个模 6 计数器和 1 个模 10 计数器组成，模 10 计数器为个位，模 6 计数器为十位。当个位计到 9 后，向十位进 1。本例使用器件 74160，电路如图 9-3 所示，其中 ones 代表个位、tens 代表十位。当然，读者也可以使用其他器件，如：74161、74163、7490 等完成模 60 计数器的设计。

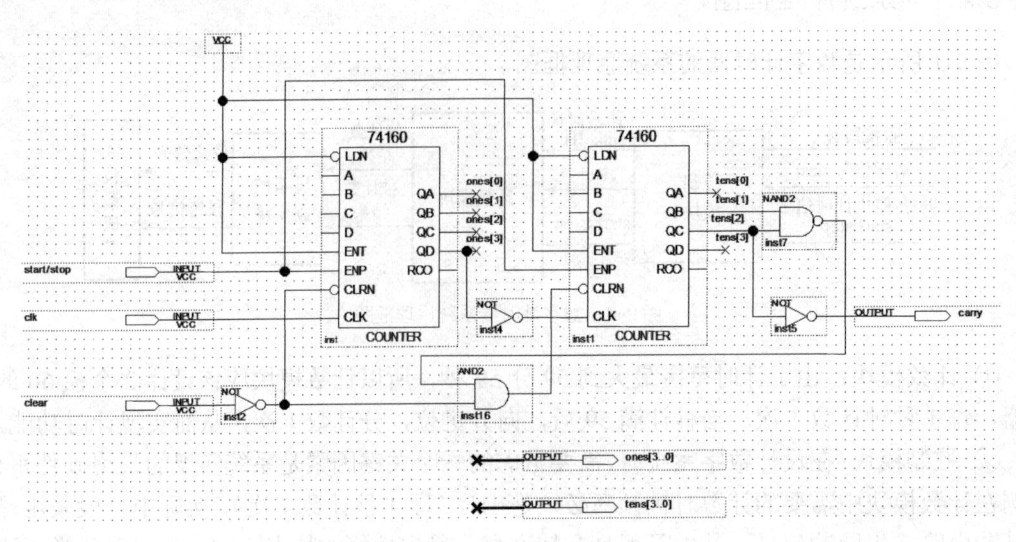

图 9-3　模 60 计数器电路

由于 FPGA 实验平台上按键按下为高电平，所以将 clear 信号取反，即按下后取反为低，使能 74160 器件的清零端 CLRN，使其完成清零操作。如图 9-4、图 9-5 所示为模 60 计数器仿真结果。从图 9-4 中可以看出，当 start/stop 信号为高电平时，计数器正常计数；反之，则停止计数。当 clear 信号低电平有效时，计数器清零。从图 9-5 中可以看到，计数器计满 59 后，进位信号 carry 上升沿触发分计数器计数。

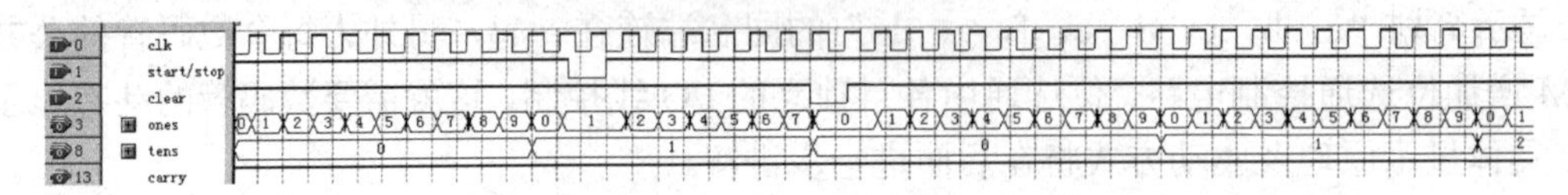

图 9-4　模 60 计数器仿真结果（1）

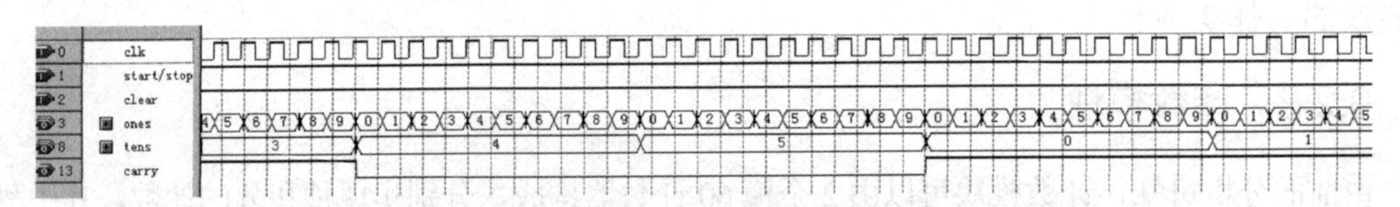

图 9-5　模 60 计数器仿真结果（2）

将图 9-3 所示模 60 计数器封装成模块，如图 9-6 所示。调用该模块连线，即可完成计数模块的设计。计数模块电路如图 9-7 所示。其中 clk_1H 是计时脉冲，频率为 1Hz；clear 是计时清零信号，高电平有效；start/stop 是开始计时/停止计时信号，高电平开始计时，低电平停止计时；sec[3..0]是秒个位，sec[7..4]是秒十位；min[3..0]是分个位，min[7..4]是分十位。经过波形仿真后，验证计数模块能够正常工作，计时到 59 分 59 秒后回到 00 分 00 秒重新开始计时，如图 9-8 所示。

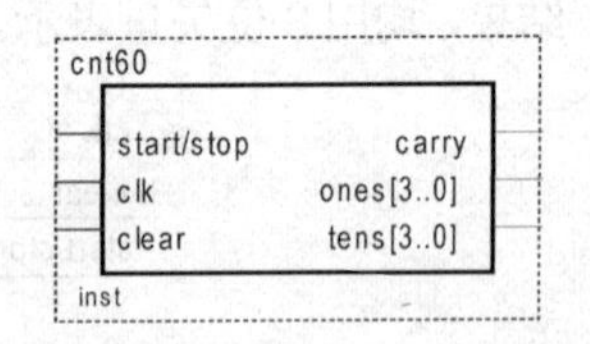

图 9-6　封装模 60 计数器

计数模块测试无误后，也可将其封装，以便顶层系统调用该模块，如图 9-9 所示。

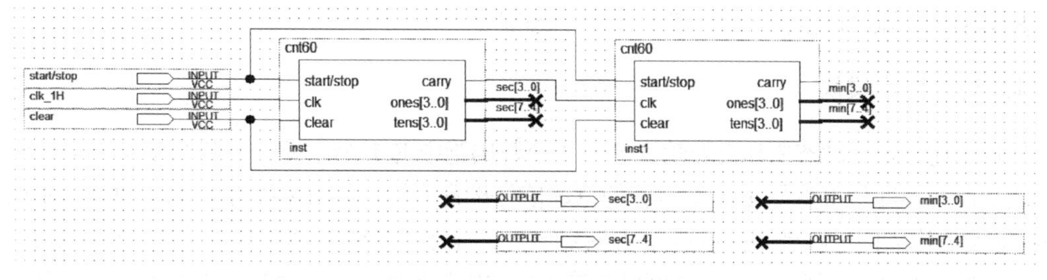

图 9-7　计数模块电路

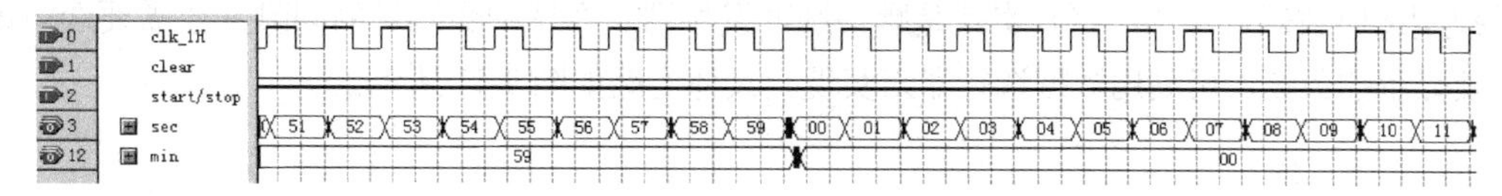

图 9-8　计数模块仿真结果

9.2.3　显示控制模块

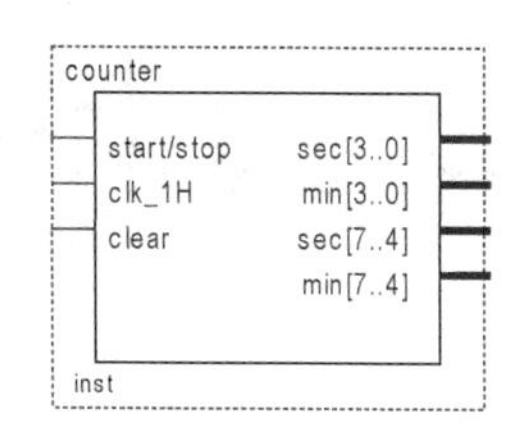

图 9-9　计数模块

显示控制模块完成4位数码管的动态显示驱动和译码2个功能，使计时结果能够正确、稳定地显示。

在前面的章节中已经介绍过数码管的基本原理，它以发光二极管为笔段，分共阴和共阳 2 种。其差别在于共阴数码管的 8 段发光二极管的阴极连在一起，形成公共极 COM 端，阳极各段分别控制；共阳数码管则是 8 段发光二极管的阳极连在一起，形成公共极 COM，阴极各段分别控制。所以，对于共阴数码管，公共端接 GND，其余各段高电平点亮；对于共阳数码管，公共端接 V_{CC}，其余各段低电平点亮。

数码管有两种显示方式：静态显示和动态显示。

① 静态显示：指每个数码管的 8 个段选信号（a，b，c，d，e，f，g，dp）都必须接 1 个 I/O 口。当送入 1 次字型码后，显示可一直保持，直到送入新的字形码为止。静态显示的优点是控制简单、显示亮度高；但缺点也非常明显，占用 I/O 口资源太多，如有 4 个数码管，就需要 4×8=32 个 I/O 口。

② 动态显示：将所有数码管的 8 个段选信号的同名端连在一起，另外为每个数码管的公共极 COM 增加位选通控制电路，图 9-10 所示为 4 位数码管动态显示电路结构，其中 a～dp 是段选信号、dig0～dig3 是位选信号。当输出字形码时，所有数码管都接收到相同的字形码，但究竟是哪个数码管会显示出字形，取决于对位选信号的控制。以共阴数码管为例，如果在某一时刻，位选信号 dig0 为低电平，其余位选信号为高电平，则数码管 0 被选中显示相应字形，而没有被选通的数码管就不会显示。通过分时轮流控制各个数码管的 COM 端（位选信号），就能够使各个数码管轮流受控显示，这就是动态显示驱动。在轮流显示过程中，每位数码管的点亮时间为 1～2ms。虽然各位数码管并非同时点亮，但由于人的视觉暂留现象及发光二极管的余辉效应，只要扫描的速度足够快，就可以使人感觉各位数码管是同时在显示，给人的印象就是一组稳定的显示数据。使用动态显示能够节省大量的 I/O 口，如 4 位数码管仅需要 12 个 I/O 口，且功耗更

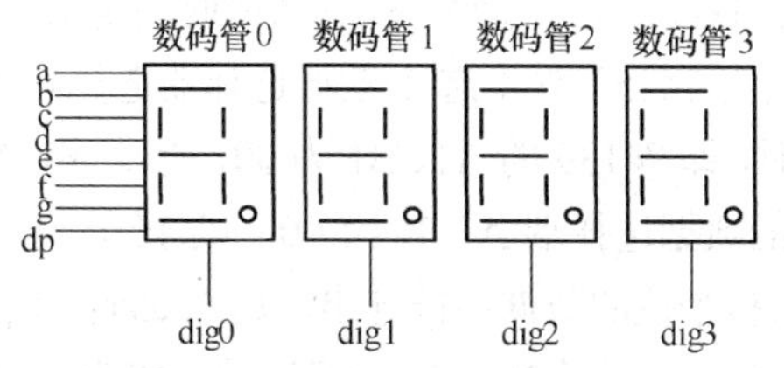

图 9-10　4 位数码管动态显示电路结构

低。所以在实际硬件电路中，一般都采用动态显示。

1．动态显示模块

根据上述分析，动态驱动需要轮流选中 4 个数码管中的 1 个，又由于 FPGA 实验平台使用的是共阴数码管，即依次将每 1 个数码管的位选信号设置为低。利用模值为 4 的计数器（本例由 2 个 JK 触发器构成同步四进制计数器），在时钟脉冲的驱动下，q0q1 依次计数输出 00、01、10、11。再通过 2 线—4 线译码器译码后，就可以在输出端顺序轮流输出 1 个时钟周期的低电平，用于位选信号控制选通数码管。该电路其实就是顺序脉冲发生器。在选中数码管的同时，还需要选中该数码管要显示的数据，可利用数据选择器来实现。具体电路如图 9-11 所示。

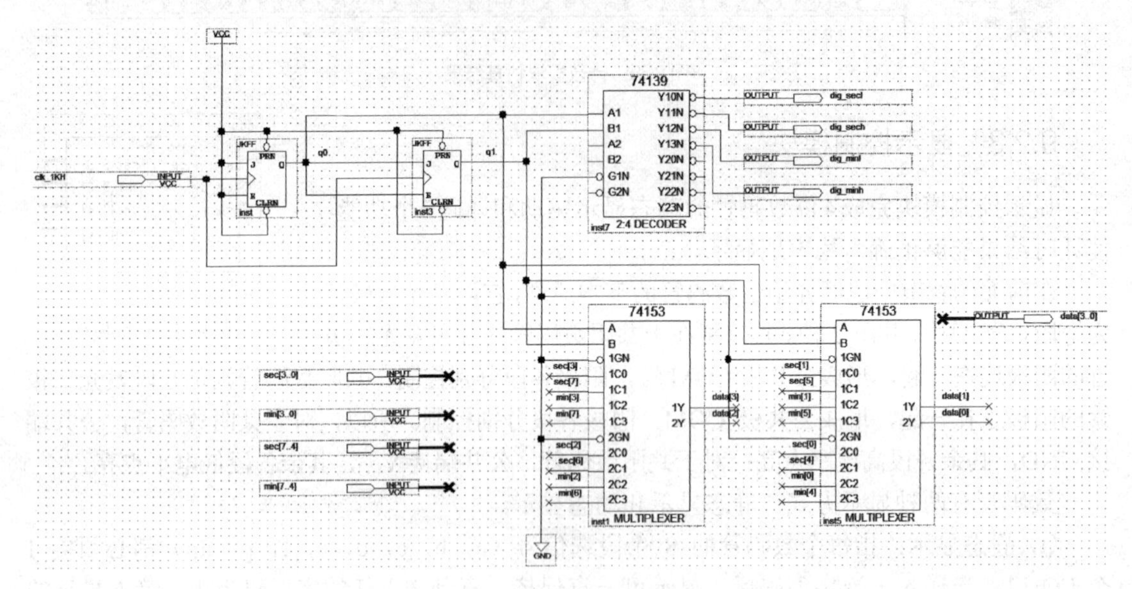

图 9-11　动态显示模块电路

本例利用 2 个 JK 触发器构成模值为 4 的同步计数器，其计数输出 q0，q1 分别连接到双 2—4 译码器 74139 的 A1，B1 端。在计数时钟 clk_1KH 的驱动下，每 1ms 计数 1 次，使得 Y10N～Y13N 依次为低，选通相应的数码管。模 4 计数器计数时钟频率是 1kHz，使得数码管被选通的时间是 1ms，能够看到稳定清晰的显示结果。在选通数码管的同时，利用 74153 双 4 选 1 数据选择器选择与被选通数码管相对应的要显示的数据。如：当 q0，q1 为 00 时，即 74139 的 A1、B1 为 00，所以 Y10N 为低电平，表示秒个位被选中；同时，由于 2 片 74153 的数据选择端 A，B 为 00，则 1C0，2C0 数据被选出，即 sec[3]，sec[2]，sec[1]，sec[0]这 4 个代表秒个位的数据会被选出，送入 data[3..0]。

动态显示模块仿真结果如图 9-12 所示，可以看到 4 位数码管被依次轮流选通，依次显示相应数字。图 9-11 所示电路可封装为图 9-13 所示模块，以便顶层调用。

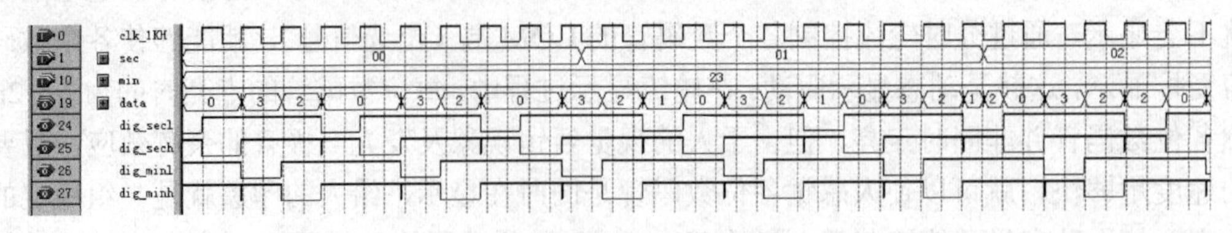

图 9-12　动态显示模块仿真结果

2．译码模块

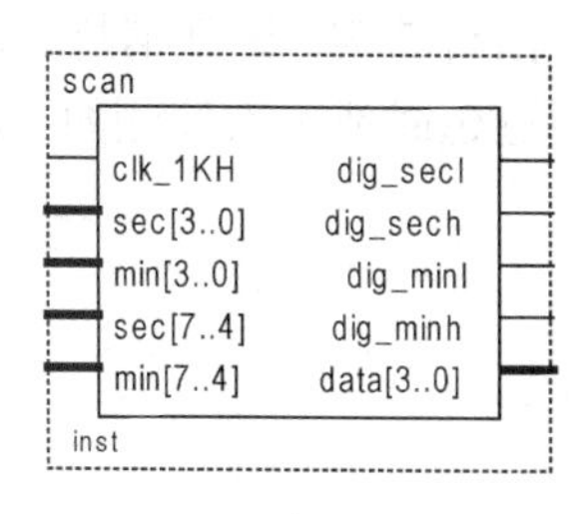

图 9-13 动态扫描模块

将动态扫描模块中选出的数据进行译码，即可在数码管上显示正确的数据字形。由于 FPGA 实验平台使用共阴数码管，所以使用 7448 器件进行译码，电路如图 9-14 所示。将其封装，如图 9-15 所示。

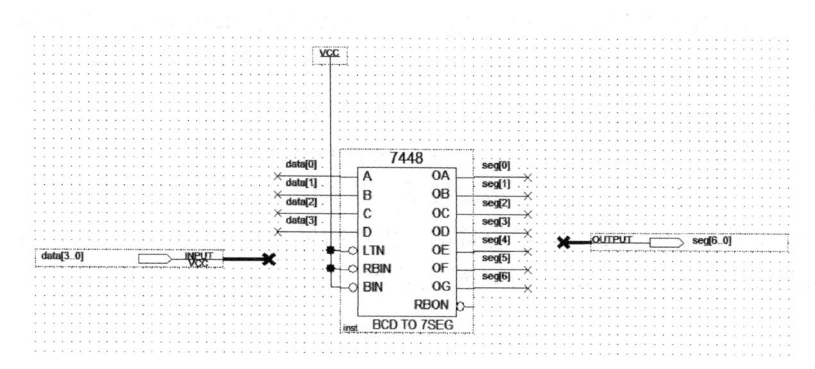

图 9-14 译码模块电路

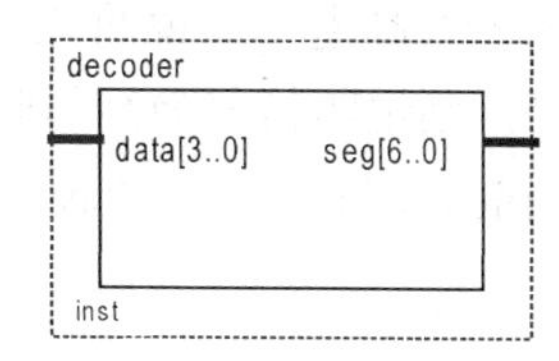

图 9-15 译码模块

利用软件进行仿真，结果如图 9-16 所示。当数据为 0 时，意味着数码管中 g 段不亮，其余各段均被点亮；即 seg[6]是低电平，其余 seg[5]～seg[0]均为高电平，写为十六进制即为 3F。

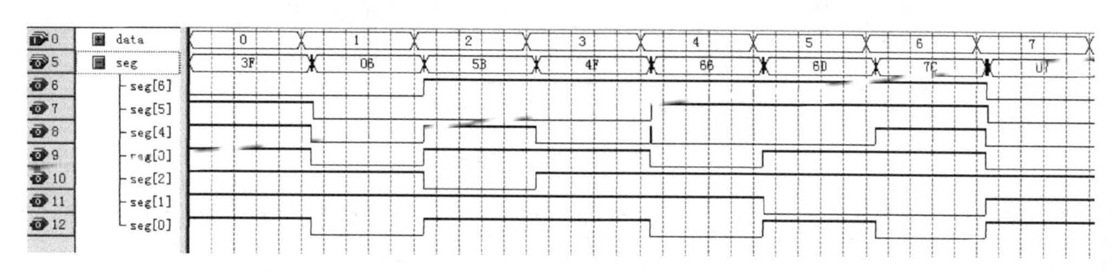

图 9-16 译码模块仿真结果

9.2.4 控制模块

由前分析可知，控制模块又可划分为分频模块和按键控制模块。其中分频模块将 50MHz 的系统时钟分频，获得后续模块中需要的时钟信号，如 1Hz 计时脉冲、1kHz 动态驱动脉冲等；按键控制模块完成按键消抖及相关控制工作。以下分别介绍 2 个模块的具体实现。

1．按键控制模块

由于按键是一种机械开关，核心部件是弹性金属簧片，因而在开关切换的瞬间会在接触点出现来回弹跳的现象，如图 9-17 所示。弹跳现象是客观存在的问题，这种现象引起的信号抖动会造成误动作而影响系统的正确性，如按键 start/stop 1 次表示开始计时，结果可能被判定为按键 2 次，系统仍然处于停止计时状态。所以消除按键抖动是十分必要的。抖动时间的长短由按键的机械特性决定，一般为 5～10ms。按键消抖的方法很多，可分为硬件消抖和软件消抖2类。硬件消抖一般利用硬件滤波、RS锁存器、延时电路等，软件消抖即是利用程序通过延时或再次检测的方法进行消抖。

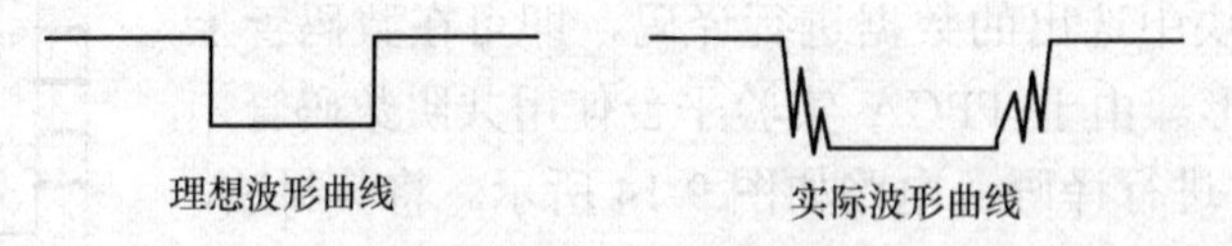

图9-17 按键抖动波形示意

本例使用D触发器延时后多次检测的方法进行按键消抖，电路如图9-18所示。该电路是同步时序电路，一共使用了6个D触发器。由于时钟信号clk频率是500Hz，即信号经过1个D触发器延时为1个周期2ms，经过6个D触发器，延时为6×2ms=12ms，满足抖动时间最大10ms的要求。信号每经过1次延时进行1次采样，只有6次采样的结果均为高，输出才为高电平，说明12ms内信号均为高，判定为按键按下；若其中1次采样信号变为低电平，则说明信号为高的时间较短，输出为低，判定为抖动。仿真结果见图9-19所示，可以看到前2次和后2次key_in为高电平都属于抖动，不能满足要求，因此key_out=‘0’。

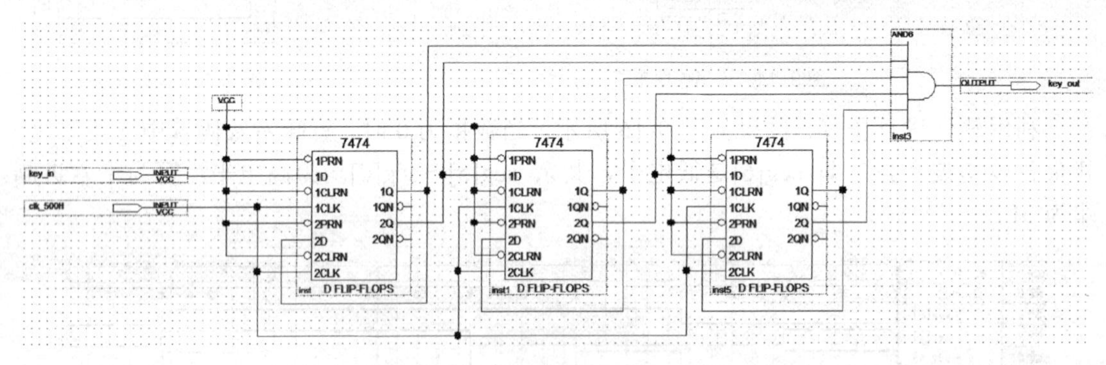

图9-18 按键消抖电路

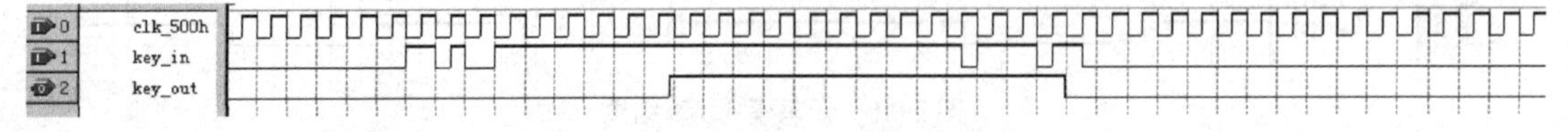

图9-19 按键消抖仿真结果

因为数字计时器中需要2个按键信号clear和start/stop，所以可将按键消抖电路封装，以便调用，如图9-20所示。

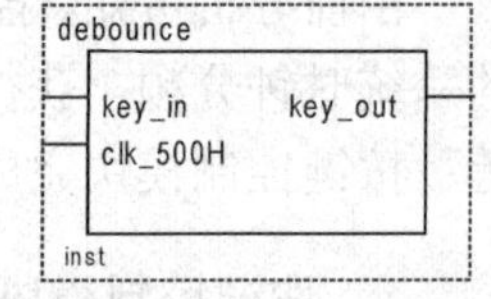

图9-20 按键消抖模块

按键控制模块除进行按键消抖外，还要对start/stop按键进行处理，以保证单按键实现开始计时和停止计时2个功能。此处电路较为简单，使用1个JK触发器，使其激励信号J和K都连接至V_{CC}。当有按键按下时，产生1次上升沿，JK触发器翻转1次，从而实现每按键1次，JK触发器状态发生1次翻转，即start/stop信号按键1次为高，再次按键为低。由于电路简单，此处没有再进行模块化，电路图如图9-21所示。输入信号key_s是实际硬件按键，用于开始计时/停止计时；key_c是硬件清零按键；clk_500H是消抖时钟信号。仿真波形如图9-22所示，可以看到在消除按键抖动的同时，按键key_s每按动1次，start/stop值翻转1次。

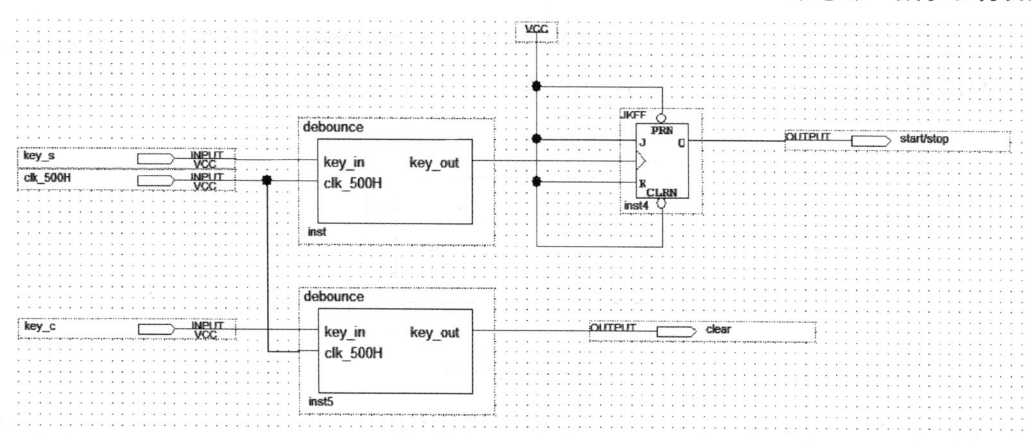

图 9-21 按键控制模块电路

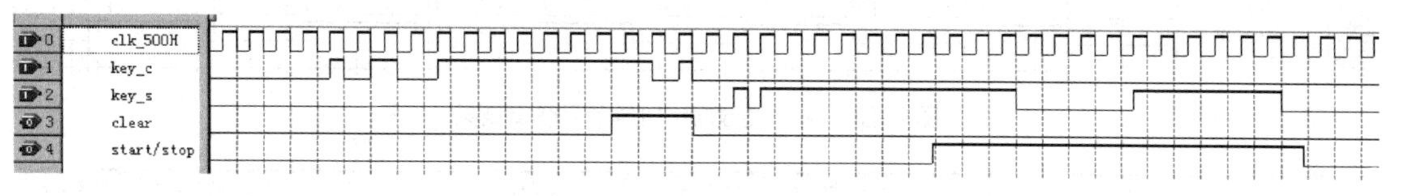

图 9-22 按键控制模块仿真结果

该模块封装后如图 9-23 所示。

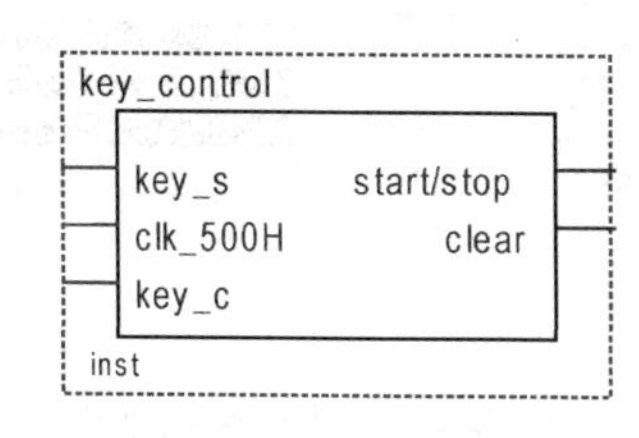

图 9-23 按键控制模块

2. 分频模块

由前面分析可知，在数字计时器的设计中使用到 3 个时钟信号，分别是：用于计时模块的 1Hz 计时脉冲、用于按键控制模块的 500Hz 按键消抖时钟脉冲、用于动态显示模块的 1kHz 动态驱动脉冲。由于 FPGA 实验平台提供 50MHz 的系统时钟，所以必须要将 50MHz 分频为 1kHz、500Hz 以及 1Hz。50MHz 系统时钟通过 50000 次分频获得 1kHz，1kHz 通过 2 分频获得 500Hz、500Hz 通过 500 分频获得 1Hz。分频的基本原理就是计数，即可利用计数器件实现。本模块使用 74390，具体电路如图 9-24 所示。

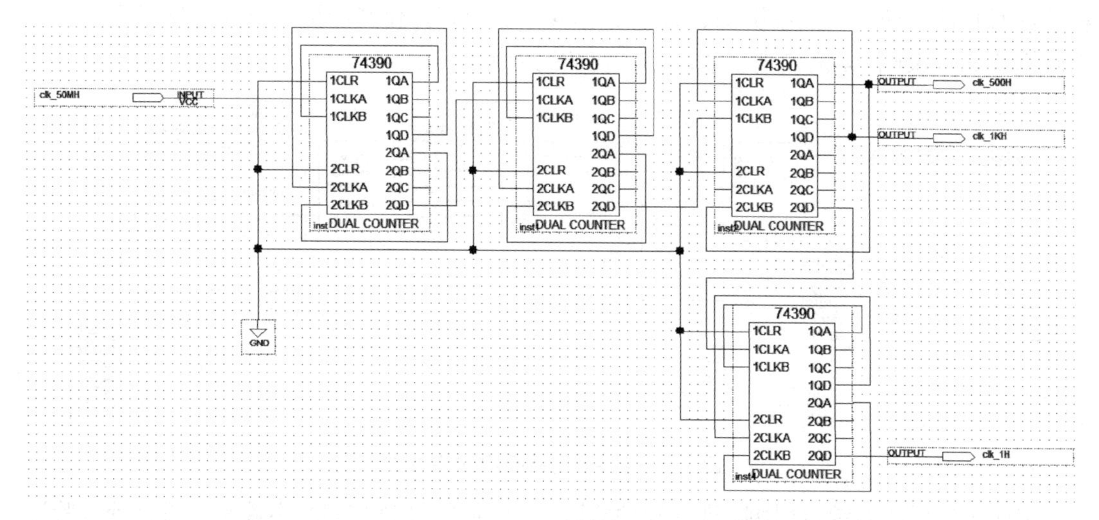

图 9-24 分频模块电路

分频模块封装后如图 9-25 所示，能够将 500MHz 系统时钟分频，产生数字计时器所需要的 1kHz、500Hz 及 1Hz 3 个时钟信号，其仿真结果如图 9-26 和图 9-27 所示。

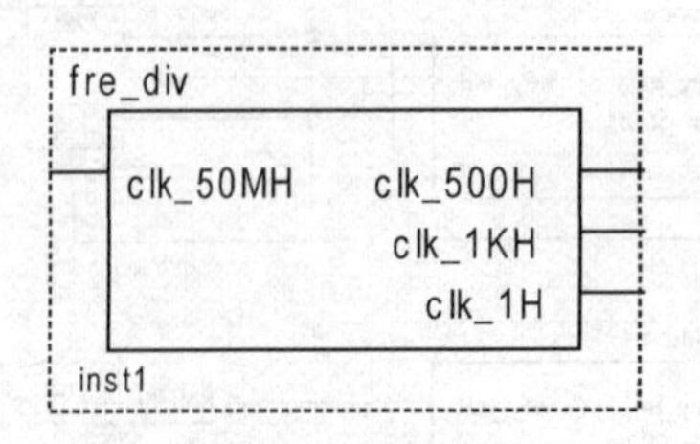

图 9-25　分频模块

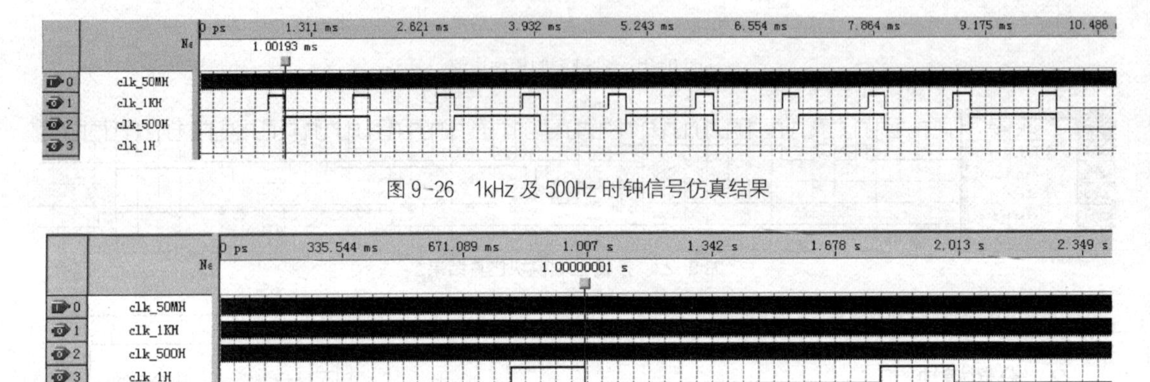

图 9-26　1kHz 及 500Hz 时钟信号仿真结果

图 9-27　1Hz 时钟信号仿真结果

9.2.5　数字计时器顶层电路

将上述各模块连接起来，即可完成完整的数字计时器设计，其顶层电路如图 9-28 所示。由分频模块 fre_div 完成系统时钟 500MHz 的分频，产生 1kHz 的动态扫描脉冲、500Hz 的按键消抖脉冲及 1Hz 的计数脉冲信号。按键控制模块 key_control 实现按键消抖和控制功能，产生计数清零 clear 和开始/停止计时 start/stop 信号。计数模块 counter 实现 0 分 0 秒到 59 分 59 秒的计时功能。动态扫描模块 scan 动态扫描 4 个数码管，使其能按要求同时显示不同数值。译码模块 decoder 将 4 位二进制数译码，在数码管上显示出来。

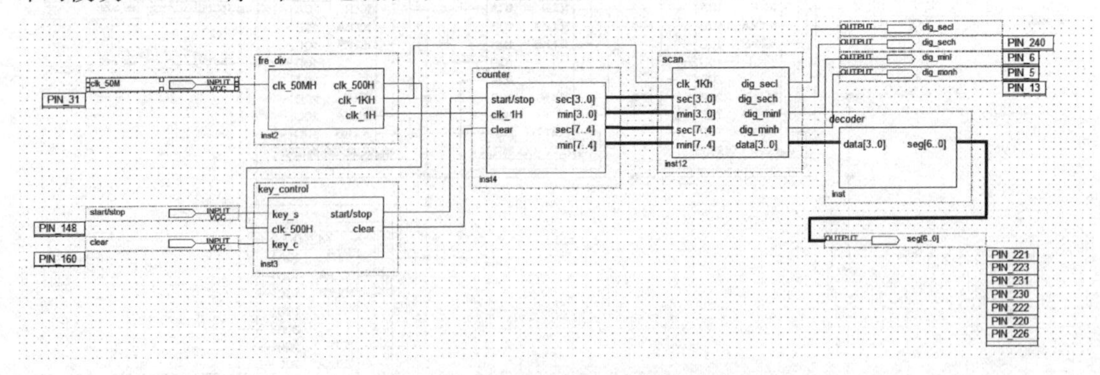

图 9-28　数字计时器顶层电路原理图

编译无误后即可锁定引脚，进行硬件验证。本例使用自制 FPGA 实验平台进行硬件验证，其引脚选择及锁定如表 9-1 所示。下载设计后，按 key[6]一次，开始计数，再次按 key[6]，停止计数。按 key[7]，计数结果清零。硬件验证结果如图 9-29、图 9-30 所示。

表 9-1　　数字计时器引脚锁定

输入			输出		
端口名	引脚名	引脚号	端口名	引脚名	引脚号
clk_50M	Clk0	PIN_31	seg[6..0]	SEG[6..0]	PIN_221/223/231/230/222/220/226
start/stop	Key[6]	PIN_148	dig_secl	DIG[0]	PIN_240
clear	Key[7]	PIN_160	dig_sech	DIG[1]	PIN_6
			dig_minl	DIG[2]	PIN_5
			dig_minh	DIG[3]	PIN_13

图 9-29　数字计时器计数结果 1

图 9-30　数字计时器计数结果 2

9.3 数控脉宽脉冲信号发生器

数控脉宽脉冲信号发生器指能够在脉宽控制按键的控制下，输出确定占空比的脉冲信号，即输出信号的脉冲宽度可按照要求步长可调。本例设计 1 个数控脉宽脉冲信号发生器，要求脉宽占空比可控范围为 1%～99%，占空比可控步长为 1%。设置 2 个脉宽控制按键："+"和"−"，起始占空比为 0%。通过按动"+"键 1 次，脉宽占空比增加 1%；反之，通过按动"−"键 1 次，脉宽占空比减少 1%。该设计要求能够在数码管上实时显示当前脉冲信号的占空比。

9.3.1 系统原理框图

图 9-31 所示是数控脉宽脉冲信号发生器系统原理框图。

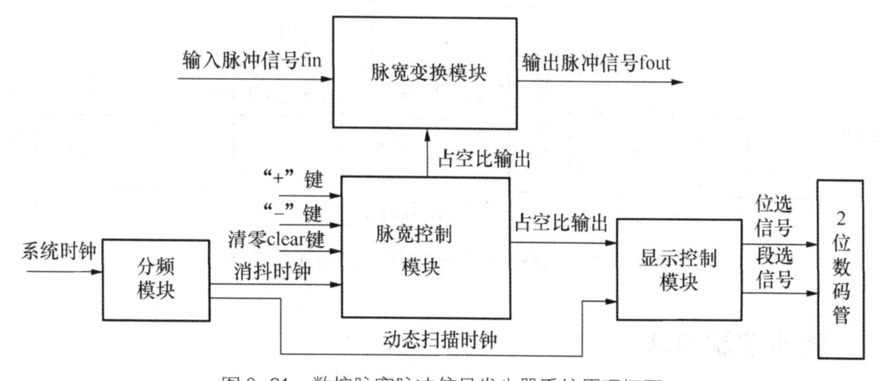

图 9-31　数控脉宽脉冲信号发生器系统原理框图

① 脉宽控制模块：脉宽控制模块通过"+""−"按键控制脉冲占空比，该模块实际上是

一个可逆计数器，在“+”“-”按键作用下做加1或减1操作，在清零clear按键下计数器完成清零操作。该计数器模值为100，即计数范围从0～99，满足占空比可控范围1%～99%的设计要求。脉宽控制模块的输出作为显示控制模块和脉宽变化模块的输入，一方面为数码管显示占空比提供数值，另一方面为脉宽变换提供数值。需要注意的是，由于可逆计数器的加、减操作是由按键提供的，即由按键1次所产生的上升沿或下降沿作为计数时钟信号，那么就有必要对按键进行消抖处理；否则由于机械按键抖动的必然存在，按键1次就有可能抖动多次，造成多次加、减操作，使得脉宽控制无法满足步长1%的要求。综上分析，脉宽控制模块包含按键消抖电路和可逆计数器电路2部分。

② 脉宽变换模块：该模块由1个模100计数器和1个8位比较器构成。8位比较器的作用是将模100计数器的计数结果与脉宽控制模块中可逆计数器的计数结果（即占空比输出）进行大小比较。如果模100计数器计数结果小于占空比输出，则比较器输出为高电平1；反之，如果模100计数器计数结果等于或大于占空比输出，比较器输出为低电平0。这样，在100个计数周期内，如果占空比输出为23，则最终输出脉冲波形在模100计数器的计数结果为0～22的范围内均为高，23～99的范围内为低。也就是说100个时钟周期内，23个为高电平，即实现了占空比为23%。

③ 分频模块：将FPGA实验平台上的系统时钟50MHz进行分频，产生用于按键消抖的消抖时钟和用于数码管动态扫描的时钟信号。

④ 显示控制模块：该模块完成数码管的动态扫描和译码功能，使得2位数码管能够正确显示占空比数值。该模块功能在前一节已讲述，这里不再赘述。

综上分析，数控脉宽脉冲信号发生器系统原理框图可细化为图9-32所示。其中输入脉冲信号fin由外部信号源提供，作为模100计数器的计数时钟。最终产生的脉宽可调的脉冲信号fout其频率为输入信号fin频率的1%。本例采用原理图和硬件描述语言2种方式实现，读者可比较2种方式的优缺点。以下将详细讲述每一模块的具体实现。

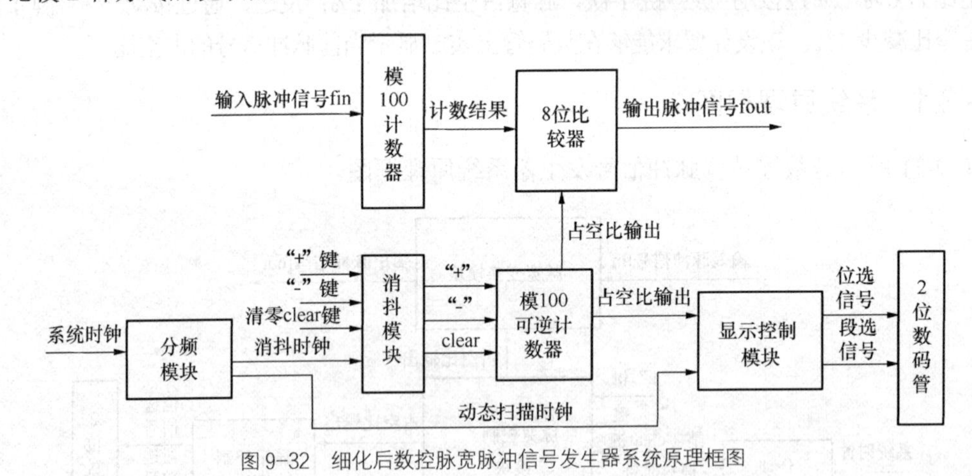

图9-32 细化后数控脉宽脉冲信号发生器系统原理框图

9.3.2 脉冲控制模块

由前分析可知，脉冲控制模块通过“+”“-”、clear按键控制脉冲占空比，可划分为消抖和模100可逆计数器两个独立小模块。

1. 消抖模块

消抖模块用于对机械按键“+”“–”、clear进行消抖操作，以避免因按键抖动造成多次加减操作，使得脉宽控制无法满足步长1%的要求。消抖模块可参照数字计时器中采用的D触发器延时后再采样的方式，电路如图9-33所示，封装后模块如图9-34所示。具体原理可参考前述数字计时器，这里不再赘述。消抖时钟clk_500h频率为500Hz，由FPGA实验平台系统时钟50MHz分频后产生。

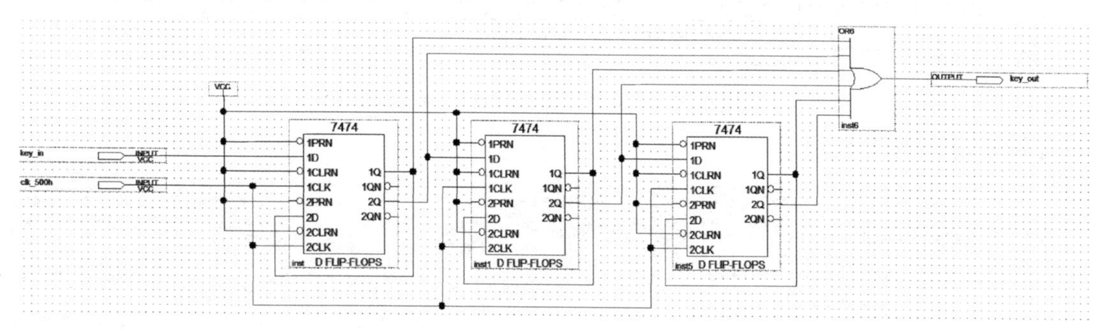

图9-33 消抖模块电路

由于有“+”“–”、clear 3个按键需要消抖，所以可调用3次消抖模块，形成上层消抖模块，电路如图9-35所示。key_up、key_down 、key_clear分别代表消抖前的“+”“–”、clear按键，而up、down、clear则代表消抖后的按键。将该模块命名为key_control，封装后（如图9-36所示）留待顶层调用。需要注意的是，down和clear按键在输出端添加了反相器，使得FPGA实验平台上的按键由按下为高电平变为按下为低电平，这是由模100可逆计数器模块中选用的器件74192的功能所决定的，具体将在模100可逆计数器模块中讲解。

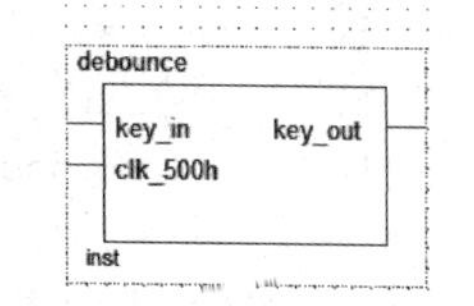

图9-34 消抖模块

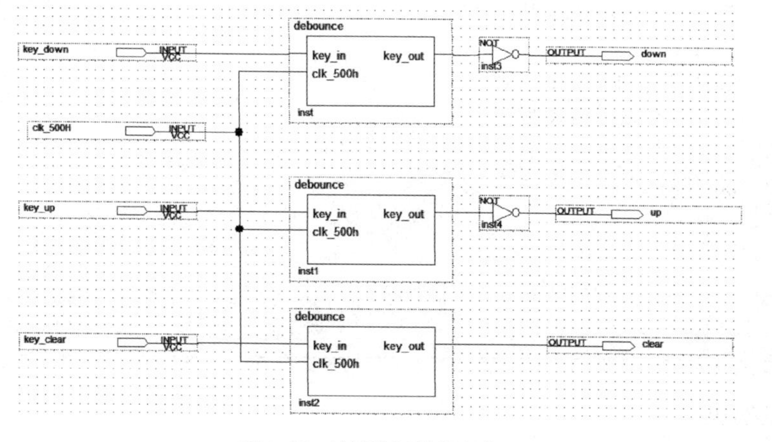

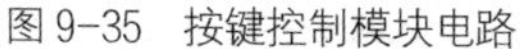

图9-35 按键控制模块电路

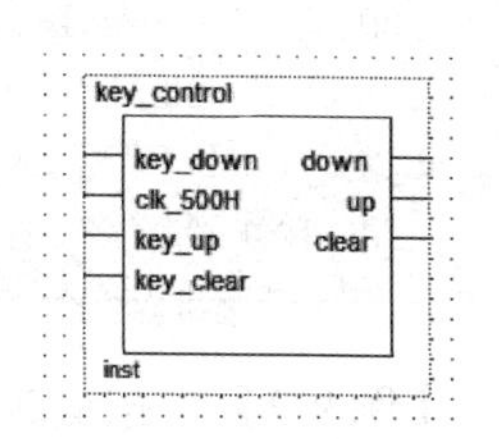

图9-36 按键控制模块

消抖模块可用硬件描述语言来实现，本书采用VHDL语言，示例程序见例9-1。这里使用计数器型消抖，当检测到有按键key_in按下时，启动1个延时程序，然后再次检测有无按键按下。如有，则输出去抖后的按键信号 key_out；反之则认为是抖动，即无键按下。本例消抖时钟频率为 500Hz，计数器从 0 计数到 5，共计数 6 次，即延时为 12ms，满足消抖要求。当然消抖时钟频率、计数器位宽和计数终值都可以由读者根据需要的延时时间自己设置，只需改变程序中的某些参数，方便灵活。仿真波形如图 9-37 所示，可以看到第 1、2、4 次高电平被判为抖动。可将例 9-1 封装成模块，同样如图 9-34 所示，调用 debounce 模块 3 次，即可完成对 up、down、clear 3 个按键的消抖。也可使用元件例化语句实现模块调用，如例 9-2 所示。

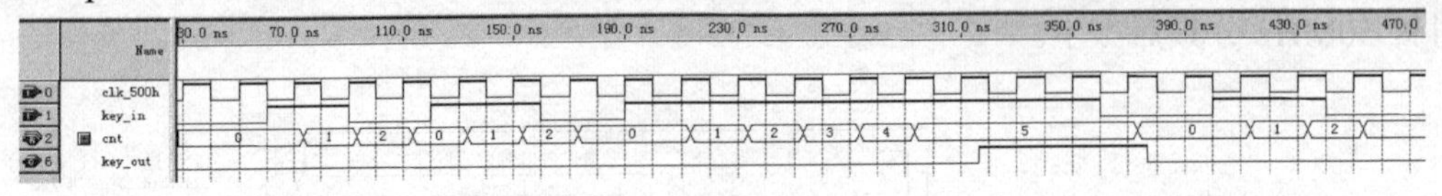

图 9-37　例 9-1 消抖模块例程仿真结果

【例 9-1】　消抖模块。

```
L1  LIBRARY ieee;
L2  USE ieee.std_logic_1164.all;
L3  USE ieee.std_logic_unsigned.all;
L4  ENTITY debounce IS
L5    PORT(clk_500h     :    IN  STD_LOGIC;       --消抖时钟
L6         key_in       :    IN  STD_LOGIC;
L7         key_out      :    OUT STD_LOGIC);
L8  END debounce;
L9  ARCHITECTURE bhv OF debounce IS
L10    SIGNAL cnt       :    STD_LOGIC_VECTOR(2 DOWNTO 0);
L11 BEGIN
L12    PROCESS(clk_500h)
L13    BEGIN
L14      IF CLK_500h'EVENT AND clk_500h='1' THEN
L15          IF key_in='1' THEN
L16            IF cnt="101" THEN key_out<='1';
L17            ELSE cnt<=cnt+1;key_out<='0';
L18            END IF;
L19        ELSE CNT<="000";KEY_OUT<='0';
L20        END IF;
L21      END IF;
L22    END PROCESS;
L23  END bhv;
```

【例 9-2】　按键控制模块。

```
L1  LIBRARY ieee;
L2  USE ieee.std_logic_1164.all;
L3  USE ieee.std_logic_unsigned.all;
```

```
-------------------------------------------------------------------------------------
L4  ENTITY key_control IS
L5    PORT(clk_500h       :     IN  STD_LOGIC;
L6          key_down      :     IN  STD_LOGIC;
L7          key_up        :     IN  STD_LOGIC;
L8          key_clear     :     IN  STD_LOGIC;
L9          down          :     OUT STD_LOGIC;
L10         up            :     OUT STD_LOGIC;
L11         clear         :     OUT STD_LOGIC);
L12 END key_control;
-------------------------------------------------------------------------------------
L13 ARCHITECTURE construct OF key_control IS
L14    COMPONENT debounce                  --元件声明
L15      PORT(clk_500h   :     IN  STD_LOGIC;
L16           key_in     :     IN  STD_LOGIC;
L17           key_out    :     OUT STD_LOGIC);
L18    END COMPONENT;
L19 BEGIN                                  --元件例化
L20 u1: debounce PORT MAP (clk_500h=>clk_500h,key_in=>key_down,key_out=>down);
L21 u2: debounce PORT MAP (clk_500h=>clk_500h,key_in=>key_up,key_out=>up);
L22 u3: debounce PORT MAP (clk_500h=>clk_500h,key_in=>key_clear,key_out=>clear);
L23 END construct;
-------------------------------------------------------------------------------------
```

需要注意的是，例 9-2 使用 VHDL 语言，实现 up、down、clear 3 个按键的消抖，此处并没有在 down 和 up 按键的输出端添加反相器，这是由于使用语言实现功能，可以灵活定制所需功能，避免固定器件某些特定功能的限制（原理图设计中模 100 可逆计数器选用 74192 功能限定），使得设计更加简洁、灵活。

2. 模 100 可逆计数器模块

本例使用器件 74192 设计模 100 可逆计数器。74192 是十进制同步加/减计数器，构成模 100 需要使用 2 片器件，电路如图 9-38 所示。本例并没有使用预置数功能，所以将 LDN 端连接高电平使其无效。CLR 为异步清零信号，高电平有效，即每按下 1 次 clear 按键，可逆计数器清零 1 次。DN 为减计数时钟输入端、UP 为加计数时钟输入端、CON 为进位输出、BON 为借位输出。当进行加法计数时，在 DN 为高电平的情况下，每 1 次 UP 上升沿加法计数 1 次，从 0 计数到 99 计满状态 100 又回到 0 重新开始。当进行减法计数时，在 UP 为高电平的情况下，每 1 次 DN 上升沿减法计数 1 次，从 99 计数到 0 计满状态 100 又回到 99 重新开始。由于查找、阅读数据手册是一项重要基本的能力，所以这里不再详细介绍其功能，74192 的数据手册请读者自行查阅学习。图 9-39 是封装后的模 100 可逆计数器。

由于进行加/减计数都需要另一对应信号 DN/UP 处于高电平状态，所以在消抖模块中将 up、dowm 按键输出端添加反相器，使得按键不按下时即为高电平。这样在硬件操作进行可逆加/减计数时，只用对 1 个按键操作，更加简洁。

图 9-40 和图 9-41 所示是模 100 可逆计数器波形仿真结果。图 9-40 显示当 key_down 为高电平时，每 1 次 up 上升沿加法计数 1 次。在计数过程中，如果 clear 有效，则清零。

图 9-41 显示当 key_up 为高电平时，每 1 次 down 上升沿减法计数 1 次，计数到 0 后，重新回到 0。

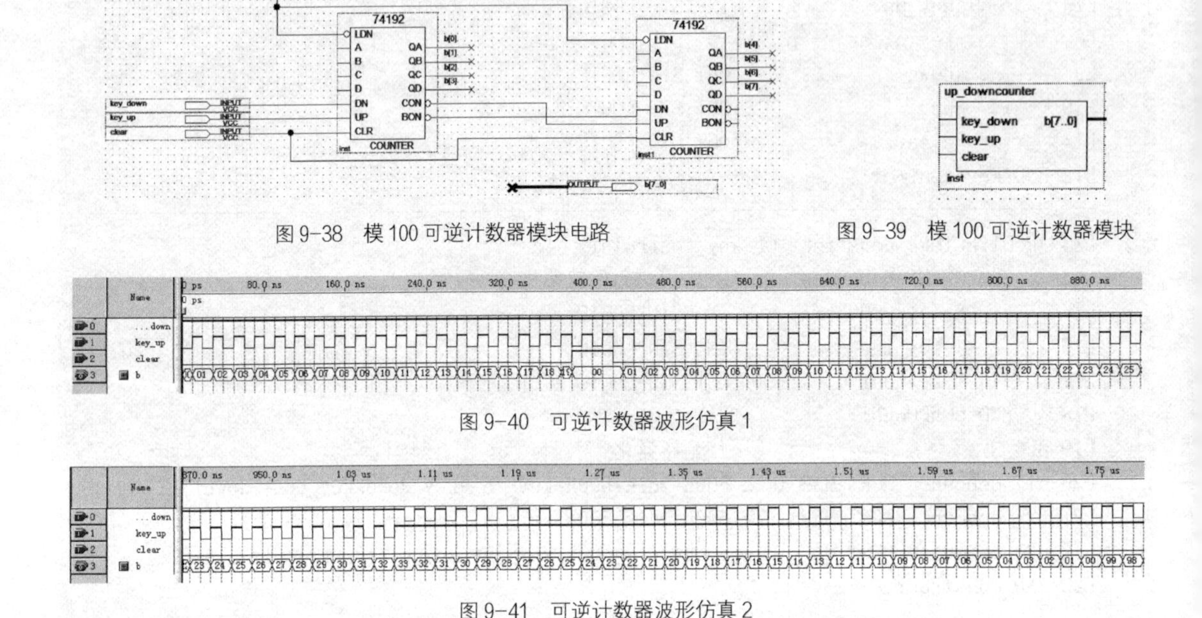

图 9-38　模 100 可逆计数器模块电路

图 9-39　模 100 可逆计数器模块

图 9-40　可逆计数器波形仿真 1

图 9-41　可逆计数器波形仿真 2

模 100 可逆计数模块采用 VHDL 语言实现，其例程如例 9-3 所示。由于 VHDL 语法规则（如：不能在不同进程中对同一信号赋值，同一进程中不能使用 2 个时钟源等），继续使用 key_up 和 key_down 的上升沿作为加/减计数的时钟会使程序很复杂，所以例 9-3 在原理图电路结构基础上添加 clk 作为计数时钟，并添加加/减标志位 flag_up/flag_down，用于确保按键 1 次计数 1 次。当计数器计数 1 次后，加/减标志位被置 1，即使当下次时钟信号 clk 上升沿到来时，加/减按键仍被按下，但由于加/减标志位为 1，不进行加/减操作。只有当加/减按键弹起后，加/减标志为才重新赋值为 0，可以进行下次加/减操作。

【例 9-3】 模 100 可逆计数器。

```
-------------------------------------------------------------------------
L1 LIBRARY ieee;
L2 USE ieee.std_logic_1164.all;
L3 USE ieee.std_logic_unsigned.all;
-------------------------------------------------------------------------
L4 ENTITY up_downcounter IS
L5  PORT(clk              : IN STD_LOGIC;
L6       key_up,key_down: IN STD_LOGIC;       --加、减按键
L7       clear            : IN STD_LOGIC;      --清零按键
L8       b                : OUT STD_LOGIC_VECTOR(7 DOWNTO 0)); --计数结果
L9 END up_downcounter;
-------------------------------------------------------------------------
L10 ARCHITECTURE bhv OF up_downcounter IS
```

```
L11 SIGNAL flag_up,flag_down   : STD_LOGIC;     --加、减计数标志位
L12 SIGNAL b_temp              : STD_LOGIC_VECTOR(7 DOWNTO 0);
L13 BEGIN
L14    PROCESS(clk,clear)
L15    BEGIN
L16      IF clear='1' THEN b_temp<=(OTHERS=>'0'); --清零键按下，计数结果清零
L17       ELSIF clk'EVENT AND clk = '1' THEN          --clk 上升沿计数
L18        IF key_up = '1' AND key_down='0' AND flag_up = '0' THEN
                                --加键按下，减键弹起，加标志位为零
L19           IF b_temp(3 DOWNTO 0) = "1001" THEN   --判断个位是否为 9
L20             IF b_temp(7 DOWNTO 4)= "1001" THEN --判断十位是否为 9
L20                b_temp(3 DOWNTO 0)<= "0000";    --个位、十位清零
L21                b_temp(7 DOWNTO 4)<= "0000";flag_up<='1'; --置加标志位
L22             ELSE b_temp(3 DOWNTO 0)<= "0000"; --仅个位计数到 9，个位清零
L23                b_temp(7 DOWNTO 4)<=b_temp(7 DOWNTO 4)+1;flag_up<='1';
L24             END IF;                             --十位加 1
L25           ELSE b_temp(3 DOWNTO 0)<=b_temp(3 DOWNTO 0)+1;flag_up <='1';
L26         END IF;
L27        ELSIF key_down = '1' AND key_up='0' and flag_down = '0' THEN
                                                  --减键按下，加键弹起，减标志位为零
L28         IF b_temp(3 DOWNTO 0)= "0000" THEN      --判断个位是否为 0
L29           IF b_temp(7 DOWNTO 4) ="0000" THEN --判断十位是否为 0
L30               b_temp(3 DOWNTO 0)<= "1001";      --个位、十位置 9
L31               b_temp(7 DOWNTO 4)<= "1001";flag_down<='1'; --置减标志位
L32           ELSE b_temp(3 dOWNTO 0)<= "1001"; --仅个位计数到 0，个位置 9
L33               b_temp(7 DOWNTO 4)<=b_temp(7 DOWNTO 4)-1;flag_down<='1';
L34           END IF;                            --十位减 1
L35         ELSE b_temp(3 DOWNTO 0)<=b_temp(3 DOWNTO 0)-1;flag_down<='1';
L36          END IF;      --无键按下，加/减标志位清零，可以重新计数
L37         ELSIF key_up='0' and key_down ='0' THEN flag_up<='0';flag_down<='0';
L38        END IF;
L39      END IF;
L40    END PROCESS;
L41    b<=b_temp;
L42 END;
```

例 9-3 仿真波形如图 9-42 和图 9-43 所示。从图 9-42 中可以看出，当 clear 按键被按下时，计数结果清零。当加键 key_up 按下，减键 key_down 弹起时，每按 1 次 key_up，计数器加法计数 1 次；反之，计数器减法计数 1 次。添加标志位后，能够保证 1 次按键仅计数 1 次。图 9-43 则显示了加法计数到 99 后，计数器重新从 0 开始计数。同样可将例 9-3 封装成模块，如图 9-44 所示，可以看到相比于原理图电路设计模块，VHDL 程序设计多了计数时钟 clk 信号，本例可以选用消抖时钟作为计数时钟信号。

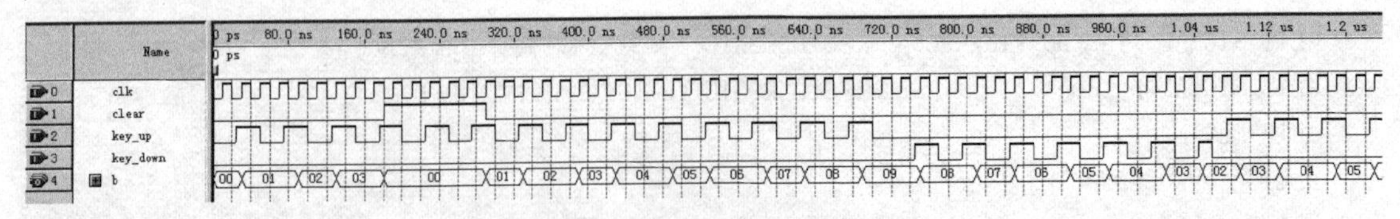

图 9-42　模 100 可逆计数器仿真结果（1）

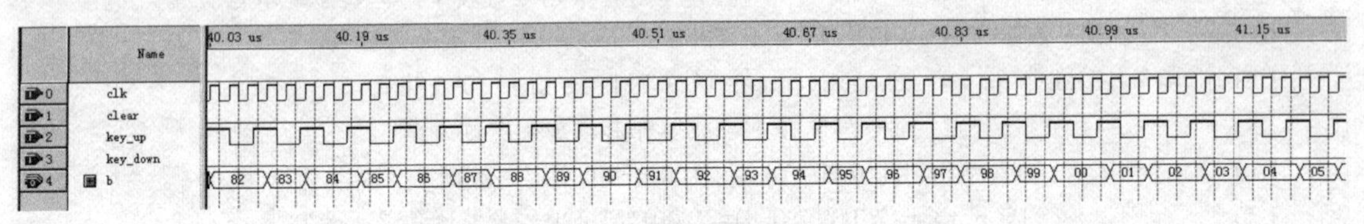

图 9-43　模 100 可逆计数器仿真结果（2）

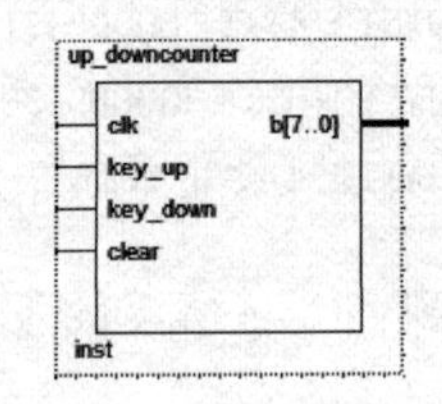

图 9-44　例 9-3 封装模块

9.3.3　脉宽变换模块

脉宽变换模块由 1 个模 100 计数器和 1 个 8 位比较器构成，其中 8 位比较器的作用是将模 100 计数器的计数结果与脉宽控制模块中可逆计数器的计数结果（即占空比输出）进行大小比较。

1．模 100 计数器模块

模 100 计数器的设计较为简单，本例采用 1 片 74390 即可完成，具体电路如图 9-45 所示，模块见图 9-46。fin 为外部信号源提供的输入脉冲信号，a[7..0]为模 100 计数结果，仿真波形见图 9-47。当然也可采用其他器件，如：74160、74161 等实现模 100 计数器。

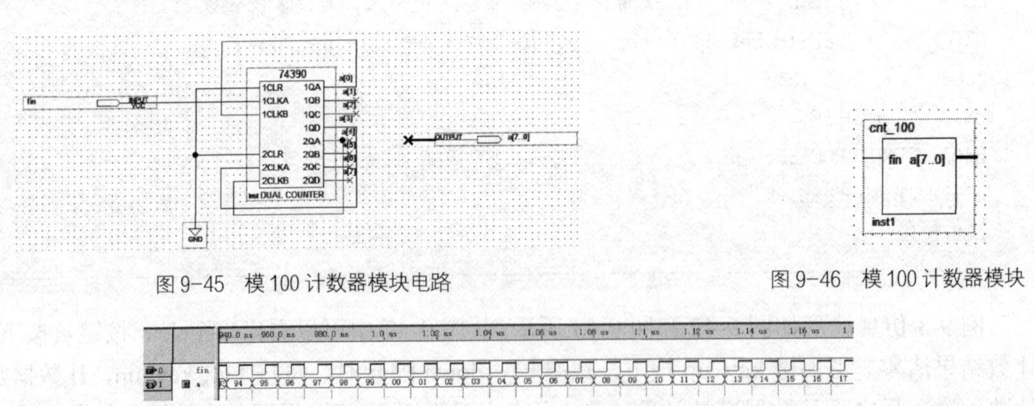

图 9-45　模 100 计数器模块电路　　图 9-46　模 100 计数器模块

图 9-47　模 100 计数器功能仿真波形

模 100 计数器 VHDL 例程如例 9-4 所示，本例比较简单，这里不再赘述，请读者自行分析。例 9-4 仿真结果和封装模块与原理图设计完全一致。

【例 9-4】　模 100 计数器。

```
L1 LIBRARY ieee;
L2 USE ieee.std_logic_1164.all;
L3 USE ieee.std_logic_unsigned.all;
--------------------------------------------------------------------------------
L4 ENTITY cnt_100 IS
L5  PORT(fin    :     IN STD_LOGIC;
L6       a      :     OUT STD_LOGIC_VECTOR(7 DOWNTO 0));
L7 END cnt_100;
--------------------------------------------------------------------------------
L8 ARCHITECTURE bhv OF cnt_100 IS
L9    SIGNAL a_temp  : STD_LOGIC_VECTOR(7 DOWNTO 0);
L10 BEGIN
L11      PROCESS(fin)
L12      BEGIN
L13         IF fin'EVENT AND fin='0' THEN    --fin 下降沿计数
L14           IF a_temp(3 DOWNTO 0)="1001" THEN
L15                IF a_temp(7 DOWNTO 4)="1001" THEN
L16                a_temp<="00000000";
L17               ELSE a_temp(7 DOWNTO 4)<=a_temp(7 DOWNTO 4)+1;
L18                    a_temp(3 DOWNTO 0)<="0000";
L19               END IF;
L20           ELSE a_temp(3 DOWNTO 0)<=a_temp(3 DOWNTO 0)+1;
L21               END IF;
L22          END IF;
L23       END PROCESS;
L24     a<=a_temp;
L25 END;
```

2．8 位比较器模块

使用 2 片 4 位数值比较器 7485 级联可以很容易地扩展为 8 位数值比较器，如图 9-48 所示。其中 a[7..0]是模 100 计数器的计数输出，b[7..0]是模 100 可逆计数器计数输出（即占空比输出），alb 代表输出 a<b，aeb 代表输出 a=b，agb 代表输出 a>b，如图 9-49 所示。当输入数据 a>b 时，alb 和 aeb 输出为低电平，age 输出为高电平。当输入数据 a<b 时，aeb 和 agb 输出为低电平，alb 输出为高电平。仅当 a=b 时，aeb 输出为高电平。图 9-50 是 8 位比较器的仿真波形。

由前分析可知，当模 100 计数器计数结果小于可逆计数器计数结果（占空比）时，输出为高电平；反之，输出为低电平。所以，输出端 alb 即为输出脉冲信号。由于计数器的模值为 100，所以输出脉冲信号的频率为输入脉冲信号频率的 1%。

8 位比较器 VHDL 例程见例 9-5，只要改变输入信号 a 和 b 的矢量位数就可以改变比较器的位数，再次体现了语言编程的灵活性和可扩展性。例程很简单，这里不再讲解，其仿真结果和封装模块与原理图设计完全一致。

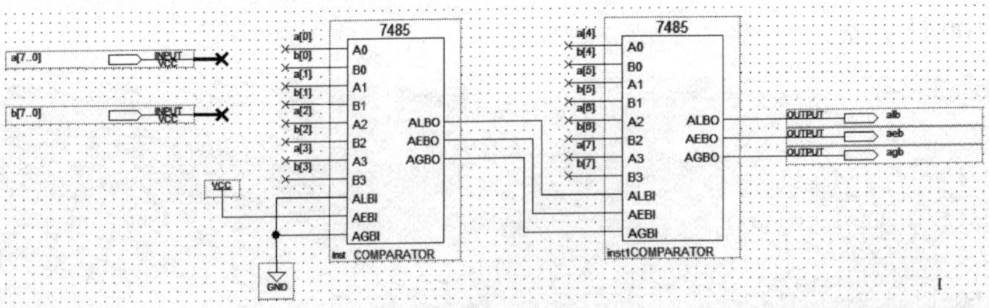

图 9-48　8 位比较器模块电路

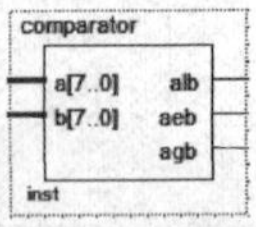

图 9-49　8 位比较器模块

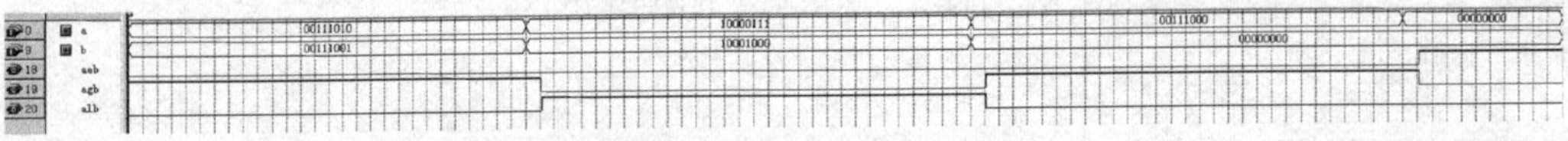

图 9-50　8 位比较器仿真波形

【例 9-5】　8 位比较器。

```
L1 LIBRARY ieee;
L2 USE ieee.std_logic_1164.all;
L3 USE ieee.std_logic_unsigned.all;

L4 ENTITY comparator IS
L5  PORT (a, b    : IN STD_LOGIC_VECTOR(7 DOWNTO 0);
L6          alb,aeb,agb: OUT STD_LOGIC);
L7 END comparator;

L8 ARCHITECTURE bnv OF comparator IS
L9 BEGIN
L10     PROCESS(a,b)
L11     BEGIN
L12      IF a<b THEN alb<='1';aeb<='0';agb<='0';
L13      ELSIF a=b THEN alb<='0';aeb<='1';agb<='0';
L14      ELSE alb<='0';aeb<='0';agb<='1';
L15      END IF;
L16   END PROCESS;
L17 END;
```

9.3.4　分频模块

分频器是时序逻辑电路中广泛应用的基础电路之一，其基本功能是把频率较高的时钟信号按照要求分频成频率较低的时钟信号。分频的基本参数有分频系数和占空比。分频器的设计核心都是采用计数器来实现的。

由于 FPGA 实验平台提供的系统时钟是 50MHz，而本例需要一个 1kHz 的数码管动态扫描时钟和一个 500Hz 的消抖时钟，可以通过分频获得。分频模块电路（图 9-51）由 3 片 74390 构成，通过 50000 分频获得 1kHz 信号，再将 1kHz 信号二分频获得 500Hz 时钟信号。采用 VHDL 设计分频器，则可通过改变参数灵活改变分频的系数和占空比，获得任意分频系数和占空比的时钟信号。例 9-6 是分频模块（图 9-52）示例程序，由于本例对占空比并无要求，所以只关注分频系数。

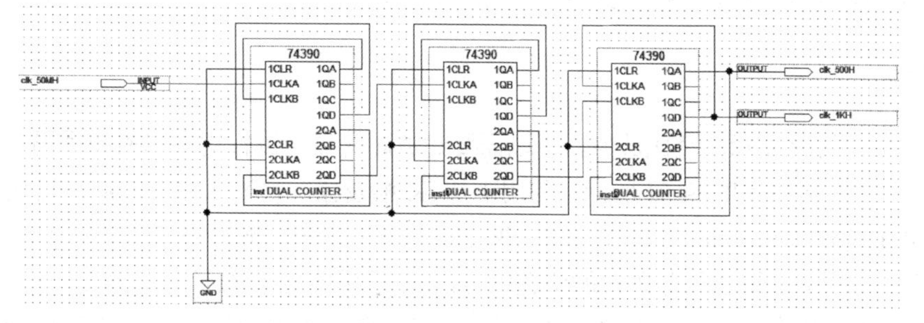

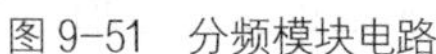
图 9-51　分频模块电路

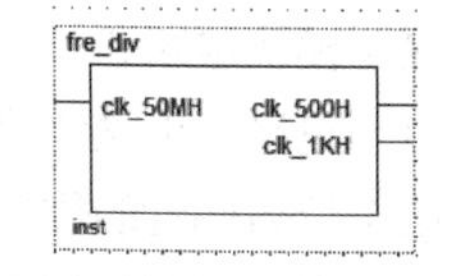

图 9-52　分频模块

【例 9-6】　分频模块。

```
L1 LIBRARY ieee;
L2 USE ieee.std_logic_1164.all;
L3 USE ieee.std_logic_unsigned.all;
--------------------------------------------------------------------------------
L4 ENTITY fre_div IS
L5   PORT(clk_50MH                  :  IN  STD_LOGIC;
L6        clk_500H, clk_1KH         :  OUT STD_LOGIC);
L7 END fre_div;
--------------------------------------------------------------------------------
L8 ARCHITECTURE bhv OF fre_div IS
L9    SIGNAL cnt : INTEGER RANGE 0 TO 49999;
L10   SIGNAL clk_1kH_temp : STD_LOGIC;
L11   SIGNAL clk_500H_temp: STD_LOGIC;
L12 BEGIN
L13     PROCESS(clk_50MH)
L14     BEGIN
L15        IF clk_50MH'EVENT AND clk_50MH='1' THEN
L16             IF cnt= 49999 THEN cnt <= 0; clk_1KH_temp<='1'; --产生 1kHz 信号
L17             ELSE cnt <= cnt+1; clk_1KH_temp<='0';
L18             END IF;
L19        END IF;
L20    END PROCESS;
L21    PROCESS(clk_1KH_temp)
L22     BEGIN
L23        IF clk_1KH_temp'EVENT AND clk_1KH_temp='1' THEN
L24            clk_500H_temp <= NOT clk_500H_temp;      --产生 500Hz 信号
L25        END IF;
L26    END PROCESS;
L27    clk_1KH <= clk_1KH_temp;
```

```
L28     clk_500H <= clk_500H_temp;
L29 END;
```

9.3.5 显示模块

本例需要使用 2 位数码管来显示占空比数值，所以需要对数码管显示进行动态扫描和译码。显示模块电路和封装分别如图 9-53 和图 9-54 所示。使用 1 片 JK 触发器，将输入端 J 和 K 均连接至高电平，JK 触发器处于翻转状态，每 1 次时钟脉冲 clk_1K 上升沿到来，输出 Q 取反。dig0 是第 1 位数码管的位选信号，dig1 是第 2 位数码管的位选信号，2 位数码管轮流被选通。74157 是 4 位 2 选 1 数据选择器，用于选择个位和十位 2 位待显示的占空比数值。7448 则完成所选中数据的译码功能，控制段选信号 seg0～seg6（a～g）。需要注意的是，数码管除 7 个笔段外，还有 1 个可显示的小数点，一般会使用段选信号 seg7 单独控制小数点的亮或灭，本例不显示小数点。

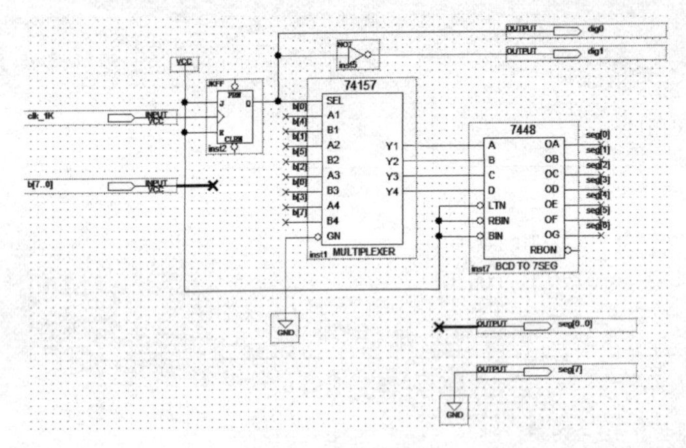

图 9-53 显示模块电路

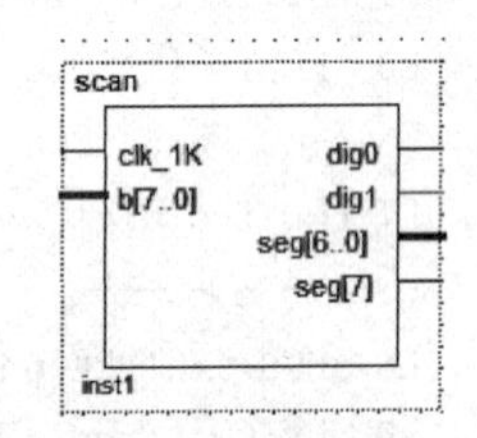

图 9-54 显示模块

例 9-7 是显示模块示例程序，由 3 个进程组成。进程 p0 产生信号 cnt 控制 2 位数码管的位选信号，如果需要多位数码管显示，则可采用计数器实现。进程 p1 利用 CASE 语句选通相应数码管和待显示的数据。进程 p2 实现数字 0～9 的译码。显示模块仿真结果如图 9-55 所示。

【例 9-7】 显示模块。

```
L1 LIBRARY ieee;
L2 USE ieee.std_logic_1164.all;
L3 USE ieee.std_logic_unsigned.all;

L4 ENTITY scan IS
L5  PORT (clk_1K      :    IN  STD_LOGIC;
L6        b           :    IN  STD_LOGIC_VECTOR(7 DOWNTO 0);
L7        dig         :    OUT STD_LOGIC_VECTOR(1 DOWNTO 0);
L8        seg         :    OUT    STD_LOGIC_VECTOR(7 DOWNTO 0));
L9 END scan;
```

```
L10 ARCHITECTURE bhv OF scan IS
L11     SIGNAL cnt : STD_LOGIC;
L12     SIGNAL data: STD_LOGIC_VECTOR(3 DOWNTO 0);
L13 BEGIN
L14     p0: PROCESS(clk_1k)
L15     BEGIN
L16        IF clk_1K'EVENT AND clk_1K='1' THEN cnt<=NOT cnt;
L17        END IF;
L18     END PROCESS;
L19     p1:PROCESS(cnt)
L20     BEGIN
L21        CASE cnt IS
L22        WHEN '0' => dig<="10";data<=b(3 DOWNTO 0); --选通第1位，显示个位
L23        WHEN '1' => dig<="01";data<=b(7 DOWNTO 4); --选通第2位，显示十位
L24        END CASE;
L25      END PROCESS;
L26      p2:PROCESS(data)
L27      BEGIN
L28         CASE data IS  --译码数字0~9，seg[7]均为0，小数点不亮
L29         WHEN "0000" => seg<="00111111";
L30         WHEN "0001" => seg<="00000110";
L31         WHEN "0010" => seg<="01011011";
L32         WHEN "0011" => seg<="01001111";
L33         WHEN "0100" => seg<="01100110";
L34         WHEN "0101" => seg<="01101101";
L35         WHEN "0110" => seg<="01111100";
L36         WHEN "0111" => seg<="00000111";
L37         WHEN "1000" => seg<="01111111";
L38         WHEN "1001" => seg<="01100111";
L39         WHEN OTHERS =>NULL;
L40         END CASE;
L41     END PROCESS;
L42 END;
```

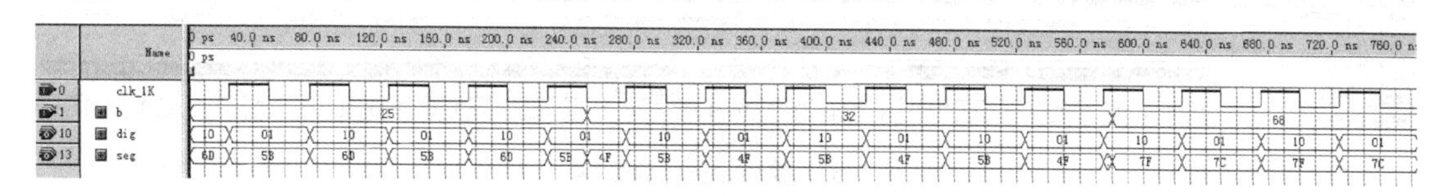

图9-55 显示模块仿真结果

9.3.6 数控脉宽脉冲信号发生器顶层电路

各模块设计完成后，调用底层模块即可完成顶层电路的设计，其顶层电路如图9-56所示。

当然，也可以使用元件例化语句调用底层模块，请读者自行完成。锁定引脚后，即可观察硬件测试结果。本例可使用示波器观察输出脉冲波形，也可使用 Quatrus II 软件内置的嵌入式逻辑分析仪进行在线调试分析。

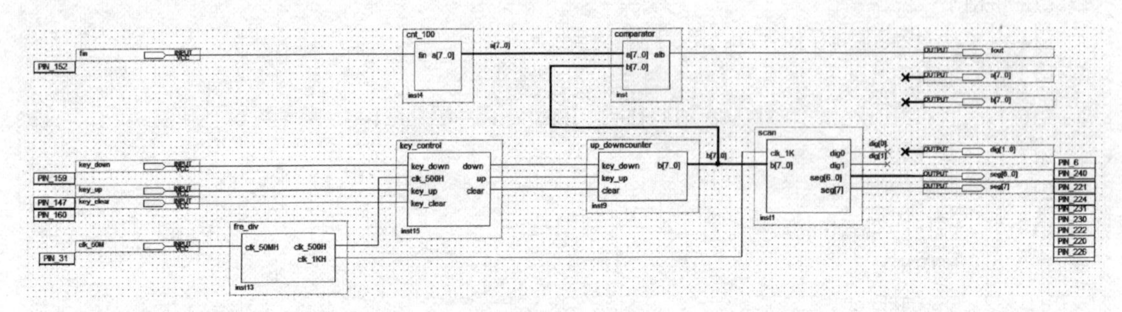

图 9-56　顶层电路

嵌入式逻辑分析仪（Embedded Logic Analyzer，ELA）采用了典型外部逻辑分析仪的理念和功能，将其置入 FPGA 的设计中，编程后存放到电路板的目标器件中。它使用 FPGA 的可用资源，如未使用的逻辑单元和存储器模块，不需要电路板走线或探点，能够在不影响硬件工作的同时实时捕获数据信号。ELA 利用器件的 JTAG 端口进行编程，通过配置电缆下载软件设计好的配置文件（.sof 文件），然后上传实时捕获到的硬件数据。对于没有外部测试条件的设计者，ELA 是很好的替代方案。当然，在进行 ELA 例化分析时，需要先进行属性设置，包括：选择要检测的信号、设定采样深度、缓冲的属性、触发的条件、采样时钟等。

本例中，选择外部信号源提供输入脉冲信号 fin，由 FPGA 实验平台 clk4 引脚输入，引脚号 PIN_152;clk_50MH 由系统时钟提供，引脚号 PIN_31;按键 Key[0]、Key[1]、Key[7]（PIN_159、PIN_147、PIN_160）分别代表 key_down、key_up、key_clear 三个按键，可通过 ELA 实时在线控制按键；数码管位选信号 dig0 锁定引脚号 PIN_240，位选信号 dig1 锁定引脚号 PIN_6；数码管段选信号分别锁定脚号 PIN_226/220/222/230/231/223/221。输出信号 a[7..0]和 b[7..0]分别代表模 100 计数器计数结果和可逆计数器计数结果（占空比输出），用于 ELA 观测数值分析。

本例选择 key_down、key_up、key_clear、a[7..0]、b[7..0]、fout 几个信号作为 ELA 检测信号，fin 是频率 1kHz 的脉冲信号。观测波形如图 9-57～图 9-60 所示。以图 9-57 为例，显示输出脉冲波形占空比为 30%～20%，随着 key_down 按键的按下，占空比逐渐减小。图 9-60 是波形的放大，可以清楚看到信号 a 和 b 的关系，当信号 b 数值为 90H 时，信号 a 数值从 0～89H 均小于信号 b，输出为高电平；反之，输出为低电平，使得输出波形占空比为 90%。

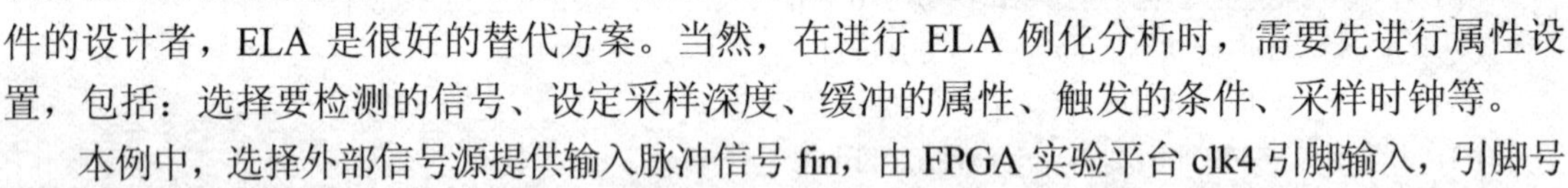

Type Alias Name 6912 7168 7424 7680 7936 8192 8448 8704 8960 9216 9472 9728 9984 10240 10496 10752
key_clear
key_down
key_up
a
b 30h 29h 28h 27h 26h 25h 24h 23h 22h 21h 20h
fout

图 9-57　输出占空比 30%～40%

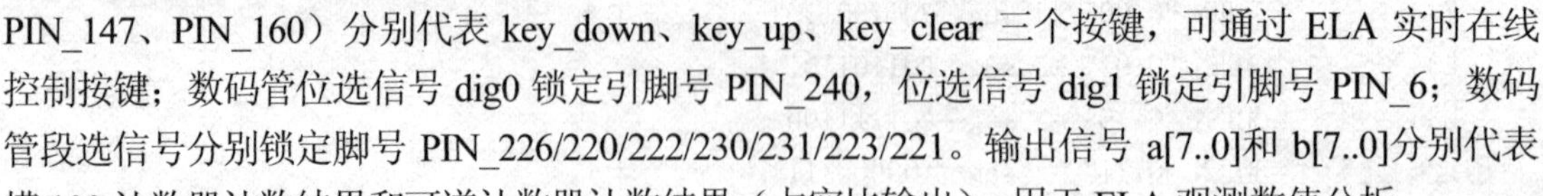

Type Alias Name -5632 -5376 -5120 -4864 -4608 -4352 -4096 -3840 -3584 -3328 -3072 -2816 -2560 -2304 -2048 -1792
key_clear
key_down
key_up
a
b 89h 88h 87h 86h 85h 84h 83h 82h 81h 80h 79h 78h 77h 76h
fout

图 9-58　输出占空比 89%～76%

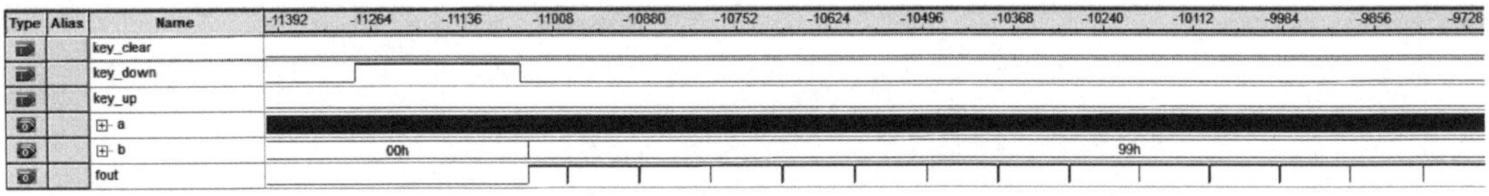

图 9-59 输出占空比 99%

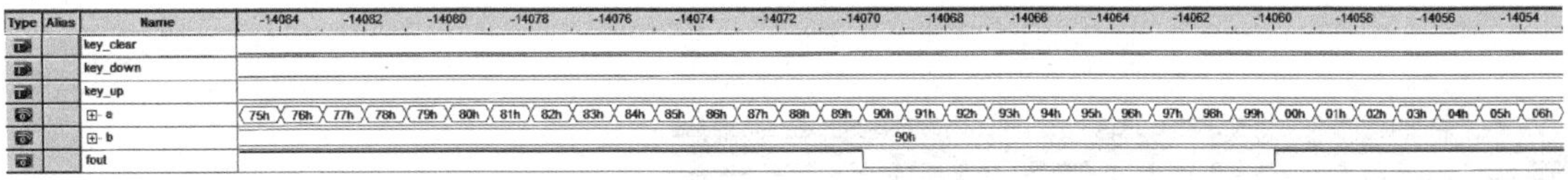

图 9-60 输出占空比 90%

对于本例，读者还可以增加一些扩展功能，如：测试并显示输出脉冲的宽度、测试并显示输出信号的频率等。其中输出脉冲的宽度可由占空比数值和输入信号 fin 的周期的共同决定。设 fin 的周期为 Tin，则输出脉冲宽度 t_W=bTin，b 为占空比数值。输出信号的频率则由单位时间内输出脉冲信号的个数决定。

本章给出的两个实例均可以使用硬件描述语言设计实现。在多数场合，如：任意模值计数器的设计、数码管动态扫描等，如果设计者能够熟练运用硬件描述语言，其设计实现将会比使用固定器件更为便捷，重用性更好。

习　　题

1．设计一个电子密码锁，应具备的功能如下。

① 数码输入：按下 1 个数字键，就输入 1 个数值，并在显示器的最右方显示该数值，并将先前已经输入的数据依次左移 1 个数字位置。

② 数码清除：按下此键可清除前面所有的输入值，清除成为 0000。

③ 密码更改：按下此键会将目前的数字设定成新的密码。

④ 激活电锁：按下此键可将密码上锁。

⑤ 解除电锁：按下此键会检查输入的密码是否正确，密码正确即开锁。

2．设计 1 个交通灯控制系统，系统功能如下。

① 能轮流显示 2 个路口红、黄、绿灯的状态。

② 显示各路口每种颜色等的剩余持续时间，例如：如果红灯显示 60s，则绿灯显示 50s，黄灯显示 10s。

③ 紧急情况下的处理：出现紧急情况下，2 个路口均为红灯显示，计数器停止工作。

附录 A 常用基本逻辑单元国标符号与非国标符号对照表

电路类型	国标符号	非国标符号	说明
与门	A B C & F	A B C F; A B C F	F=ABC
或门	A B C ≥1 F	A B C + F; A B C F	F=A+B+C
非门	A 1 F	A F; A F	$F=\overline{A}$
与非门	A B C & F	A B C F; A B C F	$F=\overline{ABC}$
与非驱动器	A B &▷ F	A B F	$F=\overline{AB}$ 符号▷表示具有放大能力
或非门	A B C ≥1 F	A B C + F; A B C F	$F=\overline{A+B+C}$
异或门	A B =1 F	A B C + F; A B C F	$F=\overline{A}B+A\overline{B}$ $=A\oplus B$
同或门	A B =1 F	A B ⊕ F; A B C F	$F=\overline{A}\,\overline{B}+AB$ = A B
与非门（三态输出）	A B C & ▽ EN F_1 A B C & ▽ EN F_2	A B C; A B C A B C; A B C	符号▽表示三态 当C = 1，$F_1=\overline{AB}$ 当C = 0，F_1为高阻 当C = 0，$F_2=\overline{AB}$ 当C = 1，F_2为高阻
与非门（OC）	A B & ◇ F	A B F; A B OC F	符号◇表示开路输出（L型），如NPN开集电路，N沟道开漏极等

续表

电路类型	国标符号	非国标符号	说明
与或非门	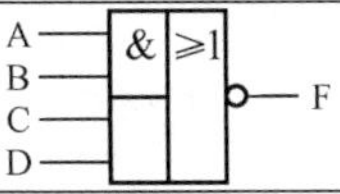 A B C D & ≥1 F	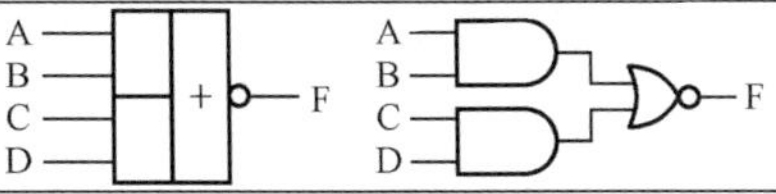 A B C D + F; A B C D F	$F=\overline{AB+CD}$
与或非门（可扩展）	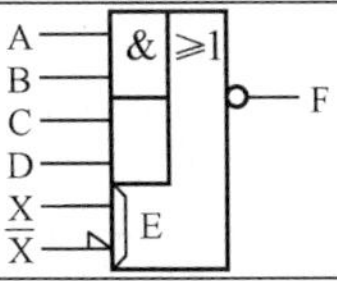 A B C D X $\overline{X}$ & ≥1 E F	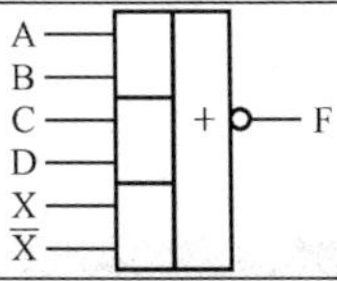 A B C D X $\overline{X}$ + F	X、$\overline{X}$ 为扩展输入。国标符号用 E 标注
与或扩展器	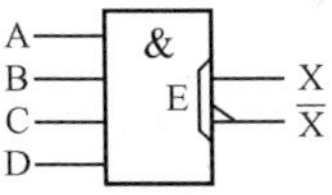 A B C D & E X $\overline{X}$	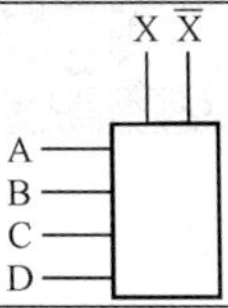 X $\overline{X}$ A B C D	X、$\overline{X}$ 为扩展输入。国标符号用 E 标注
RS 触发器	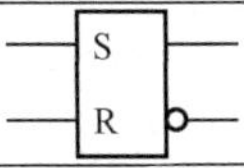 S R	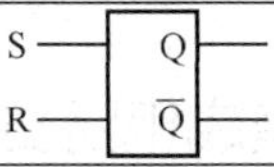 S R Q $\overline{Q}$	高电平触发
D 触发器	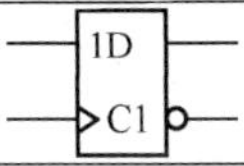 1D C1	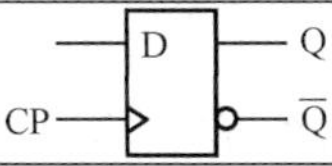 D CP Q $\overline{Q}$	上升沿触发
D 触发器（带预置和消除）	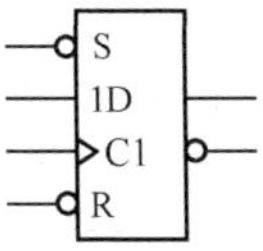 S 1D C1 R	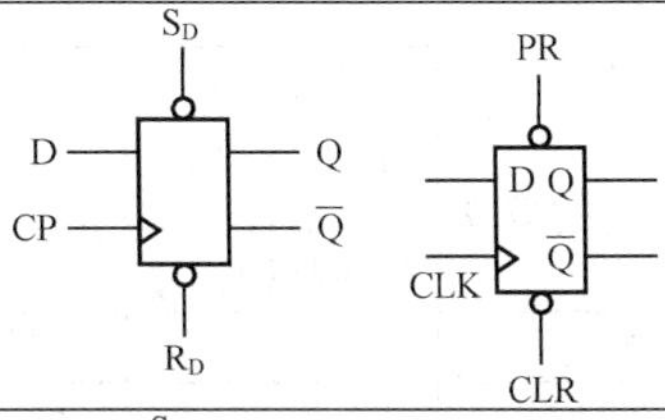 S_D D CP Q $\overline{Q}$ R_D; PR D Q CLK $\overline{Q}$ CLR	上升沿触发 S 为异步置位端 R 为异步消除端
JK 触发器（带预置和消除）	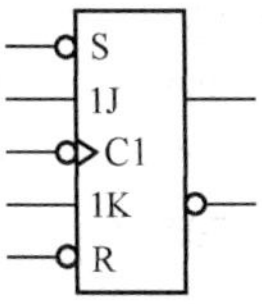 S 1J C1 1K R	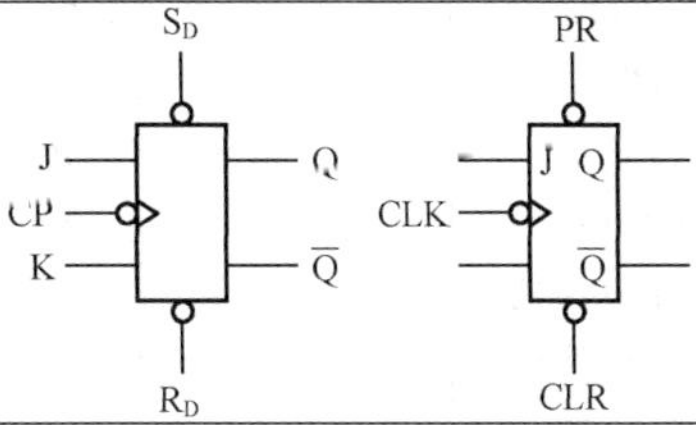 S_D J CP K Q $\overline{Q}$ R_D; PR J Q CLK $\overline{Q}$ CLR	下降沿触发
JK 触发器（多端 JK 输入）	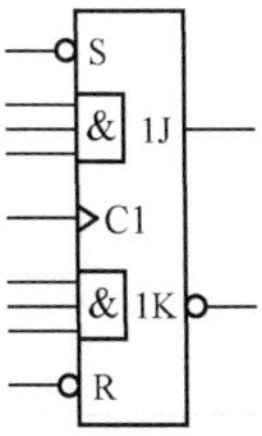 S & 1J C1 & 1K R	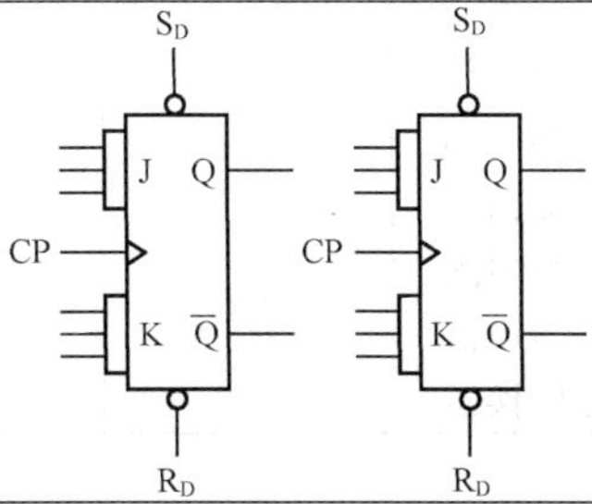 S_D J Q CP K $\overline{Q}$ R_D; S_D J Q CP K $\overline{Q}$ R_D	上升沿触发
半加器	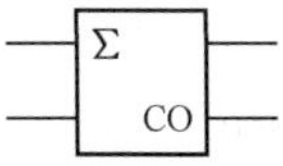 Σ CO	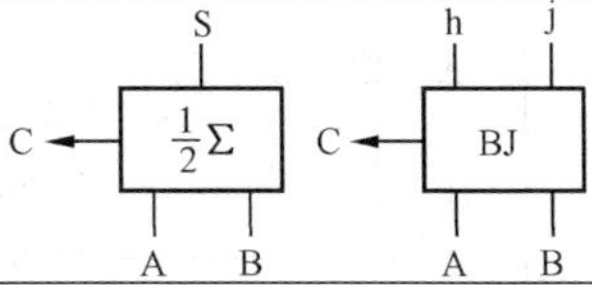 S C $\frac{1}{2}\Sigma$ A B; h j C BJ A B	
全加器	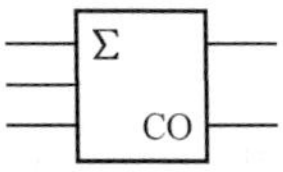 Σ CO	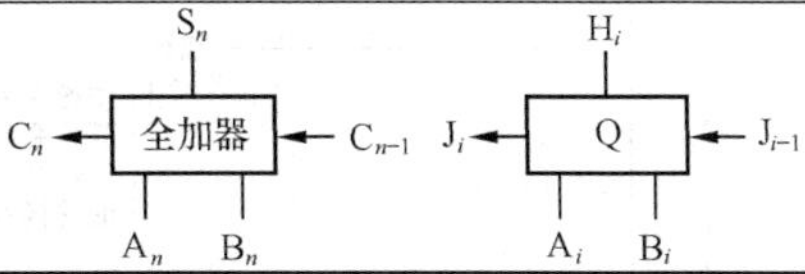 S_n C_n 全加器 C_{n-1} A_n B_n; H_i J_i Q J_{i-1} A_i B_i	

半导体集成电路型号命名法 附录 B

B.1 国标（GB 3430—89）集成电路命名法

集成电路器件型号由 5 个部分组成，其符号及意义如下：

第 0 部分		第 1 部分		第 2 部分	第 3 部分		第 4 部分	
用字母表示器件符合国家标准		用字母表示器件的类型		用阿拉伯数字表示器件的系列和品种代号	用字母表示器件的工作温度范围		用字母表示器件的封装类型	
符号	意义	符号	意义		符号	意义	符号	意义
		T	TTL		C	0～70℃	H	黑瓷扁平
		H	HTL		E	−40～85℃	F	多层陶瓷扁平
		E	ECL		R	−55～85℃	B	塑料扁平
		C	CMOS		M	−55～125℃	D	多层陶瓷直插
		F	线性放大器		G	−25～70℃	P	塑料直插
		D	音响、电视电路		L	−25～85℃	J	黑陶瓷直插
C	中国制造	W	稳压器				K	金属菱形
		J	接口电路				T	金属圆形
		B	非线性电路				S	塑料单列直插
		M	存储器				C	陶瓷芯片载体
		μ	微型机电路				E	塑料芯片载体
		AD	A/D 转换器				G	网格阵列
		DA	D/A 转换器					

示例 1：

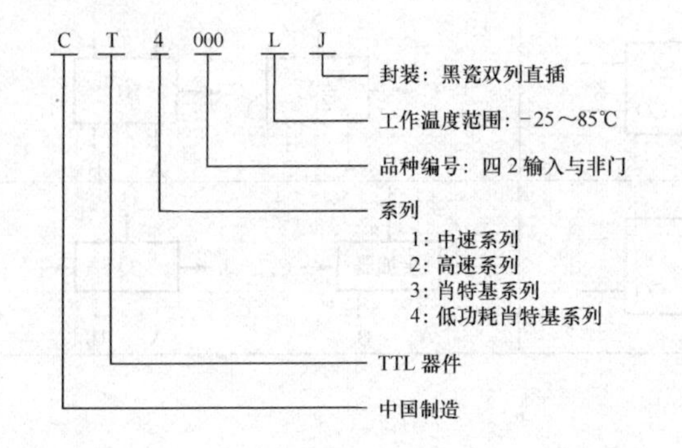

示例 2：

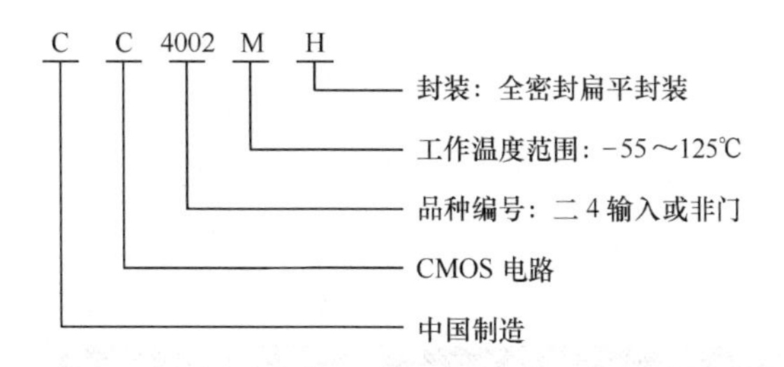

B.2 54/74 系列集成电路器件型号命名

54/74 系列集成器件是美国德克萨斯仪器公司(Texas)生产的 TTL 标准系列器件。

示例 3：

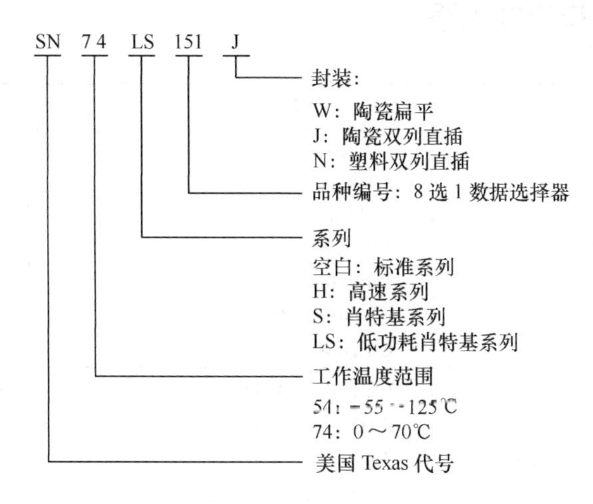

B.3 国外 CMOS 集成电路主要生产公司和产品型号前缀

公司名：	器件型号前缀：
美国无线电公司	CD…
莫托洛拉公司	MC…
国家半导体公司	CD…
仙童公司	F…
德克萨斯仪器公司	TP…
日本东芝公司	TC…
日本电气公司	μPD…
日立公司	HD…
富士通公司	MB…
荷兰菲力浦公司	HFE…
加拿大密特尔公司	MD…

附录 C 常用中、小规模集成电路产品型号索引

C.1 TTL 中、小规模集成电路

索引号	名　　称	国内型号	国外型号
00	四 2 输入与非门	CT2000 T1000 T2000 CT3000 CT4000 CT54/74 F00 CT1000	SN54/74LS00 74ALS00A 74AS00 74S00 74H00 74HC00 74L00
01 03	四 2 输入与非门（OC）	CT1001，T3003 T1003，　T2001 T066，　T096 CT2001，CT4001 CT1003，CT4003	SN54/74S01 74ALS01 7401 74H01 74ALS03B
02	四 2 输入或非门	CT4002 T3002 CT1002 CT54/74 F02 T1002 CT3002	SN54/74LS02 74ALS02 74AS02 74S02 7402 74L02
04	六反相器	CT1004 T112 T1004 CT2004 CT2004 T3004	SN54/74LS04 74ALS04 74ALS04B 74S04 74HC04 74L04
05	六反相器（OC）	CT1005 T2005 T3005 CT2005 T1005 CT4005	SN54/74LS05 74ALS05 74ALS05A 74S05 7405 74HC05

续表

索引号	名　称	国内型号	国外型号
06 16	六反相缓冲器/驱动器（OC）	CT1006, T1006 CT1016, T1016	SN54/7406 7416
07 17	六缓冲器/驱动器（OC）	CT1007，T1007 CT1017，T1017	SN54/7407 7417
08	四 2 输入与门	CT3008 T3008 CT1008 CT4008 T1008 CT54/74 F08	SN54/74LS08 74ALS08 74AS08 74S08 7408 74HC08
09	四 2 输入与门（OC）	CT1009 T3009 CT3009 T1009 CT4009	SN54/74LS09 74ALS09 74S09 7409 74HC09
10	三 3 输入与非门	CT2010 T2010 T3010 CT3010 T1010 CT74F10 CT4010	SN54/74LSl0 74ALSl0 74ASl0 74S10 7410 74HC10 74H10
13	双 4 输入与非门（施密特触发器）	CT1013 T1013 CT4013	SN54/74LS13 7413
14	六反相器（施密特触发器）	CT1014 T1014,CT4014 CT54/74 F14	SN54/74LSl4 7414 74HCl4
20	双 4 输入与非门	CT2020 T1020,T2093 CT3020 CT4020，CT3092 CT1020	SN54/74LS20 74ALS20A 74H20 74HC20 74L20
21	双 4 输入与门	T1021，T2021 T3021，CT1021 CT2021，CT4021	SN54/74LS21 74H21 74C21
22	双 4 输入与非门（OC）	T3022,CT1022 T1022，T2022 CT2022，CT3022	SN54/74LS22 74ALS22A 74S22
23	可扩展的双 4 输入或非门（带选通端）	CT1023	SN54/7423
24	四 2 输入与非门（施密特触发器）		SN54/74LS24

续表

索引号	名　　称	国内型号	国外型号
25	双4输入或非门（有选通）	T1025,CT1025	SN54/7425
27	三3输入或非门	CT4027 CT1027 T1027	SN54/74LS27 74ALS27 7427
30	8输入与非门	CT1030 T1030，T2030 T3030 CT2030 CT4030 CT3030	SN54/74LS30 74ALS30 74AS30 74S30 74HC30 74H30
32	四2输入或门	CT1032 T3032 CT3032 CT4032	SN54/74LS32 74ALS32 74S32 74HC32
37	四2输入与非缓冲器	CT1037，CT4037 T3037 CT54/74 F37 T1037	SN54/74LS37 74ALS37 74S37 7437
42	4线—10线译码器	CT1042、CT4042 T331，T1042	SN54L42 SN54/7442 A
43	余三码—十进制译码器	CT1043	SN54/7443A
44	4线—10段译码器（余三格雷码输入）	CT1044	SN54/7444A SN54L44
47	4线—7段译码器/驱动器（OC）	CT1047 CT4047	SN54/7447A SN54L47
48	4线—7段译码器/驱动器	CT1048，CT4048 T339，T1048	SN54/74LS48 7448
50	双2—2输入与或非门（1门可扩展）	T1050,T2050 CT1050,CT2050	SN54/7450 74H50
51	双2—2输入与或非门	CT2051,CT3051 CT4051	SN54/74SL51 74S51
53	2—2—2—2输入与或非门（可扩展）	T1053，T2053 CT1053，CT2053	SN54/7453 74H53
55	二4输入与或非门（可扩展）	CT4055 T086,T116 CT2055	SN54/74LS55 74H55 SN54L55
60	双4输入与或扩展器	T1060，T2060 CT1060，CT2060	SN54/7460 74H60
61	三3输入或扩展器	T2061，CT2061	SN54/74H61
65	4—2—3—2输入与或非门（OC）	T3065，CT3065	SN54/74S65

续表

索引号	名　　称	国内型号	国外型号
70	与门输入上升沿 JK 触发器（带预置、清除端）	CT1070	SN54/7470
72	JK 触发器（与门输入、主从）	T1072，T2072 T108，T109	SN54L72 SN54/7472
73	双 JK 触发器（带清零）	CT4073	SN54/7473
74	双 D 触发器(带预置、清零)	CT54/74 F74 T1074，T2074 T3074 CT1074，CT2074	SN54/74LS74 74ALS74 74ALS74 A 74AS74
75	四位双稳 D 型锁存器	3175 CT4075 T1175	SN54/74LS75 74HC75 74L75
76	双 JK 触发器(带预置、清零)	T109 T3144 CT4076	SN54/74LS76A 74H76 74HC76
83	4 位二进制全加器(快速进位)		SN54/74LS83A 7483A
85	4 位数值比较器	CT1085，CT4085 CT3085 CT54/7485 T3085	SN54/74LS85 74S85 74HC85 74L85
86	四 2 输入异或门	CT3086 T3086 CT4086 CT54/74 F86 CT1086	SN54/74LS86 74ALS86 74S86 74HC86 74L86
90	十进制计数器（2 分频和 5 分频）	CT4090	SN54/74LS90 74L90
91	8 位移位寄存器(串入串出)	CT4091 T1091	SN54/74LS91 74L91
92	12 分频计数器	CT4092	SN54/7492A 74LS92
93	四位二进制计数器（2 分频和 8 分频）	CT4093	SN54L93 SN54/74LS93
95	四位移位寄存器（并行存取）	CT1095 T1095 CT4095	SN54/74AS95 7495A 74L95
107	双 JK 触发器（带清零）	CT4107 CT1107M	SN54/74LS107A 74107
111	双 JK 触发器(带数据锁定)	T1111，CT1111M	SN54/74111
112	双 JK 触发器（负沿触发带预置和清零）	T3112 T079 CT54/74 F112	SN54/74LS112A 74ALS112A 74HC112

续表

索引号	名　称	国内型号	国外型号
121	单稳触发器	T1121，CT1121M	SN54/74121
123	双单稳触发器（可重复触发，且带清除）	CT1123M CT4123 CT54/74HC123	SN54/74LS1 23 74HC123
132	四 2 输入与非门 (施密特触发）	CT3132M CT4132M CT1132 M CT54/74F132	SN54/74LS132 74S132 741342 74HC132
133	13 输入与非门	CT3133M CT4133M	SN54/74ALS133 74S133
138	3 线—8 线译码器	CT3138M，CT4138M T330 T3138	SN54/74LS138 74ALS138 74AS138
147	10 线（十进制）一 4 线优先编码器	CT4147M CT1147M	SN54/74LS1 47 74147
148	8 线—3 线优先编码器	T1148 CT1148M，CT4148M CT54/74 F148	SN54/74LS148 74HC148
150	16 选 1 数据选择器	T1150 CT1150 M	SN54/74150
151	8 选 1 数据选择器	CT1151 M T1151 CT3151，CT4151M CT54/74 F151	SN54/74LS1 5 1 74ALS151 74S151 74HC151
153	双 4 选 1 数据选择器	CT3153M T1153 T3153 CT4153M CT1153 M CT54/74 F153	SN54/74LS153 74ALS153 74AS153 74S153 74L153 74HC153
154	4 线—16 线译码器	CT1154M T1154	SN54/74 HC154 74L154
157	四 2 选 1 数据选择器	CT1157 M T1157 CT3157 M，CT4157M CT54/74 F157	SN54/74LS1 57 74ALS1 57 74S157 74HC157
160	4 位十进制同步可预置计数器（异步清除）	CT1160 M CT4160M	SN54/74ALS1 60 74AS160
161	4 位二进制同步可预置计数器（异步清除）	CT54/74F161 T1161 CT1161 M CT4161M	SN54/74LS161 74ALS161 74ALS161B 74AS161

续表

索引号	名　称	国内型号	国外型号
162	4 位十进制同步计数器（同步清除）	CT1162M CT3162M CT4162M CT54/74 F162	SN54/74 162 74ALS162 74ALS1 62B 74AS162
163	4 位二进制同步计数器（同步清除）	CT1163 M CT3163M CT4163M T3163	SN54/74ALS1 63 74ALS1 63B 74AS163 74163
164	8 位移位寄存器(串入并出)	CT54/74 F164 CT1164M T1164	SN54/74LS1 64 74ALS164 74164
166	8 位移位寄存器（并行/串行输入，串行输出）	CT4166M CT1166M	SN54/74ALS1 66 74166
180	8 位奇偶校验器/发生器	T699	SN54/74180
190	同步递增/递减 BCD 计数器	T1190 CT1190 M CT4190M CT54/74 F190	SN54/74190 74ALS1 90 74LS190 74HS190
192	同步双时钟可逆制计数器	CT4192M CT1192 M T1192 CT54/74 F192	SN54/74LS1 92 74L192 74193 74HC193
193	同步双时钟可逆二进制计数器（带清除）	CT4193M CT1193 M T1193 CT54/74 F193	SN54/74LS1 93 74L193 74193 74HC193
194	4 位双向移位寄存器	CT1194M T1194 CT3194、CT4194M CT54/74 F194	SN54/74LS194A 74AS194 74S194 74HC194
195	4 位并行存取移位寄存器	CT3195M CT1195M CT4195M T1195，T3195 CT54/74 F195	SN54/74LS195 74AS195 74S195 74195 74HC195
197	可预置二进计数器	CT3197M CT4197M CT1197	SN54/74LS1 97 74S197 74197
373	八 D 锁存器（三态输出）	CT3373M 3373 CT4373M CT54/74 F373	SN54/74LS373 74AS373 74S373 74HC373
573	八 D 透明锁存器（三态输出）	CT54/74 F573	SN54/74ALS573

C.2 MOS 集成电路

索引号	名　称	国内型号	国外型号
4000	两个3输入或非门一个反相器	CC400	CD4000B
4001	四2输入或非门	CC4001	CD4001B
4002	二4输入或非门	CC4002	CD4002B
4009	六反相器（驱动器）	CC4009	CD4009B
4010	六缓冲器	CC4010	CD4010B
4011	四2输入与非门	CC4011	CD4011B
4012	双4输入与非门	CC4012	CD4012B
4013	双D触发器	CC4013	CD4013B
4014	8位移位寄存器	CC4014	CD4014B
4015	双4位串入/并出移存器	CC4015	CD4015B
4017	十进制计数器	CC4017	CD4017B
4023	三3输入与非门	CC4023	CD4023B
4024	7位二进制计数器	CC4024	CD4024B
4025	三3输入或非门	CC4025	CD4025B
4026	十进制计数（带7段译码）	CC4026	CD4026B
4027	双JK主从触发器	CC4027	CD4027B
4028	4线—10线译码器	CC4028	CD4028B
4040	12位二进串行计数器	CC4040	CD4040B
4051	8选1模拟开关	CC4051	CD4051B
4052	双4选1模拟开关	CC4052	CD4052B